微機電系統技術與應用(下)

Micro Electro Mechanical Systems
Technology & Application (II)

國家實驗研究院
儀器科技研究中心

序

微機電技術真正蓬勃發展是近十餘年來的事，但早在西元 1959 年，物理學家費曼就提出了如何對微小尺度的事物進行操控的問題。回顧科技的發展，將事物微小化最成功的實例是積體電路 (IC)，IC 技術的成功為微機電技術奠定了發展的基礎。但微機電技術不僅包含電子電路系統，還涉及了機械致動器、感測器與相關介面技術，是高度的系統整合技術，面對的問題較 IC 技術更為複雜。微機電技術使得許多傳統大型系統無法完成的工作得以實行，並使原本可以進行的工作在效率上大幅提升，為人類生活帶來深刻且全面的影響，也成為奈米科技發展的必經之路。

本中心多年來致力於儀器系統的整合，亦投入微機電與奈米相關技術的研發，在準分子雷射 LIGA 製程、電鑄壓模、微放電加工、微光學元件及奈米表面檢測等領域均有不錯的成果。茲因微機電技術的蓬勃發展及對未來科技深遠的影響，乃積極籌劃出版微機電相關技術理論與應用實務的書籍—「微機電系統技術與應用」。

全書內容共計十四章，從基礎微加工製程開始，詳述矽基與非矽基微加工製程技術，並探討微機電材料，介紹微結構與微感測器、微致動器等元件技術，進而說明系統的整合與介面、系統的封裝，以及相關檢測與模擬分析技術。最後則廣泛介紹微機電系統的應用，並以微機電系統的遠景及未來發展作為邁向奈米機電技術的跳板。

鑒於微機電技術涵括的領域甚廣，為求全書內容的完整，本書共邀集了近百位專家共同撰寫，完稿後的篇幅也較預期增加了一倍。在此謹對所有參與策劃、編審的委員及撰稿的專家學者特致謝忱，由於他們的鼎力協助，本書方能順利付梓。希冀藉由本書的出版，能促進國內微機電系統技術的精進，並更上層樓，邁入奈米科技的領域。

本書自籌編以來，即受到各界矚目與殷殷期盼。考量相關技術的發展日新月異，是以投入相當人力，使本書在一年半的時間順利出版。全書內容如有疏漏之處，祈請讀者先進不吝指正。

國研院儀器科技研究中心主任

陳建人 謹誌

諮詢委員

編審委員

作者

AUTHORS

丁志明　美國辛辛那提大學材料博士＼國立成功大學材料科學及工程學系教授

方維倫　美國卡內基麥倫大學機械工程博士＼國立清華大學動力機械工程學系副教授

白果能　美國密西根大學化學博士＼中央研究院生物醫學科學研究所副研究員

任春平　國立清華大學工程與系統科學博士＼國立成功大學工程科學系博士後研究員

江志豪　國立臺灣大學機械工程碩士

吳才偉　美國哈佛大學材料博士＼美國 IBM Almaden Research Center 研究員

吳文中　國立臺灣大學應用力學博士＼國立臺灣大學工程科學及海洋工程學系助理教授

吳光鐘　美國康乃爾大學理論及應用力學博士＼國立臺灣大學應用力學研究所教授

吳政忠　美國康乃爾大學理論及應用力學博士＼國立臺灣大學應用力學研究所教授

吳乾埼　國立臺灣大學機械工程博士＼工業技術研究院量測技術發展中心研究員

吳靖宙　國立成功大學醫學工程研究所博士班學生

吳錦源　國立臺灣大學應用力學博士＼勝威光電科技股份有限公司總經理

呂秀雄　美國密西根大學太空工程博士＼國立臺灣大學機械工程學系教授

呂學士　美國明尼蘇達大學電機工程博士＼國立臺灣大學電機工程學系教授

宋開泰　比利時荷語魯汶大學應用科學博士＼國立交通大學電機與控制工程學系教授

宋齊有　國立清華大學動力機械工程博士＼逢甲大學航空工程學系教授

李天錫　美國杜克大學材料科學工程博士＼美國 Dicom 公司研究員

李世光　美國康乃爾大學理論及應用力學博士＼國立臺灣大學應用力學研究所暨工程科學及
　　　　海洋工程研究所教授

李兆祜　國立臺灣大學應用力學博士＼中山科學研究院副研究員

李志成　國立臺灣大學機械工程碩士＼工業技術研究院工業材料研究所副研究員

李宗昇　國立交通大學光電工程博士＼工業技術研究院電子工業研究所組長

李宜璉　國立臺灣大學應用力學碩士＼國立臺灣大學應用力學研究所研究助理

李國賓　美國加州大學洛杉磯分校機械及航空工程研究所博士＼國立成功大學工程科學系副
　　　　教授

李舒昇　國立臺灣大學應用力學研究所博士班學生＼百奧科技股份有限公司專案經理

邢泰剛　美國馬里蘭大學機械工程博士＼工業技術研究院工業材料研究所研究員

周正中　美國馬里蘭大學化學工程博士＼中央研究院生物醫學科學研究所博士後研究員

周榮宗　國立臺灣大學應用力學碩士＼國立臺灣大學應用力學研究所研究助理

周曉宇　國立成功大學物理學士＼國科會精密儀器發展中心副研究員

林仁輝　美國哥倫比亞大學機械工程博士＼國立成功大學機械工程學系教授
林佑昇　國立臺灣大學電機工程博士＼國立暨南大學電機工程學系助理教授
林郁欣　國立交通大學機械工程碩士＼國科會精密儀器發展中心助理研究員
林哲平　國立臺灣科技大學機械工程研究所博士班學生＼南開技術學院機械工程學系講師
林哲歆　國立中央大學電機工程研究所博士班學生
林軒立　國立成功大學機械工程研究所博士班學生
林啟萬　美國 Case Western Reserve 大學生醫工程博士＼國立臺灣大學醫學工程研究所副教授
林暉雄　國立交通大學光電工程研究所博士班學生＼國科會精密儀器發展中心助理工程師
林裕城　美國伊利諾大學芝加哥分校電機及計算機科學系博士＼國立成功大學工程科學系副教授
林澤勝　美國西北大學材料科學工程博士＼工業技術研究院工業材料研究所主任
邱俊誠　美國科羅拉多大學航空太空博士＼國立交通大學電機與控制工程學系教授
姚志民　國立臺灣大學機械工程博士＼國家高速網路與計算中心副研究員
姚南光　國立臺灣大學電機工程博士＼工業技術研究院電子工業研究所生物晶片技術部經理
洪志旺　國立成功大學電機工程博士＼國立中央大學電機工程學系教授
胡一君　文化大學機械工程學士＼國科會精密儀器發展中心副研究員
徐文祥　美國加州大學柏克萊分校機械工程博士＼國立交通大學機械工程學系教授
徐永裕　淡江大學電子工程學士＼國科會精密儀器發展中心助理工程師
柴駿甫　國立臺灣大學應用力學博士＼國家地震工程研究中心副研究員
殷宏林　國立清華大學動力機械工程碩士＼國科會精密儀器發展中心助理研究員
康尚文　美國路易斯安那理工大學工學博士＼淡江大學機械與機電工程學系副教授
張谷昇　國立臺灣大學農業化學研究所博士班學生＼元培科學技術學院講師
張忠恕　美國清華大學材料科學工程碩士＼工業技術研究院電子工業研究所工程副理
張所鋐　美國辛辛那提大學機械工程博士＼國立臺灣大學機械工程學系教授
張培仁　美國康乃爾大理論及應用力學博士＼國立臺灣大學應用力學研究所教授
張憲彰　日本東北大學化學工程博士＼國立成功大學醫學工程研究所教授
莊漢聲　國立成功大學機械工程碩士＼工業技術研究院量測技術發展中心副工程師
許聿翔　國立臺灣大學應用力學碩士＼正波科技股份有限公司研究員
許哲豪　國立臺北科技大學自動化科技碩士
許博淵　國立成功大學材料博士＼國家同步輻射研究中心微結構小組小組長
郭佳儱　日本東京大學精密機械工程博士＼國立雲林科技大學機械工程學系副教授
陳仁浩　日本東京工業大學機械工程博士＼國立交通大學機械工程學系副教授
陳文中　國立臺灣大學機械工程博士＼國立海山高工機械科教師

陳育堂　淡江大學機械與機電工程研究所博士班學生＼德霖技術學院機械工程科講師
陳怡君　國立臺灣大學應用力學碩士＼美國亞歷桑那大學光學研究中心博士候選人
陳建安　國立清華大學動力機械工程博士＼晶宇生物科技實業股份有限公司研發經理
陳建源　日本東京大學工學博士＼國立臺灣大學農業化學系教授
陳國聲　美國麻省理工學院機械工程博士＼國立成功大學機械工程學系助理教授
陳逸文　國立臺灣大學機械工程學士＼國立臺灣大學應用力學研究所研究助理
陶有福　國立交通大學電機工程碩士＼工業技術研究院工業材料研究所副研究員
彭成鑑　美國賓州州立大學固態科學博士＼工業技術研究院工業材料研究所研究員
曾繁根　美國加州大學洛杉磯分校機械與航空工程博士＼國立清華大學工程與系統科學系副
　　　　教授
游智勝　國立清華大學工程與系統科學碩士＼國科會精密儀器發展中心助理研究員
黃奇聲　國立成功大學電機工程學士＼國科會精密儀器發展中心助理研究員
黃念祖　國立臺灣大學機械工程學士＼國立臺灣大學應用力學研究所研究助理
黃榮山　美國加州大學洛杉磯分校機械工程博士＼國立臺灣大學應用力學研究所助理教授
黃榮堂　美國加州大學洛杉磯分校機械控制博士＼國立臺北科技大學機電整合研究所副教授
楊正財　國立臺灣大學造船工程博士＼工業技術研究院量測技術發展中心工程師
楊啟榮　國立中山大學機械工程博士＼國立臺灣師範大學機電科技研究所助理教授
楊錫杭　美國路易斯安那理工大學工學博士＼國立中興大學精密工程研究所助理教授
楊龍杰　國立臺灣大學應用力學博士＼淡江大學機械與機電工程學系副教授
楊燿州　美國麻省理工學院電機工程暨資訊科學博士＼國立臺灣大學機械工程學系助理教授
葉哲良　美國康乃爾大學電機工程博士＼國立清華大學動力機械工程學系助理教授
葉榮輝　國立中央大學電機工程研究所博士班學生
廖宏榮　國立臺灣大學應用力學博士＼華錦光電科技股份有限公司總經理
熊治民　國立成功大學機械工程博士＼義守大學工業工程與管理系助理教授
劉永慧　國立臺灣大學應用力學博士＼工業技術研究院量測技術發展中心研究員
劉典璵　國立臺灣大學應用力學碩士＼國立臺灣大學應用力學研究所研究助理
劉承賢　美國史丹福大學機械工程博士＼國立清華大學動力機械工程學系助理教授
蔡定平　美國辛辛那提大學物理博士＼國立臺灣大學物理學系教授
蔡欣昌　國立清華大學動力機械工程研究所博士班學生
鄭明正　國立清華大學電機工程博士＼美國喬治城大學博士後研究員
鄭英周　國立臺灣大學應用力學研究所博士班學生
蕭文欣　國立臺灣大學應用力學碩士＼正波科技股份有限公司專案經理
賴文斌　國立清華大學動力機械工程博士＼聲博科技股份有限公司協理
戴建雄　國立交通大學電機工程碩士＼工業技術研究院工業材料研究所副研究員

薛順成　國立臺灣大學應用力學博士＼星雲電腦股份有限公司專案經理
謝哲偉　國立清華大學動力機械工程博士＼國科會精密儀器發展中心副研究員
謝慶堂　國立成功大學材料及工程研究所博士班學生
鍾震桂　國立清華大學材料科學與工程博士＼國立成功大學機械工程學系助理教授
羅裕龍　美國馬里蘭大學機械工程博士＼國立成功大學機械工程學系教授
饒達仁　美國加州大學洛杉磯分校機械工程博士＼國立清華大學微機電系統工程研究所助理
　　　　教授

（按姓名筆劃序）

目錄

第八章　微致動器

8.1 前言

　　1947 年電晶體的發明，使得相關的應用與產品從早期的收音機、助聽器等消費性電子產品，擴大至目前的個人電腦、手機等資訊科技相關的產品，也對人類的文明，無論在科技或文化的層面上，都產生了關鍵性的影響。從科技的角度來審視這項發明，其中最重要的一項革命就是由固態元件取代了所謂的機械元件，也就是由半導體元件將原來會造成可靠度或反應速度緩慢的機械動件 (moving part)，例如機械開關，取而代之。然而機械動件就真的一定不可靠嗎？就真的一定反應速度不夠嗎？就真的一定比固態元件差嗎？這些疑問在微機電元件尚未成熟與廣泛應用時，受到一般人對傳統機械元件的刻板印象，確實存在不少質疑與挑戰。然而，隨著微機電領域逐漸成熟，製造與量測技術不斷改良下，許多的疑問都透過實際的微元件測試獲得解答。例如，從簡單的振動學原理和相關的實驗，即驗證了微米尺寸的機械元件可具有高達 MHz 的動態特性[1]，而在奈米技術的協助下，機械元件甚至可進一步達到 GHz 的動態特性[2]；另外，對機械動件可靠度的想法和觀念也產生革命性的變化，因為利用半導體製程技術製造的薄膜，具有抗疲勞的優越特性[3]。當初發展電晶體和半導體加工技術的科學家可能萬萬沒想到，原來被用來取代機械動件的技術，卻在數十年後，被大量用來製造機械動件，也為科技發展史譜下一段有趣的插曲。

　　關於微機械動件的壽命，一直是個具有爭議性的議題。確實，有一部分的微機械動件很容易在操作的過程中，產生磨耗的問題[4]，例如純粹以剛體方式運動的微機械 (如微馬達)，而以面接觸運動的微機械可能會產生黏著 (stiction) 的現象[5]。這些現象是微小化後表面力效應變得顯著所造成的，基本上是微機械動件的致命傷。反之，有一部分的微機械動件卻沒有上述問題，例如那些以往復振動作為運動型態而且沒有摩擦以及接觸行為的微機械動件，其中最具代表性的當屬德州儀器公司 (Texas Instruments, TI) 的數位微面鏡元件 (digital micromirror device, DMD)[3]。對於這類型運動方式的元件而言，大部分的質疑是針對其撓性支撐，在承受長時間的交變應力後，是否產生疲勞與破壞的現象。根據德州儀器針對 DMD 產品所作的測試報告[3]，顯示出微機械元件驚人的操作壽命。該項測試是一組包含 30 多萬個微面鏡的 DMD，其中每個微面鏡能旋轉 ± 10 度，以 50 kHz 的操作頻率對微面鏡

第 8.1 節作者為方維倫先生。

進行驅動。由於該測試以加速模式進行，因此操作頻率為正常使用的十倍。在經過 19000 小時的測試後，每面微面鏡的操作週期皆達到 10^{12} 以上，然而，30 多萬個微面鏡中，僅有一微面鏡因黏著現象而無法繼續操作，並沒有任何微面鏡因扭轉軸產生破壞。當然，測試的結果仍顯示出若干瑕疵，例如如果面鏡較常向一側扭轉，金屬材料的扭轉軸會因塑性變形而產生記憶效應，致使操作電壓漂移，不過經由適當的操作參數調整可減低此一現象。總結來說，德州儀器宣稱 DMD 在正常操作下具有二十年以上的壽命，並且經過妥善的包裝後，該元件也能通過包含摔落的嚴格環境測試。這項報告的結果與一般對可動器件的認知並不相符，其背後隱含的物理意義及其形成機制為何，是微小化所造成的現象抑或是 DMD 本身的特殊設計，以下是簡單的說明。

(1) 微小化後結構撓性提升

由於桿件的彎曲剛性與厚度的三次方成正比，因此當桿件薄至微米等級時，其可以達到的撓度是非常可觀的。舉例而言，玻璃製成的餐具相當容易破裂，但是玻璃光纖卻可以彎曲，又例如要將鋁箔折斷是相當困難的。換句話說，微米尺寸的機械結構其撓性極大，所以當結構以小幅度的往復運動時，其承受的應力是非常小的。

(2) 薄膜材料的特性

構成微結構的薄膜材料，不是由塊材 (bulk material) 所採用的傳統冶金方式所提煉，而是利用在潔淨室中進行的半導體製程，以物理或化學的方式，將原子一層層堆疊而成，因此和塊材相比，薄膜材料在製備的過程中具有較少的缺陷。另外，由於薄膜材料原子堆疊的層數遠小於塊材，又再次減少薄膜材料內部缺陷的數目。由於薄膜材料可顯著地降低內部存在的缺陷數目，使得微結構承受交變應力後，不至於因為這些少量的缺陷遷移至表面而導致破裂，使得微機械結構不易觀察到疲勞破壞的現象。

總結來說，微機械結構具有相當優越的使用壽命，一則是因為微小化後的力學行為，一則是因為薄膜的材料性質，在經過適當的設計法則驗證過後，應能如同固態元件般具有卓越的可靠度。此外，微機械動件比固態元件有更佳的性能，例如：光的方向變換、電磁波傳遞有較小的插入損耗 (insertion loss)、可傳遞力和位移等機械動作。因此說明了，由微機電技術所提供的機械動件，在某些特定的應用上將扮演一個重要的、不可取代的角色。

從更宏觀的角度來看此利用平面加工技術所製造的微機械動件，積體電路 (integrated circuit, IC) 從 1947 年電晶體的發明演變至今，已從原來簡單的 IC，逐漸演變為複雜、高密度的 IC，而其功能也由早期收音機、助聽器，演變為現今的 DRAM/SRAM、快閃記憶體 (flash memory)、EPROM 等多元件的IC。此外，平面工藝也逐漸的由矽基板的 IC 擴散至鋁基板的磁碟片、陶瓷基板的磁頭、Ⅲ- Ⅴ 族基板的 LCD/VCSEL 與 AWG，以及玻璃基板的 TFT-LCD 等，可謂是現今一項主流製造技術。而現今所謂高科技產業，也多半是指由平面工藝所製造的各類型產品。微機電技術在平面工藝這個家族裡所扮演最關鍵且最具特色的一點，即是提供機械動件，未來如果這一家族欲進一步整合為具有多功能的系統晶片 (這裡指得是廣義的系統晶片，亦即不僅整合電路，可能還整合其他光、機、電、磁等元件於同一晶片)，則可提供機械動件的微機電技術將扮演舉足輕重的角色。

由於具備機械動件可說是微機電技術最具特色的部分，因此不妨從傳統機械器件的角度來探討動態系統，其主要包括驅動元件 (如汽車的引擎)、動力傳輸機構 (如汽車的連桿、變速箱等)，及被動元件 (如輪胎)；同理，微動態系統亦可粗略地區分為驅動元件、動力傳輸機構，以及被動元件。本章將探討微機電系統的驅動元件，亦即所謂的微致動器，以期能夠對微機械動件有初步的認識。

在探討各種型式的微致動器之前，本文將針對其一些特性加以分類說明。首先，就微致動器運動的方式而言，一般可分為同平面式 (in-plane) 微致動器和出平面式 (out-of-plane) 微致動器兩種類型，其特性概述如下。

(1) 同平面式微致動器

如圖 8.1(a) 所示，微致動器運動的方向平行於矽晶片的表面，因此微致動器和矽晶片表面的間隙不會隨著微致動器的運動而改變。

(2) 出平面式微致動器

如圖 8.1(b) 所示，微致動器運動的方向接近或遠離矽晶片的表面，因此微致動器和矽晶片表面的間隙會隨著微致動器的運動而改變。

另外，就微致動器致動的方式而言，經過近二十年的發展，目前微機電領域已開發出多種不同驅動原理的致動器，其中最常見的有：(1) 物理方式，例如以電磁力或靜電力驅動；(2) 化學方式，例如以相變化或化學反應方式來驅動；或者 (3) 材料特性，例如以壓電

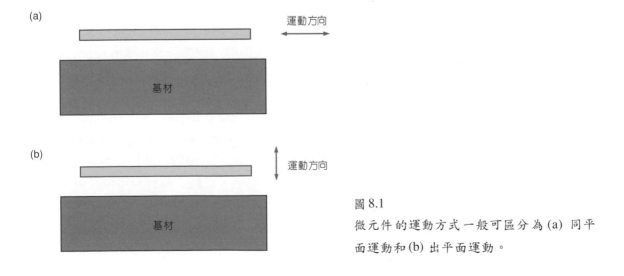

圖 8.1
微元件的運動方式一般可區分為 (a) 同平面運動和 (b) 出平面運動。

材料或記憶合金來驅動。以下將利用六個小節，介紹數種不同型式的微致動器，其中包括靜電式微致動器、電熱式微致動器、電磁式微致動器、壓電式微致動器、氣動式微致動器和其他型式之微致動器。同時也於各小節中，分別說明前述之同平面和出平面兩種不同運動方式的微致動器特性。

8.2 靜電式微致動器

　　靜電力屬於表面力，在巨觀世界裡常因為能量密度太小而未被採用，經由 Trimmer 的因次分析得知[6]，對於尺寸縮小的微系統而言，此問題已不復存在，因此在微觀尺度下靜電力常被用來作為致動源。另外，與其他的驅動方式相較，靜電式致動器具有製造容易、材料選擇多 (僅需為導體)、可靠度佳 (不似以電流源操作的電磁及電熱式致動器有熱破壞問題) 等優點。

　　在微機電系統發展的過程中，靜電式微致動器佔有舉足輕重的地位，早在 1967 年左右 Nathanson 提出的共振式閘極電晶體 (resonant gate transistor, RGT) 就已利用靜電力驅動一根微懸臂樑[7]，使其產生振動，而 1988 年的靜電驅動式微馬達[8]，則將剛體運動的元件帶入平面加工的世界，1989 年的靜電驅動式梳狀致動器[9]，是至今使用最為廣泛的微致動器。值得一提的是，由於靜電式微致動器可適用於多晶矽薄膜構成的元件，因此 90 年代末期，在 MUMPs (multi-user MEMS processes) 共用製程平台技術的催化下，產生廣泛的應用，諸如光通訊元件、光顯示器、無線通訊及各類型的感測器等等，都可以發現靜電式微致動器的存在。目前最具代表性的微機電產品為德州儀器公司的數位微面鏡元件 (DMD)[10]，即是利用靜電方式驅動微小的面鏡，以達到光調變的目的。另一種具代表性的微機電產品是 Analog Devices 公司的線性加速度計，這種普遍應用於汽車以作為安全氣囊驅動裝置的感測器，也曾利用靜電力控制線性加速度計質量塊的位置[11]。其他還有在光通訊方面，美國 OMM 公司也成功地利用靜電方式，控制為數高達 16×16 以上的光開關陣列裡每一個光開關的狀態[12]。

　　一般而言，根據靜電力產生的原理，可將靜電致動器的致動方式區分為兩種，分別是間距近接式 (gap closing) 和梳狀電極式 (lateral comb)。以下將根據這兩種靜電致動器的致動方式以及致動器運動的特性，分別介紹幾種具有代表性的靜電致動器及其應用。

8.2.1 間距近接式靜電致動器

　　誠如本節開始所言，早在 1967 年左右，靜電力已被 Nathanson 用來驅動微懸臂樑，使之振動，Nathanson 所採用的方式如圖 8.2 所示，其中一固定電極鍍在晶片表面上，另外由於懸浮的機械樑本身由導體形成，因此可視為一可動電極，當此二電極有電位差時，可動電極將受到靜電力的作用而形變或運動。這種致動方式產生的靜電吸力，將使可動電極朝固定電極移動，而造成此二電極間距變小，因此一般稱之為間距近接式靜電致動器。

第 8.2 節作者為方維倫先生。

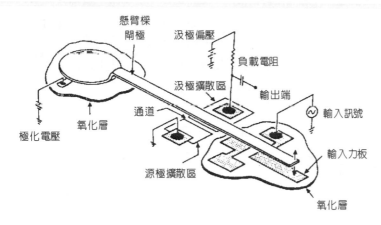

圖 8.2

Nathanson 提出的共振式閘極電晶體 (RGT)[7]。

    由上述的例子可知,在致動的過程中會造成電極板 (亦即微懸臂樑) 的形變,因此其靜電力的計算較複雜。為了避免複雜的積分式,本文將利用不會形變的剛體電極板來說明關於間距近接式靜電致動器的基本原理。如圖 8.3 所示,兩塊面積 A、氣隙間距 d 之平行電極板,當二者具有電位差 V 時,會在圖 8.3 之 y 方向產生一靜電力 F,使得平行電極板受到靜電力的吸引而彼此相互靠近,該靜電力 F 可表示為[13]

$$F = \frac{\varepsilon A V^2}{2d^2} \tag{8.1}$$

其中 ε 為空氣的介電常數。如果其中一塊電極板固定不動,而另一塊電極板沒有任何的約束 (constraint),則後者將受到靜電力 F 的作用而運動;如果後者如圖 8.4 所示受到剛性為 k_y 的彈簧約束,則靜電力 F 將使彈簧產生形變並致使電極板產生位移 Δy,由虎克定律得知此位移量 Δy 為

$$\Delta y = \frac{\varepsilon A V^2}{2 k_y d^2} \tag{8.2}$$

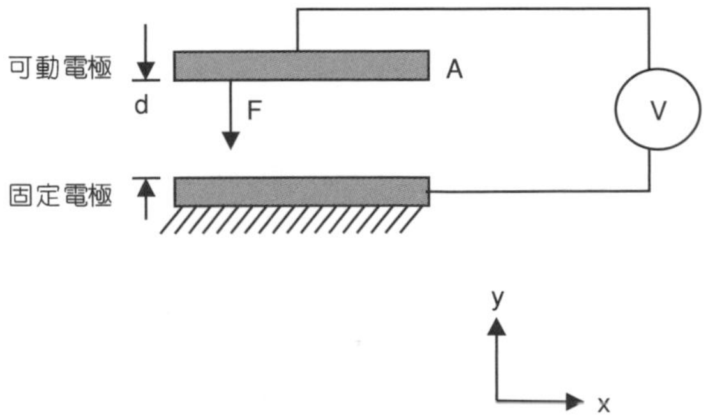

圖 8.3 間距近接式靜電致動器的基本原理示意圖。

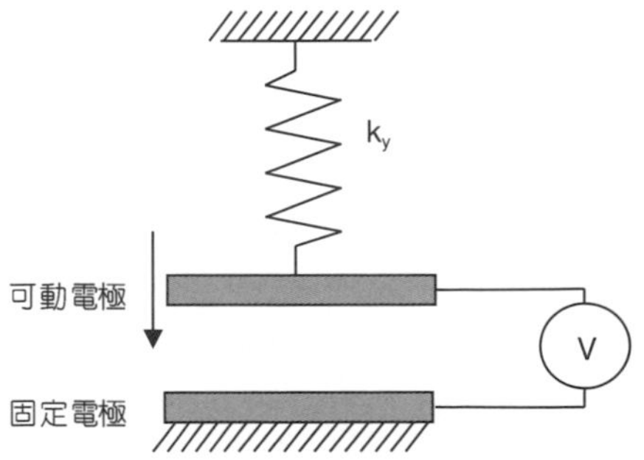

圖 8.4 間距近接式直線運動靜電致動器。

　　如果妥善地設計彈簧的特性以及電極板的位置，除了直線運動外，也可以產生扭轉運動。如圖 8.5 所示一可動電極板受到扭轉剛性 (torsional stiffness) 為 k_t 之扭轉彈簧的約束，而其兩側則分別有固定電極板施加靜電力，對靜電力以及其力臂積分可得到靜電力造成的力矩 **M**，則靜電力矩 **M** 將使彈簧產生扭轉形變 $\Delta\theta$ 並致使電極板轉動。

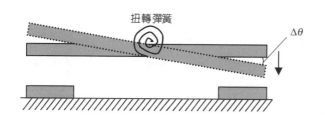

圖 8.5

間距近接式扭轉運動靜電致動器。

　　一般而言，致動器有固定電壓(簡稱DC) 和交流電壓(簡稱 AC) 兩種操作模式。首先，根據式 (8.2) 得知，若對致動器施加一定值的電壓 V，則致動器將產生一個相對應的位移 Δy，因此在 DC 模式下，致動器可藉由驅動電壓來控制其線性位移量。此外，根據式 (8.2) 得知，如果對致動器施加一隨時間作週期性變化的電壓 V，例如最常見的簡諧波 $V\cos\omega t$，則此時致動器產生的位移也將隨時間作週期性變化，例如 $\Delta y\cos\omega t$，因此在 AC 模式操作下，致動器將扮演一個機械振盪器 (oscillator) 的角色。例如，圖 8.4 所示間距近接式直線運動致動器本身即是具有彈簧和質量塊的系統，其彈簧 k_y 可根據材料力學加以計算得知，而其等效質量 m 也可根據材料性質和幾何尺寸計算出來，本文在此不作贅述，因此根據該系統的動態特性得知，其線性振動 (linear vibration) 的自然頻率 f_n 為[1]

$$f_n = \frac{1}{2\pi}\sqrt{\frac{k_y}{m}} \tag{8.3}$$

另外，圖 8.5 所示間距近接式扭轉運動致動器，其彈簧扭轉剛性 k_t 也可根據材料力學加以計算得知，而其等效慣性矩 (moment of inertia) I 也可根據材料性質和幾何尺寸計算出來，因此根據該系統的動態特性得知，其扭轉振動 (torsional vibration) 的自然頻率 f_t 為[1]

$$f_t = \frac{1}{2\pi}\sqrt{\frac{k_t}{I}} \tag{8.4}$$

如果驅動的簡諧波 $V\cos\omega t$ 的頻率 ω 和致動器彈簧與質量塊系統的自然頻率 f_n 或者 f_t 一致時，該致動器將產生一個相當大的輸出，此即所謂的共振現象，此時致動器將扮演一個機械共振器 (resonator) 的角色。

雖然利用電極間距近接的方式致動，無論是製程或操作都非常方便，但是仍有若干問題待解決。首先是驅動電壓和活動空間二者相互牽制的問題。根據式 (8.1) 得知，電極間距近接式致動器在小間距範圍內可產生較大的力量，但是其靜電力將隨著電極間距增大而快速遞減，因此為了減低起始的驅動電壓，必須將電極板起始的間距拉近。然而由於電極板的間距拉近會減小致動器活動的空間，致使在設計間距近接式靜電致動器時，必須在驅動電壓和活動空間二者間進行取捨。針對上述特性，以下本文將舉扭轉式致動器的例子來說明。如圖 8.6 所示為兩種分別以面型和體型細微加工方式製造的扭轉式致動器，其中圖 8.6(a) 所示為體型扭轉式致動器[14,15]，該類型致動器的結構是由一塊含平板結構和扭轉軸的晶片，與一塊含孔穴的晶片接合 (bonding) 在一起而形成。如圖 8.6(a) 所示，該面鏡長為 $2L$、轉角為 θ，由簡單的幾何關係得知，欲達到此操作條件，面鏡的邊緣 (如圖 8.6(a) 之 A、B 兩點) 和基材的距離 d 必須為 $d > L\theta$。由於上述的空間限制，為了滿足面鏡操作所需的轉角 θ，對於尺寸 L 較大的微面鏡 (數百微米) 而言，需要較大的距離 d，由於體蝕刻 (bulk etching) 孔穴的存在，使本方法之平板結構的轉動不受矽基材限制，可做大於 10 度的大角度轉動；此外孔穴的寬度和深度皆可經由蝕刻來調整，使得平板結構的長度 L 在設計上並無限制。另一方面，由於距離 d 增大，電極間距也隨之增加，因而導致需要相當高的驅動電壓方能使面鏡運動。圖 8.6(b) 所示則是以面型微細加工方法獲得之扭轉式致動器[16-20]，如前面所述，其平板結構的移動範圍以及電極的間隙是由犧牲層的厚度決定，因此驅動電壓較小 (小於 50 伏特)，但由於轉動角度較小，同時因邊界會限制運動範圍，使得此轉動角會隨著平板結構長度 L 的增加而被迫縮得更小。

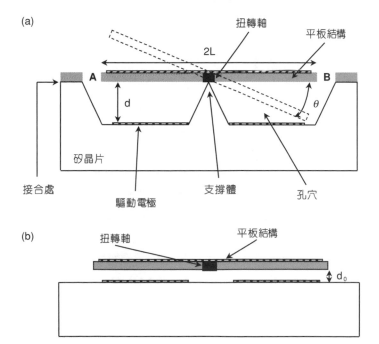

圖 8.6

以 (a) 體型微加工技術、(b) 面型微加工技術製造之微扭轉式致動器。

　　另外一個問題是靜電力和間距是非線性的關係，以及其衍生的靜電吸附 (pull-in) 問題[21-23]。間距近接式靜電致動器的一項特色是：動子的運動將改變電極的間距，進而影響靜電力的大小。由式 (8.1) 得知，靜電力和間距是非線性的關係，由於這種特性，使得間距近接式靜電致動器普遍存在靜電吸附的問題。所謂靜電吸附乃指在一如圖 8.4 所示之靜電與結構耦合作用的系統中，由於靜電力與兩電極間距離之平方成反比，而結構的彈性回復力則隨兩電極間距離之減少而線性增加，亦即當兩電極受靜電力相互吸引而拉近時，其靜電力是隨距離減少的平方增加，而彈性回復力則隨距離減少的一次方增加，因此靜電力的增加率較彈性回復力的增加率大許多。當施加在兩電極上的電壓差增加，便會使兩電極之間距減少，當電壓增加至一極限值時，結構本身的彈性回復力便無法與靜電力抗衡，造成兩電極彼此吸引至接觸。而此一極限電壓就稱為吸附電壓 V_{PI}。以靜電力驅動的元件，受靜電吸附的影響很大，例如在作為致動器時，若操作電壓大於吸附電壓，結構會瞬間被吸附至固定電極，因此限制了致動器的操作範圍。

　　由於微致動器可依據其運動的特性，衍生出許多不同的應用。除了同平面與出平面運動外，為了方便說明，本文還進一步將間距近接式靜電致動器運動的特性區分為直線或扭轉運動，以及位移由 DC 操控的定位式或由 AC 操控的振動式。一般而言，致動器的運動大部分都可以歸納為這幾種型式。以下將針對這些運動特性，列舉間距近接式靜電致動器各種不同的應用。

(1) 出平面間距近接式靜電致動器

　　關於出平面間距近接式靜電致動器最普遍的應用當屬於微扭轉致動，其中最具代表性的是光掃描或調變元件。以間距近接式靜電驅動之掃描微扭轉面鏡在 1980 年初期由 Petersen[24] 提出後，即引起廣泛的研究，直到目前 (2002 年) 都還陸續有相關的研究成果發表。誠如前文所述，這些已發表的出平面扭轉致動器，一般可區分為由面型或者是由體型微加工技術所製造。早期 Petersen 所設計的微扭轉面鏡主要是利用體型微加工技術所製造，其中以表面鍍鋁的矽扭轉平板作為光學面鏡與可動電極，如圖 8.6(a) 所示，根據前文的討論得知，這類型微扭轉致動器的扭轉角度較大，但是其需要較高的驅動電壓方能使面鏡運動。

　　關於面型微加工技術製造的微扭轉致動器，如圖 8.6(b) 所示，最具代表性的當屬於前面已提及之德州儀器公司的陣列式數位微面鏡元件 (DMD)[25]。德州儀器公司經過多年的努力，將 COMS 電路及面型微加工製程技術製造的數十萬個靜電式扭轉微面鏡陣列，單石化地 (monolithically) 整合在晶片上，且已有產品問世。根據前文的討論得知，圖 8.6(b) 這種以面型微加工製程技術製造的靜電式扭轉微面鏡，其面鏡的掃描角度受到犧牲層厚度的限制，因此較適用於小尺寸 (約十微米) 的微面鏡。由於德州儀器公司的 DMD 其每一面鏡的尺寸約為 15 μm × 15 μm，亦即 $L = 7.5$ μm，換言之如圖 8.6(b) 所示，電極間距 d 只要有 1 μm，面鏡的機械掃描角度即可達 15°，在此電極間距下，致動器便能以合理的電壓 (數十伏)

驅動微面鏡扭轉達十度。然而，如果面鏡尺寸增為 500 μm × 500 μm，則電極間距需要超過 30 μm，面鏡的機械掃描角度才可達 15°。根據式 (8.1) 得知，驅動電壓和電極間距的平方成反比，因此後者需要很高的驅動電壓。許多應用需要較大的面鏡尺寸及扭轉角度以達到足夠的光學解析度，如掃描式顯示器[26]、條碼讀取機[27]、雷射印表機[27] 等，都必須克服此問題。

　　除了德州儀器公司的數位微面鏡元件外，許多面型微加工技術製造的微扭轉致動器都是利用 MUMPs 共用製程來製造，且這些元件的面鏡尺寸遠大於德州儀器公司的 15 μm × 15 μm，因此必須解決間距受限於犧牲層厚度的問題。一般而言，MUMPs 共用製程的元件其電極間距僅有 1－3 μm，近年來已開發出多種輔助的方式與機構，成功地克服了致動器運動的行程受到限制的問題。例如，利用殘餘應力致使微結構向上彎曲，以藉此抬升 MUMPs 元件的高度[28,29]。如圖 8.7 所示之微懸臂樑長度在 900 μm 時可抬升高度為 120 μm，或者是本文 8.2.4 節將討論的步進式致動器 (SDA)[30,31]，也可以將元件高度抬升以調整電極間距。由於利用 MUMPs 製程製造的微扭轉致動器不勝枚舉，其中較具有代表性的應用為 Lucent 的三維光開關，以下將針對這幾個例子加以說明。

應力抬升臂

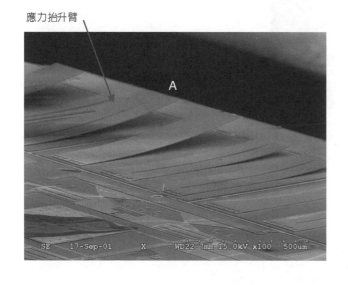

圖 8.7
利用微懸臂樑彎曲來抬升其他元件的高度。

　　首先來探討 Lucent 的三維光開關，如圖 8.8 所示為筆者實驗室研究生以改良的 MUMPs 製程，臨摹 Lucent 三維光開關的設計，並實際製造出來的成果[32,33]，以下將利用這照片來說明此微扭轉致動器的應用。如圖 8.8 所示，雙軸向扭轉微面鏡為一平衡環結構 (gimbaled mirror)，其具有雙軸向獨立扭轉的機制，而面鏡下方有四組電極以 DC 靜電驅動的方式來控制面鏡的角度[34]。由於三維光開關一重要的性能指標為埠數處理能力 (scalability)，此性能由雙軸向扭轉微面鏡的光學解析度所決定[34]，而扭轉面鏡的光學解析度正比於面鏡旋轉角及面鏡直徑的乘積，因此圖 8.8 之面鏡直徑達 500 μm，且為了產生足夠的旋轉角，面鏡與矽基板的間距約需要數十 μm，因此透過圖 8.7 所示之彎曲微懸臂樑原理，可製造如圖 8.8 所示之四根應力抬升臂，將面鏡抬升超過 50 μm。另外，透過 V 形定位結構可進一步將面鏡定位在一特定高度，然後致動面鏡，如此即順利地克服面型微加工犧牲層太薄的限制。如圖 8.9 所示，利用兩個雙軸向扭轉微面鏡所產生的角度互補機制，能夠使入射光產生平移作用而進行光纖訊號的跳接。雙軸向扭轉微面鏡陣列組所架構的三維光開關能夠處理高埠數的光纖交連，其簡潔的自由空間向量調制架構對光通訊科技產生很大的衝擊。

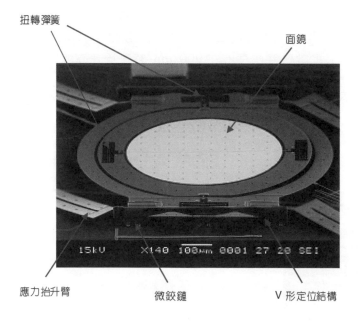

圖 8.8

筆者實驗室以改良 MUMPs 製程複製的 Lucent 雙軸向扭轉微面鏡。

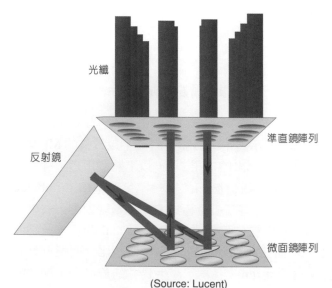

(Source: Lucent)

圖 8.9

以雙軸向扭轉微面鏡所架構的高埠數三維光開關示意圖。

　　除了面型和體型兩種加工方式製造的出平面間距近接式靜電扭轉致動器外，近年來也有許多研究人員，結合上述兩種製程來製造扭轉致動器，以同時滿足降低驅動電壓及增大扭轉角的設計要求。如圖 8.10(a) 所示為利用一種結合表面加工與體加工製程的方式，製造出來的扭轉致動器示意圖[35]，圖 8.10(b) 則為該元件完成後之電子顯微鏡照片。該致動器以面型微加工製程來製造元件，同時利用體型微加工蝕刻來移除限制平板運動的部分矽基板，由圖 8.10 的標示可以很明顯的看出，該面型微加工製造的平板結構，因體型基材蝕刻孔穴的引入，使扭轉運動的限制點由 A 移至 B 點，而增加了可扭轉空間。然而電極的間距，仍舊維持原來面型微加工之犧牲層厚度，因此驅動電壓不會因為矽基材的蝕刻而上升。

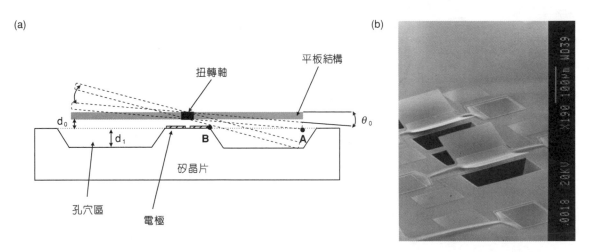

圖 8.10 結合面型與體型微加工製程製造出來的扭轉致動器，(a) 示意圖，(b) 電子顯微鏡照片。

　　出平面間距近接式靜電致動器除了應用於微扭轉致動器外，也有線性運動致動器方面的應用，最主要是被用來作為 AC 靜電驅動的機械共振器。其中一例即是前文已提及的 Nathanson 所提出的共振式閘極電晶體 (RGT)，另外一個例子是 Howe 的氣體感測器[36]，該元件如圖 8.11 所示是利用面型微加工技術做出機械結構，該結構兩端點固定但是中間懸浮 (微橋狀結構)，另外也透過半導體製程將 MOS 電路製造於晶片 (在機械結構下方)，隨後即可利用此電路來驅動微機械結構，使其在共振態運動，同時感測該橋狀微結構的振幅。如果該橋狀微結構吸附了化學蒸汽 (chemical vapor)，則其質量將隨之改變，由式 (8.3) 得知其共振頻率也會改變。根據 MOS 電路量測的結果可判斷元件共振頻率偏移的情形，然後作為氣體感測器。

　　至於 DC 靜電驅動的出平面線性運動致動器，也有很多應用方面的實例，例如美國 Silicon Light Machine 公司研發的光柵式光閥元件 (grating light valve, GLV) 即為其中一例[37]。這種光柵式光閥元件的結構如圖 8.12(a) 所示，是利用數根如前例所述之微橋狀結構所構成，當施加驅動電壓時，微橋狀結構即彎曲變形。一般而言，這種光柵式光閥元件的微

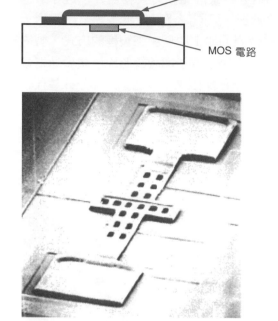

圖 8.11 利用面型微加工技術製造的共振式
　　　　氣體感測器。

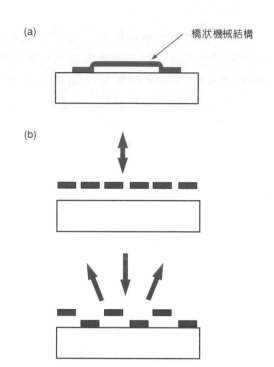

圖 8.12 光柵式光閥元件 (GLV)，(a) 側視
　　　　圖，(b) 正視圖。

橋狀結構有兩個狀態，如圖 8.12(b) 所示，其中一種是未受到驅動電壓的狀態，此時這些橋狀結構沒有形變，因此整體而言宛如一面鏡，使得入射光產生反射；反之，如果使微橋狀結構以交錯的方式受到靜電力驅動，然後吸附至晶片表面，則會因為光柵的效應，使得入射光產生繞射然後偏轉一個角度。根據圖 8.12(b) 的兩個不同的狀態，即可調變反射光路徑，以藉此達到光開關的目的。另外一個例子也是利用靜電力，使結構產生兩個不同的狀態，來作為電路的開關[38]。如圖 8.13 所示為此電路開關的示意圖，當靜電力作用時，微懸臂結構會產生彎曲形變，當靜電力大到足夠使微懸臂結構前端之金屬鍍膜碰觸到晶片表面的電路時，電路即導通，反之，電路則為關閉的狀態。

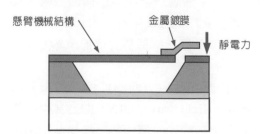

圖 8.13
電路開關。

　　除了前面幾種只有兩個操作狀態 (亦即開－關) 的所謂數位式 (digital) 的應用外，DC 靜電驅動出平面運動致動器也可藉由感測與控制電路的輔助，使元件的操作狀態隨驅動電壓不斷的改變，此即所謂類比式 (analog) 的應用，例如 Lucent 的三維光開關就是以這種類比方式操作的扭轉式致動器。如圖 8.14 所示之 Fabry-Perot 干涉儀則是類比式線性運動致動器的典型例子[39]，其元件主要是由兩個具有高反射率的平行光學鍍膜形成一個微小間距，其中一面鏡由剛性較小的皺摺板 (corrugated plate) 所支撐，然後利用平行的電極板以靜電力使該面鏡作出平面的線性運動，以調整間距的大小。該 Fabry-Perot 干涉儀原理主要利用光在行經兩個平行面鏡所形成的間距時，如果間距等於入射光的半個波長整數倍時，此空間便會形成所謂的共振腔並造成建設性干涉，然後使光的強度顯著地增加。另外，只要調變驅動電壓來類比式控制間距的大小，便可以得到不同波長的光源，來作為光學、醫學以及環境檢測等各方面的應用。圖 8.15 所示為國內精密儀發展中心成功開發的 Fabry-Perot 干涉儀，圖中可明顯看到用來類比式控制間距大小的上下電極、面鏡和支撐彈簧[40]。

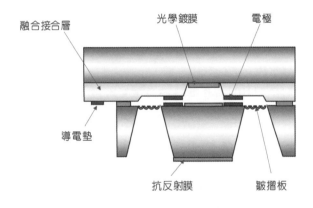

圖 8.14
Fabry-Perot 干涉儀。

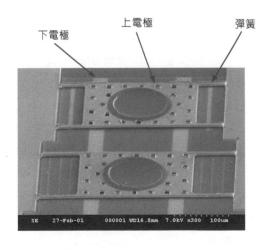

圖 8.15
精密儀器發展中心開發的 Fabry-Perot 干涉儀。

(2) 同平面間距近接式靜電致動器

　　同平面和出平面間距近接式靜電致動器最大的不同是，前者是利用元件厚度方向的側壁來產生靜電力，而後者如前文所述，其產生靜電力的區域 (如圖 8.10(b) 電子顯微鏡照片所示之電極) 則是利用光罩可以定義的平面尺寸。對於一些厚度較大的元件，例如以 (111)、(110) 或 SOI 晶片製造的高深寬比結構，或者是用 LIGA 製程製造的高深寬比結構，可利用其高達數十甚至數百 μm 的側壁，使元件在同平面方向的剛性遠小於出平面方向的剛性，然後有效且穩定地以間距近接式產生靜電力，來致動同平面運動的元件。如圖 8.16 所示為一利用 (110) 晶片製造的高深寬比靜電致動器[41]，其中包含一滑塊及其支撐彈簧和一個固定電極。另外滑塊本身同時是一個可動電極，當施加驅動電壓時，可動電極亦即滑塊會受到固定電極的吸引，產生同平面的運動。

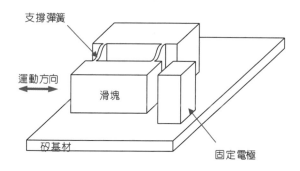

圖 8.16

利用 (110) 晶片製造的高深寬比同平面間距近接式靜電致動器。

(3) 曲面電極

　　由於幾何上的限制，使得設計間距式靜電致動器要能同時兼顧到大位移以及大出力是非常困難的。到了1992 年，Branebjerg 和 Gravesen 提出一利用曲面電極 (curve electrode) 製作之微型閥門[42]，以便解決大位移和驅動電壓的問題，也開啟後人對曲面電極的研究。曲面電極致動器基本的操作原理仍然是兩個間距近接的電極靜電力吸引效應，和前面不同的是，其中一個電極為曲面，如圖 8.17 所示固定電極為曲面，而圖 8.18 所示則可動電極為曲面。因此兩電極的間距會隨著不同的電極位置而改變，也致使其操作特性和傳統間距式靜電致動器有明顯的差異。

　　由圖 8.19 之 Pashen curve 圖得知，在 5 μm 以下的間隙會有非常大的靜電力場存在，這是製作微米甚至是次微米間隙之靜電式致動器很大的一個誘因。如圖 8.17 所示，曲面電極有一端具有小間隙，雖然另一端仍具有大間隙。在驅動元件時，因為小間隙那端會產生相當大的靜電力，促使曲面電極在小間隙的鄰近區域率先貼近固定電極，原來有較大間隙的其他區域，其電極間隙也因此逐漸縮短，而增加靜電力的吸引效應。整個靜電力吸引的過程，宛如拉拉鍊一般。

小間隙

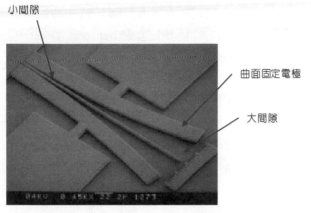

曲面固定電極

大間隙

圖 8.17
固定電極為曲面。

覆蓋板　　入口　　出口

曲面可動電極

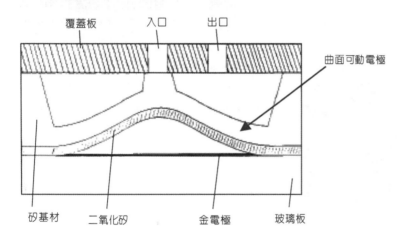

矽基材　　二氧化矽　　金電極　　玻璃板

圖 8.18
可動電極為曲面。

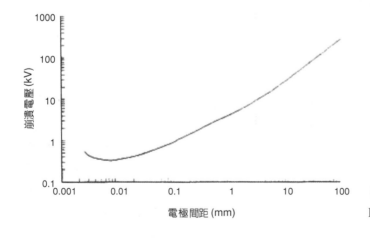

電極間距 (mm)

圖 8.19
Pashen curve。

　　對於一曲面電極致動器而言，主要組成有二部分，一為防止電極接觸短路的設計，二為曲面電極之設計。其中，防止電極接觸的方式有二，其一為利用凸塊 (bumper) 作為一位移限制，如圖 8.20，其二為利用介電薄膜作為電性上的隔絕，以防止短路，如圖 8.17 所示。至於曲面電極之設計，由於曲面電極之形狀曲率會影響此致動器之致動特性，如驅動電壓、吸附電壓等，因此是最重要的設計參數。因為同平面運動之曲面電極，可由光罩設計以及微影製程精確定義曲面電極函數形狀，因此可以透過事前的分析模擬，設計出最符合需求的曲面形狀，在文獻 43 中對同平面運動曲面電極之形狀函數特性有詳細之研究探討，該文提出一形狀函數 $s(x)$ 來描述多種可能的電極設計

$$s(x) = \delta_{\max} \left(\frac{x}{L} \right)^n \tag{8.5}$$

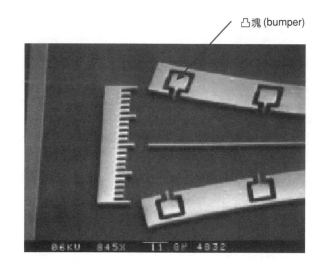

凸塊 (bumper)

圖 8.20
利用凸塊(bumper) 防止電極接觸。

其中 $\delta_{\max}$ 為曲面電極最大的間隙距離，x 為 x 軸上的位置，L 為懸臂樑之長度，n 為多項式的次方 $(n \geq 0)$，相關之曲面電極的形狀如圖 8.21 所示。

　　另一方面，製作出平面運動的曲面電極，無法藉由黃光微影的技術，精準定義曲面電極形狀。出平面運動的曲面電極主要是利用薄膜殘餘應力，使雙層薄膜懸臂樑構成的電極彎曲，以便在出平面方向形成曲面電極。然而由於影響薄膜殘餘應力的因素很多，例如薄膜沉積溫度、摻雜雜質的量、真空腔的壓力等，此外薄膜的機械性質如楊氏係數，也受到製程的影響，因此出平面曲面電極的形狀不易控制，且會隨著不同批次的製程而變化，換言之其操控的電壓不易預估與掌握。

　　由於前述之特性，因此曲面電極很適合應用在需要大位移量、大出力、低電壓驅動，而不需精準定義位置的用途上，如微光開關[44,45]、微流閥門[42,46]、微繼電器[47] 等。

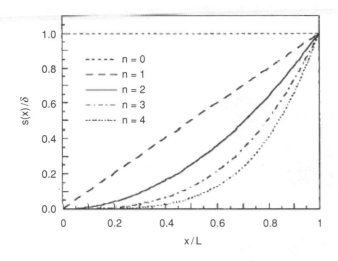

圖 8.21

各種可能的曲面電極的形狀。

8.2.2 梳狀電極式靜電致動器

　　雖然間距近接式靜電致動器的概念很早就被提出來，然而在操作時所面臨的吸附問題，以及電極板必須不斷地接觸所衍生的可靠度問題，都相當難解決，也限制了間距近接式靜電致動器在某些方面的應用。直到 1989 年 Tang 提出如圖 8.22 所示之具有梳子狀的致動電極的梳狀電極式靜電致動器，才克服這兩個問題[48]。

　　梳狀電極式靜電致動器的原理如圖 8.23(a) 所示，其具有兩塊固定不動的電極板，和另一塊位於其間、氣隙間距為 d 之可動的電極板。和間距近接式致動器最大的不同是，此可動的電極板運動方向是平行於固定電極板 (圖示之 x 方向)，而非向固定電極板靠近或遠離 (圖示之 z 方向)。當可動的電極板和固定不動的電極板厚度為 t，其間空氣介電常數為 ε，且假設彼此完全重疊時，會在其運動的方向產生一靜電力 F_x，達到致動的目的，其中 F_x 可表示為[49]

$$F_x = \frac{\varepsilon t V^2}{2d} \tag{8.6}$$

如果將上述電極 n 個並聯排列成如圖 8.23(b) 所示之梳狀形式，則該梳狀電極的總靜電力可增為

$$F_x = \frac{n \varepsilon t V^2}{2d} \tag{8.7}$$

此即為典型之梳狀電極式靜電致動器的致動力。如果在 x 方向上有一剛性為 k_x 之彈簧附著在可動電極上，則根據虎克定律得知，彈簧將受到致動力的作用產生形變 Δx，其中

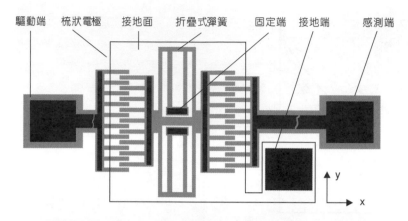

驅動端　梳狀電極　接地面　折疊式彈簧　固定端　接地端　感測端

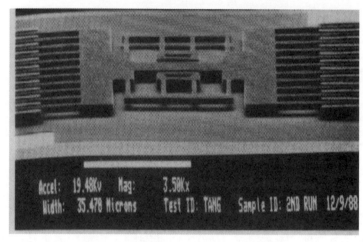

圖 8.22
Tang 提出的梳狀電極式靜電
致動器。

$$\Delta x = \frac{n \varepsilon t V^2}{2 d k_x} \tag{8.8}$$

同時也使得致動器產生位移 Δx。除了利用重疊的梳狀電極板來造成靜電力外，電極板的邊緣電場效應 (fringe effect) 造成的靜電力也被利用來協助達到致動的目的。和間距近接式致動器相同，如果妥善地設計彈簧及電極的形狀與位置，可以產生各種不同的運動。

　　由於圖 8.23 之電極板所形成之靜電場，主要仍然是在 y 方向而非 x 方向，然而將移動電極置於固定電極的中間的對稱設計，會使得 y 方向的淨靜電力為零，因此移動電極僅在期望的 x 方向致動，這種方式的電壓和靜電力的轉換效率並不好，產生的靜電力較小，所以需要相當高的操作電壓。對於一個理想的梳狀電極式致動器，在移動的過程中，電極間距 d 為一定值，且其餘的參數 t、ε、V 也不至於受到電極移動的影響，換言之，梳狀電極產生的靜電力 F_x 在致動的過程中為一常數而不隨位置變化，這是和間距近接式致動器最大的不同點。也因此梳狀電極式靜電致動器有較大的可操控行程。

　　雖然前述一個理想的梳狀電極式致動器，在移動的過程中，電極間距 d 為一定值，然而在實際的運動過程中，可動電極仍有可能在 y 方向上產生位移 Δy，致使一側的 y 方向靜電力上升，而另一側的 y 方向靜電力下降，最後將造成 y 方向的淨靜電力 F_y 不為零，由式 (8.7) 得知 F_y 為

$$F_y = \frac{n \varepsilon t L V^2}{2} \left[\frac{1}{(d - \Delta y)^2} - \frac{1}{(d + \Delta y)^2} \right] \tag{8.9}$$

其中 L 為梳狀電極重疊的長度。如圖 8.23 所示，如果 F_y 過大，將致使移動電極在 y 方向的位移大於電極間距 d，而造成移動電極的側壁吸附於固定電極的側壁，此現象稱之為側壁吸附 (side sticking) 問題[50]。因此對於彈簧結構的設計，除了必須考慮 k_x 之剛性對驅動電壓的影響外，還必須考慮 k_y 之剛性對側壁吸附問題的抵抗能力。

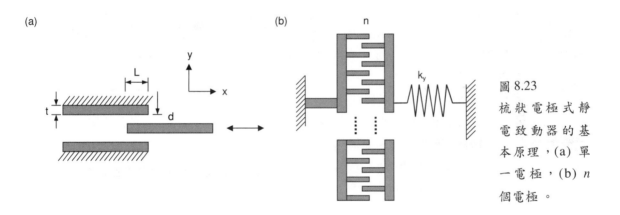

圖 8.23 梳狀電極式靜電致動器的基本原理，(a) 單一電極，(b) n 個電極。

　　對於靜電式致動器而言，減少驅動電壓一直是一個努力的目標。由式 (8.7) 得知，欲調整梳狀電極式靜電致動器的出力，可藉由增加梳狀電極的數目 n 或增加結構厚度 t，抑或是減少電極間距 d。然而對於薄膜元件，例如 MUMPs 共用製程製造的致動器，由於受限於製程，元件厚度僅有 $1 - 3\ \mu m$，因此這項參數沒有太大的改善空間。另外，電極間距 d 也受限於製程，例如黃光和蝕刻等問題，因此多半只能達到數個微米。而受限於元件尺寸和避免結構釋放時有吸附的問題，梳狀電極的數目 n 也無法任意的增加。然而仍有許多研究人員從加工製程及元件設計等不同的方式著手，以期進一步降低驅動電壓。例如 Fujita 提出一種以氧化加工的技術來製造極小的電極間隙[51]，文獻 52－54 提出利用斜齒型梳狀電極的概念來增加有效電場的面積。

　　梳狀電極式靜電致動器雖然仍存在若干問題，然而它確實可以有效地解決最致命的磨耗問題以及靜電吸附問題，另一項重要的優點是，梳狀電極式靜電致動器可利用 MUMPs

製程完成，因此能夠和許多 MUMPs 元件整合，衍生各種不同的應用。近年來，許多人甚至利用相同的原理，進一步開發出運動方向是出平面的垂直梳狀 (vertical comb) 致動器[55-60]。由於篇幅有限，以下將由同平面以及出平面運動的致動特性，介紹傳統梳狀電極式靜電致動器的應用，另外本文也將介紹兩種改良的梳狀電極式靜電致動器，分別是斜齒型梳狀電極和垂直梳狀電極，本文同時將列舉這些不同形式的梳狀電極式靜電致動器的應用實例。

(1) 同平面梳狀電極式靜電致動器

梳狀電極式致動器是目前應用最為廣泛的微致動器，該致動器同樣有如前節所述之 DC 和 AC 兩種操作模式。在 DC 模式下，梳狀致動器可藉由驅動電壓來控制其線性位移量。如果結合梳狀致動器和各種不同的微結構，例如探針 (probe)、夾子 (gripper)[61]，以控制這些元件的動作，達到精密定位 (positioning) 或操縱 (manipulation) 的目的，如圖 8.24 所示為一根用來挾持微小物體的夾子[62]；由於一個梳狀致動器只負責單軸的位移操控，因此也可以結合多個梳狀致動器，以達到多軸位移操控的功能[63]。這些元件的應用不勝枚舉，例如處理生醫樣品[61]，或者是原子力顯微鏡的探針定位[64]。其次，在 AC 模式操作下，梳狀致動器將扮演一個機械振盪器或者是機械共振器的角色，曾被用來作為機械式濾波器[65,66]，也被廣泛地用在微陀螺儀[67-69]；另外利用這種結構共振頻率的偏移，也可感測環境壓力的變化[70]。近年來由於資訊科技的熱潮，吸引為數不少的人投身在微光機電元件和無線通訊元件的開發，同平面梳狀致動器是其中一個關鍵的驅動元件，相關的光通訊應用有微光開關[71-74]、微光衰減器[75]、雷射波長調變器[76]、光波濾波器[77] 等等；無線通訊方面的應用有機械式的振盪器和前述的高品質因子 (high-Q) 的濾波器[65,66]，以及可調變電容 (tunable capacitor)[78]。

由於傳統的薄膜結構梳狀致動器易於和一般矽微加工製程整合，例如 MUMPs 共用製程，且其存活率佳，更重要的是梳狀致動器在操作的過程中不會有磨耗或接觸的問題，使

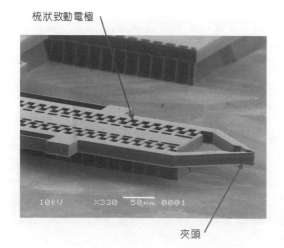

梳狀致動電極

夾頭

圖 8.24
梳狀電極式靜電致動器驅動的夾子。

得其壽命及可靠度也能達到要求，因此它是目前為止應用最廣泛的致動器。然而由於受到彈簧以及電極長度的約束，使得梳狀致動器的行程受到限制，另外梳狀致動器只能提供同平面的直線運動，此二者限制了梳狀致動器的應用。因此有許多研究人員利用梳狀致動器可和 MUMPs 元件整合的特性與優勢，開發各種 MUMPs 機構來克服梳狀致動器在運動方面的障礙，以下列舉幾個具有代表性的例子。

如圖 8.25 所示，美國加州大學柏克萊分校 (UC Berkeley) 利用兩個梳狀致動器，將直線運動轉為轉動[79]。該機構主要分為一對梳狀致動器及一撞擊臂 (converter pointer)，首先，利用兩個梳狀致動器的個別運動，可使撞擊臂產生兩種運動型式，一是兩梳狀致動器同相位則撞擊臂將做直線運動，因此在 y 方向有較大之位移輸出；另一是兩梳狀致動器有相位差撞擊臂將做旋轉運動，因此在 x 方向有較大之位移輸出。當撞擊臂的尖端側向撞擊齒輪，會產生一法線方向摩擦力及一切線方向摩擦力，而切線方向之摩擦力恰提供齒輪一淨扭矩，使齒輪發生轉動。如果妥善地切換上述直線和旋轉運動模態，則可以控制齒輪之旋轉方向，此機構說明如何將直線運動轉換為旋轉運動。另外也可以直接利用彎曲的梳狀電極來產生旋轉運動致動器[80]，如圖 8.26 所示為筆者實驗室開發的扭轉式致動器[81]。

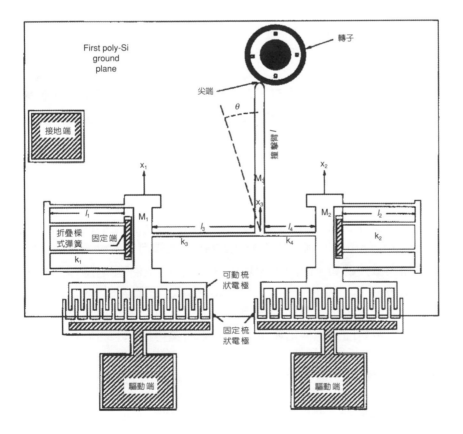

圖 8.25
此機構說明如何將直線運動的梳狀致動器轉換為旋轉運動[79]。

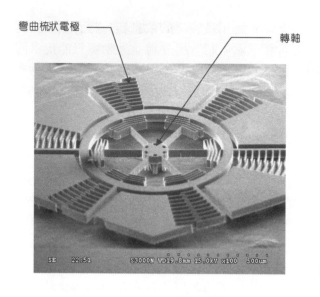

圖 8.26
利用彎曲梳狀電極致動旋轉致動器運動。

　　另外如圖 8.27(a) 所示，美國加州大學柏克萊分校也利用兩組梳狀致動器的衝擊，可使一個滑塊在平面上作大位移的剛體運動[82]。如圖所示，利用上方的一組梳狀致動器產生的小位移，使剛性很大之斜向撞擊臂 (impact arm) 產生 45 度的撞擊運動，再利用撞擊臂及滑塊間的摩擦力帶動滑塊，因左右方向力量抵消，只產生一向下合力，致使滑塊向下移動。反之，利用下方的一組梳狀致動器產生的小位移，只產生一向上合力，致使滑塊向上移動。此滑塊運動方式是步進式的，一撞擊為一步進距離，所以滑塊的位置及速度可由撞擊次數控制。又撞擊臂可在短時間內產生很大的力量，所以可克服黏著問題。透過此傳動機制優點，可使梳狀致動器擁有次微米等級的定位精度，以及超過 350 μm 的運動距離。此機構說明如何使梳狀致動器產生大的輸出位移。

(2) 出平面梳狀電極式靜電致動器

　　由於 Pister 利用面型微加工技術開發了微鉸鏈 (micro hinge)[83]，使得 MUMPs 的微機械元件在製程完成後，得以立於矽晶片表面，因此透過微鉸鏈可將梳狀致動器的同平面直線運動輸出，轉換成元件的出平面旋轉運動。例如前述圖 8.27(a) 之機構可使致動器產生大的同平面直線位移輸出，如果加上微鉸鏈和一面鏡，即可使該面鏡產生出平面之旋轉運動，達到光掃描之目的，如圖 8.27(b) 所示。另一例子為如圖 8.28 所示之光掃描器[84]，該掃描器的面鏡和其支撐架在微鉸鏈的協助下，立於矽晶片表面，然後梳狀致動器直接用來驅動面鏡。由於致動器的直線運動輸出會對面鏡的轉軸產生力矩，使面鏡得以出平面旋轉。此機構說明如何使梳狀致動器產生出平面的輸出位移。上述幾個例子也充分說明了，在 MUMPs 製程平台的整合下，梳狀致動器可結合其他元件或機構，克服本身性能的障礙，衍生許多不同的應用。

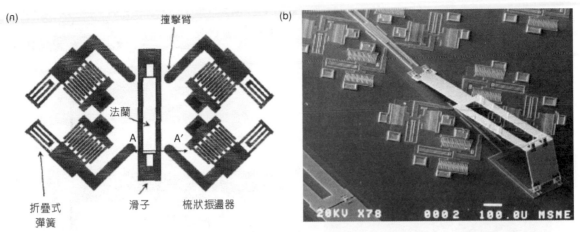

圖 8.27 此機構說明 (a) 如何使梳狀致動器產生大的輸出位移，和 (b) 利用微鉸鏈機構使梳狀致動器產生出平面運動。

圖 8.28
此機構說明利用微絞鏈機構使梳狀致動器產生出平面運動。

　　同樣地美國 Sandia 國家實驗室也利用其 SUMMiT (Sandia ultra-planar, multi-level MEMS technology) 製程平台將梳狀致動器和其他元件整合，如圖 8.29(a) 所示之光掃描器利用了齒輪組的設計將梳狀致動器小位移之線性運動轉成齒條大位移之剛體運動，然後齒條之直線運動透過微鉸鏈機構設計可使微面鏡有出平面之運動而立於晶片表面[85]。圖 8.29(b) 為此轉換機構之近照，兩組相互垂直之梳狀致動器連桿接於齒塊上，齒塊之齒與 1 號齒輪之齒契合，當此二梳狀致動器在相位差 90 度連續運動時，可往復接觸並推動 1 號齒輪轉動，1 號齒輪推動 2 號大齒輪帶動小齒輪，2號小齒輪推動 3 號大齒輪帶動小齒輪，3 號小齒輪再推動齒條，齒條即可進行大位移之剛體運動，以推動微面鏡做出平面之掃描。

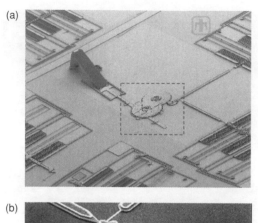

圖 8.29 美國 Sandia 國家實驗室開發的光學
　　　掃描機構之 SEM 圖 (a) 全圖，(b)
　　　虛線部分之齒輪組放大圖。

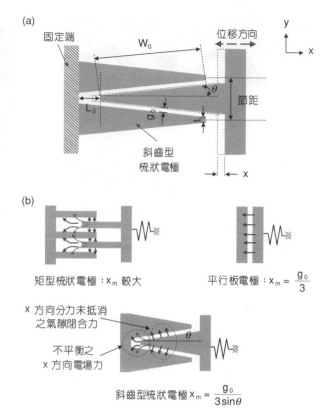

圖 8.30 斜齒型梳狀致動器 (a) 外形與尺寸設計 (b)
　　　與他型致動器之力量來源與衝程比較。

(3) 同平面斜齒型梳狀電極式靜電致動器

　　由前述可知，由於間距近接式靜電致動器存在靜電吸附的問題，因此其可操控的行程
受到明顯的限制。另一方面，由於側向操作原理所產生的靜電力較小，所以梳狀致動器仍
需要相當高的操作電壓。為同時滿足增大可操控行程和減小操作電壓的需求，參考文獻 52
－54，利用一斜齒型梳狀致動器以克服此問題，其外形與設計參數如圖 8.30(a) 所示。基本
上是將傳統梳狀致動器之矩形齒狀電極變化成等腰梯形電極，並交錯排列。以下將進一步
針對斜齒型梳狀致動器之相關優點，包括較大出力與較大位移量，以及能針對衝程或出力
需求進行取捨設計之彈性，做詳細的分析與說明。

　　由文獻 54 得知，斜齒型梳狀致動器之最重要設計參數即為圖 8.30(a) 中所示之斜齒電
極傾角 θ，此一可調參數賦予了斜齒型梳狀致動器較佳性能與設計上的取捨彈性。參考圖
8.30(b)，可發現因該傾角之存在，使致動器之主要力量來源除了原梳狀致動器所具之不平
衡電場力之外，將再加上氣隙閉合力在運動方向上未被抵銷之分力，因而產生了相較於一
般梳狀致動器更大之出力；另一方面，其雖在運動方向上有氣隙閉合電極之出力特性，卻

無其可控衝程過度受限之缺點。參考圖 8.30(a) 中參數對應關係,在忽略邊緣電場效應下,斜齒型梳狀致動器在 x 方向上之單位斜齒出力 F_{ex} 與可控衝程 x_c 為:

$$x_c = \frac{g_0}{3\sin\theta} \tag{8.10}$$

$$F_{ex} = \varepsilon \cdot n_t \cdot H \cdot V^2 \cdot \frac{g_0 \cos\theta + W_0 \sin\theta}{(g_0 - x\sin\theta)^2} \tag{8.11}$$

其中 ε 為空氣介電常數、θ 為傾角、g_0 為氣隙間距、n_t 為齒數、H 為結構厚度、V 為驅動電壓,W_0 為兩相對電極間之重合寬度。由式 (8.10) 與式 (8.11) 可知,當 θ 趨近於 0 度時,F_{ex} 與梳狀致動器之致動力相同,且並無最大可控衝程之限制;反之當 θ 趨近於 90 度時,F_{ex} 即相等於氣隙閉合致動器之致動力,且可控衝程同為氣隙大小的三分之一。為方便觀察,圖 8.31 繪出在固定致動器總寬與一給定 θ 下,斜齒型梳狀致動器與傳統梳狀致動器之出力比較,可發現前者在最大可控衝程,亦即吸附發生前之位置 (約 10 μm 附近),其出力可達傳統梳狀致動器之四倍以上;而隨著傾角 θ 設計愈大,其出力將更大,不過可控衝程亦會隨之減少。若進一步以 MEMCAD 做數值分析以考慮邊緣電場之影響,則結果如圖 8.32 所示:明顯可見斜齒型梳狀致動器的確能產生相對於傳統梳狀致動器較大的力,另外能承受的驅動電壓也較氣隙閉合致動器大得多,代表其具有較大可控衝程。

經由以上之分析,可驗證斜齒型梳狀致動器實為傳統梳狀致動器與氣隙閉合致動器之中間設計,其藉由一可調參數所賦予之設計彈性,將能獲得較合於需求之性能,例如在比梳狀致動器出力更大的同時,可控衝程仍能在1/3 氣隙至十餘微米間自由選擇。實際設計須根據致動器需要之規格而定,例如希望出力較大而衝程可稍小者,則以大 θ 值設計為佳。

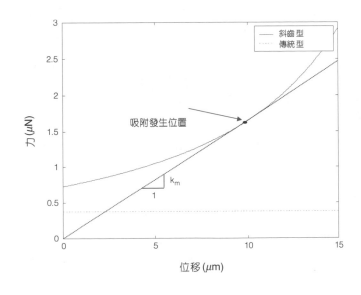

圖 8.31

斜齒型梳狀致動器與傳統梳狀致動器之致動力比較(k_m 為彈簧剛性)。

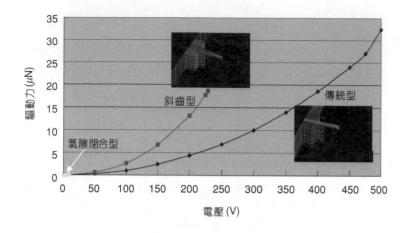

圖 8.32

以 MEMCAD 做數值分析之驅

動力分析結果。

　　圖 8.33 為文獻 54 所製造之斜齒型梳狀致動器。氣隙間隙約為 5 μm，而致動器厚度達 30 μm 以上，使能充分提供出平面方向剛性，避免該方向上之擾動；側壁部分為摻硼矽之導電層，使整個側壁都能提供靜電驅動力。圖 8.34 則為利用光學表面干涉儀做平面上位置量測所獲得之典型靜態位移－電壓曲線，可見其確具有氣隙閉合型之靜電力特性。雖然其量測精度並不理想，但仍足以定性地驗證斜齒型致動器之優點：此設計下，其位移量可達 3 μm 以上，而驅動電壓僅在 30 伏特左右。若對照同製程條件下之一般梳狀致動器，30 伏特則仍無明顯位移，顯見此型致動器提供了相對之大驅動力。

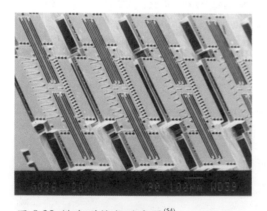

圖 8.33 斜齒型梳狀致動器[54]。

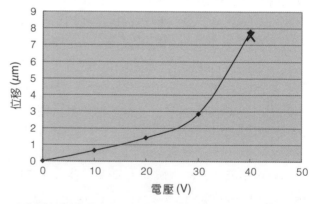

圖 8.34 斜齒型梳狀致動器之典型電壓－位移響應。

(4) 出平面垂直式梳狀電極式靜電致動器

　　傳統的梳狀致動器主要是提供和晶片表面方向平行的致動，亦即作為同平面運動致動的元件，近年來，提供出平面方向致動的垂直式梳狀致動器 (vertical comb actuator, VCA) 已逐漸受到重視，可見於文獻 86－91。由於垂直式梳狀致動器不靠傳動機構之直接致動模式,以及無運動空間過小之優點,使其在出平面方向的致動具有較佳操作性能與應用空間之潛力。垂直式梳狀致動器形狀設計概如圖 8.35 所示,不同於傳統的梳狀致動器,此致動器之兩相對梳狀結構為一上 (可動電極) 一下 (固定電極) 之設計而具有高度差,由於其垂直於晶片表面的方向上之電場不對稱,使得這對電極產生了垂直於晶片表面之方向上的力量;而由於運動空間上並沒有阻礙,驅動力與運動空間之取捨問題因而不復存在。具有上下高度差之 HARM (high aspect ratio micromachining) 梳狀結構並不容易製造,雖然文獻中各自提出了其製造方法,但卻隱含了不少問題,如可動電極與固定電極需兩道光罩製作並對準者,其對準精度要求很高[87-89];因設計電極間氣隙須大於製程兩倍最小線距 (line-space),而影響輸出力量極大[90];僅能單方向操作[86],或僅能動態下操作[91] 等等。一般而言,該型致動器普遍有製造繁複的缺點,一簡單而穩定之垂直梳狀致動器製造方法實極待開發。

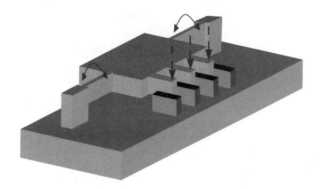

圖 8.35

HARM 結構之垂直致動型出平面致動器。

垂直梳狀致動器依不同之應用,同樣可分為 AC 與 DC 驅動電壓操作兩種模式,而各模式所需之梳狀結構設計,尤其是可動電極與固定電極之相關位置,並不盡相同。以僅需 AC 操作模式之應用而言,其梳狀結構之設計可如圖 8.36(a) 中之安排:其基本原理是利用起始電極 (starting electrode) 產生一不平衡電場,並形成一微小的起始位移;當施以一配合結構共振頻率之交流電壓時,由於此型式的電極位置安排恰具有「振動愈大靜電力愈大」之正回授特性,使得起始的微小位移能夠產生操作時的大共振振幅,結構便可在此共振模態下操作。而據文獻 91 之觀察,微小不平衡電場甚至不需起始電極之設計即可產生,換言之,梳狀之可動與固定電極可設計於同平面上。然就 DC 操作模式而言,上述設計因起始電極所能產生的靜態位移實在太小,且共振時之動態放大之特性已不再適用,使其無法適用於 DC 操作之應用上。不過若將梳狀結構之相對位置安排改成如圖 8.36(b) 中所示,則能產生更大之不對稱電場以及垂直方向之致動力,使能於準靜態操作時產生夠大之位移。雖然此設計顯然在製造上難度提高很多,但卻具有同時滿足準靜態與動態操作要求之優勢。

假設 VCA 之運動為單純之 z 方向垂直運動,VCA 之梳狀結構相關幾何參數示於圖 8.37(a) 中,其中可動電極與固定電極間之高度差 H_o 是產生上下不對稱電場之主要來源,因

此其對 z 方向致動力 F_z 影響最大。由於不對稱電場將隨高度差之減少而逐漸變小，故可預期當可動電極產生運動而逐漸縮小 H_o 時，F_z 將逐漸變小，最後其沒入固定電極後力量將趨近於零。若使用數值模擬軟體 MEMCAD 針對致動力與可動電極位置的關係來定量分析，恰可驗證這種推測。典型結果如圖 8.37(b) 所示，其設定可動電極與固定電極厚度皆為 40 μm：若可動電極位置在從零 (a 點) 到沒入結構厚度的一半 (b 點) 的區間內，致動器出力大小最大且幾為定值，故此區可視為線性操作區；而在電極相對位置從 b 點到 c 點的區間內，致動器出力則逐漸下降到最小值。

根據上述結果可知，欲使垂直式梳狀致動器之大出力範圍增加之途徑有二：其一是增加梳狀結構厚度，以直接增加大出力範圍，且致動力亦會隨厚度變大而增加；其二則是設計使起始重合深度／結構厚度比值 H_o/H 儘量小，亦即使其固定與可動電極之起始相對位置

圖 8.36
可動電極與固定電極之相關位置設計，(a) 僅能動態操作之設計，(b) 能做動態與準靜態操作之設計。

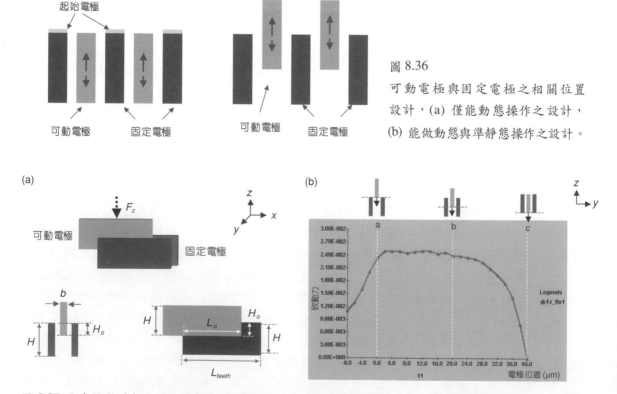

圖 8.37 垂直梳狀電極之 (a) 電極相對位置關係與幾何參數示意圖，(b) 致動力對可動電極位置關係之 MEMCAD 模擬曲線。

落於前述之 a 點至 b 點之大出力操作區間,並儘量使其接近 a 點,其中 a 點位置約可以兩倍電極氣隙來概估[92]。簡言之,欲製造出力較佳之垂直梳狀電極,所使用的製程需有同時製造出圖 8.37(a) 中具有「上半部高度差」與「下半部高度差」結構之能力,亦即須具多重厚度結構之製造彈性。

除了 z 方向的幾何參數外,另一影響實際出力大小的參數則為如圖 8.37(a) 所示之 x 方向重合長度 L_o。根據文獻 86 所述,當垂直位移量小於可動電極 (即上電極) 厚度 H 的 80% 時,可忽略邊緣電場的效應。因此其靜電力可單純利用靜電能微分來估算,而近似為

$$F_z = \frac{n_t}{2} \cdot \frac{\varepsilon \cdot L_o}{g_0} \cdot V_d^2 \tag{8.12}$$

其中 n_t 為齒數,ε 為介電常數,V_d 為驅動電壓,g_0 為電極間之氣隙間距。由式 (8.12) 可知,欲使實際出力大小增加,除了增加齒數、減少氣隙外,增加電極間之重疊長度 L_o 亦為實際可行之方法,而事實上此亦為使 VCA 致動力達微牛頓量級之主因。若與傳統同平面梳狀致動器作比較,可發現其靜電力之生成方式其實相同,亦即式 (8.7) 和式 (8.12) 的形式是一致的,差別僅在於平面尺寸與垂直尺寸之互換,亦即 VCA 於 x 方向的重合長度 L_o 對應到傳統梳狀致動器中之梳狀結構厚度。由於長度設計可較厚度大上一個數量級以上,此使得垂直式梳狀致動器力量能夠遠大於平面梳狀致動器,而趨近間隙閉合型致動器之出力量級[86]。

雖然前段中敘述了單純地設計 VCA 某些尺寸,便能獲得性能之提升,但由於一些負效應之存在,使得這些尺寸並不能無限制的增加,其主要包含了側向不穩定性 (side instability) 與運動耦合 (motion coupling) 等問題。首先要討論的是側向不穩定性問題。在理想狀況下,可動電極兩側,亦即圖 8.37(a) 之正負 y 方向上,所產生之氣隙閉合力會相等而互相抵銷。然而實際上,任何擾動都有可能破壞此平衡情形,產生一淨側向力,而造成結構如圖 8.38(a) 之側偏運動。此側向力將隨所加電壓 V_d 與電極重疊深度 H_o 之增加而變大,且當側向剛性無法再抵抗該側向力時,便會造成可動電極被側向吸附 (pull-in) 到固定電極上之情形。該側向不穩定性問題將影響到最大操作電壓 (或可操作區),使其受限吸附時之電壓 V_{pi},另一方面最大位移也將受限於吸附發生時之位移 z_{pi}。參考文獻 86,若令側向剛性為 k_y,運動方向剛性為 k_z,運動方向上之起始重合深度 H_o,則 z_{pi} 若可表示為

$$z_{pi} = g_0 \sqrt{\frac{k_y}{2k_x}} - \frac{H_o}{2} \tag{8.13}$$

此式顯示了欲獲得較大之可操作區間,需設計使彈簧之運動方向剛性 k_y 對側向剛 k_z 之剛性比值 k_y/k_z 儘量大。另外 H_o 值仍以小為佳,此與前段所述 H_o 設計宜使其儘量接近圖 8.37(b)

中之 a 點，恰為一致的設計需求。注意到式 (8.13) 中並未包含梳狀結構重合長度 L_o，主要因為 L_o 對增加垂直力與增加不希望產生的側向力是相同的一次關係，因此對最大容許位移 z_{pi} 之影響會互相抵銷。因此在設計時，x 方向重合長度 L_o 可設計使之儘量大以增加致動力，而不必考慮側向不穩定性問題。

　　其次是運動耦合之問題，該問題是指致動器運動除了希望之 z 方向運動外，亦夾雜了不希望產生之運動，除了包括前段所提之 y 方向側向運動外，尚包括如圖 8.38(b) 所示、可動電極在 x 方向之橫向運動。由於橫向運動之力量 F_x 與 F_z 同為不對稱電場所造成，因而欲降低 F_x，可參考原來用以提升 F_z 之方法並做相反的設計，亦即減少橫向之結構重合厚度 H_o、增加起始重合長度 L_o 與單一電極長度 L 之比例 L_o/L 等，其次再輔以提高橫向運動之彈簧剛性以及對稱致動等方式，則可降低該耦合運動之問題。

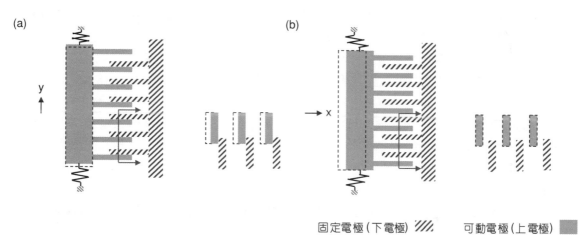

(a)　　　　　　　　　　　　　　　　(b)

固定電極 (下電極) ///////　　　可動電極 (上電極) ▮

圖 8.38 垂直梳狀致動器驅動時主要負效應示意圖，(a) 側向不穩定性，(b) 耦合 x 方向運動。

　　綜上可知，垂直梳狀致動器之設計考量上，在彈簧部分宜使其厚度能小於結構厚度，而在梳狀電極部分則有如下設計需求：結構上需能有較大之梳狀電極厚度，以及可動與固定電極間較大之上半部與下半部高度差，以增加出力與大出力操作區間；其次是增加 x 方向重合長度 L_o 以增加出力；另外亦需考慮負效應排除之設計，如提高彈簧 k_y/k_z 剛性對比、增加 L_o/L 比值等等。

　　為滿足以上複雜的設計要求，垂直梳狀致動器的製程需具有多重厚度、多重高度結構之製造能力，舉例而言，筆者實驗室提出一個可以製造多重厚度和多重高度之高深寬比結構的製程平台，來達成上述之結構設計需求[81,93]。如圖 8.39 所示為典型之製程結果的 SEM 照片，由照片可清楚地觀察到結構具備多重厚度和多重高度之特性。圖 8.40 則是該製程兩種不同的應用，分別是操作在 AC 模式的光掃描元件和操作在 DC 模式的光衰減器[94,95]。

圖 8.39 文獻 81 之高深寬比結構的製程平台的製造結果，(a) 多重厚度，(b) 多重高度。

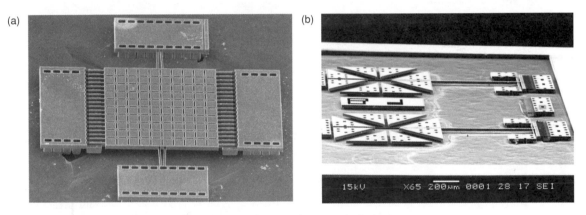

圖 8.40 以文獻 81 之製程平台製造的 (a) 光掃描元件和 (b) 光衰減器。

8.2.3 靜電平板槓桿放大致動器

　　簡言之，在相同的操作電壓下，間距近接式的出力大但是位移小，而側向操作式的出力小但是位移大，都有其操作上的限制。既然具有完美性能的致動原理仍待發展，因此 Lin 和 Fang 利用傳輸機構來改善致動器的輸出性能。此一概念如同以汽車的變速機構能使引擎維持在最有效率的操作區間一般。本節將介紹此種以高剛性的出平面槓桿傳動機構，改善現有面型矽微加工技術所製造之出平面致動器的操作特性。

　　由於面型矽微加工所製造之小氣隙的平板電極具有操作電壓低與出力大的特性，然而位移量小是其缺點，為了改善驅動電壓以及輸出位移，Lin 和 Fang 將微機械槓桿與致動器結合，而提出一新式的靜電平板槓桿放大致動器 (electrostatically-driven-leverage actuator, EDLA)[96-98]，如圖 8.41 所示，此一致動器由面型矽微加工中最常見的平板電極作為驅動源，並與文獻 99 所提出的高剛性槓桿以撓性接點相結合以放大其端點位移。首先來分析 EDLA 致動器的出力與位移，根據槓桿原理，如圖 8.41(b) 當槓桿的施力臂長度為 L_1、抗力臂長度

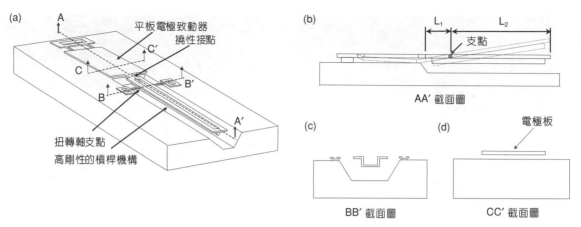

圖 8.41 靜電平板槓桿放大致動器示意圖。

為 L_2 時，該槓桿的位移放大率 X_L 為

$$X_L = \frac{L_2}{L_1} \tag{8.14}$$

然而當槓桿放大 X_L 倍的位移時其輸出力量亦縮小為 $1/X_L$，因此對輸出功而言並無增益效果。然而對於間距近接的致動方式而言，其靜電力 p 與間距 g 呈平方反比，因此 EDLA 槓桿端點輸出力量正比於 $1/(g_2 X_L)$，若其輸出位移 X_{Lg} 為定值，則槓桿端點輸出力量正比於 X_L/g。舉例而言，間距 g 減為 1/2 而槓桿率 X_L 增為 2 倍時，輸出位移不變，而輸出力量增為 2 倍，輸出功亦約增加為 2 倍。因此整合間距近接式的靜電致動器與槓桿不僅是簡單的將位移放大，對致動器輸出功亦有增益。

　　以下將 EDLA 與微機電系統中最常被使用的梳狀致動器作一比較。參考圖 8.42(a)，假設梳狀致動器以典型的面型矽微加工製造，元件所佔面積約為 $600~\mu m \times 150~\mu m$，設最小線寬為 3 μm 且電極間距為 2 μm，而此一結構共包含 120 根指狀電極，其最大位移量在 10 μm 左右，此元件的出力與位移無關，當輸入電壓為 50 V 時其出力為 2.3 μN。參考圖 8.42(b) 的 EDLA 其所佔面積與圖 8.42(a) 之梳狀致動器同樣為 $600~\mu m \times 150~\mu m$，而電極面積為 $300~\mu m \times 150~\mu m$，並以一放大率 X_L 為 10 的槓桿放大其位移。此元件理論上的最大位移量為 20 μm，而可操作的行程約為 8 μm (考慮靜電吸附效應)，約等同於圖 8.42(a) 之梳狀致動器。當輸入電壓為 50 V 時其出力在初始位置時為 6.7 μN，而在最大可操作的行程 ($X_2 = 8~\mu m$) 時為 10.8 μN，而在最大位移量時 ($X_2 = 20~\mu m$) 其出力為 230 μN。若比較兩者所佔面積相同，可操作的行程亦相當，當輸入電壓相同時，EDLA 即使經由槓桿縮小 10 倍的力量 ($X_L = 10$)，其可控行程內的最大出力仍為梳狀致動器的 4 倍，而其終端位置的出力則遠大於梳狀致動器。由此可知，藉由整合間距近接式的靜電致動器與槓桿機構的 EDLA 具有大位移且大出力 (低電壓) 的優點。

關於上述 EDLA 致動器之製造流程，如圖 8.43 所示，其斷面之代號可參考圖 8.41[97]。首先，如圖 8.43(a) 所示先以 DRIE 定義出槓桿臂的 w 及 D，如圖 8.43(b) 所示，以磷擴散定義出下電極，然後再以 LPCVD Si_3N_4 作為絕緣層及 KOH 蝕刻阻擋層，如圖 8.43(c) 所示，再利用面型矽微加工技術製造犧牲層與結構層以完成槓桿結構及上電極，如圖 8.43(d) － 圖 8.43(f) 所示。最後以非等向性濕蝕刻 (KOH) 將槓桿下的矽基底蝕除，以使其有足夠的運動空間並將犧牲層蝕除。如圖 8.44 所示之 SEM 照片[96]，為一典型製程完成後的元件，由該照片可清楚地觀察到驅動電極及槓桿機構。其電極尺寸為 300 μm 長、150 μm 寬，而槓桿的長度為 300 μm。

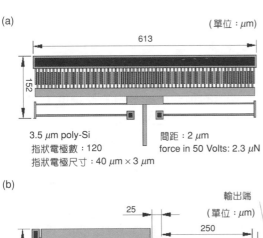

(a)　　　　　　　　　　　　(單位：μm)

613

152

3.5 μm poly-Si
指狀電極數：120
指狀電極尺寸：40 μm × 3 μm

間距：2 μm
force in 50 Volts: 2.3 μN

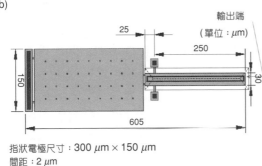

(b)

輸出端

25

(單位：μm)

250

150

30

605

指狀電極尺寸：300 μm × 150 μm
間距：2 μm
槓桿放大率：10
施加 50 V 時輸出端的平均出力：10 μN (before pull-in)

圖 8.42 比較佔用相同面積之 (a) 具 120 根指狀電極的梳狀致動器，及 (b) 靜電平板槓桿放大致動器兩者的出力及位移。

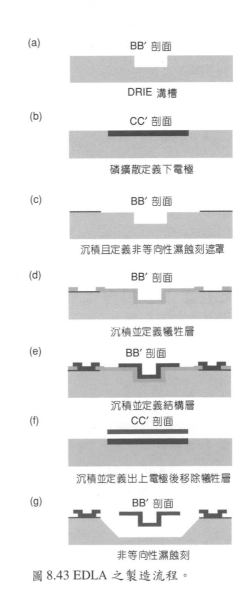

(a) BB′ 剖面

DRIE 溝槽

(b) CC′ 剖面

磷擴散定義下電極

(c) BB′ 剖面

沉積且定義非等向性濕蝕刻遮罩

(d) BB′ 剖面

沉積並定義犧牲層

(e) BB′ 剖面

沉積並定義結構層

(f) CC′ 剖面

沉積並定義出上電極後移除犧牲層

(g) BB′ 剖面

非等向性濕蝕刻

圖 8.43 EDLA 之製造流程。

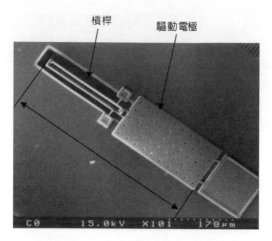

圖 8.44 EDLA 之 SEM 照片。

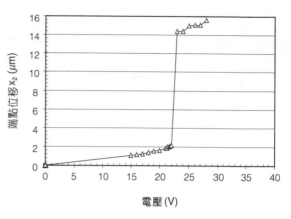

圖 8.45 不同槓桿率之 EDLA 的電壓－位移量測結果。

　　圖 8.45 所示為典型的 EDLA 操作特性[96]，該致動器的槓桿尺寸是施力臂長度 L_1 為 40 μm、抗力臂長度 L_2 為 250 μm，當驅動電壓緩慢的自 0 V 增加至 22 V 時，其端點位移量從 0 μm 至 2 μm，而當驅動電壓達於 22 V 時，則因吸附效應使位移量從 2 μm 驟升至 15 μm。因此 EDLA 致動器能夠以 22 V 的電壓，達到超過 15 μm 的位移量，驗證了此一元件低操作電壓大位移量的特性。然而此致動器可操控的範圍，亦即吸附效應發生之前的位移只有 2 μm，因此仍嫌不足。

　　簡言之，雖然 EDLA 有相當優異的位移輸出與低電壓操作的特性，然而間距近接式驅動方式所產生的吸附效應使得該致動器的可操作行程很小，而不適合於位置控制。由於平板間的靜電力與其間距 g 及面積 A 相關，根據漸變間距曲面電極的設計[100,101]，其利用定子電極曲面化的方法使動、定子間的間隙沿著軸向而漸變，可延緩吸附現象的發生而增加其可操作行程。另外，利用改變沿著軸向的電極面積 (漸變面積)，也可以改善致動器操作特性，如圖 8.46 所示。文獻 102 共提出四種不同的電極形狀，其形狀參數 n 分別定義為矩形 ($n = 0$)、凹形 ($n = 0.5$)、三角形 ($n = 1$)、凸形 ($n = 2$)，並假設電極為剛體。分析結果如圖 8.47 所示，對間隙 2.5 μm 之例而言，其吸附位置上限可從 1.10 μm ($n = 0$) 增加至 1.39 μm ($n = 2$)。因此利用此種方法可增加致動器的可控制行程約 25%。而圖 8.48 的 SEM 照片為如圖 8.46 所分析的不同電極形狀之 EDLA，其中圖 8.48(a) 為凹形 ($n = 0.5$)，圖 8.48(b) 為三角形 ($n = 1$)，圖 8.48(c) 為凸形 ($n = 2$)。

　　文獻 98 利用圖 8.43 之非等向性蝕刻在槓桿下方製造出自由空間，使槓桿能有向下的行程，以避免在動態操作時與基板敲擊，因此 EDLA 可作為動態操作之振盪器 (resonator)。然而，間距近接式驅動方式所產生的空氣阻尼 (squeeze-film damping) 也遠較側向操作式的致動器為大，通常會有十倍的差異，因此間距近接式雖然在 DC 態時的操作電壓較小，然而在共振態操作時，由於較大的阻尼，其操作電壓未必比側向操作的致動器為低。為了克服此一缺點，可利用深槽技術在電極板下方埋設高深寬比的排氣道[102,103]，較之於在電極板上

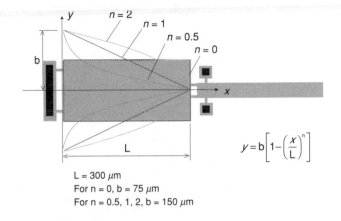

$$y = b\left[1 - \left(\frac{x}{L}\right)^n\right]$$

L = 300 μm
For n = 0, b = 75 μm
For n = 0.5, 1, 2, b = 150 μm

圖 8.46

不同形狀電極之 EDLA 及其電極形狀之定義。

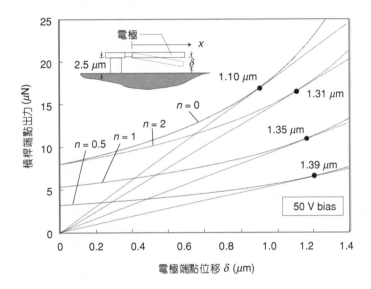

圖 8.47

不同形狀電極之 EDLA 及其電極形狀之出力－位移分析結果。

打洞以減低空氣阻尼的方式會大幅縮小電極面積，此項設計控制阻尼的方法在於排氣道的深度不至於大幅縮小電極面積。而圖 8.49(a) 所示之 SEM 照片為具有高深寬比的排氣道之 EDLA，其製程與圖 8.43 所述雷同，排氣道溝槽的蝕刻與槓桿溝槽同時完成，排氣道溝槽的寬度較窄，以至於犧牲層能將溝槽填平如圖 8.49(b) 所示。而圖 8.50 所示之頻率響應圖為兩相同尺寸之 EDLA，其中之一具有上述之排氣道，而在兩者操作電壓相同的條件下所進行之量測。此一量具為顯微鏡型的雷射都卜勒振動儀，將雷射光點聚焦至槓桿的端點以量測其動態形變。觀察量測結果得知，一般之 EDLA 在操作頻率提升至約 200 Hz 後，其由於阻尼損耗而造成振幅快速遞減，而在接近其共振頻率時 (32 kHz) 振幅呈小量增加 (品質因子 Q 約為 3)。而具排氣道之 EDLA 在操作頻率小於 5 kHz 時均有相當大之振幅 (> 10 μm)，其振幅快速遞減之現象延遲至 7 kHz 才發生。而在共振態時 Q 則略增為 5。經由實驗驗證，此排氣道的設計，在操作頻率低於之 5 kHz 時有相當明顯的效用。

(a)　　　　　　　凹形 (*n* = 0.5)

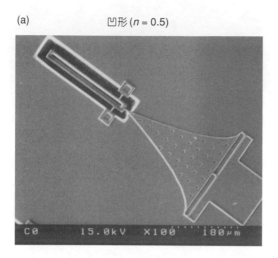

(b)　　　　　　　三角形 (*n* = 1)

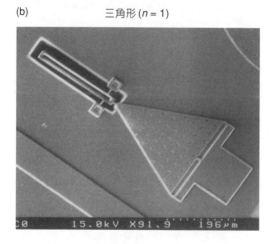

(c)　　　　　　　凸形 (*n* = 2)

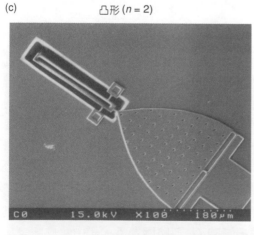

圖 8.48 不同形狀電極之 EDLA 之 SEM 照
　　　片。

(a)

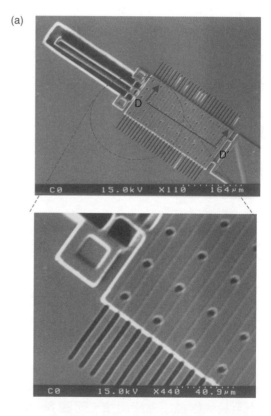

(b)

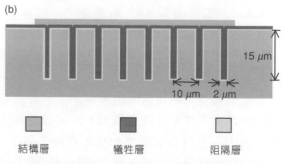

結構層　　　　　　犧牲層　　　　　　阻隔層

圖 8.49 具排氣道之 EDLA，(a) SEM 照片，及 (b)
　　　DD′ 之截面示意圖。

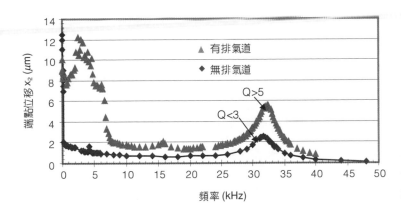

圖 8.50

具排氣道與不具排氣道之 EDLA 動態響應量測圖。

應用－出平面微掃描面鏡

　　以下將舉如圖 8.51 所示之出平面微掃描面鏡作為典型的 EDLA 致動器之應用[98]，此靜電驅動扭力產生器是由兩組共 4 個 EDLA 致動器所組成，圖 8.52 所示為圖 8.51 中扭力產生器 (torque generator) 的截面圖。為了降低元件的操作電壓，平板電極距矽基板的間距 g 僅為 2.5 μm。槓桿機構的運動方向可藉由支點與與驅動電極的位置配置而改變，此一設計對僅能產生吸力的靜電驅動方式提供了功能上的多種可能。如圖 8.52(a) 所示之扭力產生器即是結合了一向下運動的槓桿機構與一向上運動的槓桿機構，而構成一產生力偶的扭轉驅動機構。換言之，當驅動電極同時驅動時，藉由兩個槓桿間的耦合機構將使上下兩力相消而僅產生扭矩。因此，與耦合機構相連的面鏡平板便僅產生旋轉運動而無平移運動，而避免了偏心擺盪 (wobble motion) 所造成的定位誤差。而剛性桿件如耦合機構與槓桿臂之間是以撓性接點結合，如圖 8.52(a) 所示，此撓性接點的厚度僅有 2.5 μm，具很大的出平面彎曲撓度，可提供相當的彎曲角度。

　　本例所展示的微扭轉面鏡是設計作為高頻掃描用，而元件係操作在諧振態以達到足夠的扭轉角度，若作為高畫質 (VGA 以上) 的掃描式顯示用，則微面鏡的操作頻率須達 15

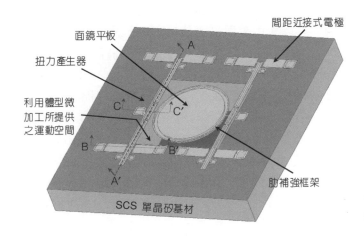

圖 8.51

利用光學平台所架構之新穎微面鏡。

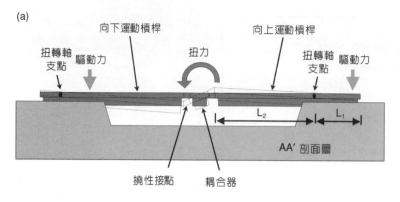

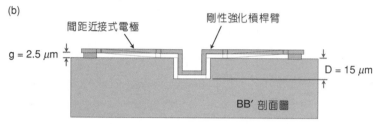

圖 8.52

扭力產生器之操作原理示意圖。

kHz。一般而言，以薄膜結構製成的微面鏡若鏡面尺寸在 500 μm 以上，則其第一共振頻率僅有數 kHz[104]。而圖 8.51 利用結構動態上的特殊設計，使元件的第一及第二個模態皆為扭轉模態，如圖 8.53 所示之結構動態示意圖。此元件的第一個扭轉模態為傳動機構與面鏡平板同相位 (in-phase) 運動，如圖 8.53(a) 所示，而第二個扭轉模態為傳動機構與面鏡平板反相位 (out-of-phase) 運動，如圖 8.53(b) 所示。因此微扭轉面鏡可於第二模態下操作，以得到較高的扭轉頻率。

　　利用圖 8.43 之微加工製程即可完成此微扭轉面鏡元件，如圖 8.54 之 SEM 照片所示。此元件所佔面積約為 1.5 mm × 1.5 mm，其中，共有八片驅動電極其尺寸皆為 100 μm 寬、200 μm 長，而槓桿臂的長度 ($L_1 + L_2$) 為 600 μm 長，面鏡平板的直徑則為 700 μm。面鏡平板下方利用非等向性濕蝕刻技術所製造的凹槽則提供元件的動件足夠的運動空間。利用訊號產生器及功率放大器可驅動微扭轉面鏡，然後利用雷射都卜勒振動儀量測元件的機械動態特性，包含運動頻率及振幅。如圖 8.55 所示為測得之元件的頻率響應，此圖顯示出微扭轉面鏡的光掃描角與操作頻率的關係。圖 8.55 之頻率響應是在輸入電壓為交流 ± 18.5 V (V_a) 及直流偏壓 18.5 V (V_d) 條件下所得。其第一個扭轉模態頻率 (f_1) 為 4.2 kHz，對應的光掃描角為 9.2 度，而其第二個扭轉模態頻率 (f_2) 為 17.7 kHz，對應的光掃描角為 1.5 度，而當輸入電壓增為 V_a = ± 26.5 V 及 V_d = 20 V 時，光掃描角增為 5 度。由於靜電力與輸入電壓成平方關係，意即靜電力正比於 $(V_d + V_a\sin(\omega t))^2$，因此當輸入訊號頻率為 ω 亦會產生 2 倍於 ω 的靜電力，而當輸入頻率 ω 為諧振頻率一半時亦會激發出諧振模態，如圖 8.55 中之 A、B 兩點。

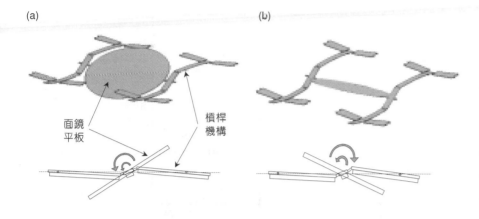

圖 8.53
微面鏡之模態示意
圖，(a) 第一個扭轉
模態為驅動機構與
面鏡平板同相位運
動，(b) 第二個扭
轉模態為驅動機構
與面鏡平板反相位
運動。

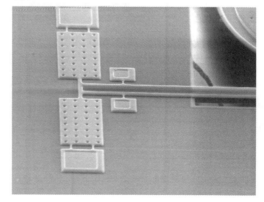

圖 8.54 微面鏡製造結果，(a) 元件整體之 SEM 照片，(b) 強化面鏡細部之 SEM 照片，(c) 驅動電極細部之 SEM 照片。

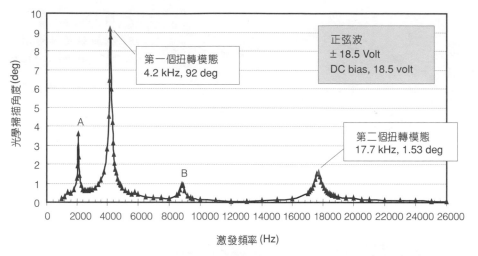

圖 8.55

微面鏡動態量測
圖。

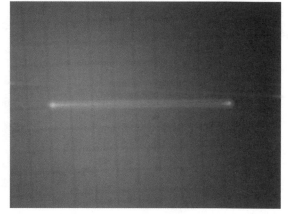

圖 8.56 微扭轉面鏡在靜止時及第一個扭轉模態下所反射出的雷射光點與掃描軌跡。

　　圖 8.56 為微扭轉面鏡在靜止時及第一個扭轉模態下所反射出的雷射光點與掃描軌跡。觀察此一結果可發現其掃描軌跡除在左右兩端點由於面鏡的停留時間較長而亮度較亮，其軌跡大致上相當均勻，亦無模糊的現象。若與文獻 104 所製作的薄膜微面鏡相較，此 EDLA 致動之微面鏡有驅動電壓較低與光學品質較好的優點。

8.2.4 步進式微致動器 (SDA)

　　步進式微致動器 (scratch drive actuator, SDA) 為 1993 年日本上智大學的 Akiyama 與 Shono 所研發出來的[105]，如圖 8.57 所示，SDA 結構之主體為摻雜磷的多晶矽平板以及位於平板前端的突塊 (bushing)，而支撐樑的作用則為使結構得以懸浮於矽晶片表面，驅動系統

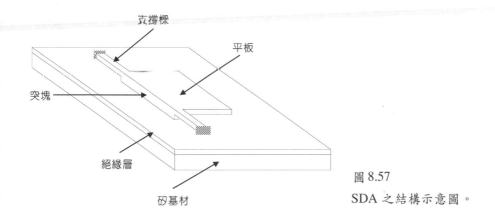

圖 8.57
SDA 之結構示意圖。

部分的上電極為結構本身,下電極則為低阻值的矽晶片。圖 8.58 為 SDA 的動作原理,以輸入之電壓訊號為方波脈衝時為例,假設脈衝之峰值為 ± V_p,當電壓上升 (由 0 至 V_p) 時,平板受靜電力的作用而往下被吸附,因突塊的存在使得平板不會全部與基材上的絕緣層接觸,此時平板以突塊為支點呈現翹曲 (warping) 的狀態,能量暫時以形變能的形式儲存,如圖 8.58(a) 所示。當電壓下降 (由 V_p 至 0),所儲存的形變能逐漸被釋放,平板試圖回復其初始形狀。此時平板與基材接觸的區域減小,圖 8.58(b) 中之 L_1 即為平板與基材接觸部分之長度。由於突塊仍與基材表面接觸而有摩擦力存在,因此平板末端部分將以突塊為支點而往前收縮。當電壓再度上升 (由 0 至 $-V_p$),平板再次往下被吸附,因平板末端部分與基材間的距離較小,故較先被吸附至基材表面。因平板的變形將導致突塊的頂端往前推擠,突塊將沿著基材表面滑移,如圖 8.58(c) 所示。持續此一步進式運動 (step motion),則 SDA 可在矽晶片表面移動一長距離之行程。

由於 SDA 的運動行為與其長度方向的形變息息相關,因此根據 Linderman 和 Bright 所建立之模型[106],可瞭解 SDA 之板長與驅動電壓間的關係。當 SDA 之平板受靜電力作用時,其形變情形可分為當平板尚未產生吸附 (pull-in) 現象的形變模型,以及吸附現象發生後平板與基材接觸時的形變模型。圖 8.59(a) 為平板尚未產生吸附現象時的形變模型,稱為折曲過程模型 (snap through model),此時平板上各點在出平面方向上的位移量可假設為一個二次函數[107],即

$$y = \left(\frac{x}{L}\right)^2 d \tag{8.15}$$

其中 L 為板長,d 則為平板端點之位移量。而端點的形變量與靜電分布負載 $q_s(x)$ 間的關係為

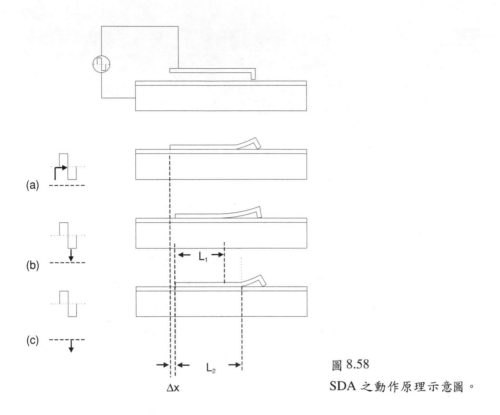

圖 8.58
SDA 之動作原理示意圖。

$$d = \int_0^L q_x(x)\frac{wx}{6EI}(3xL - x^2 + 6KL)dx \tag{8.16}$$

其中 w 為平板寬度，E 為材料的楊氏係數 (Young's modulus)，I 為平板截面之慣性矩，而 K 則為支撐樑所造成的等效扭轉剛性係數。根據文獻 108 可得

$$K = \frac{E \cdot I_s}{k_t} \tag{8.17}$$

其中 I_s 為支撐樑截面的慣性矩，k_t 則為支撐樑本身的扭轉剛性。由於左右兩根支撐樑可視為並聯的形式，因此

$$k_t = 2 \times \frac{\frac{1}{12}Gw_s t(w_s^2 + t^2)}{l_s} \tag{8.18}$$

G 為材料的剪彈性係數 (shear modulus)，l_s 及 w_s 則分別為支撐樑的長度與寬度。

　　如圖 8.59(a) 所示，若平板與基材之間最大的距離為 $Z_m = Z_b + Z_n$，其中 Z_b 為突塊高度而 Z_n 為介電層厚度，則靜電分布負載為

$$q_s(x) = \frac{\varepsilon \kappa_1}{2} \left[\frac{V}{Z_m - \left(\frac{x}{L}\right)^2 d} \right]^2 \tag{8.19}$$

ε 為真空中的介電常數 $(= 8.85 \times 10^{-12} \text{ C}^2/\text{Nm}^2)$，$\kappa_1$ 為等效介電係數，V 則為所施加的電壓。其中 κ_1 是藉由空氣、氮化矽及二氧化矽個別的平均厚度與其本身的介電係數估算而得，本文所求得之 κ_1 為 2.28。將上式代入式 (8.16) 並積分可得折曲電壓 V_s 與形變之關係式為

$$V_s = \frac{EI}{w\varepsilon \kappa_1 L^2} \frac{\sqrt{\frac{6w\varepsilon\kappa_1}{dEI} \left[2d \frac{Z_m + 3\frac{Kd}{L}}{Z_m(Z_m - d)} - \frac{3\sqrt{d}}{\sqrt{Z_m}} \tanh^{-1}\left(\frac{d}{\sqrt{Z_m d}}\right) - \ln\left(\frac{Z_m - d}{Z_m}\right) \right]}}{\left(\frac{1}{d} + \frac{3K}{Z_m L}\right)\frac{1}{Z_m - d} - \frac{3}{2d\sqrt{Z_m d}} \tanh^{-1}\left(\frac{d}{\sqrt{Z_m d}}\right) - \frac{1}{2d^2}\ln\left(\frac{Z_m - d}{Z_m}\right)} \tag{8.20}$$

(a)

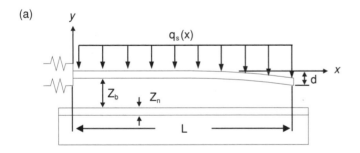

(b)

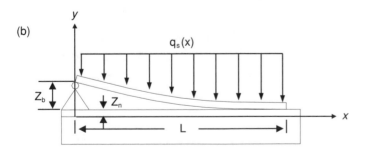

圖 8.59
SDA 之板長與驅動電壓之模型，(a)
折曲過程模型，(b) 貼底模型。

由於吸附將發生在 $\dfrac{\partial V_s}{\partial d} = 0$ 時，因此將上式對 d 微分可得

$$d = \frac{45}{8} Z_m \frac{L + 4K}{13L + 45K} \tag{8.21}$$

將式 (8.21) 代回式 (8.20) 中即可以得到折曲電壓與 SDA 之板長 L 間的關係式。

　　當吸附現象發生後，使得平板與基材接觸時，此時平板形變之模型則改以如圖 8.59(b) 所示之模型來表示，稱為貼底模型 (priming model)。此時可將平板視為一簡支樑，當平板尾端與基材接觸之點的斜率為零時，將其支點處之斜率近似為 Z_b/L，則根據簡支樑之公式可得

$$\frac{Z_b}{L} = \frac{w}{6LEI} \int_0^L q_p(x)(L-x)\left[L^2 - (L-x)^2\right] dx \tag{8.22}$$

而靜電分布負載 $q_p(x)$ 為

$$q_p(x) = \frac{\varepsilon \kappa_2}{2} \left[\frac{V}{Z_n + \left(\dfrac{x}{L}\right)^2 Z_b} \right]^2 \tag{8.23}$$

其中 κ_2 為在貼底模型之下的等效介電係數，本文計算所得之 κ_2 為 3.17。將 $q_p(x)$ 代入式 (8.22) 中積分可得貼底電壓 V_p 與板長間之關係式為

$$V_p = \sqrt{\frac{24Z_b^2 EI}{\varepsilon \kappa_2 L^4 w} \left[\frac{3}{\sqrt{Z_n + Z_b}} \tan^{-1}\left(\frac{Z_b}{\sqrt{Z_b Z_n}}\right) - \frac{\ln(Z_n + Z_b)}{Z_b} - \frac{2}{Z_n} + \ln Z_n \right]^{-1}} \tag{8.24}$$

將式 (8.20) 及式 (8.24) 對板長 L 作圖，可得板長與折曲電壓及貼底電壓之間的關係，如圖 8.60 所示。由圖 8.60 可以看出，驅動電壓將隨著板長增加而下降，而折曲電壓與貼底電壓曲線之交點表示設計上最佳化之板長，其折曲電壓及貼底電壓相等，因此就節省功率之觀點而言其為最佳之板長。其餘板長之驅動電壓必須選擇兩者之中較大者，對兩者中較小者而言，較大的驅動電壓形同功率之浪費。由於材料參數的選擇會對上述模型造成影響，且板長亦與 SDA 運動時之摩擦力相關，此外還必須考慮板長大小對製程良率之影響，因此其值僅供設計之參考，實際上仍然必須視個別之整體情形來決定。

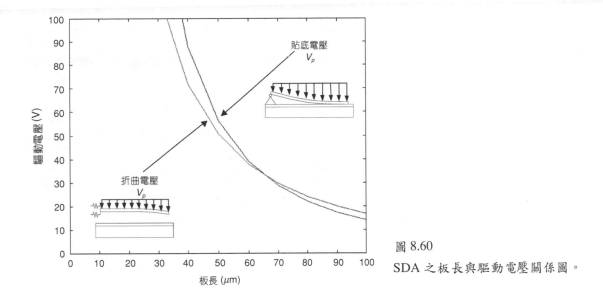

圖 8.60
SDA 之板長與驅動電壓關係圖。

　　一般而言，SDA 主要的優點為：具有極小的步進距離 (約數十奈米) 但是又具備大的位移行程的能力，此外 SDA 的製程和 MUMPs 製程平台相同，因此可透過 MUMPs 製程和其他元件整合。雖然單一個 SDA 的出力有限，但是可藉由陣列式的 SDA 來增加出力。綜合以上各點得知，SDA 非常適合用於微元件之精密定位。近年來經常可以發現 SDA 被廣泛應用於微元件之定位與組裝，例如用來擠壓結構使結構產生挫曲變形而抬起結構，或藉由導引滑軌移動將面鏡及射頻元件抬起，或移動平台作來回運動以進行定位。然而經由實驗證實，SDA 在長時間的操作下會有磨耗與電荷累積等問題產生，會嚴重影響 SDA 的性能，因此 SDA 較適用於單次定位的元件，而不適合用來進行往復操作。

應用

　　關於 SDA 應用方面，在早期主要作為驅動微光開關的致動器，其中較為人熟知的微光開關應用為 Lin 於 1994 年提出的 16 × 16 頻道微光開關[109]，如圖 8.61(a)，Lin 先利用SDA矩陣將面鏡立起，然後再用卡榫與微鉸鏈進行定位，如果再加上另一組反向運動的SDA，如圖 8.61(b) 中所示，就可以使該面鏡往復切換[110]。由於單一個 SDA 的出力無法帶動整個面鏡，因此從圖 8.61 之照片也可清楚地看見，陣列式 SDA 被用來解決出力的問題。在利用SDA 抬升與定位元件時有幾點必須注意，如圖 8.62 所示，以筆者實驗室設計與製造的 SDA驅動立式面鏡為例[111]，由圖 8.62(a) SEM 照片可以看到，面鏡在未由 SDA 驅動前因應力臂而微微抬起，其目的有兩個，第一可以防止大面積的面鏡黏著於晶片，第二可以先將面鏡微抬，使得隨後 SDA 拉抬時，可將水平的 SDA 拉力轉換為抬升面鏡所需要的轉矩。另外，在面鏡周圍成折曲狀的是提供電訊與回復力的彈簧，當 SDA 拉起面鏡後，可藉由彈簧本身的回復力，在驅動電壓消失時拉回面鏡，SDA 驅動完後的結果如圖 8.62(b)。

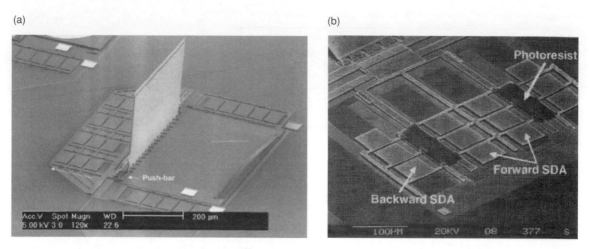

圖 8.61 利用 SDA 抬升面鏡，(a) 單向式[109]，(b) 雙向式[110]。

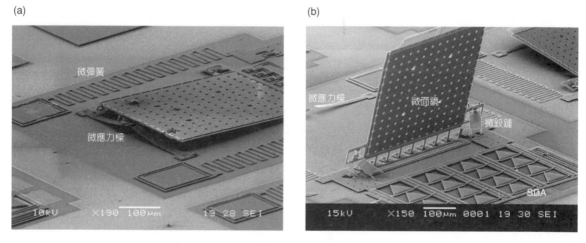

圖 8.62 (a) 面鏡尚未抬起時，(b) 以 SDA 驅動並立起面鏡[111]。

　　另外，Fujita 提出以 SDA 完成三維自組裝結構的概念[112]，其使用 SDA 推動一個掛載微面鏡之懸臂樑，當力量到達其挫曲值時可將介於懸臂樑中央的面鏡抬起，而後 Fan 以 SDA 陣列推動一平台使平台立起，以便將微玻璃球 (ball lens) 抬至定位，如圖 8.63(a) 所示[113]。另外 Fan 也利用 SDA 將射頻 (RF) 元件架離底材，如圖 8.63(b) 所示，以避免矽基板的雜散電容影響系統的 Q 值[110]。近年來，Bright 嘗試以 SDA 作為轉子，類似小馬達，並在轉子上以錫球迴熔的方式將葉片狀的結構立起，如圖 8.64 所示，作為微小的散熱片，嘗試應用於散熱葉片與微直升機[114]。

　　至目前為止，微機電領域對 SDA 的特性還未能完全掌握。以驅動頻率為例，在以往的文獻中，SDA 的操作頻率範圍從幾十赫茲[115]到數千赫茲[106]，而 Bright 等人於 2000 年所論

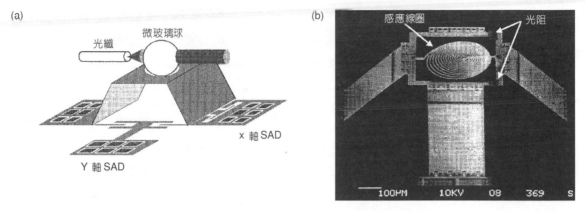

圖 8.63 利用 SDA 抬升元件：(a) 光纖對準之微玻璃球[113]，(b) 可變電感[110]。

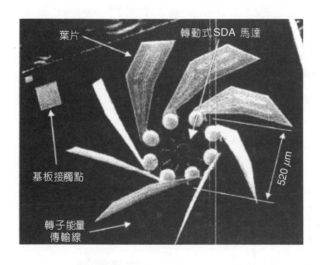

圖 8.64
SDA 轉子風扇[114]。

及的，當 SDA 驅動於 3 kHz 時甚至有倒轉的問題[106]，因此究竟如何驅動，只能從經驗和試誤的方式來解決，這些特性必須進一步的討論與研究，才能提升 SDA 效能及尋找適合 SDA 致動器應用的結構與元件。

8.3 電熱式微致動器

　　電熱式微致動器的原理很簡單，由於薄膜結構本身即可扮演電阻元件，當電流通過時，該結構會因為電熱效應升溫，對於懸浮的微機械結構而言，如果該結構有一自由端 (例如微懸臂樑)，將會產生一線性熱膨脹 ΔL，其量值為

$$\Delta L = \alpha \cdot L \cdot \Delta T \tag{8.25}$$

第 8.3 節作者為方維倫先生。

其中，L 為結構長度、α 為線性熱膨脹係數、ΔT 為升溫的大小。換言之，由式 (8.25) 得知，可藉由輸入電流的大小控制 ΔT，以調變輸出位移 ΔL。和前述之致動器相同，如果輸入電流為直流電，則該致動器的輸出為靜態的位移，此時致動器可扮演如定位器的角色；另一方面，如果輸入電流為交流電，則該致動器的輸出為動態的位移，此時致動器可扮演如振盪器的角色。由以上操作特性得知，電熱式微致動器不需再鍍上一層額外的電極層，即可產生致動的效果，這是和靜電式致動器最大的不同點。

　　一般而言，利用結構的線性膨脹量產生的位移 (形變) 量非常小，因為材料的線性熱膨脹係數 α 通常在 $10^{-5}-10^{-6}$，根據式 (8.25) 得知，對於一根結構長度 L 為 100 μm 的懸臂樑而言，即使在 $\Delta T = 1000\ °C$ 的升溫下，其自由端之線性膨脹量也只有 $0.1-1\ \mu m$。如果據此原理來製造電熱式微致動器，然後以線性膨脹量作為致動器的輸出位移，可預知其效果非常不理想，因此必須利用機構設計或力學原理來放大變形量。其中最為人熟知的即是以熱膨脹係數不同之雙層薄膜所構成的結構，來造成受熱彎曲 (bending) 的特性[116]，如圖 8.65(a) 照片所示為典型的彎曲微懸臂樑[117]；或者利用單層薄膜構成的兩端固定 (clamped) 的橋式結構 (bridge)，來造成受熱挫曲 (buckling) 的特性[118]，如圖 8.65(b) 照片所示為典型的挫曲微橋式結構[119]，以達到位移放大的目的。另一種相當具有代表性的熱致動器則是利用結構粗細造成電阻不同，使得利用單一層薄膜所構成的結構同樣具有受熱彎曲的特性，達到位移放大的目的[120]。

　　以下將針對出平面和同平面運動方式，分別探討數種不同的電熱式微致動器之設計。

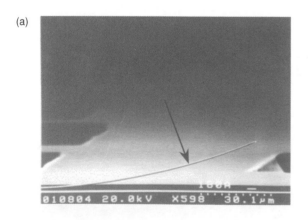

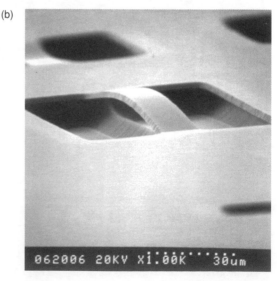

圖 8.65 利用 (a) 彎曲，或是 (b) 挫曲來放大熱形變量[ref]。

8.3.1 出平面運動熱致動器

　　由於雙金屬效應簡單的原理，以及和面型加工製程技術易於整合的特性，出平面式熱致動器很早即已被開發。然而由於其可靠度不佳，且僅能作單向致動，因此許多人致力於改善其性能。近年來已有單層薄膜熱致動器被成功地開發出來，除了可避免脫層效應引起可靠度不佳的問題，雙向致動的問題也順利地解決。以下將分別介紹雙層薄膜式和單層薄膜式熱致動器。

(1) 雙層薄膜式

　　在 1980 年代末 MEMS 研究發展初期，就已經有文獻提出以熱致動方式來達成出平面致動的目的。在以熱致動方式的出平面微致動器中，最常使用的致動原理即為雙金屬效應 (bi-metal effect)，利用不同材料間之熱膨脹係數差異 $\Delta\alpha$，當致動器因加熱而使溫度上升時，即會造成不同材料間有不同之熱形變量，因而使致動器產生出平面位移。其溫度與形變的關係可由 Timoshenko 的推導得知[121]，首先，雙層結構的曲率半徑 ρ 和溫度變化量 ΔT 的關係為

$$\frac{1}{\rho} = \frac{6\Delta T\Delta\alpha(1+m)^2}{h\left[3(1+m)^2 + (1+mn)\left(m^2 + \frac{1}{mn}\right)\right]} \tag{8.26}$$

其中 h 為兩層薄膜的厚度和，m 為兩層薄膜厚度的比值，n 為兩層薄膜楊氏係數的比值。如果雙層結構為邊界一端固定而另一端自由的懸臂樑，則溫度變化時，自由端的位移量 δ 為

$$\delta = \frac{L^2}{2\rho} \tag{8.27}$$

其中 L 為懸臂樑的長度。根據式 (8.26) 和式 (8.27) 即可得知致動器的輸出位移 δ 和溫度變化 ΔT 的關係。

　　Riethmuller 最早提出應用雙金屬效應作為驅動方式的出平面微致動器，如圖 8.66 所示[116]，其針對不同薄膜材料的組合進行研究及比較，選擇以二氧化矽與黃金薄膜作為雙層結構的材料，並使用經摻雜的多晶矽薄膜作為電阻之熱源產生器，此設計不論製程以及驅動特性上都具極高的穩定性。Benecke 則是利用上述之熱致動器提出如微面鏡 (micromirror)、微閥門、微推進器及微馬達 (micromotor) 等許多不同的應用[122]。而 Rashidian 也應用相同驅動概念，但在熱源產生方式上做修正，利用平行板電容結構在施加電壓時，其介電層所產生之熱量作為熱源，所以在介電層材料的選擇上必須有較高的介電損失，以得到較高的溫度變化，因此選擇使用 PVDF-TrFE 作為介電層材料，並使用熱膨脹係數不同的

DuPont PI2611D 聚亞醯胺 (polyimide) 以達到雙金屬效應[123]。Suh 則針對使用材料加以修改，提出以 Ti/W 薄膜作為電阻加熱源，金屬鋁作為犧牲層用以懸浮結構，再分別利用不同熱膨脹係數的聚亞醯胺作為結構層，並將結構置於壓力艙中觀察反應時間與空氣壓力之關係，得知空氣對結構熱傳導效應之影響[124]。Schweizer 則研究雙金屬效應的應用，並根據此驅動原理提出可做大扭轉角度之平板面鏡[125]。Sun 則是利用雙金屬效應，製作出預變形分別為向上和向下的懸臂樑 (cantilever) 所組合而成之兩段式熱致動器，以及一組在基材上事先定義的止動機構，藉由特定的順序分別對其施加電壓，便會使兩段懸臂樑的組合結構栓鎖在止動機構上，製作出雙穩態微繼電器[126]。

雙金屬效應除了可應用在上述的懸臂樑型式出平面致動器外，亦可使用在微橋式樑或薄膜 (membrane) 的型式，利用對其結構加熱，因邊界狀況限制其結構膨脹，導致結構產生挫曲現象 (buckling)，而產生出平面的位移。Noworolski 應用此種熱挫曲的現象，使用金屬鋁做為熱源，加熱而導致局部熱應變的特性，經由設計結構寬度與深度，即可控制此出平面致動的形變量[118]。而 Seki 進一步利用這種熱挫曲現象，提出新型微出平面繼電器的設計[127]。

除了上述使用雙金屬效應所製作的熱致動器外，Bright 提出應用如圖 8.67 所示之結構寬度上的差異，當通以電流時會產生電流密度的不同，因焦耳效應導致結構上產生溫度變化，而由此溫度差異產生不一致的熱形變量，可使結構產生平面之位移[120,128-133]。

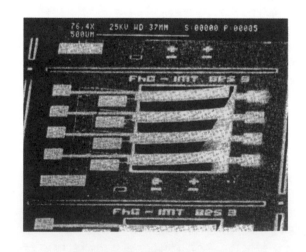

圖 8.66
Riethmuller 提出應用雙金屬效應作為驅動方式的出平面微致動器[116]。

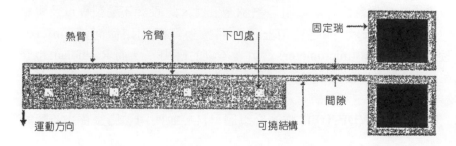

圖 8.67
Bright 提出利用結構寬度上的差異來放大同平面之熱形變量[120]。

　　先前的熱致動方式多應用線的熱膨脹特性加以致動，透過雙金屬效應將熱形變量轉變成出平面方向運動。而在應用體積熱膨脹效應作為出平面致動的方式上，Ohmichi 提出以光作為熱源的設計[134]，其優點為可應用在特殊環境下達成遠端控制的致動，如真空腔。由於石蠟 (paraffin, n-alkane group) 在很小的溫度變化下 (65－150 °C) 即具有極高的體積膨脹效應 (10－30%)，Carlen 便應用此特性提出以石蠟薄膜作為出平面致動的設計[135]，更增加了熱致動器的效率。

　　由文獻得知，熱致動式出平面微致動器的優點為致動方式具有操作電壓低、形變輸出與初始位置無關、製程簡單、只需單一晶片、使用材料與傳統半導體相同、容易與微感應器及控制電路相結合等等，所以使得這種驅動方式被廣為應用。然而，該微致動器也有以下缺點：(1) 雙層薄膜熱致動器驅動時，材料接合面上承受極大剪應力作用，如果雙層材料間黏結不佳，在反覆施加操作之下，接合面極易造成脫層破壞，而減低元件使用壽命；(2) 當環境溫度改變時，同樣會驅動致動器，造成致動器之初始位置改變，使得此設計在溫度變化劇烈之情況下定位不易；(3) 此種型式之熱致動器在 DC 態操作時，僅能做單向驅動，換言之，如果上層薄膜熱膨脹係數較大，則致動器僅能向下運動，反之，上層薄膜熱膨脹係數較小時，則致動器僅能向上運動。

(2) 單層薄膜式

　　為了克服現有之雙層薄膜熱致動器的問題，因此提出一種嶄新的單層薄膜熱致動式出平面微致動器[136]，如圖 8.68 所示為該微電熱式致動器的基本結構示意圖。此結構包含四根互相平行、左右對稱且截面積大小相同的桿件，並以一連接桿件 (以下簡稱連接臂) 加以連

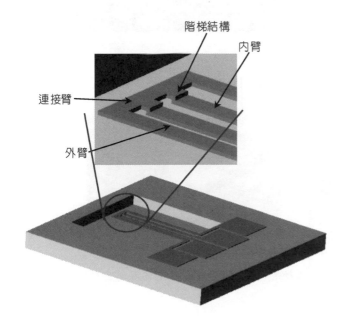

圖 8.68
微電熱式致動器結構示意圖[130]。

接所構成，而內部兩根桿件 (以下簡稱內臂) 和外部兩根桿件 (以下簡稱外臂) 具有一高度差，即階梯結構。當施加電壓在內臂時，電流只會在內臂流通，故只有內臂會因電流通過而產生熱量，因此會比外臂具有較高的溫度，且產生較大的熱形變量，透過階梯結構及連接桿的連接，導致結構產生出平面向上的運動；反之若將電壓施加在外臂時，則電流只會在外臂流通，因此會比內臂具有較高的溫度而產生較大的熱形變量，使結構產生出平面向下的運動。透過上述控制電壓的施加方式可達到雙向致動的效果。由於該微電熱式致動器是利用同一層材料所製作而成，因此可有效避免利用雙金屬效應的電熱式致動器常發生的材料脫層效應，故具有使用壽命長的優點。此外，該熱致動器的兩根內臂和兩根外臂長度和截面積大小均相同，換言之，此四根桿件具有相同的剛性，因此可有效避免一些利用桿件截面積不同造成溫差效應的熱致動器，易造成較細之桿件 (剛性較小) 挫曲或塑性變形的現象。

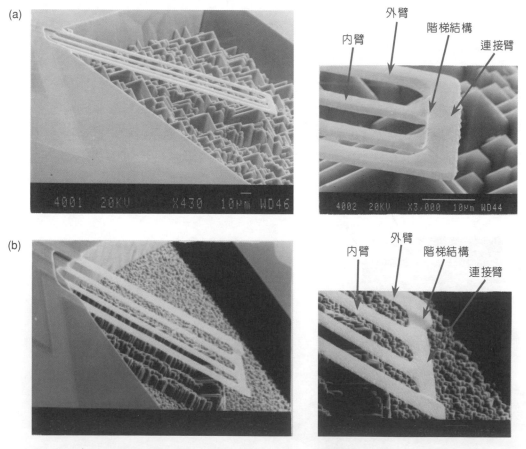

圖 8.69 不同型式之微電熱式致動器完整結構之製程結果，(a) 階梯結構在內臂頂端， (b) 階梯結構在連接臂上[130]。

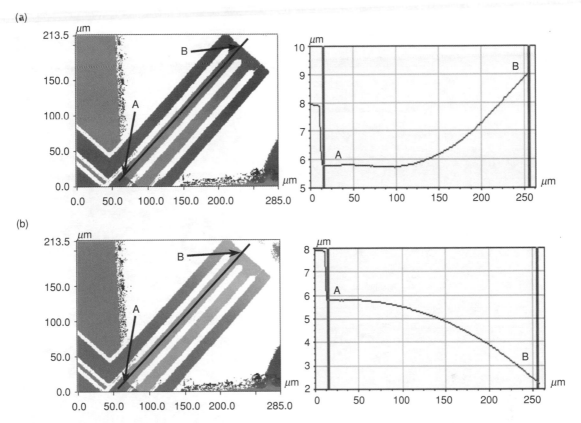

圖 8.70 微電熱式致動器施加 5 V 電壓後，(a) 向上致動和 (b) 向下致動之結構形狀。

　　圖 8.69 為典型的單層薄膜微電熱式致動器之完整結構，由圖中之電子顯微鏡照片可清楚看見該致動器 4 根寬度相同且左右對稱的桿件，亦即 2 根內臂和 2 根外臂，且藉由內臂頂端的階梯結構使得具有明顯高度差的內臂和外臂互相連接。另外，此類型致動器之結構設計可分為兩種型式：第一種型式如圖 8.69(a) 所示，其內外臂高度差之階梯結構在內臂頂端；第二種型式則如圖 8.69(b) 所示，其內外臂高度差之階梯結構則在連接臂上。圖 8.69(a) 之微致動器長度 L 約 240 μm、厚度約 1.25 μm，當施加電壓 5 V 於內臂，使微電熱式致動器向上致動時，可利用光學干涉儀量得其內臂外形如圖 8.70(a) 所示，其頂端位移量約向上 3.2 μm。反之，當施加電壓 5 V 於外臂，使微電熱式致動器向下致動時，同樣可利用光學干涉儀量得其內臂外形如圖 8.70(b) 所示，其頂端位移量約向下 3.5 μm。最後可得到驅動電壓和輸出位移的關係，如圖 8.71 所示。透過 CCD 相機也可定性地觀察該熱致動器於驅動時溫度分布情形，如圖 8.72 所示，由圖中相片可以觀察到微致動器的最高溫度大約在靠近頂端 1/4 處。

　　關於此單層結構型微電熱式致動器的使用壽命方面，文獻 136 對該致動器進行動態測試，其係對薄膜結構產生一張力／壓力變換的疲勞測試。如圖 8.73 所示為致動器驅動在約

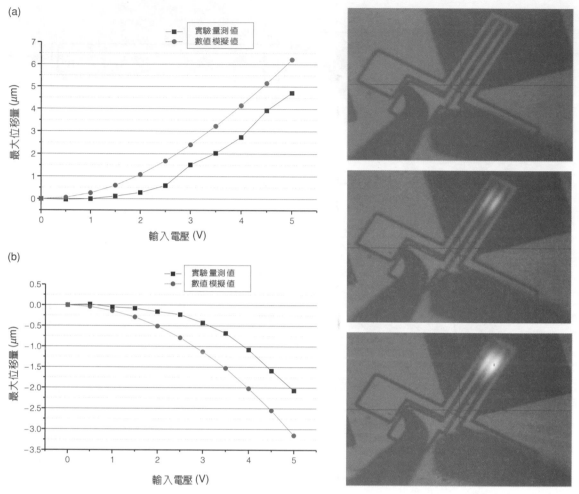

圖 8.71 施加電壓後所量測之最大位移量與模擬分析
　　　值之比較，(a) 向上致動、(b) 向下致動。

圖 8.72 微電熱式致動器最高溫度區域
　　　之觀察。

33 kHz 的共振頻率下，量測其振幅及共振頻率隨著振動次數變化的結果。由圖 8.73(a) 可以
發現，微電熱式致動器在振動次數為 10^7 以下時，結構的最大振幅皆為 2.36 μm，並無顯著
改變；隨著測試振動的次數增加至 10^8 時，其最大振幅減少到約為 2.06 μm；但當振動次數
繼續增加至 10^9 時，最大振幅又漸增至 2.34 μm。而在共振頻率方面，如圖 8.73(b) 所示，在
振動次數為 10^7 以下時，結構的共振頻率皆為 33 kHz；隨著測試振動的次數增加至 10^8 時，
其共振頻率減少到約為 32.9 kHz；但當振動次數繼續增加至 10^9 時，其共振頻率又漸增至
33.1 kHz。由上述結果得知該單層薄膜式微熱致動器的壽命超過 10^9 次，相較於雙層薄膜式
微熱致動器只能往復操作 10^6 次，此單層薄膜的設計明顯地提升了微熱致動器的壽命。

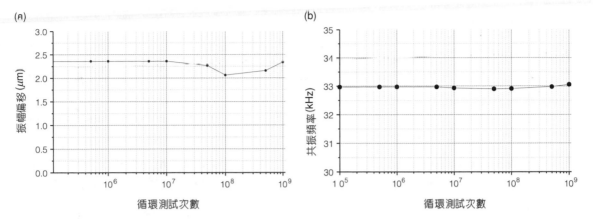

圖 8.73 疲勞測試對結構動態特性之影響，(a) 共振振幅偏移，(b) 共振頻率偏移。

除了使用壽命外，一般咸認為熱致動器的另一個問題是，如果熱致動器被用來進行 AC 態操作時 (例如振盪器)，它的動態響應會受限於熱傳的速率。簡言之，在 AC 態操作時，如果驅動頻率超過熱時間常數 (thermal time constant) 時，致動器將沒有足夠的時間散熱，結果造成熱致動器升溫，致使其在驅動時溫度變異量愈來愈小，而輸出位移也隨之下降。隨著驅動頻率升高，這個問題也更形嚴重。舉一個極端的例子，如果頻率過快以至於熱量完全無法散失時，則該致動器只會產生靜態的位移，卻無法產生動態的響應。然而，由文獻 136 的動態測試結果，如圖 8.74 所示之熱致動器頻率響應可發現，熱致動器的響應在驅動頻率超過 1.75 kHz 後，即開始下降，此現象應與上述微致動器結構之加熱與散熱效率 (即熱時間常數) 有關。其響應會隨著頻率的上升而繼續下降，當驅動頻率到達結構的共振頻率時，仍然會造成一個很顯著的位移輸出量，如圖中之 32.9 kHz 處。換言之，透過結構共振的動態放大，熱致動器仍然有機會進行高頻驅動。

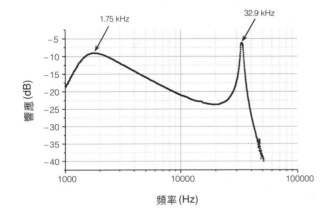

圖 8.74

微電熱式致動器施加電壓時之結構動態頻率響應圖。

8.3.2 同平面運動熱致動器

在 1990 年代初期，微機電領域的先驅 Guckel 提出以 LIGA 方式製造的同平面式 (in-plane) 熱致動器[137]，該熱致動器是由單一種材料所製造，其幾何外形如圖 8.75 所示包含兩根寬度不同的懸臂結構，此兩根懸浮結構藉由一端固定 (anchor) 在基材表面，而另一端則由連結臂將二者連結在一起。如果將電流由一懸臂之固定端輸入，流經此二懸臂後，再由另一懸臂之固定端輸出，則結構將由於本身的電阻特性而升溫，其中寬度較細之懸臂截面積較小，故其電阻較高致使溫升也較高，一般稱之為「熱臂 (hot arm)」；反之，寬度較粗之懸臂截面積較大，故其電阻較小致使溫升也較低，一般稱之為「冷臂 (cold arm)」。因此在通電流的過程中，雖然此二臂之熱膨脹係數相同，但因溫升的不同造成二者具有不同的線性熱膨脹量 $\alpha\Delta T_1$ 以及 $\alpha\Delta T_2$，由於此二臂的熱膨脹會受到連接臂的約束，因此當其膨脹量不同時，會造成一等效彎曲力矩 (bending moment)，使致動器產生同平面彎曲形變 (bending deformation)，達到位移輸出的致動特性。

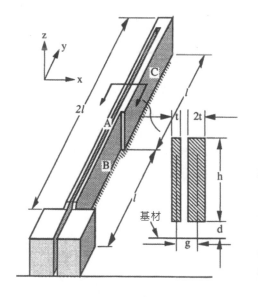

圖 8.75
Guckel 提出的冷熱臂式微熱致動器是最具代表性的平面型熱致動器[137]。

後來在 1990 年代中期，Comtois 和 Bright 等人將上述 Guckel 提出的同平面冷熱式熱致動器的概念應用在 MUMPs 製程，成功地製造出以多晶矽薄膜構成之同平面式熱致動器[138]。該 MUMPs 熱致動器典型的操作特性和 Guckel 的冷熱臂式熱致動器相同，一般而言，典型的冷熱臂式熱致動器的性能可以一根長 220 μm、厚度為 2 μm、熱臂寬度為 2.5 μm 的元件為例，如果在驅動電壓和電流分別為 2.94 V 和 3.86 mA 的條件下，致動器最大輸出位移可達 16 μm。和靜電式致動器動輒需數十甚至數百伏特驅動電壓的情況相較，熱致動明顯地解決此問題。

這冷熱臂式熱致動器的結構設計，只要某一臂的熱膨脹量大於另一臂的膨脹量便可達到驅動的目的，如果可以增加熱臂與冷臂的溫度差，便可提高微致動器的效率，而其中最簡單的方法是讓冷臂變寬以減小電阻，或者是熱臂變窄以增大電阻。然而此種以薄膜製造的冷熱臂式熱致動器仍存在許多問題。首先，熱臂的厚度和寬度分別只有 2 μm 和 2.5 μm，因此其剛性原本已很小，在加熱過程中薄膜的楊氏係數又會隨著升溫而下降，致使熱臂剛性變得更小，因此如果冷臂的撓性結構和熱臂的剛性設計不當，當微致動器的驅動電壓超過某一臨界值時，致動器的熱臂可能無法推動冷臂產生位移輸出，反而受到冷臂的反力作用而造成同平面或出平面之挫曲 (buckling)，此時熱臂兩端點的直線距離不增反減，使得微致動器產生反向的運動，該現象稱為背向彎曲 (back-bending) 效應。另外根據熱傳導分析，熱臂的溫度不是沿著臂長均勻分布，而是在熱臂的某個位置會有溫度最高點，此現象和前節之出平面熱致動器相同。因此冷熱臂式熱致動器的操作電壓將受限於該最高溫度，以避免熱臂被燒毀。而由於致動器長時間處於高溫狀態，使得多晶矽的材料特性可能隨著工作時間而改變，進而影響元件的操作特性及可靠度。

　　由於該熱致動器和 MUMPs 製程相容的特性，Comtois 和 Bright 等人更陸續結合了許多已開發的 MUMPs 元件，例如鉸鏈 (hinge)、連桿、面鏡、轉子 (rotor) 等等，提出不同的應用。如圖 8.76 所示，便是將十個平行的側向作動型微致動器，利用軛柄 (yoke) 互相串連起來成為一個大型的微致動器，而當中的軛柄最大的功用，即是將十個呈對稱排列的微致動器彼此所產生的驅動力量累加起來而變成原來的十倍。這是一種相當簡單的方法，不僅可以輕易的將多個微致動器結合在一起，且其最後輸出力量並不會因結合而發生衰減的現象，倘若需要更大的輸出量值，僅需增加串連的微致動器數目即可。例如圖 8.77(a) 所示之立體角錐反射鏡[120]，便是利用熱致動器將三片表面鍍有金膜且互相垂直的面鏡直立於晶片表面，藉由陣列冷熱臂式微熱致動器定位及調整，而將入射進來的光沿原來方向反射回去。由於單一熱致動器無法提供足夠的輸出力，因此作者將多個熱致動器以軛柄串聯，以增加輸出力。另一類似的應用為圖 8.77(b) 所示之自動定位反射鏡，該元件主要包括三個部分：反射鏡、垂直作動型微致動器和冷熱臂式微熱致動器陣列。首先反射鏡先由垂直作動

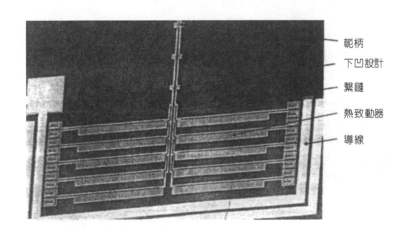

軛柄

下凹設計

繫鏈

熱致動器

導線

圖 8.76

側向作動型陣列微致動器。

型微致動器從原來平躺的狀態立舉起來成一個角度之後,再由熱致動器陣列拉到垂直位置,然後完成整個自動定位的步驟[129]。

　　陣列微致動器的另一項可能應用,即是將陣列微致動器和轉子結合起來,變成旋轉式步進馬達 (rotary stepper motor),如圖 8.78 所示。在這個步進馬達中,位於主陣列微致動器頂部的驅動齒桿 (driven pawl) 與轉子互相嚙合,然後加熱微致動器使其動作,驅動齒輪旋轉。為了使驅動齒桿與轉子能夠緊密地接觸,所以另外有一組推桿 (pusher pawl) 用來頂住驅動齒桿,扮演類似離合器的角色,該推桿由一組與主陣列微致動器的運動方向垂直的副陣列微致動器驅動。此外,在副微致動器中通入 7.5 V 的電壓維持 5 秒鐘,可以讓副微致動器產生背向彎曲,因此就算在沒有電源輸入的情況下,驅動齒桿依然可以和轉子緊密地接觸。這樣的步進馬達需要 3.7 V 的電壓來驅動[120]。如果將面鏡置放於上述的轉子,則該步

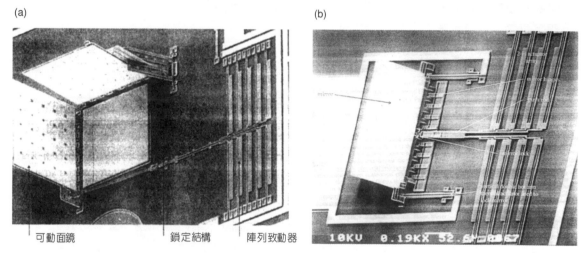

(a) 可動面鏡　　鎖定結構　　陣列致動器　(b)

圖 8.77 側向作動型陣列微致動器之應用,(a) 立體角錐反射鏡,(b) 自動定位反射鏡。

主陣列　驅動軛柄　煞車器　副陣列致動器　驅動齒桿　推桿

圖 8.78
旋轉式步進馬達。

進馬達可被應用來旋轉反射面鏡組然後調整角度，如圖 8.79(a) 所示[120]。如果將幾個不同大
小的齒輪組合成的齒輪組取代轉子，則可以形成一個加速或減速齒輪組，如圖 8.79(b) 所示
[129]。

其他的應用如圖 8.80 所示，係利用兩個成對的冷熱臂式微熱致動器來構成微型夾取器
(micro gripper) 的夾子頂端部分。當通入電流之後，兩個微致動器便會受熱而膨脹彎曲，且
互相旋轉靠近，達到夾取物體的目的。此外，在微致動器的尾端電極部分分別做有滑軌，
可以消除微致動器受熱膨脹後所帶來的熱應力。在這個微型夾取器中通入 2.7 V 的電壓以及
3.3 mA 的電流後，可以使微型夾取器向內位移夾緊 16 μm[120]。

(a)   (b)

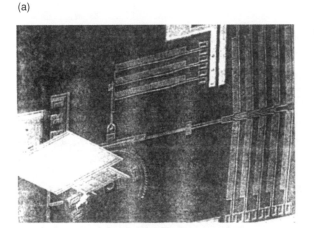
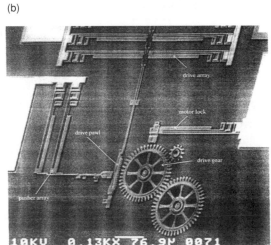

圖 8.79 旋轉式步進馬達之應用，(a) 可旋轉式反射鏡，(b) 步進減速齒輪組。

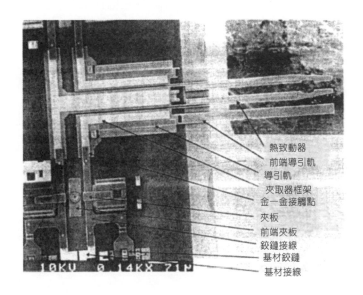

圖 8.80

微型夾取器。

8.4 電磁式微致動器

在巨觀世界裡，電磁力是最被廣泛使用的驅動方式。電磁驅動的優點包括有大出力、可大間距的作用，以及操作時不易受環境 (吸附粒子、濕氣) 影響；與其他驅動方式相比，電磁力的優勢包括可雙向式操作 (相吸或相斥) 和較小的驅動電壓 (< 5 V)。較常見的電磁微致動器之應用包括微電感、微繼電器、微光衰減器、微馬達、微揚聲器等，其中硬碟機儲存技術已廣泛使用微加工磁性物質、磁式微感測器與磁式微致動器，以增加其儲存容量與密度。本節將針對電磁式致動器加以討論，並分別探討其原理、優缺點及應用。

8.4.1 磁性物質

在磁性物質裡，磁場強度 (magnetic field, $\mathbf{H}$) 與磁通密度 (magnetic flux density, $\mathbf{B}$) 關係可寫成 $\mathbf{B} = \mu_0\mathbf{H} + \mu_0\mathbf{M} = (1 + \chi)\,\mu_0\mathbf{H} = \mu_r\mu_0\mathbf{H}$，其中 μ_0 是真空導磁係數 (permeability of free space, $\mu_0 = 4\pi \times 10^{-7}$ Vs/Am)、$\mathbf{M}$ 是物質磁化量 (magnetization)、χ 是磁化率 (magnetic susceptibility, $\chi = \mathbf{M}/\mathbf{H}$)、$\mu_r$ 是物質相對導磁係數。依據磁化率大小，物質可分為鐵磁性 (ferromagnetic)、順磁性 (paramagnetic) 與抗磁性 (diamagnetic)。表 8.1 列出各分類的磁化率量值，並舉例常見物質[139]，其中，鐵磁性物質最常用在磁感測器及磁致動器，在微致動器應用裡，其高飽和磁化量特性可產生較大磁場，利於驅動。

如圖 8.81 所示，鐵磁性物質磁化 (magnetize)、消磁 (demagnetize)、再磁化 (re-magnetized) 時，會表現磁滯現象 (hysteresis loop)，其中 B_r 稱為殘餘磁通密度 (residual magnetic flux density)、H_c 稱為矯頑力 (coercivity)。依據矯頑力量值，鐵磁性物質可分為軟磁 (soft magnet, $H_c \leq 10^3$ A/m) 與硬磁 (hard magnet, $H_c > 10^3$ A/m)；軟磁物質必須藉由外加電流或磁場才能在元件間隙中提供有效磁場，而硬磁不需外加場就可提供。

微機電系統所需磁性薄膜厚度差異甚大，範圍從 nm 至 mm，所需特性包括附著力佳、低應力、高矯頑力及製程能與積體電路相容。因為磁碟機工業已被廣泛使用，目前微機電系統最常使用的磁性物質是鎳鐵合金 (NiFe alloys, $Fe_{0.8}Ni_{0.2}$ 或 $Fe_{0.5}Ni_{0.5}$)。電鍍沉積 NiFe 屬於軟磁，電化學沉積優點包括室溫操作、快速沉積速率及低成本。電鍍溶液成分、沉積條件對薄膜磁性、機械性影響可參考 Judy 及 Allen 著作[140,141]。

表 8.1 物質磁性分類與舉例。

性質	χ/μ 量值	舉例
鐵磁性	$10 - 10^7$	Ni、Fe、Co、NiFe、Anico、SmCo、NdFeB
順磁性	$10^{-6} - 10^{-3}$	Al、Cr、Pt、Ti、Ta、W、Mn
抗磁性	$-1 - -10^{-6}$	Cu、Au、Ag、Si、C、H

第 8.4 節作者為鄭明正先生。

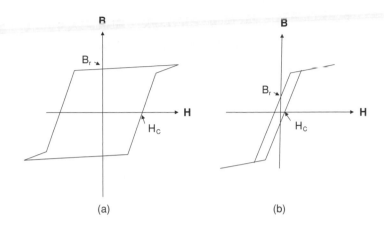

圖 8.81
(a) 硬磁物質與 (b) 軟磁物質的磁滯曲線。

　　在致動器元件的應用上大多需要將致動源整合於晶片上，驅動方式包括磁性材料或將微線圈鍍於晶片上。使用永久磁鐵 (permanent magnet)，作用力所需驅動電流 (功率) 較小，在微小化時比線圈有較佳表現，比較合適。然而矽微加工硬磁製作目前技術尚未成熟，仍缺乏可靠、低溫厚膜製程[142]，在目前應用中，硬磁部分仍多藉由混合組裝 (hybrid) 完成。

　　另一驅動磁式致動器方式是將驅動磁源外加於晶片外部，外部致動可減低製程之複雜度，並且外部磁源可獨立於晶片的操作環境之外，不容易受到元件操作環境的限制。但缺點是外加磁源相當笨重，且不適用於線圈與磁鐵距離很敏感的應用 (如助聽器及變焦鏡面)。

8.4.2 電磁驅動

(1) 勞倫茲力 (Lorentz Force)

　　如圖 8.82 所描述，當長度為 **L** 的導線，載有 I 之電流並置於磁通密度為 **B** 之磁場中時，則會在導線上產生 **F** 的作用力，稱為勞倫茲力 (Lorentz force)，且 $\mathbf{F} = I\mathbf{L} \times \mathbf{B}$。藉由調整電流方向可產生不同方向的運動，勞倫茲力的缺點是功率消耗量較高，會因電阻而產生熱。

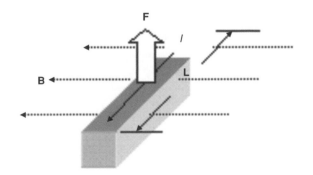

圖 8.82
勞倫茲力示意圖。

　　一條載有電流的導線會在其周圍產生磁場，其磁場為 $B = \mu_0 I / 2\pi R$，與電流大小成正比，並反比於與導線間的距離。同時這條導線也會與外加的磁場或是周圍導線產生的磁場產生相斥或相吸的機械作用力。

(2) 移動磁鐵 (Moving Magnet)

　　如圖 8.83 所描述，移動磁鐵式致動器是將磁鐵置放在可移動微結構上[143]，利用外加之磁場與磁性材料間的作用，使磁鐵產生移動，並帶動微結構產生位移。當體積為 V、磁化量為 M 的磁性物質置於外加磁場 H_z 中，磁性物質所受作用力為 $F_z = M_z \int \dfrac{dH_z}{dz} dV$。其作用力大小與物質體積、磁化量成正比；當積體化平面線圈作為外部磁場源，磁鐵與線圈之間的最佳化距離為線圈平均半徑的 1/4，因根據電磁場分析，此處的作用力會最大。

　　Judy 驗證了磁性材料 NiFe 電鍍製程可與面型矽微加工相容[144]。磁性材料鍍膜是接著面型微加工製程之後 (沉積、定義兩層複晶矽結構層及二氧化矽犧牲層)，先沉積一層起始層 (seed layer, 10 nm Cr/100 nm Cu) 作為電鍍電性連接，旋塗厚光阻，並曝光、顯影作為電鍍模子，接著電鍍 NiFe 磁性材料 (約 7 μm 厚)，然後移除光阻模子並蝕刻起始層，最後把晶片放入氫氟酸 (hydrofluoric acid, HF) 作結構的釋放。如圖 8.84 所示，以外部磁場驅動時 (H = 25 kA/m)，無論是同平面或是出平面上的致動，其出力大小以及位移量比靜電式致動來得大，甚至可讓微結構 (面積約 400 μm × 50 μm) 做大於 90° 的旋轉。

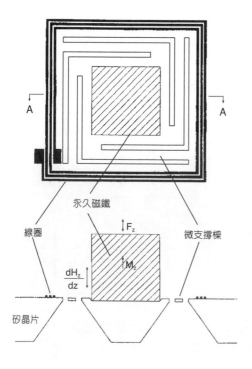

圖 8.83
移動磁鐵式致動器示意圖[143]。

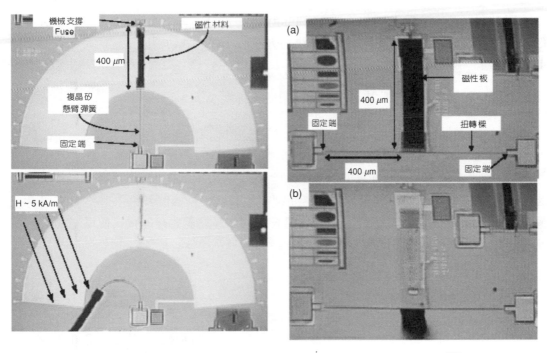

圖 8.84 磁性物質與多晶矽微結構整合，(a) 大同平面位移，(b)大出平面位移[144]。

(3) 變量磁阻 (Variable Reluctance)

如圖 8.85 所示[145]，變量磁阻致動器包括可移動磁性微結構 (或稱為電樞，armature)、由線圈或硬磁組成的磁通量產生器 (flux generator)、把磁通量侷限成一迴路的鐵磁性鐵心 (ferromagnetic core)。當電流通入線圈時，鐵磁性鐵心產生磁通量，電樞兩邊鐵心線圈繞線會設計成不同方向，使得磁通量會在電樞兩端相加，增加的磁通量產生磁力，使得電樞兩端吸引、靠近。變量磁阻式的好處是把磁通量侷限在一迴路中，在系統微小化時，此驅動方式會相當的有效率。

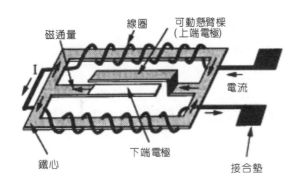

圖 8.85
變量磁阻致動器示意圖[145]。

　　磁式致動器可藉由等效磁路 (magnetic circuit) 作定量分析，對於長度 l、截面積 A、相對導磁係數 μ_r 的物質，磁阻 (reluctance) 大小為 $R = l/\mu_r\mu_0 A$；致動器磁路包括有懸浮微結構及鐵心迴路 ($R_{core} = l_c/\mu_c\mu_0 A_c$)、氣隙 ($R_{gap} = l_g/\mu_0 A_g$) 及環繞線圈 (鐵心每邊 $N/2$ 圈、通入電流 I)，整個磁路磁通量相等，磁阻彼此串聯，作用在電樞磁力大小 $F = \dfrac{1}{2\mu_0 A_g}\left(\dfrac{NI}{R_{core} + R_{gap}}\right)^2$。為提高致動器的效率，設計上會要求 $R_{gap} \gg R_{core}$，製程上可以朝兩個方向努力：第一、提高鐵磁鐵心 μ_r 值，以減少鐵心雜散漏損；對於長度為微米等級鐵心，由電磁學計算，μ_r 值大於 1000 可達到此要求。第二、增加鐵心截面積，除了有效地引導磁通量到微結構，亦可避免鐵心飽和的問題。然而積體電路製程屬於平面製程，製作三維線圈及鐵心迴路微結構會有其困難度。如 Sadler 蝕穿矽晶圓[146]，並利用電鍍填回作為立體磁路連接，使微結構、線圈能分別作在矽晶圓兩面，然而此製程算相當複雜。

(4) 磁致致動 (Magnetostrictive Actuation)

　　在施加外部磁場時，磁致材料會受到磁場變化之影響而產生應變，進而致動元件。Bourounia 利用磁致材料的特性來製作二維光掃描器[147]，他們選擇的磁致材料是 TbFe-CoFe 多層結構，利用射頻磁式濺鍍 (RF magnetic sputter) $Tb_{0.4}Fe_{0.6}$ 具有良好磁致特性，而 $Fe_{0.5}Co_{0.5}$ 具有較大磁極化 (magnetic polarization)，可降低所需工作磁場，沉積後，再以 250 °C 回火處理，降低薄膜應力。磁致驅動致動器的好處是結構相當簡單。

8.4.3 微電磁致動器之應用

　　電磁驅動的特色是出力大、作用距離較遠；然而當元件尺寸縮小時，就不是一個很好的驅動方式。這是因為微小化時，線圈產生的磁場 ($B = \mu_0 I/2\pi r$) 隨尺寸 (L) 減少，而電磁力 ($F = Il \times B$) 隨尺寸四次方 (L^4) 衰減，相對地，靜電力 ($F = \varepsilon_0 AV^2/2d^2$) 不會隨尺寸減少而遞減；所以靜電致動在目前的微系統應用最為廣泛，而電磁驅動較適合尺寸為 mm 等級的應用。

　　如圖 8.86 所示，Guckle 利用微機電 LIGA 技術製作大小為 2.5 mm 的微馬達[148]，其以 LIGA 分別製作高深寬比靜子 (stator) 與轉子 (rotor)，組裝在一起，並利用打線完成線圈連線。操作時因為磁場分布關係，轉子會懸浮在矽基材上而不會有摩擦 (friction) 的問題，運轉速度每分鐘可達三萬轉 (30000 rpm)，經過五百萬次測試，元件特性沒有明顯的漂移。

　　然而傳統機械加工電磁微馬達技術也相當成熟，在鐘錶工業已被廣泛使用。以微機電技術製作單一微馬達，成本不見得具有競爭優勢。但是應用微機電製作，磁式致動器可以和感測器、積體電路 (IC) 整合在同一矽晶片上，可減少感測與驅動訊號的雜訊與寄生效應，較適合高附加價值的產品。

(1) 繼電器 (Microrelay)

繼電器在工業界中針對訊號切換 (或開關) 的應用十分廣泛,特別是自動測試儀器的市場。繼電器要求規格如下:較低的驅動功率 (20-30 mW@5 V)、良好的絕緣性 ($R_{off} > 10^{10}$ Ω) 及小的接觸電阻 ($R_{on} < 150$ mΩ),因此致動器設計上要求元件有大的間距 (> 10 μm)、較大接觸力 (> 5 mN) 及較硬的接觸物質。靜電驅動雖具有較低的功率消耗 (~μW),然而過高的驅動電壓 (20-70 V) 在此無法被接受;而電磁驅動雖然功率消耗較高 (~mW),但電磁式致動器所具備之大出力、大位移量以及低驅動電壓的特性正適合微繼電器之需求。

Tilmans 等人以雙層電鍍銅作線圈驅動 Ni/Fe 微懸臂樑[149],往下接觸金接點,做開關動作,在 2 V 之電壓及 8 mA 電流驅動下,其出力大小約為 1 mN,消耗功率 16 mW,此外更以晶片接合的技術完成封裝,整個元件大小約只有 $5.3 \times 4.1 \times 1$ mm³,如圖 8.87 所示。

(2) 掃描面鏡 (Micromirror)

掃描面鏡作為光開關是相當熱門的題目。在光通訊應用裡,面鏡驅動方式大部分是靜電力,然而在一般光學應用上,處理光點大小約為 mm,需要尺寸匹配的面鏡。如圖 8.88[150] 所示 Miyajima 設計的 4 mm × 3 mm 電磁掃描面鏡,外加電流時,與磁場垂直的線圈

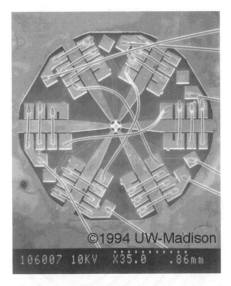

圖 8.86 LIGA 微馬達[148]。

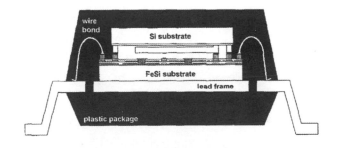

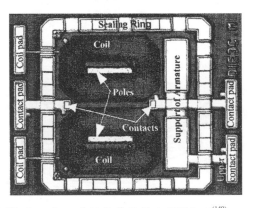

圖 8.87 電磁式繼電器封裝結構與 SEM 圖[149]。

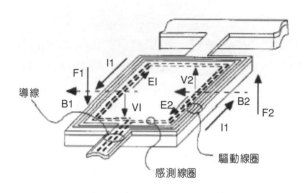

圖 8.88
電磁式掃描面鏡[150]。

兩邊電流方向相反,所受勞倫茲力方向亦相反,產生力矩扭轉面鏡,力矩方向可由輸入電流方向控制。設計中,感測線圈整合在裡面,偵測面鏡運動情形,扭轉軸材料為聚亞醯胺 (polyimide),並將導線埋在裡面以達到耐用、防震要求。元件驅動電流 20 mA、操作在共振頻率2.7 kHz 時,扭轉角度 16.8°,並用在 Olympus 雷射掃描顯微鏡產品上。

(3) 變焦面鏡 (Deformable Mirror)

　　變焦面鏡在天文學上的應用非常廣泛。當光信號傳送時,波形會因大氣散射影響而失真,變焦面鏡的目的在於根據偵測的波形,提供適當的相位補償以達到聚焦、影像增強的目的。整個系統包括波形偵測器、變焦面鏡及回授控制電路,傳統加工元件售價相當的昂貴。Vdovin 首先以矽微加工方法批次化製作[151],並以靜電驅動面鏡方式控制面鏡曲率。然而以靜電驅動,面鏡只能往下吸,控制上較為複雜 (有時必須多驅動一光程差位移)。Cugat 則提出電磁式變焦面鏡[152],如圖 8.89,面鏡材料是高分子聚亞醯胺,正面鍍上金屬作為反射層 (reflective layer),背面則鍍上磁性材料,並利用另一片晶圓平面線圈驅動,當電流方向不同時,面鏡可作向上或向下形變,振幅可達 ± 15 μm。

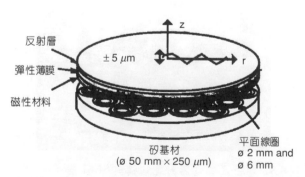

圖 8.89 電磁式變焦面鏡[152]。

(4) 揚聲器 (Loudspeaker)

揚聲器是日常生活中最常見的傳感器，揚聲器微小化的需求來自手機、通訊系統縮小的趨勢。揚聲器的目的是將電的能量轉換成聲音的能量，微小化對於驅動音頻訊號 (人可聽頻率範圍 20 Hz −20 kHz) 相當具有挑戰性，因為系統微小化伴隨著可運動振幅變小，而空氣音阻 (radiation impedance) 與頻率成正比，低頻訊號不容易傳送到空氣中，因此微揚聲器只適合於耳機 (earphone) 的應用。對於間隙 25 μm 的平行板，靜電驅動所需工作電壓約 60 V，並不適合用在耳機上。如圖 8.90，Cheng 提出一矽微加工電磁式揚聲器[153]，利用彈性聚亞醯胺作為聲音產生源，通入電流時，勞倫茲力會帶動面板產生位移，進而壓縮耳道空氣產生聲壓。其工作電壓 1.5 V，在體積 2 cm^3 腔體測試，可得聲壓達 95 dB (相對於 20 μPa)。微揚聲器另一高附加價值應用是助聽器市場。

微機電製程間的整合使元件更加多元化，因此隨著元件複雜性的增加，微結構的組裝技術便更顯重要。電磁力具有大出力以及大位移量之特點，且相對於熱式驅動組裝與靜電驅動組裝是藉由機械連桿個別地將微結構立起，電磁式驅動可批次化，不需太多探針面積，是結構組裝上的利器。

Yi 提出電磁驅動組裝微結構方法[154]，於面型微加工製程沉積後，在欲立起微結構上電鍍磁性材料，結構釋放後，施加一外在磁場，磁性物質會被磁化，並與磁場作用，產生力矩並帶動結構成出平面位移；位移量可由磁性物質的體積與結構的剛性來控制。如圖 8.91 所示，三維微結構可以藉由不同驅動磁場設計，依序組裝在一起，對結構無明顯破壞 (非接觸式)，此外，整片晶圓亦可同時組裝，良率相當高，即使原本結構有吸附 (sticking) 現象。

Shimoyama 提出以勞倫茲力組裝微結構方法[155]，如圖 8.92 所示，控制磁場方向使微結構中較薄的部分 (Cr/Cu) 彎曲大於 180°，在此條件下結構會因大形變產生塑性變形，當磁場

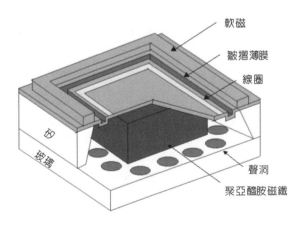

圖 8.90 電磁式微揚聲器。

圖 8.91 利用電磁力組裝三維微結構[154]。

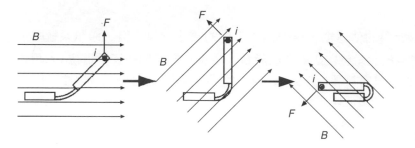

圖 8.92

利用勞倫茲力作結構組裝[155]。

移除時結構不會回到原來平面，而與原平面彎曲一個角度，彎曲角度可由塑性變形的次數所控制。作者並以摺疊正方體三維結構作為實例，但流經導線所產生的熱量會造成其結構的形變，是無可避免的問題。

8.5 壓電式微致動器

　　眾所周知壓電材料可以將電壓轉換成機械能，相反地亦可將機械之變形轉換成電壓之效果，因此廣泛應用於工業、軍事與醫療等不同方面之致動器或感測器。壓電材料因結晶方式之不同可區分為三大類，第一類壓電材料是單晶結構 (single crystal)，例如石英 (quartz)、酒石酸鉀鈉 (rochelle salt)、硫酸鋰 (lithium sulfate)、鈮酸鋰 ($LiNbO_3$) 等；第二類是屬於多晶系結構之陶瓷材料，例如鋯鈦酸鉛 (lead zirconate titanate, $PbZrTiO_3$, PZT)、鈦酸鋇 (barium titanate) 及氧化鋅 (ZnO) 等都是常被使用之壓電陶瓷材料；而第三類是高分子式壓電材料，例如 PVDF (polyvinylidene fluoride) 是非常著名之高分子式壓電材料。綜合這三大類，只有部分結晶系之壓電材料因材料本身存在一電偶極矩 (electric dipole moment) 特性而具備壓電特性外，其餘如陶瓷及高分子系列之壓電材料皆需經過極化 (poling) 過程，始具有壓電特性。

　　將壓電材料應用作為致動器，首先需了解的是壓電材料之基本特性。如式 (8.28) 所示為施加電場於壓電材料時所產生之應變與應力關係式，其中 S 是應變 (strain)，T 是應力 (stress)，而 d 為電場 E 與應變之耦合係數，即壓電電荷常數 (piezoelectric charge constant)，s 是應變與應力間之關係係數 (或稱為彈性係數)，S、T、E 是向量，而 s 與 d 是張量。

$$S = sT + dE \qquad (8.28)$$

相反地，當施加應力作用於壓電材料時所產生之電場效應，如式 (8.29) 所示，其中 g 是應力與電場之關係係數，即是壓電電壓常數 (piezoelectric voltage constant)，D 是位移向量，ε^T 是壓電材料在無張力 (zero tension) 下之介電常數；

第 8.5 節作者為賴文斌先生。

$$\mathbf{E} = -g\mathbf{T} + (\varepsilon^T)^{-1}\mathbf{D} \tag{8.29}$$

一般定義壓電材料之極化方向為 z 或 3 軸，其餘 1 代表 x 方向，2 代表 y 方向，3 代表 z 方向，4 代表 yz 平面，5 代表 xz 平面，6 代表 xy 平面。利用晶體對稱之關係，s 與 d 張量中有很多係數為零或相等，例如氧化鋅 (ZnO)、氮化鋁 (AlN) 及極化之壓電陶瓷之材料特性係數矩陣如圖 8.93 所示，壓電材料依不同之結晶方式不同，便有不同之材料係數矩陣。表 8.2 為目前常用之塊材 (bulk material) 及薄膜 (thin & thick film) 壓電材料作為致動器時較重要之特性表，其中鋯鈦酸鉛 (PZT) 系列為塊材之特性，若為 PZT 壓電薄膜則其特性比塊材小 60%，而石英之特性為 0° X-cut 之特性。從表中可知作為致動器之壓電特性主要有幾個重要之係數，如壓電常數 d_{ij} (piezoelectric constant)、介電常數 ε (dielectric constant)、機電耦合係數 k_{33} (electromechanical coupling constant)、居里溫度 T_e 及機械品質係數 Q 等等，以下針對這些參數分別介紹。

<u>class 6 mm and ∞m</u>
(CdS, ZnO, CdSe, AlN, BeO) 6 mm
(Poled ferroelectric ceramics) ∞m

$$
\begin{vmatrix}
s_{11} & s_{12} & s_{13} & 0 & 0 & 0 \\
s_{12} & s_{11} & s_{13} & 0 & 0 & 0 \\
s_{13} & s_{13} & s_{33} & 0 & 0 & 0 \\
0 & 0 & 0 & s_{44} & 0 & 0 \\
0 & 0 & 0 & 0 & s_{44} & 0 \\
0 & 0 & 0 & 0 & 0 & x
\end{vmatrix}
\quad
\begin{vmatrix}
0 & 0 & 0 & 0 & d_{15} & 0 \\
0 & 0 & 0 & d_{15} & 0 & 0 \\
d_{31} & d_{31} & d_{33} & 0 & 0 & 0
\end{vmatrix}
\quad
\begin{vmatrix}
\varepsilon_{12} & 0 & 0 \\
0 & \varepsilon_{11} & 0 \\
0 & 0 & \varepsilon_{33}
\end{vmatrix}
$$

$$xs_{44} = 2(s_{11} - s_{12})$$

圖 8.93
氧化鋅、氮化鋁及極化之壓電陶瓷之材料特性係數矩陣[156]。

表 8.2 各種不同結晶型式之壓電材料之特性比較表 (30 °C)[157]。

Material	$\varepsilon_{33}/\varepsilon_0$	d_{13} Å/V	d_{13} Å/V	d_{15},d_{32} Å/V	k_{33}	T_e °C	Q	g_{33},g_{31} mV m/N
PZT4	1300	2.89	−1.23	4.96	0.7	328	500	26.1
PZT5A	1700	3.47	−1.71	5.84	0.7	365	75	24.8
PZT5H	3400	5.93	−2.74	7.41	0.7	193	65	19.7
PZT7D	—	2.25	−1.00	—	0.5	325	500	—
PZT8	1000	2.25	−.97	3.30	0.6	300	1000	25.4
PVDF	12	−0.35	0.28	— ,0.04	0.20	170	10	−339, 216
ZnO	10.9	0.12	−0.05	−0.08	0.48	—	—	—
AlN	10.7	0.05	—	—	0.31	—	—	—
Quartz	4.6	0.02	—	—	0.09	—	$> 10^6$	—
LiNbO₃	30	0.06	−.01	.68	0.17	1210	—	—
LiTaO₃	45	0.08	−0.2	.26	0.19	660	—	—

　　一般致動器之設計考量是位移量與壓電電荷常數 d_{ij} 及外加電壓之乘積成正比，因此用於致動器之壓電材料最好是壓電常數 d_{ij} 大之材料，而且依壓電材料之驅動模態不同，考量之壓電常數 d_{ij} 亦不同。目前較常用之模態如圖 8.94 所示，其中圖 8.94(a) 之厚度模態考量的壓電常數為 d_{33}，圖 8.94(b) 為 d_{15}，圖 8.94(c) 為 d_{31}。例如對一無受力狀態之 PZT 在 z 軸方向施加一電場 E，如圖 8.94(a) 所示，則此 PZT 在 z 軸方向產生如式子 (8.30) 所示之應變量 S_3 等於 $\Delta z/z$，其中 z 為 PZT 在 z 方向之厚度值，且 $E_3 = V/z$，因此

$$S_3 = d_{33}E_3 \tag{8.30}$$

並可求得 $\Delta z = d_{33}V$。由此可發現一有趣之現象，當施加電壓於 PZT 之厚度 z 方向，所產生之位移量與其厚度尺寸無關。現假設施加 100 V 電壓於 PZT4 材料上，參考表 8.2 中之 d_{33} 值可求得其輸出位移為 289 Å；使用相同之原理，此 PZT 在 x 方向之應變 $(S_1 = \Delta x/x)$ 及變形量 Δx 可表示為

$$S_1 = d_{31}E_3 \tag{8.31}$$

$$\Delta x = xd_{31}\frac{V}{z} \tag{8.32}$$

其中 x 是 PZT 在 x 方向之長度，由表 8.2 中 PZT4 之 d_{31} 值為 −1.23 Å/V，令 z 及 x 值為 1 μm，可求得 Δx 為 −123 Å。另外如圖 8.94(c) 中雙層結構 (bimorph) 在壓電微致動器中是常用與重要之結構，此結構可視為如圖 8.94(a) 兩層壓電片操作於厚度模態，或者兩層結構中有一層是非壓電材料，可能是氧化矽、氮化矽、矽基材或金屬材料等等。當兩層結構皆是壓電薄膜材料時，若忽略電極厚度，則此雙層結構之微懸臂樑之自由端位移可以式 (8.33) 表示[158]：

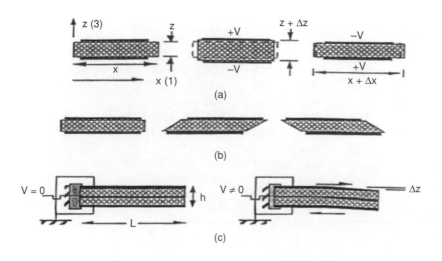

圖 8.94

幾種常見之壓電致動器的驅動模態，(a) 厚度模態 TE，(b) 厚度剪切模態 TS，(c) 雙層結構之厚度模態[157]。

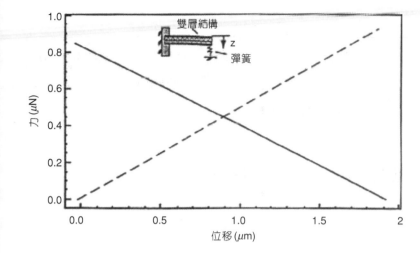

圖 8.95

如圖 8.94(c) 中雙層結構 PZT4 壓電薄膜之輸出位移與力量之關係圖，其中微懸臂樑之等效彈簧常數為 0.43 N/m，而彈簧常數為 0.5 N/m，平衡位置 $z = 0.89$[157]。

$$\Delta z = 3d_{31}V\frac{L^2}{h^2} \tag{8.33}$$

其中 L 為微懸臂樑之長度，h 是微懸臂樑之厚度，V 為施加之電壓，例如一長度為 600 μm 之壓電雙層結構之微懸臂樑，厚度 10 μm 之 PZT4 材料，當施加 10 V 電壓時，即可求得微懸臂樑之自由端位移 $\Delta z = 4.43$ μm。而微懸臂樑之出力大小與 Δz 關係曲線如圖 8.95 所示，若要微懸臂樑之自由端產生 Δz 的位移，則所需之力量 F 如式 (8.34) 所示：

$$F = \frac{\Delta z \gamma bh^3}{4L^3} \tag{8.34}$$

其中 b 及 γ 分別是微懸臂樑之寬度與楊氏係數。例如現有 PZT4 材質之楊氏係數為 7.5×10^{10} N/m^2，寬度 $b = 5$ μm，自由端位移 $\Delta z = 4.43$ μm，可產生 1.9 μN 之出力。若假設此懸臂樑之自由端受限制，如圖 8.95 所示受限於一彈簧，此時之雙層結構之懸臂樑亦可視為一等效彈簧 $k_{eff} = \gamma bh^3/(4L^3)$，因此在力平衡之條件下可求得 $F_{actuator} = F_{spring}$，其中 F_{spring} 是彈簧常數 $k_s(z)$ 之函數，而 $F_{actuator} = k_{eff}(\Delta z - z)$，所以當 $z = \Delta z k_{eff}/(k_s + k_{eff})$ 時，兩者力量達平衡。

在壓電式微致動器中，壓電材料除了壓電電荷常數外，機電耦合係數 k 亦是相當重要的參數之一，其定義為[159]

$$k^2 = \frac{W_{mechanical}}{W_{electrical}} \tag{8.35}$$

其中 $W_{mechanical}$ 是壓電薄膜所儲存之機械能，而 $W_{electrical}$ 是壓電薄膜所儲存之電能，因此此參數即代表壓電薄膜所能轉換之能量的大小，其值如表 8.2 所示，機電耦合係數愈大愈好。另外居里溫度 T_c 愈高則壓電材料所能操作環境之溫度愈高，使用之溫度範圍亦較大。而介電常

表 8.3 壓電材料常見之振動模態分布情形[160]。

振動模態 ＼ 頻率(Hz)	1 k	10 k	100 k	1 M	10M	100 M	1 G
彎曲振動模態	▇	▇					
一維(長度) 振動模態			▇	▇			
二維(面積) 振動模態				▇			
徑向振動模態				▇			
剪切振動模態					▇		
厚度振動模態						▇	

數 ε 則與致動器之輸出阻抗有關，介電常數愈大則在相同之電極面積下其輸出阻抗愈小。此參數在進行致動器之驅動電路時相當重要，一般而言，當致動器之大小微小化後，選擇介電常數大之壓電材料才不致於造成輸出阻抗偏高之問題。最後機械品質因子 Q 則與致動器之熱耗有關，Q 值小則熱耗大，驅動時易產生熱，而 Q 值大則熱耗少。

　　壓電式微致動器除了壓電材料之材料參數的考量外，其輸出特性與致動器之驅動模態的動態行為也有密切關係。然而壓電式微致動器之機械動態行為會隨所使用之振動模態、邊界條件及幾何尺寸不同而有所變化，如表 8.3 所示即為壓電材料常用之振動模態分布情形，可知應用於壓電式微致動器之設計時，則依所輸出特性之考量，可選用適合不同用途之振動模態，目前壓電式微致動器較常見之振動模態有彎曲振動模態 (bending mode)、厚度振動模態 (thickness mode) 與剪切振動模態 (shear mode)。

　　製程是實現壓電式微致動器之重要步驟。高分子壓電材料及多晶系壓電陶瓷材料由於容易沉積與成形於矽或氧化矽與氮化矽材料上，是常用之壓電薄膜材料。但是有些壓電薄膜之製作程序與其他微機電製程有相容性之問題，導致製程複雜、材料互相擴散 (interdiffusion) 及剝離等問題，因此許多研究人員進行有關壓電薄膜之新製程開發與改進。在壓電薄膜材料中，由於 PZT 壓電薄膜與其他材料相比具備較大之機電轉換係數，非常適合作為壓電式微致動器之驅動源，目前則有各種不同 PZT 壓電薄膜成分比例之沉積技術不斷被研究改進，如有機金屬化學氣相沉積 (metal-organic CVD)、射頻磁控濺鍍 (RF magnetron sputtering)、溶膠－凝膠沉積 (sol-gel deposition)、離子束沉積 (ionized cluster beam deposition)、迴旋共振濺鍍 (cyclotron resonance sputtering) 和雷射剝離 (laser ablation) 等技術，不同製程技術之創新，可能產生壓電式微致動器之新應用。以下即針對壓電式微致動器之動力應用 (power application)、線性運動應用 (linear motion)、轉動應用 (rotation motion) 及共振應用 (resonator) 等不同用途舉例說明介紹。

8.5.1 動力應用

如圖 8.96 所示，係利用塊材 PZT 壓電材料與矽基材結合之微致動器進行微型馬達 (micromotor) 之驅動，此架構之原理是利用 PZT 壓電材料與矽基材黏著後之結構振動模態特性，分別以脈衝式 (pulse drive) 及共振式 (resonant drive) 之電壓驅動 PZT 壓電材料，進而帶動轉子 (rotor) 之轉動。其中脈衝式之驅動機制可分為兩個步驟。首先因衝擊力讓靜止之轉子運動而撞擊到輪軸 (hub)，然後因衝擊力量之傳遞使得轉子與定子產生相互撞擊作用而使得轉子轉動；另外共振式之驅動機制是驅動輪軸之共振模態，利用輪軸之振動產生行進波 (traveling wave) 而使得轉子轉動。此結構與一般微型馬達不同之處是結構簡單、驅動安裝容易，但不易控制馬達轉動之方向。

如圖 8.97 所示，分別以塊材 PZT 壓電材料與矽基材之振動膜 (diaphragm) 構成之微致動器進行微流體之混合與除泡 (degassing)，混合及除泡之空間大小皆為 6 mm × 6 mm，深度為 0.06 mm。首先將矽基材⟨100⟩移除，形成一厚度為 0.15 mm 之振動膜，且將玻璃基材形成空穴 (cavity) 後，利用陽極接合 (anodic bonding) 方式將兩者黏著形成微流體之混合與除泡空間及流道，如圖 8.97(b)－(c) 所示，最後將塊材壓電材料 PZT (5 mm × 4 mm × 0.15 mm) 黏著於振動模之背後。其混合之機制是以 50－90 V 之連續式電壓，改變不同之頻率 (600 kHz 以下) 施加於 PZT 致動器上，直接利用致動器之振動能作用於微流體中進行混合，結果顯示，在 15－90 kHz 之間有較佳之混合效果。但此頻率範圍與振動模相對應之輸出位移無

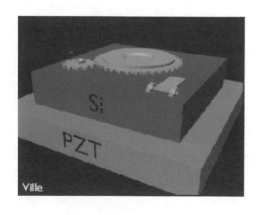

圖 8.96
以 PZT 壓電材料進行微馬達驅動之結構示意圖[161]。

直接相關，因此仍有問題待解決，且此種連續式驅動方式驅動電壓過高 (50 V)，亦容易產生微流體溫度上升 (無流體流動下上升 15 °C)、驅動頻率 (50 kHz) 易產生空化 (cavitation) 現象，對微流體可能產生有傷害之生物效應 (biological effect)。相反地，圖 8.97(c) 之除泡機制則是利用空化現象進行微流體之除泡。

　　利用單一層壓電材料當致動器使用時，為達到所需之輸出位移或出力，皆需相當高之驅動電壓，因此近幾年有研究者以堆疊 (stack) 方式在較低電壓下達到單一層壓電材料相同之輸出位移。如圖 8.98 所示即是以此構想應用於微機電系統中之微閥門之作動控制，其運動機制是運用堆疊式壓電材料之厚度模態的伸張與壓縮分別達到閥門之關閉及打開的動作。

　　如圖 8.99 所示是利用微細加工製成之微結構與 PZT 壓電材料黏著之微致動器設計，首先利用矽基材之微細加工形成 V 形槽，然後上下基材黏著形成微通道 (channel)，接著黏著氮化矽 (silicon nitride) 材質之微切割刀於微通道之自由端，最後整組結構再與塊材 PZT 壓電材料組合，配合壓阻式感測器感測切割刀之變形，可即時控制其切割刀出力之情形，此微切割刀可使用於人體血管或動物實驗之手術。

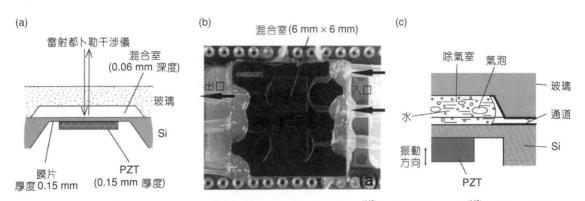

圖 8.97 以 PZT 壓電材料進行，(a) 微流體之混合結構示意圖[162]，(b) SEM 照片[162]，(c) 微流體之除泡 (degas) 結構示意圖[163]。

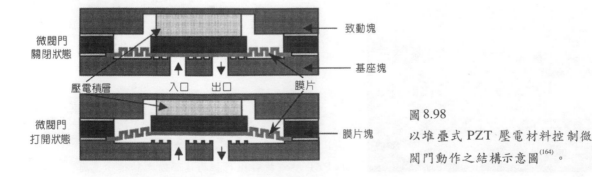

圖 8.98
以堆疊式 PZT 壓電材料控制微閥門動作之結構示意圖[164]。

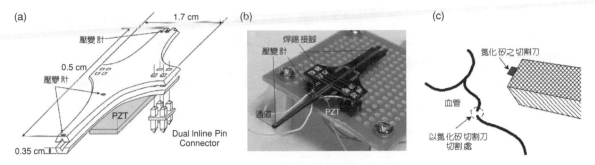

圖 8.99 以 PZT 壓電材料結合矽基材微細加工技術之微切割刀之結構示意圖[165]。

8.5.2 線性運動應用

目前典型之壓電式微致動器的線性運動例子，如圖 8.100 所示，是由一壓電薄膜 (piezoelectric strip) 及其 4 支結構支撐腳構成。其運動是運用蠕動毛蟲自走機構之原理，如圖 8.101 所示，其中 V_{11} 及 V_{14} 可視為結構 1，壓電薄膜可視為 2，V_{12} 及 V_{13} 視為 3，當 V_{11} 及 V_{14} 接上電壓後即因為靜電力導致結構 1 支撐腳吸附固定於基材上，如 Clamp 1，然後施加電壓於壓電材料上使其產生伸長變形，如 Extend 2，接著 V_{12} 及 V_{13} 接上電壓 (即結構 3) 使結構 3 支撐腳亦吸附固定於基材上，如 Clamp 3 ，然後將結構 1 支撐腳切斷電壓，使其與基材分離，如 Unclamp 1，施加相反電場於壓電材料上使其產生縮短變形，如 Contract

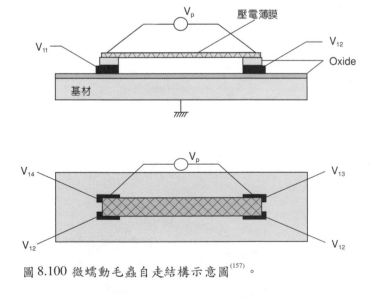

圖 8.100 微蠕動毛蟲自走結構示意圖[157]。

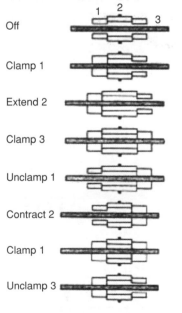

圖 8.101 微蠕動毛蟲自走原理圖[166]。

2，再施加電壓於結構 **1** 支撐腳固定於基材上，如 Clamp **1**，最後再將結構 **3** 支撐腳切斷電壓使其與基材分離，如 Unclamp **3**，接著重複 Extend **2** 步驟，如此可將此壓電薄膜結構藉由不同電壓之控制如同微蠕動毛蟲自走於矽基材表面。此結構若將 4 個支撐腳分別控制，則可產生直線與曲線之運動。一般其固定電壓為 50–100 V，壓電材料之驅動電壓為 10–50 V，且行走速度可達數 μm/s，目前已用於掃描穿隧電子顯微鏡 (scanning tunneling electron microscope, STEM) 作為位置控制器。

8.5.3 轉動運動應用

　　壓電式微致動器應用於轉動運動方面最常見的是壓電式微馬達，此種壓電式微馬達與其他如電磁式或靜電式相較下具有高能量密度、高扭力與低轉速之優點。如圖 8.102 為一壓電式轉動微馬達之示意結構及原理圖，微馬達之轉動來自於壓電薄膜驅動振動膜，當振動膜往上彎曲如圖 8.102(c) 右圖所示，會擠壓到微馬達轉子之支撐腳，此時由於支撐腳與振動膜之間的摩擦力而導致轉子之轉動；相反地，若振動膜往下彎曲如圖 8.102(c) 左圖所示，則支撐腳與振動膜之間的摩擦力減小而導致轉子停止轉動。此微馬達若是操作於振動膜之共振頻率，則可產生超過 30 nN·m 之扭力及 200 rpm 之轉速。

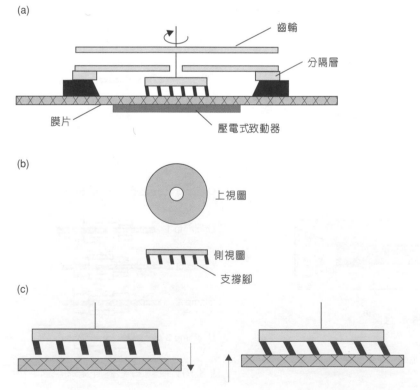

圖 8.102

(a) 壓電式轉動微馬達之結構示意圖，(b) 馬達轉子之上視 與側視圖，(c) 馬達轉子之支撐腳與振動膜之相互運動示意圖[157]。

電極
鈦金屬管
PZT 薄膜

10 mm

2.4 mm

圖 8.103
超音波微馬達之結構示意圖[157,167]。

　　另外亦有其他不同型式之壓電式轉動微馬達的結構設計[156]，例如圖 8.103 所示，利用圓柱形之管狀鈦金屬結構，在鈦金屬之外緣鍍上壓電薄膜材料，然後將電極定位成形於圓周之管壁上(4 個均等之位置)，以電壓分別驅動 4 個壓電薄膜之彎曲振動而使其沿著圓周方向產生行進波，由於馬達之轉子是以預壓力與管狀鈦金屬結構之上緣直接接觸，藉由兩者摩擦力之耦合，管狀壓電薄膜結構之行進波帶動轉子而轉動，因此預壓力之大小將是重要之設計參數，目前此設計之轉動壓電式微馬達在電壓 20 – 30 V 下可超過 300 rpm 之轉速。

　　利用其他不同之壓電薄膜結構亦可產生轉動運動，如圖 8.104 所示，以壓電薄膜 (1.5 μm) 鍍在一層金屬材料 (1.8 μm) 上形成微懸臂樑之雙層材料結構，並利用其變形進行微面鏡之角度控制。微懸臂樑之變形主要來自施加不同電場於壓電薄膜之上下電極，由於電場與壓電薄膜之極化方向相同及不同時，會產生不同之變形方向 (向下與向上)，利用此原理，如圖 8.104(b) 所示以一組微懸臂樑分別施加不同之電場，在微懸臂樑之連接物體上即可產生轉動之效應。將此原理應用於微面鏡之控制，以互相垂直之兩組轉動軸分別連接兩組雙層材料結構之壓電薄膜微懸臂樑，即可控制微面鏡之上下及左右之掃描，形成所謂二維掃描器 (2D scanner)。

8.5.4 共振應用

　　如圖 8.105 所示為最常見之壓電薄膜微懸臂樑之結構示意圖，此簡單之結構可作為微致動器或微感測器。其製程為先在 〈100〉矽基材上沉積及成型 (pattern) 氧化矽 (silicon oxide) 及氮化矽 (silicon nitride)，然後再沉積多晶矽 (poly-Si) 與壓電薄膜之下電極 (Ti/Pt)，依次再

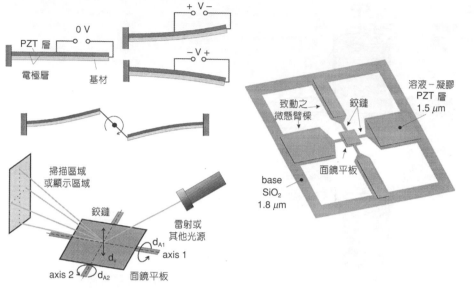

圖 8.104

以壓電薄膜微懸臂樑進行微掃描器控制之結構示意圖[168]。

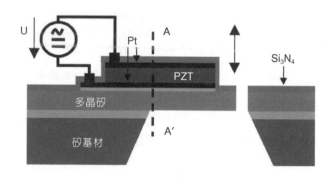

圖 8.105

最常見之壓電薄膜微懸臂樑致動器之結構示意圖[169]。

沉積及成型壓電薄膜 PZT 與上電極 (Pt) 材料，最後蝕刻成型壓電薄膜微懸臂樑。由於此微懸臂樑屬於多層材料結構，其動態特性與 PZT、多晶矽材料特性及其厚度、寬度、長度皆有密切關係。

　　如圖 8.106 所示，以 PZT 壓電薄膜之微懸臂樑作為表面輪廓儀 (surface force microscope) 之力量感測器 (force sensor)，可量測物體之表面輪廓。其結構簡單，原理是將 PZT 壓電薄膜微懸臂樑操作於第一階彎曲振動之共振模態，當微懸臂樑之端點與待測物表面接觸時，端點之共振振幅會改變，當待測物表面移動時，微懸臂樑之端點振幅會隨之改變，因此將振幅改變量經壓電薄膜轉換成電荷，再轉換為影像，即可顯示物體之表面輪廓。如此設計之力量感測器之感度在長度為 125 μm 時可達 0.7 fC/nm，比其他型式之壓電材料都大，但此 PZT 壓電薄膜之材料特性、感度及微懸臂樑之自由端接觸點設計仍有改進之處。

　　除了微懸臂樑結構外，最常使用之結構便是如圖 8.107 所示，將 PZT 壓電薄膜配合一振動膜作為聲壓換能器。此換能器與眾不同之處是將換能器設計為環狀陣列式 (ring array

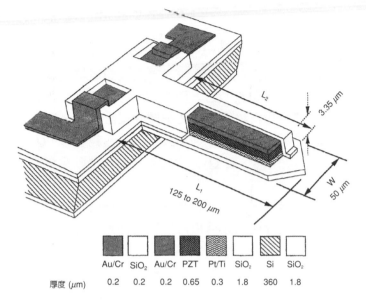

Au/Cr	SiO₂	Au/Cr	PZT	Pt/Ti	SiO₂	Si	SiO₂
厚度 (μm)	0.2	0.2	0.2	0.65	0.3	1.8	360	1.8

圖 8.106

以壓電薄膜構成之微懸臂樑作為致動器量測物體表面輪廓之結構示意圖[170]。

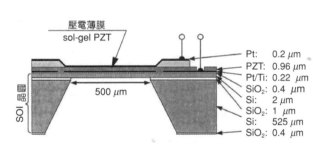

圖 8.107 以壓電薄膜配合振動膜之陣列式換能器結構示意圖[171]。

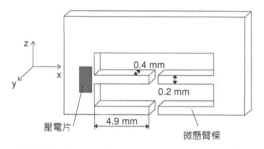

圖 8.108 利用微壓電致動器進行微結構之動態響應測試示意圖[172]。

type)，此型式具有高指向性 (high directivity)，在相同之頻率響應下與塊材壓電材料比較，其輸出感度約高出 16 dB，當應用於空氣中可量測之距離可達 2 公尺，可使用於三維超音波影像之成像。

　　如圖 8.108 所示，係以壓電材料作為致動器之激振源直接驅動微懸臂樑結構測試其動態特性，然後間接求得微結構材料特性 (如楊氏係數、波松比、殘餘應力等)。此方法是以連續正弦波 (sine wave) 激發壓電材料，然後改變不同頻率，逐次量測微結構在每一頻率之輸出響應。安裝容易、簡單但測試較費時，且會產生 PZT 壓電材料與微結構之動態特性相耦合之現象，測試方法受到此現象之限制。其可測試微結構之頻率範圍受限於 PZT 壓電材料之第一個共振頻率，因此微致動器 (PZT 壓電材料) 尺寸愈小，則可測試之微結構頻率範圍愈大。

8.5.5 結語

　　基本上壓電式微致動器之設計考量在壓電材料之選擇方面，壓電電荷常數 d_{ij} 愈大愈好，機電耦合係數亦是愈高愈好。另外居里溫度 T_c 愈高則致動器所能操作環境溫度亦較高；而介電常數 ε 則與致動器之輸出阻抗有關，介電常數愈大則在相同之電極面積下其輸出阻抗較小，此參數在進行致動器之驅動電路時相當重要，因此選擇介電常數大之壓電材料才不致於發生輸出阻抗偏高之問題。至於機械品質因子 Q 則與致動器之熱耗有關，Q 值小則熱耗大，驅動頻率較不敏感，但驅動時易產生熱，而 Q 值大則熱耗少，驅動頻率值較為敏感。

　　在微致動器之結構設計方面，塊材壓電材料之幾何尺寸與微機電之微結構差異很大，所以在應用上便受到限制；而壓電薄膜之幾何尺寸與微結構相當接近，因此其應用較多樣及廣泛。目前大部分是還是微懸臂樑、雙層結構 (bimorph) 微懸臂樑、圓形振動膜、圓柱體等簡單結構，主要是受限於部分壓電薄膜之製程與微結構製程不相容所致。而微致動器之輸出方面，可以考慮疊層結構，其在相同電壓下可產生較大之位移或力量之輸出，驅動模態則以厚度、彎曲及剪切模態是較常用的。

　　在致動器之應用與驅動方面，歸納上述之文獻，如表 8.4 所示，在應用方面可分為微小位移之控制與壓力或動力源之應用，驅動方式則有固定式、自走式與振動式。其中固定式為致動器之一部分完全固定狀態，驅動接合致動器之負載方式，無法得到太大之位移，是一般性普及之驅動法；而自走式為致動器與負載一起移動，是屬於微調與粗調之微小位移之控制；另外振動式是致動器以交流驅動，激振機械振動之方式，較常使用於幫浦、電動機等動力應用之驅動源。

表 8.4 壓電式微致動器之應用方面與驅動方式之分類[166]。

應用方面	驅動方式	應用例子
微小位移控制	1. 固定式 2. 自走式 (線性運動) 3. 自走式 (轉動運動)	1. 微面鏡掃描控制 2. 蠕動毛蟲自走機構、STM、微機器人 3. 轉動式微馬達
壓力及動力源	1. 固定式 2. 振動式	1. 噴墨印表機 2. 微馬達、微流體幫浦及混合器、微流體除氣裝置、微控制閥、微手術刀、微超音波換能器、微結構驅動器、微霧化器、厚度監視器、氣體感測器、AFM

8.6 氣／液動式微致動器

　　氣／液動式致動器是改變液體的壓力，使其成為致動器之能量來源，為另一種微機電致動器的設計機構。其主要的致動原理是透過不同的致動方式，如壓電式、熱氣泡式、靜電式、熱拱形式、聲能式及氣壓式，控制其最主要之運作元件 (調節閥，或有著相同功能的

第 8.6 節作者為饒達仁先生。

元件)，藉以改變氣/液體壓力，以達到致動器之效果。與其他致動方式比較，此種致動器之優點在於其擁有低消耗功率，並可在施加較大的壓力時產生較大的形變，與傳統之大壓力小形變或小壓力大形變的相關致動方式，有著較顯著之不同。以下將就不同的致動方式，對氣/液動式致動器做簡介。

8.6.1 壓電氣/液式致動器

在 1964 年，Sweet 發明了利用壓電式 (piezoelectric) 致動器的原理，將微液滴射出。基本上，在壓電科技中有兩種壓電式裝置。一種叫做連續噴射[174-177]，其操作原理如圖 8.109(a) 所示，具電導性的油墨，由壓電式致動器所產生的壓力，從噴嘴強迫噴出，而噴出物連續地分離成任意大小與間隔的微液滴。在油墨通過壓電轉換器時，可以藉由提供固定頻率的超音波來控制微液滴的單一大小與間隔。產生的微液滴連續通過一個帶電板，受到影響的微液滴，會因電場的作用而使其偏向印出，沒受到影響的微液滴則收集到溝槽再循環利用。一個壓電轉換器可以支援多個噴嘴，所以可以儘可能縮小噴嘴的間距，使其成為高解析陣列，然而複雜的微液滴帶電與收集系統是實際使用這個裝置的主要障礙。

另一種裝置叫做微液滴即成噴射，當印出一個點時利用壓電管或壓電盤使得微液滴噴出[178-180]。圖 8.109(b) 顯示一個典型的即成液滴產生器。操作原理是基於在充滿流體的腔體中，由壓電轉換器應用電壓脈衝產生聲波，讓聲波在表面產生作用，使其在噴嘴處射出單一液滴。液滴即成噴射法的主要優點在於不需要複雜的微液滴偏向與收集系統，然而其缺點在於壓電管或壓電盤的大小為釐米以至於數釐米，使此類裝置不適用於高解析陣列列印。

8.6.2 熱氣泡氣/液式致動器

熱氣泡噴射於 1980 年代早期由美國 Hewlett-Packard 公司和日本 Canon 公司所開發[181-183]，在文獻中也有許多其他設計報告[184-186]。圖 8.110 顯示熱氣泡噴射器的橫截面，液體在腔體中，受到腔體下方運用脈衝電流的加熱器所產生的氣泡如幫浦一般作用，將液體以微液滴的形式推出噴嘴。在微液滴射出之後，加熱脈衝關閉而使氣泡開始崩潰，液體因自由空間中新月形表面的表面張力而重新填滿整個腔體並回到原點，第二道脈衝可再度開始產生另一個微液滴。重複此步驟，可以產生連續的微液滴。

在 1998 年，曾繁根等人藉由不同大小的脈衝電流加熱器，更進一步的設計出高效率、高解析度的熱氣泡噴射器，如圖 8.111 所示[187-189]。當電流通過兩個脈衝加熱器時，較窄 (高電阻) 的加熱器會先產生氣泡，使其形成腔體，當其電流繼續加大，較寬 (低電阻) 的加熱器會產生另一個氣泡，迫使液體受到壓力，而從噴嘴處形成微液滴噴出。微液滴射出後，在電流脈衝被關閉的情況下，較窄的加熱器會先達到散熱的效果，而使其下方的氣泡先行崩潰，並使其墨水達到即時填滿的效果。重複上述步驟，可以產生連續的微液滴。

(a)

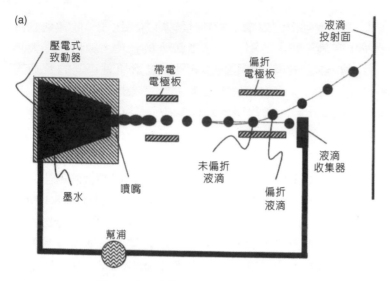

(b)

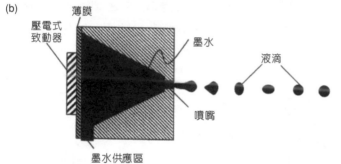

圖 8.109

(a) 採用壓電式致動器操作原理
之連續噴射液滴產生器；(b) 採
用壓電式致動器操作原理之即成
噴射液滴產生器。

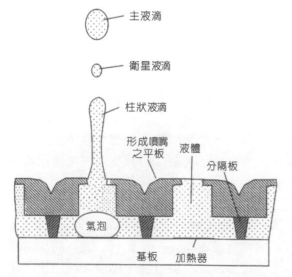

圖 8.110

採用熱氣泡式致動器操作原理之噴射液滴產生器。

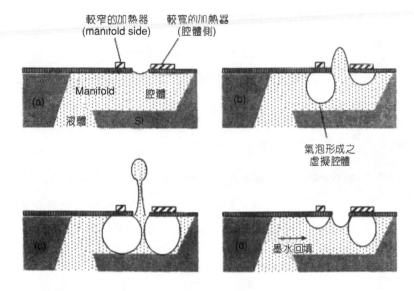

圖 8.111

改良熱氣泡式致動器操作原
理之噴射液滴產生器，(a) 液
體加熱，(b)「虛擬」腔體形
成，(c) 微液滴形成並射出，
(d) 氣泡消失及墨水回填。

此一設計方式擁有以下優點：

1. 因去除腔體的設計，故加快其墨水填充的時間。

2. 由於加熱器設置於表面，大大提高散熱的效果；更由於其表面加熱器的設計，使其製程
   不再受限，因此提高其系統解析度。

3. 此種設計方式降低了衛星微液滴的發生，成就了一次噴射一個微液滴的結果，解決了一
   次噴射多個微液滴所產生墨水在紙上擴散的問題。

8.6.3 熱彎曲氣／液式致動器

如圖 8.112，Hirata 等利用一個可彎曲的隔膜[190]，使其產生壓力，而從噴嘴噴出微液
滴。其設計方式是由一個二氧化矽和鎳層組成的合成圓形膜，被固定在其與底層之間的小
缺口的邊緣，並在合成膜的中間放置加熱器，而且將其絕緣。脈衝電流被送到加熱器，隔
膜因兩層材料的熱膨脹係數不同，而產生彎曲的現象，因此產生壓力。當熱量引發的壓力
大於關鍵的壓力時，橫隔膜突然向上彎曲，而從噴嘴射出一個微液滴。此類型的致動器大
約需要 0.1 mJ 的能量，可使直徑 300 μm 的橫隔膜產生一個速度為 10 m/s 的微液滴。其缺
點為消耗能量與裝置大小比氣泡噴射式大得多。

8.6.4 聲波式氣／液動致動器

圖 8.113 為一無透鏡的液體噴射器[191]，其利用聲波的建設性干涉來產生油滴，在晶片
上之 Fresnel 透鏡的幫助下，薄膜的壓電式致動器可以在水與液體的界面產生聲波，並將聲

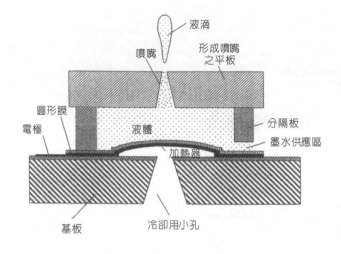

圖 8.112

熱彎曲式致動器操作原理之噴射液滴產生
器。

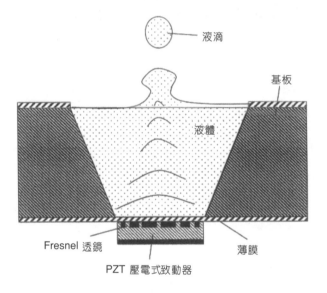

圖 8.113

聲波式氣／液致動器操作原理之噴射液滴產
生器。

波聚焦以形成油滴。致動原理來自瞬間的射頻訊號激發壓電薄膜，此類元件利用聲波特定
的頻率來控制噴射出之油滴的大小，和傳統之利用噴嘴來限定油滴的大小比較，減低了大
部分利用噴嘴時所產生的阻塞問題。然而由於聲波在液體中的擾動，很難維持穩定的界面
來產生可靠及重複的油滴，解決此問題的方式，就是再利用噴嘴的面積來維持界面的穩定
程度。

　　此種聲波式氣／液動致動器所應用的射頻訊號範圍從 100 到 400 MHz，脈衝寬度為 100
μs，且一個油滴的能量損耗大約是 1 mJ，與其他原理比較的話，相對較高。而視輸入的射
頻訊號而定，油滴的大小範圍可從 20 到 100 μm。根據報告元件的大小是 1 mm，這與前面
幾節裡面所提及的氣／液動致動器比較，還要大很多。

8.6.5 靜電式氣／液動致動器

Seiko-Epson 公司率先採用靜電式驅動的噴墨頭[192,193]，並應用在商業印刷的產品上。如圖 8.114 所示，其致動原理是藉由在電極板與壓力板之間加上直流電壓，使壓力板傾斜將墨水填充進去，當把兩板間的電壓除掉，壓力板會反彈而將墨水從噴嘴射出，其所需的能量損耗約 0.525 mW/nozzle。以 SEAJet (Seiko-Epson Actuator Jet) 而言，其驅動電壓是 26.5 V，而且驅動頻率在均勻墨水射出下高達 18 kHz。這樣一個 128 nozzle/chip 以及 360-dpi 的裝置，已經被證明具有高列印品質、高速列印、低能量損耗、低噪音等優點，而且在重負荷的列印下，具有較長的壽命。然而製造的時候包含三個微機械的複雜製程，而且壓力板需要高準確的蝕刻過程，以控制厚度的準確度及均勻度，由於固體材料的形變限制，以及在結合過程中需要準確的對準，因此噴嘴無法輕易的再縮小，使其無法達到更高解析度的應用。

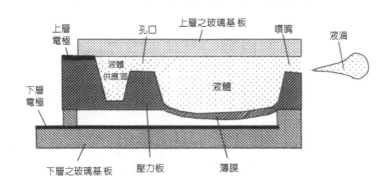

圖 8.114
靜電式氣／液致動器操作原理之噴射液滴產生器。

8.6.6 氣壓式氣／液動致動器

不同於上述的液滴產生器，Kim 等將所要致動的元件附著在一層彈性極佳的橡皮薄膜上，使其成為微抓取器 (microcage)，如圖 8.115 所示[194]。由於橡皮薄膜之極佳彈性特性，當空氣壓力施於底部，其附著在薄膜上的元件會因此而產生打開的作用，如截斷其底部所施加的壓力，元件則會產生閉合的作用，使其成為微抓取器。此類微抓取器尚在研發階段，未來主要會應用在微生物或細胞抓取之元件上。

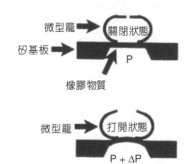

圖 8.115
氣壓式氣／液致動器操作原理之微抓取器。

參考文獻

1. S. S. Rao, *Mechanical Vibrations*, Reading, MA: Addison-Wesley (1995).

2. A. N. Cleland and M. L. Roukes, *Sensors and Actuators A*, **72**, 256 (1999).

3. http://www.ti.com.

4. K. J. Gabriel, F. Behi, and R. Mahadevan, *Sensors and Actuators A*, **21-23**, 184 (1990).

5. S. J. Jacobs, S. A. Miller, J. J. Malone, W. C. McDonald, V. C. Lopes, and L. K. Magel, "Hermeticity and Stiction in MEMS Packaging," *40th Annual International Reliability Physics Symposium*, Dallas, TX, 136 (2002).

6. W. S. N. Trimmer, *Sensors and Actuators A*, **19**, 268 (1989).

7. H. C. Nathanson, W. E. Newell, R. A. Wickstrom, and J. R. Davis Jr., *IEEE Trans. on Electorn Devices*, **ED-14**, 117 (1967).

8. L. S. Fan, Y. C. Tai, and R. S. Muller, "IC-processes Electrostatic Micro-Motor," *IEEE IEDM*, San Francisco, CA, 666 (1988).

9. W. C. Tang, T. C. H. Nguyen, and R. T. Howe, *Sensors and Actuators A*, **21**, 328 (1990).

10. http://www.ti.com.

11. T. A. Core, W. K. Tsang, and S. J. Sherman, *Solid State Technology*, **36**, 39 (1993).

12. http://www.omm.com.

13. W. S. N. Trimmer, *Sensors and Actuators A*, **19**, 268 (1989).

14. K. E. Petersen, *IBM J. Res. Develop.*, **24**, 631 (1980).

15. D. Chauvel, N. Haese, P. A. Rolland, D. Collard, and H. Fujita, "A Micro-machined Microwave Antenna Integrated with Its Electrostatic Spatial Scanning," *IEEE MEMS'97*, Nagoya, Japan, 84 (1997).

16. A. Fischer, M. Nagele, D. Eichner, C. Schollhorn, and R. Strobel, *Sensors and Actuators A*, **52**, 140 (1996).

17. P. Jaecklin, C. Linder, and N. F. de Rooij, *Sensors and Actuators A*, **41-42**, 324 (1994).

18. J. Buhler, J. Funk, J. G. Korvink, F. P. Steiner, P. M. Sarro, and H. Baltes, *Journal of MEMS*, **6**, 126 (1997).

19. P. Jaecklin, C. Linder, J. Brugger, and N. F. de Rooij, *Sensors and Actuators A*, **43**, 269 (1994).

20. A. Fischer, H. Graef, and W. von Munch, *Sensors and Actuators A*, **44**, 83 (1994).

21. J. I. Seeger and S. B. Crary, "Stabilization of Electrostatically Actuated Mechanical Devices," *TRANSDUCERS '97*, Chicago, IL, 1133 (1997).

22. O. Degani, E. Socher, A. Lipson, T. Lejtner, D. J. Setter, S. Kaldor, and Y. Nemirovsky, *Journal of MEMS*, **7**, 373 (1998).

23. J. Buhler, J. Funk, J. G. Korvink, F.-P. Steiner, P. M. Sarro, and H. Baltes, *Journal of MEMS*, **7**, 126 (1997).

24. K. E. Petersen, *IBM J. Res. Develop.*, **24**, 631 (1980).

25. P. F. V. Kessel, L. J. Hornbeck, R. E. Meier, und M. R. Douglass, *Proceeding of the IEEE*, **86**, 1687 (1998).

26. P. M. Hagelin and O. Solgaard, *IEEE Selected Topics in Quantum Electronics*, **5**, 67 (1999).

27. M.-H. Kiang, O. Solgaard, R. S. Muller, and K. Y. Lau, *J. of MEMS*, **7**, 27 (1998).

28. R. T. Chen, H. Nguyen, and M. C. Wu, *IEEE Photonics Technology Letters*, **11**, 1396, (1999).

29. V. A. Aksyuk, F. Pardo, and D. J. Bishop, "Stress-induced Curvature Engineering in Surface Micromachining Devices," *Proceedings of SPIE*, Paris, France, 984 (1999).

30. T. Akiyama and K. Shono, *Journal of MEMS*, **2** (3), 106 (1993).

31. L. Fan, R. T. Chen, and M. C. Wu, "Universal MEMS Platforms for Passive RF Component Suspended Inductors and Variable Capacitor, " *IEEE MEMS'98*, Heidelberg, Germany, 29 (1998).

32. 何亦平, 微結構自組裝技術之研究, 國立清華大學碩士論文 (2002).

33. 林弘毅, 複合式微矽光學平台之研究與應用, 國立清華大學博士論文 (2002).

34. H. Toshiyoshi, W. Piyawattanametha, C. T. Chan, and M. C. Wu, *Journal of MEMS*, **19**, 205 (2001).

35. J. Hsieh and W. Fang, *Sensors and Actuators A*, **79**, 64 (2000).

36. R. T. Howe and R. S. Muller, *IEEE Trans. on Electron Devices*, **ED-33**, 499 (1986).

37. R. B. Apte, F. S. A. Sandejas, W. C. Banyai, and D. M. Bloom, "Deformable Grating Light Valves for High Resolution Displays," *Solid-State Sensor and Actuator Workshop*, Hilton Head, SC, 1 (1994).

38. K. E. Petersen, *IBM J. Res. Develop.*, **23**, 376 (1979).

39. J. H. Jerman, D. J. Clift, and S. R. Mallinson, *Sensor and Actuators A*, **29**, 151 (1991).

40. B. C. S. Chou, W. T. Lin, and J. C. Chiou, "Study of Micromachined Tunable Filter and Its Potential Application to Tunable Laser," *The 4th Pacific Rim Conference on Lasers and Electro-Optics*, Chiba, Japan, I418 (2001).

41. N. Tirole, D. Hauden, P. Blind, M. Froelicher, and L. Gaudriot, *Sensors and Actuators A*, **48**, 145 (1995).

42. J. Branebjerg and P. Gravesen, *IEEE MEMS'92*, Travemunde, Germany, 6 (1992).

43. R. Legtenberg, J. Gilbert, S. D. Senturia, and M. Elwenspoek, *Journal of MEMS*, **6**, 257 (1997).

44. R.T. Chen, H. Nguyen, and M. C. Wu, *IEEE Photonics Technology Letters*, **11**, 1396 (1999).

45. R. T. Chen, H. Nguyen, and M. C. Wu, *IEEE MEMS'99*, Orlando, FL, 424 (1999).

46. M. Shikida, K. Sato, and T. Harada, *Journal of MEMS*, **6**, 18 (1997).

47. J. Simon, S. Saffer, F. Sherman, and C.-J. Kim, *IEEE Transactions on Industrial Electronics*, **6**, 854 (1998).

48. W. C. Tang, T. C. H. Nguyen, and R. T. Howe, *Sensors and Actuators A*, **21**, 328 (1990).

49. M. Tabib-Azar, *Microactuators*, Norwell, MA: Kluwer Academic Publishers (1998).

50. V. P. Jaecklin, C. Linder, N. F. de Rooij, and J. M. Moret, *Journal of Micromechanics and Microengineering*, **2**, 250 (1992).

51. T. Hirano, T. Furuhata, K. J. Gabriel, and H. Fujita, *J. of MEMS*, **1**, 59 (1992).

52. J. Mohr, M. Kohl, and W. Menz, "Micro Optical Switching by Electrostatic Linear Actuator with

Large Displacements," *Transducers'93*, Yokohama, Japan, 120 (1993).

53. M. A. Rosa, S. Dimitrijev, and H. B. Harrison, *Electronics Latters*, no. 18, 1787 (1998).

54. J. Hsieh, C.-C. Chu, and W. Fang, "On the Driving Mechanism Design for Large Amplitude Electrostatic Actuation," in *ASME Proc. of the 2001 IMECE*, New York, NY, IMECE2001/MEMS-23804 (2001).

55. J. A. Yeh, H. Jiang, and N. C. Tien, *J. MEMS*, **8**, 456 (1999).

56. H. -M. Jeong, J. -J. Choi, K. Y. Kim, K. B. Lee, J. U. Jeon, and Y. E. Pak, "Milli-scale Mirror Actuator with Buck Micromachined Vertical Combs," *Transducers'99*, Sendai, Japan, 1006 (1999).

57. R. A. Conant, J. T. Nee, K. Y. Lau, and R. S. Muller, "A Flat High-Frequency Scanning Micromirror," *Solid-State Sensors and Actuators Workshop* 2000, Hilton head, SC, 6 (2000).

58. J. Kim, S. Park, and D. Cho, "A Novel Electrostatic Vertical Actuator Fabricated in one Homogeneous Silicon Wafer Using Extended SBM Technology," *Transducers'01*, Munich, Germany, **1**, 756 (2001).

59. H. Schenk, P. Durr, T. Haase, D. Kunze, U. Sobe, H. Lakner, and H. Kuck, *IEEE Journal of Selected Topics in Quantum Electronics*, **6**, 715 (2000).

60. J. Hsieh, C. C. Chu, J. M. Tsai, and W. Fang, "Using Extended BELST Process in Fabricating Vertical Comb Actuator for Optical Applications," in *IEEE/LEOS International Conference on Optical MEMS*, Lugano, Switzerland, 133 (2002).

61. C.-J. Kim, A. P. Pisano, and R. S. Muller, *J. of MEMS*, **1**, 31 (1992).

62. 張恆中, 微機械挾持器之研究, 國立清華大學碩士論文計畫書 (2002).

63. V. P. Jaecklin, C. Linder, N. F. de Rooij, J. M. Moret, R. Bishof, and F. Rudolf, "Novel Polysilicon Comb-Actuators for XY-Stages," *IEEE MEMS'92*, Travemunde, Germany, 147 (1992).

64. P. -F. Indermuhle and N. F. de Rooij, "Integration of a Large Tip with High Aspect Ratio on an XY-Micro Stage for AFM Imaging," *Transducers '95*, Stockholm, Sweden, 652 (1995).

65. L. Lin, C. T. -C. Nuygen, R. T. Howe, and A. P. Pisano, "Microelectromechanical Filters for Signal Processing," *IEEE MEMS'92*, Travemunde, Germany, 226 (1992).

66. K. Wang, and C. T. -C. Nguyen, "High-Order Micromechanical Electronic Filters," *IEEE MEMS'97*, Nagoya, Japan, 25 (1997).

67. J. Bernstein, S. Cho, A. T. King, A. Kourepenis, P. Maciel, and M. Weinberg, "A Micromachined Comb-Drive Tuning Fork Rate Gyroscope," *MEMS'93*, Fort Lauderdale, FL, 143 (1993).

68. S. E. Alper and T. Akin, "A symmetric Surface Micromachined Gyroscope with Decoupled Oscillation Modes," *Transducers'01*, Munich, Germany, 456 (2001).

69. J. Hsieh, W.-J. Chen, and W. Fang, "Toward the Micromachined Vibrating Gyroscope Using (111) Silicon Wafer Process," in *Proc. of SPIE*, San Francisco, CA, 4557, 40 (2001).

70. C. J. Welham, J. W. Gardner, and J. W. Greenwood, *Sensors and Actuators A*, **52**, 86 (1996).

71. W.-H. Juan and S. W. Pang, *IEEE Journal of MEMS*, **7**, 207 (1998).

72. C. Marxer and N. F. de Rooij, *IEEE Journal of Lightwave Technology*, **17**, 2 (1999).

73. W. Noell, P.-A. Clerc, L. Dellmann, B. Guldimann, H.-P. Herzig, O. Manzardo, C. R. Marxer, K. J.

Weible, R. Dandliker, and N. F. de Rooij, *IEEE Journal of Selected Topics in Quantum Electronics*, **8**, 148 (2002).

74. T. Bakke, C. P. Tigges, J. J. Lean, C. T. Sullivan, and O. B. Spahn, *IEEE Journal of Selected Topics in Quantum Electronics*, **8**, 64 (2002).

75. C. Marxer, P. Griss, and N. F. de Rooij, *IEEE Photonics Technology Letters*, **11**, 233 (1999).

76. A. Q. Liu, X. M. Zhang, V. M. Murukeshan, C. Lu, and T. H. Cheng, *IEEE Journal on Selected Topics in Quantum Electronics*, **8**, 73 (2002).

77. K. Akimoto, Y. Uenishi, K. Honma, and S. Nagaoka, "Evaluation of Comb-drive Nickel Micromirror for Fiber Optical Communication," *IEEE MEMS'97*, Nagoya, Japan, 66 (1997).

78. J. J. Yao, S. Park, and J. DeNatale, "High Tuning-ratio MEMS-based Tunable Capacitors for RF Communications Applications," *Solid-State Sensor and Actuator Workshop*, Hilton Head, SC, 124 (1998).

79. A. P. Lee and A. P. Pisano, *Journal of MEMS*, **1**, 70 (1992).

80. W. Geiger, B. Folkmer, U. Sobe, H. Sandmaier, and W. Lang, *Sensors and Actuators A*, **66**, 118 (1998).

81. 謝哲偉, BELST 高深寬比微加工製程平台及其應用, 國立清華大學博士論文 (2002).

82. M. J. Daneman, N. C. Tien, O. Solggard, A. P. Pisano, K. Y. Lau, and R. S. Muller, *Journal of MEMS*, **5**, 159 (1996).

83. K. S. J. Pister, M. W. Judy, S. R. Burgett, and R. S. Fearing, *Sensors and Actuators A*, **33**, 249 (1992).

84. M.-H. Kiang, O. Solgaard, R. S. Muller, and K. Y. Lau, *J. of MEMS*, **7**, 27 (1998).

85. http://www.sandia.gov/mstc/micromachine/overview.html

86. A. Selvakumar, K. Najafi, W. H. Juan, and S. Pang, "Vertical Comb Array Microactuators," *MEMS'95*, San Diego, CA, 43 (1995).

87. J. A. Yeh, H. Jiang, and N. C. Tien, *J. of MEMS*, **8**, 456 (1999).

88. H. -M. Jeong, J. -J. Choi, K. Y. Kim, K. B. Lee, J. U. Jeon, and Y. E. Pak, "Milli-Scale Mirror Actuator with Buck Micromachined Vertical Combs," *Transducers'99*, Sendai, Japan, 1006 (1999).

89. R. A. Conant, J. T. Nee, K. Y. Lau, and R. S. Muller, "A Flat High-Frequency Scanning Micromirror," *Solid-State Sensors and Actuators Workshop 2000*, Hilton head, SC, 6 (2000).

90. J. Kim, S. Park, and D. Cho, "A Novel Electrostatic Vertical Actuator Fabricated in one Homogeneous Silicon Wafer Using Extended SBM Technology," *Transducers'01*, Munich, Germany, June, **1**, 756 (2001).

91. H. Schenk, P. Durr, T. Haase, D. Kunze, U. Sobe, H. Lakner, and H. Kuck, *IEEE Journal of Selected Topics in Quantum Electronics*, **6**, 715 (2000).

92. J. A. Yeh, C. -Y. Hui, and N. C. Tien, *J. of MEMS*, **9**, 126 (2000).

93. J. Hsieh, C.-C. Chu, J.-M. Tsai, and W. Fang, "Using Extended BELST Process in Fabricating Vertical Comb Actuator for Optical Application," *the IEEE Optical MEMS 2002*, Lugano, Switzerland (2002).

94. J.-M. Tsai, C.-C. Chu, J. Hsieh, and W. Fang, "A Large Out-of-plane Motion Mechanism for Optical

Applications," *the IEEE Optical MEMS 2002*, Lugano, Switzerland (2002).

95. J.-M. Tsai, C.-C. Chu, J. Hsieh, and W. Fang, "A Novel Electrostatic Vertical Comb Actuator Fabricated on (111) Silicon Wafer," *16th IEEE MEMS International Conference*, Kyoto, Japan. (accepted) (2003).

96. H.-Y. Lin and W. Fang, "Out-of-plane Comb-drive Lever Actuator," *ASME Proceedings of the 2000 International Mechanical Engineering Congress and Exhibition* (IMECE) , Orlando, FL, USA (2000).

97. H.-Y. Lin and W. Fang, "The Improvement of the Micro Torsional Mirror by a Reinforced Folded Frame," *ASME Proceedings of the 2000 International Mechanical Engineering Congress and Exhibition (IMECE)*, Orlando, FL, USA (2000).

98. H.-Y. Lin and W. Fang, "Torsional Mirror with an Electrostatically Driven Lever-Mechanism," *IEEE Optical MEMS 2000*, Kauai, Hawaii, USA (2000).

99. H.-Y. Lin and W. Fang, *J. Micromech. Microeng.*, **10**, 93 (2000).

100. R. T. Chen, H. Nguyen, and M. C. Wu, *IEEE Photonics Technology Letters*, **11** (11), 1396 (1999).

101. R. Legtenberg, J. Gilbert, S. D. Senturia, and M. Elwenspoek, *J. MEMS*, **63**, 257 (1997).

102. H.-Y. Lin, H.-H. Hu, W. Fang, and R.-S. Huang, "Electrostatically-Driven-Leverage Actuator as an Engine for Out-of-Plane Motion," *Transducer'01/Eurosensors XV*, Munich, Germany (2001).

103. N. Uchida, K. Uchimaru, M. Yonezawa, and M. Sekimura, "Damping of Micro Electrostatic Torsion Mirror Caused by Air-Film Viscosity," *IEEE MEMS'00*, 449 (2000).

104. P. M. Hagelin and O. Solgaard, *IEEE Selected Topics in Quantum Electronics*, **5** (1), 67 (1999).

105. T. Akiyama and K. Shono, *Journal of Microelectromechanical Systems*, **2** (3), 106 (1993).

106. R. J. Linderman and V. M. Bright, "Optimized Scratch Drive Actuator for Tethered Nanometer Positioning of Chip-Sized Components," *Solid-State Sensor and Actuator Workshop*, Hilton Head Island, South Carolina, June 4-8, 214 (2000).

107. K. E. Petersen, *IEEE Transactions on Electron Devices*, **ED-25** (10), 1241 (1978).

108. R. B. Hopkins, *Design Analysis of Shafts and Beams*, New York: McGraw-Hill (1970).

109. L. Y. Lin, S. S. Lee, K. S. J. Pister, and M. C. Wu, *IEEE Photonics Technology Letters*, **6** (12), 1445 (1994).

110. L. Fan, R. T. Chen, and M. C. Wu, "Universal MEMS Platforms for Passive RF Component Suspended Inductors and Variable Capacitor," *IEEE MEMS'98*, Heidelberg, Germany, 29 (1998).

111. 吳嘉昱, 微抓舉式致動器之研究, 國立清華大學碩士班論文 (2002).

112. T. Akiyama, D. Collard, and H. Fujita, *Journal of Microelectromechanical System*, **6** (1), 10 (1997).

113. L. Fan, M. C. Wu, K. D. Choquette, and M. H. Crawford, "Self-Assembled Microactuated XYZ Stages for Optical Scanning and Alignment," *Solid State Sensors and Actuators Workshop 1997*, Hilton head, SC, **1**, 319 (1997).

114. P. E. Kladitis, K. F. Harsh, V. M. Bright, and Y. C. Lee, "Three-Dimensional Modeling of Solder Shape for the Design of Solder Self-Assembled Micro-Electro-Mechanical Systems," *ASME IMECE'99*, Nashville, Tennessee, November 14-19, 11 (1999).

115. P. Langlet, D. Collar, T. Akiyama, and H. Fujita, "A Quantitative Analysis of Scratch Drive Actuation for Integrated X/Y Motion System," *Trandusers'97*, Chicago, IL, June, 773 (1997).

116. W. Riethmuller and W. Benecke, *IEEE Transactions on Electron Devices*, **35**, 758 (1988).

117. 方維倫，陳逸琳，謝正雄，周正三，控制微懸臂結構曲度之原理與製程，中國機械工程學會第十五屆全國學術研討會，國立成功大學，台南市 (1998).

118. J. M. Noworolski, E. H. Klaassen, J. R. Logan, K. E. Petersen, E. Kurt, and N. I. Maluf, *Sensors and Actuators A*, **55**, 65 (1996).

119. W. Fang, C.-H. Lee, and H.-H. Hu, *Journal of Micromechanics and Microengineering*, **9**, 236 (1999).

120. J. H. Comtois, and V. M. Bright, *Sensors and Actuators A*, **58**, 19 (1997).

121. S. P. Timoshenko, *Journal of Optical Society of America*, **11**, 233 (1925).

122. W. Benecke, and W. Riethmuller, "Applications of Silicon-Microactuators Based on Bimorph Structures," *Proceedings of the IEEE MEMS'89 Workshop*, Salt Lake City, UT, Feb., 116 (1989).

123. B. Rashidian, and M. G. Allen, *Proceedings of the IEEE MEMS'93 Workshop*, Ft. Lauderdale, Fla. Feb., 24 (1993).

124. J. W. Suh, C. W. Storment, and G. T. A. Kovacs, "Characterization of Multi-Segment Organic Thermal Actuators," *The 8th Int. Conf. Solid-State Sensors and Actuators, and Eurosensors IX (Transducer '95, Eurosensors IX)*, Stockholm, Sweden, Jun., 333 (1995).

125. S. Schweizer, S. Calmes, M. Laudon, and P. Remaud, *Sensors and Actuators A*, **76**, 470 (1999).

126. X.-Q. Sun, K. R. Farmer, and W. N. Carr, "A Bistable Microrelay Based on Two-Segment Multimorph Cantilever Actuators," *Proceedings of the IEEE MEMS'98*, Heidelberg, Germany, Jan., 154 (1998).

127. T. Seki, M. Sakata, T. Nakajima, and M. Matsumoto, "Thermal Buckling Actuator for Micro Relays," *Transducer '97*, Chicago, IL, Jun., 1153 (1997).

128. J. R. Reid, V. M. Bright, and J. H. Comtois, "Automated Assembly of Flip-up Micromirrors," *Transducer '97*, Chicago, IL, Jun., 347 (1997).

129. D. M. Burn and V. M. Bright, "Design and Performance of a Double Hot Arm Polysilicon Thermal Actuator," *SPIE Micromachining and Microfabrication Conference*, Austin, TX. Sep., 296 (1997).

130. J. H. Comtois and M. A. Michalicek, "Characterization of Electro-thermal Actuators and Arrays Fabricated in a Four-Level, Planarized Surface-Micromachined Polycrystalline Silicon Process," *Transducer '97*, Chicago, IL. Jun., 769 (1997).

131. J. H. Comtois and M. A. Michalicek, *Sensors and Actuators A*, **70**, 23 (1998).

132. J. T. Butler and V. M. Bright, "Electrothermal and Fabrication Modeling of Polysilicon Thermal Actuators," *ASME Microelectro-mechanical Systems*, Anaheim, CA. Nov., 571 (1998).

133. J. T. Butler and V. M. Bright, *Sensors and Actuators A*, **72**, 88 (1999).

134. O. Ohmichi, Y. Yamagata, and T. Higuchi, *J. of Microelectromechanical System*, **6**, 200 (1997).

135. E. T. Carlen, and C.H. Mastrangelo, "Simple, High Actuation Power, Thermally Activated Paraffin

Microactuator," *in Dig. Tech. Papers, 1999 Int. Conf. Solid-State Sensors and Actuators (Transducer '99)*, Sendai, Japan, Jun., 1364 (1999).

136. W.-C. Chen, J. Hsieh, and W. Fang, "A Novel Single-layer Bi-directional Out-of-plane Electrothermal Microactuator," *15th IEEE MEMS International Conference*, Las Vegas, NV (2002).

137. H. Guckel, J. Klein, T. Christenson, K. Skrobis, M. Laudon, and E. Lovell, "Thermo-magnetic Metal Flexure Actuators," *Solid-State Sensor and Actuator Workshop*, Hilton Head Island, SC, June 13-16, 73 (1992).

138. J. H. Comtois, V. M. Bright, and M. Phipps, "Thermal Micro-actuators for Surface-micromachining Processes," *SPIE Micromachining and Microfabrication Conference*, Austin, TX. Oct., 10 (1995).

139. J. W. Judy and N. Myung, "Magnetic Materials for MEMS", *MRS Workshop on MEMS Materials*, San Francisco, U.S.A, 23 (2002).

140. N.V. Myung, D.Y. Park, M. Schwartz, K. Nobe, H. Yang, C.K .Yang, and J.W. Judy, "Electrodeposited Hard Magnetic Thin Films for MEMS Applications", *Proceeding ECS-The Sixth International Symposium on Magnetic Materials, Processes and Devices*, Phoenix, U.S.A, 456 (2000).

141. W. P. Taylor, M. Schneider, H. Baltes, and M. G. Allen, "Electroplating Soft Magnetic Materials for Microsensors and Microactuators", *Proceeding Transducers '97*, Chicago, U.S.A, 1445 (1997).

142. T. S. Chin, *Journal of Magnetism and Magnetic Materials*, **209**, 75 (2000).

143. B. Wagner and W. Benecke, "Microfabricated Actuator with Moving Permanent Magnet", *Proceeding IEEE MEMS'91*, Nara, Japan, 27 (1991)

144. J. W. Judy, *Batch Fabricated Ferromagnetic Microactuators with Silicon Flexures*, Ph.D dissertation, UC-Berkely (1996).

145. C. H. Ahn, and M. G. Allen, *Journal of Microelectromechanical Systems*, **2** (1), 15 (1993).

146. D. J. Sadler, T. M. Liakopoulos, and C. H. Ahn, *Journal of Microelectromechanical Systems*, **9** (4), 460 (2000).

147. T. Bourouina, E. Lebrasseur, G. Reyne, A. Debray, H. Fujita, A. Ludwig, E. Quandt, M. Muro, T. Oki, and A. Assoka, *Journal of Microelectromechanical Systems*, **11** (4), 355 (2002).

148. H. Guckel, T. R. Christenson, K. J. Skrobis, J. Klein, and M. Karnowsky, "Design and Testing of Planar Magnetic Micromotors Fabricated by Deep X-ray Lithography and Electroplating," *Proceeding Transducers '93*, Yokohama, Japan, 76 (1993).

149. H. A. C. Tilmans, E. Fullin, H. Ziad, M. D. Peer, J. Kesters, E. V. Geffen, J. Bergqvist, M. Pantus, E. Beyne, K. Baert, and F. Naso, "A Fully Packaged Electromagnetic Microrealy," *Proceeding IEEE MEMS'99*, Orlando, U.S.A., 25 (1999).

150. M. Miyajima, N. Asaoka, M. Arma, Y. Minamoto, K. Murakami, K. Tokuda, and K. Matumoto, *Journal of Microelectromechanical Systems*, **10** (3), 418 (2001).

151. G. Vdovin, P. M. Sarro, and S. Middelhoek, *Journal of Micromechanics and Microengineering*, **9** (2), R8 (1999).

152. O. Cugat, P. Mounaix, S. Bsrour, C. Divoux, and G. Reyne, "Deformable Magnetic Mirror for Adaptive Optics: First Results," *Proceeding IEEE MEMS' 2000*, Miyazaki, Japan, 485 (2000).

153. M. C. Cheng, W. S. Huang, R. S. Huang, and T. S. Chin "A Novel Micromachined Electromagnetic Loudspeaker for Hearing Aid," *Proceeding Trnasucers01/ Eurosensors XV*, Munich, Germany, 694 (2001).

154. Y. W. Yi and C. Liu, *Journal of Microelectromechanical Systems*, **8** (1), 10 (1999).

155. I. Shimoyama, O. Kano, and H. Miura, "3D Microstructure Folded by Lorentz Force," *Proceeding IEEE MEMS' 98*, Heidelberg, Germany, 24 (1998).

156. O. E. Mattiat, *Ultrasonic Transducer Materials*, New York: Plenum Press (1971).

157. M. Tabib-Azar, *Microactuators: Electrical, Magnetic, Thermal, Optical, Mechanical, Chemical&Smart Structure*, Boston: Kluwer Academic Publishers (1998).

158. C. J. Chen, *Introduction to Scanning Tunneling Microscopy*, New York: Oxford University Press, 213-235 (1993).

159. K. F. Etzold, "Ferroelectric and Piezoelectric Materials," in *Electrical Engineering Handbook*, edited by R. C. Dorf, CRC Press Boca Raton, FL, 1087 (1993).

160. Piezoelectric Ceramic Resonator Units-Parts 2: *Guide to the Use of Piezoelectric Ceramic Resonator Units*, International Standard, CEI/IEC 642-2 (1994).

161. V. Kaajakari, S. Rodgers, and A. Lal, "Ultrasonically Driven Surface Micromachined Motor", *IEEE MEMS 2000*, Miyazaki, Japan, Jan., 40 (2000).

162. Z. Yang, S. Matsumoto, H. Goto, M. Matsumoto, and R. Maeda, *Sensors and Actuators A*, **93**, 266 (2001).

163. Z. Yang, S. Matsumoto, and R. Maeda, *Sensors and Actuators A*, **95**, 274 (2002).

164. I. Chakraborty, W. C. Tang, D. P. Bame, and T. K. Tang, *Sensors and Actuators A*, **83**, 188 (2000).

165. I. Son, A. Lal, B. Hubbard, and T. Olsen, *Sensors and Actuators A*, **91**, 351 (2001).

166. 許溢適編譯, 壓電陶瓷新技術, 台北市: 文笙書局 (1994).

167. T. Morita, M. Kurosawa, and T. Higuchi, *Sensors and Actuators A*, **50**, 75 (1995).

168. A. Schroth, C. Lee, S. Matsumoto, and R. Maeda, *Sensors and Actuators A*, **73**, 144 (1999).

169. H. Kueppers, T. Leuerer, U. Schnakenberg, W. Mokwa, and M. Hoffmann, *Sensors and Actuators A*, **97-98**, 680 (2002).

170. C. Lee, T. Itoh, and T. Suga, *IEEE Trans. on Ultrasonics, Ferroelectrics, and Frequency Control*, **43**, 553 (1996).

171. K. Yamashita, H. Katata, M. Okuyama, H. Miyoshi, G. Kato, S. Aoyagi, and Y. Suzuki, *Sensors and Actuators A*, **97-98**, 302 (2002).

172. H. Majjad, S. Basrour, P. Delobelle, and M. Schmidt, *Sensors and Actuators A*, **74**, 148 (1999).

173. P. Muralt, M. Kohli, T. Maeder, A. Kholkin, K. Brooks, and N. Setter, *Sensors and Actuators A*, **48**, 157 (1995).

174. W. L. Buehner, *et al., IBM J. Res. Develop.*, **21** (1), 2 (1997).

175. T. G. Twardeck, *IBM J. Res. Develop.*, **21** (1), 31 (1997).

176. J. M. Carmichael, *IBM J. Res. Develop.*, **21** (1), 52 (1977).

177. C. T. Ashley, K. E. Edds, and D. L. Elbert, *IBM J. Res. Develop.*, **21** (1), 69 (1977).

178. N. Budgayci, *et al.*, *IBM J. Res. Develop.*, **27** (2), 171 (1988).

179. R. H. Darling, C.-H. Lee, and L. Kuhn, *IBM J. Res. Develop.*, **28** (3), 300 (1984).

180. F. C. Lee, R. N. Mills, and F. E. Talke, *IBM J. Res. Develop.*, **28** (3), 307 (1984).

181. N. J. Nielsen, "History of Thinkjet Printhead Development", *Hewlett-Packard J., May*, 4 (1985).

182. J. Bharathan and Y. Yang, *Appl. Phys. Lett.*, **72** (21), 2660 (1998).

183. R. R. Allen, J. D. Meyer, and W. R. Knight, "Thermodynamics and Hydrodynamics of Thermal Ink Jets," *Hewlett-Packard J.*, 21 (1985).

184. P. Krause, E. Obermeier, and W. Wehl, "Backshooter - A New Smart Micromachined Dispenser with High Flow Rate and High Resolution," in *Proc. 8th Int. Conf. on Solid-State Sensors and Actuators and Eurosensors IX*, Stockholm, Sweden: IEEE, 325 (1995).

185. J.-K. Chen and K. D. Wise, "A High-Resolution Silicon Monolithic Nozzle Array for Ink Jet Printing," in *Proc. 8th Int. Conf. on Solid-State Sensors and Actuators and Eurosensors IX*, Stockholm, Sweden: IEEE, 321 (1995).

186. F.-G. Tseng, *et al.*, "Control of Mixing with Micro Injectors for Combustion Application", in *Proc. Micro-Electro-Mechanical Systems*, Atlanta, GA: ASME, 183 (1998).

187. F.-G. Tseng, C.-J. Kim, and C.-M. Ho, "A Microinjector Free of Satellite Drops and Characterization of the Ejected Droplets," in *Proc. MEMS, ASME IMECE'98*, Anaheim, CA: ASME, 89 (1998).

188. F.-G. Tseng, C.-J. Kim, and C.-M. Ho, "A Novel Microinjector with Virtual Chamber Neck," in *11th IEEE Int. Workshop on Micro Electro Mechanical Systems*, Heidelberg, Germany: IEEE, 57 (1998).

189. F.-G. Tseng, C.-J. Kim, and C.-M. Ho, *Apparatus and Method for Using Bubble as Virtual Valve in Micro Injector to Eeject Fluid*, USA (2000).

190. S. Hirata, *et al.*, "An Ink-Jet Head Using Diaphragm Microactuator," in *Proc. 9th IEEE MEMS Workshop*, San Diego, CA: IEEE, 418 (1996).

191. X. Zhu, *et al.*, "Micromachined Acoustic-Wave Liquid Ejector," in *Proc. Solid-State Sensor and Actuator Workshop*, Hilton head, SC: IEEE, 280 (1996).

192. S. Kamisuki, *et al.*, "A High Resolution, Electrostatically Driven Commercial Inkjet Head," in *Proc. IEEE MEMS workshop*, Miyazaki, Japan: IEEE, 793 (2000).

193. S. Kamisuki, *et al.*, "A Low Power, Small, Electrostatically Driven Commercial Inkjet Head," in *Proc. IEEE MEMS workshop*, Heidelberg, Germany: IEEE, 63 (1998).

194. J. OK, M. Chu, and C.-J. Kim, "Pneumatically Driven Microcage For Micro-Objects in Biological Liquid," in *IEEE Micro Electro Mechanical Systems Workshop*, Orlando, Florida, USA: IEEE, 459 (1999).

第九章　系統整合與介面

9.1 前言

　　微機電系統在技術本質上是一種整合性的技術，所包含之內容相當廣泛，系統整合的成功與否在整體設計中扮演著相當重要的關鍵，其中牽涉到各個子系統本身之微小訊號處理、各個子系統之間的介面訊號處理、介面設計及整個微系統控制設計。在本章節中，我們就微小訊號之處理、系統介面之設計，以及控制設計與演算法則作簡單的敘述，最後，利用微振鏡掃描顯示器作為說明微機電系統整合的實例。

　　當系統微小化之後，系統整合首先面臨的問題便是微小的訊號處理技術。就開發成功的電容式微加速度計為例，微小加速度使得感測質塊產生小於微米等級的位移，而其經過介面轉換電路輸出的電容變化量將小於 pF (10^{-12} F) 等級，因此，處理如此微小訊號變化量的技術決定了整個微機電系統整體性能的表現。除此之外，雜訊的處理在此也變得相對重要許多，不僅雜訊對微系統最後可能達到的性能，設下了物理先天上的限制，也在面對處理微小訊號上帶來了一些限制，在本章第二節中將作一簡單的闡述。

　　介面技術 (interface technology) 一向是電機領域中的利基技術，其主要目的係用以轉換各個不同子系統之間的訊號，例如光／電系統、數位／類比系統等，以期各子系統之間可以互相溝通與連結，而成為應用系統。以微機電系統來說，介面技術主要著重在於將感測到的細微訊號加以放大，並且轉換成數位訊號以利後續的處理，或者是將數位控制訊號轉換成微驅動元件的驅動訊號，因此，在本章第三節中將就常應用於微機電系統介面設計的幾種電子電路技術作說明。

　　控制設計是微機電系統中一項非常重要的應用理論，目的是使一控制系統能依照需求完成所設定的目標。控制設計可廣泛地運用在各種微機電系統中，例如雙電容差分式微加速度計，為一具有回授控制迴路之主動型元件，其控制設計不僅要了解微感測器之微結構，尚需同時考量感測應用電路設計，並依微加速度計工作原理設計一適用之訊號處理單元與回授控制單元以達成所需控制精度。因此，在本章第四節中將依常使用之控制設計與演算法則作一介紹與說明

　　在本章的最後，我們利用微振鏡掃描顯示器作為說明微機電系統整合的實例，此一實

第 9.1 節作者為邱俊誠先生。

現的微顯示器整合了光電系統、微振鏡元件、驅動介面以及顯示器設計等系統設計，文中將逐一闡述各個子系統設計所面臨的關鍵，以期提供讀者一個成功的整合實例。

9.2 微系統訊號與雜訊之分析

　　由於系統微小化，訊號經常也隨之減弱，加上微系統中的訊號來源，常受到光、生醫、機、電多元的交互影響，雜訊 (noise) 及微小訊號的處理一直是微機電中極重要的課題。電路設計中，小訊號的擷取及雜訊的抑制，於 1980、1990 年代即有多本專書專門介紹；然而針對微機電系統的雜訊源完整分析，要到 1993 年 Gabrielson 博士的期刊論文，才有較完整的整理。Gabrielson 的論文乃針對微加速度計的設計需求，諸如 Anolog Devices 公司，在投入大量研發人力及經費來改善電路上的雜訊後，卻發現機械可動質量塊 (proof mass) 造成的熱機械 (thermomechanical) 雜訊最終先天決定了微加速度計的解析度 (resolution)。在此一電路上利用對稱性及其他特殊方式，改善微機電系統電路上雜訊的研發，於 1990 年代當推美國加州大學柏克萊分校(UC Berkeley) 的 Boser 教授等為此一領域之翹楚，其成果多散見各研究論文，應用於微加速度計及微陀螺儀等感測器上，其設計應可以藝術 (art) 稱之，藉以說明此一領域之難度。2001 年 MIT 的 Senturia 教授在其專書「Microsystem Design」中，利用完整一章約 30 頁的篇幅，試圖完整介紹雜訊，可見此一問題的處理對一些世界級微機電研究者的重要性。然而 Senturia 的書亦只簡單介紹幾種傳統的電路雜訊書上所提的方法，如遮蔽 (shield)、接地迴路 (ground loop) 及守衛電路 (guard circuit) 設計來抑制雜訊，利用調頻 (modulation) 方式從雜訊訊號中擷取想要的訊號。書中有較完整的雜訊描述，但並無完整而有系統的處理方法，對此一問題有興趣的微機電初學者或許是一個失望，但也反應此一雜訊及微小訊號的處理目前是一門藝術。本節嘗試針對微機電系統中常遇到的光、機、電雜訊源，進行定性及定量的描述，這些雜訊對微系統最後可能達到的性能，設下了物理上的界限，也就是超越這些雜訊的更好性能，將在此一微／奈米系統中不可能求而得之。

9.2.1 系統中雜訊之分析

　　雜訊泛指一切訊號處理中我們不想要或不預期出現的訊號。雜訊如在不同頻率上有不同強度，頻域表現如一個二階或高階系統，我們稱之為 color noise；雜訊如在不同頻率上展現相同強度，我們稱之為 white noise。對於回授控制系統，雜訊因出現處不同，可區分為程序雜訊 (process noise) 及感測雜訊 (sensor noise)，如圖 9.1 所示。程序雜訊 (N_p) 對輸出訊號 (U) 的影響為

$$\frac{U}{N_p} = \frac{G}{1 + KGS} \tag{9.1}$$

第 9.2 節作者為劉承賢先生。

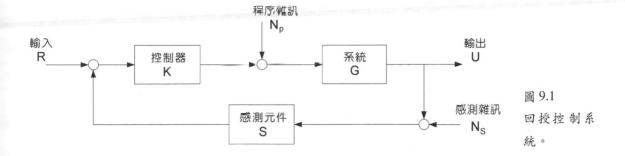

圖 9.1
回授控制系統。

感測雜訊 (N_s) 對輸出訊號 (U) 的影響為

$$\frac{U}{N_s} = \frac{KGS}{1+KGS} \tag{9.2}$$

針對程序雜訊及感測雜訊的屬性 (color noise 或 white noise)，可設計控制器 K 來抑制雜訊。方程式 (9.1) 及 (9.2) 均為 Laplace 轉換函數的表示式，控制器 K 在不同頻率下有不同的增益 (gain)，藉此設計可在特定的頻域內抑制程序雜訊或感測雜訊的影響，但無法同時改善兩者。因此對雜訊本質及其在系統中出現位置與機制的瞭解，極為重要，在 9.2.3 節將針對各微機電系統雜訊源加以介紹。

9.2.2 隨機雜訊的表示法

假設雜訊訊音 $V_n(t)$ 存在，最簡單的大小表示法是取其平均值 $\overline{V_n}$：

$$\overline{V_n} = \lim_{T \to \infty} \frac{1}{T} \int_0^T V_n(t)dt \tag{9.3}$$

一般隨機雜訊的 $\overline{V_n} = 0$，所以平均值不足以表示雜訊的大小。如果取雜訊訊號的平方加以積分：

$$\overline{V_n^2} = \lim_{T \to \infty} \frac{1}{T} \int_0^T \left[V_n(t)\right]^2 dt \tag{9.4}$$

其中 $\sqrt{V_n^2}$ 稱為 RMS (root-mean-square) 雜訊，其大小將能反映雜訊的振幅大小量，此為一常見的表示法。此外，反應雜訊能量的功率頻譜密度函數 (power spectral density function) 是最常使用的表示法。

$$S_n(f) = \int_{-\infty}^{\infty} \left[\lim_{T \to \infty} \frac{1}{T} \int_0^T V_n(t)V_n(t+\tau)dt \right] e^{-j2\pi f\tau} d\tau \tag{9.5}$$

其中 RMS 雜訊和功率頻譜密度 (power spectral density) 的關係為

$$\overline{V_n^2} = \int_0^{\infty} S_n(f)df \tag{9.6}$$

如圖 9.2 所示，在線性系統 $H(s)$ 中，其訊號的傳遞可以下式表示

$$\overline{V_0^2} = \int_0^{\infty} |H(j2\pi f)|^2 S_n(f)df \tag{9.7}$$

其中 $H(s)$ 為線性系統的系統轉移函數。

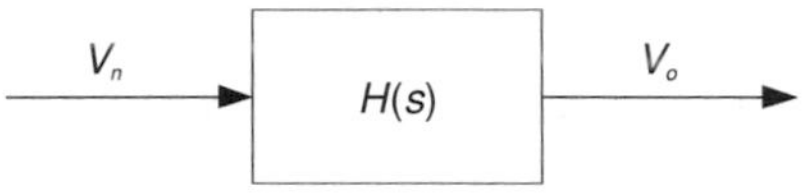

圖 9.2
雜訊源 V_n 在線性系統 $H(s)$ 中的傳遞圖。

9.2.3 雜訊源分析

(1) 熱機械等效雜訊

　　任何能量非守恆系統，均有雜訊源來自此一能量的散失，在電路電阻中，稱之為 Johnson 雜訊 (Johnson noise)，而在機械振動系統中，則稱之為熱機械雜訊 (thermomechanical noise)。對一機械振動系統，可以簡化其為一個二階質量塊－彈簧－阻尼器系統，其中彈簧支撐質量塊，彈簧和質量塊彼此間藉彈力位能和動能進行能量交換，但阻尼器則是總能量衰減的來源。熱機械雜訊伴隨阻尼器的能量衰減進入系統中，其表示式以 $N/\sqrt{Hz}$ 的型式可表為

$$F_{\text{theromechanical}} = \sqrt{4k_B T_{\text{emp}}d} = \sqrt{\frac{4k_B T_{\text{emp}}m\omega_0}{Q}} \tag{9.8}$$

功率頻譜密度可表為

$$S_{\text{theromechanical}} = 4k_B T_{\text{emp}}d = \frac{4k_B T_{\text{emp}}m\omega_0}{Q} \tag{9.9}$$

其中 k_B 是波茲曼常數 $(1.38 \times 10^{-23}$ J/K$)$，T_{emp} 是環境的絕對溫度，d 是阻尼係數，m 是質量塊的質量，ω_0 是系統的共振頻率，Q 是品質因子 (quality factor)。熱機械雜訊為 white noise，其強度平均分布於各個頻率，不隨頻率的不同而有雜訊強弱的不同。當微系統的等效阻尼係數愈大，品質因子 Q 越小，溫度愈高時，熱機械雜訊愈明顯。當系統微米化乃至奈米化，其所受來自空氣及液體的阻尼效應相對增強，也就說明了此熱機械雜訊在微小世界的重要性。其等效示意圖可表示如圖 9.3。

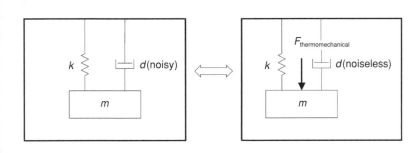

圖 9.3
等效熱機械雜訊之示意圖。

(2) Johnson 雜訊

在電路中，Johnson 雜訊類比於機械振動系統的熱機械雜訊，電路中電阻的出現，將帶入 Johnson 雜訊，其表示式以 V/$\sqrt{\text{Hz}}$ 的型式可表為

$$V_{nJ} = \sqrt{4 k_B T_{emp} R} \tag{9.10}$$

其中 k_B 是波茲曼常數，T_{emp} 是環境的絕對溫度，R 是電阻係數。Johnson 雜訊和熱機械雜訊類似，均為 white noise，不同於一般電路上常見的 1/f 低頻雜訊及 pop-corn 等高頻雜訊。當微光／生醫／機／電系統微小化，經常遇到的是處理微小電訊號的擷取及傳輸，因溫度及內電阻造成的 Johnson 雜訊為訊號的解析度 (resolution) 帶來一個物理上不可超越的極限。在電路中，其等效示意圖可表示如圖 9.4。機械振動圖 9.3 的左圖及電路圖 9.4 的左圖，有類似的二階動態方程式，其中阻尼 d 及電阻 R 出現於同一位置，這也就是方程式 (9.8) 及 (9.10) 中只有阻尼及電阻的差異的原因。

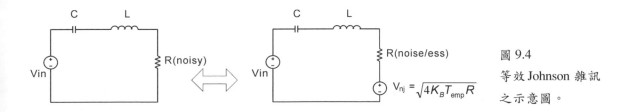

圖 9.4
等效 Johnson 雜訊
之示意圖。

(3) Shot 雜訊

　　當電路中電流是藉由一個個獨立的帶電體 (carrier) 跨過特定能階屏障 (potential barrier) 而形成，由於帶電體的隨機通過速率造成電流的擾動，此一效應稱為 shot 雜訊。常見的例如 *pn* 二極體、激光二極體 (photodiodes) 及隧導電流 (quantum electron tunneling) 等，均有 shot 雜訊效應。

　　Shot 雜訊也是一個 white noise，其表示式以 A/$\sqrt{\text{Hz}}$ 的型式可表為

$$I_{\text{nS}} = \sqrt{2qI} \tag{9.11}$$

其中 q 是電荷量 $(1.6 \times 10^{-19}$ 庫倫$)$，I 是平均直流電流。

(4) Flicker 雜訊

　　實驗發現在二極體 (diode) 和場效電晶體 (FET) 在低頻有額外的雜訊，由於雜訊在頻域上的分布形式，flicker 雜訊常被稱為 1/f 雜訊。Flicker 雜訊來自於半導體電子／電洞的傳輸陷於局部的 trap 狀態，而這些電子／電洞的捕捉及釋放的時間常數 (time constant) 隨著 traps 的束縛能 (binding energy) 成指數關係。詳細的理論及模型請參考半導體理論的專書。簡化的 flicker 雜訊模型以 A/$\sqrt{\text{Hz}}$ 的型式可表為

$$I_{\text{nF}} = \sqrt{K_F \frac{(I)^a}{f}} \tag{9.12}$$

其中 K_F 為 flicker 雜訊常數，一般藉由實驗量測得知，I 為平均的直流電流，a 為實驗量得的常數，f 為頻率，任一頻率下的 flicker 雜訊可以 (9.12) 式表示。由方程式 (9.12) 可知 flicker 雜訊主要為一低頻雜訊，若欲量測或致動的訊號能避開此一低頻雜訊，而藉由調頻等方法操作於較高頻的頻域，可有改進的空間。

(5) 光導體 (Photoconductor) 中產生及再結合雜訊 (Generation-Recombination Noise)

　　光電元件中，光子的產生及再結合有其一定的時間週期，衍生而來的等效電流雜訊以 A/$\sqrt{\text{Hz}}$ 的型式可表為

$$i_{\text{nGR}} = \sqrt{\frac{4qI(\tau_n/\tau_t)}{1 + (2\pi f\tau_n)^2}} \tag{9.13}$$

其中 q 是電荷量，I 是平均電流，τ_t 是平均轉移時間常數 (transit time)，τ_n 是再結合時間常數 (recombination lifetime)，f 是頻率。由方程式 (9.13) 可知光導體中產生及再結合雜訊主要亦為一低頻雜訊。

以上簡單介紹一些微光、機、電系統中，常遇到的基本雜訊原理及定量描述。以上的雜訊，常為微系統的最佳的感測／致動訊號解析度設下物理上不可能改進的底線，對於超高精度感測的微系統及奈米操控系統的研發，提供極具參考價值的資料。

9.2.4 雜訊及訊號的處理

除了上節所提的雜訊外，微機電系統亦常遭遇到 60 Hz 及其高頻調頻產生的雜訊。一般而言，此類雜訊是由於外加電源供應時，電路線及迴路沒有有效的遮蔽 (shielding) 而造成交感 (interference) 雜訊。對於此類雜訊，可利用線路的接地迴路，甚至不同電路線的互相纏繞，均可一定程度的壓低此類雜訊的影響。至於微機電系統使用同一晶片的設計，由於系統微小化而造成電路間距極小，如果又遇到大訊號電路和極小訊號電路相鄰，不同電路彼此間訊號的交感將可能造成嚴重雜訊的出現。在設計電路時，可利用諸如 pn 接面設計、多餘的接地迴路 (ground loop) 設計、守衛電路 (guard circuit) 設計或其交互使用，大幅減小電路間訊號交感而產生的雜訊，圖 9.5 為一簡單的示意圖。

圖 9.5
交感雜訊改善之示意圖。

此外，放大器 (amplifier) 使用諸如 MOSFET 等元件，經常在微機電系統中用來放大電訊號。然而訊號的放大過程中，除放大了想要的訊號外，也同時放大了雜訊，並加入了放大器本身的雜訊，一般而言，對訊雜比 (signal to noise ratio) 改善有限。對放大器本身的雜訊而言，一般商用的放大器均有詳細的雜訊模型，且多屬 $1/f$ 雜訊型式，亦即大雜訊呈現於低頻的頻域。

對於 $1/f$ 雜訊及 color noise，常使用的技術是利用調頻 (modulation) 的方式，將想要的真實訊號藉由調頻調高到高頻或低雜訊的頻域，藉以區隔真正想要的訊號及雜訊，再利用高頻通過濾波 (high-pass filter)、低頻通過濾波 (low-pass filter) 或中頻通過濾波 (band-pass filter) 將雜訊所在頻域的訊號濾掉，只留下真正想要的訊號，再藉由調頻的方法，將真正想要的訊號調變回原來的頻域。藉此即可在時域 (time domain) 或頻域 (frequency domain) 中鑑別出想要的訊號，而不受雜訊的干擾。

　　利用調頻的技術來改善雜訊的影響以擷取微小訊號不一定有效，原因是在微機電系統中，有許多情況是雜訊和真實訊號出現混合且發生於極前段的訊號源頭，調頻的加入無法加在雜訊出現之前，所以調頻同時將真實訊號及雜訊移到高頻頻域，之後的濾波技術無法區隔真實訊號及雜訊。

　　此外，採用兩個相同的元件，利用同調 (coherence) 的方式，將兩個相同元件的訊號，取出共同模態 (common mode) 的訊號，去掉相異模態 (differential mode) 的訊號。這一理論基礎在於 9.2.3 節內所提出的雜訊均為隨機雜訊 (random noise)，其出現於上述兩相同元件之時間及形式並不相同，所以在共同模態訊號中並不含此類雜訊。筆者之博士論文即利用此一方法量測到 $10^{-8}\ g/\sqrt{Hz}$ 的微小加速度訊號，是目前已發表的微機電元件中量測到的最小加速度訊號。

9.3 系統介面之設計

　　微感測元件將待測物理量轉換成電的訊號，此電訊號再經由介面電路整合到處理器中。處理器以感測資訊為輸入，經過運算或邏輯判斷，其輸出經由介面電路送到微致動器，微致動器將電能轉換成機械的運動，再作用到應用系統中。經由感測→處理→致動，形成一個智慧型微系統。圖 9.6 顯示一個智慧型微系統的基本架構方塊圖。由圖中可以觀察到，微感測裝置的輸出與系統的處理單元間有一個介面存在，而處理單元與微致動元件之間也有另一個介面存在，這些系統介面的原理與設計即是這一部分的討論重點。在本節的討論中，我們也將瞭解到相關的介面電路是可以整合到感測器的設計中，達成一種整合式微感測器 (integrated microsensor)，可以防範雜訊干擾，提高系統的性能。通常矽基微感測器本身是由矽微結構構成元件之本體，透過特殊材料及結構之設計，可將物理待測量轉換成電阻、電容或電感的變化，再由介面電路將電阻、電容或電感的變化轉換成電壓或其他的電訊號，以方便作進一步處理。因此介面設計之重點之一即是介面的電路設計。

圖 9.6
智慧型微系統基本架構圖。

　　由感測器到處理器這一端的介面電路包含電橋電路、放大器、多工器及類比－數位轉換器等。在微致動器與處理器這一端，介面電路包含數位－類比轉換器、驅動器 (driver) 等。感測器介面電路之主要功能是將感測訊號轉換成與外界電子系統相容之格式。通常由待測物理量所引起的感測訊號位準皆十分微小，所造成的電阻或電容的改變亦僅額定值 (nominal value) 很少的一部分，也有許多感測器其輸出會隨著溫度或時間而漂移 (drift)，造成誤差。當同時有許多感測訊號要讀取時，多工器 (multiplexer) 的使用就十分必要。接下來

第 9.3 節作者為宋開泰先生。

將探討一些標準的介面電路，最後將探討類比－數位轉換，以及數位－類比轉換。以下之內容，在電橋電路部分是由 J. P. Bentley 所著「Principles of Measurement Systems」一書中第九章之內容改寫[4]；在放大器部分是由 S. M. Sze 所編著之「Semiconductor Sensors」一書第十章[5]，以及由 K. Najafi、K. D. Wise 與 N. Najafi 所著之「Integrated Sensors」內容改寫；而在 A/D、D/A 轉換部分是由 D. H. Sheingold 所編著之「Analog-Digital Conversion Handbook」之內容所改寫[6]。

9.3.1 電橋電路設計

電橋電路 (deflection bridge circuit) 可用來將電阻、電容及電感的變化轉換成電壓的變化。圖 9.7 是電橋電路的示意圖，圖中顯示電橋電路有四個組成元件，這些元件在電路中是以阻抗 (impedance) 來表示。因此這四個阻抗分別標示成 Z_1、Z_2、Z_3 及 Z_4，V_s 是電源供應電壓值，E_{th} 是電橋的開迴路輸出電壓，亦即電路的戴維寧等效電壓 (Thévenin equivalent voltage)。由圖中之電流迴路 PABCQ 可得到

$$V_s = i_1 Z_2 + i_1 Z_3 \tag{9.14}$$

$$i_1 = \frac{V_s}{Z_2 + Z_3} \tag{9.15}$$

另，由電流迴路 PADCQ 可得

$$V_s = i_2 Z_1 + i_2 Z_4 \tag{9.16}$$

$$i_2 = \frac{V_s}{Z_1 + Z_4} \tag{9.17}$$

假設 Q 為接地電位，則點 P 及點 A 的電位 $= V_s$，點 B 的電位 $= V_s - i_1 Z_2$，點 D 的電位 $= V_s - i_2 Z_1$，$E_{th} = V_B - V_D = (V_s - i_1 Z_2) - (V_s - i_2 Z_1) = i_2 Z_1 - i_1 Z_2$，將 i_1、i_2 代入，得

$$E_{th} = V_s \left(\frac{Z_1}{Z_1 + Z_4} - \frac{Z_2}{Z_2 + Z_3} \right) \tag{9.18}$$

圖 9.8 為電橋電路的戴維寧等效電阻 Z_{th} 的計算示意圖，其中 Z_{th} 為：

$$Z_{th} = \frac{Z_2 Z_3}{Z_2 + Z_3} + \frac{Z_1 Z_4}{Z_1 + Z_4} \tag{9.19}$$

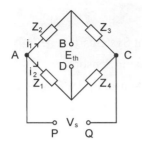

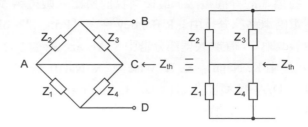

圖 9.7 電橋電路示意圖。　　　　　　　　　　　　圖 9.8 電橋電路之戴維寧等效阻抗。

9.3.2 電阻電橋設計

　　如果上述電橋電路的四個阻抗元件都是電阻元件，則成為一個電阻電橋。以 R_1、R_2、R_3 及 R_4 來表示此四電阻元件，電橋之輸出則可寫成下式：

$$E_{th} = V_s \left(\frac{R_1}{R_1 + R_4} - \frac{R_2}{R_2 + R_3} \right) \qquad (9.20)$$

以下將先考慮電橋中僅有一個電阻為感測元件的情況，例如其中 R_1 代表的是一電阻式的感測器，其電阻值會隨著某一待測量而改變，也就是說 $R_1 = R_I$，而 R_2、R_3 及 R_4 皆為固定之電阻值。

$$E_{th} = V_s \left[\frac{1}{1 + (R_4/R_I)} - \frac{1}{1 + (R_3/R_2)} \right] \qquad (9.21)$$

從上式中可觀察到輸出受到三個參數的影響，即 V_s、R_4 及 R_3/R_2，其中 R_2 或 R_3 個別數值的大小並不重要，而是 R_3/R_2 的比值十分重要。電橋的性能即可經由設計此三個參數而決定。

(1) 平衡的電橋 (Balanced Bridge)

　　如果輸入的範圍為 I_{min} 與 I_{max}，其相對應的電阻值範圍為 $R_{I_{min}}$ 及 $R_{I_{man}}$，電橋的輸出分別為

$$V_{min} = V_s \left\{ \frac{1}{1 + (R_4/R_{I_{min}})} - \frac{1}{1 + (R_3/R_2)} \right\} \qquad (9.22)$$

$$V_{max} = V_s \left\{ \frac{1}{1 + (R_4/R_{I_{max}})} - \frac{1}{1 + (R_3/R_2)} \right\} \qquad (9.23)$$

如果當 $I = I_{\min}$ 時，我們要求 $V_{\min} = 0$，則此電橋是一平衡的電橋。在這種情形下，可以得到下列結果：

$$\frac{R_4}{R_{I_{\min}}} = \frac{R_3}{R_2} \tag{9.24}$$

(2) 電源電壓 V_s 的考量

假設電橋電路中感測元件之最大散熱功率為 $\hat{W}$，則

$$V_s^2 \frac{R_I}{(R_I + R_4)^2} \le \hat{W} \quad , \quad I_{\min} \le I \le I_{\max} \tag{9.25}$$

設計時應選取適當之電源電壓 V_s，使得在感測器上單位時間所產生的熱在額定的最大散熱功率範圍之內。

(3) R_3/R_2 比值的考量

R_3/R_2 比值的選取是依據所使用的感測器型態而定。由平衡的電橋可得到

$$R_4 = (R_3/R_2)R_{I_{\min}} \tag{9.26}$$

$$\frac{E_{\text{th}}}{V_s} = \frac{1}{1 + \left(\dfrac{R_3}{R_2}\right)\left(\dfrac{R_{I_{\min}}}{R_I}\right)} - \frac{1}{1 + \dfrac{R_3}{R_2}}$$

上式可簡化為

$$v = \frac{1}{1 + \dfrac{r}{x}} - \frac{1}{1 + r} \tag{9.27}$$

其中 $v = E_{\text{th}}/V_s$，$r = R_3/R_2$，$x = R_I/R_{I_{\min}}$。

換句話說，v 代表輸出，r 代表 R_3/R_2 之比值，x 代表輸入。以 r 為參數，繪出輸出 x 對 v 輸出的曲線圖，如圖 9.9 所示。圖中當 $x = 1$ 時，$v = 0$，表示 $I = I_{\min}$ 時電橋是平衡的。同時我們注意到 $v(x)$ 為非線性的，其非線性的程度與 r 值有關，這表示電橋電路一般之輸入輸出關係為非線性，因此在設計時根據應用的目的選取適當的參數 r 就十分重要。

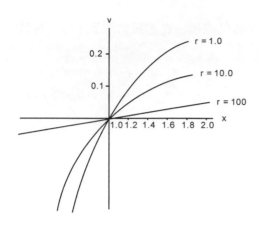

圖 9.9

電阻電橋的輸入－輸出關係曲線圖。

(4) 應變計 (Strain Gauge) 的介面電路

應變計是將應變 (strain) 變化轉換成電阻 (resistance) 之變化，

$$\Delta R = R_0 Ge \tag{9.28}$$

其中 R_0 為未受應變時應變計之電阻值，$R_0 = R_{I_{\min}}$，一般約為 120 Ω，G 為量規因子 (gauge factor)，為一常數，一般金屬片 (foil) 應變計之量規因子約等於 2.0，e 為應變，通常遠小於 1。

在此應用中，係設計一個電橋電路將此電阻之變化轉換成電壓的變化，再輸出到處理器。注意到應變計的 ΔR 是一個很小的數值，所以

$$x = \frac{R_I}{R_{I_{\min}}} = \frac{R_{I_{\min}} + \Delta R}{R_{I_{\min}}} \approx 1 \tag{9.29}$$

這表示在圖 9.9 之特性曲線中，輸入 x 的變化會集中在原點 $(x = 1)$ 附近，在這附近，不論 r 值為何，通常其輸入與輸出之關係皆相當線性。這符合我們希望為應變計設計一個線性的電橋電路。

接下來，要求電橋電路的輸出愈大愈好，即變化斜率 $(\partial v/\partial x)_{x=1}$ 愈大愈好。從特性曲線中，可觀察到當 $r = R_3/R_2 = 1$ 時有較大的斜率，因此 $R_3 = R_2$，這表示 $R_4 = R_{I_{\min}} = R_0$，我們可以設計成 $R_2 = R_3 = R_4 = R_0$。電橋之輸出可以求得如下：

$$v(x) = \frac{x-1}{2(x+1)} \approx \frac{1}{4}(x-1)$$

$$\frac{E_{th}}{V_s} = \frac{1}{4}\left[\frac{R_I}{R_{I_{\min}}} - 1\right] = \frac{1}{4}\left[\frac{R_I - R_{I_{\min}}}{R_{I_{\min}}}\right] = \frac{1}{4}\frac{\Delta R}{R_0} = \frac{1}{4}Ge$$

可得到

$$E_{th} = \frac{1}{4} V_s Ge \tag{9.30}$$

輸入應變 e 與電橋輸出電壓 E_{th} 為線性的。

(5) 電阻式溫度感測器的例子

電阻式溫度感測器 (resistance temperature detector, RTD) 如白金 (platinum) 溫度感測器 Pt-100 之電阻變化與溫度之關係可以表示成

$$R_T = R_0(1 + \alpha T) \tag{9.31}$$

其中 R_0 為感測器在 0 °C 之電阻值，α 為電阻之溫度係數 (temperature coefficient of resistance, TCR)，T 為溫度 (°C)。

在典型的應用中，x 之變化約在 $1-2$ 之間 ($R_0 = 100 \ \Omega$，$R_{250} = 200 \ \Omega$)，由於 RTD 溫度感測器通常具有十分優良的線性度 (非線性度 < 1%)，因此，需要一個線性的電橋電路以保證最後的輸出有足夠的線性度。觀察電橋電路之特性曲線在 $x = 1-2$ 之間，$r \approx 100$ 具有較佳之線性行為，亦即要設計一個 $r \gg 1$ 的電橋電路。

$$V = \frac{x}{x+r} - \frac{1}{1+r}$$
$$r \gg 1$$
$$V \approx \frac{x}{r} - \frac{1}{r} = \frac{1}{r}(x-1)$$

$$\frac{E_{th}}{V_s} = \frac{R_2}{R_3}\left(\frac{R_T}{R_{T_{min}}} - 1\right) \tag{9.32}$$

如果 $T_{min} = 0$ °C，$\dfrac{R_T}{R_0} = 1 + \alpha T$

$$E_{th} = V_s \frac{R_2}{R_3} \alpha T \tag{9.33}$$

輸入溫度 T 與輸出電壓 E_{th} 為線性關係。

9.3.3 主動式電橋設計

　　一個主動式的電橋 (reactive bridge) 採用交流電源電壓，電橋中有兩個臂是主動式的阻抗 (reactive impedance)，另兩臂是電阻式的阻抗。假設今有一個差分電容式位移感測器 (differential capacitance displacement sensor)，即輸入一個差分壓力造成感測薄膜之位移，此位移會使一邊的電容值由原來的 C_0 減少 ΔC，而另一邊的電容值由 C_0 增加 ΔC，因此有 $C_1 = C_0 - \Delta C$，$C_2 = C_0 + \Delta C$。電橋將此差分電容改變轉換成電壓的改變：

$$Z_1 = \frac{1}{j\omega C_1} \ , \ Z_2 = Z_3 = R \ , \ Z_4 = \frac{1}{j\omega C_2} \tag{9.34}$$

如圖 9.10 所示，電橋的輸出電壓為：

$$\Delta V = V_s \left(\frac{C_2}{C_1 + C_2} - \frac{1}{2} \right) = V_s \left[\frac{C_0 + \Delta C}{(C_0 - \Delta C) + (C_0 + \Delta C)} - \frac{1}{2} \right] = V_s \frac{\Delta C}{2C_0} \tag{9.35}$$

ΔV 與 ΔC 成正比，且電橋電路之靈敏度 (sensitivity) 為 $V_s/2C_0$。

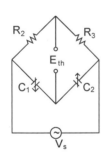

圖 9.10 差分電容位移感測器之電橋電路。

9.3.4 電容式感測器之介面電路

　　電容式感測器通常具有比電阻式感測器低很多的溫度靈敏度。同時電容式感測器也提供較高的整體靈敏度、較佳的分辨度及較低的功率消耗，因此它們經常被應用在低功率的情況，如生物醫學 (biomedical) 及儀器系統 (instrumental system)。最常採用的電路是用電容做為一個振盪器中計時的元件，輸出頻率是電容的函數，因此也是待測量的函數。圖 9.11 顯示一個以 Schmitt 觸發振盪器 (Schmitt trigger oscillator) 所做的設計。圖 9.12 是用 RC 振盪電路所做的設計。這兩種用振盪器技術的設計，其有效讀出的速度 (effective readout speed) 不快。例如 1 MHz 頻率之下、8 位元精確度，已補償過的讀出約要 1 ms，這對大多數應用已夠快了，但對有些多工的情形可能就不足。

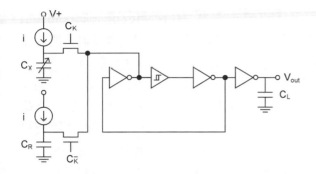

圖 9.11

以 Schmitt 觸發振盪器技術量測電容變化之電路[5]。

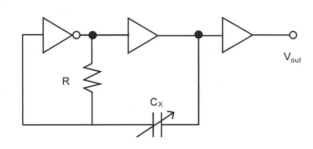

圖 9.12

以 RC 振盪器技術量測電容變化之電路[5]。

　　圖 9.13 顯示的是一種利用切換電容技術 (switched-capacitor technique) 所設計的電容量測電路，這是一種速度極快的電容讀取電路的設計方法，同時也比其他方法有較佳的分辨率 (resolution)。此處感測電容 (C_x) 經充電後與一參考電容 C_R 作比較，C_R 是一個相匹配的電容，與 ($C_x - C_R$) 值成比例的電荷差徑積分可得到一正比於電容差除以回授電容值 (C_F) 的電壓，如下式所示：

$$V_{out} = V_p \frac{C_x - C_R}{C_F} \tag{9.36}$$

很明顯的，輸出訊號對積分器之增益及離散電容 (parasitic capacitance) C_{PS} 皆不敏感。這種技術可達成少於 20 μs 之訊號讀出時間。

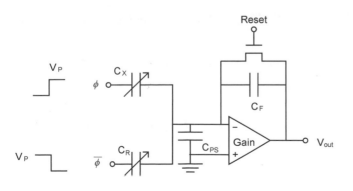

圖 9.13

以切換電容技術量測電容變化之電路[5]。

　　另一種電容變化讀出電路是力回授電容感測讀出電路 (force feedback read-out capacitance sensing)，係透過力回授使感測微結構維持在一固定位置，進而得以測得所要量測的物理量。為達成此功能，施加力之強度為待測值的函數。對大多數半導體材質微感測器而言，此回授力皆是以靜電式 (electristatically) 產生。圖 9.14 為此種設計之示意圖。圖中可動之微結構 MS 形成電容 C_1 及 C_2 的另一個極板，而另外兩個極板 MP_1 及 MP_2 是 C_1 及 C_2 的另一個極板。MP_1 及 MP_2 分別由驅動訊號 V_D 及 $\overline{V_D}$ 所驅動，MS 極板上的感應訊號傳送到一高輸入阻抗緩衝器 (buffer)。當 MS 在中間位置時，$C_1 = C_2$，沒有訊號產生在 MS 上。當 MS 因待測值變動而產生反應移動時，其上之感應電荷不為 0，且產生一與電容差值成正比之訊號。這個訊號經濾波與放大而產生一回授訊號 V_0，V_0 經由一段隔絕緩衝器回授到 MS，使 MS 重新回到其中間位置。

　　力平衡技術有幾項特點：(1) 由於微結構有效地停留在其位置上，此技術對電容式感測器技術提供了線性度的改善。(2) 在足夠的頻寬內，此技術提供很高的準確度。(3) 由於其較高之準確度，此技術可應用在高靈敏度的應用，如加速度感測器與壓力微感測器等。

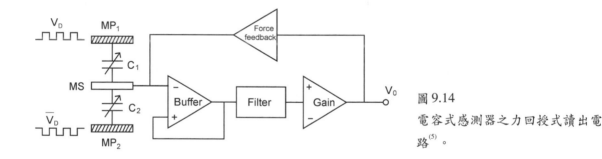

圖 9.14
電容式感測器之力回授式讀出電路[5]。

9.3.5 放大器

　　將感測訊號放大是十分重要的一個部分，為了增加訊雜比 (signal-to-noise ratio)，我們要在向外傳送前於感測器端將感測訊號放大。同時放大也可以充分運用類比－數位轉換器的完整動態範圍。目前最常用的是 MOS 放大器，具有高放大率、高輸入阻抗，而且很適合與感測器整合在同一晶片上。

　　圖 9.15 為一個兩階 MOS 運算放大器[2]。輸入端是由源極耦合 (source-coupled) 之差分輸入對 (differential pair)，此電路有高的差分增益 (differential gain) 及低的同模增益 (common-mode gain)，用來抑制同模訊號 (common-mode signals) 電晶體 M6 及 M7 組成另加的第二級增益。目前的技術已能很容易做到開迴路增益 (open-loop gain) 達 90 dB 的 CMOS 放大器。這些放大器速度快且有各種補償偏移 (offset) 的技術。這些放大器的尺寸較雙極性放大器 (bipolar amplifier) 小 3 至 5 倍，同時具有很高之輸入阻抗 (input impedance)，因此很適合用在微感測器之介面。

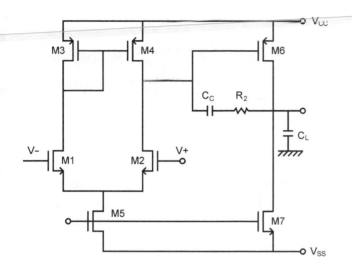

圖 9.15
兩階 CMOS 運算放大器電路圖[5]。

9.3.6 類比－數位轉換器

當整合到一個量測或控制系統時,感測器的輸出經常需要透過類比－數位轉換 (analog to digital conversion, ADC) 介面電路將量測值輸入到數位處理單元。經計算或決策之結果往往再經由數位－類比轉換 (digital to analog conversion, DAC) 驅動類比訊號之致動器。圖 9.16 為系統整合示意圖。

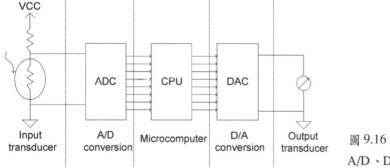

圖 9.16
A/D、D/A 轉換與系統整合示意圖。

(1) 二進制編碼及轉換關係

在類比－數位、數位－類比轉換 操作過程中,數位資料是以二進制碼來 表示一個數值,通常採用全量 (full-scale value, FS value) 之一分數 (fraction) 來表示。例如一個 8 位元之二進制碼 10111001,其代表之數值以分數計算為 $2^{-1} + 2^{-3} + 2^{-4} + 2^{-5} + 2^{-8} = 0.7227$。因此以分數計算是向左靠齊 (left justified),即最顯著位元 (most significant bit, MSB) 為 bit 1 代表的是 2^{-1},而 bit 2 為 2^{-2},以此類推至 bit n 為 2^{-n}。對一個 n 位元 A/D 轉換器,有從 0 到 $(1-2^{-n})$

表 9.1 二進制之雙極性編碼。

Scale	± 5 V FS	Offset binary	Two's complement	One's complement	Sign-mag binary
+FS − 1 LSB	+4.9976	1111 1111 1111	0111 1111 1111	0111 1111 1111	0111 1111 1111
+3/4 FS	+3.7500	1110 0000 0000	0110 0000 0000	0110 0000 0000	0110 0000 0000
+1/2 FS	+2.5000	1100 0000 0000	0100 0000 0000	0100 0000 0000	0100 0000 0000
+1/4 FS	+1.2500	1010 0000 0000	0010 0000 0000	0010 0000 0000	0010 0000 0000
0	0.0000	1000 0000 0000	0000 0000 0000	0000 0000 0000	0000 0000 0000
−1/4 FS	−1.2500	0110 0000 0000	1110 0000 0000	1101 1111 1111	1010 0000 0000
−1/2 FS	−2.5000	0100 0000 0000	1100 0000 0000	1011 1111 1111	1100 0000 0000
−3/4 FS	−3.7500	0010 0000 0000	1010 0000 0000	1001 1111 1111	1110 0000 0000
−FS + 1 LSB	−4.9976	0000 0000 0001	1000 0000 0001	1000 0000 0000	1111 1111 1111
−FS	−5.0000	0000 0000 0000	1000 0000 0000		

全量值的區隔，也就是 2^n 個數值。如果 A/D 轉換只對正或負的數值進行轉換，稱此為單極性的 (unipolar) 轉換。若要同時可以轉換正或負的數值，則需要另一個位元來表達正、負數，此時我們稱其為雙極性 (bipolar)，常用雙極性編碼方式有 two's complement、offset binary、one's complement 及 sign-magnitude binary。表 9.1 顯示一個 12 位元轉換器之雙極性編碼。

(2) 使用 A/D 轉換器之完整範圍 (Full Scale)

市面上的轉換器係設計來運用在從 0 到 full scale 或 ± full scale 的通用裝置。在實際運用時，感測器的輸出依其特性各有不同，但原則上應使用 A/D 轉換器之完整範圍。通常可經由調整 (biasing and scaling) 以達成目的。例如：考慮一個工業用之感測裝置，其輸出為 4 −20 mA 的電流，經由一 500 Ω 之電阻，可以得到 2 −10 V 之電壓輸出，但這僅是一般 A/D 轉換器 0 −10 V 的一部分，並沒有運用到其完整範圍。於是可以將電阻上之輸出電壓先向下補償 2 V (offset input with −2 V)，以獲得到 0 −8 V 的輸出，再放大 1.25 倍即可得到 0 −10 V 的完整範圍。

(3) 取樣頻率與取樣定理

類比訊號需經一取樣電路 (下文說明) 維持一固定值，然後轉換成數位訊號。取樣後進入數位處理器的序列數位值可再重建 (reconstruct)，以趨近於原類比訊號。因此每秒對類比訊號取樣的次數稱為取樣頻率 (sampling frequency)，需滿足取樣定理 (sampling theorem)，以保證能重建原類比訊號。取樣定理是指取樣頻率至少必須是原類比訊號中最高頻率的 2 倍。這個取樣頻率稱為 Nyguist 頻率 (Nyquist frquency)。如果取樣頻率小於 Nyquist 頻率，則會有混疊 (aliasing) 的現象發生，而無法重建原類比訊號。圖 9.17 顯示一個發生混疊的例

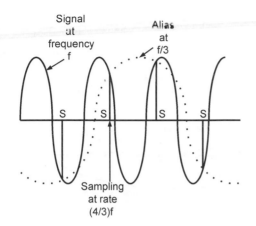

圖 9.17

用低於Nyguist 頻率取樣會發生混疊的現象[6]。

子。圖中一個正弦波以其頻率 f 之 4/3 為取樣頻率,得到的取樣點形成一個 alias,其頻率為 $(4/3 - 3/3)f = 1/3f$。這表示被重建出來的波形頻率是原來波形頻率的 1/3。

(4) 取樣與維持(Sample and Hold)

在 A/D 轉換器工作過程中,類比訊號需先經取樣並維持一段時間,以利轉換進行,然後再以符合前述之取樣頻率與取樣定理之要求進行取樣。取樣與維持可由一「取樣－維持放大器 (sample-hold amplifier, SHA)」來達成。圖 9.18 為一 SHA 之電路示意圖。圖中顯示有一控制輸入用以決定取樣或維持之脈波,控制輸入係連到一開關 (switch)。當控制輸入為取樣狀態時,開關接通 (on),類比輸入於是可以連接到輸出緩衝器 (output buffer),同時呈現在輸出端。換言之,類比輸入接到類比輸出。但開關 on 同時也使此時之類比輸入對維持電容器 (hold capacitor) 充電,使電容器上之電壓趨近於類比輸入電壓。經過一段取樣時間以後,控制輸入切換到另一維持的狀態,開關切換為 off,於是類比輸入不再連接至輸出端,但此時維持電容之電壓仍接到輸出端。因此,開關切換至 off 時之類比輸入維持在輸出端。無論此時類比輸入電壓如何變化,皆不影響輸出電壓。

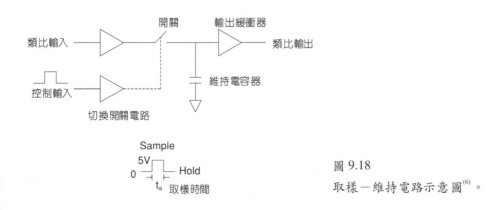

圖 9.18

取樣－維持電路示意圖[6]。

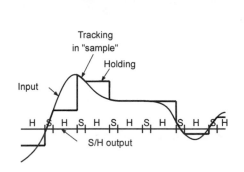

圖 9.19 輸入訊號在維持開始動作時將被凍結住[6]。

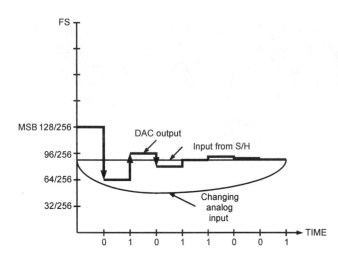

圖 9.20 以逐次趨近法進行類比數位轉換時，以維持凍結輸入值進行轉換[6]。

　　圖 9.19 顯示當一個訊號在維持開始動作那一時刻將被凍結住，此凍結住之訊號可被類比－數位轉換器使用。尤其是使用逐次趨近 (successive approximation) 之類比－數位轉換操作時，維持之動作可降低轉換時之誤差 (圖 9.20)。

(5) 數位－類比轉換

　　當一個數位－類比轉換器工作時，平行之數位訊號進入轉換器之輸入端，而轉換器將在其輸出端連續提供類比訊號，如圖 9.21 所示，圖中數位訊號是由一個 8 位元計數器產生，一段轉換完成之類比訊號則如圖中右邊之波形所示。

　　常用之數位類比轉換器是由一種 R-2R 階梯網路之電路所組成。圖 9.22 為一 8 位元之 DAC 的電路示意圖。圖中開關 b_i 為 1 時，開關向上，輸入之位元接到後端之運算放大器；開關 b_i 為 0 時，則開關向下接地，此位元則沒有輸入接到運算放大器。而由於 R-2R 電阻階梯的分流原理，每一個分叉點皆為一半、一半分流，以致使每一開關 b_i 控制流到以運算放大器所作的加法器的電流皆有除以 2 的效果。換句話說：

$$i_7 = \frac{i}{2}b_7 \ , \ i_6 = \frac{i}{4}b_6 \ , \ \dots \ , \ i_0 = \frac{i}{256}b_0$$

而輸出可以表示為：

$$V_{\text{out}} = \frac{-R_F i}{R}\left(\frac{b_7}{2} + \frac{b_6}{4} + \frac{b_5}{8} + \frac{b_4}{16} + \frac{b_3}{32} + \frac{b_2}{64} + \frac{b_1}{128} + \frac{b_0}{256}\right) \tag{9.37}$$

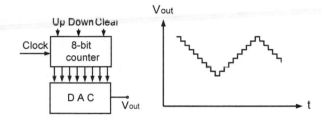

圖 9.21
計數器的數位值經數位－類比轉換而得連續
變化的類比輸出[6]。

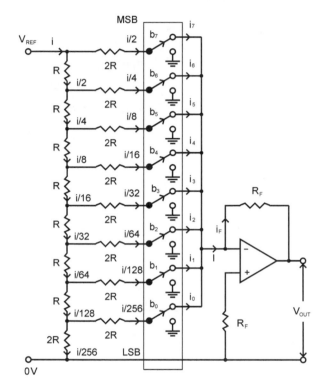

圖 9.22
2-2R 數位－類比轉換電路示意圖。

(6) DAC 之介面設計

數位資料由處理器傳送到 DAC 後，通常要先閂鎖住 (latch)，這樣才能保證系統的輸出一定可以轉換為類比訊號，同時也可以釋放處理器去進行其他的操作。有些 DAC 本身內部具有閂鎖器，於是可以直接與系統的資料匯流排連接，如 AD7524。有的 DAC 內部沒有閂鎖器，如 MC1408，在這種情況介面設計就必須用輸出埠 IC，如 8255A，將系統匯流排上的數位資料存下來，再讓 ADC 轉換成類比訊號。

圖 9.23 為一單極性數位－類比轉換之介面示意圖。此處所採用的 ADC 是 MC1408，因此圖左方為一輸出介面 IC，如 8255A。圖中 DAC 之輸出為電流，運用一運算放大器將電流轉換為電壓輸出：

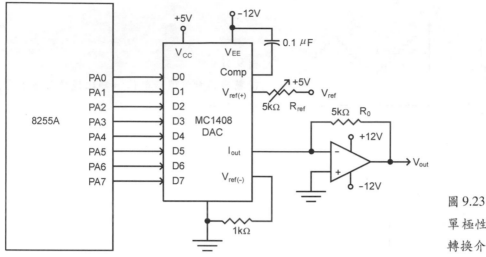

圖 9.23
單極性之數位－類比
轉換介面電路。

$$V_0 = \frac{V_{ref}}{R_{ref}} \cdot R_0 \cdot \left(\frac{b_7}{2} + \frac{b_6}{4} + \frac{b_5}{8} + \frac{b_4}{16} + \frac{b_3}{32} + \frac{b_2}{64} + \frac{b_1}{128} + \frac{b_0}{256} \right) \tag{9.38}$$

如圖中 R_0 為 5 kΩ，R_{ref} = 2.5 kΩ，則全量 (full-scale) 電壓為 10 V 時，對數位最大輸入值 11111111 的輸出為：

$$V_0 = \frac{5\,V}{2.5\,k\Omega} \cdot (5\,k\Omega) \cdot \left(\frac{1}{2} + \frac{1}{4} + \frac{1}{8} + \frac{1}{16} + \frac{1}{32} + \frac{1}{64} + \frac{1}{128} + \frac{1}{256} \right)$$

$$= 10\,V \left(\frac{255}{256} \right) = 9.961\,V$$

(7) 類比－數位轉換器 (ADC)

　　類比訊號以電壓變化的形式，經由類比－數位轉換成為二進制的數位訊號，再進入處理器作進一步的計算或邏輯判斷。通常感測器輸出的類比訊號要先經過取樣－維持放大器 (sample-hold amplifier, SHA)，將類比訊號凍結住再進行類比－數位轉換，以減少誤差。較常用的類比－數位轉換原理有雙斜率積分式 (dual-slope integration ADC)、逐次漸進式 (successive approximation ADC) 及快閃式 (flash ADC) 。

① 積分式類比－數位轉換器

　　積分式 (integration) 類比－數位轉換器通常又稱作雙斜率類比－數位轉換器。先將輸入訊號 V_{in} 加到一積分器上，同時計數器開始計數，如圖 9.24 所示，經過一段固定時間 T 以後，控制開關使一與原輸入電位極性相反的參考電壓 V_{ref} 切換到積分器，計數器重新啟動。

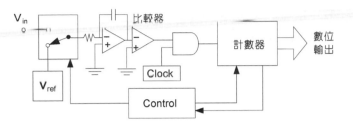

圖 9.24

積分式類比-數位轉換電路示意圖[6]。

當積分器上之電壓等於零時,停止計數器,此時計數器之數值與 V_{in}/V_{ref} 成正比。其中 V_{ref} 為一固定大小的電壓,於是我們得到一個與 V_{in} 成正比的數位資料,這即是類比輸入的數位表示。圖 9.25 顯示雙斜率的積分過程。圖中顯示,V_{in} 決定了固定時間積分階段的斜率及停止積分時的最高電壓。此最高電壓將影響在下一階段積分器以固定斜率放電所花費的時間長短,於是決定了計數器之內容。

積分式類比-數位轉換器的優點有二。第一,轉換結果之精確度與積分電容值及計數器頻率無關。第二,積分動作具有消除高頻雜訊的功用,同時將取樣過程中 (假設沒有維持電路) 之變化以平均的方式加以消除。但是此種型式 ADC 的輸出轉換率 (throughput) 小於 1/2 (T),其中 T 表示所要消除之雜訊干擾的基本頻率 (fundamental frequency)。

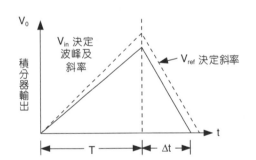

圖 9.25

雙斜率類比-數位轉換原理示意圖。

② 逐次漸近式類比-數位轉換器

圖 9.26 顯示逐次漸近式 (successive approximation) 類比-數位轉換器將一類比輸入電壓以逐次猜測的方式漸近成 8 位元數位數值的過程。我們通常以取樣一維持放大器 (SHA) 將待轉換之類比訊號凍結,然後輸入 ADC。這好像是用天平秤一未知的重量,我們先找可能的最大砝碼,然後依次找較小一級的砝碼,最後十分接近時,試探最小的砝碼。試完所有可能的砝碼後,在平衡端的大小砝碼總和即代表待測物的重量。同時,我們也瞭解到,如果在秤重的過程中,待測重有變動時,就無法得到一個精確的量測。這亦說明在使用 ADC 時要先維持住待測類比電壓。先從數位值的最顯著位元 (most significant bit, MSB) 開始比較分數形成之二進制碼,MSB 代表 1/2 full scale,如果類比輸入值小於 1/2 full scale 則此位元

Input voltage $y_i = 0.515\,V$				
Clock pulse	DAC input	DAC output volts	V_q comparator output V_C	Result
Initiate conversion → 1 Clear register	00000000	0	0	
2 First guess	01111111 (127)$_{10}$	1.27	1 HIGH	$b_7 = 0$
3 Next guess	00111111 (63)$_{10}$	0.63	1 HIGH	$b_6 = 0$
4	00011111 (31)$_{10}$	0.31	0 LOW	$b_5 = 1$
5	00101111 (47)$_{10}$	0.47	0 LOW	$b_4 = 1$
6	00110111 (55)$_{10}$	0.55	1 HIGH	$b_3 = 0$

圖 9.26
逐次趨近類比－數位轉換工作原理[4]。

應為 0。接下去進一步查看下一個位元，這次這一位元代表 1/4 full scale，如圖所示，此時輸入類比值大於 1/4 full scale，因此這一次位元值應為 1。依此類推，一次一個位元，逐次加上原位元比重之 1/2，直到 8 個位元都查驗完，此時一個 8 位元的二進制數位碼即代表輸入的類比電壓，在比較的過程中，中間之數位碼要先轉換成類比電壓，才能和輸入類比電壓比較，因此電路中尚包括一個數位－類比轉換器，如圖 9.27 所示。這種方法固定要比較一定的位元數，如分辨度為 12 位元之 ADC，就要比對 12 次，因此無論類比輸入值為大或小，轉換的時間皆一定。

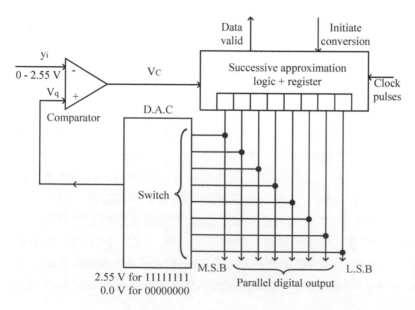

圖 9.27
逐次趨近類比－數位轉換電路示意圖[4]。

③ 快閃式類比－數位轉換器

　　快閃式 (flash) 類比－數位轉換器又稱為平行式類比－數位轉換器 (parallel ADC)，因為這是一種將類比訊號同時在 2^n-1 個 (n 是數位表示的總位元數) 層級上同時比較，根據比較的結果再由電路即時判定一個對應的數位碼來表示此類比電壓。圖 9.28 顯示一個 3 位元快閃式類比－數位轉換的電路示意圖。這種轉換器有 2^n-1 個比較器，每一個比較器所比較的數值有 1 位元之偏壓大小，如果是 0 輸入值，則所有的比較器皆為 off 狀態，如果輸入類比電壓值增大，則將使 on 的比較器增多，而所有比較器之輸出都接到一個邏輯電路，此電路將產生一個適當的二進制碼來表示類比輸入數值。這種轉換器之速度非常快，僅受到邏輯電路及比較器在切換時的速度所限制。但是當數位輸出的位元數增加時，電路的複雜度將成幾何級數增加，有實際上之困難。因此也有使用兩個分別為 6 位元或 7 位元的快閃式 ADC 前後串接在一起，來提高分辨度，沒有電路太複雜的缺點，同時得到整體轉換連接的改善。圖 9.29 顯示一個 12 位元快閃式 ADC 的例子。

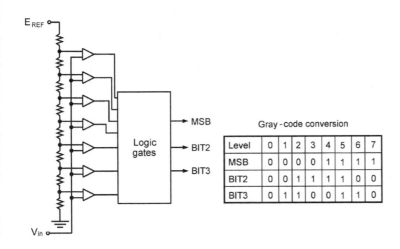

圖 9.28

快閃式類比－數位轉換電路示意圖。

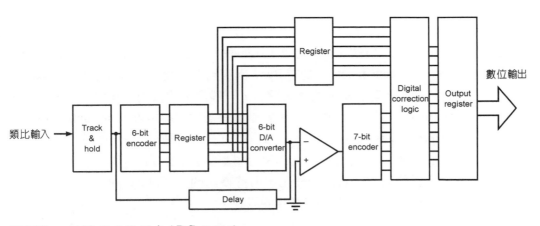

圖 9.29 一個 12 位元快閃式 ADC 的例子。

(8) ADC 之介面設計

通常感測器之類比輸出訊號經類比－數位轉換後，數位訊號多輸入至一數位電子系統或數位處理器，在數位處理器中有可能僅作顯示或儲存，大多數情況下會由處理器讀入感測值並作計算或邏輯判斷後產生輸出的動作，進而達成某種系統控制的功能。圖 9.30 顯示一個感測器與控制系統的示意圖，圖中一個感測器經電橋電路轉換成電壓訊號，經取樣－維持電路後輸出至類比－數位轉換器。轉換成之數位資料透過處理器的並列輸入埠 (parallel input port) 讀入數位電子系統作資料的儲存、分析或控制。如果是控制的功能，則控制訊號由處理器計算後透過並列輸出埠傳到數位類比轉換器，再送到外界的驅動裝置以達成控制的功能。

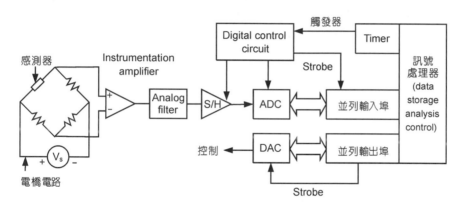

圖 9.30
感測元件與控制系統整合架構圖。

對一類比－數位轉換器的介面設計主要在取樣的設定，如週期性取樣、轉換器的開始轉換，及轉換完成後的讀進數位處理器以進行運算。圖 9.31 顯示單晶片 8031 透過介面 IC 8255A 讀取類比－數位轉換器的電路示意圖。圖中 8255 A 的 port A 用於數位資料的讀入，port B 則用於數位資料的輸出，port C 的個別接腳則用於控制訊號的輸入與輸出。PC7 作為「開始轉換 (start conversion)」的控制訊號。當 DAC 接收到此訊號時，其內部的逐次漸近電路即開始動作，在 ADC 介面上通常是一個寫入 (write) 的介面控制，當 ADC 開始轉換時，其一輸出的控制訊號 Busy 即改變狀態為高電位，比如說，經過一固定時間後 (如 ADC 0804 約 100 μs) 轉換完成 (end of conversion)，此時 Busy 回復到低電位，於是介面電路之 8255A 即可以開始進行讀入的動作。對於讀入的介面設計，一般常用的技術有兩種，其一是比較即時反應的，可以將 Busy 的狀態改變用來產生對微處理器的中斷請求 (interrupt request)，再由中斷服務程式 (interrupt service routine) 進行讀取數位資料的動作。另一種做法則是用詢問 (polling) 的方式，由軟體程式反覆的查驗 Busy 的狀態是否由高電位轉變為低電位，若是，則進行讀取數位資料的動作，若尚未變化，則持續詢問。圖 9.31 的例子即是這種設計，此為一種效率較差的方式，用中斷則是較佳的設計。

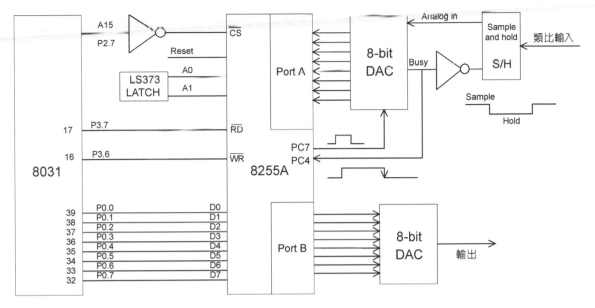

圖 9.31 以單晶片微控器透過介面 IC 讀取 AD 轉換資料電路示意圖。

9.4 控制設計與演算法則

9.4.1 控制系統簡介

　　在了解系統控制設計之前，必須先定義什麼是控制系統？簡言之，控制系統就是一個包含前幾節所列之控制器 (controller) 與受控體 (plant) 的系統。如果控制器是由電路、微處理晶片 (microprocessor chip) 或電腦所構成的，我們稱此控制系統為自動控制系統 (auto control system)。受控體與控制器之間的介面是由致動器及感測器所構成的，致動器提供控制所需的動力，而感測器則是量測受控體目前的狀態，因此，一個一般化的控制系統可以圖 9.32 表示之。

　　訊號 (signal) 是控制器與受控體之間傳遞訊息的方式，在不同的控制系統中，訊號存在的方式也有所不同，其中電子式、機械式等訊號都是被允許的。控制系統中最重要的一個單元－控制器，通常都是以電子化的方式來實現，類比式的控制電路是早期常見的控制

圖 9.32
一般化控制系統的示意圖。

第 9.4 及 9.5 節作者為邱俊誠先生。

器，近來由於電腦的快速發展，其地位已逐漸為以微處理晶片或特殊應用積體電路晶片 (ASIC) 為基礎的數位電路所取代。

　　控制系統一旦建立，接下來需要了解控制的目的為何？亦即當某一個受控體的「性能」不符合要求時，控制器就被用來改變此受控體的「性能」以達到要求。嚴格來講，「性能」會影響我們對系統規格的要求，其中包括：(1) 控制系統是否具備排除外在干擾的能力 (disturbance rejection)，(2) 控制系統穩態誤差 (steady-state error) 的大小，(3) 控制系統暫態響應特徵 (transient response characteristics) 的訂定，(4) 控制系統的穩健性 (robustness of system) 等。

　　解決上述問題的步驟通常包含：
1. 選擇適當的感測器來量測受控體的輸出。
2. 選擇適當的致動器來驅動受控體。
3. 求出受控體、感測器與致動器的數學模式。
4. 根據推導出的數學模式與我們所要求的規格來設計控制器。
5. 模擬分析此系統，並以實際的實驗來驗證系統的性能。
6. 如果系統的性能不符合要求，則重複上述的動作。

　　簡言之，控制的目的有二：一是使系統達到穩定，如規格要求中的 4；其二便是使系統具有我們所需求的性能，如規格要求中的 1、2、3。我們將在 9.4.3 討論穩定性問題及系統性能規格的訂定。

9.4.2 控制的方法

　　現存的控制方法非常多，以下將利用一個簡單的控制問題－水庫的水位控制，如圖 9.33，來介紹各種不同的控制方法。

　　水位控制的目標是將水箱的水位控制在某一定的參考水位，使得水箱的供水速率保持一定。為了達成此一目標，我們利用一個控制閥來調節流入水箱中的水流量。

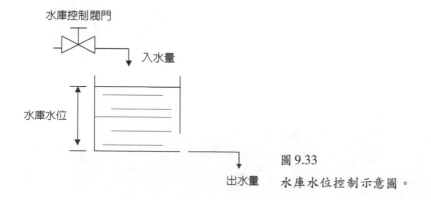

圖 9.33　水庫水位控制示意圖。

(1) 開迴路控制 (Open-loop Control)

　　最簡單的水位控制策略，就是在控制閥上加裝一個轉鈕，之後根據實驗的結果，記錄轉鈕的位置與水庫水位的關係。如此一來，當我們想使水位固定在某個想要的位置時，只要調整轉鈕到相關的位置即可。這種控制策略稱之為開迴路控制。開迴路控制法則的優點在於其簡單性，同時，若影響此控制系統的參數一直保持固定時 (如水庫的水量流出率保持一定)，開迴路控制系統往往能夠得到很好的控制結果。

(2) 前饋控制 (Feedforward Control)

　　當此系統的參數不再固定時，譬如水庫的水量因某些因素而使流出率增快時，水位將會下降，開迴路控制法則往往會失去其有效性，因此較為複雜的控制策略是必須的。首先，必須先建立在不同水量流出率之下的轉鈕位置關係表，當此控制系統在運作時可以先測出其水量流出率，然後再根據修正表來調節轉鈕的相關位置以達成目標，此種控制策略為前饋控制。

　　如前所述，水位控制需要一個控制閥轉鈕位置、水庫水位、水量流出率的關係修正表，或是數學模式，此關係表通常需透過大量的實驗數據來獲得，或是由理論分析來推導出其中關係的數學模式。

　　前饋控制的問題在於必須找出影響水位的主要原因，並根據此原因訂正一個精確的關係表，或是推導出一個良好的數學模式。良好的數學模式或關係表可以使前饋控制法獲得相當好的結果，可是一旦數學模式不夠精確，或是水庫系統的特性是隨時間變化時，前饋控制的表現可能就不如預期了。譬如溫度會改變水的密度，進而影響水位的高低，如果我們在建立關係表或數學模式時，沒有考慮溫度的效應，前饋控制法則就無法達成精確的水位控制目標。

(3) 回授控制 (Feedback Control)

　　為了克服上述溫度的效應，除了再加一個前饋控制器來修正水位外，是否有其他的方法呢？答案是肯定的。最直接的作法就是去量測水位的高低，並與我們所需的參考水位相比較，根據其誤差，而定出一個轉鈕位置的控制法則，此種控制策略，稱為回授控制。

　　簡言之，如果控制系統的控制量 (control effort) 是受控體的真實輸出 (actual output) 與需求輸出 (desired output) 之誤差的函數，我們就稱此控制策略為回授控制。與前饋控制相比，回授控制的優點在於它可以克服系統模式的不精確性，而達成控制目標。因此在接下來所討論的控制策略都是以回授控制為基礎。

9.4.3 回授及其影響

　　大體上而言，微機電系統可分為三大技術層面。第一是受控體製程技術，第二為訊號處理與電腦介面，第三則為伺服控制系統。前兩項在本書中另有篇幅剖析，在此不多加說明。而在討論伺服控制系統之前，我們先對一般伺服原理的概觀作一簡單說明，以期對微機電伺服系統之瞭解能有所助益。

轉換函數 (transfer function, *TF*) 是控制工程中一個非常重要的用語，其定義是在起始條件全等於零的情況下，輸出訊號的拉普拉斯轉換 (Laplace transform，或稱拉氏轉換) 除以輸入訊號的拉普拉斯轉換。以方塊圖及訊號流程圖來描述系統各元件與輸入、輸出之間的關係。其基本單元分別如下：

方塊圖   訊號流程圖

其中 $U(s)$、$Y(s)$、$G(s)$ 分別代表輸入、輸出與轉換函數。而它們的數學關係為

$$Y(s) = G(s)U(s) \tag{9.39}$$

一般而言，控制系統的目標在於通過受控系統，將輸入訊號用已設定的方式來控制輸出訊號。而系統的動態特性可由轉換函數來獲得。依此，上述系統的轉換函數 *(TF)* 可由整個系統的輸入輸出關係來獲得，亦即

$$TF = \frac{Y(s)}{U(s)} = G(s) \tag{9.40}$$

此轉換函數的輸出訊號完全取決於輸入訊號與受控體，且不需要任何回授，故稱為開迴路控制系統 (open-loop control system)。

例如在圖 9.34 中若 F(s) 為輸入，$X(s)$ 為輸出，則彈簧系統的轉換函數 $G(s)$ 為 $G(s) = \frac{X(s)}{F(s)} = \frac{1}{ms^2 + cs + k}$，其中 m 為質量，c 為阻尼係數，k 為彈簧的彈力係數，f 為施力大小，x 為位移量。

控制系統通常又可以分為控制器與受控體 (見圖 9.35)，亦即所謂的前饋控制系統 (feed-forward control system)。首先，輸入參考訊號 (R) 進入控制器 (增益 G_c)，並將控制器的輸出訊號 (U) 當成受控體的輸入訊號後，可以得到最後的輸出(Y)，其轉換函數則變為

$$TF = \frac{Y(s)}{R(s)} = G_C G_P \tag{9.41}$$

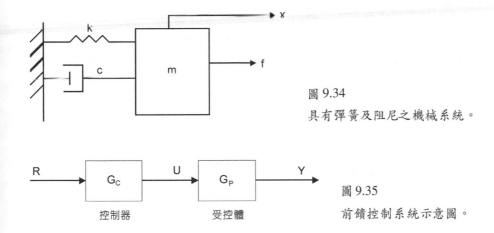

圖 9.34
具有彈簧及阻尼之機械系統。

圖 9.35
前饋控制系統示意圖。

　　由上述系統我們不難看出，系統在無任何輸出訊號的回授情況下，隨機的輸入訊號很難讓系統的輸出達到一定的精確度。從輸出到輸入無法產生迴路供輸入作參考是開迴路控制系統最大的缺失。為了達成更精確的控制，將上述系統輸入訊號作回授並與參考輸入訊號作一比較，且將與輸出輸入的誤差成一比例的致動訊號送回系統內以糾正誤差，如圖 9.36 所示。圖中 R 為參考輸入訊號，E 為參考輸入與輸出訊號的誤差，G_C 為控制器增益，G_P 為開迴路控制系統，H 為回授元件的增益，B 為回授訊號，此具有回授訊號之系統稱為閉迴路控制系統 (closed-loop control system)，其轉換函數則變為

$$TF = \frac{Y(s)}{R(s)} = \frac{G_C G_P}{1 + G_C G_P H} \tag{9.42}$$

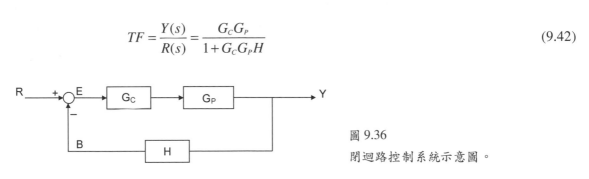

圖 9.36
閉迴路控制系統示意圖。

從控制理論觀點而言，上述系統可經由回授的控制設計在某一容許的誤差範圍下，得到所需之輸出。該注意的是，此回授設計的本身並不保證系統具有一定的穩定性，故穩定性的分析在控制設計是不可或缺。其最主要的目的是提供回授控制系統設計者如何選取適當的參數使受控系統能夠穩定。其他諸如靈敏度與外界干擾等皆會因回授系統的存在而有不同程度的影響。以下逐一探討這些影響。

(1) 回授對穩定性的影響

　　要探討回授對穩定性的影響，可觀察上述閉迴路轉換函數中之分母項。如果 $G_C G_P H =$

–1，則系統對於任何輸入皆會造成無限大的輸出，因此回授可能導致一個原本穩定的系統變成不穩定。但事實上，從穩定性的觀點出發，使用回授的目的通常是為了使不穩定系統穩定下來。所以假設 $G_C G_P H = -1$ 成立，則我們可以加上另一負回授迴路增益，如圖 9.37 所示，則整個系統的新轉換函數則變為

$$TF = \frac{Y(s)}{R(s)} = \frac{G_C G_P}{1 + G_C G_P H + G_C G_P F} \tag{9.43}$$

代入 $G_C G_P H = -1$，系統則因為回授增益 F 的存在，而使其從不穩定轉為一穩定系統。

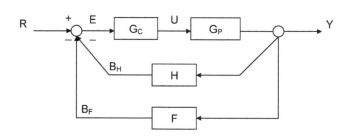

圖 9.37

加入負回授迴路的閉迴路控制系統示意圖。

(2) 回授對靈敏度的影響

　　受控系統在實際運作時，其所有的物理元件 (如致動器、受控體與感測器) 的參數都會隨著環境與使用的時間而改變其特性。通常，一個良好的控制系統對於這些參數的改變應該相當敏感，但其本身仍然可以隨著命令的下達而有所反應。本節即探討回授參數的改變對靈敏度的影響。在此將靈敏度 $S(\alpha)$ 定義為

$$S(\alpha) = \frac{1}{TF(S,\alpha)} \frac{\partial TF(S,\alpha)}{\partial \alpha} = \frac{1}{TF(S,\alpha)} \lim_{\Delta\alpha \to 0} \frac{TF(S,\alpha + \Delta\alpha) - TF(S,\alpha)}{\Delta\alpha} \tag{9.44}$$

亦即轉換函數對參數 α 的改變量除以轉換函數。以前節所提閉迴路控制系統為例，若令 $\alpha = G_C$，則其靈敏度為

$$S_C = \frac{1 + G_P G_C H}{G_C G_P} \times \left(\frac{G_P}{1 + G_C G_P H} - \frac{G_P G_C}{(1 + G_C G_P H)^2} \times G_P H \right) \tag{9.45}$$

$$= \frac{1}{G_C (1 + G_C G_P H)}$$

以同樣的方法，我們亦可求得開迴路系統之靈敏度為

$$S_0(G_C) = \frac{1}{G_C}$$ (9.46)

由上列二式，我們得到閉迴路與開迴路系統的靈敏度比為：

$$\frac{S_C}{S_0} = \frac{1}{1 + G_C G_P H}$$ (9.47)

由此靈敏度比，我們可以知道當 $1 + G_C G_P H$ 變得愈大時，系統對參數改變之靈敏度則變得愈小。

(3) 回授對暫態響應之影響

控制系統典型的工作性能標準是對單位步級輸入 (step input) 的暫態響應 (transient response) 加以特性化，包括系統的超越量 (overshoot)、延遲時間 (delay time)、上升時間 (rising time) 及安定時間 (settling time) 等。一般而言受控體在未受控之前，其工作性能往往無法達到我們的要求，經由回授控制系統的設計可使最大超越量減少，延遲時間、上升時間及安定時間增快，以達到要求。在下兩節中將有更進一步的說明。

(4) 回授對外界干擾或雜訊的影響

所有的物理控制系統在工作時都會面臨一些額外或意外的訊號或雜訊。這些訊號的例子包括在電子放大器 (op) 中的熱雜訊電壓，以及在電動馬達中電刷或換向器中的雜訊等。回授對雜訊的影響大部分決定於雜訊介入系統的位置，並沒有一般性的結論。不過，在許多情況下，回授可以減低雜訊對系統工作的影響。

9.4.4 使用回授控制之目的

使用回授控制的兩大目的為：(1) 使系統具有穩定性，(2) 使系統具有所需求的性能。因此本節將針對系統穩定性及系統性能規格作粗略之介紹。

9.4.4.1 使系統具有穩定性

以設計控制系統的工作規格而言，其中最重要的要求是：系統在任何時間都應維持穩定。一般而言，穩定性的觀念是用來決定系統為何種情況：有用或無用，即由此有一實際的觀點，穩定的系統是有用的，而不穩定的系統是無用的。當所有的線性、非線性、非時變系統的形式列入考慮時，則穩定性的定義可以多種不同的形式來表示。本節只對線性非

時變系統 (linear time invariant, LTI) 加以討論。

　　以分析和設計的目的而言，可將穩定性分為絕對穩定性和相對穩定性。絕對穩定性與是否穩定有關。一旦發現系統是穩定的，我們所感興趣的是要決定究竟它有多穩定，其穩定程度則以相對穩定性來測定。在 9.4.3 節中有關於暫態響應的參數，如超越量 (overshoot) 及阻尼比 (damping ratio) 等，亦用來表示在時域 (time domain) 中線性非時變系統的相對穩定性。

(1) 穩定性 (絕對穩定性)

　　考慮一個線性非時變系統可以狀態方程式來表示：

$$\dot{X}(t) = Ax(t) + Bu(t) \tag{9.48}$$

其中 $x(t)$ 是狀態向量，而 $u(t)$ 是輸入向量。對零輸入而言，$x(t) = 0$ 滿足了齊次狀態方程式 (homogenous state equation) $\dot{X}(t) = Ax(t)$，而被稱為系統的平衡狀態 (equilibrium state of the system)。零輸入穩定性的定義如下：如果對有限的起始狀態 (finite initial state, $x(t_0)$) 的零輸入響應 $x(t)$，當 t 趨近於無限大時，響應回復至平衡狀態 $x(t) = 0$，則系統是穩定的；反之，則系統是不穩定的。這種穩定度也稱為漸近穩定度 (asymptotic stability)。對於線性非時變系統而言，系統穩定的條件是要求特性方程式的根都必須有負實數的部分。

(2) 決定線性控制系統穩定性的方法

　　線性非時變系統可以研究其脈衝響應、狀態變換矩陣或找出特性方程式的根，來決定其穩定性，然而這些標準實際上是很難執行的。例如脈衝響應是對其轉換函數取反拉氏轉換而得到的，這往往是個繁雜的步驟。對於高階多項式的根，只好使用數位計算機來求解。事實上線性系統的穩定性分析很少以脈衝響應或狀態轉換矩陣來求解，或甚至以找出特性方程式根的確實位置來解之。一般而言，我們只希望以最簡單的方式，直接來決定答案究竟是穩定的或不穩定的，而不需用到過多的計算。下面是一些經常用來研究線性非時變系統穩定性的實用方法。

① 羅斯－赫維茲準則 (Routh - Hurwitz criterion)

　　一種算術的方程式，可決定線性非時變系統的絕對穩定性。準則測試是在決定特性方程式的根是否位於拉氏轉換後 s 平面的右半邊，且位於 s 平面右半邊及虛軸上根的數量亦可表示出來。

② 奈氏準則 (Nyquist criterion)

　　一個半圖解的方式，以觀察迴路轉換函數的奈氏圖 (Nyquist plot) 的外形，來決定閉路

轉換函數 (closed-loop transfer function) 的極點和零點之數目的差異。閉路轉換函數的極點就是特性方程式的根。使用這個方法時，必須知道閉路轉換函數零點的相對位置。

③ 根軌跡圖 (root locus plot)

當一些系統的參數改變時，用以表示特性方程式根的軌跡圖。當根的軌跡位於 s 平面右半邊時，則閉路系統是不穩定的。

④ 波德圖 (Bode plot)

迴路轉換函數 $G(s)H(s)$ 的波德圖，可以用來決定閉路系統的穩定性。不過，這個方法僅可用在 $G(s)H(s)$ 沒有任何極點或零點位於 s 平面的右半邊時。

⑤ 李亞普諾穩定性準則 (Lyapunov's stability criterion)

這是個決定非線性系統穩定性的方法，然而也可以用於線性系統，以檢查系統的李亞普諾函數 (Lyapunov's funciotn) 的特性來決定其系統的穩定性。

關於上述的各種方法請參閱其它的書籍，在此不多加陳述。

(3) 利用回授使系統穩定的例子

假設有一個受控體的轉換函數為 $1/(s-1)$，因其特性方程式 $s-1=0$ 的根為 1，是落在 s 平面的右半邊，因此，此受控體是不穩定的，若我們利用回授的概念來設計控制器如圖 9.38。

圖 9.38
回授控制系統示意圖。

此控制系統的轉換函數則變成

$$\frac{k \cdot \dfrac{1}{s-1}}{1 + k \cdot \dfrac{1}{s-1}} = \frac{k}{s+k-1} \tag{9.49}$$

系統的特性方程式為 $s+k-1=0$，根為 $1-k$，若 $1-k<0$ 即 $k>1$，那麼特性方程式的根將落於 s 平面的左半平面，整個系統將是一個穩定的系統。由上述的例子得知，回授的確具有穩定系統的功能。

9.4.4.2 使系統具有需求的性能

由於在大部分的控制系統中，時間是用來當作獨立的變數，所以系統設計者通常對計算系統的時域響應有極大的興趣。在分析問題時，可將一參考訊號加於系統中來研究訊號在時域中的響應，以便計算系統的工作特性。例如控制系統的目的是希望輸出變數儘可能和輸入相似，就必須將輸入和輸出當作時間函數來比較。因此，在大多數的控制系統問題中是根據時間響應來求終值的。

控制系統的時域響應通常可分為兩部分：暫態響應 (transient response) 和穩態響應 (steady-state response)。令 $c(t)$ 代表時間響應，則通常可寫成

$$c(t) = c_t(t) + c_{ss}(t) \tag{9.50}$$

其中 $c_t(t)$ 為暫態響應，$c_{ss}(t)$ 為穩態響應。

穩態的定義並沒有完全標準的說法，在電路分析中有時將穩態變數當作對時間的常數是很有用的。但在控制系統的應用中，當響應達到其穩態時仍可隨時間而變。在控制系統中的穩態響應是說當時間達到無窮大時是個簡單固定形態的響應。因此正弦波可視為穩態響應，因為在任何時間區間內它都有固定的外形，到了時間趨近無窮時亦是如此。同樣地，響應以 $c(t) = t$ 來描述時，可將其定義為穩態響應。

暫態響應可定義為時間漸長其響應趨向零的部分。因此 $c_t(t)$ 有下列的特性

$$\lim_{t \to \infty} c_t(t) = 0 \tag{9.51}$$

這也說明了穩態響應是在暫態響應消失後，所剩餘的部分響應。

所有的控制系統，在到達穩態以前，都必須抑制暫態現象至某種程度。因為在物理系統中無法避免慣量、質量和電感等，其響應不能同時隨輸入立即改變，因此可看出其暫態響應。

控制系統的暫態響應是非常重要的，因為它是系統動態行為的一部分；在響應和輸入或所要響應之間，在達到穩態以前的偏差必須密切的加以注意。當穩態響應和輸入比較時，可顯示出系統最後的準確度。若輸出的穩態響應並不符合確實的輸入穩態，就稱此系統有穩態誤差 (steady-state error)。

(1) 控制系統時間響應的典型測試訊號

為了分析與設計的方便，必須假設一些基本形式的輸入函數，以便利用這些測試訊號來計算系統的工作性能。適當地選擇基本的測試訊號，不僅對問題的數學處理能系統化，且可利用這些輸入的響應來預測系統對其他較複雜之輸入的工作性能。在設計問題時，可用這些測試訊號來定下系統的工作性能標準，使得能依此標準來設計系統。

　　為了時域分析的方便，步級輸入函數為經常使用的的測試訊號。步級輸入函數表示在
參考輸入變數的瞬時改變。例如，若輸入是機械軸的角位置，步級輸入代表軸的突然旋
轉。步級函數的數學表示法為

$$r(t) = \begin{cases} R & t \geq 0 \\ 0 & t < 0 \end{cases} \qquad (9.52)$$

其中 R 為常數。或

$$r(t) = Ru_s(t) \qquad (9.53)$$

其中 $u_s(t)$ 為單位步級函數，步級函數不一定定義在 $t = 0$ 時。步級函數當作一個時間函數如
圖 9.39 所示。

圖 9.39
步級函數輸入。

　　將步級函數當作測試訊號是十分有用的，因為其大小的起始瞬間跳動可顯示出系統的
反應敏捷度。而且就原理而言，步級函數在其頻譜 (spectrum) 中有極寬的頻率，如同跳動
的不連續結果，將其當作測試訊號是等於在一寬的頻率範圍內多種弦波訊號的同時應用。

(2) 控制系統的時域特性－穩態誤差

　　當某一指定輸入加至控制系統時，穩態誤差可用來測量系統的準確度。在實際系統中
由於存在摩擦和其他的缺點，輸出響應的穩態值很少能接近參考輸入值，因此在控制系統
中幾乎都會有穩態誤差。在設計系統時，必須使誤差減至最低程度，或者讓誤差低於某一
容忍值。

　　實際上，誤差種類和誤差的相對容忍值，在控制系統中可能變化很大。例如，在速度
控制系統中，系統的實際速度和所需速度間的穩態差值是速度誤差。除了控制速度外，尚
有控制位置的系統，此時實際位置和所求位置間的差異就是位置誤差。

　　控制系統的準確度要求完全視控制系統的目的而定，例如，若受控變數是電梯的升降
位置，則穩態誤差可以容忍在一吋範圍內。在飛彈導引控制系統中，雖然直接命中目標最
好，但只需將飛彈導引至目標附近即可。反之，在某些控制系統中誤差的要求範圍則非常

嚴格，例如，在大型太空望遠鏡的控制系統中，方向的精確度要求必須在微弧的範圍內。

　　在研究穩態誤差之前，先討論控制系統中造成穩態誤差的幾種原因。

1. 非線性元件造成的穩態誤差

　　非線性元件所造成的穩態誤差包含非線性摩擦、死區 (dead zone) 及訊號之量化 (quantization)。

2. 線性系統的穩態誤差

　　在線性控制系統穩態誤差性質的探討方面，為方便說明起見，將以下列的例子說明穩態誤差的意義。考慮圖 9.40 中的系統為速度控制系統，則輸入 $r(t)$ 用來當作參考，以控制系統的輸出速度。令 $c(t)$ 代表輸出位移。然後，於回授路徑中需要一種裝置像轉速計的感測器，使得 $H(s) = K_t(s)$。因此速度誤差可定義為

$$\varepsilon(t) = r(t) - b(t) = r(t) - K_t \frac{dc(t)}{dt} \tag{9.54}$$

當輸出速度 $dc(t)/dt$ 等於 $r(t)/K_t$ 時，誤差變成零。

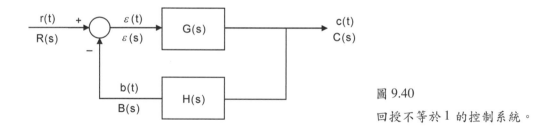

圖 9.40
回授不等於 1 的控制系統。

　　回授控制系統的穩態誤差可定義為當時間趨近於無窮時的誤差，即

$$穩態誤差 = e_{ss} = \lim_{t \to \infty} \varepsilon(t) \tag{9.55}$$

參考圖 9.40，拉氏轉換後的誤差函數為

$$\varepsilon(s) = \frac{R(s)}{1 + G(s)H(s)} \tag{9.56}$$

利用終值定理 (final-value theorem)，系統的穩態誤差為

$$e_{ss} = \lim_{\tau \to \infty} \varepsilon(t) - \lim_{s \to 0} s\varepsilon(s) \tag{9.57}$$

其中 $s\varepsilon(s)$ 須沒有任何極點位於 s 平面的虛軸及右半邊上。將上式整理可得

$$e_{ss} = \lim_{s \to 0} \frac{sR(s)}{1 + G(s)H(s)} \tag{9.58}$$

這顯示出穩態誤差依參考輸入 $R(s)$ 及迴路轉換函數 $G(s)H(s)$ 而定。

若圖 9.40 系統的參考輸入為大小 R 的步級函數,其輸入的拉氏轉換為 R/s。則上式變成

$$e_{ss} = \lim_{s \to 0} \frac{sR(s)}{1 + G(s)H(s)} = \lim_{s \to 0} \frac{R}{1 + G(s)H(s)} = \frac{R}{1 + \lim_{s \to 0} G(s)H(s)} \tag{9.59}$$

為了方便起見,定義

$$K_P = \lim_{s \to 0} G(s)H(s) \tag{9.60}$$

其中 K_P 為位置誤差常數 (positional error constant),則

$$e_{ss} = \frac{R}{1 + K_P} \tag{9.61}$$

可見當輸入為步級函數時,若要 e_{ss} 為零,必須 K_P 為無限大。若以下式來描述 $G(s)H(s)$,則欲 K_P 為無限大,必須 j 至少等於 1;即是,$G(s)H(s)$ 至少必須有一次純積分,

$$G(s)H(s) = \frac{K_P(1 + T_1 s)(1 + T_2 s) \cdots (1 + T_m s)}{s^j (1 + T_a s)(1 + T_b s) \cdots (1 + T_n s)} \tag{9.62}$$

因此,可將步級輸入的穩態誤差綜合於下:

型式 0 的系統 $(j = 0)$: $\qquad\qquad\qquad e_{ss} = \dfrac{R}{1 + K_p}$

型式 1 (或更高) 的系統 $(j \geq 1)$: $\qquad\qquad e_{ss} = 0$

(3) 暫態響應

時間的暫態響應是指隨時間增長而消失的部分，當然暫態響應只對穩定系統才具意義，因為不穩定系統的暫態響應不會減少且將超出控制。

控制系統的暫態工作性能通常以一單位步級輸入來定特性。典型的工作性能標準是對單位步級輸入的暫態響應加以特性化，包括超越量 (overshoot)、延遲時間、上升時間、安定時間 (settling time) 等。圖 9.41 所示為一線性控制系統的典型單位步級響應。由上述的特性現對步級響應定義如下：

1. 最大超越量：在暫態期間輸出對步級輸入的最大偏移量即定義為最大超越量。最大超越量的結果也用來測量系統的相對穩定性。最大超越量通常以步級響應最終值的百分比來表示；即

$$最大超越量百分比 = \left(\frac{最大超越量}{終值} \right) \times 100\%$$

2. 延遲時間：達到步級響應最終值之百分之五十時，所需的時間定義為延遲時間 t_d。

3. 上升時間：由步級響應最終值的百分之十上升到百分之九十所需的時間定義為上升時間 t_r。有時是用另一種測量法，即上升時間以步級響應在響應等於其最終值的百分之五十時瞬間斜率的倒數來表示。

4. 安定時間：步級響應衰減且停留在其最終值的特定百分比以內時所需的時間定義為安定時間 t_s。通常使用的數值是百分之五。

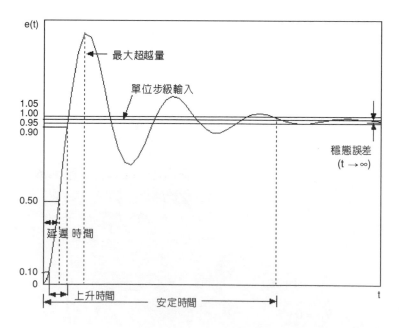

圖 9.41

控制系統的典型單位步級響應。

　　上面所定義的四個量提供了對步級響應暫態特性的直接測量方法。當步級響應圖已畫出之後，相對地可以很容易來測量這些量。然而，除了在簡單的情形以外，以分析法求出這些量是很困難的。在 9.4.5 節中將探討如何設計控制器，使得整個系統的響應能夠達到上述的規格。

9.4.5 常用的控制設計

9.4.5.1 PID 控制器

　　由數學觀點而言，一個線性連續資料控制器除了能做比例運算和其他的代數運算如加、減之外，也能夠對輸入訊號取時間的微分或時間的積分。因此，一個連續資料控制器可能是包括加法器 (加或減)、放大器、衰減器、微分器和積分器等等的一個裝置。設計者的任務便是決定需要使用這些元件中的那一個、它們的參數值是多少，以及如何將它們連結起來。例如，在實用上最有名的控制器是 PID 控制器，PID 表示「成比例的積分微分 (proportional integral derivative)」。PID 控制器的轉換函數為

$$G_C(s) = K_P + K_D s + \frac{K_1}{s}$$

設計時必須決定 K_P、K_D 和 K_I 這些常數的值，以滿足系統的特性要求。

(1) 微分控制在回授控制系統中對時間響應的影響

　　圖 9.42 為一回授控制系統的方塊圖，此系統的二階程序之轉換函數為 $G_P(s)$，其控制器具有比例微分控制 (稱為 PD 控制器)。PD 控制器的轉換函數為

$$G_C(s) = K_P + K_D s \tag{63}$$

整個系統的開路轉換函數為

$$G(s) = \frac{K_D s + K_P}{s^2 + a_1 s + a_0} \tag{9.64}$$

閉路轉換函數為:

$$M(s) = \frac{K_D s + K_P}{s^2 + (a_1 + K_D)s + (a_0 + K_P)} \tag{9.65}$$

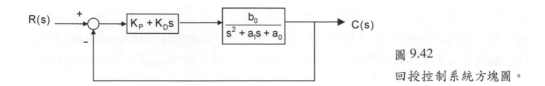

圖 9.42
回授控制系統方塊圖。

若系統的輸入為步級訊號 $u_s(t)$，則系統進入穩態 (steady state) 後，其輸出 $c(t)$ 為：

$$\lim_{t \to \infty} c(t) = \lim_{s \to 0} sC(s) = \frac{K_P}{K_P + a_0} \tag{9.66}$$

從上面的公式可以看出，穩態時加 PD 控制器的狀況下，系統輸出為 $K_P/(K_P + a_0)$，而在只加微分控制器的狀況下，系統輸出為 0。接下來用系統的特性方程式來探討系統的狀況。系統特性方程式為：

$$s^2 + (a_1 + K_D)s + (a_0 + K_P) = s^2 + 2\omega_n \zeta s + \omega_n^2 = 0 \tag{9.67}$$

其中 ω_n 為系統之自然頻率 (natural frequency)，ζ 為系統之阻尼比 (damping ratio)。在 K_D 為定值的狀況下，若 ζ 愈小，也就是說 K_P 愈大，則系統的響應愈快，但相對的系統的超越量 (overshoot) 也跟著變大。這個現象可藉由 K_D 來改善，由系統特性方程式可以看出，在 K_P 為定值的狀況下，K_D 愈大則 ζ 愈大，而且 ω_n 不受影響，也就是說 K_D 愈大，系統的超越量愈小。

(2) 積分控制對回授控制系統時域響應的影響

　　PID 控制器的積分部分產生一個與控制器輸入的時間積分成正比的訊號。圖 9.43 所示為一回授控制系統之方塊圖，此系統具有二階程序，其轉換函數為 $G_P(s)$，且控制器具有比例積分控制 (PI 控制器)。PI 控制器的轉換函數為

$$G_C(s) = K_P + \frac{K_I}{s} \tag{9.68}$$

整個系統的開路轉換函數為

$$G(s) = \frac{b_0(K_P s + K_I)}{s(s^2 + a_1 s + a_0)} \tag{9.69}$$

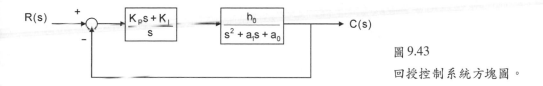

圖 9.43
回授控制系統方塊圖。

閉路轉換函數為：

$$M(s) = \frac{b_0(K_P s + K_I)}{s^3 + a_1 s^2 + (a_0 + b_0 K_P)s + b_0 K_I} \tag{9.70}$$

系統特性方程式為：

$$s^3 + a_1 s^2 + (a_0 + b_0 K_P)s + b_0 K_I = 0 \tag{9.71}$$

從開路轉換函數可以看出，閉路系統的步級輸入穩態誤差為零，這是積分控制器的作用。接下來用根軌跡圖 (root locus plot) 來探討 PI 控制器對系統的影響。首先在比例控制器 K_P 為零的狀況下，探討 K_I 對系統的影響，由於 $K_P = 0$，系統特性方程式變為：

$$s^3 + a_1 s^2 + a_0 s + b_0 K_I = 0 \tag{9.72}$$

將上面的公式重新整理可得：

$$1 + \frac{b_0 K_I}{s(s^2 + a_1 s + a_0)} = 0 \tag{9.73}$$

所以由 $\dfrac{b_0 K_I}{s(s^2 + a_1 s + a_0)}$ 畫出根軌跡圖大致如圖 9.44。

　　由圖 9.44 可知 K_I 愈大，則 ω_n 愈大，而且 ζ 愈小，也就是說 K_I 愈大，系統的響應愈快，但相對的系統的超越量也跟著變大；K_I 大到某一程度後，極點會落在右半平面，變成不穩定系統。在二階受控體加積分控制器可使步級輸入穩態誤差變為零，但加積分控制器卻使暫態響應變慢，雖然加大 K_I 可使系統的響應加速，但卻使系統的超越量變大，甚至於變成不穩定的系統。上述的矛盾現象可藉由比例控制器的 K_P 來改善。現在令 K_I 為定值，將系統特性方程式重新整理可得：

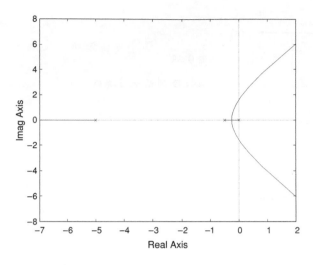

圖 9.44
狀況下的系統根軌跡圖。

$$1 + \frac{b_0 K_P s}{s^2 + a_1 s^2 + a_0 s + b_0 K_I} = 0 \tag{9.74}$$

上面公式中分母部分的三個根可由圖 9.44 中得知，若由於 K_I 值太大而使得分母部分的二個根在右半平面，則加入 K_P 後的根軌跡圖大致如圖 9.45。

　　由圖 9.45 可看出系統的極點隨著 K_P 的增大而左移，也就是可使因加積分控制器而不穩定的系統變得穩定，而且使系統的響應加速。若受控體的數學模式相當線性而且各項係數都已知道，則可用理論來分析及設計 PID 控制器的係數大小。但是實際的受控體往往是非線性的系統而且系統複雜，難以精確的用數學式來表達，所以工業上設計 PID 控制器時，常常使用實驗的方法而較少採用理論來分析及設計。在調整 PID 控制器的方法中，最有名

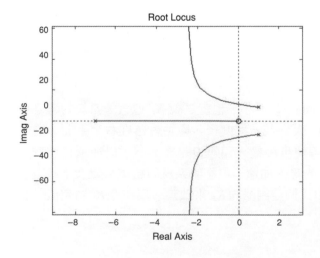

圖 9.45
系統根軌跡圖。

的是 Ziegler 及 Nichols 所提出的二項調整法則，我們主要探討第一項法則。在討論 Ziegler-Nichols 第一調整法則之前，先化簡受控體的數學模式。Ziegler-Nichols 所提的化簡方法如下：

1. 將大小為 1 的步級訊號加到受控體的輸入 (如圖 9.46)。對大多數的受控體而言，若輸入為步級訊號，則其輸出 ($c(t)$) 將成 S 形狀的曲線 (如圖 9.47)。這個 S 形狀的曲線稱之為 process reaction curve。

2. 利用一階系統 ($K/(\tau s + 1)$) 加一個傳遞延遲來近似受控體，其轉換函數如下：

$$\frac{C(s)}{U(s)} = \frac{Ke^{-\tau_d s}}{\tau s + 1} \tag{9.75}$$

其中 K、τ_d 及 τ 可由 S 形狀的曲線求得，方法如下：

(a) K 值：由圖 9.47 的 $c(t)$ 曲線可得 K 值。由於

$$\lim_{t \to \infty} c(t) = \lim_{s \to 0} sC(s) \tag{9.76}$$
$$= \lim_{s \to 0} s\frac{1}{s}\frac{Ke^{-\tau_d s}}{\tau s + 1}$$
$$= K$$

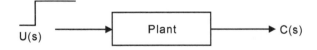

圖 9.46
將步級訊號加到受控體。

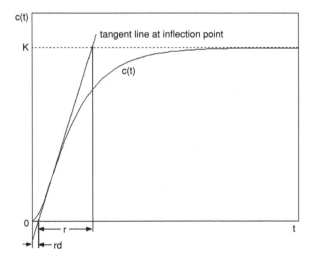

圖 9.47
受控體的步級響應圖。

所以 K 值的大小相當於 $c(t)$ 在穩態 (steady state) 時的大小。

(b) τ_d 及 τ 值：

求 τ_d 及 t 值須先在 S 形狀曲線 ($c(t)$) 的反曲點 (inflection point) 上畫一條切線(tangent line)，畫出切線後，τ_d 及 τ 值就可直接從圖上得知。τ_d 及 τ 值與 $c(t)$ 及切線的關係如圖 9.47 所示。

知道如何化簡受控體的數學模式後，接下來討論 Ziegler-Nichols 所提出的 PID 控制器調整法則。在 Ziegler-Nichols 的調整法則中，PID 控制器的數學式如下：

$$G_c(s) = K_p \left(1 + \frac{1}{T_I s} + T_D s \right) \tag{9.77}$$

受控體加上 PID 控制器後的系統方塊圖如圖 9.48 所示。

Ziegler-Nichols 第一調整法則是以暫態響應的衰退比例 (decay ratio) 小於 25% 為目標。暫態響應的衰退比例是指暫態響應第二次超越量對第一次超越量的比值 (如圖 9.49)。

暫態響應的衰退比例小於 25%，就相當於 ζ 大於 0.22。為達成上述的目標，Ziegler-Nichols 建議 PID 控制器的調整值如表 9.2 所示。

在化工的程序控制上 (process control)，Ziegler-Nichols 調整法則已使用多年，其效果也受到肯定。

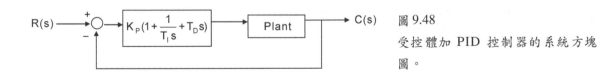

圖 9.48
受控體加 PID 控制器的系統方塊圖。

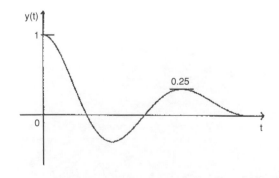

圖 9.49
暫態響應的衰退比例。

表 9.2 PID 控制器的調整值。

Controller	K_P	T_I	T_D
P	$\tau/K\tau_d$	∞	0
PI	$0.9\tau/K\tau_d$	$\tau_d/0.3$	0
PID	$1.2\tau/K\tau_d$	$2\tau_d$	$0.5\tau_d$

9.4.5.2 相位前引和相位落後 (Phase Lead and Phase Lag) 控制器

在利用微分與積分運算做控制系統補償之控制器中，PID 控制是最簡單的一種。通常可視控制系統的控制器設計為濾波器設計問題，且用轉換函數的極點與零點來說明控制器是很方便的。對 PD 控制器，在 $s = -K_P/K_D$ 有一零點。對 PI 控制器的轉換函數，在 $s = 0$ 有一極點，且在 $s = -K_I/K_P$ 有一零點。而 PID 控制器在 $s = 0$ 有一極點，且由函數 $K_P s^2 + K_P s + K_I$ 可知其有兩個零點。

由濾波的觀點來看，PD 控制器為一高通濾波器，而 PI 控制器為一低通濾波器。PID 控制器依控制器參數而定，可視為帶通濾波器或頻帶衰減器。高通濾波器通常可視為相位前引控制器，因為其在某個適當的頻率範圍將正相位加入系統。低通濾波器也稱為相位落後濾波，因為其所引進的相位為負值。

在控制器中只使用被動網路元件有一些顯著的優點。簡單的控制器可用被動電阻及電容網路元件組，其轉換函數為

$$G_C(s) = \frac{s + z_1}{s + p_1} \tag{9.78}$$

在上式中，若 $p_1 > z_1$，則控制器為高通或相位前引；若 $p_1 < z_1$，則為低通或相位落後。

(1) 相位前引控制器

圖 9.50 所示為上式 ($p_1 > z_1$) 之相位前引控制器的實際網路。雖然網路還可進一步簡化，省略 R_1 後仍然代表一低通濾波器，對穩態而言，dc 訊號完全被阻滯，因此所得的控制器將不為控制系統所接受。

網路的轉換函數，可由假設前引網路的電源阻抗 (source impedance) 為零及輸出負載阻抗為無限大而求得。這些假設在求任何四端網路的轉換函數時均為必要的假設。

$$\frac{E_2(s)}{E_1(s)} = \frac{R_2 + R_1 R_2 Cs}{R_1 + R_2 + R_1 R_2 Cs} \tag{9.79}$$

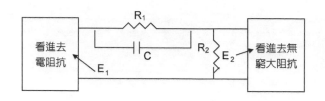

圖 9.50
波動相位前引網路。

或

$$\frac{E_2(s)}{E_1(s)} = \frac{R_2}{R_1 + R_2} \frac{1 + R_1 Cs}{1 + \dfrac{R_1 R_2}{R_1 + R_2} Cs}$$

(9.80)

令

$$a = \frac{R_1 + R_2}{R_2} \,,\, a > 1 \text{ 及 } T = \frac{R_1 R_2}{R_1 + R_2} C$$

則 $E_2(s)/E_1(s)$ 變成

$$\frac{E_2(s)}{E_1(s)} = \frac{s + 1/aT}{s + 1/T} \,,\, a > 1$$

(9.81)

　　由上式可看出，相位前引網路的轉換函數在 $s = -1/aT$ 有一實數零點，且在 $s = -1/T$ 有一實數極點，這些顯示於圖 9.51 的 s 平面。若改變 a 和 T 之值，則極點和零點可能位於 s 平面負實軸上的任何點。因為 $a > 1$，且零點總是位於極點的右邊，而兩者間的距離由常數 a 決定。

　　零點在極點的右邊是因為相位前引控制器改善了閉路控制系統的相對及絕對穩定性。

(2) 相位落後控制器

　　除了使用高通濾波器或相位前引控制器來改善控制系統的工作性能以外，還可使用低

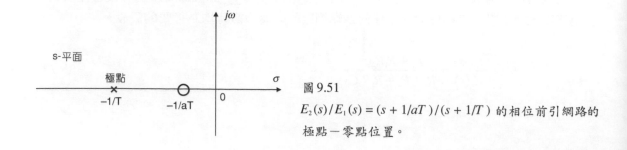

圖 9.51
$E_2(s)/E_1(s) = (s + 1/aT)/(s + 1/T)$ 的相位前引網路的極點—零點位置。

通濾波器或相位落後控制器。上一節曾論及 PI 控制器是一種最簡單的相位落後控制器。在下列的轉換函數中，若設 $a < 1$，則可得一相位落後控制器。

$$\frac{E_2(s)}{E_1(s)} = \frac{1+aTs}{1+Ts} \quad , a < 1 \tag{9.81}$$

圖 9.52 所示為上式的轉換函數之實際 RC 網路。若假設網路的輸入阻抗為零，且輸出阻抗為無限大，則網路的轉換函數可寫成

$$\frac{E_2(s)}{E_1(s)} = \frac{1+R_2Cs}{1+(R_1R_2)Cs} \tag{9.83}$$

比較此二式，可得

$$aT = R_2C$$

及

$$a = \frac{R_2}{R_1+R_2} \quad , a < 1$$

圖 9.50 中具有相位前引網路的轉換函數，有 $1/a$ $(a > 1)$ 的零點頻率衰減，而在相位落後的轉換函數之零點頻率增益為 1，但在無限大頻率時衰減為 a $(a < 1)$。在相位前引補償的情形，我們總是假設 $1/a$ 的衰減是由位於系統的順向路徑中的放大器產生，所以設計時無需考慮此一衰減。

上述 $E_2(s)/E_1(s)$ 中的相位落後控制器之轉換函數在 $s = -1/aT$ 有一實數零點，且在 $s = -1/T$ 有一實數極點。如圖 9.53 所示，由於 a 小於 1，所以極點總是位於零點的右邊，且兩者間的距離由 a 決定。

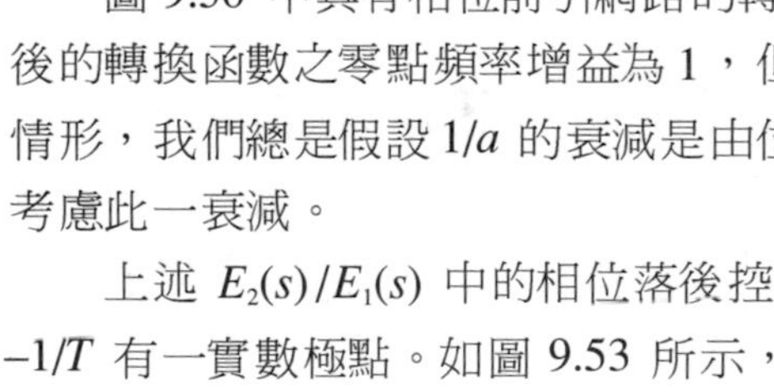

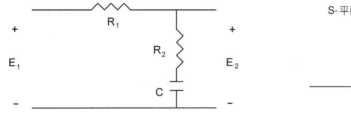

圖 9.52 RC 相位落後網路。

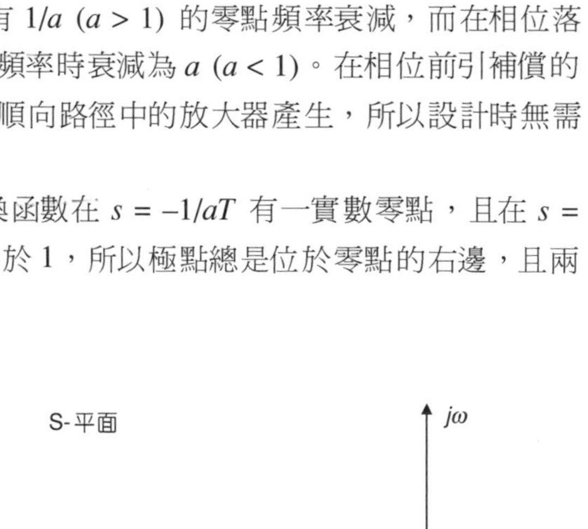

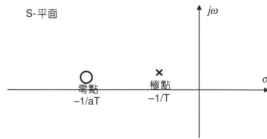

圖 9.53 轉移函數為 $(1 + aTs)/(1 + Ts)$ 的相位落後網路之極點－零點位置。

9.4.5.3 狀態回授控制器

在現代控制理論中，有個主要的設計技巧是根據狀態回授的結構。意即控制已經進步到用狀態變數經過固定的增益回授回來，以代替順向或回授路徑的固定結構。

上節討論的 PID 控制是狀態回授控制結構的特殊情形。如圖 9.54(b) 所示，若狀態 x_1 和 x_2 為實際可得的，我們可以分別經由增益 g_1 和 g_2 來回授這些變數以形成控制，圖 9.54(b) 系統的閉路轉換函數為

$$\frac{C(s)}{R(s)} = \frac{\omega_n^2}{s^2 + \left(2\zeta\omega_n + g_2\right)s + g_1} \tag{9.84}$$

圖 9.42 具有 PD 控制的系統，閉路轉換函數為

$$\frac{C(s)}{R(s)} = \frac{\omega_n^2\left(K_P + K_D s\right)}{s^2 + \left(2\zeta\omega_n + K_D\omega_n^2\right)s + \omega_n^2 K_P} \tag{9.85}$$

若 $g_2 = K_D\omega_n^2$ 且 $g_1 = \omega_n^2 K_P$，則上列二式的兩個系統特性方程式將會相同，但這兩個轉換函數的分子是不相同的。

若參考輸入 $r(t)$ 為零，這類系統經常稱為調整器 (regulator)。在這種情形下，控制的目的便是在一些規定的方法下，儘可能很快地驅動系統的任何起始條件至零。此時，具有 PD 控制器的調整器系統便和狀態回授控制相同了。

當利用根軌跡來作控制系統設計時，一般可以說是極點的安置 (pole placement) 問題，此處的極點是指閉路轉換函數的極點，也就是特性方程式的根。瞭解閉路系統極點與系統特性的關係後，我們能依據安置這些極點的位置來有效設計系統。前幾節中討論到的設計

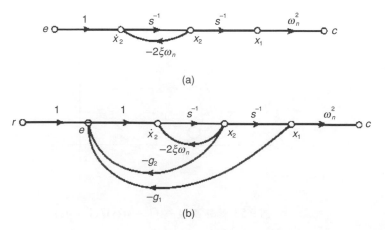

圖 9.54

二階系統的狀態回授控制。

方法均具有一特性，即根據固定的控制器結構和控制器參數的實際範圍來選擇極點。如此很自然的產生了一個問題：在何種情形下極點能任意置放？此為一個新的設計哲學，它僅在一定條件下才能進行設計。

當我們有一個二階或更高階的程序，則 PD、PI、一階相位前引或相位落後控制器不能獨立控制系統的三個或更多的極點，因為這些控制器均只有兩個自由參數。

為研究 n 階系統在何種條件下才能任意安置極點，讓我們考慮由下面狀態方程式所描述的線性程序：

$$\dot{x}(t) = Ax(t) + Bu(t) \tag{9.86}$$

其中 $(x)t$ 是 $n \times 1$ 狀態向量，$u(t)$ 是純量控制輸入。而狀態回授控制為

$$u(t) = -Gx(t) + r(t) \tag{9.87}$$

其中 G 是具有常數增益元素的 $1 \times n$ 階回授矩陣。結合上列兩式，閉路系統以狀態方程式表示成

$$\dot{x}(t) = (A - BG)x(t) + Br \tag{9.88}$$

可以證明若 $[A, B]$ 為完全可控制的話，則存在矩陣 G 同時可得到任意一組 $(A - BG)$ 的特性值。換句話說，特性方程式

$$[\lambda I - A + BG] = 0 \tag{9.89}$$

的根可任意放置。其中

$$A = \begin{bmatrix} 0 & 1 & 0 & \cdots & 0 \\ 0 & 0 & 1 & \cdots & 0 \\ \vdots & \vdots & \vdots & \cdots & \vdots \\ \cdots & \cdots & \cdots & \cdots & \cdots \\ 0 & 0 & 0 & \cdots & 1 \\ -a_1 & -a_2 & -a_3 & \cdots & -a_n \end{bmatrix} \qquad B = \begin{bmatrix} 0 \\ 0 \\ 0 \\ \vdots \\ 1 \end{bmatrix} \tag{9.90}$$

且符合所謂可控制性 (controllability)，即

$$AB = \begin{bmatrix} 0 \\ 0 \\ 0 \\ \vdots \\ 1 \\ -a_n \end{bmatrix} \quad A^2B = \begin{bmatrix} 0 \\ 0 \\ 0 \\ \vdots \\ 1 \\ -a_n \\ a_n^2 - a_{n-1} \end{bmatrix} \quad A^3B = \begin{bmatrix} 0 \\ 0 \\ 0 \\ \vdots \\ -a_n \\ a_n^2 - a_{n-1} \\ -a_n^3 + a_{n-1}a_n - a_{n-2} \end{bmatrix} \tag{9.91}$$

繼續求出矩陣的乘積至 $A^{n-1}B$，很明顯地可以看出無論 a_1、a_2、$\cdots$、a_n 為何，$S = [B\ AB\ A^2B\ \cdots\ A^{n-1}B]$ 的行列式總是等於 -1，因為 S 是個主斜線上為 1 的三角形矩陣。因此，可證明若系統可以相位變數典型式來表示時，系統的狀態便是可控制的。

回授矩陣 G 可寫成

$$G = \begin{bmatrix} g_1 & g_2 & \cdots & g_n \end{bmatrix}$$

則

$$A - BG = \begin{bmatrix} 0 & 1 & 0 & 0 \\ 0 & 0 & 1 \cdots & 0 \\ 0 & 0 & 0 \cdots & 0 \\ \hdashline 0 & 0 & 0 & 1 \\ -a_1 - g_1 & -a_2 - g_2 & \cdots & -a_n - g_n \end{bmatrix} \tag{9.92}$$

$A - BG$ 的特性值可由下列的特性方程式求出

$$\begin{aligned} |\lambda I - (A - BG)| &= \lambda^n + (a^n + g^n)\lambda^{n-1} + (a_{n-1} + g_{n-1})\lambda^{n-2} + \cdots + (a_1 + g_1) \\ &= 0 \end{aligned} \tag{9.93}$$

很顯然地，選擇適當的 g_1、g_2、$\cdots$、g_n 值就可得到所希望的特性值了。

9.4.5.4 模糊 (Fuzzy) 控制器設計

(1) 模糊系統簡介

　　1965 年美國 Zadeh 教授提出模糊 (fuzzy) 的概念，至今已有三十餘年，不過模糊理論受到舉世的矚目還只是近幾年的事，其中以日本仙台市地下鐵列車的自動駕駛及家電產品等模糊控制的實用化影響最大。而模糊控制是模糊理論的應用領域之中，最早受到矚目並獲得成功的領域，在 1974 年倫敦大學的 Mamdani 教授首先提出模糊控制，並成功的應用在蒸汽引擎控制上。

　　模糊現象或譯為乏晰。如以集合的觀念來說，一個元素或許屬於集合，或許不屬於集合，「屬於」的程度為 1 或 0。而一個模糊集合，「屬於」的程度可以從 0 到 1，比如 180 cm 屬於高的程度如為 1，那 178 cm 屬於高的程度可能為 0.8，而這樣的集合更接近人類的感覺及語言描述。隨著系統或問題複雜度的增大，人類思考的方式是降低精確度，以模糊的方式來綜合處理訊息。模糊性可用來處理模式識別、模糊分類、模糊決策等，因為真實世界中總是有隨機性也有模糊性，包含了事件的客觀規律，也包含了人對事件的主觀判斷。

　　在日常生活中一般人更常應用模糊控制，比如當打開水龍頭向杯中倒水時，不知不覺已經用了底下一些控制法則：

1. 杯中沒有水時，將水龍頭開至最大。
2. 杯中有少量水時，將水龍頭開大一些。
3. 當水比較多時，將水龍頭關小一些。
4. 當水快滿時，將水龍頭關至很小。
5. 杯中水滿時，將水龍頭完全關掉。

而「少量水」、「快滿時」這些判斷量即是模糊量。

　　在控制的領域中，人類發明了幾個法寶：模式建立、系統判別、微分方程、隨機模式、非線性、時變及適應控制等，近來更出現了專家系統，藉助於專家的判斷與綜合能力，自然地也具備了模糊性。當你開車時，有沒有先計算流體力學、角動量、動態方程、牛頓力學？如果要計算這些複雜的系統方程式，恐怕就不敢上路了。其實，人們靠視覺、觸覺、平衡感等，憑經驗踩油門及剎車；踩油門的力氣、方向盤的角度皆無法精確地描述，就靠著「模糊」卻不「迷糊」的專家系統，我們上路了。

(2) 模糊控制

　　一般控制系統可從系統轉換函數來推導出適當之控制法則，但實際的系統有時很難用轉換函數來表示，或者其含有非線性的特性，便無法以理論基礎來推導控制法則。因系統架構在個人電腦上，所以可採用智慧型控制法以適應如系統參數變化、負荷改變和非線性特性等現象，並且考慮控制法則反應速度需很快才能應用在光碟機光學頭的驅動，因此採用模糊控制 (fuzzy control) 來滿足上述要求。模糊控制是由專家針對一特定系統，依其直覺、觀念及經驗來建立模糊控制規則 (fuzzy rule)。模糊控制的另一優點是不需知道系統之數學模式，但若知道系統大致的模式，則有助於模糊控制規則的建立。而模糊控制也已成功地應用在很多方面，如家電產品等反應較慢的系統，但應用於速度快、精度高之音圈馬達定位控制，則是我們研究及探討的目標。以下將詳細介紹筆者所使用之模糊控制設計過程。

首先，其系統方塊圖如圖 9.55 所示，將模糊控制器置於受控體之前、誤差及誤差變化量之後，而模糊控制器又可分成三個主要部分，即模糊化 (fuzzifier)、模糊控制規則 (fuzzy rule) 及反模糊化 (defuzzifier)，如圖 9.56 所示。在輸入端輸入值為實際得到之精確值，一般為誤差及誤差變化量，經過模糊化之後成為一模糊量，觸發了一些模糊控制規則，經模糊推論後得一輸出模糊量，把此模糊量反模糊化之後，則得到精確之控制輸出。

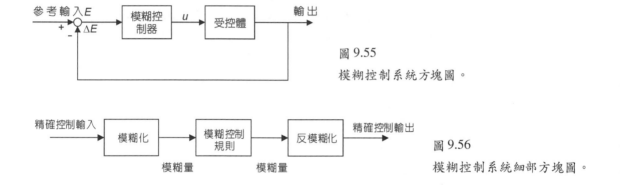

圖 9.55
模糊控制系統方塊圖。

圖 9.56
模糊控制系統細部方塊圖。

一般而言，在模糊控制中採用三角形作為歸屬函數 (membership function)，使用歸屬函數將輸入模糊化。至於要多少個三角形？底長多少？則依系統需要及專家來決定，而其高度則為 1。必須注意的是歸屬函數必須包含變數的最大範圍，以免找不到適當的規則可用，無法判斷輸出量；透過歸屬函數可決定輸入變數分屬哪些區，而各自的歸屬度 (membership degree) 又是多少，如圖 9.57 所示。

模糊控制器之設計必須依經驗來敘述控制法則，依此建立決策表來決定系統輸入與輸出之關係。為了更一般化地敘述控制規則，因此定義下列術語：① 誤差：輸出量減設定量 (set point)；②誤差變化：此次誤差減前一次誤差。

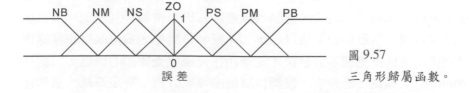

圖 9.57
三角形歸屬函數。

此外，將控制規則中之定性敘述用下列符號表示，PB：正向，大；PM：正向，中；PS：正向，小；ZO：零；NS：負向，小；NM：負向，中；NB：負向，大。假設系統之控制方法是由下列四個規則所構成：

1. 若誤差為 PS，且誤差變化為 ZO，則控制輸入為 PS。
2. 若誤差為 PS，且誤差變化為 PS，則控制輸入為 PS。
3. 若誤差為 PM，且誤差變化為 ZO，則控制輸入為 PM。
4. 若誤差為 PM，且誤差變化為 PS，則控制輸入為 PM。

透過「max-min」來作模糊推論，並用重心法反模糊化，其簡圖如圖 9.58 所示。由重心法得控制輸入 $u = \dfrac{a_2 \times w_1 + a_2 \times w_2 + a_3 \times w_3 + a_3 \times w_4}{w_1 + w_2 + w_3 + w_4}$，即得到控制器輸入受控體所需要之控制力。

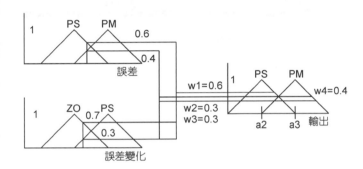

圖 9.58
max-min 推論法。

9.5 系統整合之實例

9.5.1 簡介

本節以「微振鏡雷射掃描為機制之二維顯示器」為探討系統整合之實例。近年來，由於可攜式電腦廣泛地被利用，因此重量輕、省電源、價格低成為顯示器重要的訴求。目前的顯示技術已能呈現高畫質、高解析度，然而並不能滿足可攜式顯示系統對於重量及電源方面的要求。因此，我們利用微光學元件及系統產品之輕、薄、短、小、省能源、省空間、省材料及高附加價值等特性，作為未來發展可攜式顯示系統關鍵性元件之發展技術。在結合微機電投影影像顯示技術中，基於輕、薄、短、小及省電的考量下，採用循序式掃描顯示器作為可攜式顯示器應用領域中探討的主題。

9.5.2 製程概觀

本微振鏡系統之製作係採用美國 Cronos Integrated Microsystems 所提供的微機電共用製程 (multi-user MEMS processes, MUMPs) 的三層多晶矽面型微加工製程[15]，此製程所採用之材質有下列特色：

(1) 多晶矽為架構系統的材料。

(2) 磷矽玻璃 (PSG) 為犧牲層材料，在製程最後步驟被清除。

(3) 氮化物 (nitride) 為基底與多晶矽之間的絕緣層。

其製程橫截面如圖 9.59 所示，表 9.3 則列出了各層材料與厚度之關係。

表 9.3 MUMPs 製程各層厚度。

層	厚度 (μm)
Gold	0.6
Poly2	1.5
2nd Oxide (PSG)	0.75
Poly1	2.0
1st Oxide (PSG)	2.0
Poly0	0.5
Nitride	0.6

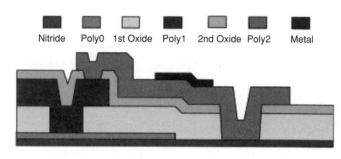

圖 9.59 MUMPs 製程橫截面。

9.5.3 系統介紹

(1) 雷射掃描系統架構

循序式雷射掃描顯示系統架構如圖 9.60 所示，主要以雷射二極體 (laser diode) 為光源，處理雷射光源之光學系統為微機電技術所製作之兩面微振鏡 (micromirror)，以 General Scanning Incorporation 提供之 CX660 scanner 做為系統之掃描機制，週邊控制系統元件之同步動作電路為兩顆 Altera FLEX10K10LC84-4 CPLD、D/A 轉換器，以及控制雷射二極體光源亮度之 APC (automatic power control) 電路。

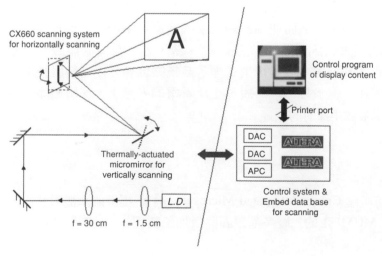

圖 9.60
雷射掃描顯示系統架構圖。

(2) 光源系統

　　由於雷射二極體射出之光束為直立的橢圓形光束為了獲得正圓形的光束,必須透過一圓形小孔及外加透鏡[16]。如圖 9.61 所示,利用焦距為 1.5 cm 之透鏡,將雷射二極體置於焦點處,做準直化 (collimate),再經過焦距為 30 cm 的透鏡將光聚焦到微振鏡上,得到繞射極限之最小光點約 200 μm 左右。將微振鏡掃描出的一維線段投射到另一振鏡之鏡面上,得到線段大小約 2 cm 左右,透過此振鏡在另一維度的掃描而得到一個二維畫面。本節以雷射二極體為光源,主要是因它可藉由輸入電流的變化,直接調變雷射光光束的強度。

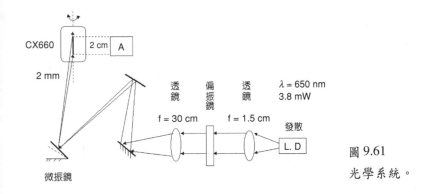

圖 9.61
光學系統。

(3) 微振鏡致動系統之設計

　　後推式微振鏡設計觀念來自前推式微振鏡[17] 的改良,原先目的在於整合雷射二極體與微振鏡致動系統,使其成為微光學掃描晶片,如圖 9.62 所示。然而,由於雷射二極體發光時其發散角極大,如果將致動微鏡面的微致動器陣列以前推式來設計,將會造成雷射發光點與鏡面距離過大,使得入射光點過大。為了提高雷射的使用效率,將微致動器陣列移到微鏡面的後方,完成了後推式微振鏡的致動系統。

圖 9.62
雷射二極體與微振鏡致動系統整合於單一晶片示意圖。

　　此外，由於前推式微振鏡致動系統之初始翻起角度約為 42 度左右，與微鉸鏈產生最大摩擦力的 45 度十分接近，使系統呈非線性掃描，因此在設計後推式微振鏡致動系統之初始翻起角度時，儘量避免在 45 度左右，藉以減少與微樞紐產生之摩擦力，增加掃描之線性度。

① 整體架構

　　我們所設計的後推式微振鏡致動系統如圖 9.63 所示。接下來，將分別探討後推式微振鏡致動系統之細部設計原理。

② 微鏡面

　　鏡面尺寸為 200 μm × 200 μm，為加強微鏡面的結構強度，避免掃描時因致動力造成鏡面屈曲現象，因而採用 Poly1 + Poly2 + Metal 的設計。

③ 微鉸鏈

　　微鉸鏈的設計首先是由美國加州大學柏克萊分校的 Pister 等人所提出[18]，經由微鉸鏈的結構將使得表面微機械加工的微機電系統設計變成更具彈性而能產生三度空間之動作，其製程如圖 9.64 所示。

④ 止動微結構

　　為了將組裝後的微振鏡固定在已設計好之角度，我們設計一組止動微結構如圖 9.65 所示，做為微振鏡與致動樑間的彈性卡榫。當底層的微結構被翻起，位於上層彈性卡榫的 I 形懸臂樑因形變產生下壓的力量，並往設計好之凹槽後退，當到達已設定之角度時，I 形懸臂樑滑入凹槽而卡住翻起的微振鏡，完成組裝的動作。

圖 9.63 後推式微振鏡致動系統。

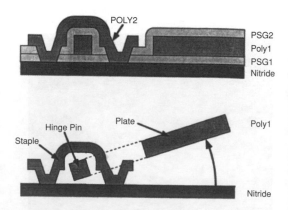

圖 9.64 微鉸鏈製程示意圖[18,19]。

圖 9.65

止動微結構局部圖。

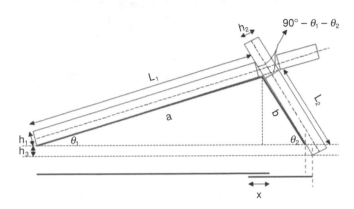

圖 9.66

止動微結構的結構示意圖。

在考慮結構厚度下，以 a、b、$L_1 + L_2 - x - \dfrac{h_3}{\tan\theta_2}$ 為計算微振鏡翻起之初始角度 θ_2 的三角幾何圖形邊長，由圖 9.66 可知，

$$a\sin\theta_1 = b\sin\theta_2 \tag{9.94}$$

$$a\cos\theta_1 + b\cos\theta_2 = L_1 + L_2 - x - \frac{h_3}{\tan\theta_2}$$

初始角度設計的理論值為 57.31 度。

9.5.4 微振鏡動態特性之量測系統建立

(1) 量測系統設計

為使設計完成之微振鏡致動系統具有實用性，系統動態特性之獲得為首要條件。建構一光學量測系統時，必須對已製作完成之微振鏡致動系統作檢測，整個量測系統架構如圖 9.67 所示。

(2) 微振鏡之初始角度驗證

架設一簡單光學量測系統來驗證微振鏡經組裝後的初始角度，如圖 9.68 所示，經由簡單的幾何定理便可推算出微振鏡的初始角度約為 57.22 度。

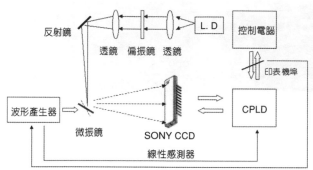

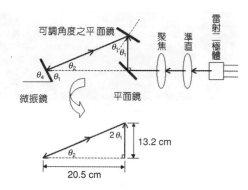

圖 9.67 光學量測系統架構。　　　　　　　　　　　　　　圖9.68 微振鏡初始角度之量測系統。

(3) 微振鏡動態特性之驗證

① 啟動電壓驗證

　　微振鏡動態特性可藉由分析微振鏡反射出來之光點資料加以驗證。首先，將本系統之 CCD 感測器掃描頻率設定在 946 Hz。圖 9.69 顯示在 0－2.2 V 的 10 Hz 正弦波驅動下，驅動電壓與微振鏡轉動角度之關係，當驅動電壓為 0－0.8 V 時，轉動角度所構成之曲線最為平緩，亦即微振鏡在此位置停留時間最久，由此推斷微振鏡系統存在著約為 0.8 V 的啟動電壓。

② 微振鏡線性掃描結果驗證

　　由圖 9.69 可知，微振鏡致動系統在驅動電壓為 0－2.2 V 時呈現非線性，此結果導致構成畫面之畫素大小及間距非固定值，因此設計適當的驅動電壓使微振鏡做線性掃描，為提升畫面解析度之先決條件。經實驗驗證啟動電壓之存在性，故將驅動電壓設計為 0.8－2 V 的正弦波。以下將列舉出一實驗結果，如圖 9.70 及圖 9.71 所示，輸入為 10 Hz 固定頻率、0.8－2 V 的正弦波週期訊號。

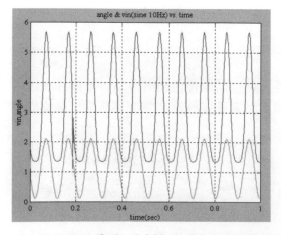

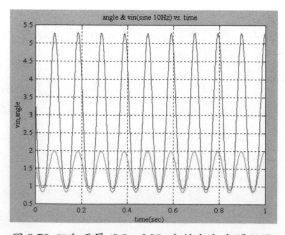

圖 9.69 驅動電壓 (0－2.2 V) 與轉動角度關係圖。　　　　圖 9.70 驅動電壓 (0.8－2 V) 與轉動角度關係圖。

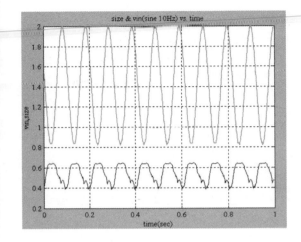

圖 9.71
驅動電壓與光點大小關係圖。

由驅動電壓與掃描角度關係圖可知：當驅動電壓為 0.8－2 V 時，微振鏡成線性掃描，其掃描角度在 100 Hz 之內未出現衰減，可驗證其掃描頻率高於 100 Hz，此外，微振鏡最大轉動角度約為 4.3 度。

由驅動電壓與光點大小關係圖可知：經實驗量測結果可知，雷射二極體光源經微振鏡掃描反射後可得 2 cm 的掃描線段，若光源投射到靜止之微振鏡可得到約 2 mm 的光點大小，經由適當比例換算得到實際掃描光點大小的範圍為 0.3 mm $<d<$ 2 mm，平均可解析點個數為 $n = (10 + 15) / 2 \risingdotseq 12$ pixels。此外，圖中光點大小隨時間做週期性改變，主要是因為入射光固定而鏡面轉動造成投影到螢幕之光點大小不同。

9.5.5 系統驅動電路設計及掃描結果驗證

(1) 系統架構

利用建構之光學量測系統所得的微振鏡致動系統之動態特性，作為本掃描顯示系統驅動電路的設計依據，系統驅動電路之工作流程如圖 9.72 所示。使用者透過鍵盤下達指令，控制電腦將指令編碼後由印表機埠 (printer port) 送到 CPLD 的輸入埠，從 CPLD 中已建立之雷射二極體明／暗及微振鏡和振鏡的驅動電壓資料庫，依據編碼值與資料庫對應位址取出數位輸出訊號，再經由 D/A 及緩衝器驅動微振鏡及振鏡。

(2) 光源之驅動電路設計

為使畫面亮度保持在已設計好之固定值，故採用 APC 電路做為雷射二極體之驅動電路，如圖 9.73 所示。此外，為設計雷射二極體之明／暗控制電路，在 APC 電路中加入一顆 CMOS 類比開關，藉由與振鏡、微振鏡驅動電壓同步之開／關控制訊號，控制雷射二極體光源之明／暗。

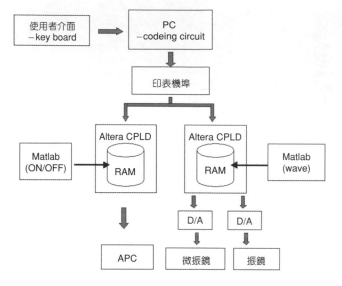

圖 9.72

掃描系統之驅動電路流程圖。

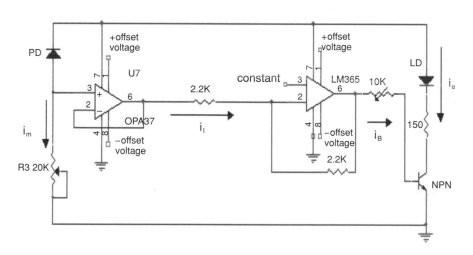

圖9.73

APC 驅動電路設計
簡圖。

(3) 微振鏡與振鏡之驅動電路設計

　　為使微振鏡致動系統做線性掃描,以最大掃描頻率 600 Hz 之 0.8–2 V正弦波驅動電壓操作,由實驗結果可知,微振鏡來回掃描呈非對稱性,為避免畫面產生移動,微振鏡只在一方向掃描時顯示畫面,回掃時將雷射二極體光源關閉。此外,考慮人類視覺暫留的效應,故訂定 30 Hz 為振鏡掃描頻率。

(4) 掃描實驗結果

　　最後,利用已建立之驅動電路使微振鏡在掃描頻率 600 Hz、振鏡在掃描頻率 30 Hz下與雷射二極體同步動作,完成一小尺寸 12 × 20 (pixels) 之二維掃描顯示系統,得到之二維掃描畫面如圖 9.74 所示。

圖 9.74 N、C、T、U、E、E&C。

參考文獻

1. Gabrielson, *IEEE Electron Devices*, **40**, 903 (1993).

2. Senturia, *Microsystem Design*, Kluwer, 425-450 (2001).

3. C.-H. Liu, *Design, Microfabrication, and Control of High-Performance Micromachined Tunneling Accelerometers*, Ph.D. Thesis, Stanford University, 24-28 (1999).

4. J. P. Bentley, *Principles of Measurement Systems*, 3rd ed., Longman Scientific Technical (1995).

5. S. M. Sze, *Semiconductor Sensors*, John Wiley & Sons, Inc. (1994).

6. D. H. Sheingold, *Analog-Digital Conversion Handbook*, the Engineering Staff of Analog Devices, Inc., Prentice-Hall (1986).

7. B. C. Kuo, *Automatic Control Systems*, 4th ed., Prentice-Hall Inc. (1982).

8. B. Friedland, *Control Systems Design*, McGraw-Hill Inc. (1986).

9. B. C. Kuo, *Digital Control Systems*, 2nd ed., Sanuders College (1992).

10. 王宜楷, 控制理論與實驗, 師友工業圖書公司 (1991).

11. C. C. Lee, *IEEE Tran. on Systems, Man and Cybernetic*, **20**, 404 (1990).

12. R. Ketata and De Geest, *Fuzzy Sets and Systems*, **71**, 113 (1995).

13. Z. Y. Zhao, *IEEE Tran. on Systems, Man and Cybernetic*, **23**, 1392 (1993).

14. R. A. Conant, P. M. Hagelin, U. Krishnamoorthy, O. Solgaard, K. Y. Lau, and R. S. Muller, "A Rater-Scanning Full-Motion Video Display Using Polysilicon Micromachined Mirrors", http://www-bsac.eecs.berkeley.edu/

15. D. Koester, R. Mahedevan, and K. Marcus, *Multi-User MEMS Processes (MUMPs) Introduction and Design Rules*, Rev. 3, http://mems.mcnc.org/, Oct. (1994).

16. 林螢光, 光電子學－原理、元件與應用, 全華科技圖書股份有限公司 (1999).

17. 林育成, 三層多晶矽微振鏡致動系統之設計、分析及測試, 交通大學電機與控制工程學系, 碩士論文 (1998).

18. K. S. J. Pister, M. W. Judy, S. R. Burgett, and R. S. Fearing, *Sensors and Actuators A*, **33**, 249 (1992).

19. D. M. Burns and V. M. Bright, *Sensors and Actuators A*, **70**, 6 (1998).

20. 黃漢邦, 自動控制系統, 第四版, 超級柯科技圖書社 (1982).

第十章　封裝技術

10.1 前言

　　微機電系統 (micro-electro-mechanical systems, MEMS) 是當前極具發展潛力之研究領域，它結合光電、電子、電機、機械、材料、化學、控制、物理、生醫及生化等多重技術與微小化系統製造技術，其加工方式為應用半導體製造技術以微小化機電系統、機械元件及分析系統等。

　　所謂封裝 (packaging) 是指將裝置中的核心結構體組合起來，封裝的作用在於保護脆弱的微機電元件 (如感測器) 免於受外在環境的侵害 (如機械外力或污染等)，並負起機械支撐與訊號輸入和輸出的責任[1,2]。

　　在詳細地敘述各封裝技術之前，先概要的介紹封裝的階層 (level)。如圖 10.1 所示，一般而言，MEMS 封裝可分為四個階層：第一階層封裝為晶圓封裝 (wafer package)，第二階層封裝為裸晶封裝 (die package)，第三階層封裝為元件封裝 (device package)，第四階層封裝為系統封裝(system package)。再以微感測器的封裝為例，說明四個封裝階層的作用。

　　第一層：晶圓階層 (wafer level)，主要為同種材料或異種材料的結合，提供多層不同結構的組合，偏向完成較需厚度或複雜的感測元件。

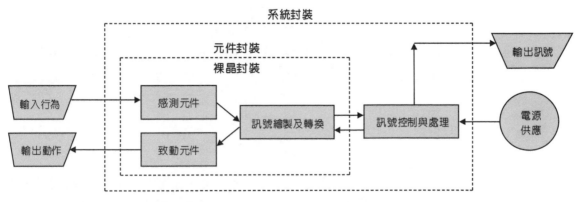

圖 10.1 微機電系統之封裝階層示意圖。

第 10.1 節作者為黃榮堂先生。

第二層：裸晶階層 (die level)，主要為感測元件與電路元件本身接腳的引出，並包括脆弱的感測元件及致動元件的隔離。此階層的作用主要在於以下四點：(1) 防止裸晶和其他核心單元發生塑性變形或受外在環境的侵襲。(2) 確保系統電氣迴路進行訊號轉換。(3) 提供系統構成單元所需的電氣或機械上的隔離。(4) 確保系統的功能正常運作且沒有超載的情形。此階層 MEMS 或微系統的封裝通常還包含打線 (wire bonding)，以進行電路訊號的傳輸與轉換。

第三層：元件階層 (device level)，主要為感測元件與電路元件對電路基板的接合，使感測元件與電路元件能互相溝通，並包括電源供應、訊號轉換及連結。如圖 10.1 所示，元件封裝需包含適當的訊號處理與過程，大體而言，對感測器與致動器這部分的封裝還包含電路連結與訊號處理迴路的建立。此階層的封裝尚有一項最主要的挑戰，就是介面的問題，關於這個問題的考慮有以下兩個觀點：(1) 針對不同尺寸已封裝的產品，考慮其脆弱的組成單元與其他部分如何建立介面。(2) 考慮這些脆弱的組成要素與環境間的介面，特別需要注意到在工作時以及所接觸媒介的溫度、壓力和毒素等因素。

第四層：系統階層 (systems level)，主要為前三階層之整合，並整合設備和主要的訊號處理電路以符合顧客的需求。此階層的封裝包含核心組成單元之主訊號迴路的封裝，系統封裝需要做適當機械上的、絕熱的以及電磁的護罩來保護迴路；金屬擋板一般都可以良好的保護系統不受外在機械與電磁的影響。此處最主要的問題仍在針對不同尺寸的組成元件該要如何建立介面，因為系統封裝對於誤差的要求甚至比設備階層封裝更為嚴苛[2]。

10.2 封裝設計

大多數的微感測器或微致動器都包含有類似薄膜 (diaphragm) 的結構元件，當結構元件受到過度的變形或幾何改變時，將會嚴重影響到微感測器或微致動器的性能，因此適當的機械設計和封裝不僅能夠確保其性能，而且能使微感測器或微致動器更為可靠，在市場上更具競爭力。

對於微感測器或微致動器來說，封裝則是設計時必要的一部分，不是事後才考慮的。因此要進行微系統的封裝，首先應了解微系統的設計流程，其主要設計流程可分為二：核心元件設計與封裝設計，微系統設計程序可參考圖 10.2 所示[5]，每一步驟基本上是一循環，直到滿足規格為止，而整體設計亦是一個循環。

(1) 核心元件設計的步驟

• 性能規格的界定[6]

性能規格的界定包括重複性、線性度、精度、解析度、靈敏度、速度、起增點、跨度、遲滯、功率效率、雜訊及整體性能等。

第 10.2 節作者為黃榮堂先生及江志豪先生。

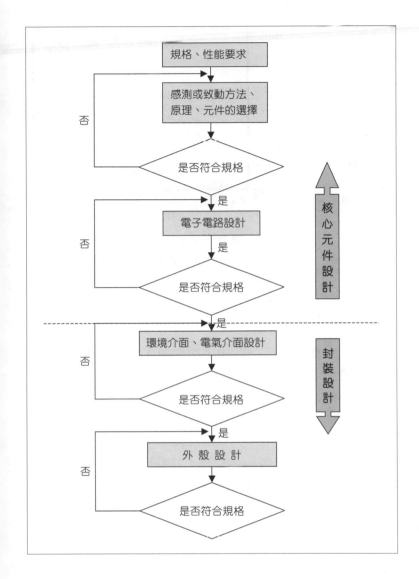

圖 10.2

微系統 (含微感測器與微致動器) 設計程序。

　　此處將介紹一些用來度量致動器或感測器的規格，以下逕以致動器稱之，其實亦可涵蓋感測器。參考圖 10.3 與圖 10.4，在這些圖中用相對的 X 與 $Y(X)$ 來表示致動器的輸入和輸出，並使用全量 (full scale, FS) 百分比來表示量的大小 (相對於全量 FS)，且 $Y = Y(X)$，$Y^- = Y(X^-)$，$Y^+ = Y(X^+)$。

A. 重複性 (Repeatability)

　　討論致動器性能的重複性，需考量可參考其內部結構的鬆弛度、摩擦力，以及其他發生在結構上的不穩定性質，「鬆弛度」可能會造成致動器輸出的漂移與變化。重複性 R 可定義為：

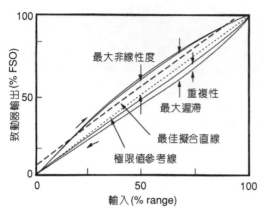

圖 10.3 重複性、線性度、遲滯。

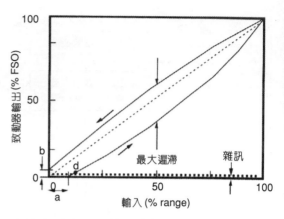

圖 10.4 致動器的輸入與輸出關係圖，a 表示
起增點，d 表示最小誘導輸入。

$$R = Y_i(X) - Y_k(X) \tag{10.1}$$

下標 i 與 k 表示致動器運轉的第 i 與第 k 循環，且從圖 10.3 可知在 $X = 80\%FS$ 時，$R = 10\%FS$。當觀察其多個運轉循環後，所得到最差的重複性 R 定義為：$R_m = Y_{max}(X) - Y_{min}(X)$，$X$ 可為 X^- 或 X^+，端視何者造成最大的 R 值而定。

B. 線性度 (Linearity)

致動器的線性度 L 係指致動器的輸出作為輸入值的函數時，其表現出的線性度，它是以全量輸出 (fall-scale output, FSO) 的百分比表示。要描述致動器的線性度需要一條線性參考線，此線是最佳擬合線 (best-fit line) 或者是繪於最大與最小輸出數值 (輸出曲線的兩端點) 之間的線，定義此參考線為 $Y_r(X)$，則

$$L = \left| Y(X) - Y_r(X) \right|_{max} \tag{10.2}$$

若選擇最佳擬合線，則在圖 10.3 中元件的線性度為全量的 4.5%；若選擇依輸出曲線兩端點繪製的第二條參考線，則其值為全量的 9%。

C. 準確度 (Precision)

對感測器而言，量測一未知數值的準確性與再現性稱為準確度。以致動器來說，準確度表示一個致動器執行一所期望的致動時，其表現出的準確性與再現性。準確度佳不意味著正確度 (accuracy) 高，而不具準確度的正確度是沒有意義的。

D. 正確度 (Accuracy)

　　測量由致動器輸出的數值有多近似於標準值稱作正確度。舉例來說，一個線性位移的致動器若產生一位移為 $0.09\ \mu m$，而標準值為 $0.1\ \mu m$，相對於標準值來說，此致動器的正確度為：$100 \times (0.09 - 0.1)/0.1 = 10\%$，正確度可以 (10.3) 式表示。

$$\varepsilon_a(\%) = 100\left(\frac{Y_a - Y_t}{Y_t}\right) \tag{10.3}$$

Y_t 是所期望的真確致動量，Y_a 則為實際的致動量。實際上，其非正確性亦以輸出全量 (FSO) 的百分比來表示：

$$\varepsilon_{FSO}(\%) = \frac{Y_a - Y_t}{Y_{FSO}} \tag{10.4}$$

可以得知 $|\varepsilon_{FSO}| \leq |\varepsilon_a|$。

E. 解析度 (Resolution)

　　對致動器而言，能產生可偵測之致動量的最小驅動輸入增量稱為此致動器的解析度。舉例來說，若一位移致動器產生最小位移增量 δ 時，所對應的實際電壓輸入增量為 ΔV，則最大解析度為：

$$R_{max}(\%) = 100\left(\frac{\Delta V_{min}}{\Delta V_{man} - \Delta V_{min}}\right) \tag{10.5}$$

而平均解析度是指致動器輸出範圍內 R 的平均值。

F. 靈敏度 (Sensitivity)

　　致動器的輸出 (ΔY) 與輸入的增量變化 (ΔX) 的比例稱為致動器的靈敏度：

$$s = \frac{\Delta Y}{\Delta X} \tag{10.6}$$

致動器的靈敏度會隨溫度或其他外在環境參數的影響而改變，一般說來，致動器的靈敏度在輸出範圍內是非線性的。

G. 最小誘導輸出 (Smallest Inducible Output, sIO)

致動器可被誘導及測量的最小輸出變化稱為最小誘導輸出 (sIO)，參考圖 10.4 中所示的 d 點。舉例來說，壓電式致動器的 sIO 非常小，只侷限於熱振動雜訊。鎳化鈦形狀記憶合金和磁致動器的 sIO 都很大，而靜電式微致動器的 sIO 只在一有限的致動範圍內是小的。

H. 起增點 (Threshold)

所謂起增點表示由零點輸入起算，在能觀察到致動器輸出的情況之下，最小的初始輸入增量。起增點通常是起因於致動器的非線性，且與 sIO 不同。在圖 10.4 中起增點為 a 所代表的距離。

I. 相似度 (Conformance)

致動器輸出的實驗值與理論曲線，或以最小平方法或其他方法得到的理論曲線的接近度稱為相似度，相似度的表示是在致動器輸出的數值上以 %FSO 表示。

J. 遲滯現象 (Hysteresis)

如圖 10.4 所示，當致動器從兩個不同方向得到輸出數值 Y^+ 與 Y^-，其間的差異稱為遲滯現象。致動器的遲滯現象通常是因可變形部分動作的延遲所造成，就磁致動器而言，遲滯現象是因致動磁場中磁元素的排列延遲所造成。

K. 漂移 (Drift)

在沒有輸入時，致動器的輸出會隨著時間、溫度、或其他任何參數而改變稱為漂移。

L. 承載能力與剛性 (Load-bearing Capability and Stiffness)

承載能力與剛性是指致動器在承受負載時行為的差異。了解負載的機械特質才能決定致動器的輸出。舉個簡單的例子，對一個承受負載相當於彈力係數為 k 之彈簧的線性壓電致動器而言，當施加電壓時，線性致動器會產生力與位移。無負載時，致動器產生的力為零，因此對一特定電壓，致動器會產生最大的可能位移。另一方面，當負載為剛性且無變形時，致動器產生的位移為零，而力卻是最大。因此可以建構一條力—位移 (f-x) 曲線，如圖 10.5 所示。當致動器產生的力與負載之反作用力的總合為零時，可以決定致動器的平衡位置。在靜力作用下，致動器的位移平衡位置可由 f-x 曲線與負載曲線的交點來決定。當致動器受步階輸入而作動時，其輸出響應可能是很複雜的。但在微弱訊號下，亦即步階輸入的大小相較於致動器輸出範圍而言相當小時，致動器輸出響應可由靜力曲線來決定。

M. 跨度 (Span)

致動器輸出的全量運作範圍稱為跨度。

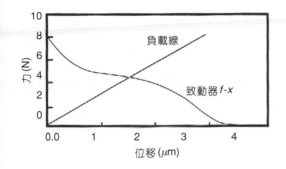

圖 10.5

致動器的輸出及負載對其行為影響的關係圖。

N. 速度 (Speed)

致動器的速度 (v) 定義為其輸出 (Y) 增量對時間增量的比值

$$v = \frac{dY}{dt} \qquad (10.7)$$

O. 步階響應 (Step-Response)

由於與致動器作用範圍相關的慣性與彈性恢復力,致動器的輸出對於步階輸入的響應不會產生突然的變化。在低阻尼 (under-damped) 或臨界阻尼時,致動器響應的行為可能非常複雜,且易產生振盪。在過阻尼 (over-damped) 時,其輸出通常呈現飽和狀態 (saturation) 的行為,如圖 10.6 所示。此飽和行為通常是非指數型的,然而,如果是指數型,就可使用一個簡單的時間常數描述致動器輸出的特性。

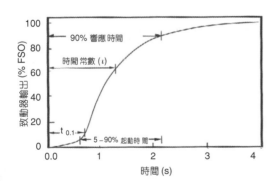

圖 10.6

線性壓電致動器的步階響應。

P. 功率效益 (Power Efficiency)

致動器可視為能將某種形式的能量透過一轉換函數轉換成另一種形式的主動式轉能器 (transformer)。有四種不同來源的能量與致動器有關:輸入功率 (P_{in})、輸出功率 (P_{out})、電源供應器供給的功率 (P_s),以及內部消耗功率 (P_w)。由能量守恆可知:

$$P_{in} + P_s = P_{out} + P_w \tag{10.8}$$

很清楚地，在給定輸入與供給功率時，理想的致動器擁有幾乎為零的消耗功率以及最大輸出功率。功率效益 (η_p) 與輸出功率成正比，而與輸入功率、消耗功率及電源供應器供給的功率成反比，可以表示成

$$\eta_p = \frac{P_{out}}{P_{in} + P_w + P_s} \tag{10.9}$$

雖然電子元件可視為一種致動器，但通常致動器的輸出功率都是非電力型態，而是機械型態。機械功率可視為致動器的作用力與致動器位移量的乘積。一般而言，力與位移之間的關係是非線性的。此外，生物致動器的功率效益通常分布在 0.25－0.50 之間。

Q. 雜訊 (Noise)

假若致動器的輸入無雜訊，致動器輸出中的變動通常是致動器中機械或電子變動的表現，致動器的雜訊直接受其致動機構、用來沉積動作金屬的製造方法等原因影響，以磁致動器來說，在強磁性材料內磁區壁的運動會使致動器的作用力量或位移產生變動，磁區尺寸是由沉積方式以及用來給予所需要之磁化行為的連續退火來決定，由磁區壁移動產生的頻譜與振幅亦與激化的振幅和時間有關。

R. 尺度效應 (Scaling)

如果縮小致動器的尺寸可以增強其承受力並獲得較佳的性能，則縮小尺寸將有很大的價值。但並非所有的致動器都可以縮小，所以使用「尺度效能 (scalability)」度量法評估不同的致動方法就顯得非常重要。例如靜電式致動器有高度的尺度效能，可縮小其尺寸以增進性能，但靜磁式致動器的尺寸則很難縮小。尺度效能可以公式表示如下：

$$Sc = -\frac{d\eta}{dV} \tag{10.10}$$

其中 η 為功率效益而 V 為致動器的有效體積。

・致動方法、原理、元件的選擇

選擇致動方法，在最大的物理極限考量之下，進行無因次分析，並藉由各種軟體的驗證 (Coventor, Memscap, Intellisuite) 來滿足性能規格的需求。

‧ 電子電路的設計

依命令訊號的型式、驅動能量放大、補償器的設計等需求，以增強致動元件的性能。封裝上需考慮感測器之抗雜訊干擾，致動器應考慮放大器散熱的問題[6]。

(2) 封裝設計的步驟

‧ 環境介面的設計

此部份是微系統最不易標準化的地方，完全要依據施用對象或環境媒介而定，其需求為對待作用參數要透明，對其他無關的環境物理與化學參數要無作用。以感測器為例：

‧ 氣體感測器 (gas sensor)：半透氣的薄膜 (semi-transparent membrane)
‧ 離子感測器 (ionic sensor)：保護層 (passivation layer)
‧ 氣體與溼度感測器 (gas and humidity sensor)：網格及過濾器 (grids and filter)
‧ 溫度感測器 (temperature sensor)：金屬短柱 (metal stud)
‧ 光學感測器 (optical sensor)：玻璃窗 (glass window)
‧ 電磁場感測器 (magnetic field sensor)：塑膠層 (plastic layer)
‧ 壓力感測器 (pressure sensor)：直接與待測媒介接觸
‧ 流量感測器 (flow sensor)：直接與待測媒介接觸
‧ 加速度計 (acceleration sensor)：不與待測媒介接觸
‧ 化學感測器 (chemical sensor)：具選擇性的隔層

‧ 電氣介面的設計

電氣介面的設計須考慮小轉大、電磁相容 EMC 與拉扯損壞等要求，此處有甚多技術可參考電子 IC 的構裝方法，例如利用打線將訊號處理電路元件的小焊墊轉到導線架，再接合到電路板，由電線或電纜線引出。覆晶或無線傳送也是可考慮的方式。

‧ 封裝外殼的設計[3]

基於成本的考量，符合尺寸與空間大小的限制，來選擇外殼的形狀、材料等，達到保護核心元件的功能。此外應特別就以下要點檢視設計的周延性：① 真空封裝、非真空封裝，② 散熱否，③ 電磁雜訊干擾，④ 減少負載效應、寄生效應，⑤ 機械強度，⑥ 安裝方法的考量，至感測點或致動器欲施加作用的地方，要用螺紋鎖合、焊合或黏合，⑧ 操作環境的考量，⑦ 製作方法的考量 (含元件製作及裝配)，裝配所需的治具、夾具設計 (儘可能利用外殼設計，達成自我對位、裝配的功能)。

根據上述的要求，藉由各種軟體的驗證 (ANSYS 等有限元素法)，來探討製造精度、製造方法等對原有核心元件的設計性能規格需求是否有負面的影響，進而修改封裝的方式。

10.2.1 感測器封裝

10.2.1.1 微感測器封裝簡介

　　微感測器在封裝上比電子構裝更為複雜，如表 10.1 所示。電子構裝傾向於提供環境的隔絕、機械保護及散熱，而微感測器因為和外界要有某種程度的作用，脆弱的感測晶片或致動元件需要暴露在外與待測媒介接觸，但這些媒介均會對其造成不良的影響，因此微感測器封裝則傾向於高度的特殊應用，同樣的微感測器可能因為應用的地方不同，而有不同的封裝方式，故微感測器封裝比電子構裝更有挑戰性，除了必須具備電子構裝的基本功能外，還要能避免設備材料與待測環境產生不必要的污染或反應，這在生醫、藥劑與食物的應用上尤其重要[5]。

表 10.1 電子構裝與微感測器封裝之比較[75]。

	電子構裝	微感測器封裝
環境	和外界環境隔離	和待測環境作用
標準	高度標準化	視應用而定
設計	分開設計	和感測核心元件一起設計
成本	成本均等	封裝較感測核心元件成本高
測試	封裝前	如何？何時測試？

　　目前微感測器封裝上仍然沒有一般共通的封裝方式，同樣的微感測器可能因為應用的地方不同，而有不同的封裝方式，因此微感測器封裝製程遲遲無法標準化，成本難以降低，且長年以來，微感測器的封裝測試就佔了整個微感測器成本的 $50-90\%$，為此產學界無一不在思索如何改善此問題。

　　另外，圖 10.7 說明一般微感測器在封裝時各元件之間的介面問題，圖中 **a**、**b**、**c**、**d**、**e** 表示各類封裝介面。

a：感測元件與環境的介面，其需求為對待測參數要透明，對其他無關的環境物理與化學參數要阻擋。

b：感測元件與封裝材料的介面或晶片置合與相連技術，可能發生的問題為：
　　‧機械應力：在接合過程中產生的，如陽極接合、融合接合、共晶合金接合、黏膠接合等製程所產生的接合力 (bonding force)。
　　‧熱應力：在接合程序之後發生，例如晶片、黏晶材料與基板有不同的熱膨脹係數。
　　‧熱效應：補償溫度係數、漂移 (temperature coefficient of offset, drift)。
　　‧對位不準 (misalignment)：會讓壓力感測器或加速度感測器量到其他無關的分量。

c：感測元件與電子電路元件的介面，可能發生的問題為寄生效應與負載效應。

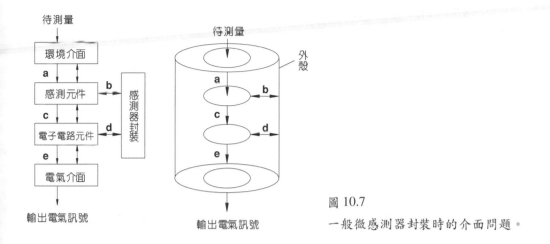

圖 10.7
一般微感測器封裝時的介面問題。

d：電子元件與封裝材料的介面，可能發生的問題為 EMC，以及水氣、灰塵、腐蝕、散熱性、傷害焊墊與連接線路。

e：電子元件與電氣的介面，即電氣接線 (electrical wire)，可能發生的問題為小轉大、EMC 與拉扯損壞或無線傳送 (wireless transmission)。

10.2.1.2 各種微感測器的封裝方法

微感測器封裝的形式如表 10.2 所示。以下 將介紹幾種常見的感測器，以共通型封裝為例[84]，供讀者參考。

(1) 壓力感測器

圖 10.8 為壓力感測器的剖面圖，係以共通型封裝的方法封裝之。另外，當量測相對壓力時，通氣孔則為為參考用，或是不需要通氣孔，並以真空封裝，用於量測絕對壓力。量測時，當外界流體的壓力由穿孔與感測薄膜作用而產生變形，薄膜上的壓阻跟著變化，藉由橋式電路與電路元件，得到流體壓力轉換成電壓訊號；而藉由底部的錫球則可作為和外界連結之用，或使用連接器，達到小焊墊轉大焊墊的效果。

表 10.2 微感測器封裝的形式。

感測單元與 環境接觸	上下都跟環境接觸	上通下通	差動壓力、風速計
	單面跟環境接觸	一空一通	絕對壓力
		單面不閉	化學感測器、溫度、溼度、力量
感測單元不 與環境接觸	密閉中空穴	上空下空	陀螺儀、加速度
		上空下密	光學感測器
	上密下密		電／磁感測器、線圈封裝

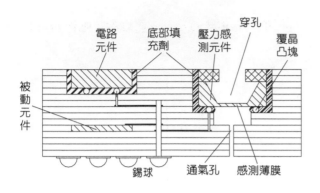

圖 10.8
壓力感測器封裝的剖面圖[84]。

　　本感測器封裝時，須考慮流體是否具有侵蝕性，而選擇性的加以披覆一層保護膜，或者當流體壓力量測範圍較大時，需要使用有限元素軟體 ANSYS 去分析，覆晶凸塊的大小、數目與底部填充劑的組合，可以產生多大的機械強度，以抗衡流體壓力作用於薄膜上的總力。

(2) 加速度感測器

　　圖 10.9 為加速度感測器的剖面圖，包含有共振結構的感測元件與低溫共燒陶瓷直接覆晶結合，其他結構則和壓力感測器相同，唯一不同處為封裝時需採用真空封裝，使得共振結構在真空中動作，以降低感測誤差。另外，低溫共燒陶瓷可以和連接器預先成為一標準件，再將 CMOS 晶片與低溫共燒陶瓷直接覆晶結合，或低溫共燒陶瓷上層與 CMOS 晶圓作晶圓接合，注入底部填充劑，然後將連接器一一與低溫共燒陶瓷下層的大型焊墊接合，最後整體切割。

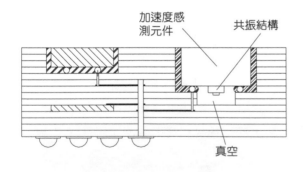

圖 10.9
加速度感測器封裝的剖面圖[84]。

(3) 濕度、溫度、氣流感測器

　　圖 10.10 為濕度、溫度與氣流感測器的剖面圖，係將三種感測元件作在同一片晶片上，再置於含有通道入口及通道出口的基板上，以共通型的方法封裝之；其可用於空調系統、汽車、家庭與醫院的回饋控制。

　　溼度感測器主要由壓阻擴散至矽晶圓，薄膜由微加工技術完成，吸濕性層可由

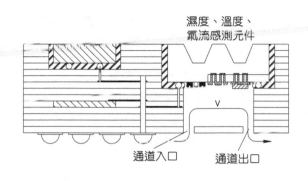

圖 10.10
濕度、溫度與氣流感測器封裝的剖面。

polyimide 披覆達成，每個壓電阻都放置於高敏感區，當環境溼度增加時，polyimide 會膨脹，進而引起壓阻的變化，並由電路得出相對溼度。

　　溫度感測器是利用擴散式電阻於矽晶圓上來達成。氣流感測器則是在 CMOS 所製的介電薄膜上，由沉積的多晶矽電阻加熱 (類似 hot wire)，並於電阻兩旁設置各一個熱電堆 (thermopiles) 用來檢出氣流 V 造成薄膜上的溫差。

(4) 氣體感測器

　　圖 10.11 為一種微型氧氣感測器的剖面圖，以包含有通氣孔的低溫共燒陶瓷承載基板做為與待測氣體的環境介面，利用電極兩側之氧氣濃度差異來產生電壓，且以濃度和電壓成比例的關係來預測待測氣體濃度，其應用範圍包括環保產業，如室內、大氣等空氣品質監測，醫療產業，如育嬰室、呼吸氣等氧氣監控。另外一氧化碳微感測器，其封裝方式也相仿。

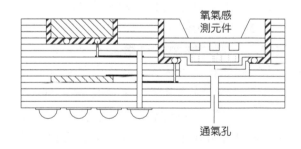

圖 10.11
微型氧氣感測器封裝的剖面圖。

(5) 音波感測器

　　圖 10.12 為一種由 polyimide 所構成的凝縮式 (condenser) 麥克風，製作於矽基板上 (內含 on-chip CMOS 放大器)[20]，薄膜底部有下電極，而多孔 polyimide 背板的底層為上電極，當薄膜受聲壓變形時，凝縮式電容值會變化，再經晶片內含 (on-chip) 放大器而取得對應聲音大小的電壓值。封裝時，只要將放大器的輸出入接點以凸塊型式和承載基板的焊墊覆晶結合，並在承載基板對應於多孔 polyimide 處開一通孔即可。電氣接線由基板厚膜印刷的焊墊接出即可。此處的承載基板可使用厚膜技術的陶瓷基板。

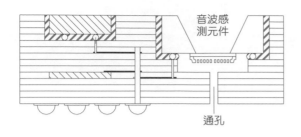

圖 10.12

音波感測器封裝的剖面圖。

(6) 無線感測器

　　無線感測器係一種具有可更換為有線傳送或無線傳送功能接頭的感測器，主要包括一個含有感測元件及電路元件的感測器，一個含有可被動無線接收電能的單元或電池，及無線傳送量測訊號單元的模組。

　　封裝時，係將藍芽 (bluetooth) 通訊模組連同感測單元及電路元件一同封裝於承載基板上，再注入底部填充劑密封之，天線則可置於基板最上層，或是直接內埋於基板中。

　　另一方法，是使電路元件，包括 ADC 與 USB 的處理功能及提供 USB 規格的連接器，直接與具 USB 功能的藍芽模組相連，即成具藍芽通訊功能的無線感測器[5]。

10.2.2 致動器封裝

　　致動器的方法、原理與元件可參見表 10.3 所列。圖 10.13 說明一般微致動器在封裝時各元件之間的介面問題，圖中 **a**、**b**、**c**、**d**、**e** 表示各類封裝介面，其內容可參考表 10.4。

表 10.3 致動器的方法、原理與元件。

輸入＼輸出	黏滯性或流動	位移	力量／壓力
熱	流體	雙金屬、記憶合金	雙金屬、記憶合金
電場	介電力、電滲透 (electro-rheological)	靜電、壓電、音波 (acoustic)	靜電、壓電、音波 (acoustic)
磁場	磁－流動 (magneto-rhelogical)	磁彈、磁阻、鐵磁	磁彈、磁阻、鐵磁
光	膠 (gels)	光電、光熱、Crooks 輻射計	光電、光熱、Crooks 輻射計
化學反應	膠	肌肉、引擎	肌肉、引擎
機械力 (壓力差)	流體流動	桿	實體連桿
機械位移		齒輪	桿
毛細力	流體流動		

(流體含液體與氣體)

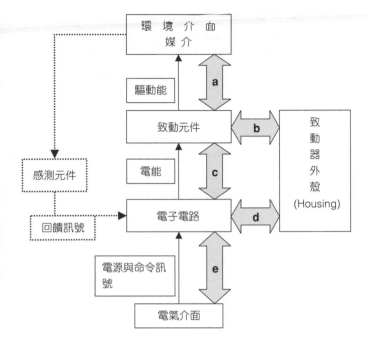

圖 10.13
致動器主要結構模組。

a：致動元件與環境的介面，其需求為對欲致動參數要直接，對其他無關的環境物理與化學
參數不影響。

b：致動元件與封裝外殼的介面或晶片置合與相連技術，可能發生的問題為：

  ・機械應力：在接合過程中產生的，如陽極接合、融合接合、共晶合金接合、黏膠接合
   等製程所產生的接合力 (bonding force)。

  ・熱應力：在接合程序之後發生，例如晶片、黏晶材料與基板有不同的熱膨脹係數。

  ・熱效應：補償溫度係數、漂移。

  ・對位不準(misalignment)：會讓致動元件產生其他無關的分量。

c：致動元件與電子電路元件的介面，可能發生的問題為寄生效應與負載效應。

d：電子元件與封裝外殼的介面，可能發生的問題為 EMC，以及水氣、灰塵、腐蝕、散熱
性、傷害焊墊與連接線路。

e：電子元件與電氣的介面，即電氣接線 (electrical wire)，可能發生的問題為小轉大、EMC
與拉扯損壞或無線傳送 (wireless transmission)。

10.2.3 與電子電路整合的封裝設計

　　一般而言，無論是感測器或致動器等微機電的製程中，封裝都屬於後段製程。封裝的
過程中我們會利用打線或其他方式，使之與電子電路接合而和外部都產生聯繫。

表 10.4 封裝介面參數。

	對象	連接法	效應
電性連結	電子元件	電線	負載效應
Electromagnetic (or microwave) 電磁	導電元件 導磁元件	傳輸線、空間	電磁干擾
Optical 光學	感光元件	光纖、透明體(含空氣)	光電效應 光熱效應
Electropical 光電	光電	光電池、光電晶體	光電效應
Fluidic 流體	壓力差／濃度 差之物體間	流道	毛細作用 擴散作用
Mechanical 機械	接觸物體間	固體件	應力作用
Electromechanical 電機／機電	壓電材料 鐵電材料	電磁耦合	壓電作用 電磁運動
Chemical 化學	化學性質 差異 活性	離子橋	化學反應／腐蝕 電化反應／電池
Biochemical 生化	生物	ATP	光合作用
Biomechanical 生物機械／生物工程	生物	肌肉 骨架	機械位移
Heat 熱	溫差物體	熱傳件 (固、液、輻射)	熱雜訊、變形

　　在此舉出一種新的模式來概略說明。圖 10.14 為一種與電子電路整合的封裝方法 (整合 CMOS 電容式壓力感測器)，此法是以 CMOS 製程為載具，同時進行電容壓力感測器與電晶體等電子電路的製程，此圖是一 CMOS 電晶體與電容式壓力感測器，完成後緊接著才是封裝的進行。封裝時以隔膜保護電晶體，並同時使之與壓力感測器進行電路與訊號的連結，而後進行壓力感測器的密封過程。

　　此法特徵在使得電路訊號連結與封裝在同一製程中完成，不僅減少製程步驟，節省時間，更因電晶體與感測器同在一微結構中，而使之更加穩固，訊號與電路的連結亦更穩定。

　　此方法是在一單晶半導體基板上進行，如圖 10.14 所示，在基板上利用半導體製程，分感測區和 CMOS 區兩部分同時進行製作，先以氧化的方法形成三個區域，在感測區中的部分，沉積與蝕刻製作感應薄膜覆蓋在固定電極之上，並在 CMOS 區域，於半導體基板上製作 CMOS 電晶體的源極和閘極。

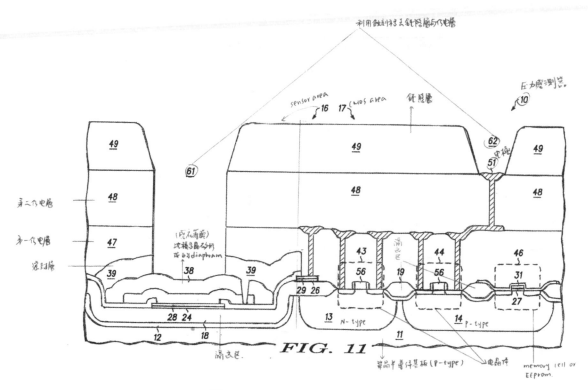

圖 10.14 電子電路整合的封裝方法[74]。

而後對感測區內的感應薄膜以及 CMOS 區內的源極與閘極進行退火，確保其平坦，並防止製程中應力或其他對其特性可能造成的影響。完成電極的製作與連接，在感測區作密封的動作，之後對整個電容感測器製作第一介電層以及第二介電層和電極，完成後覆上一層保護層 (passivation)，上光阻作蝕刻，使感測薄膜與元件的電極能與外界相通，便大致完成整個感測器的製作。

10.2.4 材料考量

在這部分將介紹應用在封裝的材料性質，因為材料的性質對封裝的設計有相當大的影響。表 10.5 對微系統各部分封裝常用的材料做了簡略的介紹，表 10.6 列出裸晶封裝常用材料的性質。

微流體裝置製造商認為使用塑膠作為基材，相較於玻璃與矽可以有許多好處，例如成本降低、製程簡化。另一個更吸引人的優點是塑膠的多樣性可以適當挑選以符合應用需求。微流體應用對基材的性質要求包括：加工性、表面電荷、分子吸收性、電滲透流動性、光學特性、親水性、疏水性及其他。塑膠除純高分子的特性，仍可藉由添加物而增強其某方面的特性。

表 10.5 微系統封裝常用材料。

微系統零組件	可用材料	附註
裸晶	矽、多晶矽、砷化鎵、陶瓷、石英、聚合物	
絕緣體	SiO_2、Si_3N_4、石英、聚合物	
基板 (constraint base)	玻璃 (Pyrex 玻璃)、石英 鋁、矽碳化物	Pyrex 玻璃和鋁是較常用的材料
黏晶	焊接金屬、環氧樹脂、矽膠	焊錫有較佳密封性，矽膠有較佳的裸晶絕緣性
打線	金、銀、銅、鋁、鎢	金和鋁較為常用
互接腳針	銅、鋁	
外蓋與外殼	塑膠、鋁、不鏽鋼	

表 10.6 裸晶封裝常用材料的性質。

材料	楊氏係數 (MPa)	波松比	熱膨脹係數 (ppm/K)
矽	190000	0.29	2.33
鋁	344、830 −408、990 (°C)	0.27	6.0 −7.0 (25 −300 °C)
焊料 (60Sn40Pb)	31000	0.44	26
環氧物 (Ablebond789-3)	4100		63 (< 126 °C) 140 (> 126 °C)
矽膠，RTV (Dow Coring 730)	1.2	0.49	370

　　當設計工程師執行設計分析時，必須了解裸晶接合材料的溫度相依性質 (temperature dependent properties)，表 10.7 與表 10.8 提供焊料以及環氧樹脂的溫度相依性質[2]。

　　對矽膠 (商品名 RTV) 而言，量測應力與應變的關係有明顯的散度，其楊氏係數的均值於所有溫度時約為 1 MPa[2]。

10.3 低階封裝製程

10.3.1 真空封裝

　　真空封裝技術常應用在低壓封裝上，搭配現有的接合技術—陽極結合或融合接合技術，將材料或結構接合。通常使用上述接合技術接合前將吸氣劑放入中空腔體內，再利用吸氣劑 (getter) 將中空腔體內的氣體吸收使腔體形成真空狀態，如圖 10.15 所示；或者材料在接

第 10.3.1 節作者為黃榮堂先生。

表 10.7 60Sn40Pb 焊錫的溫度相依性。

應變範圍	楊氏係數 (MPa)	波松比	降伏強度 (MPa)
	−40 °C : 46100	0.32	60
0 −500	25 °C : 27700	0.43	38
	125 °C : 17000	0.43	14
	−40 °C : 27800		
500 −2000	25 °C : 16200	同上	同上
	125 °C : 4670		
	−40 °C : 5600		
1500 −3000	25 °C : 5290	同上	同上
	125 °C : 1400		
	−40 °C : 1490		
3000 −10000	25 °C : 700	同上	同上
	125 °C : 210		

表 10.8 環氧樹脂 (Ablebond 789-3) 的材料相依性。

應變範圍	楊氏係數 (MPa)	波松比	降伏強度 (MPa)
	−40 °C : 7990	0.42	55
0 −500	25 °C : 5930	0.42	60
	125 °C : 200	0.42	1.5
	−40 °C : 4680		
500 −2000	25 °C : 4360	同上	同上
	125 °C : 110		
	−40 °C : 3830		
2000 −10000	25 °C : 3620	同上	同上
	125 °C : 60		
	−40 °C : 3610		
10000 −20000	25 °C : 2650		
	125 °C : 40		
20000 −30000	25 °C : 1790		
	125 °C : 30		

合後因結構設計而產生接合空隙，可以使用沉積氧化物或氮化物或金屬將空隙處完全密封，如圖 10.16 所示。真空封裝技術的優點是當中空腔確定是密閉時，可以提供一個穩定的固定參考壓力 (零壓力) 和預防腔體中氣體的介電係數發生變化，尤其是中空腔的真空度越好的時候。

真空封裝技術廣泛使用於生產絕對壓力感測器、微型開關、可變電容等。對絕對壓力

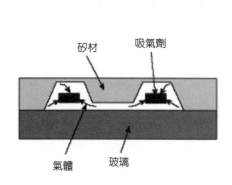

圖 10.15 吸氣劑的作用[76]。

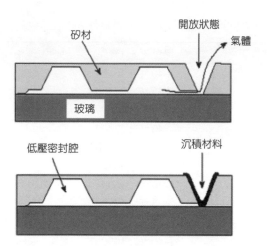

圖 10.16 使用低壓金屬沉積程序達成真空封裝[76]。

感測器提供一個零壓力的參考中空腔是非常重要的，目的並非真實的壓力測量，而是除去產品在大的溫度變化下受氣體膨脹的影響。在絕對壓力感測器中，通常膈膜的變形是在壓力的影響下，膈膜的一面是暴露在環境中，而另一面是在一個密封的中空腔，作為接近零壓力的參考壓。

在 1998 年，Liwei Lin 等人先以低壓化學氣相沉積 (LPCVD) 製作微結構，然後再以低壓化學氣相沉積成長氮化矽作為封裝結構，其示意如圖 10.17。此方法可達成晶圓等級的封裝，但是低壓化學氣相沉積的製程溫度過高，可能會造成元件的損害，而且以化學氣相沉積成長的氮化矽無法提高厚度，所以封裝的強度受限。

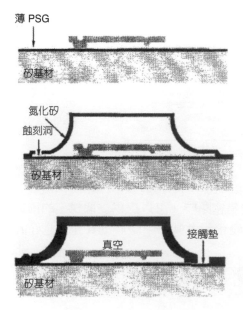

圖10.17
以低壓化學氣相沉積 (LPCVD) 製作微結構。

晶圓接合的技術目前廣為真空封裝所應用，此種方法提供了良好的密封性與封裝結構強度，Bharat Shivkumar 等人在 1997 年以微鉚釘技術 (microrivet technology) 完成了封裝目的，如圖 10.18 所示。

但以上兩種做法都需要昂貴的對準儀器來達成，因此應用上還有可改良之處。在思量微機電可變電容真空封裝的需要後，另有一新型的封裝技術概念如圖 10.19 所示[9]。

封裝架構上採用一維封蓋將微結構密封或真空封裝，並提供微結構三維的活動空間。此外，此微封蓋的技術還能選擇性的封裝，將需要與外界物理現象接觸的元件 (如壓力感測器) 屏除在微封蓋的封裝範圍之外，只讓需要被密封的元件受到封裝的保護。而在微封裝的材料上，選擇以金屬作為結構的主體，此舉不但能提供微結構對外在環境的隔絕，更可對微波元件提供保護，抵抗外在電磁雜訊的干擾。

最重要的一點，此微封蓋的微機電元件封裝技術能與現有的積體電路封裝技術整合在

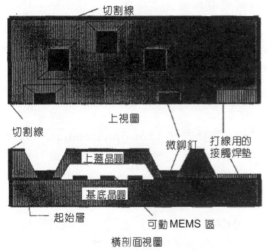

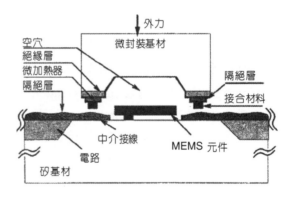

圖 10.18 微鉚釘技術。

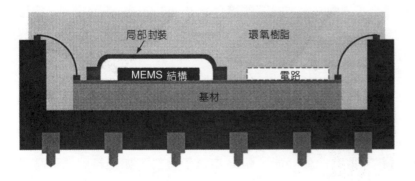

圖 10.19
新型封裝技術概念[9]。

一起，讓受微封蓋保護的微結構可與積體電路晶片一起進行打線、封膠等處理，使之能大量生產，降低製造與封裝的成本。

　　縮槽重流密封 (indent-reflow sealing, IRS)[80] 技術是利用多晶片無助焊劑錎錫 SnPb (67/37) 的接合技術與覆晶技術來達成，主要的製程是 (1) 在欲接合的晶片之一，作上密封用的錎錫圈 (ring)，(2) 並於圈上挖出一個縮槽 (indent)，(3) 用電漿預處理接合表面，(4) 將上下晶片預接合，(5) 在一個乾淨可控氣氛的爐子內，利用低溫 (220－350 °C) 重流，將縮槽封合。相較於其他方法 IRS 可有較大的彈性選擇封合的氣體與壓力，對接合表面的平整度也不高，此方法的實際應用範例之一為電磁式微電繹 (microrelay) 的封裝。

10.3.2 接合技術

　　晶片接合技術 (wafer bonding technology) 目前已應用於商業生產上[85]，如壓力微感測器、絕緣層上矽晶圓 (silicon-on-insulator, SOI) 材料與高亮度發光二極體等。近年來，無論是在半導體領域、光電領域或是微機電系統領域，除了不斷要求提高性能外 (如半導體領域中要求低電壓、低耗能、高時脈等)，最主要之晶片接合技術研究動力是來自封裝成本降低之強烈需求。如果能在晶圓級 (wafer level) 就將半導體或是微機電系統元件封裝好，不但尺寸可減少許多，達到晶粒尺寸封裝 (chip size package, CSP) 之目的，而且不必一顆一顆地封裝，仍能以批量化 (batch) 製程完成產品，大幅降低成本。

　　晶片接合技術 依有無中間介質層，可略分為無介質層方法 (non-intermediate layer bonding) 與有介質層方法 (intermediate layer bonding)[11] 兩大類，如圖 10.20 所示。無介質層法主要是指直接接合法 (direct bonding)[12] (又稱融合接合法) 與玻璃－矽陽極接合法 (anodic bonding) (又稱電場輔助玻璃接合法 (field-assisted glass bonding)、靜電接合法 (electrostatic bonding))[13] 兩者。有介質層法主要包括 (1) 矽－矽陽極接合法、(2) 玻璃－玻璃陽極接合法、(3) 共晶接合法 (eutectic bonding) 與 (4) 黏接接合法 (adhesive bonding)[14] 等。

　　晶片直接接合法是利用兩片表面具平滑鏡面、可互為相同或相異材質、單晶或是多晶形態之晶圓材料的表面原子間之接合力，作初步面對面接合，再經由退火處理，使此兩片晶圓表面原子反應，產生共價鍵合，讓兩平面彼此間的接合能 (bonding energy) 達到一定強度，而使這兩晶片能夠不使用黏接媒介物，純由原子鍵結成為一體。這種特性能使接合界面保持絕對純淨，避免無預期之化學黏接物雜質污染，以符合現代微電子材料、光電材料及奈米等級微機電元件嚴格製作要求。這項技術可複合不同晶格、不同種類之單晶或多晶材料，利用複合之材料具有不同的物理性質 (如熱傳導度，機械強度)、化學性質 (如活化能)、電子性質 (如原子能階) 等，以製造具備特殊物理或化學特性之先進高性能光電材料，例如垂直腔式面射型雷射二極體 (VCSEL) 光電材料[15]，或針對發展低電壓低耗能可攜式電腦，或以使用於航太工具之材料為重點的低耗能、耐高溫電子材料，如絕緣層上矽晶圓 (SOI)[16] 等等。

第 10.3.2 節至第 10.3.6 節作者為彭成鑑先生、李天錫先生及林澤勝先生。

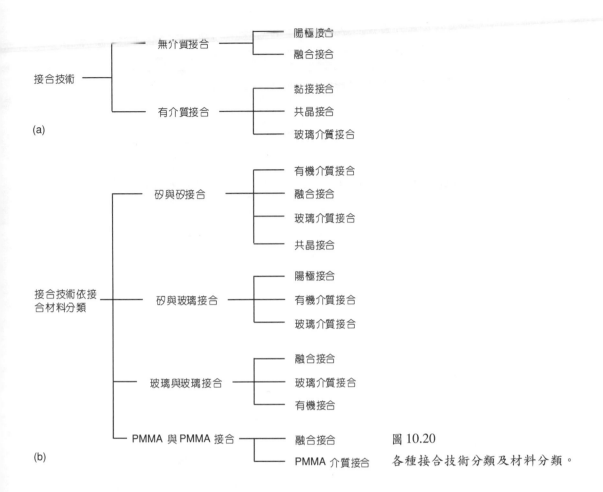

(a)

(b)

圖 10.20
各種接合技術分類及材料分類。

　　一般之直接接合法需相當高溫,如矽－矽直接接合需在 800－1100 °C 高溫以得到高接合強度。其他接合法則可降低接合溫度,以符合製程需求。為了降低直接接合法之熱處理溫度,利用特殊之表面活化處理或熱處理方法,以得到適當接合強度之低溫接合法 (low temperature bonding)[17],最近廣受注目。因為低溫接合法能結合相當不同類別的半導體材料,且有其特殊之界面特性,廣泛應用在各種不同領域,因此具有甚大的研究及應用發展潛力。另外也有所謂的局部接合法 (localized bonding)[18],是只加熱局部要接合區域而整個晶片不加溫的接合法。表 10.9 列出無介質接合與介質接合的分類與比較,下章節將簡單介紹以上提及之各接合機構與方法。

10.3.3 無介質接合

　　無介質接合技術為利用化學藥品活化晶片表面,或將晶片置於加熱器上並施加壓力於晶片表面,使晶片結合的技術,特徵是接合界面不使用介質,其接合溫度亦多屬於高溫[7]。

表 10.9 無介質接合與介質接合的分類及比較。

	無介質接合		介質接合		
	陽極接合	融合接合 (直接接合)	有機接合	共晶接合	玻璃介質接合
應用範圍	矽－玻璃	矽－矽 玻璃－玻璃 PMMA-PMMA	矽－矽 矽－玻璃 玻璃－玻璃	矽－矽	矽－矽 矽－玻璃 玻璃－玻璃
接合溫度	$300\,°C - 500\,°C$	矽－矽：$700\,°C - 1400\,°C$ 玻璃－玻璃：$650\,°C - 830\,°C$ PMMA-PMMA：$160\,°C$	$120\,°C - 400\,°C$	先高於共晶溫度 (Si-Au：$370\,°C$) 再降回室溫	$400\,°C - 600\,°C$
接合強度	高，約 2.4 MPa	高	差	高，約 148 MPa	普通
接合面表面粗糙度要求	高 $< 1\,\mu m$	對表面粗糙度敏感度高	普通	高	低

(1) 陽極接合 (Anodic Bonding)

① 玻璃－矽陽極接合

1969 年由 Wallis 及 Powerantz 首先發現[13]，在金屬陽極及玻璃間加一靜電場，可以讓其在低於一般以熱接合 (thermal bonding) 之溫度下，產生很強的接合。雖然此種接合的機構尚未有定論，但是在矽－玻璃界面形成 SiO_2 之薄層應是其具有強鍵結的原因。矽－玻璃之鍵結為氣密性的，且其強度高於基板[25]。一般的接合機構可由電化學觀點來描述含 Na 玻璃與矽的接合現象。圖 10.21 所示為玻璃－矽陽極接合裝置之示意圖，由於接合在高於室溫時發生，因而玻璃之熱膨脹係數必須與 Si 配合，以減低應力及翹曲 (warping) 的現象。Corning 公司之 Pyrex 7740 (SiO_2：79.6%，Na_2O：3.72%，K_2O：0.02%，Al_2O_3：2.4% 及 B_2O_3：12.5%) 玻璃具有與 Si 非常接近的熱膨脹係數而廣被使用。

陽極接合機構之示意圖如圖 10.22 所示[26]。陽極之反應最終形成強的 SiO_2 鍵結，但其形成過程中可能受到水氣的作用產生 SiO_2[27]：

$$Si + 2H_2O \rightarrow SiO_2 + 4H^+ + 4e^- \tag{1}$$

相似的機構也可能發生於 Pyrex-Si 介面：

$$Si + -\overset{|}{\underset{|}{O}} - \overset{|}{\underset{|}{Si}} - OH \rightarrow -\overset{|}{\underset{|}{Si}} - O - \overset{|}{\underset{|}{Si}} - + H^+ + e^- \tag{2}$$

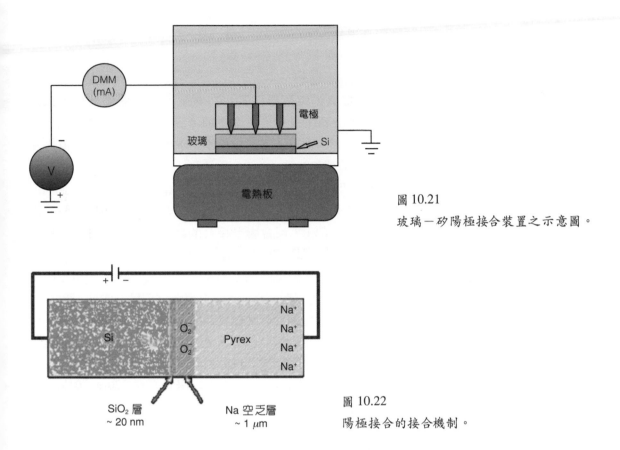

圖 10.21

玻璃－矽陽極接合裝置之示意圖。

圖 10.22

陽極接合的接合機制。

玻璃成分中的 Na_2O 在陽極也被氧化：

$$Na_2O \rightarrow 2\,Na^+ + 1/2O_2 + 2e^- \tag{3}$$

$$Na_2O + H^+ \rightarrow 2Na^+ + OH^- \tag{4}$$

鈉離子由於電場的吸引，擴散到陰極而被還原：

$$Na^+ + e^- \rightarrow Na \tag{5}$$

事實上，在實際接合後，白色物質會形成於陰極與 Pyrex 玻璃之間，此即為形成的鈉金屬與空氣中的水氣反應物：氫氧化鈉。

在一定電壓下，接合過程受到高溫時玻璃之導電率控制。在初始充電電流之後，高電場建立於空乏層上，大部份的電壓降落於此層。此陽極空乏層的形成是由於玻璃中之陽離子相對於陰離子有較高的移動率所致。在陰極不會有此空乏層，係因鈉離子的快速擴散且鍍出所致。由於電中和的關係，在陽極有過量的正電荷，而在空乏層及陰極則有過量的負電荷。此種電荷的傳遞是由玻璃的高溫電導率所主宰，而此高溫電導率則由玻璃中鈉的移動率活化能所決定。

對一定成分的玻璃，需要有一定量的電荷轉移才可形成完全的接合。Arata 發現[28]，當玻璃中鹼金屬含量增加時，所需完全接合的電荷轉移量可以減少，接合的溫度也可以降低。這是因玻璃中鹼金屬含量增加時，玻璃之高溫電導率增加，金屬離子在空乏層的移動率及溶解度都隨著增加之故。接合的溫度降低的話，接合電壓就要跟著增加，以補償因溫度較低所致之低電導率，達到一定的電荷轉移量。

玻璃－矽陽極接合之接合界面，除非是在一階高 (step) 或顆粒 (particle) 旁邊，否則通常為氣密性的 (hermetical)，其接合強度高過玻璃本身的強度。在玻璃－矽陽極接合時，接合面是否經過處理而粗化，以及晶片是否清洗，都會影響接合的好壞；這些都屬於晶片表面的狀況問題。如果晶片接合面不清潔時，即使是在高溫、長時間及高電壓下也無濟於事。對某些感測器而言，由於線路上有 Al 的金屬線，接合溫度不可高過 450 ℃，否則在更高的溫度如 500－600 ℃，由於玻璃軟化可稍微變形，即使在不規則或粗糙的表面亦可接合[29]。所以接合製程之參數將隨晶片表面狀況而定，範圍相當寬廣。在表面乾淨又平滑的條件下，即使很低的接合溫度也可以接合起來。如 Takagi 等人所示的是一極端[30]，可在室溫做矽－矽直接接合的例子：晶片表面很平且在真空中以氬氣束 (Ar beam) 清潔表面。

文獻報導之玻璃－矽陽極接合拉力強度變化相當大，從 2.2 MPa[31] 到 220 ± 70 MPa[32] 都有。接合拉力強度之變化所以會這麼大，除了在測試時操作之影響 (如引起剪應力) 以外，試片之接合方式 (是否平面與平面接合及接合面積)[33] 有相當大的關係。Cozma 等人使用具高台 (mesa) 構造之矽晶片與 0.5 mm 及 1.5 mm 厚度之玻璃片接合後做拉伸試驗[31]。當使用 1.5 mm 厚度之玻璃片與平面構造之矽晶片，在 350－450 ℃、電壓 500－1050 V 接合後，其拉伸強度隨著所給的溫度及電壓增高而增加，由 2.2 MPa 增加到 3.75 MPa。當使用 0.5 mm 厚度之玻璃片與具高台構造之矽晶片，在 400 ℃ 接合後 (電壓不知)，其拉伸強度達到 12.4 MPa。Johansson 等人針對含有高台 (或短柱) 構造，不同高台面積比例之玻璃－矽陽極接合強度做一研究[33]。高台面積有三種：$270 \times 270 \ \mu m^2$、$110 \times 110 \ \mu m^2$ 及 $27 \times 27 \ \mu m^2$，而高度為 4－6 μm，每一高台位在 1 mm^2 面積內且等距。最後試片大小為 $16 \times 16 \ mm^2$。當接合面積比 (r_b) 很小時，即小的高台時，其強度很低，約只有 2 MPa。當接合面積比大於一臨界值以上時，接合強度高達 25－50 MPa。此臨界值很低，約為 1%。

他們認為 r_b 很小時之低強度，主要是由於玻璃與未接合矽間之不同熱膨脹係數引起之內應力所致。此內應力以剪應力之方式作用於接面，使得接合強度降低許多。當接合面積比大於一臨界值以上時，由外來應力引起而在高台角落的應力集中，為接合強度的限制因素。同樣 Johansson 等人在另一研究中以三點彎曲試驗對小的試樣 ($180 \times 440 \ \mu m^2$、4 mm 長，含中間的矽晶粒 0.43 mm 長)，發現彎曲強度可達 220 ± 70 MPa[32]。其強度比一般高 5－10 倍的原因為接合表面狀況良好，及很小試片上缺陷發生率低所致。破壞之起因為接面微小的灰塵顆粒所引起的圓形未接合區，接合強度實際上可以更高。因而接合強度值與試樣大小、試樣接合方式及測試方法等有相當大的關係。而用拉力試驗機測試 $2.5 \times 2.5 \ mm^2$

試樣大小時，所測得之玻璃－矽陽極接合強度，由試片多從玻璃層處破裂，推測較接近真正之強度，約為 40 – 47 MPa[34]。所得之強度與當接合面積比大於一臨界值以上時之接合強度 25 – 50 MPa 相當。

　　Shoji 等使用含鋰矽酸鋁－β 石英之玻璃陶瓷，可以在 180 °C 以下、7000 V 之條件下接合，且接合強度可達 25 MPa 以上[35]。此種玻璃陶瓷是由高含量之鹼金屬玻璃區與很小的 β 石英結晶所組成。玻璃區具有熱膨脹係數大及在低溫時鹼金屬移動率高的特質；而控制具有很小熱膨脹係數之 β 石英結晶的大小與分布密度，可以調整玻璃陶瓷的熱膨脹係數。所使用玻璃陶瓷的熱膨脹係數與 Pyrex 玻璃 (Corning 7740) 相當，但其低溫電阻率則較低，有利於低溫接合。如此之低溫接合有許多好處，如可使用錫鉛焊接作電之導通，接合所引起之應力較低等，對 MEMS 之封裝相當有利。

② 矽－矽陽極接合

　　陽極接合中，玻璃的熱膨脹係數必須與矽的熱膨脹係數相當，以避免熱應力之發生而翹曲或破裂。為避免此問題，可以在矽基板上做一層玻璃層，再與另一片矽基板做陽極接合。此種矽－玻璃－矽陽極接合是借用玻璃－矽陽極接合之概念，將兩片矽晶片接合起來。此為在其中一矽晶片上鍍玻璃膜，再與另一片裸矽晶片 (bare Si) 接合之方法。此中間層之玻璃層，可以用濺鍍[36, 37]、蒸鍍[38, 39] 或旋鍍法[40] 製作。使用此玻璃中間層，可以在低溫及低電壓 (~50 V) 將基板接合起來。不過，所得之接合強度通常都低於傳統之塊狀玻璃－矽陽極接合者[40]，其原因在於接合強度與溫度的關係[41] 及與玻璃層表面的品質有關。Ko 等人所使用之玻璃鍍膜方法為 RF 濺鍍，靶材為 Pyrex 7740[29]。他們發現濺鍍的玻璃膜厚度最少需 3 μm 以上才會有好的接合。所得之玻璃膜成分為 Si-rich。為了減低接合時高電場所致崩潰 (breakdown) 的機會，需將玻璃膜在 650 °C 水氣氛下熱處理 1 小時。由於 RF 濺鍍法鍍數 μm 厚之玻璃膜非常耗時，有些人改用 SOG (spin-on-glass) 法來鍍玻璃膜[40]，使用 SOG 法所鍍之玻璃膜需在 400 °C 真空中或 450 – 500 °C 空氣中加以熱處理。在 120 – 180 V、溫度 400 – 420 °C 下接合之接合片，強度可達約 3.5 MPa。

③ 玻璃－玻璃陽極接合

　　Berthold 等人發現，藉著一層 CMOS 製程相容之薄膜，如氧化矽、氮化矽、多晶矽、非晶矽 (amorphous Si) 與碳化矽等，也可以將玻璃與玻璃片以陽極接合之方式接合起來[42]。實驗結果是，靠近陽極端之玻璃片上不用氧化矽薄膜 (除非玻璃與氧化矽膜間有另一層多晶矽或氮化矽) 而用其他任何一種薄膜時，可與另一片靠近陰極端之無鍍膜玻璃或鍍有氧化矽之玻璃片接合。靠近陰極端之玻璃若鍍有氮化矽、多晶矽、非晶矽與碳化矽等膜時，則無法接合。接合條件與一般之陽極接合條件相似：400 °C、700 – 1000 V、10 – 30 min。他們認為玻璃與玻璃之陽極接合機構，是因陽極端玻璃片上的非氧化矽薄膜是玻璃中鈉離子的擴散障層，因而可以在界面上建立高的靜電場；而此高的靜電場產生強的靜電吸引力，將兩玻璃片接合起來。

電極設計[8]

由於陽極接合屬於一種無介質的接合技術，接合時接合面所產生的殘存氣體可能會因封合而無法排出，形成氣泡影響接合品質。德國專利 DE4423164 和 DE4426288 分別為解決氣泡問題而發明，其機制主要是陽極接合通常先發生於電極下方，隨時間的增加使接合區域擴散至整個晶片。這兩個專利都以輻射狀由內而外散開，差別在於一個是以電極針的方式排列，另一個以輻射排列的連續壁設計，但其功能都是以能驅除接合面氣泡為主。由於在觀察陽極接合實驗時，發現晶片邊緣較晶片內的接合速度來得快，所以此種設計的電極在邊緣處還是有可能發生氣泡包藏於接合面的情形。為改善此情形，Huang 等人發展一種螺旋排列的電極，如圖 10.23 所示[8]。在設計這些電極之前必須假設每支電極針所受的電場皆相同，且能平均的與玻璃表面接觸，也就是說玻璃接觸電極針的負荷是相同的，以鹵素燈管作加熱源，經由石墨電極板後能均勻的將溫度平均的傳至矽晶片及玻璃，並將每支電極都裝上彈簧來改善與玻璃接觸的平均負荷，做這些設計都是為了使每一支電極針所造成的接合區域能相同，且能以固定速率的向外延伸接合區域。

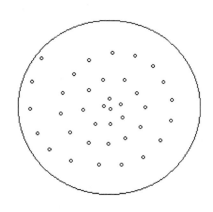

圖 10.23
螺旋排列的電極矩陣[8]。

當溫度上升至 300–400 °C 後，通入直流電壓 300–1000 V 使負電壓同時經由電極針將電壓傳入玻璃中，陽極接合便開始。接合初期因電極針的排列方式，在接合面會產生螺旋線狀的接合區域，即為接合所產生的氧化層 (灰色狀)，及同樣為螺旋線狀的未接合區域。隨時間的增加，未接合的區域將因螺旋線逐漸的擴張而由中心至晶片邊緣逐漸消失，因為未接合區域由內而外以螺旋狀逐漸消失，所以使得因接合而造成的界面氣泡有排出的空隙，待未接合區域消失後，接合面的殘存氣體也完全釋出而消失[4]。

應用

近年來陽極接合普遍用於微機電結構之間的接合，最常應用在感測器的結構組合，如圖 10.24 所示。圖 10.24(a) 為一種電容式的壓力感測器，當壓力改變時，矽晶圓所蝕刻出的

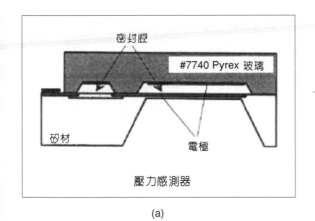
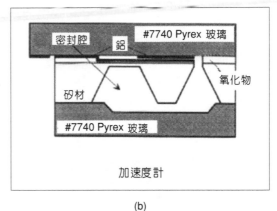

圖 10.24 陽極接合的應用。

薄膜將會收縮而造成電容值的改變,將其訊號轉換可得到壓力值;同樣地,如圖 10.24(b) 所示的加速度計可利用蝕刻技術將矽晶圓蝕刻出一個小質量結構,當慣性改變時同樣量測電容的變化而得到加速度值。上述之感測器及加速度計中所用的玻璃與矽晶片之間的結構接合,皆用陽極接合使其完成[4]。

(2) 融合接合 (Fusion Bonding)

融合接合法就是將兩欲接合之晶圓片經潔淨製程 (clean process) 處理後,利用旋乾過程 (spin dry) 使表面能夠保持適量水分子薄膜,然後在「微潔淨室 (micro-cleaning room)」裝置內[19]直接面對面接合 (face to face bonding)。再將此接合晶圓片 (bonded wafers) 置於氣氛爐中加熱,作高溫退火 (annealing) 處理,使兩表面間的原子能互相反應形成化學鍵結,而讓此兩晶圓片合而為一。依據兩晶圓材料在經潔淨製程後、接合前的表面對水分子吸附狀態,可分為「親水性 (hydrophilic)」及「疏水性 (hydrophobic)」兩大類接合狀態[20]。以矽晶圓材料為例,分述達到此兩狀態之處理方法及接合後結果的比較。

• 親水性晶圓接合狀態

現今晶圓廠在矽晶圓潔淨製程中普遍使用之潔淨處理溶劑,為所謂的標準一溶液 (SC-1 或 RCA-1),主要目的是移除顆粒 (particle) 及附著在表面的碳氫化合物 (organic)。溶液組成為氨水 (NH_4OH)、過氧化氫 (H_2O_2)、去離子水 (D.I. water),依體積比 1:1:5 至 1:2:7 互溶組成。後續再經標準二溶液 (SC-2 或 RCA-2) 處理,主要潔淨目的是移除表面附著含金屬 (metal) 或鹼金族元素 (alkali) 成分之雜質。溶液組成為鹽酸 (HCl)、過氧化氫 (H_2O_2)、去離子水,依體積比 1:1:6 至 1:2:8 互溶組成[21]。在接合兩晶圓片之前,將欲接合之晶圓片經此潔淨製程處理,使晶圓片表面附著之顆粒、雜質、化學污染物等等皆能儘量除去,以期獲得純淨之接合界面,滿足接合條件對表面的嚴苛要求。由於欲接合之晶圓片經此潔淨製程處理後,晶圓片表面常形成含水的薄氧化膜,也就是所謂自然氧化層 (native oxide),致使呈現親水性。這項特質被認為是有助於接合反應,因其有張緊的氧化層,使得水分子能較容易地附著在其上,在兩互相接合之平面間,形成氫鍵 (hydrogen bonding) 橋樑互相吸引,如圖 10.25 所示。接合力遠較純靠原子間的凡得瓦力 (van der Waals force) 互相吸引強許多,因而較易達成初步的面對面接合[22]。

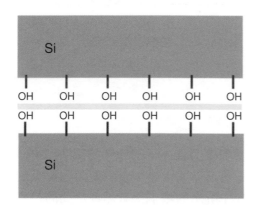

圖 10.25
水分子附著在兩互相接合之平面間,形成橋樑,使之彼此接合[32]。

　　在完成初步接合程序之後,將接合晶圓片置於氣氛爐中加熱,作高溫退火 (annealing) 處理,經一段充分退火時間,使兩表面間的水分子能獲得熱能,得以擴散逸出接合表面,使接合表面原子間隙因而縮短並互相靠近,如圖 10.26 及圖 10.27 所示。當兩表面之原子與殘留的接合橋樑原子,如水分子擴散後留下氧原子,靠近於一臨界距離,圍繞原子之電子雲便能混成以形成鍵結軌域,發展成為化學鍵結,進而融合兩接合表面成為一接合界面 (bonding interface)[23]。

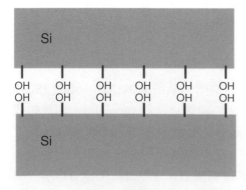

圖 10.26 水分子擴散逸出接合表面,使接合表面原子間隙因而縮短,互相靠近。

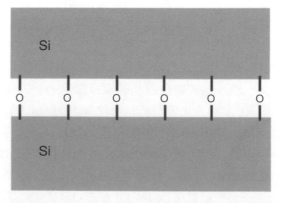

圖 10.27 兩矽晶圓接合表面原子與氧原子發展成為化學鍵結,SiO_2,融合為一[33]。

　　此現象可由以下實驗結果推測出來,即兩接合面間的接合能 (bonding energy) 在一定退火溫度下退火,當退火時間愈久,測量的接合能升高量也愈大,能量－時間曲線亦以正比率上升,直到一穩定平衡狀態,即是「飽和接合能 (saturated bonding energy)」狀態,如圖 10.28 所示。而此能量與退火溫度成正比率關係,在一定退火時間間隔內,當退火溫度愈高,測量的飽和接合能升高量也隨之增大,如圖 10.29 所示。因為退火時間愈久,能夠參與反應的表面原子也愈多,形成的化學鍵密度也愈高;而退火溫度愈高,使得表面原子越過活化能量障礙機率增大,因而在單位時間內參與反應的表面原子數量能大幅提高,形成的化學鍵密度也隨而提高,接合能因而提高。

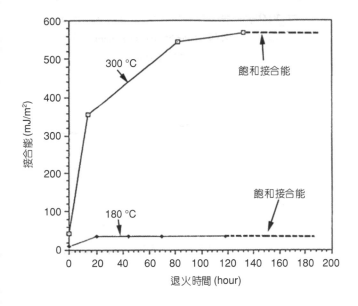

圖 10.28
測量的接合能與退火時間以正比率關係存在,能量－時間曲線隨時間增加而上升,直到一「飽和接合能」穩定平衡狀態。

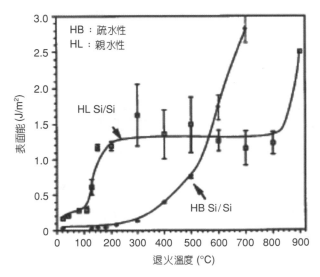

圖 10.29
退火溫度愈高,飽和接能升高量也隨之增大 (退火時間均為 100 小時)。

• 疏水性晶圓接合狀態

「疏水性」晶圓表面狀態之形成是由於晶圓片經過潔淨過程後，再經氫氟酸 (HF) 漂洗，完全除去表面氧化層，因矽原子為四面體對稱，使表面不易形成電耦極性，故不易與水分子產生氫鍵，因此水分子難以附著，呈現大固－液界面之接觸角，使表面表現為「疏水性」。但相較之下，氫離子因為是正離子且體積小，能吸附於矽原子表面，產生有微弱偏極化 (polarized) 的 Si－H 鍵或強偏極化的 Si－F 鍵，再與對面的 Si－H 鍵或 Si－F 鍵以 H－F 作橋樑相連，造成初步接合結果[24]，如圖 10.30 所示。但由於氫離子在矽晶圓表面密度並不高，以致此法所得之初步接合的鍵結能與「親水性」晶圓接合所得之鍵能相形之下 (10－20 mJ/cm^2 vs. 100 mJ/cm^2) 十分微弱。但一經高溫退火處理，在 500 °C 左右時，鍵能增加率反較大，如圖 10.29 所示。此法以氫離子作為鍵結橋樑，所以沒有以氫氧離子作為鍵結橋樑產生之氧化現象，對接合界面而言，因無氧化物產出，可以獲致接近無電阻產生之界面。此為欲以晶圓接合與材料磨耗方式取代磊晶方式，在 n 型晶圓片上長厚 p 型晶圓層 (或相反)，製作 p-n 二極體時為重要的考量點。

以下將常見的融合接合之應用步驟，加以簡單說明：

① 矽與矽接合步驟

清洗矽晶片 ⟶ 去離子水洗淨 ⟶ 將晶片置於旋轉塗佈機旋乾 ⟶ 晶片互相接觸並加壓⟶ 置於高溫 700 °C－1400 °C (如圖 10.31 所示)。

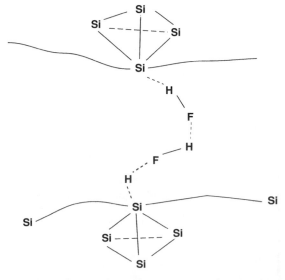

圖 10.30 微弱偏極化的 Si－H 鍵與對面的 Si－H
　　　　鍵以 H－F 作橋樑相連，造成初步接合
　　　　結果。

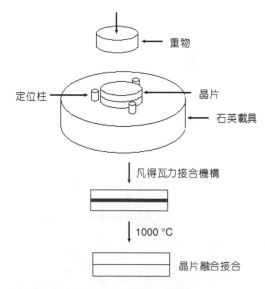

圖 10.31 矽融合接合裝置示意圖。

② 玻璃與玻璃接合過程

玻璃與玻璃融合技術為將玻璃與玻璃經高溫加熱達到玻璃軟化點，而將玻璃與玻璃接合。其接合過程如下：

將玻璃置於 NH$_4$OH / H$_2$O$_2$ 水溶液中清洗 → 去離子水洗淨及氮氣吹乾→ 將玻璃與玻璃互相接觸後，置於烤箱 650 °C – 830 °C → 重複先前步驟二至三次，去除接合瑕疵。

③ PMMA-PMMA 接合過程

此融合接合技術是將 PMMA 經由高溫 (160 °C) 加熱融合，而接合在起的方法。由於融合過程採用高溫處理，為避免融合後降至室溫時所產生 PMMA 翹曲現象，因此進行退火 (anneal) 時須花費較長的時間。其接合實驗步驟如下：

清洗 PMMA 晶片 → 將 PMMA 晶片置於旋轉塗佈機旋乾 → 將 PMMA 晶片互相接觸並加壓 → 置於烘箱 160 °C、10 分鐘[7]。

10.3.4 介質接合

有介質接合技術為添加一介質層提供類似黏膠方式或利用原子擴散產生化合物使介質層和母材相接合，達到晶片結合的接合技術，其接合溫度可以為高溫或低溫[7]。

(1) 黏接接合

使用有機高分子材料作為接著介質層，提供類似黏膠方式接合。將晶片膠合的方式為黏接接合。比起陽極接合或融合接合來說，其好處是它可將各種不同材質的基板在甚低的溫度接合，且不必用電壓或電流。而且由於晶片表面之形貌對黏結物接合之影響不大，因而可以接合經過 CMOS 製程的晶片，對表面污染物也較不敏感。其缺點則為接合當中易生氣泡、不易維持圖樣之解析度、需加壓力、對準困難、非氣密性接合，且有可能會流入所要保留之腔體 (cavity) 或流道 (channel) 中等。作為中間介層材料之高分子種類繁多，如光阻劑 (一般薄光阻及 MEMS 用厚光阻)、蠟、環氧樹脂 (epoxy)[48] 與 BCB (benzocyclobutene) 等，完全視應用時對熱、化學及機械特性等之需求而定。

大部分高分子材料與矽或二氧化矽的黏著程度不好，需先在晶片表面塗佈底漆 (primer) 或接著增強劑 (adhesion promoter)，以增強黏著度。部分聚亞醯胺 (polyimide) 含有接著增強劑，底漆以 HMDS (hexamethyldislazane) 較為常用。

由於高分子材料含有 50% 以上的溶劑，在大面積接合時，會有氣泡產生。雖然可用預烤 (prebake) 先去除大部份的溶劑，在最後接著時仍無法避免氣泡產生。對於無法承受高溫接合的元件，黏接接合提供較低的接合溫度 (120 °C – 400 °C)。黏接接合如圖 10.32 所示，但有機介質接合強度相對低於其他接合技術[7]。

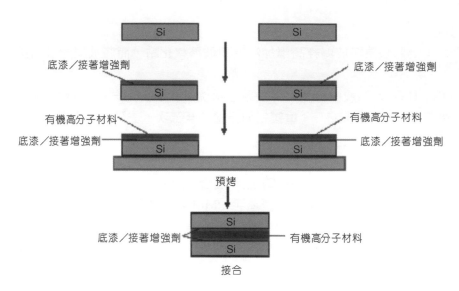

圖 10.32
黏接接合流程圖。

　　另一種黏接接合法是使用 UV (紫外線) 感光接合有機接合劑的方法，接合溫度一樣約在 130 ℃，用於晶圓層級的封裝。黏接方法是將 UV 硬化光阻塗佈在基材上，再將光罩放在上面經過 UV 光的照射使光阻硬化得到所要的圖案，再將另一基材放在硬化的光阻上，使兩基材黏結。使用高分子的厚度約數百微米，優點是結合層有彈性，缺點是機械性質不高及對於高的蒸氣壓力密封性會減少。

　　彈性高分子如 PDMS (polydimethylsiloxane) 有極佳的黏著性，可用於多種的基材，並以非永久性密封方式包圍微流道。另外也使用電漿氧化 PDMS 表面，以形成永久性的密封。據推測此介於兩個 PDMS 元件之間的永久性鍵結，是來自於共價矽氧烷 (siloxane) 鍵的凝結反應[7]。

　　以 BCB 為中間介層材料，Niklaus 等人研究接合具有流道或凸出結構晶片之接合條件[49]。以固化的 BCB 為中間介層具有高接合強度、耐多種酸鹼與有機溶劑以及在可見光範圍具有高透明度 (> 90%) 等好處，特別適合於微流體、光與封裝之應用。為了防止 BCB 在接合時流入所要保留之腔體或流道，塗佈之 BCB 厚度比起流道之尺寸需薄，如 1 μm 之 BCB 厚度對比流道之 50 μm 深 × 50 μm 寬。5 μm 之 BCB 厚度，接合後就會充滿 50 μm 深 × 100 μm 寬之流道。接合壓力隨應用不同需加以調整，壓力不足會在接合界面留下氣泡；不加壓力則接合不好，面積較大之處會馬上分開。在實驗中，經過 70 ℃/5 min 預加熱後，在 1.7 bar 的壓力下接合，都不會有氣泡殘餘。若要使接合後之 BCB 厚度均勻，那麼接合壓力也必須均勻。

　　Niklaus 等人經由對多種高分子及其接合條件之實驗結果，綜合影響因素如表 10.10 所示[50]。

表 10.10 接合條件對接合結果之影響因素。

	對空孔形成的影響	評論／解釋
黏合劑材料	高	具有低體積收縮率的材料在固化期間，僅會於接合面造成較少的空孔。固化的披覆層的楊氏係數不會影響空孔的量。所有預固化的披覆層的微粗糙度接非常小且大小相差不多。
接合壓力	高	高接合壓力強迫晶圓表面更緊的互相接觸
預固化時間與溫度	中	若沒有預固化會導致溶劑揮發，形成氣泡。高預固化溫度會增加空孔的形成，因為高分子化的數量增加。
披覆厚度	低	對於薄披覆層 (小於 1.5 μm) 空孔似乎較易形成，因為小粒子或表面不均勻的存在，無法以薄層變形來補足。
在兩晶圓的表面接加上披覆層	無	量測顯示無明顯影響

(2) 共晶接合

共晶接合是利用金屬－矽相圖中之共晶點，形成矽化物當作中間層[29,43]；或是金屬－金屬相圖中之共晶點，形成中間化合物當作中間層，而將兩片晶片接合的方法。例如，在一片矽晶片上鍍上金的薄膜，與另一片矽晶片加熱接合時，在甚低於金或矽各自熔點之 363 °C 低溫下，可形成金矽之共晶熔點。對錫鉛系統，其接合溫度甚至可低至 183 °C。另一例子為利用 Ti/Ni 當作中間層，來接合玻璃與矽晶片，其有好的接合應歸功於 Ni 與 Si 在 440 °C 形成矽化物，以及 Ti 與玻璃有好的黏結力的關係[44]。其他系統還包括 AuSn (80 wt.% Au－20 wt.% Sn 共晶溫度為 278 °C)、AuGe、AlGe (70 at.% Al－30 at.% Ge 共晶溫度為 424 °C)、In-Sn (50 at.% In－50 at.% Sn 共晶溫度為 120 °C) 等[45,46]，圖 10.33 為共晶接合示意圖。

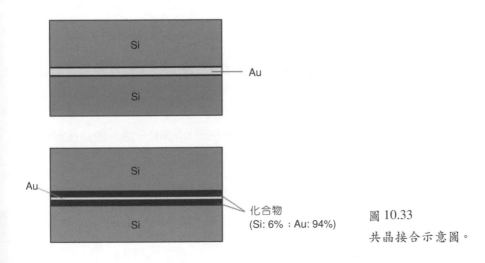

圖 10.33
共晶接合示意圖。

　　共晶接合之好處為相對低的製程溫度，以及可在較粗的表面狀況下接合 (因熔融物可以填滿表面不平之處)。其壞處則為，接合時通常需加一壓力及機械動作在晶片上，以克服矽上有自然氧化層存在以至於不易接合的問題；大面積晶片不易完全接合，以及當有 CMOS 電路在 MEMS 元件上時，這些金屬是污染源的問題。以 AuSn 預形片 (preform) 來做壓阻式壓力感測器之共晶接合，發現有相當大的殘餘應力，影響其長期穩定性 (漂移，drift)[47]。

(3) 玻璃介質接合 (Glass Frit Bonding)

　　藉由低熔點的玻璃為接合介質，將晶片接合的方式稱為玻璃介質接合。膠糊狀低熔點玻璃介質以旋轉塗佈或經紗網印刷至晶片上，經預烤去除溶劑，再將晶片互相接觸加壓烘烤。膠糊玻璃介質可整平晶片表面，故對於界面平整性及乾淨程度要求較不高，工業上較常用於封裝及密封。圖 10.34 為玻璃介質接合完成圖。

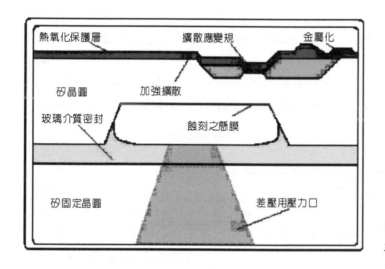

圖 10.34
玻璃介質接合完成剖面圖。

　　圖 10.35 為玻璃介質接合流程圖，其過程為：
1. 清洗晶片 (玻璃晶片或矽晶片)。
2. 塗佈玻璃介質－旋轉塗佈或紗網印刷。
3. 預烤玻璃介質－將含厚膜玻璃介質的晶片在 300 ℃ –375 ℃ (溫度依不同種類玻璃而有不同) 預烤 30 分鐘，去除溶劑。
4. 將兩晶片接觸，並施予壓力。
5. 最後烘烤－將晶片組合在 400 ℃ –600 ℃ (溫度依玻璃種類而定) 30 分鐘，做最後玻璃介質燒結[7]。

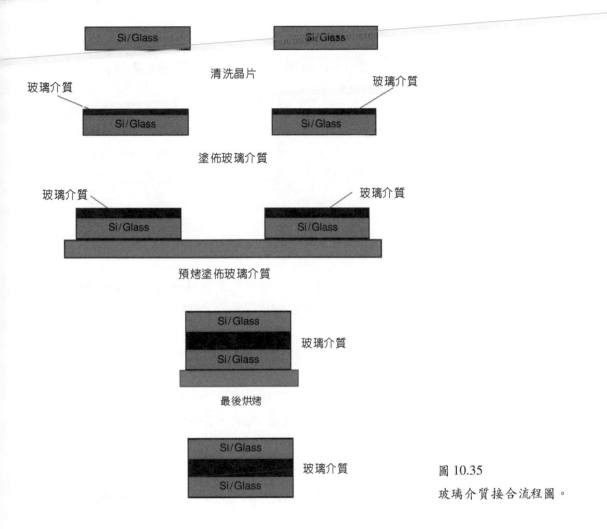

圖 10.35

玻璃介質接合流程圖。

10.3.5 低溫接合法

當兩欲接合晶圓材料互為異質材料時，因各具有不同熱膨脹係數，在退火處理過程中容易產生熱應力，致使原先接合之晶圓對因線膨脹長度不均，以致使晶圓片起翹彎曲，產生掀拉應力 (peeling stress)[51]。嚴重時將導致兩晶圓片分離。若在分離前兩晶圓片之間已產生夠強的接合力，熱應力將扯裂兩接合之晶圓對。故為減少熱應力，最佳方案是在低溫下達到接合兩晶圓片所需之強度。此外，在現今高階晶圓級封裝領域，如三度空間微電子元件製作，及微機電系統領域，如微感測器之製作，因為電子元件已製作在一晶圓片上，故對退火溫度有所限制，以免損壞元件。因應這些需求，低溫接合法 (low temperature Bonding) 於 1995 年就開始發展成為一重要課題[52]。現今在晶圓接合技術中欲達到低溫接合目的，主要的方法有三：(1) 充分退火時間[53]，(2) 兩晶圓片在真空環境中接合[54]，以及 (3) 接合前使表面呈現活化狀態[55]。現以矽晶圓材料為例，分別說明以上所述的方法。

(1) 充分退火時間

在退火加熱之能量－時間曲線圖中，由接合晶圓對之接合能量與加熱時間相對應曲線成正比例，且有一平衡態平行曲線出現於「飽和接合能」區，如圖 10.28 所示，可推測在一定退火溫度加熱之下經一段充分長退火時間，能夠獲得一「飽和接合能」。因此當欲得之接合能量若落在相對應較低退火溫度內，由此退火加熱曲線能得知最少之退火加熱時間。依據各不同材料之晶圓，有不同飽和接合能曲線。根據能量－時間曲線，比較欲得之接合能與飽和接合能，可選擇一適當退火溫度加以充分退火時間，而不必過於增高溫度，即可得到欲得之接合能。

(2) 兩晶圓片在真空環境中接合

兩擬接合晶圓對在真空環境中作初步接合，再移至正常大氣環境中作退火處理，可發現經此法接合之晶圓對，在低溫退火下即能獲得相當強的接合能[56]。例如，依此法退火溫度在 200 °C，即可獲致正常接合方法在 1100 °C 才能獲得之接合能，如圖 10.36 所示。可能原因為在接合時空氣分子陷入接合面的濃度較低，使兩方之表面原子接觸面大，因而增進接合之化學鍵的密度[57]。在超高真空環境中作晶圓接合，甚至在室溫下，即能達到一般空氣中接合所得之接合晶圓對需退火至 1000 °C 以上方能達到之接合能[58]。因兩矽晶圓之表面十分潔淨，在超高真空中，矽原子表面原子與相鄰原子間鍵結易斷裂，形成懸浮鍵 (dangling bonds)，雙方的原子懸浮鍵能夠接觸對方，直接快速反應成天然矽原子鍵結，接合能可在反應後立即達到於矽晶圓天然材料強度，如圖 10.37 所示。此方法因不需退火，無界面原子之外擴散 (out diffusion) 問題，能夠保持濃度分布界面十分尖銳，所以十分適宜用於製作厚層 *p-n* 二極體[59]。

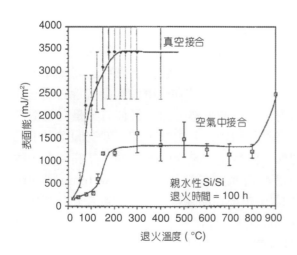

圖 10.36

在真空環境中作初步接合，在低溫退火下即能獲得相當強的鍵合能。

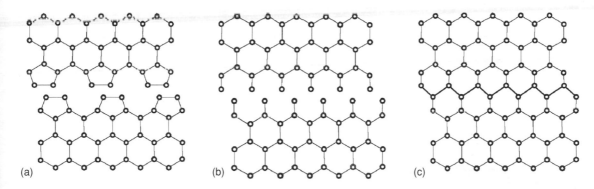

圖 10.37 在超高真空中，(a) 矽原子表面原子與相鄰原子間鍵結易斷裂，(b) 形成懸浮鍵，(c) 雙方的原子懸浮鍵能夠接觸對方，直接快速反應成天然矽原子鍵結。

(3) 接合前使表面呈現活化狀態

在結合前兩晶圓片若能活化表面，例如使表面懸浮鍵密度增加，如此在接觸對方後，直接快速反應成天然原子鍵結，使得接合能強度可在反應後立即達到與晶圓天然材料相同強度。現今採用之方法有二：一為電漿活化接合法 (plasma activation bonding)，如圖 10.38 所示，使用電漿離子撞擊表面來破壞鍵結[60]，讓表面產生懸浮鍵。目前最常使用之氣體為氧氣。此法可使兩接合之晶圓在低溫退火條件下，縮短退火時間完成接合工作。但有一缺點，即在退火時，在接合界面會產生細微氣泡，影響元件工作之可靠性[61]。另一法為使用氫氣擊打表面[62]，一方面作表面清潔工作，另一方面產生懸浮鍵，能夠在低溫下大大地提升接合能。

10.3.6 局部接合法

局部接合法 (localized bonding) 是只加熱局部要接合區域，而整個晶片不加溫的晶片接合法。近來有多種局部加熱的方式被提出來[18]，如直接以薄膜 (如多晶矽、金) 做成電阻器而通上電流成為微加熱器加熱接合[63-66]、超音波接合[67]、雷射焊接接合[68,69]、感應加熱接合[70]與局部化學氣相沉積接合[71] 等。

圖 10.39 所示是用多晶矽導線當作微加熱器，通 46 mA 電流，在 0.1 MPa 壓力下，約 5 分鐘內，將 Al (2 μm)/Si(0.5 μm) 與玻璃局部加熱接合。此 46 mA 電流可讓兩條 3.5 μm 寬 × 2 μm 厚、2 μm 間距、摻有磷 7.5 × 10^{19} cm^{-3} 濃度的多晶矽導線，溫度上升到 700 ℃。此溫度足以讓 Al 與玻璃之間產生反應而接合[63]，且接合強度很高。以多晶矽導線當作微加熱器，也可以和玻璃做局部高溫之直接接合 (localized fusion bonding)[65]。5 μm 寬 × 1.1 μm 厚之多晶矽微加熱器，通 31 mA 電流約 5 分鐘，可局部加熱至 1300 ℃；而離微加熱器 15 μm 遠之處，溫度只上升到 40 ℃。以金當作微加熱器，則可以和矽晶片做局部高溫之共晶接合

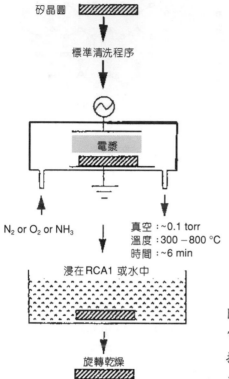

圖 10.38

電漿活化接合法程序圖－使用電漿離子撞擊表面，活化擬接合表面，使接合後之晶圓對能在低溫退火條件下縮短退火時間，完成接合工作。

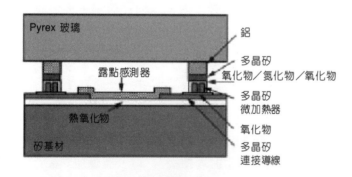

圖 10.39

以多晶矽導線當作微加熱器，將 Al(2 μm)/Si (0.5 μm) 與玻璃局部加熱接合之示意圖[73]。

(localized eutectic bonding)[65]。以上兩者均需加約 1 MPa 以上之壓力，讓晶片緊密接觸；其接合強度很高，可達 10 MPa 以上。類似的局部加熱原理也使用於塑膠－矽晶片、塑膠－玻璃片及塑膠－塑膠之接合，特別適用於塑膠組合、封裝及含有流體之微流體元件應用[66]。

超音波接合技術也被利用於 MEMS 的封裝與接合[67]。超音波接合廣泛地用於打線接合 (wire bonding) 與塑膠接合。超音波接合原理是利用金屬吸收超音波能量後差排大幅增加與移動，導致金屬塑性變形所需之剪應力降低。在加有負荷之下，氧化物等污染物會被推開，露出乾淨的表面，此乾淨的表面間之直接接觸與擴散，就可以形成接合[72]。超音波引起之振動摩擦會在接合面產生熱，增加擴散效果，影響接合強度。接合試片 (4 mm × 6 mm) 有兩組，一為鍍有 0.6 μm Au 之矽晶片與鍍有 5 μm In 圖樣之玻璃片，另一為鍍有 1 μm Al 之矽晶片與鍍有 5 μm Al 圖樣之玻璃片。對要鍍 Al 之試片，需事先鍍 Cr 以增加附著力及防止矽溶入鋁中產生缺陷。超音波功率、所加之垂直負荷、時間、接合面之平坦度與緊密接觸是成功接合與否的重要參數；而超音波側面振動之方式要比垂直振動來得好[67]。

雷射焊接一般是吸收雷射輻射，在兩接合物間形成一液態池 (liquid pool)，當此液態池固化時，就可接合兩物體。雷射焊接的好處為速度快、高精度、高一致性以及低的熱扭曲。以 355 nm 波長、4－6 ns 脈衝寬、聚焦直徑 1 mm 之 Nd:YAG 雷射，可將矽－玻璃片以 4 μm 厚之銦為中間層接合起來[68]。局部之接合是以有圖樣之白紙當作光罩，在 8－22 mJ 之雷射能量多次照射下，銦會吸收雷射能量，而在高溫與玻璃形成好的接合。

感應加熱局部接合是利用金屬接合迴路環，在交流之磁場下，產生渦電流而加熱此金屬環。此金屬環除了當作發熱源之外，同時也可當作接合材料之用。使用 10－15 MHz 交流磁場，線圈功率在 500 W 以上時，可以將玻璃上 6 μm 厚、200 μm 寬、1 mm 直徑之金薄膜，在 0.5 秒之內加熱至約 1000 °C[70]。玻璃 (Pyrex)－金－玻璃之接合，是利用玻璃上鍍有 1.2 mm 大小、6 μm 厚、100 μm 或 200 μm 寬之金環，與另一片玻璃緊密接觸，在 750 W 線圈功率下，將金環加熱至紅熱發光約 900 °C/60 秒，可成功的達到氣密接合。玻璃與聚碳酸酯 (polycarbonate) 亦可接合，其接合時間可以更短，約 100 毫秒就可完成。由於其非常低之熱預算 (thermal budget)，此法可將裝有液態水之腔體接合起來。理論上，感應加熱局部接合方法可以非常快速；但實務上，不可加熱太快，以免有熱點 (hot spot) 發生，形成局部燒毀而無法全面接合。

局部化學氣相沉積接合也是以多晶矽導線當作微加熱器，做局部晶片接合。將如圖 10.40(a) 之兩試片加壓力放置於通有矽甲烷 (silane) 氣體之 500 mTorr 腔體中。當通電於微加熱器使其局部溫度達約 800 °C 左右，矽甲烷氣體就會分解，形成多晶矽而局部沉積填滿於間隙 (圖 10.40(b))，並形成相當高的接合強度。

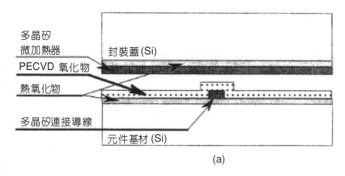 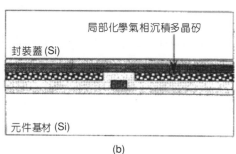

圖 10.40 局部化學氣相沉積接合製程，(a) 接合前，(b) 接合後[73]。

表 10.11 各種接合技術之綜合比較。

接合技術	溫度	加壓力	電壓	表面粗糙度	氣密性	可靠性	用於封裝
直接接合	非常高	否(親水性)	否	非常敏感	是	好	否
玻璃－矽陽極接合	中	否	高	敏感	是	好	困難
矽－矽陽極接合	中	否	低	敏感	是	?	困難
玻璃－玻璃陽極接合	中	否	高	敏感	是	?	困難
共晶接合	中→低	是	否	低敏感	是	??	困難 是(低溫)
黏接接合	低	是	否	低敏感	否	??	是
低溫接合	低	是	否	非常敏感	??	??	否
局部接合	低 (global) 局部：中→高	是	否	敏感	是 否(塑膠 局部接合)	好 ??(塑膠 局部接合)	是

　　雖然有些傳統晶片接合技術，如玻璃－矽陽極接合技術與矽－矽直接接合技術，已經運用在壓力微感測元件之商業化生產上多年，但是其他使用晶片接合技術的商業化 MEMS 產品倒是不多見。其主要原因是如玻璃－矽陽極接合與矽－矽直接接合技術等較為傳統之晶片接合技術，其接合溫度高且表面狀況要求較嚴，製程整合不容易。隨後許多的研究，其目的主要在降低接合溫度，同時希望能維持足夠高的接合強度。無論是元件之接合或是封裝之接合，各種接合技術之共通困難點為電氣上導通 (feedthrough) 之拉出不易，尤其是要求晶片級接合與封裝 (wafer-level bonding and wafer-level packaging) 時。表 10.11 為各種接合技術之綜合比較。

　　如果可以用晶圓級封裝技術，不但尺寸可減少許多，達到晶粒尺寸封裝 (CSP) 之目的，而且仍能以批量化 (batch) 製程完成產品，成本將可大幅降低，有助於 MEMS 產品商業化進展。

10.3.7 封裝性能檢測 (封裝強度與密封性及殘餘應力)

　　目前有兩種方式可量測出基板間的接合強度，分別如圖 10.41 所示，圖中 (a) 為拉伸試驗，(b) 為表面能試驗[4]。

　　一般認為拉伸試驗是最簡單且較直接得到接合強度結果的一種方式，但例如陽極接合，其接合強度通常已超過玻璃本身的結構強度，所以較無法得到真正接合的強度，因拉伸之後破裂面並不在接合面上而是在玻璃。

　　有鑒於此，還有另一種方式，即是表面能的檢測，如圖 10.41(b) 所示，其方式是將已完成陽極接合的試片以一銳利的刀鋒由接合面插入，此時玻璃與矽晶片將會因刀鋒而使其

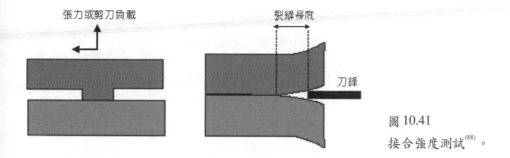

圖 10.41

接合強度測試[88]。

分離，刀鋒的前端與分離處的距離為裂縫長度 L，再帶入表面能的公式

$$r = \frac{3Eh^2t^3}{16L^4}$$

其中 E 為材料之楊氏係數，h 為材料因刀鋒而撐開的距離，t 為材料的厚度。

因不同的參數 (如不同的溫度及電壓) 會造成不同的接合強度，不同的強度其表面能也不盡相同，表面能較高者，其強度較高，由表面能亦可比較出接合強度的差異[4]。

10.4 高階封裝製程

10.4.1 電子構裝

傳統具有導線架的電子構裝步驟如圖 10.42 所示，其主要步驟分述如下：

圖 10.42

傳統具有導線架的電子構裝步驟圖。

第 10.4 節作者為黃榮堂先生、許哲豪先生及江志豪先生。

(1) 切割

晶片切割之目的乃是要將前製程加工完成的晶圓上一顆顆之晶粒 (die) 切割分離。首先要在晶圓背面貼上膠帶 (blue tape) 並置於鋼製之框架上，此一動作叫晶圓黏片 (wafer mount)，如圖 10.43，而後再送至晶片切割機上進行切割。切割完後，一顆顆之晶粒井然有序的排列在膠帶上，如圖 10.44，同時由於框架之支撐可避免膠帶皺摺而使晶粒互相碰撞，而框架撐住膠帶以便於搬運。

(2) 黏晶

黏晶的目的乃是將一顆顆分離的晶粒放置在導線架 (lead frame) 上並用銀膠 (epoxy) 黏著固定。導線架是提供晶粒一個黏著的位置 (晶粒座，die pad)，並預設有可延伸 IC 晶粒電路的延伸腳 (分為內引腳及外引腳，inner lead/outer lead)，一個導線架上依不同的設計可以有數個晶粒座，這數個晶粒座通常排成一列，亦有成矩陣式的多列排法。導線架經傳輸至定位後，首先要在晶粒座預定黏著晶粒的位置上點上銀膠 (此一動作稱為點膠)，然後移至下一位置將晶粒置放其上。而經過切割之晶圓上之晶粒則由取放臂一顆一顆地置放在已點膠之晶粒座上，黏晶完後之導線架則經由傳輸設備送至彈匣 (magazine) 內。黏晶後之成品如圖 10.45 所示。

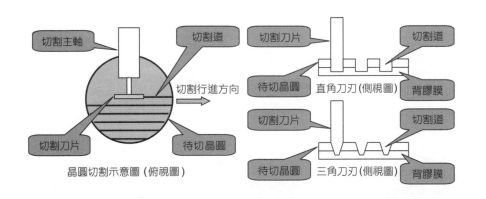

圖 10.43
切割製程示意圖。

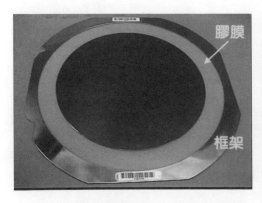

圖 10.44 切割完成圖。

導線架

成品

圖 10.45
黏晶後之成品圖。

(3) 打線

　　焊線的目的是將晶粒上的接點以極細的金線 (18－50 μm) 連接到導線架上之內引腳，藉以將 IC 晶粒之電路訊號傳輸到外界。當導線架從彈匣內傳送至定位後，應用電子影像處理技術來確定晶粒上各個接點以及每一接點所對應之內引腳上之接點的位置，然後做焊線之動作。焊線時，以晶粒上之接點為第一焊點，內接腳上之接點為第二焊點。首先將金線之端點燒結成小球，而後將小球壓焊在第一焊點上(此稱為第一焊，first bond)。接著依設計好之路徑拉金線，最後將金線壓焊在第二焊點上 (此稱為第二焊，second bond)，同時並拉斷第二焊點與鋼嘴間之金線，而完成一條金線之焊線動作 (見圖 10.46)。接著便又結成小球開始下一條金線之焊線動作。焊線完成後之晶粒與導線架則如圖 10.46 所示。

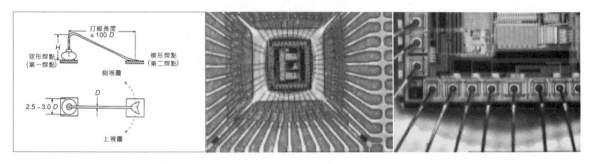

圖 10.46 焊線動作示意圖[93] 及成品圖。

(4) 覆晶

　　為縮小整體封裝面積，或減少打線所帶來的高頻寄生效應，打線的方式可使用覆晶方式來取代。覆晶 (flip chip) 又稱翻轉晶片，顧名思義，就是將傳統晶片的電氣接點由上面變成在下面，所以晶片必須翻轉後才能與基板結合，如圖 10.47 所示。而覆晶技術有體積小、不需焊線、高腳數、高可靠度、可操作頻寬可高達數 GHz 以上等特性，因此非常適合用於像 CPU 或射頻元件這類的產品。以覆晶技術作感測元件與電路元件的結合 (integration) 也可執行兩者對電路基板的接合，使感測元件與電路元件能以極短路徑互相溝通。

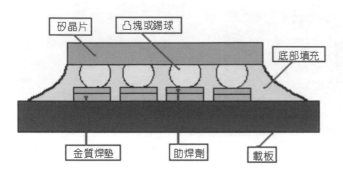

圖 10.47
覆晶結構剖面圖。

　　覆晶的製作流程包括晶圓切割、沾助焊劑、晶片對準及取放、底部填充、迴焊等基本步驟。而對準工作便是這類機台最大的技術所在。因此為求高精度的定位及取放，將這些動作整合在同一部機台上，以減少工作誤差。

10.4.2 環境介面、晶片保護、電氣介面

　　環境介面、晶片保護與電氣介面，三者有可能一體成型，也有可能分別製作，再加以封裝組合，型態與種類無標準的製程與設備。主要係提供待封體與外殼的介面，此處的待封體係基板層以上的元件，技術發展的重點如下。

(a) 引線拉出的絕緣問題：應使用何種絕緣膠、油、塗料。

(b) 待封體的定位考量：用何種定位膠使方形待封體與圓形外殼能密切結合，且能對準無誤，以及封閉或開放的封裝組合。

(c) 有線或無線連接器的設計與製作：在有線的選擇方面，若是含電路元件在內，則可能要四條線以上，包括兩條電源線，二條訊號線；若僅為主動測試單元，如熱電耦、壓電材料等，則需要二條線即可。

(1) 晶片保護

　　保護晶片所需的外殼 (housing)，其材料的選擇有金屬、塑膠、陶瓷、玻璃，或以上的複合材料，加工方式也因材料不同而有 (a) 塑膠：射出成形、浸入，(b) 金屬：抽拉、焊接、壓合、切削、放電、鎖合、衝壓，(c) 陶瓷：膠合，(d) 玻璃：膠合、陽極接合。外形方面則有管子與盒子等變化，安裝方式有外加式 (黏貼、鎖合) 與侵入式 (穿孔置入)。保護能力則考慮機械強度、化學強度、EMC、熱傳及測試。

　　近年來在成本考量下，塑膠外殼受到較大的重視，也有較大的製作彈性，例如使用雙層 (或雙料) 共射的射出成形製程，將防電磁波干擾或高導電性等材料作為皮層料或核心料。所以就量產與降低成本的考量，應儘量使用塑膠封裝。

由於製作晶片 (無論感測器、致動器,或 IC) 在組裝至承載基板 (可能為 PC 板) 或與外殼組裝時,大都因為元件只將焊墊或接點做在單面,而另一面卻不能用,除非用貫穿孔,才能將各元件層層相疊,以達到晶圓級封裝的目標。

(2) 貫穿孔 (Via)

製作層與層之間的連接方法[77,86-88]:濕蝕刻、乾蝕刻、雷射鑽孔、超音波鑽孔及噴砂鑽孔。

① 濕蝕刻

利用化學蝕刻法製作貫穿孔是最簡單的方法,一般是使用電化學法製作貫穿孔。缺點是方向蝕刻率及長度-直徑的蝕刻率低於 1。但最近亦有使用光學輔助電化蝕刻與融熔金屬吸入法,達到極大深寬比的貫穿孔與填入金屬[87]。

② 乾蝕刻

乾蝕刻法適用於標準的 CMOS 製程,但利用乾蝕刻法製作貫穿孔時缺少很快的蝕刻率,且對光罩沒有足夠的選擇性。不過近來使用高密度電漿源,蝕刻率可達到 4 $\mu m/min$,並可選擇材料是 Si 對 SiO_2 的蝕刻率超過 150 $\mu m/min$ (一般對光阻是 70:1),方向蝕刻率為 30:11,足以改善上述的問題[86]。

③ 雷射鑽孔

使用雷射鑽孔方向蝕刻率可達到 1:50,並具有相對的高鑽孔速度,使用功率密度 10^{11} W/cm^2,可達到每秒 10 孔。

④ 超音波鑽孔

使用超音波鑽孔相較於雷射鑽孔可以得到一清潔的貫穿孔洞,但僅限於較大直徑的洞 (100 μm 以上)。

⑤ 噴砂鑽孔

使用機械式噴砂,可對 Pyrex 玻璃打出直徑 250 μm 的貫穿孔[88]。

一種新式的晶圓級轉移接合 (transfer bonding) 技術[81-83],主要是將置於犧牲用基板上的元件轉移到目標基板上,這項轉移接合的技術僅包含低溫的製程,因此可以和 IC 製程相容,製程包括:(1) 低溫膠合 benzocyclobutene (BCB),(2) 打薄犧牲用基板,直到露出轉移的元件,(3) 金屬化的技術將轉移的元件與目標基板上的電路連接起來。此方法的優點在於感測元件與處理電路可以各自以最佳的方式發展製造,不用考慮材料相容、製程相容的問題，黏膠具有緩衝平坦度、膨脹係數不同的功能。實際應用範例是兩個多晶矽結構和一個測試元件用於量測薄膜材料的電阻溫度係數。

多層晶圓接合封裝，對於製造三維的微結構，例如功率微系統 (power MEMS) 元件是一項可行的技術之一，但是仍得克服下列幾項問題：① 每層晶圓先前製造微結構餘下來的化學殘留物，② 多重接合後或較厚的晶圓，其剛性的增加，③ 接合用治夾具的強度，④ 高溫回火過程，缺陷的傳遞。相應的對策是 ① 披覆一犧牲層 SiO_2，② 增加疊合壓力、時間與加溫，③ 使用剛性強的夾治具，如鋼製的，④ 空腔部分與外界相通。

10.4.3 封裝標準化

(1) 封裝標準化

由第 10.2.1.1 節的說明可知任一種微感測器的封裝方法需要克服各元件之間的介面問題，提供一個封裝技術和保護感測器 (microsensor) 的方法。通常感測器的元件是接合在電路基板上，包含金屬通孔或空穴，並使用覆晶接合法加以結合。結合完成後的感測器晶片或感測元件是放置在電路基板上的通孔上並且接觸作業環境。底部充填劑 (underfill) 或其他種類的材料經常使用在充填感測器晶片和電路基板之間的間隙。充填密封的關鍵是毛細力量，藉由毛細力量能使充填材料充填密封感測器晶片和電路基板之間的所有面積 (包含間隙)，但底部充填劑物質並不會覆蓋感測元件。底部充填劑的使用可以從前方或背部進入電路基板，但需要正確的選擇底部充填劑，因為底部充填劑要能完全地充填感測器晶片與電路基板間的間隙，而且不會遮蔽感測元件，尤其是感測元件需要直接接觸操作環境。

感測器晶片已經過第一層次封裝處理，因此可以接合 (bonding) 在電路基板上，使用覆晶接合法結合。但隨著感測元件是否直接接觸操作環境，將會影響充填材料的選用。對於封閉型的感測元件，例如加速度計、微開關、陀螺儀等，由於感測器晶片不需要暴露在操作環境下，可以選擇考慮較一般或普遍性的充填物 (密封膠)；但若是開放接觸型的感測元件，例如壓力計、化學感測器等，由於感應器晶片需要暴露接觸操作環境，因此充填物 (密封膠) 的選用要經過較審慎的考慮，甚至於在密封前後可以選擇性的在感測晶片上加上鍍層，以增加封裝的密閉性或感測晶片的保護性。

(2) 共通型微感測器封裝的方法[5]

針對上述問題，筆者提出共通型微感測器封裝的方法[84]，使用覆晶結合感測元件與電路元件 (即訊號處理 IC) 於承載基板上下兩面，方法如圖 10.48 所示。

1. 利用低溫共燒陶瓷作為承載基板。
2. 感測元件及電路元件置入基板上事先挖好的空穴中。
3. 用覆晶凸塊與低溫共燒陶瓷基板上的印刷焊墊作電路連結。
4. 填充底部填充劑。

5. 覆晶凸塊與底部填充劑的配合，一方面增加機械接合強度，一方面保護電子元件不受外界惡劣環境損壞，並可確保電路連結的可靠度，而且此方法亦提供了自我封裝 (self pakcaging) 的功能，降低製程的繁雜性。

6. 以低溫共燒陶瓷作為承載基板，同時扮演環境介面與電氣介面的功能。

此處的承載基板是由低溫共燒陶瓷所構成，如圖 10.48 所示。基板上方可藉由覆晶封裝方式，將感測元件 (晶片) 與電路元件 (晶片) 以覆晶凸塊及焊墊與基板結合，所需連接線路可印刷於基板上層或基板中間各層，以貫穿孔連接。若空間容許，可將電氣介面 (如連接器 (可含有 USB 功能)、RF 通訊模組、光通訊模組，例如紅外線通訊 (IrDA)，三者擇一) 置於承載基板之上層，若空間有限，則可將電氣介面置於基板的底層。而承載基板可藉由選擇性衝孔層、多孔性材料層、保護性材料披覆、透明性材料披覆等，達成環境介面的需求[5]。

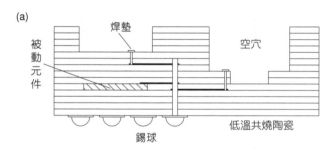

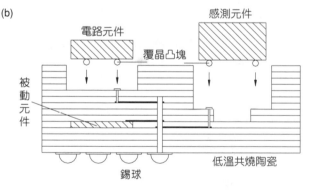

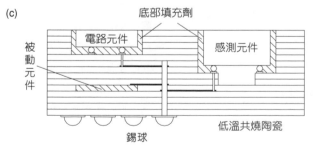

圖 10.48
共通型微感測器封裝的流程。(a) 承載基板，(b) 電路元件及感測元件置入基板中，(c) 填充底部填充劑。

10.5 封裝機台

10.5.1 多層對準[90-92]

　　對準儀 (mask aligner) 主要是負責將經過光阻塗佈機 (spin coater) 塗佈上光阻並熱烤過的晶圓，搭配光罩或網片曝光顯影的機器。目的在於經此過程後的晶圓，當去除光阻後可以進行蝕刻或沉積的步驟。而多層對準的關鍵在於晶圓及光罩、網片要製作對準的 key。

　　對準儀首先將光罩或網片放在機器的載入平台再以精密視覺定位 (光纖及顯微鏡) 找到對準的 key，接著將晶圓放在載入平台上，再以精密視覺定位 (光纖及顯微鏡) 找到對準的 key，接著將光罩、網片的 key 及晶圓的 key 重合即可進行曝光顯影及其後段製程；若要在晶圓上繼續堆疊微結構或電路，則繼續先前步驟。

　　如圖 10.49 所示，一般基板 (substrate) 的對準方法有：可穿透式晶圓的底面對準 (bottom side alignment with transparent wafer)、數位影像的底面對準 (bottom side alignment with digitized image)、紅外線對準 (IR alignment)、基板間對準 (inter substrate alignment) 及 SmartView 對準等。

　　EVG 公司的多層對準儀 (SmartView) 與一般對準儀的外型如圖 10.50 所示，多層對準儀 (SmartView) 的工作原理如下 (圖 10.51)。

1. 對準上層晶圓於下層的目標。
2. 使用數位化影像儲存位置。
3. 移走上層晶圓，對準下層晶圓於上層的數位化影像，
4. 根據上層晶圓儲存的位置，移回上層晶圓，將上下層晶圓垂直接觸完成垂直接合。
5. 兩片晶圓對準後，以黏著劑結合在一起，利用貫穿孔連接兩片晶圓原有的互接線路。

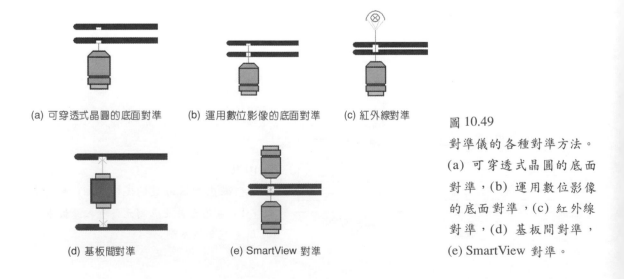

(a) 可穿透式晶圓的底面對準　　(b) 運用數位影像的底面對準　　(c) 紅外線對準

(d) 基板間對準　　(e) SmartView 對準

圖 10.49
對準儀的各種對準方法。
(a) 可穿透式晶圓的底面
對準，(b) 運用數位影像
的底面對準，(c) 紅外線
對準，(d) 基板間對準，
(e) SmartView 對準。

第 10.5 節作者為黃榮堂先生及許哲豪先生。

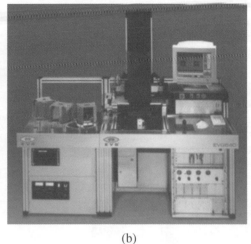

(a)   (b)

圖 10.50
(a) 一般的對準儀，(b)
EVG 公司的多層對準
儀 (SmartView)。

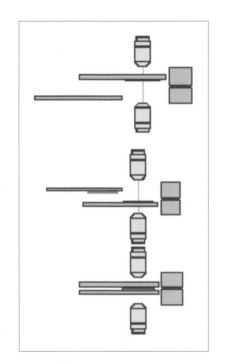

圖 10.51
多層對準儀SmartView 的工作原理。

10.5.2 三維封裝[90-92]

三維整合與封裝的動機，在於打線的寄生效應是積體電路性能的限制，等同於一座磚牆，新的銅／低 k 介電層可將此打線的限制鬆綁，整體的目的就是指接線長度極小化，因此利用對準式晶圓接合所形成的高階電路整合，可以增加元件密度與速度，同時降低功率與成本。

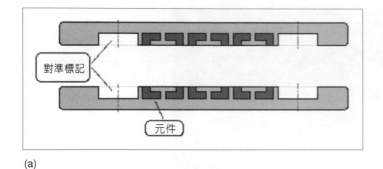

(a)

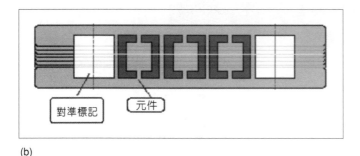

(b)

圖 10.52

(a) 前兩層的對準,(b) 多層對準的結
果。

　　圖 10.52(a) 為運用三維互接原理進行垂直接合,其程序為:(1) 面對面對準晶圓,(2) 接
合,(3) 研磨上層晶圓,背面基材去除至元件層裸露,(4) 重複以上步驟,完成第三層,或
更多層的垂直接合。圖 10.52(b) 為堆疊八層的結果,層與層之間的元件以黏著劑相連。

　　可能的應用為 MEMS 與 ASIC 晶圓的垂直接合,其實若使用覆晶接合,也是垂直接合
的形式。使用 3D 連結面對面的多層對準技術,可將微結構及致動器與電子電路堆疊整合在
一起,並在面與面堆疊間作封裝致動器或微結構的動作,而在封裝及堆疊過程中依然使用
到 key 的對準,使層與層、結構與結構能搭配封裝在一起。

10.5.3 切割機台

　　晶圓切割機 (die saw machine or dicing saw machine) 主要是負責將晶圓上所製作好的晶
粒 (die) 切割分開,以便後續工作。在切割之前要先利用貼片機 (wafer mount machine) 將晶
圓黏貼在晶圓框架 (wafer frame) 的膠膜上。而此膠膜具有固定晶粒之作用,避免在切割時
晶粒受力不平均而造成切割品質不良,同時切割完後膠膜也可確保在運送過程中晶粒不會
相互碰撞。各式切割機台如圖 10.53 所示。

　　晶圓切割機主要是利用不同材質刀具,配合高速旋轉的主軸馬達,加上精密視覺定位
系統,進行切割工作,如圖 10.54 所示。目前除一般用於晶圓切割外,尚可用於 TFBGA、
CSP、QFN 等產品的切割工作。

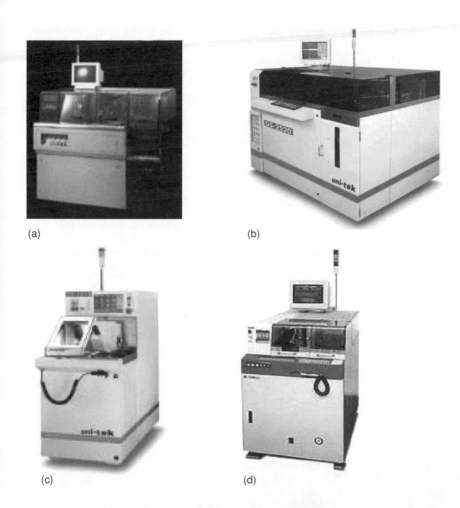

(a)

(b)

(c)

(d)

圖 10.53
各式切割機台。

圖 10.54
切割機台工作情形。

　　晶圓切割最主要的目的是將晶圓上已完成的電路晶片分離。一般來說我們所需的晶片厚度約 50 μm，可是晶圓在製作過程中為使機械強度維持在一定程度之上，隨著晶圓尺寸越大，厚度也相對提高。所以在切割之前需先以背磨機 (back grinder) 將多餘部份磨掉，再將晶圓背面貼上膠帶，置於框架 (frame) 上，之後才能進行切割動作。

　　切割時會影響品質的主要因素有下列幾項：(1) 主軸轉速及刀具旋轉平衡度、(2) 進給速度及穩定度、(3) 刀具尺寸及材質、(4) 切削冷卻水沖洗速度、(5) 切割深度及方式、(6) 膠帶黏著方式及 (7) 真空吸附固定能力。

10.5.4 打線機 (焊線機)

　　焊線機 (wire bonder) 俗稱打線機，主要目的是利用金線 (gold wire) 或鋁線 (aluminum wire) 將晶片上的電氣焊墊 (die pad) 和導線架內引腳 (inner lead) 或載板金質焊墊 (gold pad) 連結，以達成電氣信號連接之作用。各式焊線機如圖 10.55 所示。

(a)

(b)

(c)

(d)

圖 10.55
各式焊線機台。

　　焊線的作業流程首先將導線架由彈匣 (magazine)，中推出並拉至定位，再以視覺系統做位置及角度的偏移量計算。接著焊線頭開始提供金線，再以放電方式使金線前端熔結成球狀，再將焊頭移到晶片焊墊上方，向下移動直到焊墊處並施加適當力量和熱能 (超音波振盪產生) 將第一焊點完成。接著向上拉升，並利用程式控制移動路徑產生焊線線弧，同時令焊頭移到導線架內引腳處，利用壓力將焊線結合，最後向上以鋼嘴拉斷並壓焊第二個焊點，即為一條焊線完整動作。重複以上動作將晶片上所有焊點完成，直到導線架上所有晶片都已完成，最後將完成焊線之導線架送回收料彈匣後即可準備送往下一站了。

　　晶片焊線時會影響品質的主要因素有下列幾項：

(1) 晶片焊墊、導線架內引腳及載板金焊點處的清潔度。

(2) 焊線放電結球的形狀。

(3) 焊線路徑規劃及運動指令的追隨能力 。

(4) 焊線的材質及強度。

(5) 超音波的頻率、功率及時間的配合。

(6) 焊接力量施壓的多寡。

(7) 焊針或鋼嘴的外形設計。

(8) 圖形辨識系統的精度。

(9) 料條傳送時所承受的外力。

10.6 封裝案例

10.6.1 壓力感測器[10]

　　壓力感測器之量測原理及方法有許多，應用於各個領域或特別需求，而有不同設計方法及考量，當然各種方法皆有其優缺點。市面上壓力感測器設計方法主要採用壓電式 (piezoelectric)、壓阻式 (piezoresistive) 及電容式 (capacitive)。以壓電式而言，它具有高靈敏度、低電磁干擾、低功率散逸等優點，但它對靜態響應並不十分敏感；以電容式而言，它具有高靈敏度、不受外界環境影響，但非線性度高導致後續處理不易；對壓阻式而言，它具高輸出電壓、高靈敏度，但對於外在溫度變化十分敏感，其應用便有所限制[5]。

(1) 壓電式感測器

　　所謂壓電效應是指當機械作用力作用於材料時，材料所能產生的電效應。相反的，當施加電場於材料時，能夠使材料產生機械變形。這種現象只存在某些結晶材料，如石英 (quartz)、氧化鋅 (ZnO)、鈦酸鋇陶瓷 (BaTiO$_3$)、鈦酸鉛鋯陶瓷 (PbZrTiO$_3$，PZT)，或是一些特殊的化學聚合物，如 PVDF。由於矽晶具有中心對稱的網格結構，無法展現其壓電性質，因此這些材料必須經過一定的製程塗佈於矽晶表面，才能具有壓電性，如石英必須依一定

第 10.6 節作者為黃榮堂先生。

的軸向切割、壓電陶瓷需經過高電場極化。壓力元件製作流程如圖 10.56 所示。圖 10.57 為晶片組裝示意圖,而圖 10.58 則為切割後晶片組裝示意圖。

當施加外力 F_q 於壓電材料時,其表面充電量 q 滿足下式

$$q = \Xi F_q \tag{10.11}$$

其中 Ξ(Xi) 為材料之壓電係數 (piezoelectric coefficient)。

工業界常用的壓電材料其壓電係數及介電常數如表 10.12 所示。其中石英為天然物質,產量有限,而鈦酸鋇陶瓷與鈦酸鉛鋯陶瓷雖然具有相當高的壓電係數,但業界常以利用蒸鍍方式製成薄膜的氧化鋅為壓電元件。

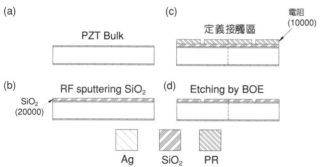

圖 10.56

壓電式壓力元件製作流程[10]。(a) 取一 PZT 塊材上下鍍有銀膜,(b) RF 濺鍍二氧化矽為絕緣層,(c) 塗佈光阻,(d) BOE 蝕刻露出金屬接觸焊墊。

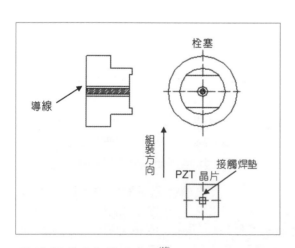

圖 10.57 晶片組裝示意圖[10]。

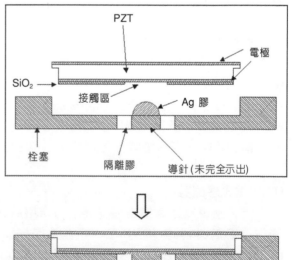

圖 10.58 切割後 PZT 晶片組裝示意圖[10]。

表 10.12 常見壓電材料於 300 K 之特性。

材質	結晶型式	運用方式	壓電係數	介電常數
Quartz	玻璃	塊材	2.33	4.0
PVDF	高分子	薄膜	1.59	—
ZnO	陶瓷	薄膜	12.7	10.3
ZnO	陶瓷	塊材	11.7	9.0
BaTiO$_3$	陶瓷	塊材	190	4100
PbZrTiO$_3$	陶瓷	塊材	370	300 − 3000

封裝設計

由於射出機模具內部高壓、高溫的影響，同時要求體積小，才不致破壞成形品品質，所以在選擇感測材料及設計之初，立即面臨種種困難，經過多方收集資料與詢問，詳細評估各種可行方案，選定壓電陶瓷為感測器主體。此外，能夠即時地得到模具內部壓力，才可有效地控制射出成形機構。所以鈦酸鉛鋯 (PZT) 的特性：壓電特性良好、耐酸鹼、溫度係數大、耦合因數高，正可符合內藏式模具壓力感測器之要求。壓力感測器剖面圖如圖 10.59 所示，其為圖 10.58 所示的栓塞與 PZT 晶片組合，置入於外殼中，並抵著探針，而接觸區透過導針與同軸電纜的導線相連，PZT 晶片的另一接地電極則與外殼相連至同軸電纜的接地端。在封裝設計的考量上，由於此感測器最後將安裝在高溫高壓的模內，所以有幾點因素需要考量：

1. 耐高溫：在設計上將壓力感測單元與探針端面保持一段距離，如此一來不會有壓力感測單元受到模內高溫破壞的情況發生。

2. 耐高壓：藉由探針尺寸的設計與材質的選擇，可使壓力感測器在承受 2000 bar 左右的壓力時，仍保持良好的線性度。

3. 體積小：考量射出成品在脫模時的表面品質，壓力感測器端面積越小越理想，相較於目前市面上 Kistler 的探針直徑 2.5 mm，此感測器的直徑僅 1 mm。

4. 訊號處理：由於此壓力感測器的壓力感測單元沒有受高溫而破壞壓電陶瓷性能的疑慮，壓力感測單元可以設計得較大，所以壓力感測器的靈敏度較一般市面上所售者高上數十

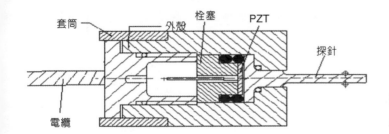

圖 10.59
壓電式壓力感測器剖面圖[10]。

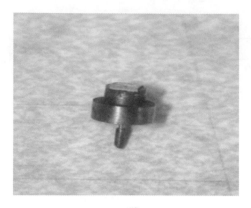

圖 10.60 栓塞完成圖[10]。

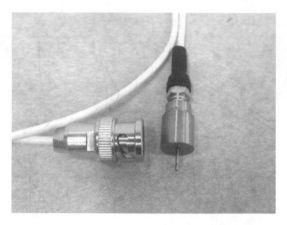

圖 10.61 壓力感測器封裝完成實體圖[10]。

到數百倍。

5. 低成本：選用壓電陶瓷來取代一般市售以昂貴的石英作為壓力感測單元；此外，由上述第四點所述，在傳輸訊號用的電纜選擇上，可以採用低阻抗、價格亦低的電纜來取代，如此便能有效降低感測器的製作成本。

綜合上述各點，封裝完成圖如圖 10.61 所示。

(2) 壓阻式

所謂壓阻效應是指當材料受到應力作用時，材料的電阻值會改變的一種現象。這種現象普遍地存在各種材料中，其中以某些半導體的效應特別顯著。目前製造矽質壓力感測元件最常用的方法是利用擴散法或離子佈植法，將硼擾入單晶矽晶格中形成 p-n 接面，此 p-n 接面即為壓阻元件，可以用來感測矽晶片薄膜上的壓力變化。感測壓力的電阻 (或稱壓阻) 以惠氏電橋 (Wheatstone bridge) 的方式來連接。

惠氏電橋之電阻與電壓關係滿足下式[5]：

$$V_{\text{out}} = \frac{R_1 R_4 - R_2 R_3}{(R_1 + R_2)(R_3 + R_4)} \tag{10.12}$$

若假設壓阻 R_1、R_2、R_3、R_4 均相等且都等於 R，當壓力感測元件因壓力之變化產生 ΔR 之微小變化，則 (10.12) 式可化簡如下：

$$V_{\text{out}} = \frac{R^2 + R\Delta R - R^2}{(2R + \Delta R) \cdot 2R} V_{\text{in}} \cong \frac{\Delta R}{4R} V_{\text{in}} \propto \varepsilon V_{\text{in}} \tag{10.13}$$

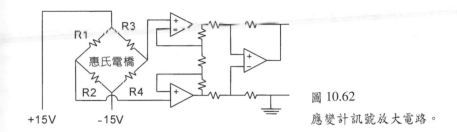

圖 10.62
應變計訊號放大電路。

由於壓力感測元件之壓阻變化極小，因此必須再利用放大器將訊號放大。圖 10.62 為應變計訊號放大電路，其中惠氏電橋的輸出電壓與外加壓力 P 滿足以下的關係式：

$$V_{\text{out}} \propto KP \tag{10.14}$$

其中 K 是一個應變係數，其隨設計和製程而變，可以表示成以下的形式：

$$K = P\left(\frac{W_d}{T_d}\right)^2\left(\frac{k}{E}\right)V_{\text{in}} \tag{10.15}$$

其中 W_d 是薄膜寬度，T_d 是薄膜厚度，E 是彈性係數 (elastic coefficient)，k 為與薄膜形狀及壓阻置放位置有關的常數，V_{in} 是輸入電壓。

由上面的關係式中我們可以看出，若薄膜厚度越薄則感測出來的電壓越大，因此可以說製膜技術的優劣決定了薄膜式壓力感測元件的性能，而一般矽晶片基板上薄膜的厚度約在 $5-250\ \mu m$。

而在 1984 年 Motorola 公司研發出了利用壓阻材料植入壓力感測器的薄板，利用薄板的變形使得壓阻材料因變形而產生電阻的變化，進而透過量測電阻值的變化來換算出所量測的壓力，此量測機制稱為 Xducer。主要是利用單一電阻的設計來取得輸出的訊號，解決了傳統惠氏電橋設計上因電阻局部的溫度變化所造成的誤，其封裝方式可參考文獻 94。

(3) 電容式

一般電容式的壓力計依其基本結構形式，有單靜子及雙靜子兩種。在單靜子的結構裡，壓力是加在一可動膜片之上，使此一膜片相對於靜子來運動，而在雙靜子結構裡，承受壓力的膜片是在兩個固定電極之間。但不論那一形式的結構，其實都是一平板電容，其中一個極板有質量且可以移動，另一極板固定。電容的變化量跟壓力的關係如下[5]：

$$F = k \times \frac{D}{C_0} \times \Delta C \tag{10.16}$$

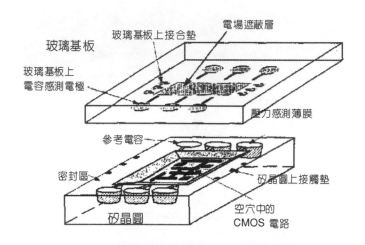

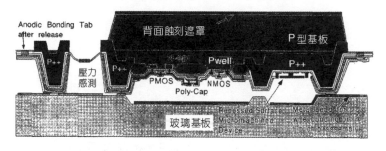

圖 10.63
電容式單石完全整合型真空密封
的 CMOS 壓力感測器[79]。

其中 F 為平板所受壓力，k 為彈性係數，ΔC 為電容變化量。因此受力跟電容的變化量成正比，只要將受力 F 除以平板面積 A，即可求得壓力大小。

　　圖 10.63 所示為單石完全整合型真空密封的 CMOS 壓力感測器[79]，主要以晶圓級的方式將介面電路直接與感測單元一體成形，採用 20 個光罩，15 個用於 2P/2M p-well 的 BiCMOS 電路，3 個用於製作感測單元，2 個則用於玻璃的製程，電路完成於矽晶圓上，再與玻璃作陽極接合，所用的 IC 製程與體微加工、面微加工相容，封裝採用了化學機械研磨 (CMP)、陽極接合、與密封式引腳轉移等技術，此感測器達到了 25 mTorr 的解析度，很適合低成本封裝。感測器包含了可程式化的切換式電容讀取電路，五組分割範圍的壓力感測單元，一個參考電容，其總面積為 $6.5 \times 7.5 \ mm^2$。由於介面電路直接密封於參考的腔體，因此可以隔離環境的寄生效應。此處真空封裝的目的為避免溫度引起的氣體膨脹、壓擠膜阻尼 (squeeze-film damping)、懸浮結構釋放前的黏著 (stiction) 等問題。

10.6.2 加速度感測器

　　加速度計的基本物理原理是一個簡單的質量－彈簧系統，如圖 10.64。使用一虎克定律 ($F = kx$，k：彈簧常數 (spring constant)) 來說明彈簧的伸長或壓縮力，配合牛頓第二定律：$F = ma$，則可以量測加速度的大小[5]。$F = ma = kx$，亦即加速度 a 會造成質量位移 $x = ma/k$，

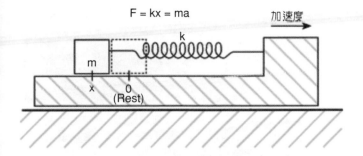

圖 10.64

利用一簡單的質量－彈簧系統量測加速度。

若能量測位移量 x，則可求出加速度 $a = (k/m)x$。

因此 Analog Devices 公司所發展的微加速度計即是使用上述的基本原理，搭配電容原理 $(C = k_c/x_0)$，利用加速度造成電容的差異進而換算出位移量，再利用位移量求出加速度大小。圖 10.65 為該公司利用雙電容系統量測加速度的示意圖。

$$C = \frac{k_c}{x_0}$$

$$C_A = \frac{k_c}{x_0 + x}$$

$$C_B = \frac{k_c}{x_0 - x}$$

$$C_A = C\frac{x_0}{x_0 + x}$$

$$C_B = C\frac{x_0}{x_0 - x}$$

$$\Delta C = C_A - C_B = Cx_0\left[\frac{1}{x_0 + x} - \frac{1}{x_0 - x}\right] = \frac{2x}{x^2 - x_0^2}Cx_0$$

假如能維持 $x \ll x_0$，則可以簡化成

$$\Delta C \approx \left(\frac{-2k_c}{x_0^2}\right)x$$

其中，k_c 為與電容極板重疊面積及其間介電常數有關的常數，x_0 為兩電極板之間未受加速度作用的距離。由上式可知電容差異值 ΔC 與位移 x 成正比關係，因此可進而求出加速度大小。至於 x 維持小變化的方法，可利用負回授的方法達成。

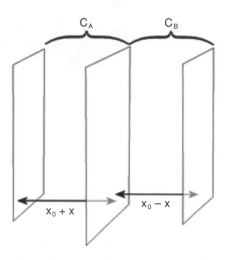

圖 10.65 利用雙電容系統量測加速度。

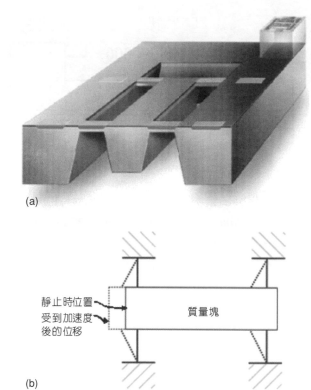

(a)

圖 10.67 利用體型加工法製
作微加速度計[78]。

(b)

圖 10.66 (a) 體型加速度計的電腦繪圖，(b) 質量
　　　　 — 彈簧系統的示意圖[78]。

(1) 製作和封裝

　　微加速度計的製造方法有體型加工法、面型加工法及壓電材料法。一般而言，體型加工法製作微加速度計是把矽或石英塊利用化學蝕刻法蝕刻去除材料，做出一個懸空搖擺的質量塊 (稱為中心感測器層，如圖 10.66)，再將其他的矽晶圓層和中心感測器層接合在一起，如圖 10.67。不過在 z 軸方向容易受外界干擾而產生共振頻率以及感測範圍較小、靈敏度較差等缺點，故一般體型加工法的製作過程較常用來製作壓力感測器。

　　利用壓電材料及其原理製作的微加速度計，雖然性能最好，但是成本卻也是最高，如圖 10.68 所示。尤其是易受外界振動干擾產生的共振以及溫度變化產生的漂移現象，是最大的缺點,也因此為了改善這項缺點,在電子電路上就必須多做許多補償的電路。

　　使用面型加工法製作加速度計時,先在矽基材上建立一層犧牲材料,接著在犧牲層上再建立一層材料,然後選擇性的去除犧牲層,即可得到所需的微結構,如圖 10.69。由於這一層是不同的結構,因此該層即可做為加速度計中可移動的質量,並應用電容感測技術來量測位移加速度,如圖 10.70。此種做法最大的優點是不受溫度變化及外界振動的干擾[78]。

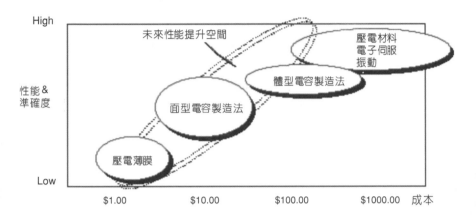

圖 10.68
製作方法的性能—
成本圖[78]。

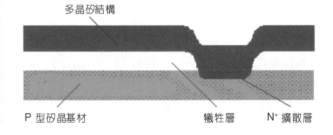

圖10.69
矽晶基材上利用犧牲層做成多晶矽懸空結構[78]。

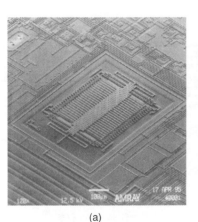

(a)　　　　　　　　　　　　　　　　(b)

圖 10.70
面型加工法製作指插型電
容微加速度計[78]。

　　藉著與 IC 製造技術相容的微加工技術，不僅可以使體積縮小，更可以大量製作許多相同的微結構在一塊矽晶圓上，並達到量產及成本降低的優點，且可以整合電子電路在單一晶片上，而不用對許多晶片進行整合封裝。

　　微加速度計以積體電路 (IC) 的型態 (如圖 10.71) 來封裝生產，具備有一些優點，並且優於以模穴置入封裝、材料充填覆蓋封裝或以銅線對外接續性的封裝。以 IC 封裝的微加速度計可以直接裝置在一個 PC 電路板上，和其他的電子元件一同搭配使用，更可以用來抵抗惡劣的工作環境[78]。

(2) 外界干擾

　　振動干擾會影響微加速度計而使檢測數據失真，如圖 10.72。尤其是利用壓電材料製成的微加速度計，隨著振動頻率的增加會更顯嚴重。因此要利用其他補償電路或裝置來補償數據。

圖 10.71
積體電路 (IC) 型態的微加速度計[78]。

雜訊底限(mg/$\sqrt{Hz}$)

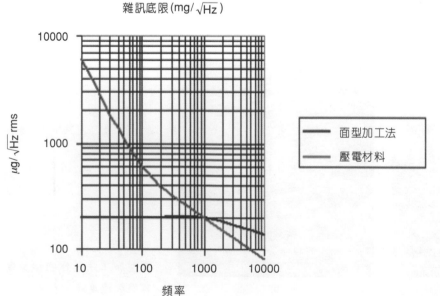

圖 10.72
振動干擾對微加速度計輸出的影響[78]。

溫度的變化一樣會造成誤差，受振動後留下的準確度是在溫度沒有變化的情況下，當壓電材料受到較高溫度的影響會產生漂移現象，因此會產生更大的誤差。

(3) 組裝使用

微加速度計係直接裝置在一個印刷電路板上 (與電子電路結合)，不必使用栓接或者膠封接合。其優點為能準確運用傾斜角或慣性，搭配靜電力，能夠使感測器元件自動對位接上電路板。缺點是對於外界振動頻率的抵抗性較差。

10.6.3 微開關

一般用來當作開關的固態元件有場效電晶體或 PIN 二極體等。但以固態元件作為開關，在高頻時插入損失 (insertion loss) 與隔離度 (isolation) 不佳，因此在高頻時會使用機械式的開關。傳統機械式開關有較佳的特性，但體積大、反應慢、單價也高，所以便引進微機電技術來解決這些問題[61]。以微機電技術製作的微型開關 (MEMS switch) 有很多優點，但微機電之多層薄膜為難度相當高之製程，因為其製程複雜，決定成敗因素眾多，亦包含一些未知的關鍵問題。但台灣晶圓代工廠的標準 CMOS 製程具有相當高的良率及穩定性，在此前題之下，設計上若結合標準 CMOS 製程技術及一至二道簡單的微機電後製程 (post processing)，即可發展出可以大量生產且具有高效能、高整合性的微陣列開關。

微開關作動方式是利用在上下電極間施一電壓差，以產生靜電力使上電極吸附於下電極，如圖 10.73 所示。

$$V_P \equiv \sqrt{\frac{8kg_0^3}{27\varepsilon A}} \tag{10.20}$$

影響驅動電壓的原因如式 (10.20) 所示[23]，包括 A (面積)、k (彈簧常數) 和 g_0 (上下電極間距離) 等。開關切換時間通常小於 100 μs，當頻率由 0 至 40 GHz 時插入損失 (insertion loss) 約在 0.1－0.3 db，隔離損失 (isolation loss) 約 –50－–25 db，大部分開關的驅動電壓都高達數十伏。

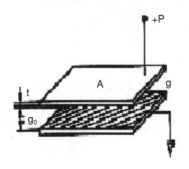

圖 10.73
施加電壓圖。

一般而言微開關大致可分為兩類，一種是金屬接觸式開關 (low loss metal contact switches)，另一種是電容式開關 (low loss capacitive switches)[4]。

(1) 接觸式開關

此開關是利用斷開的訊號線和機械式開關所組成，懸浮於間隙上之微開關有一金屬接觸片 (metal contact)，當接觸片貼上訊號線時訊號導通，其開關狀態如圖 10.74 所示。

(2) 電容式開關

圖 10.75 為電容式開關作動示意圖，此開關是控制電容值大小以決定微波訊號之通過與否，當開關薄膜往下貼近傳輸線 (transmission line) 時，微波訊號將因大電容而無法傳送；當不施靜電壓時，薄膜回到原先較高之位置時，訊號可順利導通。

$$C = \frac{\varepsilon A}{d} \tag{10.21}$$

所產生的電容值如 (10.21) 式所示，會受上下電極間距離 (d) 及介電質的介電常數 (ε) 和電極面積 (A) 的影響，因此如果想要產生一個較大的電容，在不增加面積的情況下，以縮小 d 和增加 ε 值為較佳的方法。

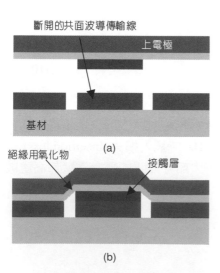

圖 10.74 接觸式開關示意圖：(a) off、
　　　　　(b) on。

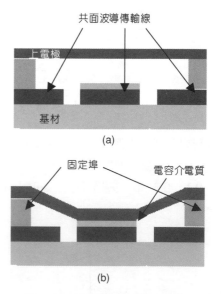

圖 10.75 電容式開關示意圖：(a) 訊號通
　　　　　過 (on)、(b) 訊號阻斷 (off)。

設計方法與考量

目前微波開關較大的問題是驅動電壓方面，如前面所提例子，其驅動電壓動輒數十伏，並不適合使用於一般通訊裝置。如式 (10.20) 所示，在考量面積 (A) 成本下，k 和 g_0 是最主要的影響，所以利用台積電穩定的薄膜製程來控制 g_0，並將支撐結構作成彎曲型式，如圖 10.76(b) 所示，是降低驅動電壓較為可行的方法。

本設計以台灣積體電路公司 (TSMC) 的 0.35 μm、0.25 μm 標準 CMOS 製程製作一個接觸式開關主體結構，再加上後製程來蝕刻犧牲層，以達到電性絕緣、懸浮結構的釋放，最後加以封裝量測，完成微開關。以下將以 0.35 μm 1P4M 為例作一說明。1P4M 剖面圖如圖 10.77 所示，是以矽為基材，其上沉積一層高分子 (poly) 和四層金屬層 (Al)，金屬層和金屬層間以二氧化矽 (oxide) 為絕緣層，金屬層和金屬層以貫穿孔 (via) 相連而成。而在後製程方面，因為此設計以金屬層 **4** 作為 RIE 的蝕刻光罩 (etching mask)，因此將不需再另行製作光罩，以金屬層 **3** 作為上電極，以濕蝕刻方式去除鋁留下 Ti 作為電鍍用起始層 (seed layer)，電鍍鎳作為上電極，以貫穿孔 **1**、金屬層 **1**、接觸層 (cont) 等作為共面波導 (coplane waveguide, CPW) 傳輸線，完成大致結構。

在完成各項設計考量後，以 Cadence 繪製布局 (layout) 圖，並經過除錯驗證後，透過國家晶片設計中心 (CIC) 下線給台灣積體電路公司 (TSMC)，圖 10.78 為一個 1500 × 1500 μm^2 大小的陣列開關布局圖。

在完成微開關後，還有一個很重要的問題，就是封裝。封裝對元件而言是相當重要的，尤其是對微開關和可變電容這種具有懸浮結構的元件更是需要注意[5]。為了使微開關更具有可行性，可設計一個特殊的封裝方式來封裝這種要避免異物或是水氣同時又有懸浮結構的元件。在此可利用玻璃來完成，首先在玻璃上蝕刻貫穿孔，如圖 10.79 所示，接著沉積一層錫鉛或錫銅合金，完成如圖 10.80 所示之上蓋，接著將上蓋與開關對準加熱，便可完成微開關。完成後之微開關即如同一個 SMT 方便使用。

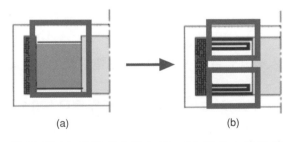

(a)   (b)

圖 10.76 (a) 懸臂式支撐結構，(b) 彎曲支撐結構。

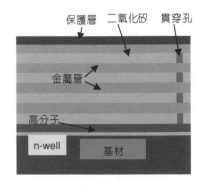

圖 10.77 TSMC 0.35 μm 1P4M 示意圖。

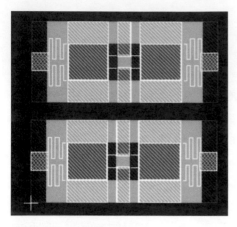

圖 10.78 開關布局圖。

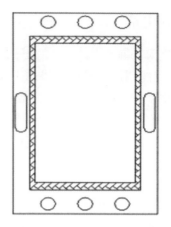

圖 10.79 蝕刻後玻璃上的貫穿孔。

圖 10.80
完成後之上蓋。

　　對一個 RF 微開關而言，封裝是一個非常關鍵的步驟，因為開關對濕氣很敏感，因此要在密閉充氮氣的空間中進行封裝。目前工業界用來封裝微機電元件，常見的有三種方法有：(1) 環氧樹脂密封法，(2) 玻璃－玻璃陽極結合，(3) 金－金接合。但以上三種方法都有兩個主要的問題：

1. 在接合過程中在環氧化合物、玻璃、金上加入濕式化合物，會在中空腔體中產生有機氣體，這對開關的可靠度有嚴重的影響。
2. 在接合過程中需加熱至 300 –400 °C 以得到較好的密封效果，但這對一般厚度只有 0.5 – 1.5 μm、長度為 250 μm –350 μm 的薄膜 (membrane) 或懸臂 (cantilever) 會產生 ± 1 –5 μm 的彎曲，使開關無法使用。

　　以上三種封裝方法較適合用來封裝加速度計、陀螺儀、迴轉儀，若要用來封裝開關則必須稍加改變，也許可以局部加熱做金與金接合，並將傳輸線以貫穿孔的方式牽至外部。

　　微開關目前已有幾種市售產品[95-97]，基本上皆以懸臂方式建構，因內建升壓器 (charge pump) 可以使用 3－5 V 作為輸入電壓，但實際驅動懸臂的電壓可達 60 V。但各廠家的封裝技術仍然不見於文獻中，學術界有關 RF 微開關的封裝可參考文獻 98。

參考文獻

1. 郭嘉龍, 半導體封裝工程, 1-2~1-5, 全華科技圖書公司 (1999).

2. 徐泰然, *MEMS & Microsystens Design and Manufacture*, pp.394-397, pp.411-414, pp.421-423 (2002).

3. R. R. Tummala, *Fundamentals of Microsystems Packaging*, pp.556-565, McGraw-Hill (2002).

4. 楊學安, 快速與局部加熱於陽極接合品質的研究應用, 台北科技大學製科所碩士論文 (2002).

5. 江志豪, 低溫共燒陶瓷於微感測器共通型封裝之研究, 台灣大學機械所碩士論文 (2002).

6. M. Tabib-Azar, *Microactuators*, Kluwer Academic Publishers (1998)

7. 賴建方, 林裕城, 微機電系統製程之接合技術, 機械月刊, **292**, 314 (1999).

8. J.-T. Huang and S.-A. Yang, *Sensor and Actuator A: Physical*, **102** (1-2), 1 (2002).

9. 朱家驊, 微機電元件等級之真空封裝可變電容, 台灣大學應用力學所碩士論文 (2002).

10. J.-T. Huang and S.-C. Cheng, *Sensor and Actuator A: Physical*, **101** (3), 269 (2002).

11. V. Dragoi, M. Alexe, M. Reiche, and U. M. Gösele, *ECS Meeting Abtracts*, **MA 99-2**, 972 (1999).

12. F. Secco d'Aragona, T. Iwamoto, H.-D. C. Chiou, and A. Mizza, *ECS Meeting Abtracts*, **MA 97-2**, 2052 (1997).

13. G. Wallis and D. I. Pomerantz, *J. Appl. Phys.*, **40**, 3946 (1969).

14. G. Klink and B. Hillerich, SPIE Conf. On Micromachined Devices and Components, Santa Clara, CA SPIE 3512, pp.50-61 (1998).

15. P. Abraham, A. Black, A. Karim, J. Piprek, Y.-J. Chiu, B. Liu, A. Shakouri, S. Mathis, E. Hu, and J. Bowers, *ECS Meeting Abtracts*, **MA 99-2**, 1023 (1999).

16. W. P. Maszara, *JES*, **138** (1), 341 (1991).

17. Q.-Y. Tong, G. Cha, R. Gafiteanu, and U. Gosele, *IEEE J. Microelectromech. Syst.*, **3**, 29 (1994).

18. L. Lin, *IEEE Trans. on Advanced Packaging*, **23**, 608 (2000).

19. R. Stengl, K. -Y. Ahn, and U. Gosele, *Jpn. J. Appl. Phys.*, **65**, 4943 (1988).

20. Q.-Y. Tong, E. Schmidt, U. M. Gosele, and M. Reiche, *Appl. Phys. Lett.*, **64**, 625 (1994).

21. W. Kern and D. A. Puotinen, *RCA Rev.*, **31**, 186 (1970).

22. M. Bergh, S. Tiensuu, N. Keskitalo, and M. Forsberg, *ECS Meeting Abtracts*, **MA 97-2**, 2097 (1997).

23. H. Schilze, translated by M. J. Lakin, New York: Springer-Verlag, 338 (1991).

24. K. Ljungberg, Y. Backlund, A. Soderbarg, M. Bergh, M. O. Andersson, and S. Bengtsson, *JES*, **142** (4), 1297 (1995).

25. S. Johansson, K. Gustafsson and J. A. Schweitz, *Sens. Mater.*, **3**,143 (1988).

26. K. B. Albangh and D. H. Rasmussen, *J. An. Ceram. Sec.*, **75** (16), 2644 (1992).

27. Y. Kana . K. Mazunori, C. Muradnm, and J. Sugaya, *Sensors and Actuators*, **A21-23**, 939 (1990).

28. Y. Arata, A. Ohmori, S. Sano, and I. Okamoto, *Trans. JWRI*, **13** (1), 35 (1984).

29. W. H. Ko, J. T. Suminto, and G. J. Yeh, *Micromachining and Micropackaging of Transducers*, eds. C. D. Fung, P. W. Cheung, W. H. Ko and D. G. Flemming, Elsevier, 41 (1985).

30. H. Takagi, R. Maeda, Y. Ando, and T. Suga, "Room Temperature Silicon Wafer Direct Bonding" in *Vacunm by Ar Beam, Irradiation, 10th Workshop on MEMS*, Nagoya. Japan, 191 (1997).

31. A. Cozma and B. Puers, *J. Micromech. Microeng.*, **5**, 98 (1995).

32. S. Johansson, K. Gustafsson, and J-A. *Schweitz, Sensors and Materials*, **4**, 209 (1988).

33. S. Johansson, K. Gustafsson, and J-A. Schweitz, *Sensors and Materials*, **3**, 143 (1988).

34. 彭成鑑，呂朝崇，氣閉式晶片級陽極接合技術，工業材料研究所技術報告編號 053870384，1998 年 6 月．

35. S. Shoji, H. Kikuchi, and H. Torigoe, "Anodic bonding below 180 °C for packaging and assembling of MEMS using lithium aluminosilicate-β-quartz glass-ceramic", *MEMS '97*, 482 (1997).

36. A. D. Brooks, R. P. Donovan, and C. A. Hardesty, *J. Electrochem. Soc.: Solid-State Science and Technology*, **119**, 545 (1972).

37. M. Esashi, A. Nakano, S. Shoji, and H. Hebiguchi, *Sensors and Actuators A*, **21-23**, 931 (1990).

38. S. Weichel, R.d. Reus, and M. Lindahl, *Sensors and Actuators A*, **170**, 179 (998).

39. P. Krause, M. Sporys, E. Obermeier, K. Lange, and S. Grigull, *Transducers'95, Int. Conf. Solid-State Sensors and Actuators*, Sweden: Stockholm, 228 (1995).

40. H. J. Quenzer, C. Dell, and B. Wagner, *IEEE*, MEMS'96, 272 (1996).

41. R. D. Reus, C. Christensen, S. Weichel, S. Bouwstra, J. Janting, G. F. Eriksen, K. Dyrbye, T. R. Brown, J. P. Krog, O. S. Jensen, and P. Gravesen, *Microelectronics Reliability*, **38**, 1251 (1998).

42. A. Berthold, L. Nicolab, P. M. Sarroa, and M. J. Vellekoop, *Sensors and Actuators*, **82**, 224 (2000).

43. C. Christensen and S. Bouwstra, *Proc. of the SPIE, The International Society for Optical Engineering*, **2879**, 288 (1996).

44. Z.-X. Xiao, G.-Y. Wu, D. Zhang, G. Zhang, Z.-H. Li, Y.-L. Hao, and Y.-Y. Wang, *Sensors and Actuators A*, **71**, 123 (1998).

45. 彭成鑑，呂朝崇，黃偉峰，潘信宏，紅外線感測元件真空式晶片級封裝用技術與矽晶片融合接合技術研究，工業材料研究所技術報告，編號 053870392，1998 年 6 月。

46. W.-F. Huang, J.-S. Shie, C. K. Lee, S. C. Gong, and C.-J Peng, *Conf. On Design, Characterization, and Packaging for MEMS and Microelectronics*, Australia: Queensland, SPIE, **3893**, 478 (1999).

47. W. H. Ko, J. Hynecek, and S. F. Boettcher, *IEEE Trans. On Electronic Devices*, **ED-26** (12), 1896 (1979).

48. C. den Besten, R. E. G van Hal, J. Munoz, and P. Bergveld, *MEMS '92*, 104 (1992).

49. F. Niklaus, H. Andersson, P. Enoksson, and G. Stemme, *Sensors and Actuators*, A92, 235 (2001).

50. F. Niklaus, P. Enoksson, E. Kälvesten, and G. Stemme, *IEEE*, 247 (2000).

51. E. Suhir, *J. Appl. Mech.*, **53**, 657 (1986).

52. Q. Y. Tong and U. Gösele, *JES*, **143** (5), 1773 (1996).

53. U. Gösele, Q. -Y. Tong, A. Schumacher, G. Kästner, M. Reiche, A. Plö 1, P. Kipperschmidt, T. -H. Lee, and W. -J. Kim, *Sensors and Actuators*, 74, 161 (1999).

54. Q. -Y. Tong, W. J. Kim, T. -H. Lee, and U. M. Gösele, *ESL*, **1** (1), 52 (1998).

55. B. Roberds and S. Farrens, *ECS Meeting Abtracts*, **MA 97-2**, 2107 (1997).

56. K. Scheerschmidt, D. Conrad, A. Belov, and H. Stenzel, *ECS Meeting Abtracts*, **MA 97-2**, 2067 (1997).

57. Tien-Hsi Lee, Ph.D. Dissertation, Duke University (1998).

58. U. M. Gösele, H. Stenzel, T. Martini, J. Steinkirchner, D. Conrad, and K. Scheerschmidt, *Appl. Phys. Lett.*, **67**, 3614 (1995).

59. K. D. Hobart, M. E. Twigg, F. J. Kub, and C. A. Desmond, *Appl. Phys. Lett.*, **72**, 1095 (1998).

60. G. L. Sun, J. Zhan, Q. -Y. Tong, S. J. Xie, Y. M. Cai, and S. J. Lu, *J. de Physique*, **49** (C4), 79 (1988).

61. D. Pasquariello, C. Hedlund, and K. Hjort, *JES*, **147** (7), 2699 (2000).

62. T. R. Chung, N. Hosoda, and T. Suga, *Appl. Phys. Lett.*, **72**, 1565 (1998).

63. Y. T. Cheng, L. Lin, and K. Najafi, *IEEE/ASME Journal of Microelectromechanical Systems*, **10** (3), 392 (2001).

64. L. Lin, Y. T. Cheng, and K. Najafi, *Japanese Journal of Applied Physics*, Part II, **11B**, 1412 (1998).

65. Y. T. Cheng, L. Lin, and K. Najafi, *IEEE/ASME Journal of Microelectromechanical Systems*, **9**, 3 (2000).

66. Y. C. Su and L. Lin, *Proceedings of IEEE Micro Electro Mechanical Systems Conference*, 50, Interlaken, Switzerland (2001).

67. J. B. Kim, M. Chiao, and L. Lin, *Proceedings of IEEE Micro Electro Mechanical Systems Conference*, 415, Las Vegas (2002).

68. C. Luo and L. Lin, *Sensors and Actuators*, **A 97-98**, 398 (2002).

69. C. Lu, L. Lin, and M. Chiao, *11th Int. Conference on Solid State Sensors and Actuators, Transducer's 01 , Technical Digest*, 214, Germany: Munich (2001).

70. A. Cao, M. Chiao, and L. Lin, *Technical Digest of Solid-State Sensors and Actuators Workshop*, 153, Hilton Head Island (2002).

71. G. H. He, L. Lin, and Y. T. Cheng, *10th Int. Conference on Solid State Sensors and Actuators, Transducer's 99, Technical Digest*, Sendai, Japan, 1312 (1999).

72. B. Langenecker, *IEEE Transactions on Sonics and Ultrasonics*, **SU-13** (1), 1 (1966).

73. R. L. Hinds, *Flip Chip Package for Micromachined Semiconductors*, United States Patent 6225692 (2001).

74. B. P. Gogoi, D. J. Monk, D. W. Odle, K. D. Neumann, D. L. JR. Hughes, J. E. Schmiesing, A. C. McNeil and R. J. August, *Integrated CMOS Capacitive Pressure Sensor*, United States Patent 20020072144.

75. S. D. Senturia, *IEEE Circuits and Devices Magazine*, **6** (6), 20 (1990).

76. *Vacuum-Sealed and Gas-Filled Micromachined Devices*, School of Electrical Engineering: Royal Institual of Technology, ISBN 91-7170-482-5 (1999).

77. M. J. Madou, *Fundamentals of Microfabrication: the Science of Miniaturization*, 2nd ed., CRC (2001).

78. ANALOG DEVICES (http://www.analog.com)

79. A. V. Chavan and K. D. Wise, *IEEE Trans. on Electron Devices*, **49** (1), Jan. (2002).

80. Harrie A. C. Tilmans, Myriam D. J. Van de Peer, and E. Beyne, *J. of Microelectromechanical Systems*, **9** (2), 206 (2000).

81. F. Niklaus, P. Enoksson, P. Griss, E. Kalvesten, and Goran Stemme, *J. of Microelectromechanical Systems*, **10** (4), 525 (2001).

82. F. Niklaus, P. Enoksson, E. Kalvesten, and G. Stemme, "Void-free Full Wafer Adhesive Bonding," *in Proc. MEMS* 2000, Miyazaki, Japan, 2000, 247 (2000).

83. F. Niklaus, P. Enoksson, E. Kalvesten, and G. Stemme, *J. Micromech. Microeng.*, **11** (2), 100 (2001)

84. 黃榮堂，楊申語，江志豪，微感測器共通型封裝的方法，2001/11/6，中華民國發明專利公告編號 512505.

85. A. Plöβl and G. Kräuter, *Materials Science and Engineering*, **R25**, 1 (1999).

86. J. Neysmith and D. F. Baldwin, *IEEE Trans. Components and Packaging Technologies*, **24** (4), 631 (2001).

87. T. Takizawa, S. Yamamoto, K. Itoi, and T. Suemasu, "Conductive Interconnections Through Thick Silicon Substrates for 3D Packaging", *MEMS 2002*, 388 (2002).

88. Y. W. Park, *et al.*, "A Novel Low-Loss Wafer-Level Packaging of RF-MEMS Devices", *MEMS 2002*, 681 (2002).

89. N. Miki, *et al.*, "A Study of Multiple Stack Silicon-Direct Wafer Bonding for MEMS Manufacturing", 407-410.

90. A. R. Mirza, "One Micron Precision, Wafer-Level Aligned Bonding for Interconnect, MEMS and Packaging Applications", *2000 Electronic Components and Technology Conference*, 676 (2000).

91. A. R. Mirza, "Wafer-Level Packaging Technology for MEMS", *2000 Inter Society Conference on Thermal Phenomena*, 676 (2000).

92. P. Lindner, V. Dragoi, T. Glinsner, C. Schacfer, and R. Islam, "3D Interconnect through Aligned Wafer Level Bonding", *2002 Electronic Components and Technology Conference*, 1439 (2002).

93. J. H. Lau, *Chip on Board*, New York: Van Nostrand Reinhold (1994).

94. Motorola, *Sensor Device Data Handbook*, 4th ed., Phoenix, AZ: Motorola. Inc. (1998).

95. A. P. de Silva, C. Vaughan, D. Frear, L. Liu, S. M. Kuo, J. Forertner, J. Drye, J. Abrokwah, H. Hughes, C. Amrine, C. Butler, S. Markgraf, H. Denton, and S. Springer, "Motora MEMS Switch Technology for High Frequency Applicationa", *Microelectromechanical Systems Conference*, 22 (2001).

96. S. Adumder, J. Lampen, R. Morrison, and J. Maciel, *IEEE Instrument & Measurement Magazine*, **6** (1), 12 (2003).

97. RF MEMS Switch and Relay Solutions, www.teravicta.com

98. A. Margomenos and L. P. B. Katehi, "DC to 40 GHz On-wafer Package for RF MEMS Switches", *Electrical Performance of Electronic Packaging*, 91 (2002).

第十一章　檢測技術

11.1 基礎檢測技術

　　薄膜厚度、材料複折射率、表面粗糙度、表面微粒子、體積微粒子及次表面缺陷等品質監控是半導體製程工業的重要研發與製程工作。傳統上的表面形狀檢測依所要求之空間解析度不同，使用不同之顯微鏡或其他種接觸及非接觸式量測儀器。隨著高密度積體電路的開發，產品的電流、電阻值也是亟需知道的特性，本節將就目前所使用的一些基礎檢測技術作一介紹。

11.1.1 四點探針

　　在微機電子系統或產品中，電阻率 (resistivity) 是檢驗成品瑕疵的指數之一。因為半導體中的載子(carrier) 活動能力與溫度、晶體瑕疵密度及純度等有關，因此電阻率就成為檢驗時相當重要的參數。四點探針量測[1] 的基本原理是利用霍爾效應 (Hall effect) 來進行量測，其可用來測定載子的活動能力高低。而霍爾效應量測的基本原理是當電流流過一施加磁場的導體中，磁場會對移動中的電荷載子產生橫向力，造成載子被推向導體的一邊，而當兩側累積的正負電荷越來越多時，最後就會和磁場所產生的磁力方向相反而抵銷，如此一來電荷就不再堆積，此時就會在導體兩側產生電位差，這種現象在細長的平板導體最常發生。這種可量測出橫向電位的現象就稱為霍爾效應。目前最常使用來量測半導體電阻率的儀器為四點探針 (four point probe)，即是採用此一原理。

　　四點探針包含四支線性排列且相當尖細的鎢探針。在進行量測時，這些探針會接觸待測樣品表面，如圖 11.1 所示。已知的電流 I 流過外側兩支探針，而內側二支探針之開路 (open current) 電壓 V 可經由量測而得。理想上此一電壓量測是不會影響原本電流 I 之大小。假設待測樣品的體積是無限大，且探針之間的距離均相等為 s，則此一半無限 (semi-infinite) 體積待測樣品之電阻率為

$$\rho_0 = 2\pi s \cdot \frac{V}{I} \tag{11.1}$$

第11.1 節作者為李舒昇小姐、黃念祖先生、陳逸文先生、李世光先生和李兆祜先生。

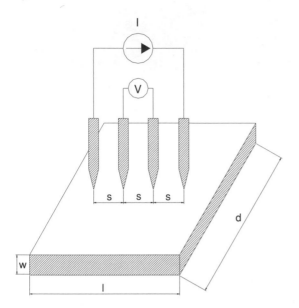

圖 11.1

四點探針量測之探針位置與量測方法示意圖。

　　在方程式 (11.1) 中，ρ_0 是表示量測到的電阻率，如果待測樣品是半無限體積，則量測到的電阻率與實際的電阻率相等，即待測樣品的電阻率當然是由方程式 (11.1) 中的數值推得。事實上，待測樣品的大小有限，所以通常量測到的電阻率不等於實際的電阻率。Valdes 推導出六個不同邊界狀況下的修正參數[2]，並顯示通常任何一支探針距待測樣品邊界之最近距離大於 5s 時，電阻率不需要修正。

　　另外一種狀況是：待測樣品的厚度 w 小於或等於 5s，可以利用下列方程式計算出真正電阻率：

$$\rho = a \cdot 2\pi s \cdot \frac{V}{I} = a \cdot \rho_0 \tag{11.2}$$

其中 a 是厚度的修正參數，此一修正參數的數值曲線如圖 11.2 所示。

　　檢驗此一曲線圖可以看出厚度與探針間距比值大於 5 時，相關的修正數值為單位值。因此，待測樣品厚度是探針間距 5 倍時，不需要任何的厚度修正參數。典型的探針間距是 25－60 mils，而通常拿來量測的晶圓厚度只有 10－20 mils，所以很不幸的我們無法忽略此一厚度修正參數。再觀察此一修正曲線，當 w/s 小於或等於 5 時，此一曲線接近直線。因為此曲線圖為對數－對數之座標系，因此本直線的方程式為

$$a = K\left(\frac{w}{s}\right)^m \tag{11.3}$$

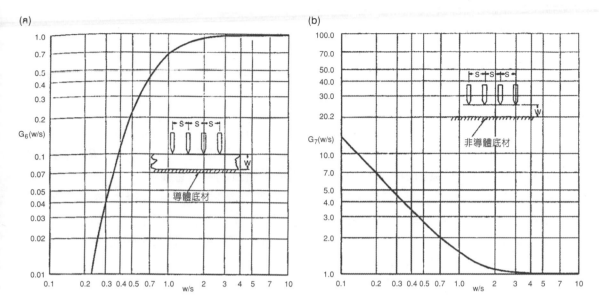

圖 11.2 (a) 底面為導體之條件下，厚度的修正參數 $a(G_6)$ 的數值曲線圖。(b) 底面為非導體之條件下，厚度的修正參數 $a(G_7)$ 的數值曲線圖[2]。

其中當 $w/s = 1$ 時，K 會相當於 a；而 m 是此直線的斜率。檢查 $m = 1$ 的案例，利用外差法，在 $w/s = -1$ 時，得到 $K = 0.72$ (此一數值是 $1/(2\ln2)$)。因此每一片晶圓厚度相等或小於探針間距的二分之一，則 $a = 0.72 \, w/s$。將此一數值代入前述基本方程式，可以得到

$$\rho = 2a\pi s \cdot \frac{V}{I} = 4.53w \cdot \frac{V}{I} \, , \qquad \frac{w}{s} \leq 0.5 \tag{11.4}$$

當實驗室中使用的待測樣品符合二分之一關係，則可以使用方程式 (11.4) 來決定 ρ 數值。通常對於每一個實驗的開始材料，我們會進行電阻值 R 量測。此一數值 R 將可對應至底材 (bulk) 電阻值，此一電阻值的單位是 ohm·cm。

如果方程式 (11.4) 的兩邊同除厚度 w，則

$$R_s = \frac{\rho}{w} = 4.53 \cdot \frac{V}{I} \, , \qquad \frac{w}{s} \leq 0.5 \tag{11.5}$$

上式的 R_s 稱為片電阻值 (sheet resistance)。當厚度 w 非常小，可能是擴散層 (diffused layer) 的時候，則通常量測片電阻值。值得注意的是 R_s 與幾何尺寸無關，只是材料本身的函數。片電阻值的重要性從長方形待測樣品的端點對端點電阻值可看出端倪。

從相似的電阻公式

$$R = \rho \frac{l}{A} = \rho \frac{l}{wd} \tag{11.6}$$

其中 A 指此一長方形之面積，單位為長度之平方 (square)，如果 $d = l$ (正方形)，我們可得 $R = \rho/w = R_s$，因此 R_s 可以解釋為一正方形待測樣品的電阻值，正因如此，R_s 的單位是 ohm/sq，即每平方單位歐姆值，此一單位顯示出片電阻值的幾何意義。

　　至目前為止，我們討論的電阻率量測是建立在假設待測樣品的尺寸大於探針間距，因此通常在底材電阻率的量測中邊界 (edge) 效應可被忽略。然而片電阻值是在晶圓的測試區域中進行量測，通常測試區的尺寸是 2.9 mm × 5.9 mm，與探針間距 (25 mils) 相差不大。為得到精確的量測結果，需要修正邊界效應，所以

$$R_s = C \cdot \frac{V}{I} \tag{11.7}$$

其中 C 是修正因子 (geometric correction factor)。要注意的是當待測樣品的邊界尺寸最短者 (d) 與探針間距 s 之比值大於 40，即 $d/s > 40$ 時，則修正因子 $C = 4.53$。此一數值即是方程式 (11.5) 中的相乘因子 (multiplier)。

11.1.2 表面粗度儀

　　表面粗度儀 (alpha-step profilometer)[3] 是用來量測物體的表面輪廓，藉由表面輪廓可知所製作的樣品之粗糙度，判斷製作成品之精度良莠。表面粗度儀是利用鑽石所製作的尖頭探針去掃描物體表面，以得到表面輪廓的資訊。與所有的尖頭探針特性相同，此一探針與掃描物體相互作用的掃描區域是有限的。如圖 11.3 所示，探針掃描的運動軌跡橫過物體表面，並且利用一導體感測器記錄了針尖的垂直運動變化。經由針尖運動產生的訊號，可以顯示待測物體的二維表面輪廓。在量測過程中，環境因素對於表面粗度儀的量測結果影響相當大，聲學、機械力學、熱力學與電子的雜訊，可能對量測數據產生干擾，地板的振動必須維持在 0.2 mG 以下。雖然此工具通常放置於與振動隔絕的防震桌，但在操作儀器進行掃描時，應避免碰觸到放置表面粗度儀的桌子。

11.1.3 積分球儀

　　以散射光方法量測光學元件表面特性之方法，最早發表在 1961 年，由位於美國猶他州

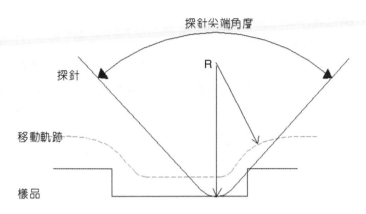

探針尖端角度

探針

R

移動軌跡

樣品

圖 11.3
表面粗度儀探針量測範圍示意圖。

中國湖的美國海軍武器實驗室 (China Lake Naval Weapons Center) 之 H. E. Bennett 及 J. O. Porteus 所發表的一篇論文中[4]。該論文詳細的定義出總積分散射光 (total integrated scatter, TIS)，同時並以散射理論推導其與表面均方根粗糙度之關係式。除了建構出理論架構外，Bennet 等人並製作了第一台總積分散射光度量儀 (TIS instrument)，用以量測光學元件表面均方根粗糙度值，當時採用一 Coblentz sphere 來收集不同空間頻譜之散射光。近來 TIS 散射儀的 Coblentz sphere 已漸由積分球 (integrating sphere) 替代。在目前商業化的 TIS 散射儀設計中，入射角均小於 10°，且僅以純量散射理論做 TIS 與表面均方根粗糙度分析，同時在分析時均不考慮入射檢測光的偏極態。

積分球分析儀 (integrating sphere analyzer) 原理則是以積分球去量測背向散射光，再以散射理論反算表面性質或缺陷等。要量測表面微均方根粗糙度須使反射光訊號最強，故通常均選擇表面材料之布魯斯特角 (Brewster angle) 為入射角，而入射光之偏極態則選擇 s 光 (s-wave)。在此狀況下，部份入射光將穿透表面材料進入裡層，而散射光訊號則主要由表面粗糙引起，根據散射理論推導其表面粗糙度，可以有下列關係式。總積分散射光值 TIS[4]：

$$TIS = \frac{I_s}{I_r} = \left(\frac{4\pi\sigma\cos\theta}{\lambda} \right)^2 \tag{11.8}$$

其中 I_s 是散射光總能量，I_r 是總反射光能量 (散射光能量加鏡面反射光能量)，θ 是入射角，λ 是波長，σ 是微均方根粗糙度，TIS 是總積分散射光。此時即可以積分球分析儀來量出總積分散射光值 TIS。再根據公式 (11.8) 移項可得

$$\sigma = \left(\frac{\lambda}{4\pi\cos\theta} \right)\sqrt{TIS} \tag{11.9}$$

即可反算求得物體表面之微均方根粗糙度。

當偵測入射光 (probing light) 掃描到微粒子時，會在背景散射光訊號上產生一突波 (burst) 事件光訊號，此突波事件的經歷時間、強度與微粒子尺寸及材料等性質有關。在已有圖案 (pattern) 的晶圓中，微粒子掃描器典型規格要求為能搜尋出線寬尺寸 1/10 的微粒子。若考慮能搜尋出目前半導體 1.3 μm 線寬尺寸十分之一微粒子的系統功能需求[5]，此一積分球儀之設計依照散射理論，微粒子訊號下降與其截面積 (或半徑平方) 成正比，因此有一種在已有樣式的晶圓中偵測表面微粒子之方法，乃是利用微粒子訊號較線寬訊號下降更快的現象來進行檢測。而典型的訊號格式如圖 11.4 所示，其中 x 軸是取樣點數，y 軸是光檢測器經放大器後所量得的光訊號電壓值。

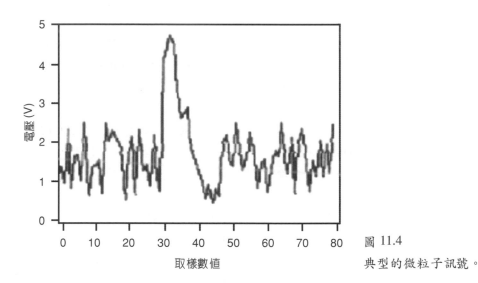

圖 11.4
典型的微粒子訊號。

在檢測體積微粒子部分，須使偵測入射光最強，故入射角仍選擇表面材料之布魯斯特角，而入射光之偏極態則選擇 p 光 (p-wave)。此時大部分入射光將穿透表面材料進入裡層，少部分散射光乃因表面粗糙度引起。在此情況下背景散射光將小於前述之 s 光入射例子。當偵測入射光掃描到體積微粒子時，亦會在背景散射光訊號上產生一突波事件光訊號。同樣地，此突波事件的經歷時間、強度將與微粒子尺寸及材料有關。

次表面缺陷檢測方式如同上段所述，為使探測光最強，入射角仍選擇表面材料之布魯斯特角，且入射光之偏極態亦選擇 p 光。此時大部分入射光將穿透表面材料進入裡層，少部分散射光乃因表面粗糙度引起，在此情況下背景散射光將小於前述之 s 光入射例子。當偵測入射光掃描到如裂紋 (crack) 的缺陷時，將會在背景散射光訊號上產生二突波事件光訊號。此二突波事件訊號的經歷時間、大小及重疊程度決定於裂紋尺寸及探測光束大小。

執行完上述 s 光、p 光掃描後，表面微方均根粗糙度值、表面微粒子尺寸、體積微粒子尺寸及次表面缺陷已大致獲得，即可得知待測物品表面的所有相關數值。

11.1.4 橢圓偏光儀

橢圓偏光儀 (ellipsometer) 簡稱橢偏儀，也是一種常用的表面微粒子尺寸及粗糙度的量測方法。由於橢圓偏光儀在量測薄膜厚度與複折射率上，是目前最為準確且解析度最高的儀器，因此，其不僅已經成功而廣泛應用在半導體產業，在光學鍍膜與化學工業中的使用也相當多。可量測的範圍有：矽晶圓的氧化膜、氮化膜、矽鍺膜、金屬材料表面吸附膜、鋇磷表面上各種膜、ion-assisted film growth of zirconium dioxide、electrochemical studies of oxides on metals、amorphous hydrogenated carbon films、optical propertied of sputtered chromium suboxide thin films、ITO 透明導電膜。

橢圓偏光儀此種量測方法是使用全光譜橢圓偏光儀 (spectroscopic ellipsometer) 量測橢圓函數，再藉由等效介質層模型 (EMA models) 以反算粗糙度[6-7]。橢偏儀的種類計有：零值型橢偏儀 (null ellipsometer)[8-10]、旋轉偏極板型橢偏儀 (rotating-polarizer ellipsometer)[11]、旋轉分析板型橢偏儀 (rotating-analyzer ellipsometer)[12-16]、旋轉波板型橢偏儀 (rotating-compensator ellipsometer)[17]、相位調制型橢偏儀 (phase-modulation ellipsometer)[18-24]、微調制型橢偏儀 (small-modulation ellipsometer)[25]、雙調制干涉型橢偏儀 (dual-modulation interferometric ellipsometer)[26]、分析板偏移型橢偏儀 (analyzer-shifting ellipsometer)[27]、複合分光型橢偏儀 (compound-splitting ellipsometer)[28]、相位偏移型橢偏儀 (phase-shifting ellipsometer)[29]，以及相位解析型橢偏儀 (phase-analysis ellipsometer)。

橢圓偏光儀之目的為量測薄膜之厚度 t 及薄膜或基材之折射率 (refraction index)，n 值，及消光係數 (extinction coefficient)，k 值。基本上，其假設入射光為單頻平面波，故其電場向量可表示如式(11.10)：

$$\mathbf{E} = \mathbf{E}_0 \exp\left(-j\frac{2\pi N z}{\lambda}\right) \exp(j\omega t) = \mathbf{E}_0 e^{j(\omega t - Kz)} \tag{11.10}$$

其中 $K = 2\pi/\lambda' = 2\pi N/\lambda$，$N = n - jk$ 表示複折射率 (complex refractive index)，n 為折射率，k 為消光係數(extinction coefficient)，λ 為波長，ω 為角頻率。

假設待測試件為光學等向性結構 (如圖 11.5 所示)，則

$$E_{rp} = R_p E_{ip} \tag{11.11}$$
$$E_{rs} = R_s E_{is} \tag{11.12}$$

其中 E_{rp}、E_{ip} 為反射光之 p 光及入射光之 p 光，E_{rs}、E_{is} 為反射光之 s 光及入射光之 s 光，R_p、R_s 代表 p 光及 s 光之複反射係數。

定義橢圓函數 ρ 為：

$$\rho = \frac{R_p}{R_s} = \tan\psi \exp(j\Delta) \, , \begin{cases} 0° \leq \psi \leq 90° \\ 0° \leq \Delta \leq 360° \end{cases} \tag{11.13}$$

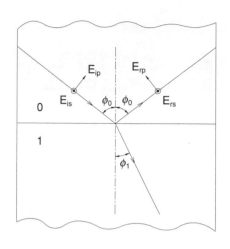

圖11.5

入射光、反射光及折射光之關係。

其中 $\tan\psi = |R_p|/|R_s|$ 為相對振幅衰減，$\Delta = \arg(R_p) - \arg(R_s)$ 乃是相對相角偏移，而 ψ、Δ 皆稱為橢圓角 (ellipsometric angle)[30]。

橢圓偏光儀之一般架構如圖 11.6 所示為 PMSA 組態；其中 P 代表偏極板 (polarizer)，M 代表相位延遲板 (phase retarder)，S 代表試件 (sample)，A 代表分析板 (analyzer)。

P、M、S、A 各元件對電場之影響可以用公式 (11.14) − (11.17) 之瓊斯矩陣 (Jones matrix) 表示。

$$\mathbf{P} = \begin{bmatrix} \cos^2 P & \sin P\cos P \\ \sin P\cos P & \sin^2 P \end{bmatrix} \tag{11.14}$$

$$\mathbf{M} = \begin{bmatrix} e^{j\frac{\delta}{2}}\cos^2 M + e^{-j\frac{\delta}{2}}\sin^2 M & 2j\sin M\cos M\sin\left(\dfrac{\delta}{2}\right) \\ 2j\sin M\cos M\sin\left(\dfrac{\delta}{2}\right) & e^{-j\frac{\delta}{2}}\cos^2 M + e^{j\frac{\delta}{2}}\sin^2 M \end{bmatrix} \tag{11.15}$$

$$\mathbf{S} = \begin{bmatrix} \tan\psi e^{j\Delta} & 0 \\ 0 & 1 \end{bmatrix} \tag{11.16}$$

$$\mathbf{A} = \begin{bmatrix} \cos^2 A & \sin A\cos A \\ \sin A\cos A & \sin^2 A \end{bmatrix} \tag{11.17}$$

其中，P 為偏極板之穿透軸角座標，M 是相位延遲板之快軸角座標，δ 為相位延遲板之相位延遲量，ψ、Δ 為試件之橢圓角，A 是分析板之穿透軸角座標。若入射光之電場向量為 $\mathbf{E}_i$，經過各元件之影響後，其電場向量 $\mathbf{E}_r$ 可以表示如式 (11.18)

$$\mathbf{E}_r = \mathbf{ASMPE}_i \tag{11.18}$$

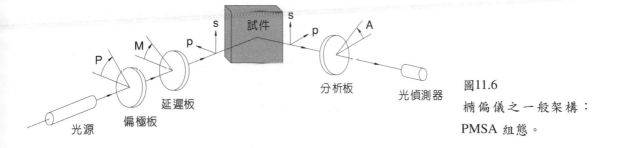

圖11.6
橢偏儀之一般架構:
PMSA 組態。

故其光強 I 可以整理表示如式 (11.19):

$$I = G\mathbf{E}_r^+\mathbf{E}_r = G(\mathbf{ASMPE}_i)^+ (\mathbf{ASMPE}_i) \tag{11.19}$$
$$= G(I_0 + I_s \sin\delta + I_c\cos\delta)$$

其中 $\mathbf{E}_r^+$ 是 $\mathbf{E}_r$ 的共軛複數,G 為一常數,且

$$I_0 = (1 - \cos2\psi \cos2A) + \cos2M \cos2(M - P)(\cos2A - \cos2\psi) \tag{11.20}$$
$$+ \sin2A \cos\Delta \ \sin2\psi \sin2M \cos2(M - P)$$
$$= I_0(\psi, \Delta, P, M, A)$$
$$I_s = -\sin2\psi \sin2A \sin2(M - P) \sin\Delta \tag{11.21}$$
$$= I_s(\psi, \Delta, P, M, A)$$
$$I_c = -\sin2(M - P)\big[\sin2M (\cos2\psi - \cos2A) \tag{11.22}$$
$$+ \sin2\psi \cos2M \sin2A \cos\Delta\big]$$
$$= I_c(\psi, \Delta, P, M, A)$$

若已知某些膜層及基材之膜厚與材料參數,且由實驗量測求得橢圓函數 ρ(或橢圓角:ψ 及 Δ),則未知膜層參數 t、折射率 n,以及消光係數 k 值可以利用反算技巧求得。然而已知橢圓函數及其他參數時,所解得之膜厚 t、折射率 n 與消光係數 k,並非唯一。故我們必須先控制幾個參數來得到橢圓函數值,再藉由計算值和實驗值的不同而逼近,迭代出正確的值。

橢圓偏光術之實施步驟舉例如下:
(1) 變更波長或入射角,以得到不同之實驗資料組 (ψ_m, Δ_m)。
(2) 猜測一組解 (t_1, n_1, k_1)。
(3) 根據 (t_1, n_1, k_1) 及其他已知參數得到另一組實驗資料組 (ψ_c, Δ_c)。
(4) 計算誤差函數 f。
(5) 反算:尋求另一組解 (t_1, n_1, k_1),使誤差函數 f 為最小值。

因為運算可改變的參數很多,使用者在實驗結果求出後,必須藉由上述步驟 (1)−(2) 來決定一些未知的參數,進而求解,但此非正解,而是需藉此解再反算之前的未知參數,進而求出誤差函數最小時即為所求；換言之，此反算動作必須重複至求得正確之未知膜層參數 t、折射率 n 值和消光係數 k 值。所以先建立一資料庫是相當重要之工作，可減少試誤 (try and error) 的次數與運算量，進而快速獲得所要之答案[31-32]。

11.1.5 微／奈米硬度計(微／奈米壓痕測試儀)

11.1.5.1 前言

壓痕與刮痕測試 (indentation and scratch test) 是兩種在微觀尺度上研究材料 (或薄膜材料) 機械性質與加工行為常用到的方法，其應用範圍包括量測表面結構之彈性係數、微硬度、磨耗特性及黏著強度 (adhesion) 等機械性質。壓痕測試係利用鑽石針尖 (diamond tip) 將之壓入材料表面以量測材料的硬度 (hardness)，也有人利用壓痕測試來量測材料的彈性係數 (elastic modulus)；而刮痕測試一般係利用一個逐漸加載 (ramped loading) 的鑽石針尖在試片表面刮動，直到造成材料表面破壞或脫層 (failure or de-lamination)，來量測薄膜與基材間的黏著強度。傳統的壓痕測試須待壓痕測試儀針尖完全離開材料表面後，對殘留在材料表面的凹痕進行針尖與材料接觸面積 (contact area) 量測。然而接觸面積大小係屬於微米以下等級，以其光學影像 (optical image) 直接量測甚是不易，故通常改採直接量測凹痕深度，再由已知的針尖幾何形狀計算出針尖與材料的接觸面積，因此微／奈米壓痕測試一般亦稱為深度感測壓痕測試 (depth sensing indentation, DSI)[33]。

圖 11.7 所示係典型的微／奈米壓痕測試一個完整施力週期的各個階段示意圖。通常加載方式有兩種：一種是採取連續加載直到最大負載；另一種則是逐次加載，而各次加載可能緊接著部分卸載 (partial unloading)。透過部分卸載的過程可以量測所謂的接觸剛性 (contact stiffness, dP/dh)，繼以導出彈性係數和硬度。經由連續部分卸載的操作，壓痕測試可找出彈性係數、硬度與扎入深度的關係。除了間歇性的部分卸載外，接觸剛性的量測亦可利用交變負載 (AC ripple) 的方式來達成。

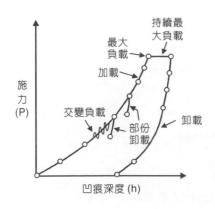

圖 11.7
典型微／奈米壓痕測試一個完整施力週期的各個階段示意圖。

第 11.1.5 節作者為吳乾埼先生及吳才偉先生。

壓痕測試儀的加載控制方式分為兩種：一種是負載控制 (load control)，另一種則是壓痕器深度控制 (depth control)；就實際執行而言，因為材料變形屬於三維問題 (three dimensional problem)，使得負載控制要比深度控制容易得多[34]。壓痕測試的施力數量級一般而言為毫牛頓 (millinewton, 10^{-3} N)，而力的量測解析度則要求小至微牛頓 (micro-newton, 10^{-6} N) 等級。壓痕測試結果的可靠性取決於實驗數據的分析程序。周延的分析程序不僅可求得材料的彈性模數與硬度，同時也修正可能的系統誤差 (systematic error)。然而，如何將深度量測方法以及量測數據的判讀統一，使薄膜硬度量測形成一具標準化的程序，到目前尚無定論[35]。圖 11.8 所示係常用的幾種壓痕器形狀，它同時顯示了各式壓痕器的壓痕測試參數 (indentation parameter)。

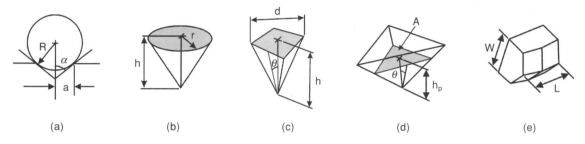

圖 11.8 常用的幾種壓痕器形狀：(a) 球狀，(b) 圓錐狀，(c) Vickers，(d) Berkovich，(e) Knoop。

交變負載壓痕測試技術 (AC-indentation) 係由 Pethica 氏與 Oliver 氏兩人於 1988 年首次提出，並應用在奈米壓痕測試儀 (nanoindenter)[36]。他們利用一微小的交變電流經過線圈所產生的交變負載 (modulated AC load) 來進行壓痕測試。

本文將探討壓痕測試儀的基本結構、操作原理及數據分析。我們將以鍍在矽基板上一微米厚之鋁膜為範例，詳加解釋交變負載壓痕測試方法及其理論，將以實際測試結果來說明為何交變負載優於單調負載。數項可能影響硬度測試準確性與再現性的因素，諸如探針的位移速率、物質的應變率、測試深度零點的決定以及卸載曲線的決定等也將一一於文中討論。

11.1.5.2 壓痕測試實驗

(1) 具有交變負載能力的壓痕測試系統

利用壓痕測試系統中的伺服驅動結構 (servo-driving mechanism)[37]，我們可以將單調負載加以調變來產生交變負載的功能，圖 11.9 所示即一典型經調變後在交變負載下探針位移與時間的關係圖 (即 IND 曲線)，放大插圖內顯示探針位移調變後的細部結構。壓痕器的加載與卸載速率分別為 2.6 nm/s 與 5.2 nm/s，調變位移之波峰和波谷波幅 (peak-to-peak amplitude) 為 20 nm (易言之，ΔIND = 20 nm)，相應之調變頻率 (modulation freqency) f_0 為 10 Hz。值得注意的是該調變波幅與調變頻率的選擇取決於壓痕器的位移速率。

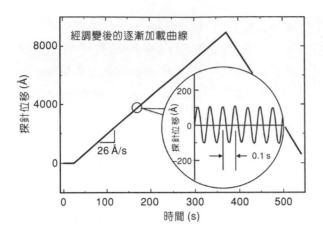

圖 11.9
典型交變負載下探針位移與時間的關係圖。
放大插圖內顯示探針位移調變的細部結構。

　　圖 11.10 所示係一具備交變負載量測能力的壓痕測試儀之操作方塊圖。該系統除了利用
從電容式探測器 (capacitance probe) 的直流輸出 (DC output) 取得探針的扎入深度與負載之外
(參見圖 11.10 中的 IND 與 LC)，該系統另採用兩套鎖相放大器 (lock-in amplifier) 來監控交
變負載在頻率 f_0 之波幅 (即 ΔIND 與 ΔLC)。

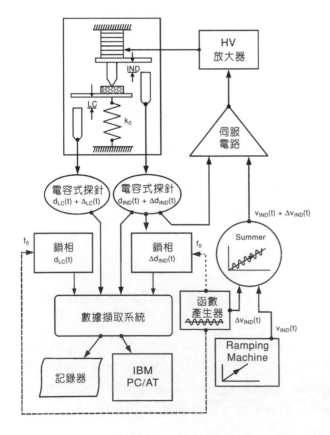

圖 11.10
具備交變負載量測能力壓痕測試儀之操作方
塊圖。

(2) 試片與測試條件

① 深度式硬度與光學式硬度

　　為探究深度量測與光學量測的差異，以及該差異對硬度與彈性係數比值 (H/E ratio) 的關係，我們選擇 H/E 比值差距明顯的兩種試片：一為單晶 Cu⟨110⟩，另一為鍍在 Si⟨110⟩ 基材上 2 μm 厚之 Cr 金屬膜，兩試片 H/E 比值分別為 0.0055 與 0.027。兩試片皆用同一個 Berkovich 型式的壓痕器於相同的條件下進行壓痕測試。測試後利用掃描式電子顯微鏡 (SEM) 進行試片檢查，並量出試片表面殘留的凹痕投影面積，以計算試片的硬度值。

② 交變負載之壓痕測試

　　為驗證交變負載壓痕測試技術的可行性，我們選擇了 Si ⟨110⟩ 晶片與一 Si ⟨110⟩ 晶片上鍍有 1 μm 厚 Al 金屬膜的試片進行實驗比較。由於兩試片的機械行為差異甚大，若本文提出的技術對該二試片測試均可獲得驗證，則交變負載壓痕測試技術將可適用於寬廣的材料範圍。測試 Si ⟨100⟩ 試片時採用的交變負載頻率 f_0 為 10 Hz，交變負載波幅 ΔIND 為 10 nm；而對於鍍有 1 μm 厚 Al 金屬膜的 Si ⟨100⟩ 試片，仍採用 10 Hz 交變負載頻率，但交變負載波幅 ΔIND 則採用 20 nm。兩試片壓痕器的速度相同：加載時均為 2.6 nm/s，卸載時均為 5.2 nm/s。

③ 應變率效應

　　我們利用一 0.85 μm 厚、濺鍍 (sputtering deposition) 在覆蓋了一層 SiO$_2$ 的矽晶片上之 Al-2%Si 薄膜，來研究物質應變率對微硬度 (microhardness) 量測的影響。實驗採用 2.5、5.0、7.5 與 10.0 nm/s 等四種不同的加載速率 (loading speed)，但卸載速率 (unloading speed) 則均維持為 10 nm/s。實驗時採用 Berkovich 型式的壓痕器，並進行單調加載與交變負載兩種壓痕測試方式。

11.1.5.3 理論背景

(1) 深度式硬度與光學式硬度

　　圖 11.11 所示係光學式硬度的量測流程圖，依照這個流程所得到的硬度量測值即所謂的光學式硬度 (optical hardness)。Vickers 與 Knoop 硬度計所量測到的均屬於光學式硬度。深度式硬度與光學式硬度的量測方式接近，但深度式硬度比光學式硬度具有更高的解析度 (resolution) 與靈敏度 (sensitivity)。圖 11.12 所示為深度式硬度的量測流程圖，依照這個流程所得到的硬度量測值即所謂的深度式硬度 (depth hardness)。

　　圖 11.13 所示係單晶 Cu ⟨110⟩ 壓痕測試結果，實驗顯示光學式硬度與深度式硬度的測試結果甚為接近。圖 11.14 所示係濺鍍在 Si ⟨100⟩ 基材上之 2 μm 厚的 Cr 金屬膜的壓痕測試結果，該結果在壓痕器扎入深度大於 0.1 μm 時，出現光學式硬度小於深度式硬度的異常現象。

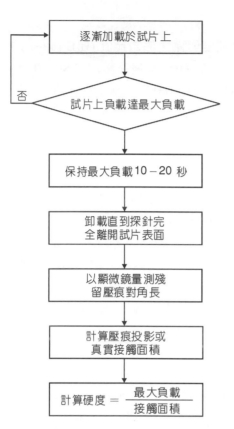

圖 11.11 光學式硬度的量測流程圖。

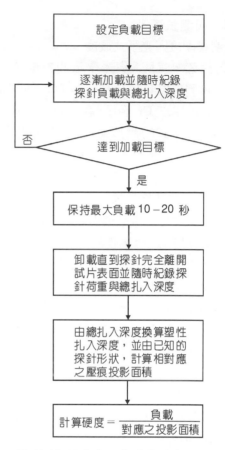

圖 11.12 深度式硬度的量測流程圖。

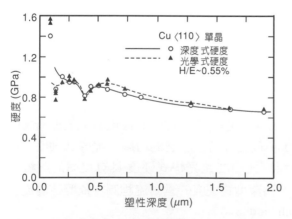

圖 11.13 Cu ⟨110⟩ 的深度式硬度與光學式硬度，
兩者量測值甚為接近。

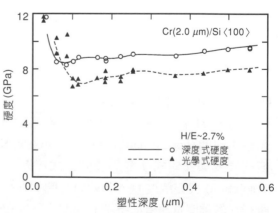

圖 11.14 Cr(2 μm)/Si ⟨100⟩ 膜系的深度式硬度與
光學式硬度，深度式硬度大於光學式
硬度，只有在壓痕器扎入深度較淺時
例外。

　　圖 11.15 所示係一低 H/E 比材料 (例如 Cu) 在硬度測試時壓痕形狀隨著負載之演變。由於 H/E 比值低，材料塑性變形大，壓痕形狀接近於探針幾何形狀，因此，兩種硬度測試值相近。反之，如圖 11.16 所示，如果 H/E 比值高 (例如 Cr)，則材料之彈性恢復性 (elastic recovery) 大，因此所計算出之硬度值也相對偏高。

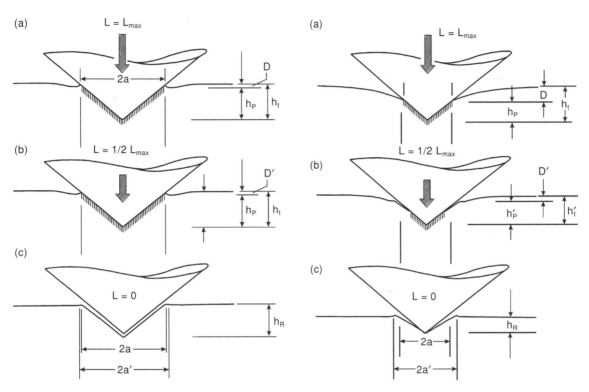

圖 11.15 壓痕測試低 H/E 比材料所呈現的凹痕　　　圖 11.16 壓痕測試高 H/E 比材料所呈現的凹痕
　　　　　形狀演變。　　　　　　　　　　　　　　　　　　　　形狀演變。

(2) 單調加載壓痕測試與鋸齒形加載壓痕測試

　　圖 11.17 所示係傳統單調加載壓痕測試數據分析流程圖，該分析流程的關鍵步驟有三：① 壓痕器總扎入深度零點的決定；② 卸載斜率 (unloading slope, S) 的取得；③ 總深度 (total depth, h_t) 與塑性深度 (plastic depth, h_p) 間的轉換。傳統上取得塑性扎入深度的辦法是設法從總深度 h_t 中扣除彈性變形所造成的扎入深度[37-39]；壓痕測試一般只包含一個加載階段和一個卸載階段，因而只能提供 $h_p - h_t$ 圖上一個點 (h_p, h_t) 或在 $S - h_p$ 圖的一個點 (S, h_p) (參見圖 11.17)，必須透過多次不同負載的壓痕測試，方能找到 h_p 與 h_t 的相對關係，然後利用曲線擬合 (curve fitting) 求出 h_p 與 h_t 相應的經驗方程式。同樣地，我們也可以經由相同的步驟而求得 $S - h_p$ 的關係圖，然後進行材料的彈性性質分析。

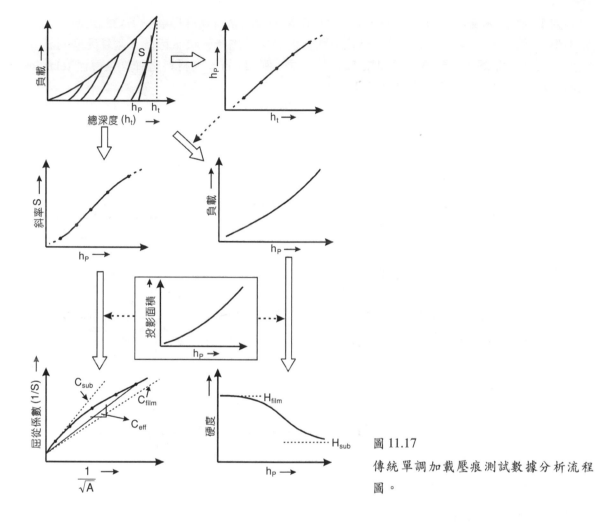

圖 11.17

傳統單調加載壓痕測試數據分析流程圖。

　　為了減少壓痕測試的次數但又能取得足夠的數據，一種稱之為鋸齒形負載壓痕測試 (zig-zag indentation) 的方法被研發出來，它是在壓痕器加載尚未到達最大負載前即以負載或位移控制的方式施予多次的部分卸載，圖 11.18 (a) 與 (b) 顯示一厚 2 μm 的 NiFe 薄膜在鋸齒形負載方式的測試下所表現出的機械行為。為了求證鋸齒形負載測試是否會改變受測材料的機械性質，我們也利用單調負載方式針對同一材料進行多次實驗，這些測試結果也均繪製在圖 11.18 (a) 與 (b) 中。顯然這兩種測試結果彼此間甚為吻合，因此鋸齒形負載壓痕測試的有效性得以確認。

(3) 交變負載壓痕測試

　　若將鋸齒形加載壓痕測試觀念進一步推廣，即在加載時額外施加週期性的卸載 (periodic unloading)，則可以在同一加載過程當中連續得到不同扎入深度時的卸載斜率

(unloading slope)。圖 11.19 說明單調加載、鋸齒形負載與交變負載的觀念。如圖 11.9 放大插圖所示：在單調加載上額外施加一個極小振幅的交變負載，並假設每一次的交變負載絕大部分只造成試片彈性變形，則瞬時的卸載斜率 $S_i(t)$ 可以由下式求得：

$$S_i(t) = \frac{k_0 \Delta LC(t)}{\left[\Delta IND(t) - \Delta LC(t) \right]} \tag{11.23}$$

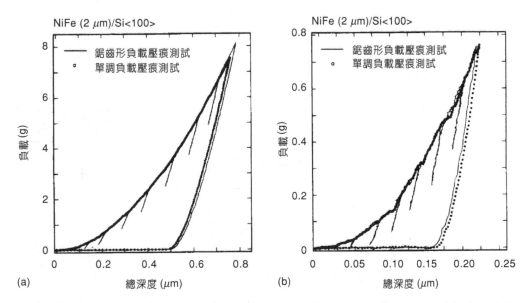

圖 11.18 (a) 鋸齒形負載壓痕測試與單調負載壓痕測試的比較；(b) 施加比 (a) 小甚多之負載進行與
      (a) 相同測試所得結果。

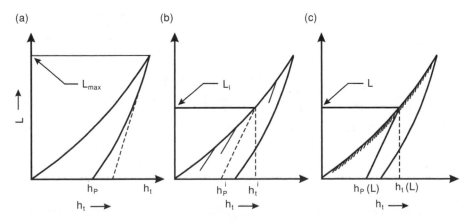

圖 11.19 (a) 單調加載、(b) 鋸齒形負載與 (c) 交變負載壓痕測試的觀念示意圖。

其中 k_0 為荷重元 (load cell) 的彈簧常數 (spring constant)，目前系統的 k_0 值為 15.98 g·μm^{-1}，$\Delta IND(t)$ 為交變負載波峰與波谷波幅 (本文 $\Delta IND(t)$ 採用 10 nm 與 20 nm)，$\Delta LC(t)$ 則為荷重元對壓痕器振動反應的波峰至波谷波幅。取得瞬時卸載斜率 $S_i(t)$ 後，加載階段瞬時的塑性深度即可利用下式求得：

$$h_p(t) = h_t(t) - \frac{L(t)}{S_i(t)} \tag{11.24}$$

其中

$$L(t) = k_0 LC(t) \tag{11.25}$$
$$h_i(t) = IND(t) - LC(t) \tag{11.26}$$

其中 $IND(t)$ 為壓痕器位移的直流分量 (DC component)，單位為 μm；$LC(t)$ 為荷重元位移的直流分量，單位亦是 μm。所以，利用交變負載壓痕測試技術，不僅可以取得單調加載測試的數據外，同時還可以連續獲取諸如瞬時的卸載斜率 $S_i(t)$ 與塑性深度 $h_p(t)$ 等額外的材料機械性質資訊。

　　在證實交變負載壓痕測試技術的確遠勝於單調負載壓痕測試技術之前，首先應該釐清兩個疑點：一是「交變負載壓痕測試是否會改變受測試片的機械性質？」這點可透過實驗進行驗證！其次是必須證明 (11.23) 式具有廣義的正確性。顯然，(11.23) 式、(11.24) 式兩式係基於單調加載觀念所導出的，因此在利用該方程式深入計算 $S_i(t)$ 前，進行廣義的壓痕測試系統模擬推導是較恰當的。

(4) 壓痕測試系統模擬

　　圖 11.20(a) 所示係壓痕測試儀基本結構示意圖，而圖 11.20(b) 所示則係該壓痕測試儀之分離體圖 (free body diagram, FBD)。該系統的控制方程式可以表示如下 (11.27) 至 (11.29) 式：

$$F(t) - S_{eff}[d(t) - x(t)] = m\ddot{d}(t) \tag{11.27}$$
$$S_{eff}[d(t) - x(t)] = k_0 x(t) + \beta \dot{x}(t) \tag{11.28}$$
$$\frac{1}{S_{eff}} = \frac{1}{S} + \frac{1}{k_m} \tag{11.29}$$

其中 S 為試片接觸剛性 (contact stiffness)，k_0 為荷重元彈簧常數，k_m 為機械剛性 (machine stiffness)，β 為荷重元阻尼係數 (damping coefficient)，$d(t)$ 為壓痕器位移，$x(t)$ 為荷重元位

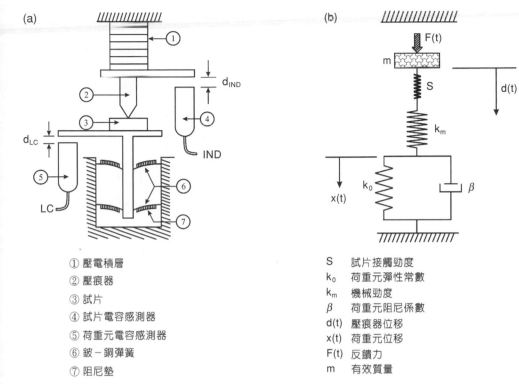

① 壓電積層
② 壓痕器
③ 試片
④ 試片電容感測器
⑤ 荷重元電容感測器
⑥ 鈹－銅彈簧
⑦ 阻尼墊

S　試片接觸勁度
k_0　荷重元彈性常數
k_m　機械勁度
β　荷重元阻尼係數
d(t)　壓痕器位移
x(t)　荷重元位移
F(t)　反饋力
m　有效質量

圖 11.20 (a) 壓痕測試儀基本結構示意圖；(b) 壓痕測試儀相應之分離體圖。

移，$F(t)$ 為回饋力 (feedback force)，而 m 則為有效質量 (effective mass)。利用壓痕器於位移控制下的邊界條件，

$$d(t) = d_0(t) \cos\omega t \tag{11.30}$$

於是 (11.28) 式的特解 (particular solution) 可以表示為

$$x(t) = \gamma \cos(\omega t - \phi) \tag{11.31}$$

其中比例常數 γ 可以表示為

$$\gamma = \frac{S_{\mathrm{eff}} d_0}{\sqrt{(S_{\mathrm{eff}} + k_0)^2 + \omega^2 \beta}} \tag{11.32}$$

而相位角 ϕ 為

$$\phi = \tan^{-1} \frac{\omega\beta}{k_0 + S_{\text{eff}}} \tag{11.33}$$

進一步將 (11.30) 至 (11.32) 式帶入 (11.27) 式，可以得到 $F(t)$ 應具有如下的形式：

$$F(t) = d_0 \left[(S_{\text{eff}} - m\omega^2)\cos\omega t - \frac{S_{\text{eff}}^2}{\sqrt{(S_{\text{eff}} + k_0)^2 + \omega^2\beta^2}}\cos(\omega t - \phi) \right] \tag{11.34}$$

(11.31) 式與 (11.33) 式中的相位偏移 (phase shift) ϕ 在 $5-60$ Hz 的頻率範圍可由實際測量得之，例如當 $f_0 = 10$ Hz 時 ϕ 值大約是 $2°$。其次，阻尼係數 β 也可以透過 (11.33) 式進行估測 (estimation)，對 (11.33) 式所顯示的系統其阻尼係數大約為 0.04 g·s·μm^{-1}。將 $\phi = 2°$ 代入 (11.33) 式，可以得到

$$\frac{k_0 + S_{\text{eff}}}{\omega\beta} \sim 29 \tag{11.35}$$

此時，阻尼項 (damping term) 變得不重要而可以略去。令 $\omega\beta = 0$，則 (11.32) 式至 (11.34) 式即可分別簡化為

$$\gamma \cong \frac{S_{\text{eff}}d_0}{S_{\text{eff}} + d_0} \tag{11.36}$$

$$\phi \cong 0 \tag{11.37}$$

與

$$F(t) \cong d_0 \left[\frac{S_{\text{eff}}k_0}{S_{\text{eff}} + k_0} - m\omega^2 \right]\cos\omega t \tag{11.38}$$

(11.36) 式可另改寫為

$$S_{\text{eff}} \cong \frac{k_0\gamma}{d_0 - \gamma} = k_0 \left[\frac{\gamma/d_0}{1 - \gamma/d_0} \right] \tag{11.39}$$

我們可以從 S_{eff} 中分離出機械剛性 (k_m)，而將 (11.39) 式寫成更通俗的形式：

$$\frac{dh}{dL} \equiv \frac{1}{S_{\text{eff}}} = \left[\frac{1}{S} + \frac{1}{k_m}\right] \cong \frac{1}{k_0}\left(\frac{d_0}{\gamma} - 1\right) \tag{11.40}$$

與

$$\frac{1}{S} = \beta' \frac{1}{E_c} \frac{1}{\sqrt{A}} \tag{11.41}$$

其中 h 為壓痕器的總扎入深度，L 表示所施加的負載，A 為投影接觸面積，而 β' 則為一與壓痕器形狀關係不大的數值因子 (numerical factor)。(11.40) 與 (11.41) 二式在計算薄膜系統的複合彈性係數 (composite elastic modulus, E_c) 時經常用到。

值得注意的是 (11.36) 式中的 S_{eff} 僅為 γ/d_0 的函數；換言之 S_{eff} 是 $\Delta LC(t)/\Delta IND(t)$ 的函數。因此 $\Delta LC(t)$ 與 $\Delta IND(t)$ 個別的絕對數值 (individual absolute value) 對 $S_i(t)$ 的計算並不甚重要，$\Delta IND(t)$ 必須維持於某固定值的限制，因而可以放寬，而交變負載壓痕測試的可行性也因此大幅提高。

11.1.5.4 結果與討論

圖 11.21 及圖 11.22 所示係 Si ⟨100⟩ 裸晶與 Al(2 μm)/Si ⟨100⟩ 膜系典型之交變負載壓痕測試結果。於 Al/Si 的實驗過程中，由於加載曲線 (LC) 快速爬升，在決定壓痕器扎入深度零點時，LC 與 ΔLC 均可以提供合理的準確度。但於 Si 裸晶的實驗裡，LC 加載曲線爬昇速率顯較 ΔLC 緩慢，因此透過 ΔLC 的訊號來獲取深度零點是較佳的選擇。

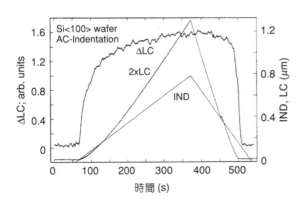

圖 11.21 Si ⟨100⟩ 裸晶之典型交變負載壓痕測試結果。

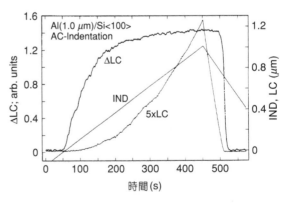

圖 11.22 Al(1 μm)/Si ⟨100⟩ 典型交變負載壓痕測試結果。

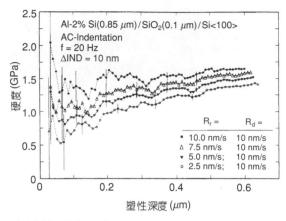

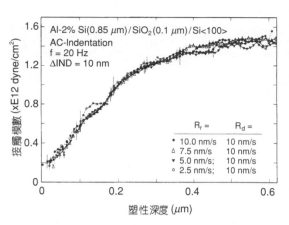

圖 11.23 Al-2% Si(0.85 μm)/SiO$_2$ (0.1 μm)/Si ⟨100⟩
膜系之硬度－塑性深度關係圖。

圖 11.24 Al-2% Si(0.85 μm)/SiO$_2$ (0.1 μm)/Si ⟨100⟩
膜系之接觸模數－塑性深度關係圖。

　　圖 11.23 顯示四個 Al-2% Si(0.85 μm)/SiO$_2$ (0.1 μm)/Si ⟨100⟩ 膜系之硬度測試結果。圖 11.24 則顯示同一膜系之接觸模數 (contact modulus) 測試結果，實驗皆採用先前提到的交變負載壓痕測試技術以及數據分析流程。由圖 11.23 可知：當壓痕器移動速率由 2.5 nm/s 逐漸提高到 10 nm/s 時，Al-Si 膜的硬度也隨之提高，其硬度值增加了 ~20% 到 ~80%，且當探測深度愈淺時其硬度變化量也愈大。然而，如圖 11.24 所示，Al-Si 膜的接觸模數與壓痕器的位移速率幾乎沒有關係，四條接觸模數－塑性深度曲線幾近重疊一處。圖 11.24 的結果同時也反映出一個眾所週知的事實：薄膜的彈性性質對測試速率的不敏感性，彈性性質不應隨著測試速率的不同而變化。另外從 Al-Si 膜的實驗中，我們也看到交變負載測試一個重要優點：大幅去除了探測深度零點的不確定性。若非如此，我們將無法確定所測得之 Al-Si 膜硬度增加係由於加載速率的影響或是由於深度零點的漂移所致。

　　從訊噪比的觀點，交變負載的調變量愈大則訊噪比將愈高。但是為了得到最佳且同時是有意義的結果，有兩個預防措施必須做：① 單調負載增量必須足夠小，使得每一次測試在試片表面所造成的塑性變形小於交變負載波峰與波谷的波幅大小；② 為進行交變負載斜率量測，壓痕器總扎入深度必須存在一個最小值；換言之這是一個進行實驗的接觸條件。

　　數學上，我們可以將 ΔIND 表示如下

$$\Delta \text{IND} = D + \text{LC} \tag{11.42}$$

其中 D 為試片表面因壓痕測試所造成的變位 ($D = (h_t - h_p)$)；LC 為荷重元彈簧的變位。圖 11.25 為壓痕測試儀中探針位移與材料變形的幾何關係示意圖，由此我們可以得到

$$\Delta \text{IND}_{\min} = D + \text{LC} + h_p = \Delta \text{IND} + h_p \tag{11.43}$$

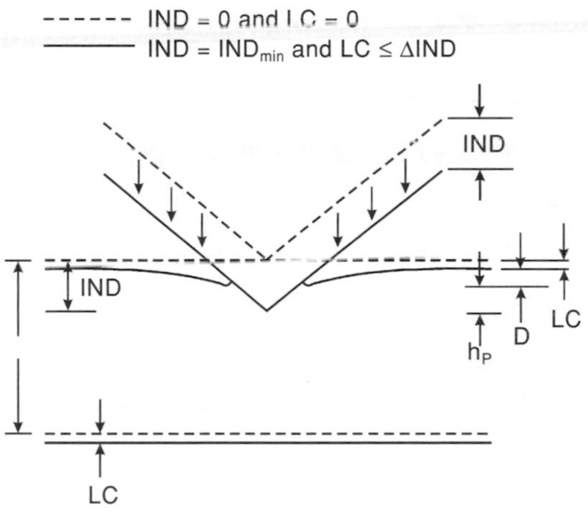

圖 11.25
壓痕測試儀中探針位移與材料變形的幾何關係示意
圖。

　　由於 h_p 與材料的機械性質直接相關，不同的試片其 h_p 值可能差異很大；不過透過 (11.43) 式我們可以估計出壓痕器的最小行進距離，於是可確保交變負載量測的有效性。假設材料處於彈性變形範圍，令 $h_p \to 0$，可以輕易得到 IND 的下界 $\mathrm{IND}_{\min}$ 為

$$\mathrm{IND}_{\min} = \Delta\mathrm{IND} \tag{11.44}$$

而當 h_p 不為零時，我們可以得到 LC 的上界 $\mathrm{LC}_{\max}$ 為

$$\mathrm{LC}_{\max} = \Delta\mathrm{IND} \tag{11.45}$$

11.1.5.5 結論

　　薄膜的破壞機制與壓痕器的幾何形狀直接相關，薄膜本身的機械性質與複合膜層的機械性質通常也是不一樣的，同時壓痕測試所處理的係一個多變數的量測，而我們亦無法製造出兩根完全相同的壓痕器，為確保系統量測的穩定性與試片的均勻性，建立壓痕器針尖形狀函數的標準校正程序極其重要，因它關係著測試結果的準確性與結果的重複性。

　　奈米壓痕與薄膜量測技術是以現有的奈安培電流量測與電磁控制之微力技術，加上原子力顯微鏡、光學顯微鏡之表面形貌量測，配合奈米級致動控制之儀器技術，以量測標準技術為發展基礎，結合新奈米材料與壓痕器技術而成。在微力量測技術部分，未來預期建置磁力平衡式之微力校正器 (1 mN – 10 μN) 與高精度微力校正器 (10 μN – 10 nN)，並建立防止干擾技術；而在壓痕材料技術部分，預期將進行壓痕器尖銳與鍍膜技術之建立、奈米材料之壓痕測試，以及鍍膜與基板效應之研究。

11.2 薄膜殘餘應力量測技術

　　在微機電系統和超大型積體電路製程中，薄膜技術是一重大關鍵。然而，薄膜材料在成長或沉積的過程中會產生殘餘應力，為了增加微機電系統和半導體元件的可靠性，該殘餘應力的量測在薄膜製程就扮演一個重要角色。傳統的薄膜應力可由晶片的曲率半徑變化來決定，近年來由於微機電系統技術漸趨成熟，許多利用微機械製造結構來量測薄膜應力的方法被提出，和傳統的量測技術相比較，這類方法有三項優點：(1) 靈敏度佳，因為微機械製造結構之厚度等於薄膜之厚度；(2) 能量測薄膜的局部以及平均應力；(3) 不受底材平坦度的影響。本文將介紹七種利用微機械製造結構量測薄膜應力的基本原理及其應用。

11.2.1 簡介

　　遠在十九世紀中期，利用蒸鍍 (evaporation) 或濺鍍 (sputtering) 的方式將材料沉積 (deposit) 在底材 (substrate，通常是矽晶片) 表面的技術就已經被發明。由於這層材料的厚度約在數十埃 (angstrom, Å) 至數微米範圍，遠較底材的厚度小幾個數量級，因此稱之為薄膜 (thin film)。近年來，基於薄膜材料在電、磁、光等方面的特性，使它被廣泛的應用在許多不同的領域，例如：半導體、微電子、感測器，以及資料存取 (硬碟機) 等[40,41]。以資料存取方面的應用為例，薄膜技術可用於製造硬碟機的讀寫頭 (read/write head) 和滑子 (slider)[42,43]、硬碟片儲存資料的磁性層[44]、硬碟片 (甚至磁帶) 表面防磨損的保護層等[45,46]，以及正在發展中的定位制動器和滑子懸吊系統[47,48]。然而，薄膜材料成長 (growth) 或沉積的方式，例如：熱氧化 (thermal oxidation)、濺鍍、蒸鍍和化學氣相沉積 (chemical vapor deposition, CVD)，都會使這些在底材表面的薄膜產生殘餘應力 (residual stress)[49,50]。

　　殘餘應力的存在，容易直接或間接造成微機電系統 (MEMS) 和半導體元件的形變及壽命減短，進而影響製程的良率 (yield)，以下列舉兩個實例來說明。例一，如圖 11.26 電子顯微鏡 (scanning electron microscope, SEM) 照片所示，一微機械製造的平坦式彈簧 (flat gimbal spring) 受殘餘應力的直接影響而產生挫曲 (buckling) 形變[51]。此乃因為彈簧的材料是熱成長的二氧化矽薄膜，它的熱膨脹係數和矽單晶底材不同，當熱氧化的步驟完成，將試片從爐管取出時，試片的環境溫度邊降約攝氏 1000 度，使得薄膜產生一殘餘應力。例二，如圖 11.27 所示，為光學顯微鏡所拍攝電腦硬碟機讀寫頭線圈部份的照片，從照片上可明顯觀察到線圈和其底材分離，以致造成短路[52]。此現象是因為由濺鍍產生的薄膜會存在一殘餘應力 (本例為壓應力)，當這層薄膜和其底材附著 (bond) 情形不良時，此壓應力便可能造成它們分離。因此，為了增加微機電系統和半導體元件的可靠性，量測薄膜在製程中所產生的殘餘應力是一項監視與評估製程的重要指標。

　　目前最普遍且已商品化的薄膜應力量測技術，是以量測晶片在沉積薄膜材料於其表面前後所產生的曲率半徑變化得之[53]。但是這種量測技術有二項缺點：(1) 靈敏度不佳，因為

第 11.2 節作者為方維倫先生及蔡欣昌先生。

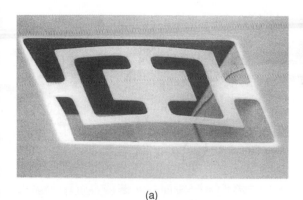
(a)

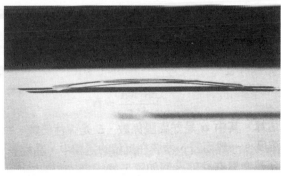
(b)

圖 11.26 微機械製造平坦式彈簧的 (a) 透視圖及 (b) 側視圖[51]。

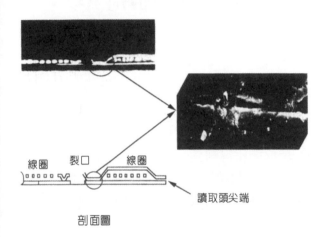

線圈　　裂口　　線圈

讀取頭尖端

剖面圖

圖 11.27
電腦硬碟機讀寫頭剖面圖，局部放大的光學
顯微鏡照片顯示二層薄膜分離的情形[52]。

底材厚度遠大於薄膜；(2) 只能量測薄膜的平均應力。此外，底材的平坦度也會造成量測的誤差。

　　近年來由於微機電系統技術漸趨成熟，許多利用微機械製造結構 (micromachined structure，以下簡稱微機械結構) 來量測薄膜應力的方法被提出，這些方法的原理是利用待測的薄膜來製造微機械製造檢測結構 (micromachined diagnostic structures，以下簡稱微檢測結構)，再由微檢測結構的形變來量測薄膜應力。因為在批量生產 (batch fabrication) 的過程中，微檢測結構可同時製造在晶片每一角落，因此可對晶片的不同區域作局部的薄膜應力量測。根據上述諸項特性可發現，利用微檢測結構的薄膜應力量測技術和目前的量測技術相比較，有以下三項優點：(1) 靈敏度佳，因為微檢測結構和薄膜之厚度相同；(2) 能量測薄膜的局部以及平均應力；(3) 不受底材平坦度的影響。

　　以下將簡短地說明薄膜應力的種類和其對薄膜或微機械結構可能造成的影響。並介紹七種利用微檢測結構之變形來量測不同種類的薄膜應力的技術。

11.2.2 薄膜應力的種類和影響

薄膜殘餘應力(以下簡稱薄膜應力)的種類可依照其產生的原因區分為「熱應力 (thermal stress)」與「內應力 (intrinsic stress)」[49]。「熱應力」的形成在前面例一已加以說明,「熱應力」的大小可由一項關係式

$$\sigma = E\Delta\alpha\Delta T \tag{11.46}$$

來估算。其中 α 是熱膨脹係數、E 是彈性係數、T 是溫度。一般而言,薄膜在沉積的過程中,晶格的排列都會具有缺陷,假如原子的能量(或溫度)過低,使得這些缺陷無法經由再結晶 (recrystallization) 或回復 (recovery) 的方式消除時,這些缺陷會造成「內應力」。簡言之,製程的溫度較高時,殘餘應力是以「熱應力」為主,反之則以「內應力」為主[49]。

在單一軸向上 (uniaxial) 的殘餘應力可表示為下列多項式的總和,

$$\sigma = \sum_{K=0}^{\infty} \sigma_K \left(\frac{y}{h/2} \right)^K \tag{11.47}$$

如圖 11.28 所示,薄膜厚度為 h,以該薄膜中間平面為原點之座標為 y,其範圍為 $(-h/2, h/2)$。假如我們只考慮取至公式 (11.47) 的一次項展開來得到殘餘應力的近似解,則殘餘應力可視為是由一「均勻應力 (uniform stress, σ_0)」和一「梯度應力 (gradient stress, $\sigma_1(2y/h)$)」疊加 (superpose) 而成[51],其中均勻應力還可細分為壓應力或張應力。在實際的製程中,均勻應力產生的原因可視為是某種薄膜的整體效應所造成,例如公式 (11.46) 所描述的熱膨脹係數和溫度與底材的差異;另一方面,梯度應力產生的原因則可視為是某種薄膜的局部效應所造成,例如薄膜在沉積或成長時,其厚度方向的原子層之間的溫度差異。以上諸項應力對材料分別造成不同類型的破壞,例如,壓應力造成如圖 11.26 所示的挫曲形變,而張應

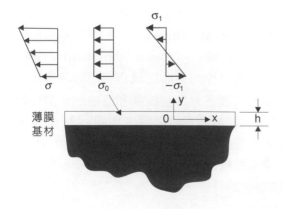

圖 11.28
薄膜殘餘應力 σ 的示意圖[51]。

力會導致薄膜產生裂縫 (crack)[54]。 至於梯度應力則會產生一等效的彎曲力矩 (bending moment)，使得微機械結構彎曲變形。

11.2.3 微檢測結構和薄膜應力量測技術

　　利用微檢測結構量測薄膜應力的方式可約略分為兩種，即「自發性」檢測與「觸發性」檢測。所謂「自發性」檢測，即是微檢測結構在無任何外力作用的情況下，純粹藉由殘餘應力的釋放而使微檢測結構產生形變，然後經由量測微檢測結構的原始形狀和形變後形狀之間的差異，輔以合理的邊界條件，即可計算薄膜應力的大小[51,55-59]；而其他不屬於「自發性」檢測範疇的檢測方式則統稱為「觸發性」檢測[60-65]，其特點為需藉由其他外力輔助來對微檢測結構施加一已知外力，然後藉由量測微檢測結構的機械行為來得知薄膜殘餘應力的情形。接下來，本文將以這兩種檢測技術為區分，來介紹目前常見的幾種薄膜殘餘應力檢測技術。

　　微檢測結構在釋出應力後的形變，基本上可區分為「同平面 (in-plane)」和「出平面 (out-of-plane)」兩種。以圖 11.29 所示微懸臂樑為例，樑的軸向形變 (亦即長度的增長或縮短) 是「同平面形變」，因為樑的形變和樑在同平面；相反的，樑的彎曲 (bending) 形變是「出平面形變」，因為樑的形變和樑不在同平面。由於微檢測結構幾何形狀的特性，造成量測「同平面形變」和「出平面形變」形變量的方式有很大的不同。其中微檢測結構的「同平面形變」可利用光學顯微鏡來量測，而「出平面形變」則可利用光學干涉儀來量測。

　　一般微檢測結構的尺寸，長和寬大約是數十至數百微米，而厚度 (亦即是薄膜的厚度) 則大約是 0.1 至數微米，可預計微檢測結構的形變量大約只有 0.01 至數微米。然而，一般的光學顯微鏡放大倍率約為 1000 至 2000 倍，顯然量測的精度是不夠的，因此量測「同平面形變」的方式往往須利用較複雜的檢測結構將形變量放大，以利量測。然而微檢測結構

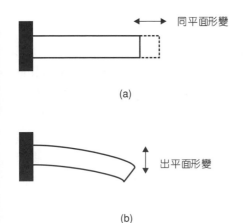

圖 11.29

微結構的形變狀況，(a) 同平面形變，及 (b) 出平面形變[51]。

之「出平面形變」可經由光學干涉儀精確地量至奈米 (nanometer) 級尺寸。因此「出平面形變」的微檢測結構可得到較高的量測精度。

因為篇幅的限制，以下僅舉出七種不同的薄膜應力量測方式提供讀者參考。前五種屬於「自發性」檢測，而其他兩種則為「觸發性」檢測。在「自發性」檢測中，本文將分別介紹四種利用體蝕刻技術 (bulk micromachining) 製造的微檢測結構，以及利用面蝕刻技術 (surface micromachining) 製造的微檢測結構，其種類依次為：① 量測壓應力的「後挫曲法 (post-buckling)」，② 量測張應力的「T 形結構法」，③ 可同時量測壓應力或張應力以及梯度應力的「邊界旋轉法 (boundary rotation)」，④ 用來量測厚度很薄之薄膜的「雙層結構法」，以及 ⑤ 可放大「同平面形變」的「微游標尺法 (vernier)」。最後，再以靜態量測的「突衝電壓法」及動態量測的「結構振動法」為例子說明「觸發性」檢測的概念。

(1)「自發性」檢測

① 後挫曲法[55]

由材料力學的觀念得知，一根兩端被夾緊 (clamped) 的樑，若受一定值的均勻壓應力，則樑會存在一相對應的長度值稱為「臨界挫曲長度」(critical buckling length, L_{cr})，使得樑的長度小於 L_{cr} 時不會產生挫曲，但是當其長度增大到大於 L_{cr} 時，樑會開始挫曲。假如找到 L_{cr}，則可以根據下式計算樑所受的均勻壓應力的大小

$$\sigma = \frac{E\pi^2 h^2}{3L_{cr}^2} \tag{11.48}$$

上述的概念曾被 Guckel 利用來量測公式 (11.47) 裡的均勻壓應力[56]，其構想很簡單，就是利用待測的薄膜作出如圖 11.30 所示許多長度不同的微橋狀樑 (樑的兩端皆被夾緊)，經由光學顯微鏡觀察可判斷某一長度的微樑開始挫曲形變，然後得到 L_{cr}，再經由公式 (11.47) 計算出薄膜的均勻壓應力。

然而，根據 Hutchincon 的分析[66]，假如微橋狀樑在沒有均勻壓應力作用的情形下就已彎曲，則 L_{cr} 並不存在，因微橋狀樑的挫曲形變可發生在任何長度，而挫曲幅度 (buckling amplitude) 則隨著微橋狀樑的長度而逐漸增加。實際的微橋狀樑，會因為種種原因使其在均勻壓應力尚未作用就已存在「起始形變」，例如，薄膜除了壓應力外還存在如公式 (11.47) 裡的梯度應力、幾何結構的不規則、或邊界條件 (將於下節討論) 等。圖 11.31 所示為一微橋狀樑受壓應力後，其挫曲幅度和樑的長度的關係圖，其中實心和空心點分別代表量測兩種不同截面形狀的樑所得到的挫曲幅度。由此可發現即使最短的樑都存在形變，尤其是梯形截面的樑，因此理想狀況下所探討的 L_{cr} 在實際製造的微橋狀樑中並不容易存在。如果利用找出 L_{cr} 的方式來計算壓應力，會因為判斷 L_{cr} 發生的位置而造成誤差，例如對圖 11.31 的空心點而言，很難斷定挫曲發生在 36 μm、40 μm、44 μm 或 48 μm 長的樑。

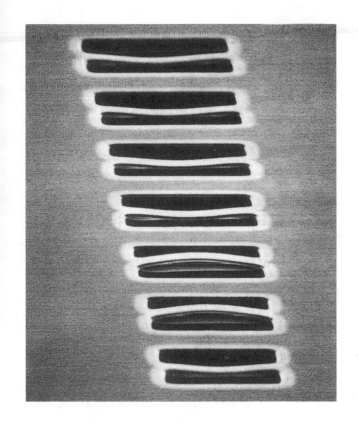

圖 11.30

微橋狀樑釋出應力後挫曲的情形。本照片只顯示 7 根樑，實際上共有 28 根不同長度的微橋狀樑[55]。

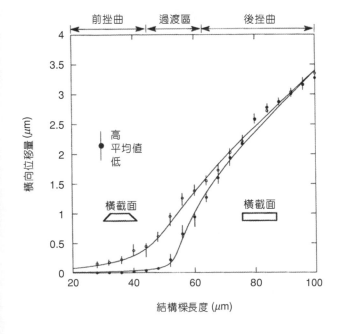

圖 11.31

由量測和分析所得的微橋狀樑挫曲幅度和長度之關係。其中實心點和空心點分別表示矩形和梯形截面積的微橋狀樑的量測結果，而實線則是利用分析模式對量測數據做曲線擬合後所得[55]。

　　根據上述特性，Fang 和 Wickert 提出以一非線性挫曲模式，同時並考慮微橋狀樑的「起始形變」w^* 的方法，如圖 11.32 虛線所示，來取代公式 (11.48) 的理想線性挫曲模式。其中力和微橋狀樑形變 w 的關係為

$$EI\left(w,_{xxx} - w^*,_{xxx}\right) + EA\left[\varepsilon - \frac{1}{2L}\int_0^L \left(w^2,_x - w^{*2},_x\right)dx\right]w,_{xx} = 0 \tag{11.49}$$

經過代入合理的微橋狀樑的形變曲線函數後，公式 (11.49) 可化簡為

$$w_{max}^2 + \left(16\frac{I}{A} - \frac{4}{\pi^2}L^2\varepsilon - \gamma^2 L^2\right)w_{max} - 16\frac{I}{A}\gamma L = 0 \tag{11.50}$$

其中 w_{max} 表示樑的挫曲幅度，ε 表示薄膜的殘餘應變，γ 代表樑的「起始形變」的程度，而 I/A 代表樑的截面慣性矩除以截面積。由公式 (11.50) 得知，假如變數 ε、γ、I/A 已被決定，則公式 (11.50) 可視為樑的挫曲幅度和樑的長度的關係式。換言之，如果測得樑的挫曲幅度和樑的長度的變化關係，則可以利用公式 (11.50) 對此變化關係作曲線擬合 (curve fit) 來決定變數 ε、γ、I/A。

　　Fang 和 Wickert 利用量測 2 μm 厚的熱成長二氧化矽薄膜殘餘應力的實例來說明本法的應用，根據上述關係，首先在待測薄膜上製造如圖 11.30 所示不同長度的微橋狀樑，然後量測樑的挫曲幅度和樑的長度的變化關係，如圖 11.31 的實心和空心點所示，最後以公式

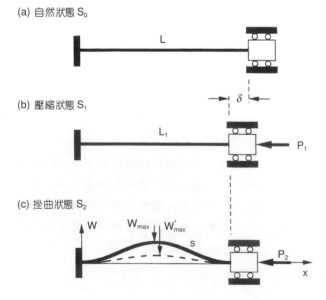

(a) 自然狀態 S₀

(b) 壓縮狀態 S₁

(c) 挫曲狀態 S₂

圖 11.32
橋狀樑受力作用後挫曲的三種不同狀態，(a) 起始狀態，(b) 受力後尚未挫曲的狀態，及 (c) 挫曲後的狀態，其中虛線表示橋狀樑的起始形變[55]。

(11.50) 對量測的數據作曲線擬合得到圖 11.31 裡的實線，如此便可決定係數 ε，亦即薄膜的應變。根據「後挫曲法」得到本例的熱成長二氧化矽薄膜殘餘應力 σ_0 是 $-0.270\ \text{GPa}$。

② T 形結構法[57]

　　由於薄膜壓應力具有使微檢測結構挫曲的特性，因此可利用「出平面形變」方式進行量測。但是薄膜張應力卻不易使微檢測結構產生「出平面形變」，因此張應力大部分都是以「同平面形變」技術來量測。

　　「T 形結構法」是較早被提出來量測薄膜張應力的技術。它的原理很簡單，圖 11.33 所示為本法所提出的 T 形微檢測結構，當薄膜下面的底材經由背部蝕刻 (back side etch) 穿透後，即形成一 T 形結構，同時薄膜內部的殘餘應力也被釋放出來。假如把 T 形結構視作兩根微機械樑的組合，如圖 11.33(a) 所示，則樑 1 將因釋出殘餘張應力而收縮，由於樑 1 和樑 2 彼此相聯結，因此樑 1 的收縮將使得樑 2 也產生形變，如圖 11.33(b) 所示。本法即根據樑 2 的形變量來計算薄膜張應力。

　　樑 1 和樑 2 間受力和形變的關係可以看作如圖 11.34 所示一根兩端被夾緊的樑 (樑 2)，受到均佈力 (uniform distributed force) q 作用後在樑的中點產生位移 δ 的典型材料力學問

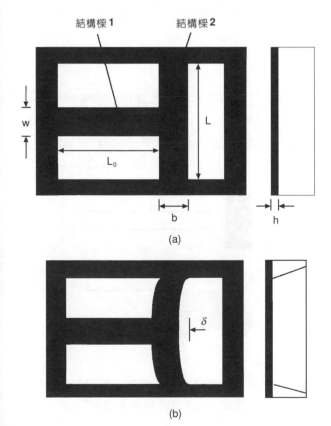

圖 11.33

T 形結構在 (a) 尚未蝕刻底材釋出殘餘應力，和 (b) 蝕刻底材釋出殘餘應力後產生形變的比較圖[57]。

題。此一施予樑 **2** 的均佈力 q ，是由樑 **1** 的形變造成的，因此 q 和位移 δ 的關係為

$$\delta = \frac{q}{Eh}\left[\frac{w}{16b^3}\left(wL^3 - w^2 L + \frac{w^3}{2} \right) + \frac{3w}{4b}(1+v)\left(L - \frac{w}{2} \right) \right] \tag{11.51}$$

其中 L、w、h、b 如圖 11.33 所示為 T 形結構的幾何參數，v 是指波松比 (Poisson's ratio)。因為樑 **2** 的剛性 (stiffness) 也會限制樑 **1** 的形變，所以 q 和薄膜張應力的關係是

$$q = hE\left(\frac{\sigma}{E} - \frac{\delta}{L_0} \right) \tag{11.52}$$

由以上的推導得知，只要量測樑 **2** 的中點位移 δ 即可由公式(11.51) 和公式 (11.52) 計算應力值。

　　本方法有兩個缺點，首先，為了使形變量容易被顯微鏡觀測，往往須使用較大的微檢測結構，例如參考文獻 18 裡所採用的 T 形結構大約需 4000 μm 長、1600 μm 寬的面積，然而下面即將介紹的邊界旋轉法的微檢測結構只需 200 μm、長 180 μm 寬的面積[51]。其次，樑 **2** 本身所受的薄膜張應力以及樑 **1** 和樑 **2** 的界面上所受的位移限制，都因為分析較複雜而被忽略。

③ 邊界旋轉法[51]
　　一般力學裏所謂的夾緊邊界條件是指如圖 11.35(a) 所示的情形，滿足該項邊界條件的兩項要素是結構在邊界處不能移動和轉動。根據上述特性，當圖 11.35(a) 所示的懸臂樑釋出殘餘應力 (壓應力或張應力) 後，只會引起樑在長度方向上的「同平面形變」(伸長或收

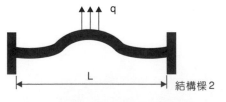

圖 11.34 T 形結構樑 **2** 的部分受力和
　　　　變形的模型[57]。

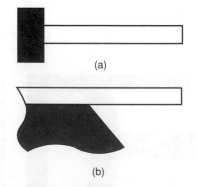

圖 11.35 (a) 傳統的夾緊邊界條件，和 (b) 一般微機
　　　　械結構的夾緊邊界條件之比較[51]。

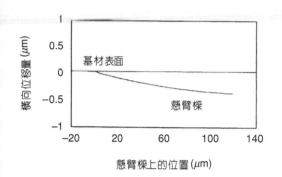

圖 11.36
由光學干涉儀測得之微懸臂樑的形變曲線[51]。

縮)。然而,根據 Fang 和 Wickert 的實驗發現,微懸臂樑在邊界處存在轉動[51]。如圖 11.36 的量測結果顯示一根 120 μm 長、20 μm 寬、2 μm 厚的二氧化矽微懸臂樑在釋出殘餘應力後,除了彎曲形變外,還在其邊界處產生明顯的旋轉位移,以致無法滿足傳統的夾緊邊界條件,這是因為許多由薄膜所製成的微機械結構的邊界處並不同於圖 11.35(a) 所示之模型,而較接近圖 11.35(b) 所示之情形,其中薄膜和底材接觸的面 (下表面) 的位移受到底材的限制 (constraint),而未和底材接觸的面(上表面) 卻仍然可以自由移動;因此當圖 11.35(b) 所示的微懸臂樑釋出殘餘應力後,會造成微懸臂樑在邊界處產生一項以下表面為固定點的「邊界旋轉效應」。

　　當薄膜從微懸臂樑的自由端釋出殘餘壓應力時,微懸臂樑邊界的上表面會因膨脹產生位移,因此迫使微懸臂樑向下旋轉,圖 11.37 的有限元素分析結果即用來模擬這項特性。圖 11.37(a) 所示的有限元素分析模型為一厚度是 h 的薄膜,L_1 的區間表示薄膜仍然和底材附著住的部分,而 L_2 的區間則表示底材已被蝕刻的微懸臂樑的部分。從圖 11.37(b) 有限元素分析的結果得知,當薄膜應力釋出後微懸臂樑會產生旋轉位移。另外從圖 11.37(b) 中間和右邊的元素放大圖發現,微懸臂樑的形變只發生在邊界處附近,而微懸臂樑的其他部分,特別是遠離邊界的區域,只有旋轉位移的效應。同理,假如薄膜從微懸臂樑的自由端釋出殘餘張應力,微懸臂樑邊界的上表面會因收縮產生位移,使得微懸臂樑向上旋轉。所以根據微懸臂樑旋轉的方向即可判斷薄膜所受的應力狀態。另外,殘餘應力的大小會決定微懸臂樑旋轉的角度,因此根據微懸臂樑旋轉的角度即可判斷薄膜所受應力的大小。經由有限元素分析可得到均勻應力的大小和微懸臂樑旋轉角度的關係如下:

$$\theta_0 = \frac{\sigma_0}{E}(1.33 + 0.45\nu)(-0.0146h + 1.02) \tag{11.53}$$

除了均勻應力外,公式 (11.47) 裡的梯度應力也同樣會使邊界產生旋轉的現象,然而它造成的效應遠較均勻應力造成的效應小。由有限元素分析得知,梯度應力的大小和微懸臂樑旋轉角度的關係為

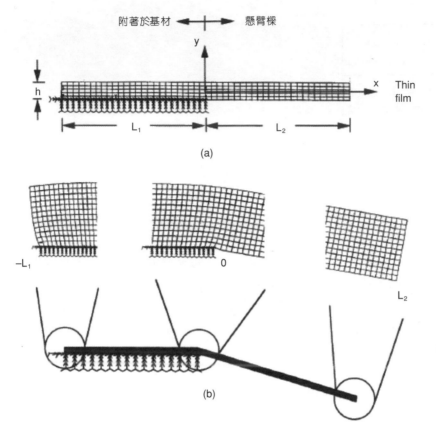

圖 11.37
(a) 微懸臂樑的有限元素
分析模型，(b) 有限元素
法模擬樑在釋出壓應力
後產生的形變[51]。

$$\theta_1 = \frac{\sigma_1}{E}(0.0086h^2 - 0.047h + 0.81) \tag{11.54}$$

　　當殘餘均勻應力釋出後，微懸臂樑除了如圖 11.38(a) 所示，因邊界旋轉產生的「出平面形變」外，還會有如圖 11.38(b) 所示，使得微懸臂樑本身長度改變的「同平面形變」，因為長度的改變量很小，所以這項效應可被忽略。同樣的，殘餘梯度應力釋出後，微懸臂樑除了因邊界旋轉產生的「出平面形變」外，還會產生如圖 11.38(c) 所示的彎曲形變，這是因為梯度應力會對微懸臂樑造成一等效的彎曲力矩 (bending moment)。梯度應力和彎曲形變的關係則為

$$\sigma_1 = \frac{Eh}{2r} \tag{11.55}$$

其中 r 是微懸臂樑在彎曲形變後的曲率半徑。最後可得知，微懸臂樑「出平面形變」的總量為

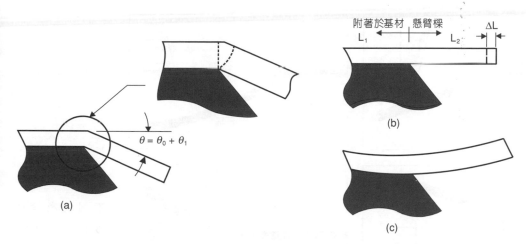

圖 11.38 微懸臂樑在釋出圖 11.28 所示之殘餘應力後，可能發生的三種形變：(a) 邊界旋轉、(b) 長度改變及 (c) 彎曲變形[51]。

$$y = (\theta_0 + \theta_1)x + \frac{x^2}{2r} \tag{11.56}$$

其中

$$y_r = (\theta_0 + \theta_1)x \tag{11.57}$$

為圖 11.38(a) 所示的邊界旋轉造成和微懸臂樑的長度成線性關係的形變 (線性項形變)，而

$$y_b = \frac{x^2}{2r} \tag{11.58}$$

為圖 11.38(c) 所示的等效彎曲力矩造成和微懸臂樑的長度成平方關係的彎曲形變 (平方項形變)。藉由有限元素分析法的模擬結果，可在圖 11.39 觀察到四種可能的微懸臂樑形變方式，例如左上角顯示的是薄膜承受壓應力狀態的均勻應力，以及逆時鐘方向等效彎曲力矩的梯度應力時，微懸臂樑的形變曲線。

　　以下利用兩個實例來說明本方法的應用，首先討論厚度為 2 μm 的熱成長二氧化矽薄膜。根據上述的原理可在待測薄膜上做出如圖 11.40 所示的檢測用微懸臂樑，經由光學干涉儀量測一根長度為 120 μm 的微懸臂樑後，得到其「出平面形變」的總量如圖 11.41(a) 所示。因為圖 11.41(a) 所示之總形變曲線須滿足公式 (11.56) 的形變曲線函數，所以可利用圖 11.41(a) 之形變曲線來擬合 (fit) 公式 (11.56)，以便決定公式 (11.56) 的兩個係數 ($\theta_0 + \theta_1$) 和

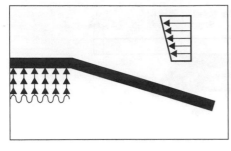
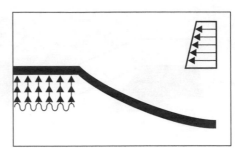
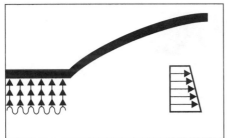
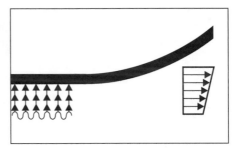

圖 11.39
不同的殘餘應
力釋出後，可
造成四種不同
的微懸臂樑形
變曲線。

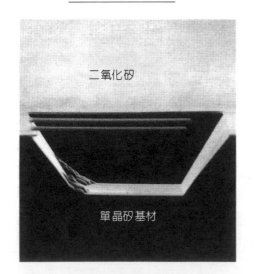

圖 11.40 由體微機械製造技術製造的
二氧化矽微懸臂樑[58]。

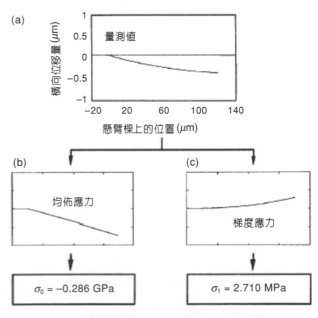

圖 11.41 (a) 由光學干涉儀測得的 2 μm 厚的二氧化
矽微懸臂樑的總形變曲線。總形變曲線可
分解為 (b) 邊界旋轉，和 (c) 彎曲形變[51]。

$1/2r$，換言之，可將圖 11.41(a) 之形變曲線分解成圖 11.41(b) 和 (c) 所示的邊界旋轉和彎曲形變，以便決定彎曲形變的曲率半徑和邊界旋轉的角度。最後只要將曲率半徑 r 代入公式 (11.55) 即可計算出梯度應力的大小，再將此結果和邊界旋轉的角度代入公式 (11.53) 和公式 (11.54) 即可計算出均勻應力的大小。本例的 σ_0 是 -0.286 GPa，σ_1 是 2.710 MPa。

第二個例子所量測的是厚度為 1 μm 的熱成長二氧化矽薄膜。圖 11.42(a) 所示為一根長度為 120 μm 的微懸臂樑總形變曲線，和例一比較可發現它們的形變曲線差異甚大，最主要的原因是這兩例的樑的厚度差一倍，造成它們的剛性以及彎曲形變有顯著的不同，有趣的是旋轉角度相差極微小，其實這結果可由公式 (11.53) 和公式 (11.54) 得知。經由和例一相同的步驟得到 σ_0 是 -0.276 GPa，σ_1 是 4.360 MPa。

以上實驗所使用的薄膜和「後挫曲法」裡所量測的薄膜是同時熱成長產生的，因此根據公式 (11.46) 它們的殘餘應力必須相等，由本法和後挫曲法所量測的結果相比較，其誤差小於 5%，如此可證明此兩種量測技術的可信度。

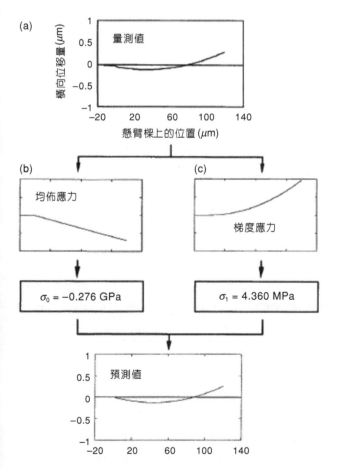

圖 11.42

(a) 由光學干涉儀測得的 1 μm 厚的二氧化矽微懸臂樑的總形變曲線。總形變曲線同樣可分解為 (b) 邊界旋轉和 (c) 彎曲形變[51]。

④ 雙層結構法[58]

　　並不是所有的薄膜都能用來製造微檢測結構，例如：當薄膜的厚度小於某一尺寸時，那些經由蝕刻底材所形成的微檢測結構，很容易因為剛性不夠，而在蝕刻或是清洗的製造過程中遭到破壞，因此，前面介紹的幾種技術便不適用於此種情況。本節將介紹一種方法，可利用雙層甚至多層材料的微檢測結構，來量測厚度較薄的薄膜的應力。

　　本方法的原理是先製造出如圖 11.38 所示在「邊界旋轉法」裡面所使用的微懸臂樑作為微檢測樑，然後再將待測的薄膜鍍在微檢測樑的表面，於是待測薄膜和微檢測樑就形成一雙層結構 (bilayer structure) 樑。假如待測薄膜存在殘餘應力，則雙層結構會產生形變，如圖 11.43 所示為數根由圖 11.40 所示的 2 μm 厚的二氧化矽微檢測樑經由化學氣相沉積一層 150 Å DLC (diamond like carbon) 後所形成的雙層結構。從電子顯微鏡照片裡可以很明顯觀察到雙層結構產生的形變。由鍍膜前微檢測樑的起始形變量和鍍膜後雙層結構的形變量相比較，即可得知鍍膜的應力大小。

75 μm

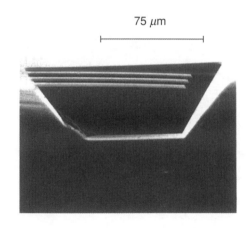

圖 11.43
由圖 11.40 的微懸臂樑再經由化學沉積一層厚度 150 nm 的 DLC 膜後形成的雙層結構，和圖 11.40 相比，可明顯觀察出樑的彎曲[58]。

　　簡言之，假設有一根原始形狀是未彎曲的微檢測樑，如圖 11.44(a) 所示，若鍍膜後所形成的雙層結構是向下彎曲形變，如圖 11.44(b) 所示，則薄膜的殘餘應力是壓應力；反之，如果鍍膜後所形成的雙層結構是向上彎曲形變，如圖 11.44(c) 所示，則薄膜的殘餘應力是張應力。而薄膜的殘餘應力和雙層結構形變的關係可以一廣泛被採用的 Stoney 方程式來描述[67]：

$$\sigma_0 = \frac{E_s t_s^2}{6R t_f (1 - \nu_s)} \tag{11.59}$$

其中，下標 s 和 f 分別是指底材和薄膜，t 是指厚度，R 是指雙層結構彎曲的曲率半徑。換言之，如果曲率半徑 R 可被測得，即可由公式 (11.59) 求得薄膜應力 σ_0。根據這種理想模式的發展，後來甚至簡化至只須量測雙層結構的端點形變 (tip deflection) δ，然後利用公式 (11.55) 即可導出曲率半徑為

$$R = \frac{L^2}{2\delta} \tag{11.60}$$

由此可得知，利用雙層結構來量測薄膜應力的原理，和傳統利用整片矽晶片鍍膜後的形變來量測薄膜應力的原理，基本上是相同的。

實際上在利用雙層結構法量測應力時，微檢測樑的起始形變是不可忽略的，因此前段所述的理想模式 (亦即假設微檢測樑起始未形變，如圖 11.44(a) 所示) 必須加以修正。Gardner 和 Flinn 曾提出公式(11.59) 的修正式如下：

$$\sigma_0 = \frac{E_s t_s^2}{6R t_f (1 - v_s)} \left(\frac{1}{R} - \frac{1}{r} \right) \tag{11.61}$$

這個修正的模式考慮了微檢測樑的起始彎曲形變，然後由鍍膜後的雙層結構彎曲曲率半徑 R 和微檢測樑的起始彎曲曲率半徑 r 作比較，來計算鍍膜的殘餘應力大小[68]。

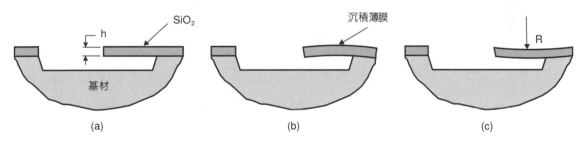

圖 11.44 (a) 微檢測樑的起始形狀，以及鍍膜後的形狀，其中鍍膜的殘餘應力在 (b) 為壓應力，而在 (c) 為張應力[58]。

然而，「邊界旋轉」的現象被提出後，發現微檢測樑的起始形變不僅包含由梯度應力造成的彎曲曲率半徑，還包含邊界旋轉造成在樑的長度方向上的線性位移 θ_x，因此 Fang 和 Wickert 提出如圖 11.45 所示的修正模式[58]。首先量測微檢測樑的起始總形變如圖 11.45(a) 所示，再根據前面「邊界旋轉」法所述的方式求得微檢測樑的旋轉角 θ 和起始彎曲曲率半徑 r。假如將微檢測樑的起始線性位移 θ_x 從總形變量中去除，即可得到如圖 11.45(b) 所示之只有彎曲形變的微檢測樑。同理，量測雙層結構的總形變，然後將起始線性位移 θ_x 從總形變中去除，即可得到如圖 11.45(c) 所示之只有彎曲形變的雙層結構。由圖 11.45(b) 和 (c) 所示樑的曲率半徑的變化(從 r 到 R) 即可計算鍍膜的殘餘應力。

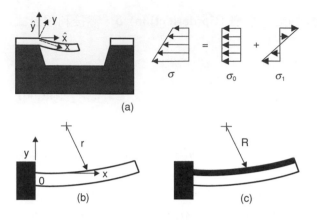

圖 11.45

(a) 微檢測樑的起始總形變，(b) 去除邊界旋轉後可得到一純彎曲起始形變，(c) 去除邊界旋轉後，雙層結構也是純彎曲形變[58]。

　　圖 11.46 所示為一根長度 100 μm 、厚度 2 μm 的二氧化矽微檢測樑，在濺鍍一層厚度 0.25 μm 的 AlCu 薄膜前後所量測的形變曲線。由圖中的標示可知，假如沒有考慮微檢測樑的起始形變，則雙層結構會被誤認為向下彎曲 1.28 μm，因此根據公式 (11.59) 和 (11.60) 可得到殘餘應力為 –63 MPa。然而考慮起始形變後，得到的殘餘應力變為 –39 MPa，誤差高達 63%。表 11.1 列舉了四組不同厚度之濺鍍 AlCu 的薄膜應力值，從表 11.1 可發現未修正過的分析模式會造成很大的誤差，特別是當薄膜厚度 (或應力) 較小時，甚至可能將張應力誤判為壓應力。如圖 11.47 所示為上述的檢測樑在濺鍍一層厚度 0.01 μm 的 AlCu 薄膜前後所量測的形變曲線，假如沒有考慮微檢測樑的起始形變，則雙層結構會被誤認為向下彎曲，而實際上雙層結構是向上彎曲。

表 11.1 考慮起始形變和不考慮起始形變所測得的薄膜應力之比較。

Strain	0.35 μm AlCu	0.25 μm AlCu	0.08 μm AlCu	0.01 μm AlCu
Actual	-1.8×10^{-3}	-5.5×10^{-4}	-1.1×10^{-4}	1.7×10^{-3}
Apparent	-2.1×10^{-3}	-9.0×10^{-4}	-3.3×10^{-4}	-4.0×10^{-3}
Error	15%	63%	190%	Tension versus compression

　　圖 11.48 所示為利用本方法測得之濺鍍 AlCu 薄膜的殘餘應力和厚度的關係。從量測的結果發現薄膜厚度增加時，其殘餘應力也隨之由張應力轉變為壓應力，這種特性可以濺鍍時所產生的離子轟擊 (ion bombardment) 現象加以解釋[49]。雖然本例只顯示濺鍍薄膜之殘餘應力和厚度的關係，本方法也可用來探討其他影響薄膜成長或沉積時之殘餘應力的參數，如真空的程度、產生電漿的氣體等等。

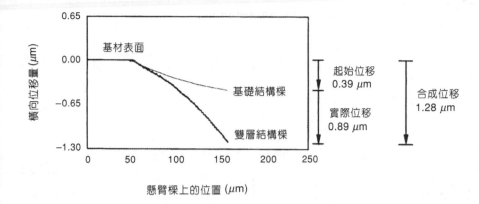

圖 11.46
微懸臂樑在鍍上待測薄膜前後所量得的形變曲線[58]。

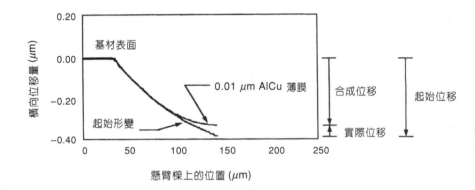

圖 11.47
微懸臂樑在鍍上 0.01 μm AlCu 薄膜前後的形變曲線量測結果[58]。

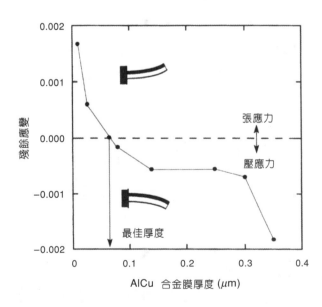

圖 11.48
由濺鍍產生的 AlCu 合金薄膜其殘餘應變和厚度的關係圖。其中實心黑點為實驗量測數據[58]。

⑤ 微游標尺法[59]

　　前面介紹了四種利用體蝕刻技術製造的薄膜應力檢測結構，最後要介紹一種利用面蝕刻技術製造的應力檢測結構，以供讀者作比較。

　　面型微結構 (surface microstructure) 和體型微結構 (bulk microstructure) 最大的不同就是，前者在「同平面」方向有較大的位移或形變空間，而後者則是在「出平面」方向有較大的位移或形變空間。根據這項特性，面型微結構可用來放大不易被測量的「同平面形變」。圖 11.49 所繪為一面型微游標尺結構，它的設計具有放大「同平面形變」使之易於量測的功能，再利用放大後測得的形變和游標尺結構的關係即可計算殘餘應力。

　　本方法是以圖 11.49 所示之面型微游標尺結構量測薄膜應力。其原理是使測試樑 (test beam) 的長度因釋出殘餘應力而改變 (「同平面形變」)，而這個微小的形變量會使得微游標尺的 T 形結構部分旋轉一角度 β，經由 T 形結構中長度為 L_i 的指示樑 (indicator beam) 放大後 (形變仍然維持在「同平面」)，在指示樑的尾端產生位移 $D = \beta L_i$，D 將會顯示在微游標尺的刻度上，經由光學顯微鏡讀出刻度的指示即可計算出應力的大小如下：

$$\sigma_0 = \frac{2L_s D}{3L_i L_t C} \tag{11.62}$$

式中 C 是 $(1 - (w/L_s)^2) / (1 - (w/L_s)^3)$，為一校正參數，如圖 11.49 所示，$w$、$L_s$、$L_i$ 和 L_t 是微游標尺形狀參數。此外，從微游標尺偏移的方向可判斷薄膜為壓應力或張應力。

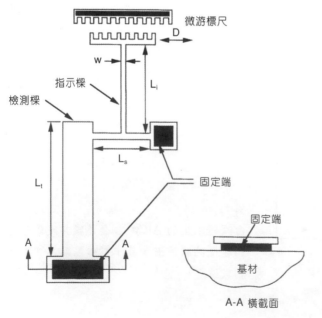

圖 11.49
利用面蝕刻技術製造的微游標尺型應力量測結構[59]。

(2)「觸發性」檢測

　　由於「觸發性」檢測需要額外針對微結構施予外力，因此其實驗設備較「自發性」檢測技術來得複雜且昂貴。不過由於觸發性檢測技術除了用來量測薄膜殘餘應力外，也可同時量測薄膜材料的機械常數，如楊氏係數、波松比、熱膨脹係數等，所以即使是需要複雜的量測方式及昂貴的設備，也還一直是常被用來作為薄膜材料性質檢測的方法。而在微米尺度之下，一般使用的外力形式主要為靜電力、磁力、空氣壓力及熱力等，而其中靜電力由於較其他外力形式容易施加於微檢測結構上，所以常用來作為微檢測結構的外力產生源。而在量測方式，除了利用施加外部力量做靜態量測外，使用外力作為驅動源激發微檢測結構的動態響應也是常見的檢測方式。以下本文則分別針對利用外力施加做靜態及動態量測薄膜殘餘應力的兩種檢測方式做介紹與說明。

① 靜態量測－突衝電壓法[60-62]

　　突衝 (pull-in) 電壓法主要是利用靜電力對微檢測結構施加負載，而使微檢測結構因為靜電力作用產生突衝現象，由發生突衝現象時的電壓值反求薄膜材料的應力值。所謂「突衝」，是指微檢測結構與另一電極結構受到靜電力作用時，當施加電壓達到特定值時，微檢測結構會突然與電極結構產生接觸吸附形成短路而失去靜電力，此突然的吸附動作便稱之為「突衝」，而此時的施加電壓則稱之為「突衝電壓 (pull-in voltage)」。利用突衝電壓量測薄膜殘餘應力，最早是由 Najafi 提出利用如圖 11.50 所示的橋狀結構作微檢測結構[60]，當微橋狀結構受到靜電力作用下，其突衝電壓與結構幾何尺寸及殘餘應力的關係式如下：

$$V_{PI}^2 = \frac{8}{27} d_0^3 \frac{kP}{\varepsilon_0 A} \frac{I}{\frac{kL}{4} \tanh\left(\frac{kL}{4}\right)} \tag{11.63}$$

$$k = \sqrt{\frac{P}{E}} \tag{11.64}$$

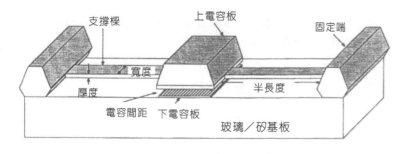

圖 11.50
微橋狀結構示意圖[60]。

其中，V_{PI} 為檢測結構的突衝電壓，d_0 為檢測結構與電極結構間的距離，ε_0 為兩結構間的介電常數，L 為支撐樑的長度，E 為材料楊氏係數，I 為支撐樑的彎矩強度，P/A 則為薄膜殘餘應力。從公式 (11.63) 與公式 (11.64) 中發現，殘餘應力與薄膜的楊氏係數都是未知，所以必須同時量測兩個不同長度的微橋狀結構的突衝電壓，經由公式 (11.65) 與公式 (11.66) 得到楊氏係數後，在代入公式 (11.63) 中得到薄膜材料的殘餘應力。繼 Najafi 之後，Zou 等人更將此一方法加以修正並運用於面蝕刻製程中[61]。

$$\frac{V_{PI1}^2}{V_{PI2}^2} = \frac{d_{01}^3}{d_{02}^3} \frac{\frac{L_2}{L_1} x \tanh\left(\frac{L_2}{L_1} x\right)}{x - \tanh(x)} \tag{11.65}$$

$$x = \frac{kL_1}{4} \tag{11.66}$$

而後 Senturia 等人同樣利用相同的概念加以延伸並發展出 M-test 方式[62]，其主要概念乃是利用有限元素法建立微結構的突衝電壓與結構長度及殘餘應力的解析解，然後經由量測不同長度的結構的突衝電壓值，建立突衝電壓與結構長度的關係後，再利用非線性最小平方法 (nonlinear least square analysis) 得到趨近式，然後得到 S 和 B 兩個參數，而從 S 參數求得薄膜的殘餘應力，從 B 參數可得薄膜的楊氏係數。Senturia 利用三種微測試結構為例子：微懸臂樑、微橋狀結構與扇形懸臂板，如圖 11.51 所示，說明如何利用 M-test 方法來萃取薄膜的機械性質。雖然 M-test 方法可以相容於一般面蝕刻製程技術，但是其解析解必須建立在完美邊界條件及結構無梯度應力的假設下，因此在實際應用上需要再作進一步的修正以增加其量測的準確性。另外其數值解對於薄膜厚度及間距成三次方變化，所以極需要非常精確的厚度量測，然而厚度卻是微結構最難量測的幾何參數。

　　由於靜電力驅動僅適用於導電性材料，因此利用突衝電壓法量測薄膜殘餘應力，便侷限在導體材料的運用，這間接限制了此方法的適用性。

② 動態量測－結構振動法[63-65]
　　利用振動法量測薄膜殘餘應力，主要概念為利用外力激發結構的共振模態 (resonant)，經由量測微檢測結構的共振頻率而得知薄膜材料的楊氏係數及殘餘應力值。而由 Zhang 所提出利用結構共振頻率量測薄膜殘餘應力[63]，則是其中較具代表性的。其以微橋狀結構做為檢測結構，利用壓電片產生聲波作為驅動源激發微橋狀結構的第一共振模態，然後藉由雷射光及功率計來量測微橋狀結構的共振頻率，再由共振頻率計算薄膜的殘餘應力及楊氏係數，其整個量測設備架設如圖 11.52 所示。而之後，Wylde 利用 Rayleigh's quotient 分析微橋狀結構的動態響應，並計算出微橋狀結構的第一共振頻率與殘餘應力及楊氏係數的逼近公式[64]，

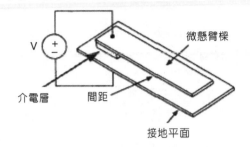

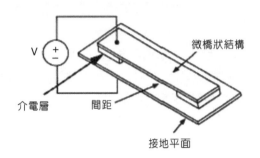

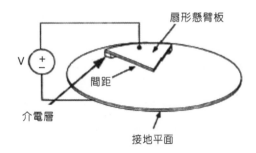

圖 11.51

M-test 突衝電壓法檢測結構[62]。

$$\omega_n^2 = \frac{(2\pi)^4}{3}\left(\frac{EI}{\rho A}\right)\frac{1}{L^4} + \frac{(2\pi)^2}{3}\left(\frac{\sigma}{\rho}\right)\frac{1}{L^2} \tag{11.67}$$

其中，ω_n 是微橋狀結構的第一模態共振頻率，L 為支撐樑的長度，E 為材料楊氏係數，I 為支撐樑的彎矩強度，ρ 為材料密度，σ 則為殘餘應力。由公式 (11.67) 中得知，微橋狀結構的共振頻率分別是薄膜材料楊氏係數與殘餘應力的函數，因此要得到薄膜殘餘應力值及楊氏係數，則必須經由同時分別量測兩根不同長度但截面積相同的微橋狀結構的共振頻率，然後代入公式 (11.67) 中求聯立方程式解。此外，利用量測微橋狀結構的共振頻率檢測薄膜殘餘應力，除了用在一般體蝕刻製程外，也常被用在面蝕刻製程中或是公用製程中作為檢測件 (test key) 之用[65]。

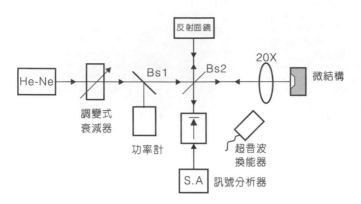

圖 11.52
結構動態響應量測設備架設圖[63]。

　　由於結構的共振頻率是一項具高鑑別力的物理量，其鑑別解析度在 0.01% 以下，相當適合作為精確量測的指標物理量，所以利用振動法檢測薄膜殘餘應力或其他機械常數，具有高精確度及高解析度的優點，但其缺點是需要較複雜的實驗設備架設。

11.2.4 結語

　　薄膜應力是半導體製程中普遍存在的問題，而薄膜應力的大小，更關係未來的微機電系統或半導體元件的性能與壽命。近年來半導體元件的尺寸不斷地縮小，傳統的應力量測技術已逐漸無法滿足精度的要求。由於微機電系統技術的發展，為薄膜應力引進新的概念，除了提升量測的精度外，也提供了應力分布的情形。本篇文章介紹七種利用不同的微機械結構來做量測應力的原理，並以實例說明這些方法的應用。最後希望藉由本文的介紹，使得讀者除了認識微機電系統的廣泛應用外，也能夠瞭解薄膜應力量測的重要。

11.3 掃描式顯微鏡檢測技術

11.3.1 掃描式探針顯微鏡檢測技術

　　隨著科學不斷的發展，各種機械及電子元件尺寸的微型化已成一種趨勢。奈米尺度下的科學研究，也隨著顯微技術的進步而發展，而奈米材料的各種物理、化學性質等和材料表面特性更是有著密不可分的關係，因此一套可以量測奈米尺度下的各種物理性質和化學性質的顯微技術的確有其必要性，而掃描探針顯微術 (scanning probe microscopy, SPM) 正好滿足了此種需求。

　　掃描探針顯微術乃是一系列顯微技術的通稱，而這些顯微技術的共同點，在於其操作原理都利用一探針對樣品表面進行掃描，並且利用探針和樣品間的交互作用，來量測材料的各種物理及化學性質。而這一系列顯微技術中，最早發明的當屬掃描穿隧顯微術

第 11.3.1 節作者為林仁輝先生、林軒立先生、張憲彰先生及吳靖宙先生。

(scanning tunneling microscopy, STM)。利用穿遂電流的大小來量測樣品的表面形貌，可以得到原子級的空間解析度，但此種顯微技術僅適用於導體樣品，是其缺點。而隨著原子力顯微術的問世，半導體以及非導體材料即可利用探針與樣品間的作用力，如凡得瓦力 (van der Waals force) 等，來量得其表面形貌。

其後，以掃描穿隧顯微術和原子力顯微術 (atomic force microscopy, AFM) 為基礎，各種不同的掃描探針顯微術不斷被發展應用在各種材料性質的量測分析上。常見的掃描探針顯微術可分類如圖 11.53 所示。

掃描探針顯微術除了做為檢測儀器外，近來也應用在各種領域上，例如材料的鑑定、奈米結構的製作、原子操縱術，甚至利用奈米碳管 (carbon nanotube) 取代探針來量測樣品，以得到較高的空間解析度。

以下針對上述幾種常用的掃描探針顯微術及其應用加以說明。

11.3.1.1 掃描穿隧顯微術

STM 所用的導電探針與其他 SPM 所用的懸臂探針不同，一般材質為 PtIr，最常見的探針製備方法是以利剪沿 PtIr 棒的縱軸方向夾 10－15 度的角度剪斷，則可得到極其尖銳的探針，另外亦可以電化學蝕刻的方法來製備探針。依照近代物理的量子力學理論，電子會有「穿隧效應」：若可導電的探針和可導電的樣品間通有一偏壓，當此兩者靠近至某一程度後，電子會越過探針和樣品間之能量障礙，因而有穿隧電流 (tunneling current) 的產生。依照量子力學理論，若穿隧電流的大小為 I，則此穿隧電流和探針到樣品間的距離 Z 之關係如下[69]：

$$I \propto e^{-\left(A\sqrt{\left(\varphi-\frac{V}{2}\right)}\cdot Z\right)}$$

(11.68)

其中 $A = \dfrac{h}{\pi}\sqrt{2m}$，$h$ 為普朗克常數 (Planck's constant)，m 為電子質量，φ 為位能障礙的高度 (tunneling gap)，不同的樣品和材料決定了不同的 φ 值。V 為所施加的電位，Z 為探針與樣本間的距離。

由於穿隧電流隨著探針和樣品間之距離成指數遞減，當距離減小 1 Å 時，其間穿隧電流的變化增加約 10 倍，此種對距離變化非常靈敏的物理量，相當適合用於小尺寸下的表面形貌量測。

一般來說，掃描穿隧顯微術的取像方式可分為三種：(1) 定電流取像法、(2) 定高度取像法及 (3) 掃描穿隧電流頻譜圖。

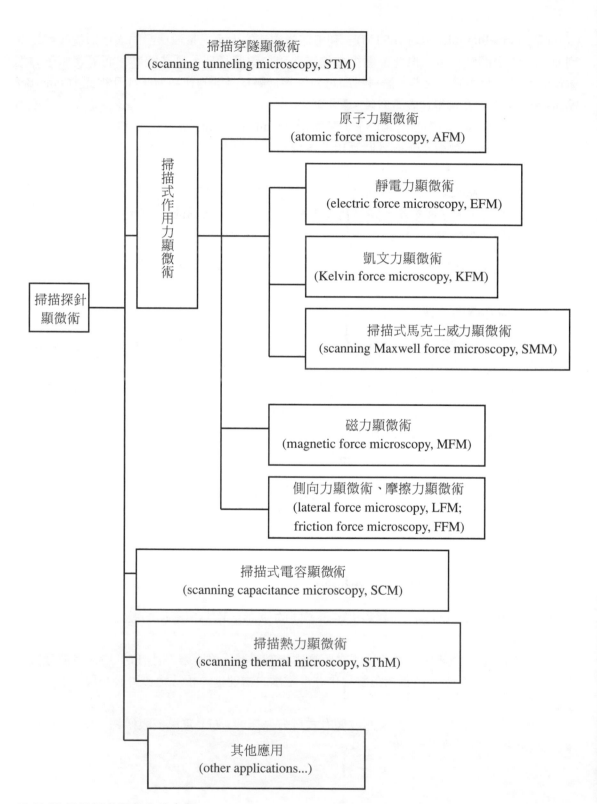

圖 11.53 掃描探針顯微術的分類。

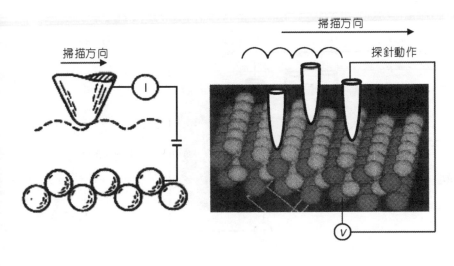

圖 13.54
定電流模式取像示意
圖[70]。

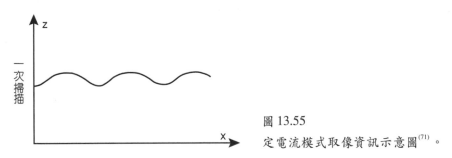

圖 13.55
定電流模式取像資訊示意圖[71]。

(1) 定電流取像法

　　如圖 11.54 所示，定電流取像法 (constant current mode) 的成像原理，乃是設定樣品和探針間的穿隧電流為一定值 (通常約在 1 nA 左右)，在此情形下，樣品和探針間的距離也應該要為定值，但由於樣品表面形貌的高低起伏，會使得穿隧電流值大於或小於預設之值，將此穿隧電流作為回饋訊號，和預設之穿隧電流值相比較，經 PID 控制使掃描器升降，以保持穿隧電流為一定，並同時擷取壓電掃描器電壓訊號，即可得到表面形貌圖像 (圖 11.55)。由於回饋機制的運作，此種掃描方式可適用於表面高低起伏較大的樣品，但也因此減低了掃描速度，是其缺點。

(2) 定高度取像法

　　如圖 11.56 所示，定高度取像法 (constant height mode) 的成像原理，乃是保持探針的位置固定，隨著表面形貌的高低起伏，探針與樣品間穿隧電流亦會隨之改變 (圖 11.57)。不同於定電流取像法的成像原理，定高度取像法係將系統的回饋機制關閉或將 P 增益值設定到一極小值，直接以穿隧電流作為成像訊號而不做為回饋訊號。由於此種成像方式的系統中並沒有回饋機制的運作，因此掃描速度較快；但由於關閉回饋機制，欲掃描的樣品表面形貌的高低起伏不能太大，否則探針很容易損壞而樣品表面也容易刮傷。

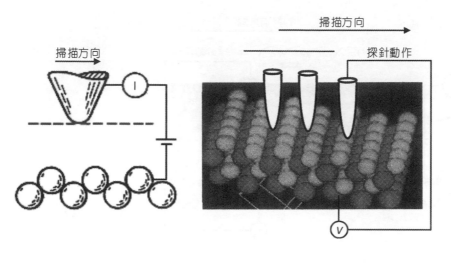

圖 11.56
定高度模式取像示意
圖[70]。

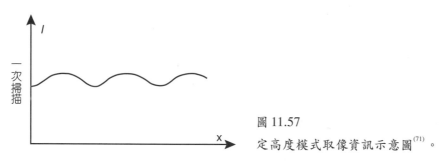

圖 11.57
定高度模式取像資訊示意圖[71]。

(3) 掃描穿隧電流頻譜圖

　　掃描穿隧電流頻譜圖 (scanning tunneling current spectroscopy) 可依施加的物理量 (距離 (Z) 與電壓 (V)) 不同，來區分為局部電流密度呈像法 (imaging of local spectral density, dI/dV) 與局部位能障礙呈像法 (local barrier height imaging, dI/dZ)，以下就各顯像原理做一簡介。

① 電流密度呈像法

　　電流密度呈像法 (current image tunneling spectroscopy, CITS) 的操作原理，是在掃描過程中，先利用回饋機制保持探針和樣品間的距離固定，並在每一掃描位置將回饋機制關閉數百微秒，同時在一電壓範圍內改變探針和樣品間偏壓的大小，測量不同電壓下的穿隧電流大小，得到各點位置的電流－電壓曲線 (I-V curve)。此功能可對材料表面局部區域的電性有更進一步的了解。若取其在某一偏壓下各位置電流大小的資料，即可得表面電流密度的分布。由於回饋機制的不停開關，以及所擷取資料的數目非常龐大，因而掃描速度較慢，是其缺點。在掃描過程中，穿隧電流除了受到樣品表面形貌的影響外，樣品表面的電性也會影響到穿隧電流的大小。

② 局部位能障礙呈像法

局部位能障礙呈像法的操作原理是在每一掃描點上先關閉回饋機制，再調變掃描器的 Z 軸位置，使探針與樣本間距產生變化並記錄電流的反應值，此量測法可得知電子轉移時位能障礙的高度，用來得知導體表面是否有吸附層的存在。

11.3.1.2 掃描式作用力顯微術

隨著掃描穿隧顯微術的發展，顯微技術不斷進步，這對於微、奈米尺寸下的材料表面形貌、電性的研究實為一大突破。但由於掃描穿隧顯微術所量測的物理量為穿隧電流，這對於無法導電的材料來說，則無法進行量測。針對此一掃描穿隧顯微術的缺點，一系列利用不同的作用力作為所量測物理量的掃描式作用力顯微術，就可用來量測不導電的樣品，如介電材料、半導體等，彌補了掃描穿隧顯微術的不足。

掃描式作用力顯微術的操作原理，乃是由掃描式穿隧顯微術衍生而來。如圖 11.58 所示，當樣品和探針的懸臂間產生交互作用力時，懸臂受此作用力而產生變形，而這一微小的變形量則會經由打在懸臂背面的低功率雷射光反射在四象限感測器來偵測。此感測器是由對位移靈敏的感光二極體 (position sensitive photo-diode, PSPD) 所組成，可以偵測在垂直方向和水平方向的微小位移量。四象限感測器上的位移訊號，反映了此種交互作用力的大

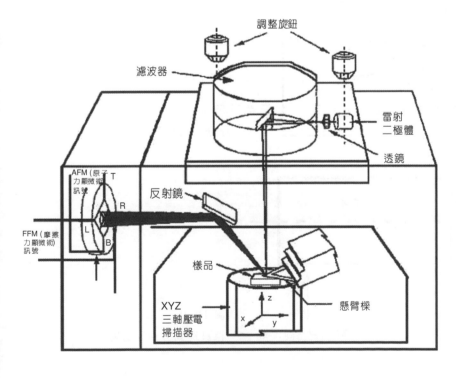

圖 11.58

掃描式作用力顯微術系統簡圖[70]。

小，而掃描式作用力顯微術的成像原理，也都是直接或間接由這位移訊號而來。掃描式作用力顯微術所使用的探針，連接在一細長的懸臂樑之下。探針在試件上以 Z 字型運動方式掃描，如圖 11.59 所示。而有些探針的懸臂作成 V 字形則是為了確保量測時懸臂的穩定性。

　　試件表面形貌及摩擦力量測方法，可利用掃描探針顯微術的摩擦力顯微術 (friction force microscopy, FFM) 之功能來完成。探針之掃描運動分成 y-y 及 x-x 兩個方向，如圖 11.60 所示，這兩種運動方式皆由試件掃描器平臺利用壓電方式來操控，y-y 平行於懸臂樑，而 x-x 則垂直於懸臂樑。y-y 方向之運動主要是量測試件表面的形貌，而 x-x 方向主要是用來量測摩擦力及摩擦係數。如圖 11.61 所示，如果滑動方向在 y-y 方向，則從探針懸臂背部反射至感光二極體之雷射光會投射在四象限之 T 或 B 象限上。此時反射光的中心點會隨探針頭在 z 方向之變形量之多寡，透過感光二極體之訊號輸出，可用影像顯示試件表面之形貌。如果滑動方向在 x-x 方向，則側向摩擦力之作用會使得懸臂發生扭曲變形，此種變形量會導致雷射光投射到感光二極體之 L 或 R 象限上，如圖 11.62 所示。此種偏移量之訊號輸出顯示試件表面摩擦力之分布，此亦可用來顯示材料之原子排列結構，如圖 11.63 所示。各種掃描式作用力顯微術的操作原理分述如下。

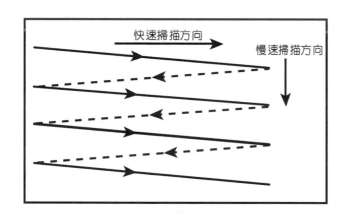

圖 11.59
探針運動方向示意圖[72]。

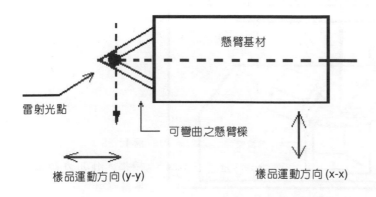

圖 11.60
探針運動方向示意圖[72]。

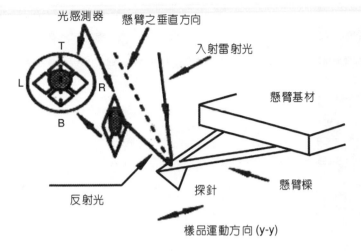

圖 11.61
y-y 方向運動，用於表面形貌量測[72]。

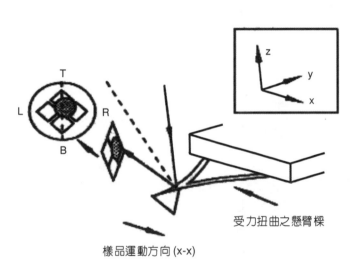

圖 11.62
x-x 方向運動，用於摩擦力量測[72]。

(1) 原子力顯微術

　　當探針和樣品接近到一定程度之後，兩者間的作用力場，主要的作用力是為短距力 (short-range force)，而此時長距力 (long-range force) 的作用較短距力來得不重要。最常見的短距力為凡得瓦力 (van der Waals force)，屬於分子－分子間的作用力；而靜電力、磁力等則是典型的長距力。除此之外，隨著原子力顯微術操作環境的不同，亦有不同的作用力出現。以液相環境操作來說，液－氣界面上的毛細作用力對於探針懸臂變形量所造成的影響也必須加以考慮，才能夠得到探針和樣品間真正的交互作用力。

　　如圖 11.64 依照探針和樣品間距離大小的狀態，探針和樣品間的凡得瓦力的性質也有所不同，原子力顯微鏡可分為接觸模式 (contact mode)、非接觸模式 (non-contact mode) 及敲擊模式 (tapping mode) 三種[69,73,74]。三種模式的操作特性分述如下。

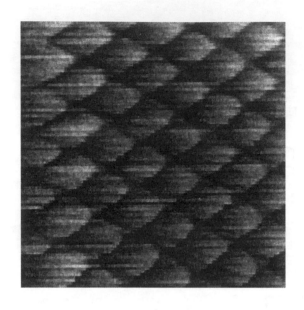

圖 11.63

摩擦力圖像[72]。

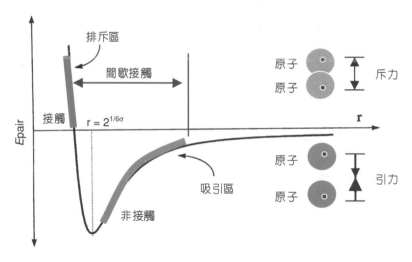

圖 11.64

凡得瓦力圖[72]。

① 接觸模式

　　探針和樣品間的間距約在數埃 (Å) 左右,此時兩者間的作用力為斥力,這是因為當兩原子彼此接近,而兩原子之電子雲開始重疊時,為了遵守包利不相容原理 (Pauli exclusion principle),兩電子雲會有互斥現象 (exchange interaction)。由於凡得瓦力乃屬短距力,微小的距離變化量,就會造成凡得瓦力明顯的變化,因此隨著樣品表面形貌的高低起伏,探針和樣品間的間距不同,其交互作用力不同,因此懸臂的變形量不同,利用四象限感測器的偏移量,可得樣品表面形貌。

　　其成像方式也有兩種,定力模式 (constant force mode) 以及定高度模式 (constant height mode)。類似於掃描穿隧顯微術,定力模式乃是利用系統回饋機制,控制樣品台高低來保持探針和樣品間的間距一定,使兩者間的作用力一定,但此時的回饋訊號乃是由四象限感測器的懸臂偏移量而來,成像訊號是由樣品台的壓電材料之電壓訊號而來;定高模式則沒有回饋機制,其成像訊號便是四象限感測器的懸臂偏移量。相同於掃描穿遂顯微術,這兩種的成像模式,前者適用於表面起伏大的樣品,掃描速度較慢;後者適用於較平坦的樣品,掃描速度較快。

在接觸模式原子力顯微術操作時,由於樣品的表面性質,如吸附現象、表面黏性、彈性等種種的原因,都有可能會對所得的表面形貌有所影響。接觸模式對於表面形貌的解析度較高,不過對於一些生物樣品或軟性薄膜試片,則不適用於接觸模式,這是因為在此操作模式下,探針和樣品接觸,在掃描成像過程中,探針容易刮傷樣品,影響成像的結果。

② 非接觸模式

非接觸模式的原子力顯微術 (NC-AFM,或 DFM) 的操作模式,是將探針的懸臂以一微小振幅振動,慢慢接近試片表面,當探針與樣品間產生交互作用力時,懸臂的振幅會衰減,此振幅衰減的大小和所交互作用力的梯度有關,其間的關係可以下式表示之[70]:

$$A \propto Q\left(1 - \frac{F'}{2k}\right)^{-1} \tag{11.69}$$

其中 A 為振幅,Q 為品質因子 (quality factor),此參數和懸臂的自然共振頻率有關;F' 為作用力梯度,k 為該懸臂樑的彈簧常數。因此由四象限感測器可量得振幅的衰減變化,並利用振幅衰減的大小得到交互作用力的梯度,即在凡得瓦力曲線圖中之斜率,由斜率的大小,即可得到樣品的表面形貌。

利用振幅的衰減外,亦可利用探針共振頻率的改變,來量得作用力梯度,進而得到樣品表面形貌。共振頻率的改變量和作用力梯度間有如下的關係[70]:

$$\Delta \omega_n = c\left(\sqrt{k} - \sqrt{k - F'}\right) \tag{11.70}$$

其中 c 為一常數,k 為該懸臂樑的彈簧常數,F' 為作用力梯度。利用調頻 (frequency modulation, FM) 的技術,也可得到作用力梯度的大小,以獲得樣品的表面形貌資訊。此外,偵測懸臂振動相位的變化,利用鎖相(lock in) 技術,也可以得到作用力梯度而成像。

非接觸式的原子力顯微術,由於探針並未和樣品實際接觸,因此對於軟性樣品表面所造成的刮傷可大大降低,探針受損的情形也可減少,此為其優於接觸模式之處;但由於探針和樣品並未接觸,因此非接觸模式的原子力顯微術之空間解析度較差,是其缺點。

③ 敲擊模式

敲擊模式和非接觸模式的操作方式類似,但探針懸臂振動的振幅較大,而探針和樣品間的距離也比非接觸式來得大。在掃描過程中，探針有時會接觸到樣品表面，其解析度也較非接觸模式的解析度來得高。而此種探針和樣品的接觸，實際上乃是探針輕敲樣品表面，故對樣品表面的刮傷可減到最低，對於軟性試片，如生物樣本，若使用敲擊模式的原子力顯微術，通常都可在不損傷試片下，得到極佳的掃描結果。圖 11.65 為三種原子力顯微術操作模式的示意圖。

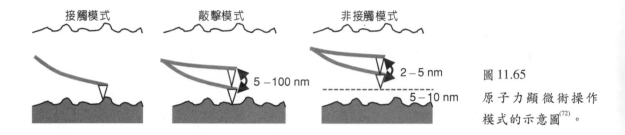

圖 11.65

原子力顯微術操作模式的示意圖[72]。

(2) 原子力顯微鏡的力－距離曲線

原子力顯微鏡的力－距離曲線 (force-distance curve of AFM) 係量測探針尖與樣品之間的作用力與距離而得的曲線。如圖 11.66 所示，量測過程中，將樣品以載台的壓電掃描器緩慢地向探針尖移近，並藉著光感測系統量測探針懸臂變形量，紀錄懸臂的垂直方向偏移量與載台掃描器移動距離之間的關係圖稱為力－距離曲線 (force-distance curve)。

將所量得懸臂的變形量帶入虎克定律 (Hook's law) 可得到探針尖與樣品間的作用力。探針尖與樣品間的作用力大小可表為 $F_c = -k_c \cdot \Delta S_c$，在此 F_c 為作用力，k_c 為懸臂的彈簧常數，ΔS_c 為懸臂變形量。

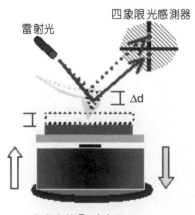

虎克定律 F = kd
對於硬質樣品，$\Delta Z = \Delta d$

圖 11.66

力－距離曲線量測架構圖。

載台的位移量並非探針尖與樣品之間的距離；載台的位移量 Z、探針懸臂的變形量 ΔS_c、樣品的變形量 ΔS_s、探針尖與樣品之間的距離 D，存在著以下關係，如圖 11.67 所示：

$$D = Z - (\Delta S_c + \Delta S_s) \tag{11.71}$$

同樣地，探針懸臂的彈性恢復力並非探針尖與樣品之間的作用力；探針尖與樣品之間的作用力在距離較大時為引力，而距離較小時將會轉為斥力。探針懸臂的彈性恢復力與探針尖與樣品間作用力的交互作用情形如圖 11.67 所示，而光感測系統量測到的即是此交互作用。

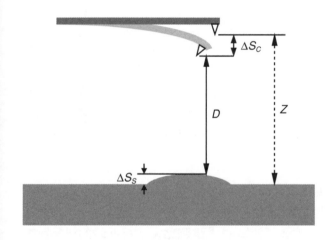

圖 11.67
載台位移量、探針尖與樣品間距離、變形量示意圖。

圖 11.68(a) 中為在不考慮任何表面作用力的影響下探針尖端與樣品之間凡得瓦力的作用力曲線，標號 1 至 3 的直線斜率為探針懸臂的彈簧常數。隨著探針與樣品逐漸接近，彼此之間的引力逐漸增大。在距離尚遠的階段，懸臂的彈性恢復力會與引力維持平衡狀態；直到標號 2 的直線與作用力曲線的切點 (圖上標號 b 的位置)，當探針與樣本再繼續接近後，平衡狀態將會進入不穩定狀態而沿著標號 2 的直線跳到與作用力曲線的另一交點 (圖上標號 b′ 的位置)。這段不穩定狀態是探針尖端突然「跳到」與樣品表面接觸在一起的過程，由光感測系統量測到的懸臂恢復力也會突然增加 (圖上標號 f_2 到 f_2')；對應在圖 11.68(b) 的力－距離曲線是一段載台並未增加而恢復力突增的不連續「跳躍」(圖上標號 B 到 B′ 的部分)。

相似的情形也會發生在探針與樣品逐漸遠離的過程。在圖 11.68(a) 作用力與標號 3 的直線相切處會進入不穩定狀態 (圖上標號 c 的位置)，當探針與樣本繼續遠離時，而沿著標號 3 的直線「跳到」另外一交點 (圖上標號 c′ 的位置)；對應在力－距離曲線亦為一段探針與樣品突然分離的過程 (圖上標號 C 到 C′ 的部分)。之後逐漸將距離加大則進入探針與樣品分離，由作用力與恢復力平衡的過程。

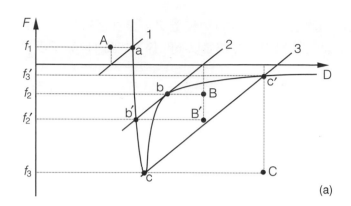

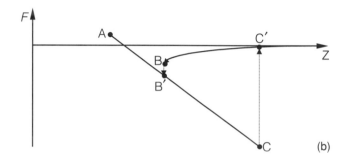

圖 11.68
探針尖端與樣品之間的作用曲線示意
圖。(a) 凡得瓦力與懸臂彈性恢復力之
作用力曲線，(b) 光學系統實際量測之
力－距離曲線。D 為探針與樣本間距，
Z 為載台的移動位置。

　　實際量測得到的力－距離曲線會分為接近 (approaching or advancing section) 以及遠離 (withdrawal or retracting section) 兩段，兩段曲線之間並不會重合，此現象稱為力—距離曲線的遲滯現象 (force-distance curve hysteresis)；兩個不連續的『跳躍點』在接近段的稱為跳觸點 (jump-to-contact)，而在遠離段的稱為跳離點 (jump-off-contact)。接近段過了跳觸點之後的部分 (圖 11.68(b) 的 B′A 段) 以及遠離段在跳離點之前的部分 (圖 11.68(b) 的 AC 段) 為探針與樣品接觸著的狀態，因此稱這兩段為接觸線 (contact lines)。而在接近段的跳觸點之前以及遠離段過了的跳離點之後為作用力隨著距離增大而逐漸減小的狀態，這兩段測得懸臂變形逐漸趨近於零的漸近線則稱為零線 (zero lines)。

　　由於前述可知，對於力－距離曲線的原點必須由量測後來決定。一般來說，力 (探針尖與樣品間的作用力) 座標的原點由零線來決定，而距離座標 (探針尖與樣品間的距離) 的原點由接觸線來決定。兩個跳躍點具有重要的特殊意義，係用來勾勒出作用力曲線的重要指標，然而跳躍點的位置取決於探針懸臂的彈簧常數；如果探針懸臂的彈簧常數較大則兩個跳躍點將會相距較近，使用的懸臂有大於作用力曲線最大梯度的彈簧常數時，甚至不會出現跳躍點而能直接得到作用力曲線的全貌。

　　通常在跳觸點發生時作用在探針與樣品之間的主要是吸引的凡德瓦力 (attractive van der Waal force)；而用球對無限大平面的模型來模擬，探針尖對樣品之間的作用力有以下關係：

$$F_{\text{attractive}} = -\frac{A \cdot R}{6 \cdot D^2} = F_{CS} = -\frac{C}{D^n} \tag{11.72}$$

因此 $n = 2$、$C = -\dfrac{A \cdot R}{6}$;此處 A 為哈馬克常數 (Hamaker constant)、R 為探針尖端的曲率半徑。

　　一般在懸臂的彈簧常數大於 0.1 N/m 時,接近與遠離曲線會重疊在一起,然而在實際的量測中,跳離點無論在作用力或是跳躍距離上都比跳觸點要大。關於這個現象主要是由於以下幾個因素造成的[75]:

1. 探針與樣品接觸時產生了些許鍵結;
2. 探針在經歷跳觸點時尖端由於撞擊而變鈍,使得曲率半徑變大;
3. 由於壓電晶體遲滯現象的存在,跳離點本質上就會比跳觸點延後;
4. 由於接觸時探針與樣品間凝結了某些液體(通常是大氣裡的水)。

　　跳離點的懸臂彈性恢復力的變化大小為探針與樣品間的黏附力;而黏附力通常與探針尖、樣品的表面能 (γ_t、γ_s) 有關。關於這方面的黏附力有多種方式加以分析,較常用的方式為所謂的 DMT 理論;考慮一圓球對一平面的黏附力可以表示為

$$F_{\text{adh}} = -4 \cdot \pi \cdot R \cdot \sqrt{\gamma_t \cdot \gamma_s} \tag{11.73}$$

利用力－距離曲線,可以求得樣品表面的附著力大小。如圖 11.69 所示,B 點到懸臂受力為零之間的力量,可算出樣本與懸臂尖端之間的吸附力。

　　當樣本相對於懸臂彈性無限硬時,掃描器向上移動的距離應等於探針的偏移量,$\Delta Z = \Delta d$。若樣本相對於探針較軟時,探針向上的偏移量會小於掃描器向上的移動距離,此時探

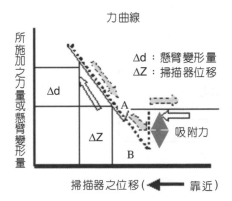

圖 11.69
力－距離曲線與附著力之關係。

針會沒入樣本內，其沒入的厚度以 δ 示之，δ = ΔZ – Δd。樣本的彈性不同時，ΔZ 與 Δd 之間的比率也會不同。當樣本愈柔軟，則 Δd 愈小於 ΔZ，若樣本愈硬時 Δd 愈接近於 ΔZ。其樣本的楊氏係數可利用 Hertz model 或 Sneddon model 計算出[76,77]：

$$F = \frac{2E\tan(\alpha)}{\pi(1-v^2)}\delta^2 \tag{11.74}$$

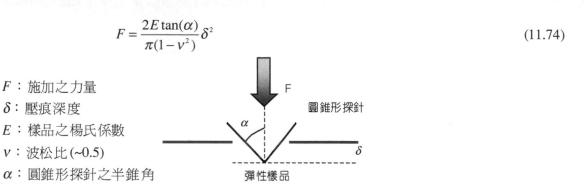

F：施加之力量
δ：壓痕深度
E：樣品之楊氏係數
v：波松比 (~0.5)
α：圓錐形探針之半錐角

(3) 力曲線容積呈像法

　　可定量樣本彈性或探針和樣本間吸附力的量測法，如圖 11.70 所示。力曲線容積呈像法 (force volume imaging) 是將影像掃描時的每一像素點 (pixel) 都做力－距離曲線的量測，藉由計算力－距離曲線中接近曲線 (approach line) 的斜率變化量，得知掃描器移動距離與懸臂施加的力量，並配合 Sneddon model 函數計算，可得到樣本被掃描區域每一點的彈性係數[78]。若探針與樣本表面具有特異性的吸附力時，則可計算力－距離曲線中遠離曲線 (retract line) 的 snap-back point 吸附力變化，而得樣本每一點與探針間吸附力的大小，此吸附力的分布圖也稱為吸附力顯微術 (adhesion force microscopy)。

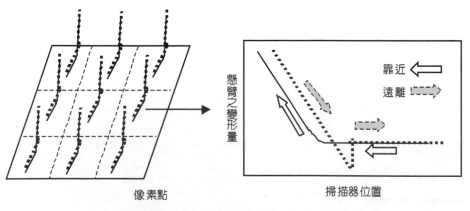

圖 11.70 力曲線容積呈像法的量測示意圖。(a) 全影像的每一點做力－距離曲線的量測，(b) 在呈像時所相對應某一點的力－距離曲線量。

(4) 摩擦力顯微術

　　摩擦力顯微術 (friction force microscopy, FFM) 亦稱側向力顯微術,其操作原理乃是利用原子力顯微術在接觸模式進行掃描時,由於探針和樣品的接觸以及相對運動,會產生一側向摩擦力,除了因掃描表面形貌造成懸臂的彎曲外,在摩擦力的作用下,懸臂亦會產生扭曲的現象,如圖 11.71 所示。

　　懸臂的扭曲會在四象限感測器上產生水平的位移,利用此位移量的大小,可進行樣品表面各個位置摩擦力的定性分析。利用摩擦力顯微術,對於微觀尺度下的摩擦行為可以有更進一步的觀察與研究。此外,材料表面原子排列的特性,和材料表面摩擦力分布也有直接相關[79],在材料結構分析方面,表面摩擦力分布圖像也是相當重要的資訊之一。摩擦係數之取得原理如下[72]:試件透過平台之上升與探針接觸並使懸臂樑下降在探針處有一變形量 H_0。此時探針與試件間的正向力為 W_0,然後利用試件平台在 x 及 $-x$ 方向之側向運動摩擦力所造成在探針處懸臂樑的變形量分別為 H_1、H_2, $\Delta H_1 = |H_1 - H_0|$, $\Delta H_2 = |H_2 - H_0|$ 。則摩擦係數 (μ) 可表為

$$\mu = \frac{(\Delta H_1 + \Delta H_2)}{H_0} \cdot \frac{L}{2l} \tag{11.75}$$

其中 L 代表懸臂樑的長度;l 代表探針尖端在摩擦過程中與無負載下懸臂樑位置間的距離。

(5) 磁力顯微術

　　磁力顯微術 (magnetic force microscopy, MFM) 的操作原理,乃是在原子力顯微術所使

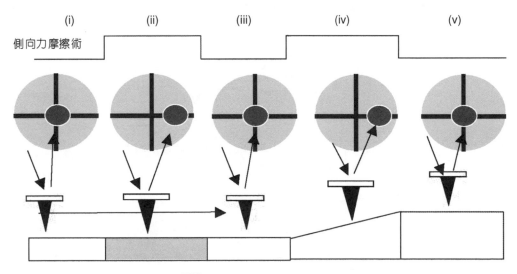

圖 11.71 摩擦力顯微術示意圖[69,74]。

用的探針上，鍍上一層磁性薄膜，當此探針接近樣品至兩者相距數十奈米時，磁性探針和磁性樣品間的交互作用力會使得探針懸臂產生形變，藉此變形量來測量出磁力大小，或是磁力梯度分布，以得到樣品表面的磁場分布。一般可利用懸臂偏移量 (稱為 DC MFM) 或振幅的改變 (AC MFM) 來量測磁性的大小。

① DC MFM

　　由 Zeeman energy 所示，磁力是磁矩 (m_z) 乘以磁場的空間梯度 (H_z')，磁力的大小可由懸臂的偏移量乘以懸臂的彈性係數而得知。

$$F_z = (\mathbf{m} \cdot \nabla)\mathbf{H} \cong m_z \cdot H_z' \tag{11.76}$$

② AC MFM

$$F' = \mathbf{n} \cdot \nabla(\mathbf{n} \cdot \mathbf{F}) \cong m_z \frac{\partial^2 H_z}{\partial z^2} \tag{11.77}$$

其中 $\mathbf{F}$ 為磁力的大小，而 F' 為磁力梯度的大小，m_z 為探針尖端的磁偶極強度，H_z 為樣品表面垂直方向的磁場，$\mathbf{n}$ 為正交於懸臂平面的單位向量。

　　利用非接觸式原子力顯微術的成像原理，測量懸臂振幅的改變量，或是測量懸臂共振頻率的改變量，來量得樣品表面的磁力梯度 (F') 大小，藉以得到樣品表面磁力大小 (F)，即可得樣品表面磁場 (H) 分布，如圖 11.72 所示。

　　和一般原子力顯微術不同的，由於磁作用力是屬於遠距力，在掃描的過程中，必須將

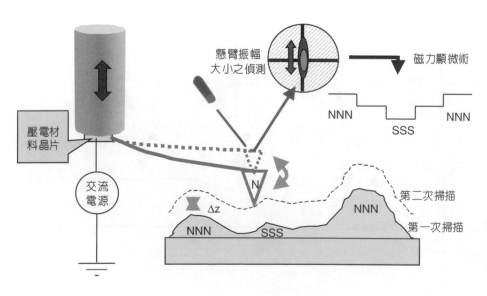

圖 11.72
磁力顯微術示
意圖。

樣品表面幾何形貌對磁力的影響加以排除。通常在掃描時,會先將探針接近樣品表面,此時先進行一次敲擊模式的掃描。藉著第一次掃描的結果,可以大略知道樣品的表面形貌;進行第二次掃描時,則將探針上抬數十奈米,並依照第一次掃描得到的表面形貌輪廓進行掃描,藉以降低樣品表面形貌對磁力的影響,來提高掃描資料的正確性。

磁力顯微術主要是用來觀測磁性材料其表面性質以及磁區分布之對應關係,也可用來將材料磁化,改變材料的磁性分布。

(6) 靜電力顯微術

靜電力顯微術 (electric force microscopy, EFM) 主要是用來量測樣品表面靜電荷的分布及其電場分布。其操作原理乃是在探針和樣品表面間外加一交流電壓訊號的情況下,藉由探針懸臂的變形量來測得探針和樣品間的靜電作用力,並利用分頻、鎖相技術,來得到我們所需要的資訊。當外加一電壓在探針時,若探針電壓的大小為

$$V = V_{dc} + V_{ac} \sin(\omega t) \tag{11.78}$$

其中 V_{dc} 為直流偏壓的大小,V_{ac} 為交流電壓振幅的大小,ω 為此交流電壓的角頻率。在此情況下,探針和樣品間的作用力,包括庫侖力和靜電力,其大小可表為三部分:即 F_{dc}、F_{ω}、$F_{2\omega}$。分別如下[70]:

$$F_{dc} = \frac{Q_s^2}{4\pi\varepsilon_0 z^2} + \frac{Q_s V_{dc} C}{4\pi\varepsilon_0 z^2} + \frac{1}{2} C_z \left(V_{dc}^2 + \frac{1}{2} V_{ac}^2 \right) \tag{11.79}$$

$$F_{\omega} = \left(\frac{Q_s C}{4\pi\varepsilon_0 z^2} + C_z \cdot V_{dc} \right) \cdot V_{ac} \sin(\omega t) \tag{11.80}$$

$$F_{2\omega} = -\frac{1}{4} \cdot C_z \cdot V_{ac}^2 \cos(2\omega t) \tag{11.81}$$

其中 ε_0 為真空中的電容率,z 為探針和樣品間之距離,ω 為外加交流電壓之角頻率,Q_s 為樣品表面的電荷,C 為探針和樣品間構成的電容大小,而 C_z 則為電容在垂直方向的變化率,即電容梯度。

F_{dc}、F_{ω}、$F_{2\omega}$ 此三種作用力各有其振動的角頻率。F_{dc} 不振動,角頻率可視為零,是以外加交流電壓之角頻率振動;$F_{2\omega}$ 則是以外加交流電壓之兩倍角頻率振動。

圖 11.73 為靜電力顯微術的系統架構簡圖。利用回饋機制保持探針與樣品間的距離一定,擷取不同振動頻率的訊號,得到其振幅的大小,便可直接或間接得到表面靜電荷分布的資訊。利用鎖相放大技術,可測得探針懸臂之振動頻率為 ω 的振幅;在系統回饋機構的控制下,使得探針和樣品間的距離保持一定,並且電容、電容梯度也一定。若保持 V_{dc} 為一定值,則可以藉由振動頻率為 ω 的振幅大小,得到樣品表面電荷分布 (Q_s) 的資訊。

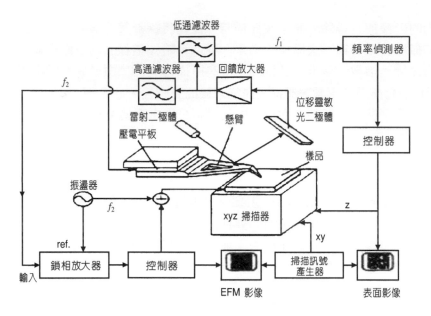

圖 11.73

靜電力顯微術系統之架構
簡圖[80]。

　　如圖 11.74 所示,由於靜電力和磁力同樣屬於長距力,為了降低表面形貌對掃描結果的
影響,在進行掃描的時候,必須先以敲擊模式掃描其表面形貌,再將探針上提數十奈米,
依照表面形貌輪廓進行第二次掃描,以得到較正確的結果。

(7) 掃描式表面電位顯微術

　　在材料的電性方面,除了要瞭解材料表面的電荷分布之外,材料表面的電位分布也是
相當重要性質之一。掃描式表面電位顯微術 (scanning surface potential microscopy, SSPM) 是
利用和靜電力顯微術相似的原理,有兩種方式可用來進行樣品表面電位分布的量測:凱文

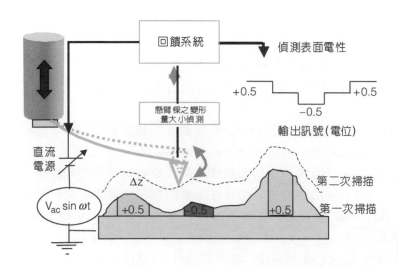

圖 11.74

EFM 系統量測方式示意圖。

力顯微術 (Kelvin force microscopy, KFM) 及掃描式馬克士威力顯微術 (scanning Maxwell force microscopy, SMM)。

① KFM 的量測原理

若樣品表面的電位為 V_{surf}，且樣品表面無靜電荷，則當外加一電壓 $V = V_{dc} + V_{ac}\sin(\omega t)$ 於探針時，此時探針與樣品間之作用力大小，依照其振動的角頻率不同，亦可分成三部分[70]：

$$F_{dc} = \frac{1}{2}C_z\left[(V_{dc} - V_{surf})^2 + \frac{1}{2}V_{ac}^2\right] \tag{11.82}$$

$$F_\omega = C_z(V_{dc} - V_{surf}) \cdot V_{ac}\sin(\omega t) \tag{11.83}$$

$$F_{2\omega} = -\frac{1}{4} \cdot C_z \cdot V_{ac}^2 \cos(2\omega t) \tag{11.84}$$

圖 11.75 為 KFM 系統之架構簡圖。利用系統的回饋機制，控制 V_{dc} 的大小，使 F_ω 所造成的振動之振幅 $C_z(V_{dc} - V_{surf}) \cdot V_{ac}$ 為零，則此時 V_{dc} 的大小和 V_{surf} 相同，擷取 V_{dc} 的訊號，即可得到樣品表面的電位分布 (V_{surf})。

② SMM 的量測原理

SMM 的量測原理是利用前述樣品和探針的交互作用力當中的 $F_{2\omega}$ 項。由於

$$F_{2\omega} = -\frac{1}{4} \cdot C_z \cdot V_{ac}^2 \cos(2\omega t) \tag{11.85}$$

若電容梯度 (C_z) 僅為探針和樣品間距離的函數，以 $F_{2\omega}$ 項的振幅大小為回饋訊號，利用回饋機制保持 $F_{2\omega}$ 項的振幅一定，藉以保持電容梯度一定，使得探針和樣品間的距離保持一定，此時在 F_ω 項中

$$F_\omega = C_z(V_{dc} - V_{surf}) \cdot V_{ac}\sin(\omega t) \tag{11.86}$$

若電容梯度 (C_z) 固定，可利用鎖相放大技術，量得 $F_{2\omega}$ 項中的振幅大小，即可得到表面電位分布 (V_{surf}) 之訊號；或者在保持探針和樣品間距離一定的情況下，電容梯度也一定，再利用回饋系統改變 V_{dc} 值，使 F_ω 項中的振幅為零，擷取 V_{dc} 訊號，亦可得到樣品表面電位分布資訊。

11.3.1.3 掃描式電容顯微術

掃描式電容顯微術常用於半導體材料內部自由載子濃度分布的研究，其操作原理是在

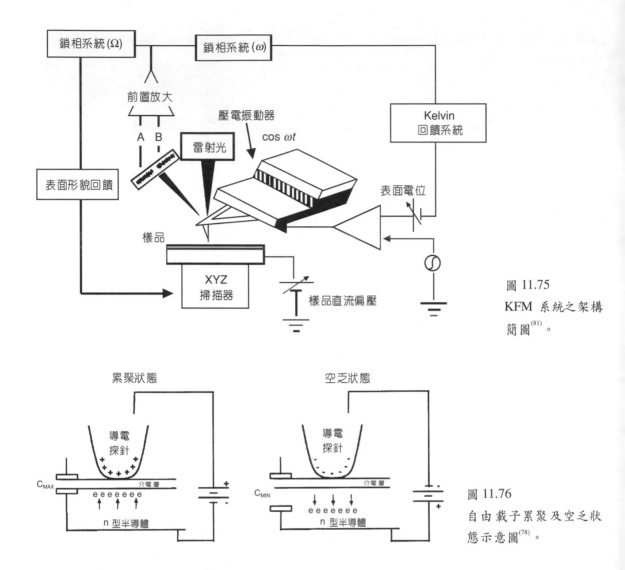

圖 11.75
KFM 系統之架構
簡圖[81]。

圖 11.76
自由載子累聚及空乏狀
態示意圖[78]。

　　原子力掃描探針顯微術的系統中加入一電容感測器。當一可導電的探針靠近表面有一薄氧化層之半導體材料時，即形成一金屬－氧化物－半導體之結構 (metal-oxide-semiconductor, MOS)，此時，隨著樣品和探針間所加交流偏壓的作用，材料內部會有自由載子的累聚 (accumulation) 及空乏 (depletion) 狀態，如圖 11.76 所示。

　　此時樣品表面的電容大小，也會隨之改變。圖 11.77 為 n-type 半導體的電容－電壓曲線圖 (C-V curve)。對 p-type 及 n-type 的半導體而言，隨著摻雜濃度的不同，其電容－電壓曲線也隨之不同。以 n-type 半導體為例，在同樣的電壓變化下，載子濃度高的區域所對應的電容變化較小，反之載子濃度小的區域所對應的電容變化較大。藉由半導體材料的電容－電壓曲線圖之特性，可對於材料表面自由載子濃度的分布做定性上的分析。在掃描過程中，固定探針和樣品間電壓的變化量，並利用電容偵測器所得的訊號，可得電容變化量，以此變化量的大小為成像訊號，來得到載子濃度的分布，此為掃描式電容顯微術較常用的

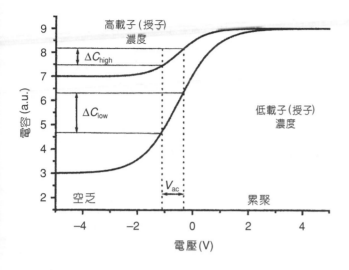

圖 11.77
n-type 半導體電容－電壓曲線圖[70]。

成像方式。

　　通常，材料表面的幾何形貌、局部電性都會對材料內自由載子濃度分布的掃描結果造成影響，因此除了觀察自由載子分布外，材料表面的幾何形貌也必須同時觀察，以得到較正確的載子濃度分布。而掃描式電容顯微術取得表面形貌的方式，則是利用探針和樣品間的電容大小，和其間的距離成反比，以電容感測器測得之電容大小為回饋訊號，保持探針和樣品間之距離一定，使得電容值也為一定，即可得表面形貌。

11.3.1.4 懸臂的選用與校正

(1) 懸臂的選用

　　正確的懸臂選用是取得良好與正確影像的開始。懸臂的幾何形狀 (如長度、厚度與寬度) 與材質決定了懸臂的彈性。大部分懸臂的彈簧常數 (k_c) 是由這些參數計算所得，桿狀與三角形懸臂的計算公式如式 (11.87)、(11.88) 所示[76,83]。一般而言，探針愈長，寬度與厚度愈薄，其彈簧常數愈小，代表愈柔軟，愈易受外力的作用而使懸臂產生偏折。

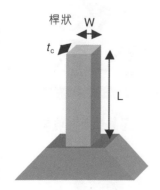

$$k_c = \frac{E t_c^3 W}{4 L^3} \tag{11.87}$$

E：楊氏係數 (對氮化矽而言 $E = 304$ GPa)
L：長度
W：懸臂之寬度
t_c：懸臂之厚度

V 形懸臂樑

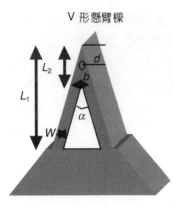

$$k_c = \frac{E t_c^3 W b}{2b(L_1^3 - L_2^3) + 6WL_2^3}$$ (11.88)

E：楊氏係數 (對氮化矽而言 E = 304 GPa)
W：懸臂之寬度
t_c：懸臂之厚度

　　影像的解析度則與探針的形狀和尖端半徑有關，由於 SPM 的影像是由探針掃描樣本的表面所得，影像是物體實際的大小與探針尖端形狀的旋積，所以探針尖端的形狀與大小會影響掃描後物體的影像 (如圖 11.78)。

　　由於光微影蝕刻製程與材料蝕刻特性的緣故，以氮化矽為材質的探針尖端形狀 (如圖 11.78(c)) 呈倒金字塔型，其尖端的半張錐角約 35°，尖端半徑約 50 nm (ML06A, PSI Corp.)，較無法得到具高深寬比樣本的真正形狀。此類探針尖端較鈍，不易刮壞樣本表面，可選擇彈簧常數小、較為柔軟的懸臂，可適合生物樣本或高分子膜的觀察，由於氮化矽較不具化學活性，不易與溶液起化學反應。另外，以矽為基材製成的探針尖端形狀一般為角

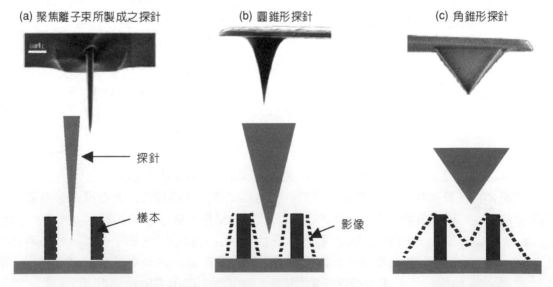

圖 11.78 不同探針形狀掃描影像示意圖。實線是樣本實際形狀，虛線是不同探針掃描後的樣本輪廓。(SEM image reprinted from NTMDT Corp. with permission)。

錐狀 (如圖 11.78(b))，其尖端半徑約為 10 nm，半張錐角為 10° (Pointprobe, Nanosensors Corp.)，更可利用聚焦離子束蝕刻術 (FIB) 製成適合高深寬比元件量測用的探針 (如圖 11.78(a))，所以適合樣本表面微小特徵點的量測。且矽材質易於加工成不同的形狀，所以其彈簧常數分布非常的廣，從 0.01 N/m 到數十 N/m 都有，適合各種樣本的量測。由於矽基材表面易有氧化層的產生，所以在液相中會解離成氫氧基使表面呈負電性。此外，因具化學活性易於利用表面修飾的方法將探針進行表面改質，可用作特殊分子間作用力的量測[84,85]。

　　表 11.2 就不同顯像操作模式時，一般所需的探針參數做一比較。目前市面上探針佔有率最大的前兩家是 Nanosensors (http://www.nanosensors.com) 和 MikroMasch (http://www.spmtips.com)，探針選用的條件可上網查詢。

表 11.2 不同操作模式下的探針選用列表[86-88]。

顯像操作模式與探針選用	彈簧常數 (N/m)	共振頻率 (kHz)	備註
接觸式 (Topography, Force image, LFM, SRM, FMM)	0.01 — 2.0	7 — 50	懸臂彈性要較小，避免刮壞樣本，也可降低共振頻率，去除外界的干擾。V 形懸臂可降低側向的移動，若要量測摩擦力需選用桿狀懸臂。
非接觸式 (Topography, Phase image)	0.5 — 5	50 — 120	所需共振的 Q 值較接觸式的高，所以懸臂的硬度會較大。V 形與桿狀懸臂皆適用。
敲擊式 (Topography, Phase image, MFM, SKM, SCM, EFM, nanolithography)	2.8 — 50 (較軟的懸臂適合電磁量測 ca. 2.8，若做微影則愈硬愈好 > 40)	75 — 350	由於要克服在空氣中量測時探針與樣本間毛細現象的吸附力，所以要選擇較硬的探針以維持共振的狀態，若在液相中選用較軟的 V 形懸臂即可。

(2) 懸臂的校正

　　目前各廠商所提供懸臂的彈簧常數都是由探針的幾何形狀大小經公式計算出來的，其誤差值約在 10 — 20%，若要利用探針做力學上定量分析時，則需測量出探針真正的彈簧常數，以下列出數種校正懸臂彈簧常數的方法。

　　由於一般三角形探針的計算公式是由雙桿狀的模式簡化而得，Neumeister 和 Ducker 認為與實際值會有誤差，所以提出了三角形探針計算法的修正公式，如公式(11.89) 所示[89]。

　　另外 Cleveland 等學者提出利用共振頻率量測法，實際量測出桿狀探針彈簧常數的大小。每一根探針皆有其共振頻率，當一已知重量的微粒子附著上探針而改變了探針質量後，其共振頻率也被改變[90]。

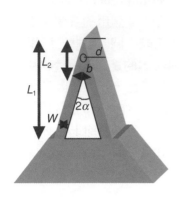

$$k_c = \left[\Delta_{\mathrm{I}} + \Delta_{\mathrm{II}} + \Psi\left(\frac{W}{\sin\alpha} - d\right)\right]^{-1} \tag{11.89}$$

$$\Delta_{\mathrm{I}} = \frac{3}{Et_c^3\tan\alpha}\left[\left(\frac{W}{\sin\alpha} - 2d\right)^2 - d^2\left(2\log\frac{W}{d\sin\alpha} + 1\right)\right]$$

$$\Delta_{\mathrm{II}} = \frac{L^2}{EWt_c^3\cos^2\alpha}\left[\frac{2L}{\cos\alpha} + 3(W\cot\alpha - d\cos\alpha - \vartheta\sin\alpha)\right]$$

$$\Psi = \frac{3L(1+v)}{EWt_c^3\cos\alpha}\left(\frac{W}{\sin\alpha} - d + \vartheta\cot\alpha\right)$$

$$\vartheta = \frac{L\tan\alpha + (W - d\sin\alpha)(1-v)\cos\alpha}{2 - (1-v)\cos^2\alpha}$$

E：楊氏係數 (對氮化矽而言 $E = 304$ GPa)

v：波松比 (對氮化矽而言 $v = 0.24$)

W：懸臂之寬度

t_c：懸臂之厚度

$$\omega_0 = \sqrt{\frac{k_c}{m^*}}, \qquad \omega_1 = \sqrt{\frac{k_c}{M + m^*}}, \qquad k_c = \frac{M}{\dfrac{1}{\omega_1^2} - \dfrac{1}{\omega_0^2}} \tag{11.90}$$

ω_0：共振頻率

k_c：彈簧常數

$m^* = m_c + m_t$ (m_c：懸臂樑之質量、m_t：探針之質量)

M：額外附著的粒子

Hutter 和 Bechhoefer 藉由量測探針因熱能而產生的振動擺幅，得知探針的彈簧常數，其關係式如公式 (11.91) 所示[91]。

$$\left\langle\frac{1}{2}m\omega_0^2\delta_c^2\right\rangle = \frac{1}{2}k_BT, \qquad \omega_0^2 = \frac{k_c}{m} \quad \text{and} \quad k_c = \frac{k_BT}{\langle\delta_c^2\rangle} \tag{11.91}$$

k_B：Boltzman 常數 (1.38066×10^{-23} J/K)

T：絕對溫度 (K)

δ_c：懸臂樑變形量

針尖端幾何形狀的校正，需透過標準試片量測所得的影像與 SEM 影像比較，來得知尖端的狀況，如圖 11.79(c) 所示[71]，當尖端已磨損時，所得的影像會比實際樣本尺寸大；若尖端因撞擊產生破裂時，則會有重影的產生。

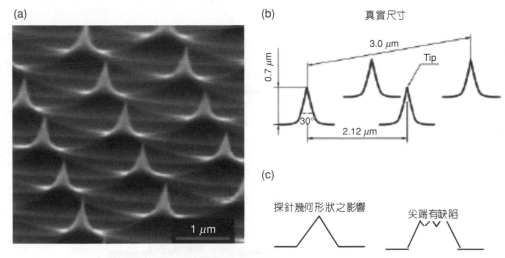

圖 11.79 探針尖端校正示意圖。(a) NT-MDT 公司的 silicone grating (no. TGT01) 的 SEM 影像，(b) 實際尺寸大小的示意圖，(c) 探針尖端受損可能量出的樣本輪廓示意圖。(SEM image reprinted from NTMDT Corp. with permission)

(3) 掃描器的特性與校正

　　由於掃描器是由壓電晶體陶瓷製成，晶體內部具有非線性特性，即驅動的電壓值與晶體的位移量並非完全的呈線性正比的關係 (圖 11.80(a))，此特性將會造成遲滯 (hystcresis)、潛變 (creep)、老化 (aging) 與軸向耦合 (cross-coupling) 等現象，如圖 11.80 及圖 11.81 所示[92]。

　　由於掃描器的非線性特性會使量測的影像產生失真，所以各 SPM 研發的廠商以軟體校正或使用感測器監測掃描器位移量的方式加以補償，以得最真實的影像。以下就各非線性特性對影像量測上所造成的影響加以討論。

① 遲滯現象

　　給予等量的正向與負向電壓值，然掃描器的上升與下降路徑卻不在同一位置上的現象稱為遲滯現象。如圖 11.80(b) 下圖所示，當施予正向電壓使掃描器上升越過凸狀物掃描一段距離後，再給予等量的負向電壓值，欲使掃描器回復原水平位置，但遲滯現象會使掃描器無法回到原水平位置，而使凸狀物的兩邊出現高度落差影像。此現象與掃描速率和時間有關。

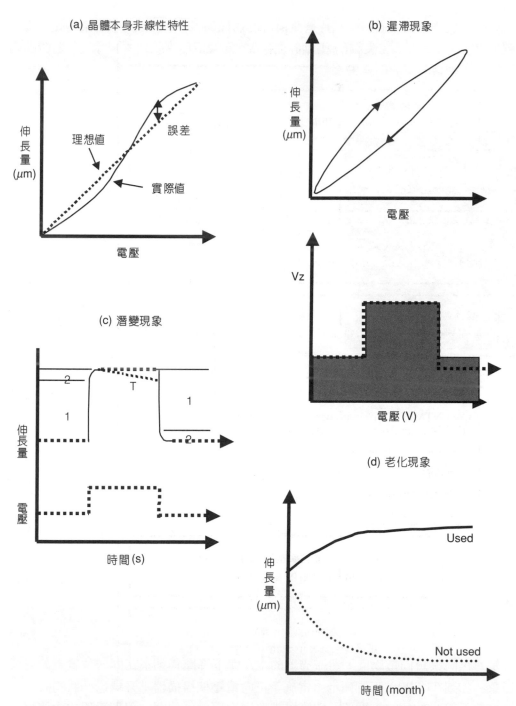

圖 11.80 掃描器的非線性特性示意圖。(a) 晶體內部的非線性曲線,(b) 遲滯現象,(c) 潛變現象,
       (d) 老化現象。

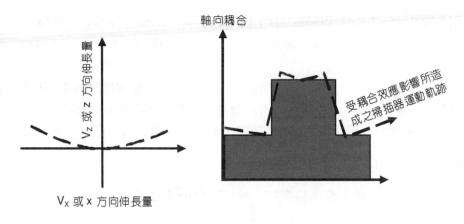

圖 11.81
掃描器的軸向耦合非
線性特性示意圖。

② 潛變現象

　　指壓電晶體在施予一階狀電壓後，無法立即產生完全對應的位移量，會隨著時間增加才達到施予電位之相對應位移量的現象，如圖 11.80(c) 上圖的實線部分，潛變現象也會發生在給一階狀電位後，隨著時間延長而掃描器 Z 軸發生位移量的變化，如圖 11.80(c) 上圖虛線凸狀部分的變化。

③ 老化現象

　　指掃描器長時間 (約數月) 未使用，使壓電晶體的極化現象減弱，當施予一定量的電壓後，掃描器卻無法達到相對應位置的現象。可經一段時間的使用後，消除此現象。

④ 軸向耦合現象

　　當掃描器進行 X、Y 平面掃描時，在 Z 軸方向也會產生微小的位移量，此位移量是壓電晶體本身晶格偏移所造成的。此現象會使掃描器在平面上的移動類似弧形運動，當掃描範圍縮小時，此現象會被削減。

(4) 回饋控制系統

　　回饋控制系統的目的是讓偵測訊號維持在原先的設定值 (set-point value)，以達到量測的目的，如底置式設計的 AFM 定力模式時，當偵測訊號大於或小於設定值時，回饋系統會將誤差值訊號 (error signal = 偵測訊號 − 設定值) 轉成驅動掃描器的電壓訊號，掃描器以延展或收縮的動作，使探針與樣本間的作用力維持在設定值。回饋系統的效率會影響到影像量測的品質，一般回饋系統是由 PID (P: proportional, I: integral, D: derivative) 的運算來達成，P 增益 (proportional gain) 是用來放大誤差值訊號，較大的 P 增益值可讓回饋系統快速回到設定值，適合以定力模式量測粗糙表面樣本的應用，但過大的 P 增益值易使系統產生振盪，因為即使小的誤差值也會一直被放大，而無法達到設定值的穩定。較小的 P 增益值會降低回饋控制系統的速率，但可降低掃描器 Z 軸的移動而增加量測時的穩定性，適合以定高模式量測平滑表面的細微變化如原子的排列。I 增益 (integral gain) 幫助維持一精確的設定值，而 D 增益 (derivative gain) 可降低不必要的振盪產生。

11.3.1.5 掃描探針顯微術運用於樣品表面黏彈性量測

在奈米材料的研究中，對於材料表面的黏彈性分析，可運用掃描探針顯微術來做定性上的分析。

表面黏彈性量測 (viscoelasticity measurement) 的操作模式亦有兩種：接觸模式和敲擊模式。在接觸模式下，樣品台上加一交流偏壓，樣品台就會開始以一固定頻率振動，並控制樣品台的振動方向在垂直方向。此時將探針慢慢靠近樣品，直到探針和樣品相距數個奈米，到達接觸模式的範圍。利用系統的回饋機制，保持探針和樣品間的距離一定，同時並偵測探針振動的振幅變化。如圖 11.82 所示，當樣品的表面為軟性或黏性區域時，由於探針受到表面黏性吸附力的影響，探針的振幅會比原來的振幅來得小；而當探針掃過較硬區域或是彈性區域時，則會因彈性的作用而使得懸臂的振幅比原來的振幅來得大。藉著探針懸臂振幅的變化，可得到樣品表面黏彈性的分布；同時，藉由回饋系統的訊號，也可以同時得到樣品的表面形貌，藉由表面形貌與黏性區域、彈性區域的相對位置，對於材料的黏彈特性，也能夠有更深入的了解。

敲擊模式的操作原理和接觸模式相似，但由於敲擊模式下，探針幾乎不和樣品接觸，

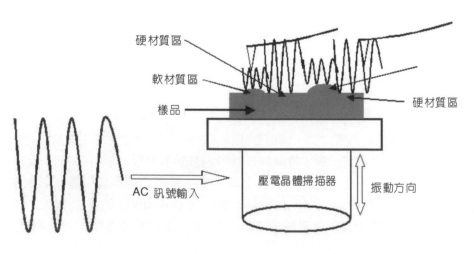

圖 11.82
黏彈性質量測示意圖[72]。

因此對於黏性或是軟性區域，不致造成樣品的刮傷，此為其優點，但解析度仍不及接觸模式之成像。

11.3.1.6 掃描熱力顯微術

利用掃描熱力顯微術 (scanning thermal microscopy, SThM)，可以量得材料表面的溫度分布，除了對於材料表面的微觀熱學性質有更進一步的了解，也可以藉由材料的溫度分布，對於發生在材料表面的某一化學反應之過程加以研究。

掃描熱力顯微術常用的熱感測器可分兩種，即電阻絲和熱電偶，如圖 11.83 所示。利用和掃描穿隧顯微術類似的系統架構，但在探針部分加上一熱電偶，用來感測探針和樣品間的熱交互作用，如圖 11.84 所示。其量測原理乃是以探針上熱電偶的電壓訊號為回饋訊號，在掃描過程中調整參考熱電偶的電壓，使其溫度保持一定，並以參考熱電偶的電壓為成像訊號，即可得樣品的溫度分布；若將熱電偶以一電阻絲取代，利用此電阻絲的電阻值會隨著溫度變化而改變，量測其電阻值變化，也可以藉此得到樣品表面的溫度分布。

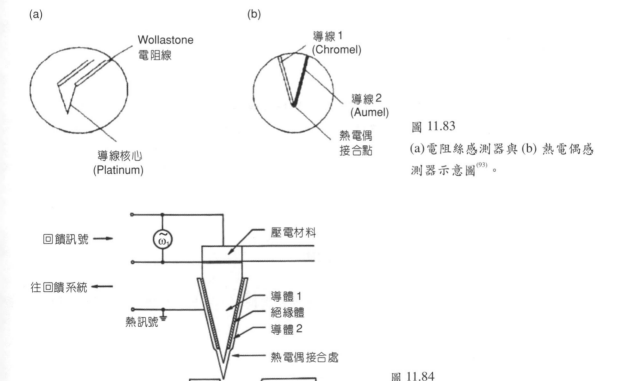

圖 11.83

(a) 電阻絲感測器與 (b) 熱電偶感測器示意圖[93]。

圖 11.84

熱電偶感測器示意圖[93]。

11.3.1.7 掃描探針顯微術運用於奈米結構的製作

　　在半導體製程技術中，常以所製作元件的最小線寬來判定其製程能力，而決定製程能力最關鍵的部分就在於蝕刻微影的技術。利用掃描探針顯微術，可以在矽晶片上製作出奈米尺度的二氧化矽，這些氧化物即可做為蝕刻製程中用來定義線寬的蝕刻遮罩 (etching mask)，如圖 11.85 所示。

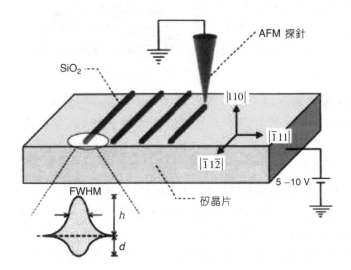

圖 11.85
利用掃描探針顯微術製作蝕刻遮罩的過程圖[80]。

　　利用接觸式原子力顯微術的原理，以定高度模式操作，並於可導電的探針和矽晶片間加一偏壓。在偏壓作用下，探針吸附大氣中的水膜，而在探針和樣品間形成水橋 (water bridge)，並且在矽晶圓表面發生陽極氧化反應 (anodic oxidation)，形成二氧化矽，此種製程又稱原子力微影術 (AFM lithography)。探針的運動路徑可經由程式的編寫加以控制 (Vector Scan mode, Seiko Instru. Corp.)，來完成樣品表面各種圖案的氧化物鍍製。

　　在矽晶圓表面之化學反應式為：

$$Si + 2OH^- + 4h^+ \rightarrow SiO_2 + 2H^+$$

　　由於探針表面鍍有鈦金屬，因此探針的化性相當穩定，不參與化學反應。探針的化學反應式為：

$$2H_2O + 2e^- \rightarrow H_2 + 2OH^-$$

　　利用此種方式製作的氧化物，其線寬可達五十奈米以下，若能針對其陽極氧化的化學

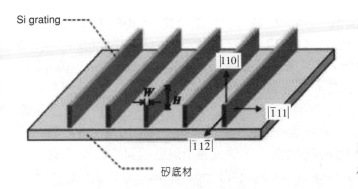

Si grating

|110|

W H

|1̄11|

|112̄|

矽底材

圖 11.86

矽底材加工後表面形貌圖[80]。

反應機制加以研究，對於所形成氧化物的線寬與高度做定量上的分析，並朝平行陣列探針同步掃描以達大量製作的目的，這對原子力微影術的技術發展必定是一大突破。

11.3.1.8 掃描探針顯微術運用於電化學分析

由於掃描穿隧顯微術和原子力顯微術的操作環境並不侷限於真空，在一般大氣下，甚至在液面下也可操作，因此有時也被用來觀察電化學反應的發生過程，或是觀察電化學反應發生後，樣品的表面形貌、電性的改變。而在電化學上的應用，可分為電化學掃描穿隧顯微術 (ECSTM) 以及電化學原子力顯微術 (ECAFM)。

以電化學掃描穿隧顯微術而言，和一般大氣下操作的不同點，在於整個電化學反應的過程中，探針所感受到的電流包含了穿隧電流 (tunneling current)、充電電流 (charging current) 以及法拉第電流 (Faraday's current) 三種。穿隧電流是由探針和樣品間的穿隧效應而來；充電電流則是由於當溶液中的金屬電極失去電子而解離成陽離子時，由於靜電平衡，這些電子和金屬陽離子會在電極表面形成電雙層結構 (electrical double layer)，此結構和電容器的結構相似，此時若在電極上施加一電位時，電雙層內即有充電電流的產生；法拉第電流則是由於有電化學反應的發生而產生。

在電化學的應用上，電化學掃描穿隧顯微術主要用來觀察電化學反應期間樣品表面性質的變化。在掃描前，必須先量測探針的電流－電位曲線，得到流過探針的充電電流與法拉第電流的大小，在進行穿隧掃描時，才能將穿隧電流以外的電流訊號造成的干擾減低，以確保樣品表面形貌的正確性。而電化學原子力顯微術的成像，是由探針和樣品間的作用力而來，因此充電電流及法拉第電流的干擾不影響其成像結果。電化學掃描穿隧顯微術可以量測樣品表面的電流－電位曲線，得到電化學反應中的氧化電位及還原電位；或是測量樣品表面的電流－時間曲線，得到樣品表面電荷數；抑或是量測樣品表面的電位－時間曲線，以得到反應過程中樣品表面的變化情形。藉由這些資訊，對於電化學的反應機制及其反應過程，都可以進行更進一步的研究。

11.3.2 近場光學掃描顯微檢測技術

90 年代是微米技術蓬勃發展及成功地應用於半導體工業上的時期,隨著科技迅速發展與工業成長,所有元件設計的精確度已開始進入奈米尺寸的要求。然而,材料小到奈米尺度時,其物質的特性將不同於以往相同材料在巨觀介質 (bulk) 的行為,也就是材料的介電性、磁性、活性、熱性,甚至於光學行為在材料維度減小後都有所不同,所以想要了解材料在奈米尺度下的特殊行為,進而能將其特殊性質應用到以往元件無法解決的問題,具有超高空間分辨率的量測研究工具是極為重要的,尤其在研究奈米光學或量子光電元件方面,最重要的檢測工具之一就是近場光學顯微儀,本節將簡述近場光學掃描顯微檢測之原理、發展及應用。

11.3.2.1 基本原理

近場光學顯微技術 (near-field scanning optical microscopy) 是近代新發展出的顯微技術之一,其所能達到的空間解析度 (spatial resolution) 遠大於一般的光學顯微鏡。1873 年德國物理學家 Ernst Abbe 認為在遠場光學中 (遠大於一個波長的距離) 觀察物體時,必定無法避免光之波動性質所造成之干涉與繞射效應,僅能獲得約半個波長 ($\lambda/2$) 之空間解析度,稱為繞射極限。之後英國的 Lord Rayleigh 針對此寫下了所謂的 Rayleigh 準則:即兩物體必須大於或等於 $1.22\lambda/2n\sin\theta$ 才能被清楚地分辨出來,其中 λ 為所使用的光波長,n 為所在之光學介質折射率,θ 為用來收集或聚光至感測器用的物鏡光孔穴 (aperture) 的半角。據此,若以可見光區中間的黃色光 (550 nm) 為光源,則僅可達約 0.3 μm 之空間解析度。因此在遠場光學中欲獲得高空間解析度,必須使用:(1) 短的光波長,如紫外光 (UV)、X 光,乃至於電子束,(2) 高折射係數介質,如使用油鏡或浸漬技術 (immersion microscopy),(3) 光孔穴半角大的物鏡,如大口徑與高曲度的物鏡。然而 (2) 與 (3) 之效果頗為有限,故只有電子顯微鏡因電子束之短物質波波長而可獲得奈米 (nm) 級的解析度,但磁鏡的像差、高能量電子束對真空的需求及對樣品的破壞、電子束造成之電荷累積 (charging effect),以至於生物樣品須鍍導電膜等,皆限制其使用範圍與功能甚鉅。所以如何使光學顯微術突破繞射極限之空間解析度一直是眾人努力的目標。

在光學上,想要獲得超高空間解析度並且不受波動的繞射限制,可以用圖 11.87 的方法來實現。通常對於小於觀測波長的物件,若欲知其本質 (intrinsic) 特性,最直接的辦法就是製作一個尺寸遠小於觀測波長或被測物件的探測器,如此可增加探測之空間解析度,也就是可用探測器本身的尺度去分辨物體的大小,並且放置在離待測物很近的距離,如此就可很直接的探測到待測樣品的近場光學性質。這些性質包括:(1) 物質本身輻射或電磁波和物質作用後散射的訊息,這些訊息是可以在遠場接收到的,(2) 一些隨距離衰減之非輻射的訊息,也就是一般所謂的消散場 (evanescent field),通常這個場的行為跟物質的本質特性有

第 11.3.2 節作者為蔡定平先生。

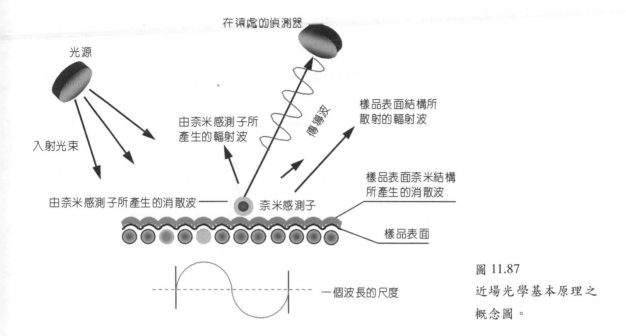

圖 11.87
近場光學基本原理之
概念圖。

關，對於接受到這些訊息再經由探測器傳遞到遠距離 (即遠場) 的接收器，也可作高空間解析之點對點 (pixel by pixel) 的資料分析，這個概念可提高量測上空間解析之分辨率，更重要的是可以直接量測物質本身的光學作用性質，這點是其他量測方法不易達到的。圖 11.87 如果以分辨小於可見光 (波長 λ 介於 400－800 nm) 的空間解析度而言，探測器大小必須製作在奈米尺寸，以分辨比探測器尺寸大或相當的物體。當光源照射至樣品表面時，物體本身會產生散射至遠場的行進波，也同時會有非輻射的消散場，藉著探測器以很近的距離接收或與樣品表面的消散場作用 (通常是一種微擾行為)，可將極區域且微弱的訊號傳遞到遠場的接收器。

　　理論上，若將電偶極 (electrical dipole) **p** 視為物質輻射的最基本主要貢獻，則依據古典電動力學的理論，可知微小振盪源的輻射電場 **E** 為：

$$\mathbf{E} = k^2(\mathbf{n} \times \mathbf{p}) \times \mathbf{n} \frac{e^{ikr}}{r} + \left[3\mathbf{n}(\mathbf{n} \cdot \mathbf{p}) - \mathbf{p}\right]\left[\frac{1}{r^3} - \frac{ik}{r^2}\right]e^{ikr} \tag{11.92}$$

其中，k 為輻射場的波數 (wave number)，r 為電偶極矩至觀測點的距離，**n** 為 r 的單位方向向量 (unit vector)。在 $kr > 1$ (i.e. $d < \lambda < r$) 的遠場區域 (radiation zone)，此處 d 為電偶極輻射源的大小，可得 **E** 的近似式為：

$$\mathbf{E} = k^2(\mathbf{n} \times \mathbf{p}) \times \mathbf{n} \frac{e^{ikr}}{r} \tag{11.93}$$

若對 **E** 作微分可得：

$$\left|\frac{dE}{E}\right| = \frac{\sqrt{k^2 r^2 + 1}}{r} dr \cong k dr \tag{11.94}$$

$$dr \cong \frac{1}{k}\left|\frac{dE}{E}\right| = \frac{\lambda}{2\pi}\left|\frac{dE}{E}\right| = \lambda \cdot \text{contrast} \tag{11.95}$$

故知遠場中之空間解析度，除了與量測的對比分辨能力 $\left|\dfrac{dE}{E}\right|$ 有關之外，主要是與量測的波長成正比。

當在 $kr < 1$ (i.e. $\lambda > r \geq d$) 的近場區域中 (near zone)，則可得 **E** 的近似式為：

$$\mathbf{E} = \left[3\mathbf{n}(\mathbf{n}\cdot\mathbf{p}) - \mathbf{p}\right]\frac{1}{r^3} \tag{11.96}$$

$$\left|\frac{dE}{E}\right| = \frac{3}{r} dr \Rightarrow dr = \frac{r}{3}\left|\frac{dE}{E}\right| \tag{11.97}$$

因為近場中，$r \geq d$

$$dr \geq \frac{d}{3}\left|\frac{dE}{E}\right| = d \cdot \text{contrast} \tag{11.98}$$

亦即在近場中，空間解析度與量測的對比分辨力 $\left|\dfrac{dE}{E}\right|$ 有關之外，主要則與量測之距離成正比，而其最小值則為電偶極輻射源的尺寸，因而在理論上，近場光學可獲得分子尺寸的空間解析度。

11.3.2.2 近場光學的發展

英國的 Synge 以及美國的 O'Keefe 分別在 1928 年及 1956 年提出可獲得突破繞射極限的構想，就是利用在遠小於一個波長的距離內 (即所謂近場中) 來進行光學量測 (如圖 11.88)，取得樣品表面上各局部區域的光學訊息，並藉由掃描方式集合一個區間範圍內的資訊形成影像，這樣的量測方式，避免了在大於一個波長距離後光波動性質的呈現與干擾，因此並不會受到繞射極限的限制，在理論上可以得到樣品表面小至分子尺寸的空間解析度。此即為掃描式近場光學顯微儀 (scanning near-field optical microscope, SNOM or NSOM) 的基本原理。1972 年 E. A. Ash 與 G. Nicholes 首次以波長三公分的微波 (microwave) 實驗證實了可以在近場中觀測物體，而得到約為 1/60 波長的空間解析度，算是近場光學顯微術在原理上的首次實驗證明。然而，受限於當時無法有效地控制約 1/100 波長的近場距離及製作

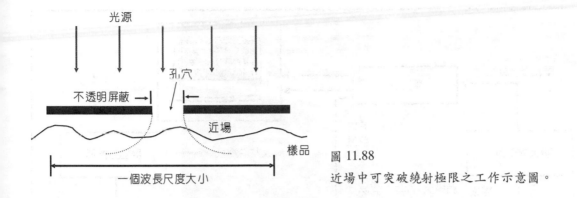

圖 11.88
近場中可突破繞射極限之工作示意圖。

出奈米 (nm) 尺度之光學孔穴的技術，他們沒達成用可見光來進行近場光學顯微的實驗。

在近場光學的實際量測操作上，主要需有一極微小的偵測器 (detector) 或散射點 (scatter)，以此來收集空間中局部的光學訊號，以及必須控制此感測器或散射點在非常接近樣品表面的距離，此微小的感測器和與樣品表面距離的控制技術，是近場光學顯微技術的發展關鍵。1986 年獲得諾貝爾物理獎的 G. Binnig 及 H. Rohrer 於 1982 年製作出第一部電子掃描穿隧顯微儀 (scanning tunneling microscope, STM) 後，1984 年瑞士 IBM 研究中心的 D. W. Phol 及美國康乃爾大學 A. Lewis 等人利用 STM 的回饋控制 (feedback control) 原理及掃描技術解決了部份近場光學顯微儀的技術問題，並利用玻璃微細管 (micropipette) 熔拉成錐形的探針，再於其外面鍍上奈米厚度的鋁膜以形成具有奈米尺寸之光孔穴的探針，成功地使近場光學顯微儀具有初步的雛形。隨後 1989 年 R. C. Reddick 等人在美國 Oak Ridge 國家實驗室利用全反射的消散場強度具有指數衰減的特性，製作了具有光學回饋控制探針高度的近場光學顯微儀，且首次使用了以腐蝕製成之光纖探針作為近場感測之探針，稱之為光子掃描穿隧顯微儀 (photon scanning tunneling microscope, PSTM)。它可成功地作穩定的近場光學掃描，空間解析度達 50 nm 至 20 nm，但因為其利用光學全反射的消散場強度作光源，故樣品的之光學條件頗受限制。

對於光學探針的製作與發展，早期近場光學量測的結果中，有 D. W. Phol 等人採用的石英探針及 E. Betzig 等人採用玻璃微細管並鍍鋁膜的探針。前者是利用一連串的研磨技術將石英磨成探針，並鍍上一層金屬膜，在探針尖端以 STM 方式作近場掃探，並藉由波導方式傳遞光學訊號，缺點是製作技術過於複雜，且探針製程的重複性不高，在解析度上無法突破 200 nm；後者是應用生物醫學上常用的玻璃微細管熔拉技術，製成細管的探針並以此為傳遞光學訊息之波導結構，它的好處是製作簡單、穩定、重複性高及孔穴可保持圓形對稱，針尖大小可維持在 100 nm 以下，但缺點是玻璃微細管形成之波導結構傳遞光學訊息時損耗會相當大。目前一般掃描式近場光學顯微儀是使用光纖波導所製成的探針，在外表鍍上金屬薄膜以形成末端具有小於 100 nm 之直徑尺寸光學孔穴的近場光學探針，用以作為接收或發射光學訊息。圖 11.89(a) 是一般所使用之光纖探針的電子顯微鏡照片，此一光纖探

 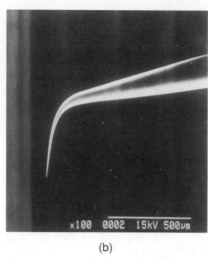

(a)　　　　　　　　　　　　　　　(b)

圖 11.89
近場光纖探針之 (a) 電
子顯微鏡照片，及 (b)
改良型彎曲式光纖探
針。

針可用熔拉或腐蝕之方法製成；圖 11.89(b) 為一種彎曲型近場光學探針，可使用於現行各種原子力顯微儀 (atomic force microscope, AFM)，同時作近場光學及原子力顯微探針之用。

　　另一方面，在近場探針與樣品表面距離的控制上，隨著 1986 年原子力顯微儀發展出來後，在 1992 年由美國 AT&T 實驗室的 Eric Betzig 及羅徹斯特理工學院 (RIT) 的 Mehdi Vaez-Iravani 分別提出利用剪力式顯微儀 (shear-force microscope) 的技術作為近場光學顯微儀之光學探針的高度回饋控制。這種結合可作精密位移與掃描探測的壓電陶瓷材料 (piezo-electrical ceramics) 與原子力顯微技術所提供之精確的高度回饋控制，能將近場光學探針非常精確地 (垂直與水平方向的空間解析度可分別達到 0.1 nm 與 1 nm) 控制在被測樣品表面上 1 nm 至 100 nm 的高度，進行三維空間可回饋控制的近場掃描 (scanning)。此一技術的改進，可獲得極穩定且重複性頗高的表面形貌與近場光學影像，且兩者可以同時並獨立的取得，能提供有效的對照與參考研究。

　　由於近場光學顯微儀的空間解析度實際取決於光纖探針末端光學孔徑的大小，以及近場光學探針與樣品表面間的距離，所以目前一般近場光學顯微解析度主要受限於光學孔徑的大小，約可達到 20 nm 的空間解析度。

11.3.2.3 近場光學顯微儀架構

　　掃描式近場光學顯微儀目前常用的工作模式，依照量測的需要以及樣品的光學特性，可選擇適當的量測方式，主要分為兩大類：穿透式和反射式掃描近場光學顯微儀，並且可再細分為探針本身照光和以探針收光兩部分，如圖 11.90 所列的五種工作模式，以下略作說明。

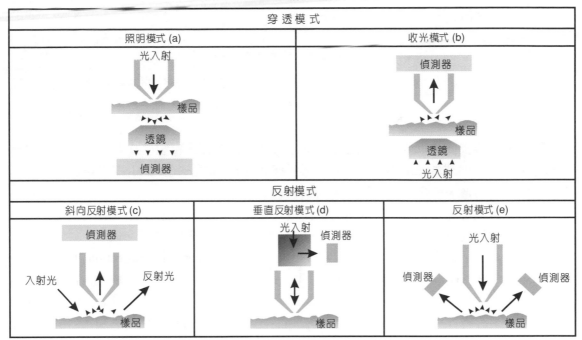

圖 11.90　掃描式近場光學顯微儀依據量測需要及樣品之光學性質，通常分成穿透式與反射式兩大
　　　　類，此處顯示的是常用之五種工作模式。

穿透式掃描近場光學顯微儀

- 探針照明式 (Illumination Mode)

　　以光纖探針的光學孔穴作為近場之點光源，光經樣品穿透至另一方之偵測器而被接收
的模式。

- 探針收光模式 (Collection Mode)

　　光源由樣品另一方送入，穿透樣品後經由光纖探針在近場中接收的模式。而光源穿透
樣品的方式又可分為用內部全反射 (total internal reflection) 的方式，與直接入射光穿透樣品
的方式兩種。

反射式掃描近場光學顯微儀

- 斜向照明探針集光模式 (Oblique Reflection Mode)

　　光源由側面打在樣品上經反射後由光纖探針在近場中接收光學訊號的模式。

- 垂直反射模式 (Vertical Reflection Mode)

光經由光纖探針在近場中發射至樣品表面，經垂直反射後再由同一光纖探針在近場中接收光學訊號的模式。

• 探針照明斜向收光模式 (Reflection Mode)

光經由光纖探針在近場中送出至樣品表面反射後，由側向的偵測器接收光學訊號的模式。

對於光穿透較佳的透明樣品，可選擇穿透模式進行量測，反射模式則須選擇反射率較高的樣品，且反射式的三種模式中，垂直反射模式是利用同一光纖探針送光與收光，可以省去側向外加的光學元件，使得系統更為簡便。

當然，以上各種方法只是較常用的工作模式，其他例如用金屬探針尖端或金屬奈米顆粒作為近場內的散射中心 (scattering center) 的掃描式近場光學顯微儀等，以及一些正在研究與發展的新式近場光學顯微儀，如全反射式螢光顯微儀 (total internal reflection fluorescence microscope, TIRFM)，都是可行與有效的工作模式。依據近場基本原理的概念，探測器也可利用一微小的物體將近場的訊息散射至遠場接收，故一般穿隧掃描式顯微儀與原子力顯微儀的金屬或半導體探針，也可以當作近場奈米散射中心。如圖 11.91 所示，利用斜向照明集光模式的工作架構，由系統側面入射一道偏振雷射光到樣品表面上，再以鎢針 (tungsten tip) 的針尖將近場侷域的光散射至遠場，由一普通顯微鏡系統，利用高倍率物鏡將大部分的散射光收集，並且需要有效過濾背景值以提高量測的訊雜比 (signal-to-noise ratio)，再由接收器去量測分析。另外，也可利用奈米顆粒 (nanoparticle) 來當作散射源，此奈米顆粒可為金

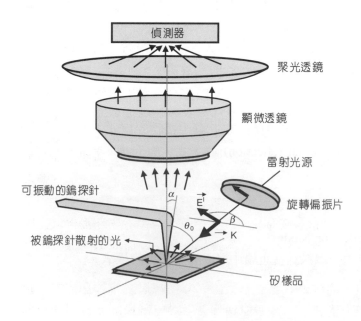

圖 11.91
利用金屬探針尖端作為近場內的散射中心的掃描式近場光學顯微儀[114]。

屬或非金屬的材料，利用光鉗 (optical tweezers) 的方法，將奈米顆粒以光子力 (optical force) 的方式操控至樣品表面，再將由奈米顆粒散射出的光訊號以透鏡收集。如圖 11.92 所示，此基本架構為一探針集光模式，樣品在稜鏡 (prism) 斜邊之全反射的消散場，利用奈米顆粒將此非輻射場的訊號散射至遠場由物鏡收集，而此實驗通常需要兩道不同波長雷射光束，一為操控光鉗的雷射光，另一為探測樣品表面的光源，再將背景雷射光過濾，以獲得樣品表面由奈米顆粒散射出的光訊號，故此架構有一些基本的缺點必須考慮，例如不同光源的相互干擾，以及奈米顆粒本身在操控光源內的熱擾動，通常是布朗運動 (Brownian motion)。故綜合以上所述，基本的工作模式依據架構的不同，除了如圖 11.90 有五種基本的情形外，對於探測器本身的製作，也可分為兩類，一為有孔穴探針，在近場區域接受樣品電磁訊號後，並利用波導結構傳遞電磁波訊號至遠場，另一為無孔穴探測源，是利用奈米顆粒或金屬探針針尖將近場電磁訊號直接散射至遠場，與傳統光學顯微鏡結合將散射光訊號接收。可用圖 11.93 做一清楚的概念描繪，傳統光學顯微鏡為利用一透鏡將光束聚焦後，以最小的繞射光點作為其解析物體的最大能力 (圖 (a))，而近場光學顯微儀則是使用小於波長之光學孔穴收光或送光，並利用波導來導引光訊息 (圖 (b))，此外也可利用散射點來使近場訊號散射傳遞到遠方接收器 (圖 (c))，下文則是光纖探針架構的近場光學顯微儀的說明。

　　目前一般近場光學顯微儀所使用的光纖探針，常用的製作方法有腐蝕成針法及熔拉成針法，或先熔拉成針再腐蝕的方法。其中腐蝕成針法可依所使用的技術與溶劑，粗分為 NH_4HF_2 飽和溶液腐蝕法與高濃度 HF 溶液微細管腐蝕法 (tube etching)。NH_4HF_2 腐蝕法一般

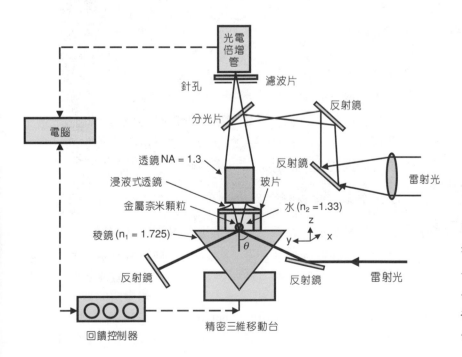

圖 11.92

利用金屬奈米顆粒作為近場內的散射中心的無孔穴式 (apertureless) 掃描式近場光學顯微儀[115]。

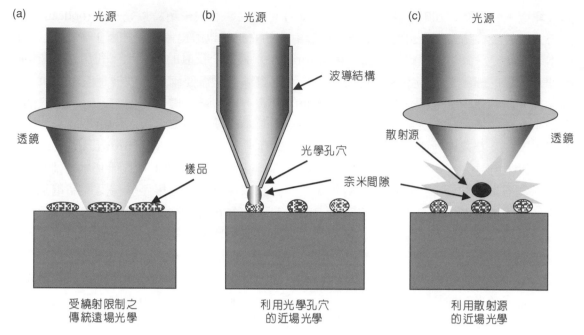

圖 11.93 傳統光學顯微鏡與近場光學顯微儀之概念圖。

使用有剝皮平切光纖直接浸入腐蝕，利用纖核與纖衣間的不同腐蝕速率，造成一位於平切面圓心處之小錐狀突起，加以鍍膜後，形成光學探針。高濃度 HF 溶液微細管腐蝕法則直接截斷未剝皮之光纖素材後，垂直液面浸入腐蝕液後完成腐蝕，其方法乃利用毛細管現象與高濃度氟化氫溶液之對流現象，腐蝕出可保持於塑膠保護層內之探針 (如圖 11.94 所示)，腐蝕完成後，直接以高濃度硫酸溶液將外附之塑膠保護層溶化，並加以鍍膜即可使用。熔拉成針法需使用一可局部加熱之熱源，常用的熱源為二氧化碳雷射與弧光放電等，對小區域之光纖加熱使之達到熔融狀態，適時配合牽引系統在加熱區域兩端向外施力，此局部熔融區域形成錐狀針形，初步完成的探針通常再配合化學腐蝕的方法進一步得到較小的針尖。彎曲式光纖探針的製作，則是將上述熔拉完成的直立式光纖探針，採用電弧加熱方式，使之在熔融時因重力而彎曲。

　　近場光學顯微儀的主要架構通常是以原子力顯微儀的系統為基礎，利用其力學回饋控制系統來控制探針的高度，以保持探針於近場距離，通常是用非接觸模式的掃探，以保護近場光纖探針，並且此架構可同時獲取表面形貌，故以力學回饋系統來區分，可將光纖探針之近場光學顯微儀分成兩類，剪力式 (shear force) 與輕敲式 (tapping) 兩種。圖 11.95 是利用剪力式顯微技術作近場光學探針之力學回饋控制的穿透式近場光學顯微儀的典型結構示意圖，其中近場光學探針是經由一訊號產生器 (function generator) 之諧波訊號來驅動其振動之雙層壓電陶瓷片 (bimorph) 所振動的，通常振動的頻率是在近場光學探針的本徵共振頻率

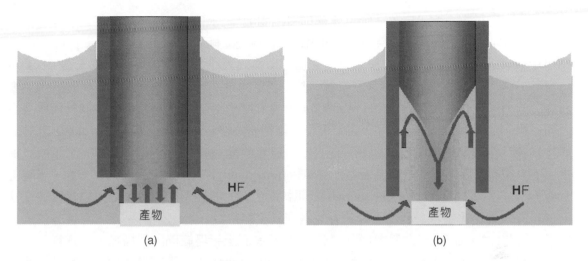

圖 11.94 (a) 平切過的光纖置於氫氟酸溶液中，(b) 光纖在氫氟酸溶液中腐蝕一段時間後的示意圖；
　　　　氫氟酸和塑膠保護層的毛細作用會使得光纖外圍的部分比纖心的部分腐蝕得快，因而腐
　　　　蝕造成一個圓錐形的針尖[116]。

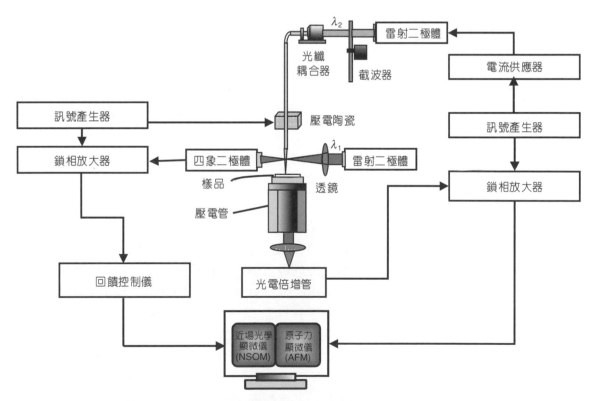

圖 11.95 直式光纖探針及剪力回饋控制之穿透式近場光學顯微儀結構示意圖。

(resonance frequency) 處附近，而其振幅則可由諧波驅動訊號之振幅來控制。半導體雷射 (λ_1) 經由透鏡聚焦於近場光纖探針上，再由位移檢測光二極體 (position sensitive photo diode, PSPD) 偵測出近場光纖探針次微米以下之微小振幅的大小及相位，經鎖相放大器 (lock-in amplifier) 放大訊號後輸入回饋控制系統。其主要目的是在利用近場光纖探針尖端與樣品表面間之剪力或凡得瓦爾力 (van der Waals force) 等的力作用，來作為近場光纖探針與樣品表面間距離之量測與回饋控制之用，再以可作三維精密位移之壓電陶瓷管 (piezo tube) 來精確地控制探針在樣品表面上約數個奈米的高度作近場的掃描探測，且此一回饋控制訊號可提供原子力顯微影像，亦即是樣品表面幾何形貌 (topography) 的顯微影像。另一方面，半導體雷射 (λ_2) 的電流供應器 (current source) 經訊號產生器的訊號調制後，再經光纖耦合裝置導入近場光學用之光纖探針的另一端，在光纖探針尖端形成一近場之點光源，再隨著前述之原子力 (或剪力) 作用之回饋機制的控制，在樣品表面上近場範圍內做掃描，穿透樣品之光學訊息則被透鏡接收送入光電倍增管 (photomultiplier tube) 中，再經鎖相放大器放大後輸入電腦，顯示出近場光學的顯微影像。

　　圖 11.96 為使用輕敲式 AFM 做為回饋控制系統的收光模式近場光學顯微儀架構簡圖，雷射光照在彎曲式光纖探針上，經由其背面之平面將光點反射至光學感測器上，而感應到的力學訊號傳至控制主機，一方面回饋控制探針與樣品間保持穩定距離，另一方面也可由此訊號取得原子力顯微影像；在此同時由訊號產生器送出一高頻諧波訊號調制入射至樣品一端的雷射光源，以光纖探針擷取樣品另一端之近場光學訊號，送進光電倍增管中放大，由此獲得近場光學的顯微影像。此系統中的彎曲式光纖探針背部非常的平坦，故具有極佳的光學反射條件，因此在作力學訊號偵測時，雷射光點照在其背部可以完全的反射，能有效地避免散射至樣品表面，尤其是針對具有感光性 (photosensitive) 的樣品尤其重要。另外，在進行近場光學實驗時，由於光纖探針尖端光學孔穴遠離了作為力學訊號偵測之雷射光源，亦可避免探針送光或收光之近場光學訊號受到上述雷射光的影響，可充分地降低光學背景的雜訊。此外彎曲式光纖探針外形與商用之探針相似，因此具備可配合任何機型之 AFM 的系統達到近場光學顯微術的優點。

　　有鑒於上述近場光學量測方式，回饋系統所使用的半導體雷射光束聚焦於近場光學探針上，往往會與我們真正想要的光學訊號耦合在一起，造成背景值過高，而且當樣品是屬於感光性物質時，此雷射光束就會對樣品造成嚴重傷害。若是以非光學方式的近場光學探針振盪量測，不但可避免傷害樣品、增加訊雜比 (signal-to-noise ratio)，也不會有因為雷射光而產生熱方面的干擾，另外，系統也會因為省去了一組半導體雷射及位移檢測光二極體而變得較輕巧且單純，所以非光學式近場光纖探針控制的方法已逐漸受到重視。目前此非光學式的方法是利用石英音叉 (tuning fork) 來做為回饋感測控制，且依著音叉的放置方向以及光纖探針的黏著方式，也可分為剪力式與輕敲式兩種不同工作模式，圖 11.97 上方所示分別為兩種音叉振動模式的示意圖，下方則是其實體圖。由圖中可看出剪力式音叉之振動方向是與樣品表面平行，光纖探針黏著在音叉振臂的側邊並做橫向振動。而輕敲模式則是將

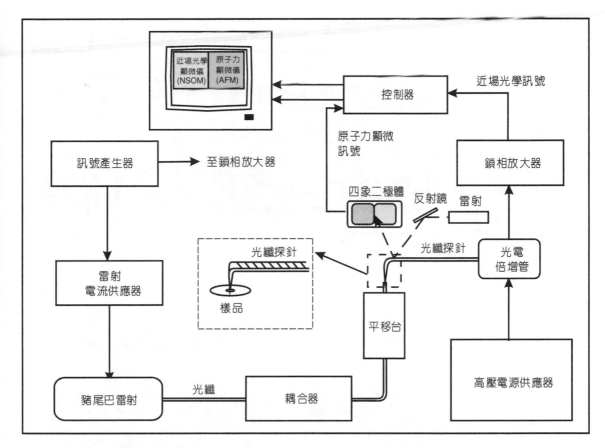

圖 11.96 彎曲式光纖及輕敲 AFM 回饋控制之收光模式近場光學顯微儀架構簡圖。

音叉橫向固定，壓電陶瓷振盪片 (bimorph) 由音叉上方向下來推動音叉，使音叉振臂之振動方向與樣品表面互相垂直，等於是將剪力式音叉的機構橫向放置，此時直立式光纖探針不再是黏著在音叉的側邊，而是垂直地固定在音叉振臂的頂端。目前，非光學式音叉回饋控制系統可以完全取代上面所述的光學回饋控制系統。

圖 11.98 為非光學式輕敲模式 (tapping mode) 的近場光學顯微儀之架構簡圖，使用石英音叉來做為回饋感測控制，其中近場光學探針固定於石英音叉的前端 (如圖 11.98 之右上方插圖)，音叉黏著在小鐵片上，並在壓電陶瓷振盪片上黏著一個小型的釹鐵硼磁鐵以吸附小鐵片，另外提供一交流訊號來驅動壓電陶瓷片作微小的振動，此振動效應將透過磁鐵及小鐵片而振動音叉，並帶動光纖探針做上下規則振動之輕敲模式的運動，音叉兩端的電極所接出之訊號被送入前置放大器 (pre-amplifier)，石英音叉兩端電極會因音叉振動所導致之電壓效應而有不同的電壓差，所以當光纖探針接近樣品時，其輸出端電壓差會有所改變，將此變化量傳送至回饋控制系統以控制壓電陶瓷管之垂直方向的伸縮，來維持光纖探針與樣品間之作用力的固定大小，此一回饋控制訊號也可以用以顯示樣品的表面形貌。另一方

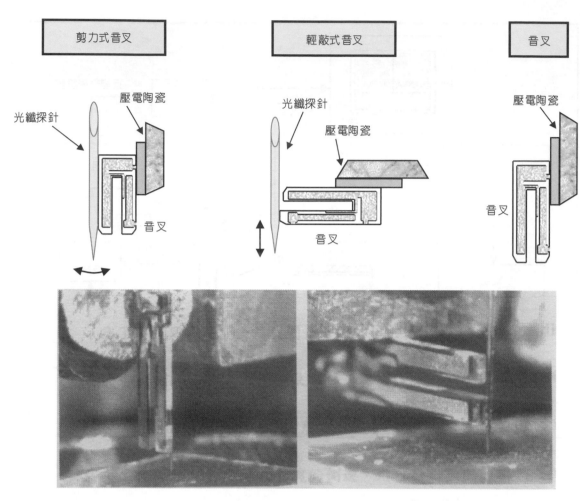

圖 11.97 圖上方為石英音叉的不同振動模式示意圖。下方為光纖探針黏著在音叉上之實體圖；左
　　　　邊為剪力式音叉，右邊為輕敲模式音叉。

面，將壓電陶瓷片之振動訊號送至雷射電源控制器，以調制輸出之雷射光源，此一雷射光
源經一物鏡聚焦於樣品上，同時光纖探針尖端的光學孔穴亦在進行收光的工作，可把所收
取到的近場光學訊號，送到光電倍增管 (PMT) 放大，再送至鎖相放大器後輸出來形成近場
光學的顯微影像。此外，由於光纖探針可作輕敲式的振動，即垂直於樣品表面的運動，當
探針在量取樣品表面的光學訊號時，也可以得到因光纖探針在振動高度不同時所量得的光
學訊號變化，藉此而能獲得所謂的近場光強梯度影像 (near-field intensity gradient image)，由
此取得的光強梯度變化，可讓我們求得樣品表面的其他物理性質，如光波導結構之區域折
射率或金屬奈米薄膜的介電常數等。

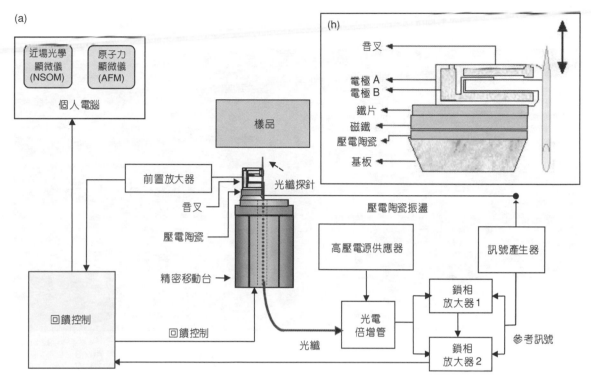

圖 11.98 (a) 輕敲模式之倒立式石英音叉力學感測式近場光學顯微儀的架構圖；(b) 倒立式光纖探針黏著於石英音叉之示意圖。

11.3.2.4 應用

近場光學顯微儀的應用層面非常廣泛，可用於物理、化學、生物、材料、電子各方面，並都能提供樣品於超高空間解析度下的光學資訊，也可從基礎科學方面研究在奈米的尺度下，電磁波與物質的極侷域 (extremely local) 交互作用，也可利用其檢測光電元件的品質，例如量子井半導體雷射的發光品質等，近場光學顯微儀都能提供一般光學量測所能取得的資訊，如光強、相位、光譜等等。對於近場光學顯微儀的校正，可利用已知小於工作波長之標準校正樣品，來對系統作解析度的鑑定。圖 11.99 左邊顯示的是美國標準局 (NIST) 驗可之 100 nm 直徑的聚苯乙烯塑膠顆粒球的原子力顯微 (AFM) 影像，右邊則是穿透式近場光學顯微影像，其空間解析度各為 1 nm 及 20 nm 左右，是用來做顯微影像校正用的標準樣品。以下就簡單介紹一些基本的應用。

(1) 光電元件的奈米光學研究

光纖結構決定其光波導性質，過去使用透鏡聚焦於光纖端面上的傳統近場方式，除其空間解析度受限於繞射極限外，由透鏡本身的缺陷及透鏡系統的扭曲所造成的誤差，皆限

(a) 原子力顯微儀
(AFM) 影像

(b) 近場光學顯微儀
(NSOM) 影像

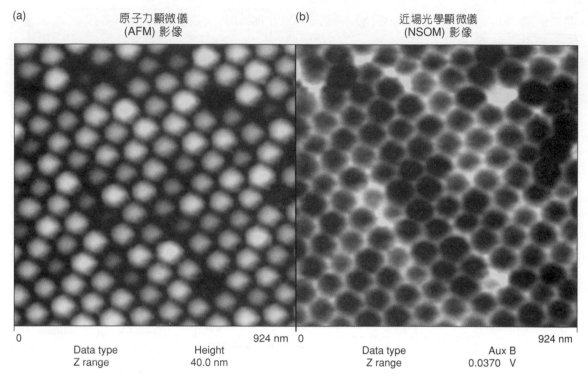

0   924 nm 0   924 nm

Data type   Height   Data type   Aux B
Z range   40.0 nm   Z range   0.0370 V

圖 11.99 (a) 100 nm 直徑的聚苯乙烯塑膠顆粒球的原子力顯微 (AFM) 影像及 (b) 穿透式近場光學顯
微影像。

制了其精確度及效能，而使用本文所述之近場光學顯微術則是真正近場光學的量測，尤其
是可同時獲得原子力顯微影像及近場光學的強度分布影像。利用近場光學顯微術研究各類
光纖結構的系統為類似圖 11.96 之架構，光源由一個 2 mW 輸出功率、670 nm 工作波長的
半導體雷射，經光纖傳至樣品光纖末端。樣品光纖則由壓電陶瓷控制做掃描運動，以供原
子力顯微及近場光學顯微之偵測。另外，利用自製之彎曲式光纖探針，以輕敲模式的工作
模式取得之力學訊號，即原子力顯微的影像訊號，直接輸入回饋控制系統，以維持光纖探
針在樣品上約數個奈米的掃動高度，同時近場光學訊號由光纖探針尖端取得，經光纖波導
送至光電倍增管，再送至鎖相放大器，放大後的訊號送至電腦以作為近場光學顯微的影像
訊號。

　　由於光纖端面可用飽和水溶液之二氟化氨 (NH_4HF_2) 在極短時間 (30 秒) 作處理後，顯
露出其光纖結構，故經此處理後，可由原子力顯微影像得到空間解析度達 1 nm 的光纖結構
影像。圖 11.100(a) 所示是未經過化學處理之單模步階式 (step-index) 通信光纖的端面影像，
左、右兩邊各是原子力顯微及近場光學顯微影像，圖 11.100(b) 是蝴蝶結型光纖的端面在經
過化學處理後之光纖結構及近場光學強度分布影像，此研究結果是首次能同時直接且極高
解析度地測出光纖結構與其波導傳播性質，這對光纖的製造及應用提供了一極新且有用的
檢測與分析的方法。

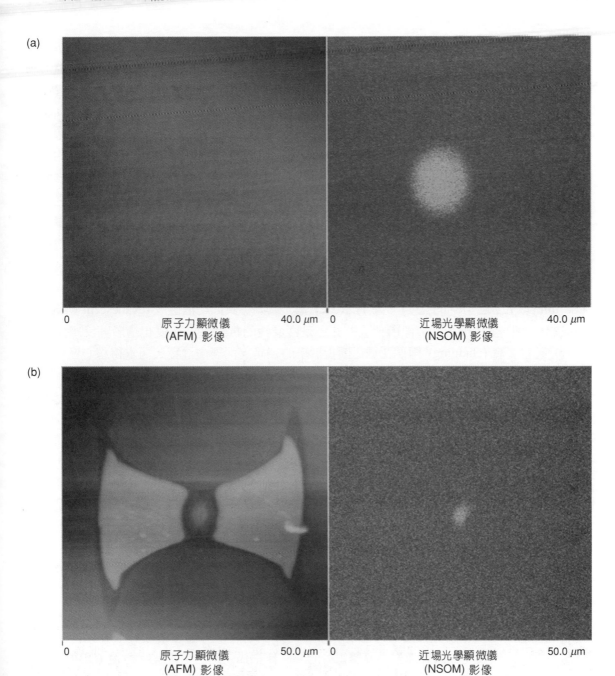

圖 11.100 光纖結構的近場光學顯微研究結果:(a) 平切的單模步階式光纖,(b) 經腐蝕處理三十秒後的蝴蝶型光纖。

　　另外，圖 11.101(a) 是對拋磨處理過之光纖波導 (side-polished fiber waveguide) 作近場光學量測的示意圖，我們直接以豬尾巴雷射 (pigtail laser) 耦合導光入光纖波導，而光纖波導中，有一段區域已被磨掉光纖之包覆層 (cladding)，裸露出光纖之核心 (core) 部分 (如圖 11.101(b) 所示)，使光纖探針在此區域進行樣品表面形貌 (AFM)、近場光強影像 (NSOM)，以及近場光強梯度影像 (near-field intensity gradient image) 三者的量測。我們可由光強梯度影像的結果來了解樣品區域性折射率的分布情形，這對積體光學來說，是極為重要的一項性質。圖 11.102 是利用非光學式輕敲模式的近場光學顯微儀所取得之光纖波導表面形貌及光學影像，其中所使用的光纖波導樣品，為一拋磨處理過之美國 Newport 公司生產之步階式折射率單模光纖 (single mode step index fiber, F-SA)。圖 11.102(a) 為光纖探針在光纖波導表面掃描 20 μm × 20 μm 區域所形成之樣品表面形貌，中間區域有一暗溝，量得其寬度為 2.4 μm，深度為 4 nm。圖 11.102(b) 為近場光強影像，由於雷射光被侷限於光纖之核心部分，所以量測到之近場光強度之影像對比非常明顯，由此可獲得光纖波導光強度之分布為 4.68 μm (取 I_{max} 之 $1/e^2$ 的寬度)。圖 11.102(c) 是光纖波導表面之消散波 (evanescent wave) 所形成之光強梯度影像，此影像所代表的訊息是區域性的折射率分布變化情形，反應出核心 (core) 與包覆層 (cladding) 兩個區域之間折射率的差異，而經由計算，可求得核心區域的有效折射率為 1.452，且在此區域內的折射率變化率只有 1×10^{-4}，可看出在此區域內的雜訊所造成的影響極小。

　　半導體雷射為光電發展及工業應用上不可或缺的關鍵元件，因此其製程品質的改良與效率的提升一直是近年來極重要的研究課題，尤其瞭解其中的組成結構與光學性質間的相互關係，可有效的提升半導體雷射的品質及功能。我們利用改良後具近場光學觀測功能的原子力顯微儀，可取得半導體雷射發射端面的幾何形貌，並且利用近場光學之光纖探針可收光及送光的特性，來研究半導體雷射發射端面活性層區域 (active region) 的近場光電性質。若將半導體雷射視為主動元件，則如圖 11.103 所示：電源供應器供給半導體雷射電流，並以訊號產生器來調制它，使其產生調變頻率之雷射光被近場光纖探針取得後，導入光電倍增管將訊號放大，再用鎖相放大器將訊號鎖定，並將近場光強度的訊號輸入電腦以取得近場光學顯微影像。圖 11.104 是一 650 nm 波長之半導體雷射發射端面的實驗結果，圖 (a) 是原子力顯微的影像；圖 (b) 是近場光學強度的分布圖，兩者可清楚地對應及提供出活性層之位置，以及雷射光強度與模態的分布。此外，若將半導體雷射視為被動元件，則將調制的雷射光導入光纖探針以對半導體雷射的端面作掃描，進行近場光致電流 (OBIC) 的影像研究，以研究其活性層之光電流載子的物理性質。除了基本光強與表面形貌訊息之外，研究半導體雷射的發光光譜也是非常重要的，近場光學顯微儀能量測大約是光學孔穴解析度的空間分辨光譜，並可做不同光譜的顯微影像或不同點的近場光譜分析。圖 11.105 是表示多重量子井 (multi-guantum well) 半導體雷射的近場光強顯微影像 (a) 與發光區域中距離中心位置之不同處取得之近場光譜 (b)，如此不僅對於雷射發光的模態可作更清楚的研究之外，對於發光區域，也就是活性層的近場光譜，更可以深入了解半導體雷射內部載子復合機制的基礎研究。

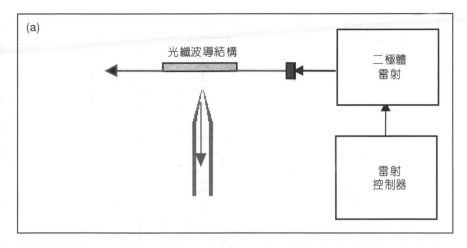

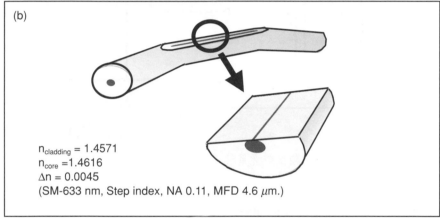

$n_{cladding} = 1.4571$
$n_{core} = 1.4616$
$\Delta n = 0.0045$
(SM-633 nm, Step index, NA 0.11, MFD 4.6 μm.)

圖 11.101
(a) 光纖波導之導光機制示意圖，(b) 拋磨處理過之光纖樣品結構示意圖。

| 原子力顯微儀 (AFM) 影像 | 近場光學顯微儀 (NSOM) 影像 | 近場光學顯微儀 (NSOM) 梯度影像 |

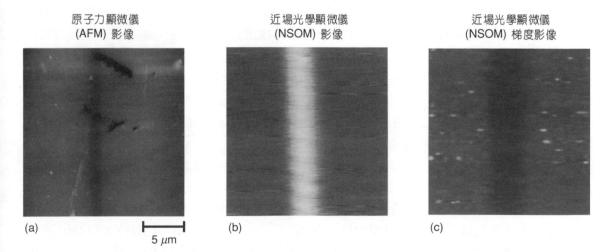

5 μm

圖 11.102 (a) 光纖波導之表面形貌 (AFM)，(b) 光纖波導之近場光學強度影像 (NSOM)，(c) 光纖波導之光強梯度影像。

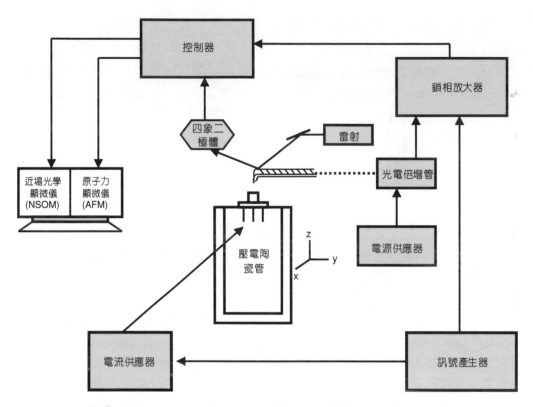

圖 11.103 以半導體雷射為主動元件之近場光學顯微研究系統之示意圖。

(2) 近場高密度光資訊存取與近場奈米微影技術的研究

　　高品質之聲光多媒體時代的來臨，資訊儲存容量的需求正快速的增加，具高儲存密度之光碟存取系統的需求日益增加，但利用傳統光學原理的存取機制因遠場光學繞射極限的限制，目前寫入光點的大小直徑約為 1 μm，記錄密度的提升只能藉由縮短光源波長及提高讀寫頭的數值孔徑等方法來求取緩慢而有限的成長。相較之下，近場光學顯微術因可控制探針在極近距離內作待測物表面之近場掃描，可突破繞射極限以獲取超高解析度，故可應用於高密度光資訊儲存上。即利用近場光學顯微儀，使光纖探針尖端與樣品間保持約 1 至 10 nm 之距離，再以不同的波長及功率的雷射光經光纖探針送至記錄層材料的表面使光與之作用，再觀察其幾何形貌或近場光學影像的變化。

　　使用近場光學的方法來獲取超高密度的表面記錄，是由美國貝爾實驗室的 Eric Betzig 首先於 1992 年，在鉑鈷多層膜表面上，利用光纖探針的奈米 (100 – 20 nm) 孔穴，在極近的近場 (< 10 nm) 距離下，成功地進行磁光 (MO) 的讀寫記錄實驗，可在稍大於 2 μm × 2 μm 的表面上，寫下記錄密度約是 45 Gbit/in^2 的超高記錄密度，其中單一記錄位元點 (bit) 的大小約是 60 nm，顯示出在近場光學中不受繞射極限 (diffraction limit) 限制的優點。圖 11.106

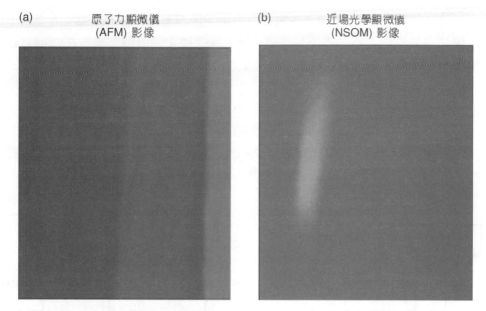

圖 11.104 一 650 nm 波長之半導體雷射發射端面的實驗結果,圖 (a) 是原子力顯微影像;圖 (b) 是近場光學強度的分布圖,兩者之對應關係可清楚地提供活性層之雷射光強度及模態的分析。

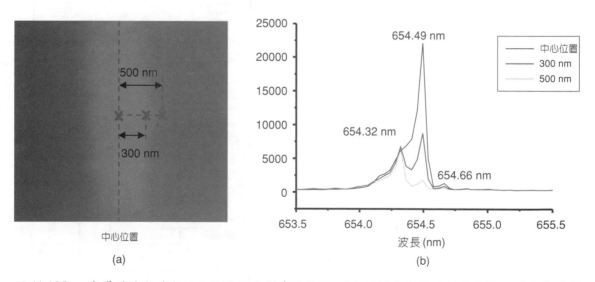

圖 11.105 一半導體雷射發射端面的近場光譜實驗結果,(a) 近場光學強度的分布圖,可清楚地提供活性層之雷射光強度及模數的分析;(b) 發光區域中距離中心位置之不同處取得之近場光譜,可以深入了解半導體雷射內部載子復合機制的基礎研究。

是 Eric Betzig 使用掃描近場光學顯微技術進行近場光學記錄的系統示意圖，記錄點的大小僅取決於實際作用光點的大小，不像在目前一般的光碟機中的讀寫裝置皆在遠場 (far-field) 的情況下進行，會受到光學繞射極限所限制，使其解析度無法小於 0.61 λ/NA (λ 是所使用的光波長，NA 是光碟機中聚光透鏡的數值孔徑)，理論上 NA 的最大值是 1，故遠場中能寫的最小光點約是半個波長 (λ/2) 的大小。圖 11.107 是 Eric Betzig 利用近場光學顯微儀在鉑鈷多層膜表面上，成功地進行磁光 (MO) 的讀寫記錄實驗，圖上顯是的是改變不同寫點功率所對應的寫入點大小，其中以 6.0 mW 所記錄的最小單一記錄位元點 (bit) 的大小約是 60 nm。

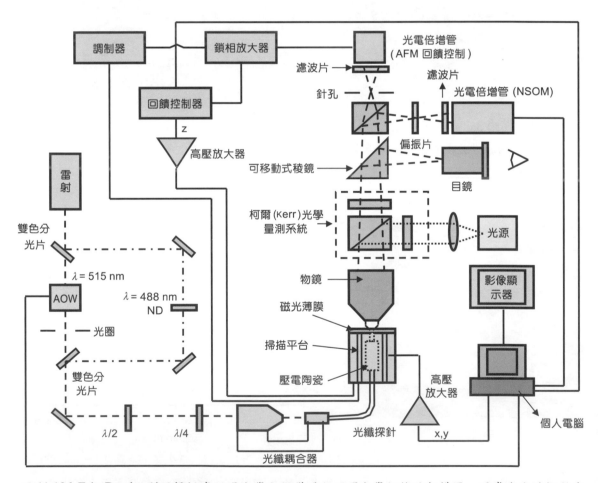

圖 11.106 Eric Betzig 利用掃描式近場光學顯微儀進行近場光學記錄的架構圖。通常在光纖探針尖端鍍上薄金屬膜以形成奈米尺度的光學孔穴，再將之控制在樣品表面上近場光學的高度距離內，使光纖內之光經探針之光學孔穴與樣品表面作用，再由外部之光電偵測器來接收，以進行高解析度之近場光學讀寫的工作[101]。

記錄點大小 Vs 寫入功率

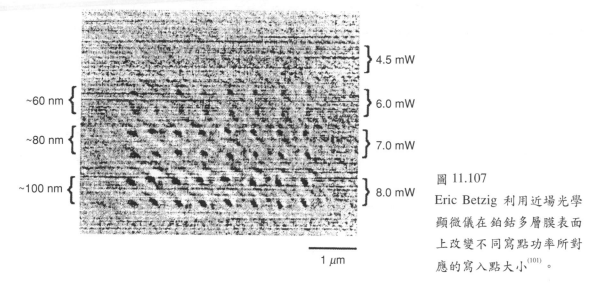

圖 11.107
Eric Betzig 利用近場光學顯微儀在鉑鈷多層膜表面上改變不同寫點功率所對應的寫入點大小[101]。

　　針對此一近場光學的優點，在美國加州矽谷的 IBM Almaden 研究中心的資訊記錄研究群，與史丹福 (Stanford) 大學的 Kino 教授的研究群，在 1994 年及 1996 年分別提出所謂的固態浸入式鏡頭 (solid immersion lens, SIL) 及超半球固態浸入式鏡頭 (superhemispherical solid immersion lens, SSIL) 的設計，並申請了專利，以作較實際可行的研究及商用近場光碟機雛型體的發展。他們認為如果以這種近場光學之 SIL 所製成之飛行碟機讀寫頭來取代目前之光碟機的讀寫頭，則可避免一些目前近場光學顯微儀應用於光學記錄儲存上的困難，如讀寫速率太慢及許多仍須克服之工程上的發展問題等，且可充分地利用目前光碟機既有的技術，直接切入研發高記錄密度光碟機。

　　圖 11.108 是近場光學之 SIL 與 SSIL 兩種鏡頭的示意圖，通常光源經一普通透鏡聚焦於其上，其中在 SIL 鏡頭的示意圖中，光經半球透鏡聚焦後之光點直徑在半球透鏡的表面處，因為 SIL 半球透鏡的光學折射率為 n，光在透鏡中的等效波長是 λ/n，故在 SIL 透鏡表面處以及其之近場 (或消散場) 的距離內 (150－100 nm)，聚焦的光點約是 ($\lambda/n \times 1$/NA)，與在遠場距離下，光在空氣中之折射率 $n = 1$ 時的光點直徑相較之下小了 n 倍，面積則是小了 n^2 倍，故相對地 SIL 可提供的表面記錄密度增加了 n^2 倍，若 n 值是 2 則近場 SIL 的鏡頭可立即提升目前同型遠場光碟機的記錄密度 4 倍。至於近場光學 SSIL 的鏡頭，則因為特地將 SIL 半徑為 r 的球形透鏡平切在中心超過 r/n 處，使聚焦於球心下 r/n 處，則明顯地由圖 11.108 中可見其會聚角度增大了，故 NA 的值 $n\sin\theta$ 因 $\sin\theta \sim 1$ 而變成 n，加上波長亦與在近場光學的 SIL 一樣變成 λ/n，所以其聚焦光點的大小約是 λ/n^2，當然相對的記錄密度比起近場光學的 SIL 是更加的提升了。

　　值得注意的是不論是近場光學的 SIL 或 SSIL 鏡頭，若要有較小的記錄光點，皆必須是

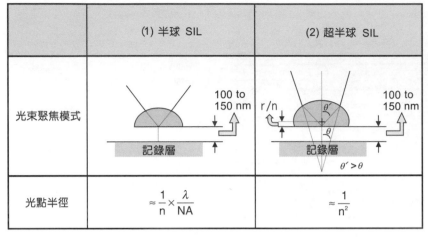

	(1) 半球 SIL	(2) 超半球 SIL
光束聚焦模式		
光點半徑	$\approx \dfrac{1}{n} \times \dfrac{\lambda}{NA}$	$\approx \dfrac{1}{n^2}$

λ：光源波長　　　　　n：SIL 的折射率　　　　　NA：數值孔鏡

圖 11.108

兩種固態浸入式近場光學讀寫鏡頭的架構及光學工作原理的示意圖。目前已工作之 SIL 鏡頭的實際直徑尺寸約是 1 mm。

在光學的近場中，但此處與之前的圖 11.87 及圖 11.88 中利用 SNOM 系統的差異在於其光點大小，並不是在光纖探針外層鍍上薄金屬膜，以形成奈米尺寸 (100–20 nm) 大小之光學作用孔穴，故不須嚴格地要求 SIL 或 SSIL 鏡頭與記錄表面的距離控制至光學孔穴直徑的尺寸 (即 100–20 nm)，僅需控制其間的距離在 λ/n (NA) 至 λ/n^2 之間即可，亦即是約在 150–100 nm 之間。通常一個用以簡單地規範所謂的近場距離的尺寸，是小於作用光點半徑的尺寸，故若欲設計更新的近場光碟機，隨著記錄密度的提升要求，作用光點尺寸必定要更小，而近場光學讀寫頭的高度距離亦須隨之調整變小。

　　至於近場奈米微影的實驗，可以在商用光碟片上直接製作奈米圖案為例子，對現有商用記錄層材料中應用最普遍的可寫一次型光碟片 (CD-recordable) 的賽安寧染料層 (cyanine dye layer)，以旋轉塗佈的方式塗佈在軌距週期為 1.6 μm 的聚碳酸酯 (polycarbonate) 光碟片基板上，再以光纖探針作近場寫入，以進行訊號寫入與讀取的實驗。另外，也有將染料旋轉塗佈於玻片基板上，再調控光纖探針寫入雙心形圖案後，掃描所得之原子力顯微影像，如圖 11.109(a) 所顯示，其寫入點平均直徑約 60 nm、深度約 10 nm，每個心形圖案的尺寸是 1.6 μm × 1.7 μm；圖 11.109(b) 則是以 AFM 探針進行「12345 × 12345」陣列之奈米蝕刻後，掃描約 6 μm × 6 μm 之原子力顯微影像，由實驗上之原子力顯微的影像分析可得目前寫入點的最小直徑約為 30 nm 左右。

(3) 表面物理化學與單一分子的研究

　　以近場光學顯微術應用於研究物體表面的物理或化學性質是非常新穎且受重視的領域，因為突破繞射極限的超高空間解析度對於低維度系統的材料提供一個更有力的實驗量測工具，並能直接研究物質或其分子本身與電磁場交互作用的性質，進而分析其更真實且更具空間分辨能力的物理或化學的機制，故不僅是利用其顯微能力，對於研究物質或分子

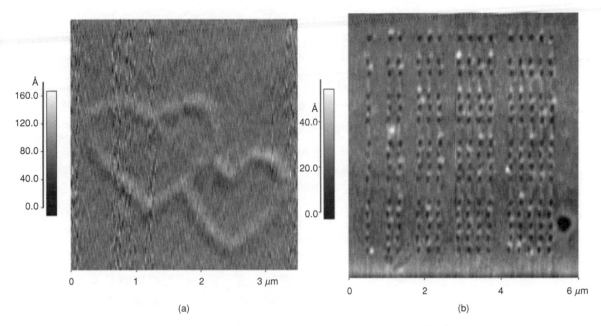

圖 11.109 (a) 將賽安寧染料旋轉塗佈於玻片基板上，再調控光纖探針寫入雙心形圖案後，掃描所
得之原子力顯微影像，(b) 以 AFM 探針進行「12345×12345」陣列之奈米蝕刻後，掃描
約 6 μm × 6 μm 之原子力顯微影像。

極侷域的光譜也是其重要的應用。而單一分子 (single molecule) 近場光學研究更是一個熱門
且重要的領域，其研究範圍從單純的近場光學顯微影像到近場顯微光譜分析，及更進階的
時間分辨 (time resolved) 近場量測，對於不僅僅是材料的表面物化特性，甚至極小生物分子
的螢光分析也是其應用範圍，如此的研究分析同時可由掃描大範圍的區域，獲得區域內各
點或各部分電磁場交互作用的情況，或是針對於每一點或每一微小不同區域的性質做更深
入的分析，利用前述的各類不同工作模式，可做不同穿透或反射的激發螢光或接收放光的
光譜分析。舉例而言，材料中分子偶極 (molecular dipole) 的方位會影響到其區域聲子
(phonon) 模態和區域場的作用，由具超高空間解析度的近場光學顯微儀即能分辨其對電磁
偏振的影響與區域內各部分交互作用的情形；對於某些特殊材料的光化學反應，與其回復
狀態的研究，有些是和區域內各部分之不同結構或不同分子與電磁場交互作用的結果，以
近場光學顯微技術就有能力分辨不同分子間的光化學變化情形；對於磁性材料內，每個磁
區內磁矩的方位與交互作用，也可藉由近場顯微技術研究不同偏振光和磁性的區域性柯爾
效應 (Kerr effect)，或更進一步可探討單一分子的磁自旋狀態。

　　以單一分子螢光研究應用到近場光學顯微術為例，圖 11.110 顯示利用單一分子來當光
學顯微技術的光源，使用探針照明模式的工作架構 (圖 11.110(a))，結合低溫系統在 1.4 K 的
工作溫度，在光纖針末端塗佈一層低濃度的染料分子 (圖 11.110(b))，並以光纖探針孔穴送

光激發單一分子的螢光，圖 11.110(c) 是染料分子激發和做近場照光實驗所接收的光譜，圖 11.111 表示的是 (a) 原子力顯微影像與 (b) 近場光學顯微影像的實驗結果，此實驗是想驗證並討論利用單一分子達到近場光學基本理論是單一電偶極的分子解析度，並期望能應用在更多近場顯微光譜技術的發展。除此之外，一些成功的實驗成果包括：單一染料分子的螢光近場顯微光學影像、單一分子及單一蛋白質的近場光化學及其超快光學動態量測、線型量子線 (quantum wire) 或量子點 (quantum dot) 半導體結構的近場光學顯影及光譜分析、近場區域性拉曼光譜在鑽石表面上的量測、18 nm 直徑的銀顆粒形成之碎形 (fractal) 顆粒串之區域性共振的近場顯微影像光譜，皆獲得許多前所未能測得或應用到之物理及光學訊息。

(4) 生物樣品之近場光學研究

對於生物學家而言，光學顯微鏡是最直接且功能最強的研究工具，不管是影像擷取觀察生物細胞的活動或演化，或在樣品製備與保存上都非常容易，並且這方面技術已經非常成熟。而以近場光學顯微術來研究生物是一新穎的方式，對於研究生物而言，提高空間解析度是從發明顯微鏡看到細菌，到發明電子顯微鏡看到病毒分子一直努力的工作，故近場光學顯微儀觀測到的訊息將帶給生物學者一些從未發現的訊息，是一極新的分析工具與研究領域。

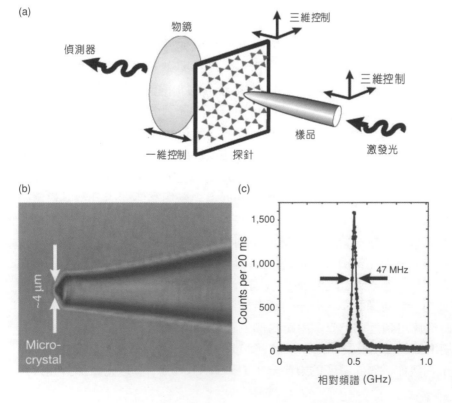

圖 11.110

(a) 利用單一分子來當光學顯微技術的光源，使用探針照明模式的工作架構，結合低溫系統在 1.4 K 的工作溫度，(b) 在光纖針末端包覆一層低濃度的染料分子，並以光纖探針孔穴送光激發單一分子的螢光，(c) 染料分子激發和做近場照光實驗所接收的光譜[113]。

　　然而，近場光學顯微術對生物研究方面也必須考慮其實用性，雖然近場光學顯微儀可以在溶液中工作，對於樣品製備方面的要求非常容易，但是樣品本身需要量測如何的性質，及樣品本身先天的條件是否適合做這樣的量測是必須考慮的。生物樣品的形狀大小與形貌通常不太固定，並有些在微米 (micrometer) 的尺寸，且樣品對於一般可見光通常是透明，只在部分波長才有吸收或激發螢光 (fluorescence)，故單純量測其表面訊息會受到整個樣品的影響，如圖 11.112 所示，其樣品與光作用的區域將會因為樣品的條件，而對光訊號

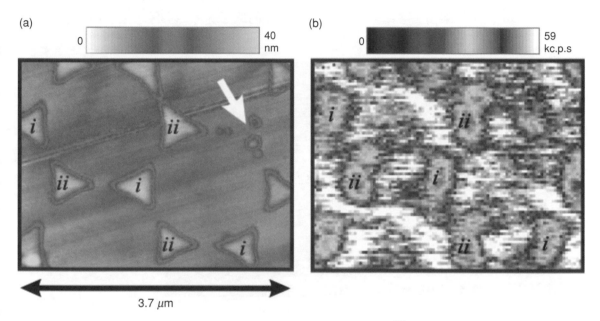

圖 11.111 (a) 原子力顯微影像與 (b) 近場光學顯微影像的實驗結果[113]。

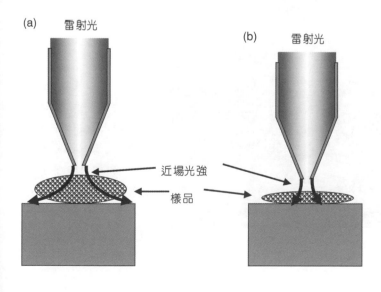

圖 11.112

以近場光學顯微術研究生物樣品時，奈米光學孔穴送光經過厚細胞時，光會發散導致作用區域變大而訊號失真 (a)，而當樣品為某一適合的薄樣品條件時，即可有很好的光學解析度及靈敏度 (b)。

做影像捲積 (convolution) 時失去真實的量測訊息。另外，掃描速度也是一項實驗的問題，對於掃描式近場光學顯微儀而言，影像擷取是點對點 (pixel by pixel) 的方法，速度明顯比傳統光學顯微鏡用 CCD 做一次一張二維影像擷取來得慢，故對實驗上生物分子的動態反應研究將有一定限制。

以掃描式近場光學顯微儀為例，以平切的多模光纖截面為基底，在其上放置以生理食鹽水稀釋的人類血球細胞，以鹵素燈所發出的非同調性白光為光源，以截波器 (chopper) 進行調制送入樣品光纖中，並直接以彎曲式光纖探針進行原子力與近場光學訊息的量測，如類似圖 11.96 的工作架構，可獲得圖 11.113(a) 左邊的原子力顯微影像，及右邊的近場光學

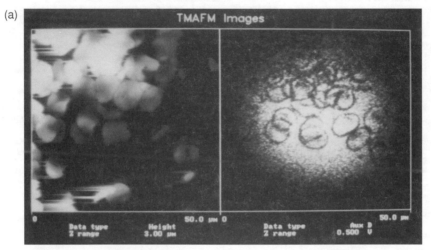

原子力顯微儀　　　　　　　　近場光學顯微儀
(AFM) 影像　　　　　　　　　(NSOM) 影像

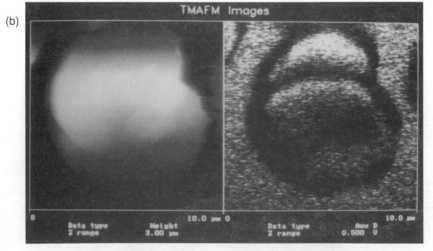

原子力顯微儀　　　　　　　　近場光學顯微儀
(AFM) 影像　　　　　　　　　(NSOM) 影像

圖 11.113
(a) 以蕊心直徑為 50 微米的階變式 (graded index) 光纖切平面上放置人類的血球樣品。左圖為原子力顯微影像，右圖為近場光學顯微影像。(b) 以較小的掃描範圍所獲得的影像。

顯微影像；圖 11.113(b) 則是以較小的掃描範圍所獲得的影像，可做為以近場光學研究生物的一個基本範例。

　　針對研究生物樣品而言，也有另外一種先前提過的全反射式螢光顯微儀 (total internal reflection fluorescence microscope, TIRFM) 可用來獲得近場的訊息，其架構如圖 11.114 所示。圖 11.114(a) 是整套系統的完整架構，其光路設計跟一般倒立式光學顯微鏡是完全相同的，其中唯一特殊的是其物鏡經過特殊設計，如圖 11.114(b)，此物鏡在特殊的工作油中與折射率經設計的特殊蓋玻片上，其有效工作數值孔鏡可達到 1.65 以上，故入射光在樣品表面上會產生一全反射的消散場，調控入射角度與工作環境介質，即可調製消散場的有效衰減距離，以藉此量測物體不同深度的光學特性，對生物研究而言是指激發生物染色標記的螢光特性。此方法雖然在橫向解析度上面沒有掃描式近場光學顯微儀佳，但是其擷取影像的速度是一次取一個二維平面的光學影像，僅受限於電子元件的速度，並且獲得的訊號為消散波所能達到之近場的訊息，故此顯微鏡也是另一種在研究生物上熱門的近場光學顯微工具之一。

(5) 其他

　　為了研究各種不同樣品的近場光學特性，很多在遠場光學本身的實驗技術也可以改良附加在近場光學顯微系統中，例如結合遠場光學顯微鏡與光譜儀可作各式光譜量測，引進不同雷射光源，可研究材料的極區域性之近場激發或螢光特性，也可結合時間分辨系統或是低溫系統，研究系統對於侷域性之溫度變化與動態時變特性對近場光學特性變化的影響。另外，之前提過利用全反射式顯微鏡也可與光鉗系統結合，可操控一些奈米結構與生物樣品的運動行為，並同時量取其近場光學特性，故結合遠場光學顯微鏡與近場光學系統

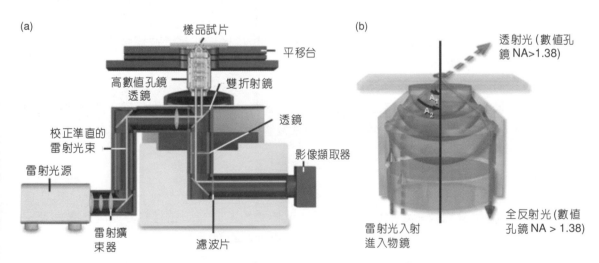

圖 11.114 全反射式螢光顯微儀的 (a) 整套系統的完整架構，(b) 經特殊設計後的物鏡，其工作模式的示意圖[135]。

對於研究物質的所有光學特性將是一個重要的量測工具。

隨著奈米技術的迅速進步與蓬勃發展，許多由奈米結構本身所形成的特殊光學行為，也迅速的應用於近場光學的研究發展，也就是更新穎的近場光學效應與概念已經植基在許多奈米材料或人為的奈米結構當中，例如原子光子學 (atom photonics) 與量子電漿波光子學 (plasmonic photonics)，以這些新式的概念和技術，結合近場光學系統，對於應用於下一代的奈米光電元件或生醫科技是極為重要的。

11.3.2.5 結語

由近場光學顯微技術所得到的光學顯微影像，其空間解析度遠優於傳統光學顯微鏡，接近於電子顯微鏡的高解析度，卻不會有造成毀損或改變樣品表面的高能量電子束，不需在真空環境中進行檢驗，可在空氣中、水中或各種溶液中進行光學觀測，樣品不需繁複製備手續，屬於非破壞性檢測方法，而且又可利用光波偏振性、相位、波長及螢光性等，來作為光學顯微影像的對比 (contrast)，也可對樣品作反射或透射之各種光學光譜訊息分析與量測。在奈米技術 (nanotechnology) 領域中，近場光學顯微儀除了可有極高之空間解析度，用以取得極小區域的近場光學訊息作為光學顯微影像或近場光譜研究外，亦可成為改變或主導樣品表面上次微米尺寸之結構的一種新方法，進而成為奈米製程 (nano-fabrication) 與奈米微影 (nano-lithography) 技術中重要的新工具。

11.4 表面聲波顯微檢測技術

表面聲波顯微鏡 (surface acoustic microscope, SAM) 是一種超音波顯微鏡，顧名思義是利用超音波檢測物體之表面特性、內部缺陷及材料性質，為一種非破壞性檢測方法。而 SAM 於英文中又名為 scanning acoustic microscope，是為掃描式超音波顯微鏡，故亦為具有掃描功能之超音波顯微鏡。相信一般研究人員對於光學顯微鏡 (optical microscope)、原子力顯微鏡 (AFM) 及探針式顯微鏡 (SPM) 較為熟悉，對於超音波顯微鏡較少涉略，但因為 SAM 的特殊量測能力於微機電系統的開發中有許多應用，因此本節先就超音波顯微鏡之原理作一簡介，接著針對超音波顯微鏡之操作方法及實驗結果進行討論。

11.4.1 原理

表面聲波顯微檢測技術之原理為利用彈性波傳遞於不同音阻抗材料界面時，量測其穿透及反射音波之變化情形。音阻抗 (acoustic impendence, Z) 的定義為：

$$Z = \rho \times v \tag{11.99}$$

第 11.4 節作者為劉永慧小姐、吳政忠先生與柴駿甫先生。

其中 ρ 為材料密度，v 則為波速

　　與醫療用超音波檢查胎兒與內臟的原理相似，利用超音波原理也可以檢驗石塊、混泥土結構或其他人工材料等。超音波顯微鏡 SAM 藉由水或其他液體當耦合劑 (couplant) 傳遞聲波能量於測試物體內，當波傳遞過程中遇到音阻抗變化時，聲波能量有一部分會反射回來，一部分穿透吸收，故由接收反射波訊號的時間及能量大小，即可反推出測試物體中音阻抗的變化情形。因此，相較於光學顯微鏡、原子力顯微鏡及探針式顯微鏡只能觀察物體表面的變化，超音波顯微鏡檢測法能獲得材料內部缺陷及變化情形。

　　圖 11.115 為超音波探頭示意圖，以壓電換能器將壓電振盪轉換成超音波訊號，入射至晶體製成之緩衝棒以產生平面波，緩衝棒底端凹面形成透鏡效果，使超音波經由耦合劑聚焦於試體表面或進入試體內部。若緩衝棒底端研磨成圓柱凹面，則當平面波穿透界面後，於耦合劑中折射成柱面波並聚焦成一直線，此波形可用於量測表面波沿特定方向之波速；若緩衝棒底部磨蝕成球形凹面，則平面波穿透界面於耦合劑中聚焦匯成一點，可用以作影像掃描或量測等向性材料之表面波波速。

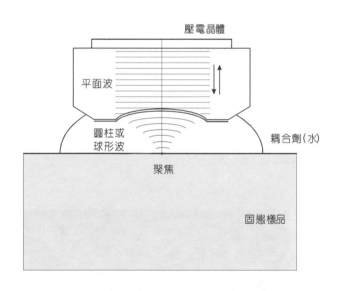

圖 11.115
超音波探頭示意圖。

11.4.2 表面影像掃描功能

　　一般超音波顯微鏡包括幾個主要部分：超音波探頭、訊號產生接收器、控制平台、電腦控制系統與影像處理系統。在做影像掃描時，為使用球形凹面聚焦之超音波探頭，垂直移動探頭，使超音波在欲觀察的平面上聚焦成一點，該平面可在物體表面或深入試體內部。反射回波經由換能器轉換成電壓值輸出，經過影像處理系統以光點亮度值表現在電腦螢幕相對位置上。當進行 C-掃描 (平面掃描) 時，試體與控制平台相對高度不動，以移動 x 與 y 方向掃描平台或是移動探頭 x 或 y 方向，完成掃描的目的。

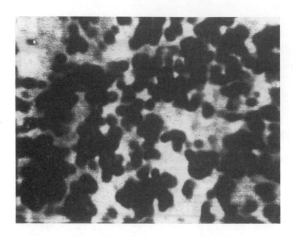

圖 11.116 氧化鋁陶瓷表面之結構掃描。

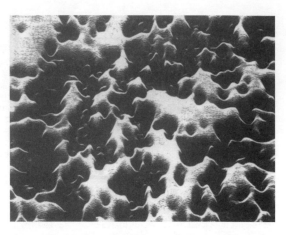

圖 11.117 氧化鋁陶瓷表面結構之立體 3D 影像。

　　圖 11.116 與圖 11.117 為以 Leitz 公司之 ELSAM 反射式超音波顯微鏡所量測之掃描訊號，圖中之掃描區域為 62.5 μm × 45.0 μm，掃描頻率為 1 GHz，其中將掃描區域劃分為 512 條測線，而每一條測線又劃分為 512 個測點，因此電腦螢幕存在 512 × 512 個檢測點相對應之光點。圖 11.116 為氧化鋁粉末濕壓燒結之氧化鋁陶瓷表面，圖中灰暗的部分為燒結過程中形成與外界相通的氣孔，大小不一，而亮處為氧化鋁粉末的位置。圖 11.117 為圖 11.116 之立體影像，可觀察出波紋振幅與亮度間的關係，由波紋起伏造成視覺上的立體效果。

　　圖 11.118 為具有表面裂縫之玻璃試片的超音波影像掃描圖，使用 200 MHz 超音波探頭，掃描區域為 312.0 μm × 225.0 μm，圖中最暗區域處為表面裂縫位置，裂縫兩側與裂縫平行之明暗交錯條紋為超音波換能器接收波動訊號相互干涉的結果。

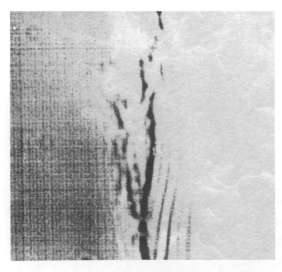

圖 11.118 玻璃試片表面裂縫影像與干涉條紋。

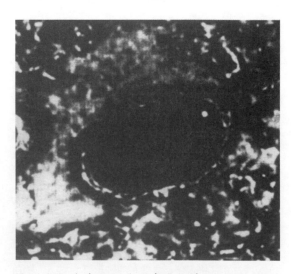

圖 11.119 受腐蝕鋁片之表面結構。

11.4.3 內部掃描功能

超音波顯微鏡與一般顯微鏡最大不同及特點為：可以掃描物體表面下內部之波傳情形。超音波可深入物體內部的特性，及表面波影響表面以下一定深度性質，使得超音波顯微鏡不只可觀察試體表面，還可觀察試體內部。

圖 11.119 至圖 11.124 為鋁試片受藥劑腐蝕後的影像，圖 11.119 為表面影像，暗區為表面因腐蝕而產生孔隙的位置，使用之超音波探頭頻率為 200 MHz，掃描區域為 500 μm ×

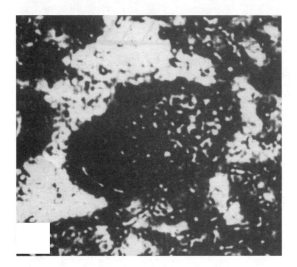

圖 11.120 受腐蝕鋁片表面下之結構 (聚焦於表面下 50 μm)。

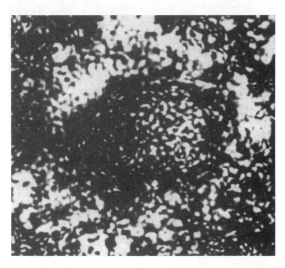

圖 11.121 受腐蝕鋁片表面下之結構 (聚焦於表面下 100 μm)。

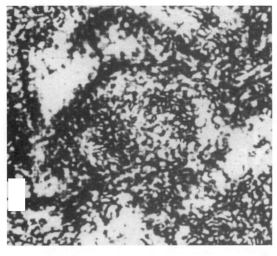

圖 11.122 受腐蝕鋁片表面下之結構 (聚焦於表面下 200 μm)。

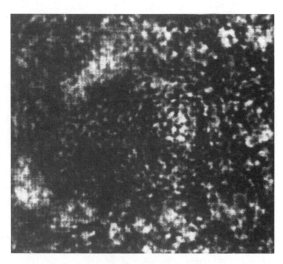

圖 11.123 受腐蝕鋁片表面下之結構 (聚焦於表面下 250 μm)。

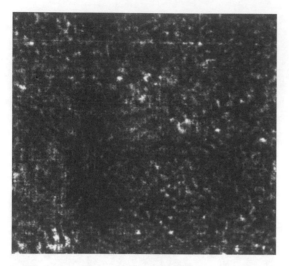

圖 11.124 受腐蝕鋁片表面下之結構 (聚焦於
　　　　　表面下 275 μm)。

圖 11.125 0.11 mm 鋁片背面刻字之超音波影
　　　　　像圖。

360 μm。圖 11.120 至圖 11.124 分別為同一區域掃描內部的影像，探頭聚焦於試片表面以下
內部分別為 50 μm、100 μm、200 μm、250 μm 及 275 μm，由圖中亮度之明暗變化可看出不
同深度的孔蝕情形。當探頭離焦距離為 275 μm 時，由圖 11.124 影像中已看不出孔隙位
置，表示試片尚未腐蝕至此相對應的深度。由波傳阻抗係數計算，此鋁試片受腐蝕之孔隙
深度約為 65 μm。

　　除了聚焦於物體內部之外，超音波顯微鏡還可觀察薄物體背面情形。考慮一厚度為
0.11 mm 之鋁片，其中一面光滑，另一面刻有 CALENDAR 字樣，利用 100 MHz 探頭自光
滑表面將超音波入射至鋁片內部，聚焦於有刻字的背面，並掃描 10 mm × 10 mm 區域，得
到圖 11.125 的影像，因影像自背面檢視，故看到的字體為左右相反。

　　若聚焦深度越深，則超音波探頭所需頻率越低，才能順利聚焦於物體較深之表面以
下。若希望在有限區域之解析度越高，則超音波探頭使用頻率需要越高，因高頻之超音波
波長較短，對於觀察表面起伏更為明顯。

11.4.4 表面波波速量測與性質計算

　　藉由測試 $V(z)$ 曲線所產生之週期性變化，以測得材料之表面波波速。$V(z)$ 曲線為沿深
度下降、表面波回波強度隨介質週期性變化之曲線，經由計算隨深度下降之週期，可推算
固態試體之表面波波速。將控制平台固定不動，並停止探頭於 x-y 平面方向移動，沿 z 方向
向下移動一定深度，將超音波換能器產生之電壓訊號，依據大小畫出 $V(z)$ 曲線，帶入下列
方程式即可求得物體表面波波速，其中波速大小與耦合液體有關。

$$V_R = V_c \left[1 - \left(1 - \frac{V_c}{2f\Delta z} \right)' \right]^{-1/2}$$ (11.100)

其中 V_c 為耦合液體波速，f 為超音波探頭頻率，Δz 為 $V(z)$ 曲線週期。

若以鐵弗龍為試體，因鐵弗龍之縱波波速 1360 m/s 小於室溫之耦合液體 (水) 波速 1492 m/s，此時壓電換能器產生之振盪經由耦合液體無法產生表面波傳遞於鐵弗龍中，此為波傳角度無法大於產生表面波之臨界角所致，因而 $V(z)$ 曲線沒有週期性的變化。若以玻璃為例，其 $V(z)$ 曲線如圖 11.126 所示，當探頭向下移動 20 μm 時，由交互相關函數可求得週期性變化為 $\Delta z = 6.6839$ μm，此時由 (11.100) 式可推出玻璃之表面波波速為 $V_R = 3249.9$ m/s。

圖 11.127 為鋁塊之 $V(z)$ 曲線，其中低頻之大週期因物體之表面波波速變化所影響，跨期訊號上之高頻小週期則為耦合液體之縱波波速所造成，同樣將探頭向下移動 20 μm，由交互相關函數可得週期性變化為 $\Delta z = 5.9236$ μm，此時玻璃之表面波波速為 $V_R = 3071.2$ m/s。

而若需量測異向性物體之表面波波速時，須先將超音波探頭轉換成圓柱凹面線聚焦試探頭，此時表面波依不同波傳方向有不同表面波波傳速度，測試異向性材料性質時，將探頭旋轉不同角度量測 $V(z)$ 曲線即可獲得各個角度之波傳速度，進一步推算獲得異向性材料之材料特性常數。

11.4.5 結語

超音波顯微鏡具有多方位的掃描功能，相對於一般顯微鏡只能觀察物體表面情形，包括形貌及電性性質，超音波深入物體表面之特性皆與一般檢測儀器不同。因此，對於需要

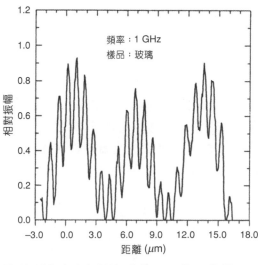

圖 11.126 玻璃之 $V(z)$ 曲線，下移距離 20 μm。

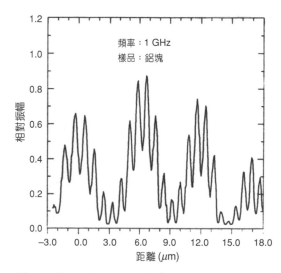

圖 11.127 鋁塊之 $V(z)$ 曲線，下移距離 20 μm。

觀察物體內部結構情形之需求時，超音波顯微鏡具有不可取代且獨一無二之量測特性，對於需進階檢測內部情形時，選擇超音波顯微鏡作為量測儀器是有必要廣泛推廣的。

在微機電系統的開發領域中，整體元件的結構機械特性、內部材質的均勻度及局部破壞等，均將對整個微機電系統的性能有所影響。由此節所介紹的各種超音波顯微鏡技術，可以得知 SAM 這種量測技術在未來微機電領域中之需求將日趨重要。

11.5 振動檢測技術－雷射干涉儀

11.5.1 簡介

最近數年來，由於系統體積縮小及性能提升之要求，度量指標已快速邁入奈米 (nanometer) 的世界。從積體電路、微機電系統 (micro-electro-mechanical systems, MEMS) 與微光機電 (micro-opto-electro-mechanical systems, MOEM) 等領域的蓬勃發展，在在顯示人類探索奈米微觀世界的需求與歷程。在進入此微觀領域之過程裡，精準的量測工具乃是不可或缺的手段。在已知的振動量測工具中，以原理來分類可有機械式、電氣式與光學式等；以安裝方式來看則有接觸式與非接觸式兩類。對於奈米級之量測需求而言，傳統的接觸式量測方法多已不可行。由於光學量測方法的高解析度與非接觸特性，其乃成為奈米量測技術中不可替代之重要科技。

奈米等級之光學量測一般均應用光的干涉特性，使用雷射光波長來當測量基準，目前已廣泛使用於長度與位移量測、元件與系統測試、表面輪廓量測與表面粗度量測等領域。基本上，干涉術是量測兩道光波前的光程差，不論此光程差是由於物體位移或變形所導致的波前偏離所引起，其結果均可視為明暗交錯的干涉條紋，利用光二極體偵測器 (photodiode) 將干涉光訊號轉換成電訊號，即可取得奈米等級之位移解析度。

近年來由於高密度儲存裝置 (high-density storage device) 與微光機電產業的快速進步，對於非接觸式精密檢測工具的需求日益殷切。以近年來國內外許多研究單位與廠商所大舉投入之光碟母版刻寫機 (mastering system) 與主軸馬達及讀取頭等關鍵零組件為例，在研發與生產的過程中，需要一系列的精密檢測與品管技術來支持其技術發展，不論是光碟機模組之振動與光碟片偏位移 (runout) 量測、主軸馬達偏位移量測與光學讀取頭振動及動態特性量測、磁頭滑座 (suspension) 之共振模頻率與磁頭飛行高度 (flying height) 量測等，均無法不借重奈米量測系統之助力。由於傳統振動與偏位移儀器或屬接觸性或屬電氣感應量測方法，均操作困難，因此無法滿足現代高性能系統之高精度及簡易使用的要求，故雷射都卜勒干涉儀乃有取而代之的趨勢。

除此之外，近年來受到半導體奈米級科技高度發展的帶動，很多感測器與致動器製作的技術已漸次達到次微米水準，由於此類微結構體的尺寸極小，無法用傳統接觸式檢測技術來量測其性能，高動態頻寬之雷射干涉儀也已成為量測上述新興微系統振動特性不可或

第 11.5 節作者為吳錦源先生、廖宏榮先生、李世光先生、蕭文欣小姐、吳文中先生及許書翔先生。

缺的設備。綜而言之，新開發之雷射都卜勒干涉儀系統必須同時具有寬頻 (wide bandwidth)
與高解析度 (high resolution) 之特性，方能滿足今日高科技工業的檢測需求。更明確的說，
新型都卜勒干涉儀需具備如被量測物表面不需特別處理、可量測絕對與相對位移、具奈米
級解析度以及寬頻等特點。

11.5.2 發展說明

　　新型都卜勒干涉儀系統為一套於國科會產學合作計畫中所成功研製完成之先進量測系
統，此一系統乃以新興產業微機電系統之量測需求為主軸，訂定其設計理念。國立台灣大
學應用力學研究所與華錦光電科技股份有限公司共同參與國科會產學合作，研製完成「都
卜勒振動／干涉儀 (advanced vibrometer/inteferometer device, AVID)」，於民國八十七年開始
量產與進行全球行銷。此產品獲得中華民國光學工程學會八十六年度『技術貢獻獎』，繼而
於八十八年五月榮獲美國 Photonics Spectra 雜誌「Circle of Excellence Award」光電大獎，獲
評選為年度全球 25 個最佳光電產品之一，此系統為亞洲地區該年度唯一獲此殊榮的產品；
AVID 於八十八年七月參加台北光電週，再度榮獲傑出光電產品獎。

　　在國內因數位影音光碟如 DVD-ROM、DVD player 等系統之蓬勃發展的大環境下，由
於 DVD 的高精密度要求，亟須依賴精密光學檢測系統來解決，如讀取頭與主軸馬達等組件
之研發，以及光碟機組裝之需求，乃造成 AVID 被廣泛採用，並獲得高度肯定，對於國內
DVD 產業研發能力提升，做出實際貢獻。同時由於其先進的系統功能，目前更獲日本東海
大學 Kenya Goto 教授所領導之國家級「近場光學儲存技術 (Near-Field Optical Storage)」研
究計畫的採用，以 AVID 為研發工具，進行研討下一代光學儲存技術發展之各種需求。

11.5.3 原理

　　為求大幅縮小機體，並避免使用傳統雷射振動儀之聲光移頻器所造成的電磁干擾，
AVID 系統採用圓偏極光干涉光場 (circular polarization interferometer configuration)，利用基
本邁克森干涉術與都卜勒原理，以兩組正交都卜勒干涉訊號來避免物體振動方向之不可分
辨性 (directional ambiguity) 並大幅提高量測頻寬。因此對於如空氣軸承之振動及擾動一類兼
具從極低頻到超高頻的振動問題之量測需求，均可迎刃而解。創新之光機架構再配合新發
展之訊號解相方法，使得 AVID 不但精度高達 0.1 nm 等級，並具 20 MHz 以上之解析訊號
頻寬，故足可供各種精密量測之需求用，為目前世界上最先進的雷射干涉儀之一。

　　AVID 內建三個量測架構中之雙光束量測架構的光學設計如圖 11.128 所示，雷射光沿
旋轉軸射出線性偏極光，此平行之線性偏極光首先被第一個線性偏振器 (PBS1) 分光，而成
為兩束光 E_{01} 及 E_{02}。此兩束光的回光相對強度可藉由旋轉雷射光入射於 PBS1 的角度來調
整，使兩束回光之強度相等，以降低背景雜訊的影響。雷射光經過 PBS1 後，在到達待測物

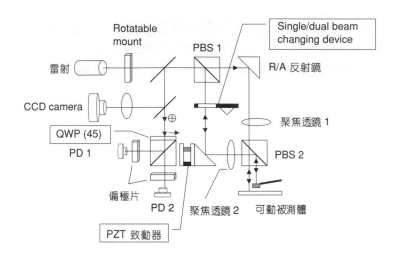

圖 11.128

新型都卜勒干涉儀光路圖。

體前，先離軸自鏡心側邊經過聚焦透鏡 **1** 及 **2**，因此而得以使去光與回光入射於透鏡的不同位置。利用雷射去光聚焦於物體表面形成點光源之架構，AVID 達成被測體表面不需為光學面之重要設計理念。當兩束回光在 PBS1 重合後，這兩束光仍保持線性偏極且正交。待此兩束回光經過一片快軸分別與兩束光的偏極態隔 45 度之四分之一波片，將使得此兩道回光變為偏極態分別為一道左旋與一道右旋的圓偏極光，而其等效偏極態則為一束線偏極光。由於被測體之移動將造成左右旋圓偏光偏極態之旋轉速度不同，故將造成等效線偏極光之電振動方向旋轉一個角度。將此一合成線偏光之電振動方向利用非偏極分光鏡 (NPBS) 及偏極片，轉換成明暗光訊號，再藉光電二極體將其轉為電訊號，可產生如圖 11.129 之兩組相位正交的訊號，此即所謂的「正弦(A) 與餘弦 (B) 訊號 (sine/cosine signal, A/B signal)」。

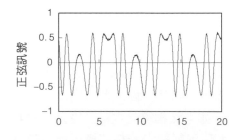

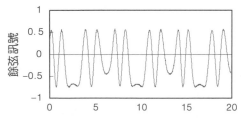

圖 11.129

正弦 (A) 與餘弦 (B) 訊號。

　　由於被測體表面特性及量測狀況各異，前述之 A/B 訊號可能產生如圖 11.130 所示的圓形或橢圓等情形，當 θ 角旋轉 360 度時，將剛好對應於被測體位移半個光波波長，經由類比／數位轉換器 (A/D converter) 擷取這兩個訊號，並隨時間變化計算相位角 $\theta = \tan^{-1}(A/B)$，即可得到物體動態位移。

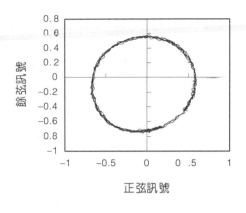

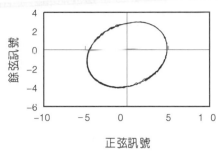

圖 11.130
Lissajous 圓或橢
圓形。

11.5.4 特性

　　如前所述，AVID 之光學機構設計理念乃是要達到體積最小、易於調校 (alignment)，並且具單／雙光束與長距離量測三種量測模式，以求於單一機體中同時具備量測物件絕對／相對位移及長距離精準定位 (請參圖 11.131)。由於此系統之光機架構於設計之初，即要求系統在進行光學校準時，各種校準方法需相互垂直，以利進行調校。再加上 AVID 要求能隨意改變差動雙量測光束 (dual-beam) 之間距，以求能適合於各種量測場合。也因此一理念之具體實現，AVID 在光學頭中一共使用了八組單軸微型移動平台，用以承載透鏡與反射鏡。

　　更明確的說，AVID 之光學架構與光機設計乃是由兩組相互旋轉 90 度的光路結合成一體，故可使熱膨脹效應對量測精度之影響降至最低。另外 AVID 有一獨特的設計，為幫助調校及進行 MEMS 系統一類之量測需求，故系統中內建了待測物影像系統 (見圖 11.132)，

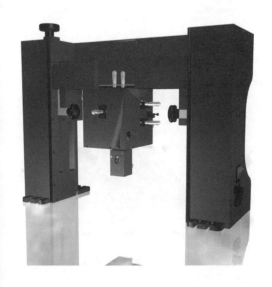

圖 11.131
新型都卜勒干涉儀機構圖。

此一影像系統大幅提高了量測點對位精度與調校光路的方便性。除此之外,為因應量測需求與方便使用者操作 AVID,AVID 內建了一個重要的動態訊號分析 (dynamic signal analysis, DSA) 功能,並設計了簡明的使用者界面,由電腦系統逐步指揮使用者依循軟體指示,依序完成每個步驟乃可完成量測。

11.5.5 應用

以下將利用 AVID 於微機電與微光機電產業發展中幾個代表性技術所扮演的角色,來說明其與這些新興產業的互動關係。以高密度資料儲存技術而言,無論是傳統光碟機或硬碟機的發展,或是發展中的近場光儲存技術,都是趨向高記錄密度發展。以磁碟機發展而言,因為它是利用磁場改變以讀寫資料,西元 2000 年已達到每平方英吋 10 Gbits 之儲存密度,相配合之硬碟機飛行高度已低至 30 nm 以下,隨著高密度需求之發展趨勢,飛行高度勢必更行降低,也因此 AVID 一類之量測設備顯得益形重要。

除此之外,最近甚為風行並預計其單位面積記錄密度可高達每平方英吋 50 – 100 Gbit 的「近場掃描顯微技術 (near-field scanning microscopy)」,在本質上與磁碟機讀寫原理非常相似,唯一的不同點乃是此技術利用一個如圖 11.133 所示之近場光學頭,來扮演類似磁碟機之磁頭或光碟機之讀取頭的角色。此類近場光學頭,一般是抽成細絲的光纖,故可產生一個小至直徑 40 nm 的光點,但由於其需以約 50 nm 的高度飛行於介質表面,為求檢驗系統性能並進行研發,亦需使用如 AVID 一類之設備。綜而言之,不管是傳統磁訊號儲存裝置、光訊號儲存裝置或先進的近場光學儲存裝置,傳統式檢測儀器早已無法勝任上述裝置之研發需求,面對奈米級的微小動態間隙,唯有如 AVID 一類之干涉儀,才能提供所需之高動態、寬頻與高解析度等特性。

以下再以兩種新世代刻版機系統為例,進一步說明應用 AVID 一類系統對發展此種高

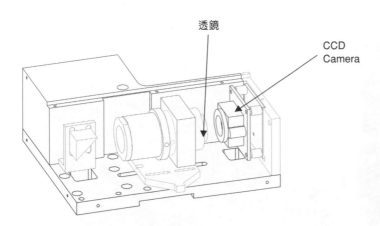

圖 11.132 待測物影像系統圖。

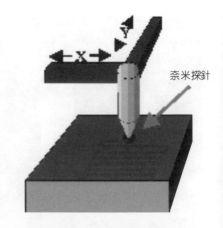

圖 11.133 近場光纖探頭。

精度、高附加價值系統之重要性。為了提升單位面積記錄密度,持續大幅縮小光點乃是無可避免之趨勢。刻版機的線寬及精度需求,乃與各種媒體碟片的最小資料點週期 (minimum spatial period of pits) 與軌道節距 (track pitch) 息息相關,從 CD 的 1.2 μm × 1.2 μm,到 4.7 GB DVD 的 0.5 μm × 0.5 μm,再進步到 15 GB DVD 的 0.2 μm × 0.2 μm,進步可謂神速。目前正為全球團隊所快速研發之近場光學刻版系統 (圖 11.134),即是根據下一代光碟機之製版需求而設計,其最小刻寫單元預計可小至 0.1 μm × 0.1 μm 以下。在此狀況下,光纖探針必須緊貼於介質表面起伏飛行,並隨時使間隙保持在 50±5 nm 之間,因此必須將飛行高度訊號時時回授給控制光纖探針與介質表面間距的壓電驅動器使用,以便使光纖探針能鎖定於前述所言之固定高度,而避免探頭撞損 (head crash) 之發生。目前為各團隊所積極探討之科技之一,即是利用 AVID 一類之雷射都卜勒干涉儀來提供高度回授訊號,圖 11.134 中顯示 AVID 的光束 1 聚焦於介質表面,而光束 2 則聚焦於光纖探針座上,藉由此兩束光的光程差訊號輸出來控制光纖探頭與介質之間隙,並提供給如圖 11.135 所示之雷射刻版機系統使用,以進行刻版及資料記錄。此一例子說明了 AVID 一類系統的重要角色,也點出此類系統能快速且準確解出探針與表面介質間隙變化量對系統正確工作之重要性。

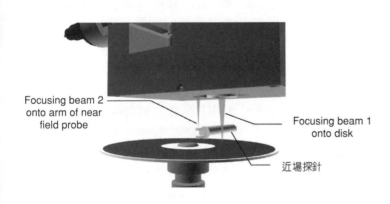

Focusing beam 2 onto arm of near field probe

Focusing beam 1 onto disk

近場探針

圖 11.134
AVID 近場刻版系統。

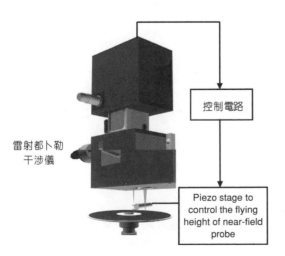

控制電路

雷射都卜勒干涉儀

Piezo stage to control the flying height of near-field probe

圖 11.135
近場光纖探頭飛行高度控制系統。

　　除了利用 AVID 系統對近場光學刻版系統進行嚴密之間隙伺服控制外，在線寬要求低於 0.2 μm 以下時，一套精密的刻版系統尚須補償主軸馬達所產生之徑向偏擺 (radial runout)。雖然目前使用之空氣軸承主軸馬達所產生之非重現性偏擺 (non-repeatable runout, NRRO) 已能控制於 50 nm 以下，但一旦線寬要求小於 0.2 μm 以下，若在讀寫時不補償此偏擺，便可能造成軌道誤差 (track error)。圖 11.136 所示是一套所謂「電子束刻版機 (electron beam recorder)」之示意圖，它是為下一代 15 GB DVD 之刻版需求所設計，其最小資料點週期與軌道節距必須達到 0.2 μm × 0.2 μm 的水準。此一系統的主軸馬達與玻璃介質板被包含於一個真空腔內，而整個刻版系統除電子槍外，均被承載於精密移動平台上。AVID 系統之量測光即預備透過視窗與聚焦鏡，聚焦於主軸馬達的輪殼上，並時時將主軸馬達的偏擺量回授給電子束位置控制器，以補償因偏擺量所造成的軌跡誤差。在此架構下，AVID 及其相關系統即已不再只是量測系統，而正式成為生產系統之一部分。

　　近幾年來微機電產品日漸成熟，這些產品研發時，其動態量測常是產品能否成功的重要關鍵。以往微機電感測器的測試多數是用數學模式與有限元素法來預估，對於較複雜系統，其真實與預估之動態特性將有著很大的誤差，唯有用新一代之儀器來進行檢測，才可以確實瞭解其真正的動態特性。微機電的產品特性是體積小至只有數微米，一般傳統感測器之感測頭 (probe) 往往比微機電產品本身還大，故無法直接使用於微機電產品上。但新型 AVID 可充分利用其非接觸與量測光束聚焦特性，故能輕易將光點投射於待測物表面，並利用內建的影像系統觀察表面。

　　目前國內微機電產業之發展正處於萌芽階段，主要團隊大多數正從事技術研發中，因此必須有良好之量測工具。以下用一個量測實例來說明 AVID 一類之雷射都卜勒干涉儀如

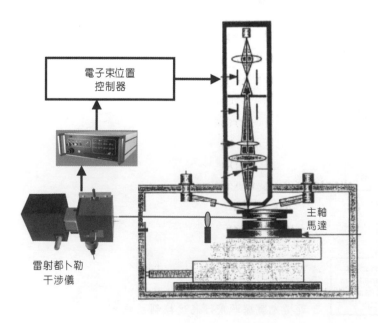

圖 11.136
AVID 應用於電子束刻版系統。

何被應用於微機電產品之量測上。在此例中，被測體是一個用矽微加工技術 (silicon micro-machining technique) 所製作的金屬薄膜熱驅動式微型幫浦 (metallic thermally actuated membrane micro-pump)，此微型幫浦有直徑 4 mm 之排放室 (pump chambcr)，高 100 μm。這個微型幫浦的外殼是用 PMMA 做的，而驅動薄膜則是用 polyimide 薄膜做的，並於薄膜上附加熱金屬絲。其最大輸送率約 5 μL/s，它的驅動電壓是 15 V/20 Hz，排送水或空氣壓力可達 30 mmHg。由於其驅動薄膜面積很小，傳統之探頭體積與接觸方式是無法應用於此類之微型幫浦的動態量測，取而代之的乃是應用前述技術所指出之都卜勒動態干涉儀。當電源加於幫浦的加熱絲，薄膜便開始產生振動而排送液體，此時雷射光點聚焦於振動薄膜上 (圖 11.137)，如此反覆量測光點在薄膜的不同位置，即可量得薄膜之最大振幅平均值約為 22 μm，見圖 3.138 所示。

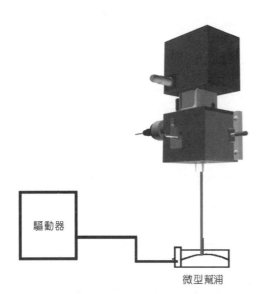

圖 11.137

微型幫浦測試。

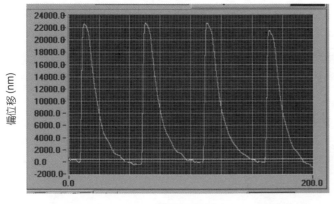

圖 11.138

微型幫浦測試結果。

11.5.6 結語

本文介紹了新式雷射都卜勒干涉儀在微光機電產業的應用,雖然文章中所舉的僅是極少之代表例,應已可說明此類奈米級檢測技術之應用範圍已遍及當前所有光機電領域。同時為因應目前高科技光電系統之快速發展,如 AVID 一類在設計理念之創新與功能之提升均有進展的量測系統,實為協助產業蓬勃發展之重要因素。由於目前正值光機電產業在國內蓬勃發展之際,希望藉由本篇文章的拋磚引玉,能引發更多對如何引進或開發此方面技術以供我國相關科技研究發展之研討,更期盼國內各高科技團隊能共同合作,進行如光學刻版系統這樣高精密、高附加價值之光機電系統研發,而可進一步提升國內相關科技,並厚植產業實力。

11.6 光柵式奈米檢測技術

11.6.1 簡介

由於各類機電系統如磁碟機、光碟機的快速發展與性能之不斷提升,促使光學、電子學與力學等不同研究領域的快速結合,此一趨勢除了使產業界和學術界感受到一股強烈的衝擊,亦大幅提升了對光電量測系統精度之需求,凡此種種皆使得光電檢測科技之研發步調持續加速。

高靈敏度 (sensitivity) 與高準確度 (accuracy) 的位移或變形量測,為進行次微米乃至於奈米尺度等領域之研究工作所不可或缺的技術。考量今日之各種應用,兼具高解析度與高準確度的位移感測器 (displacement sensor),實為進行超大型積體電路 (VLSI) 微細加工和光學元件精密加工時之必要設備。由於微小荷重即可能構成待測物微米等級之變形,因此在量測次微米位移量時,非接觸式量測實屬必要。

本節提出一種新式繞射式雷射光學尺系統 (diffractive laser encoder system, DiLENS),其為一種光柵干涉儀,可透過非接觸之光學方式將量測的基準由雷射波長轉換為光柵節距,因此具有抗環境干擾的優點。本節亦分析完成 DiLENS 系統所屬圓偏振光干涉儀之各種基本原理、公差等系統參數,所得結果發現圓偏振光干涉儀輸出訊號的斜橢圓化,確是造成量測準確度降低的內在 (intrinsic) 因素。除此之外,本儀器所作分析亦發現該斜橢圓化現象的成因,乃是來自偏振板透振方向對位不準,與光偵測器相對對位不準等因素,故提出利用光學對位來提高量測精度之建議。

疊紋干涉術 (moiré interferometry) 屬於高靈敏性、具有量測全域平面位移量或變形量能力的一種光電量測技術,它利用反射式光柵繞射光束所產生之干涉條紋,以量測物體之變形量。11.6.4 節將針對疊紋干涉系統之理論與原理做一完整之介紹,並對半導體元件封裝之熱應變翹曲及機械元件破壞裂縫延伸之力學行為作定性與定量之分析。

第 11.6 節作者為吳乾埼先生、陳文中先生、李世光先生及呂秀雄先生。

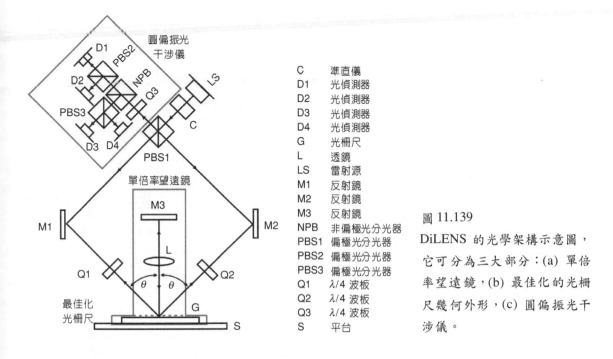

C	準直儀
D1	光偵測器
D2	光偵測器
D3	光偵測器
D4	光偵測器
G	光柵尺
L	透鏡
LS	雷射源
M1	反射鏡
M2	反射鏡
M3	反射鏡
NPB	非偏極光分光器
PBS1	偏極光分光器
PBS2	偏極光分光器
PBS3	偏極光分光器
Q1	λ/4 波板
Q2	λ/4 波板
Q3	λ/4 波板
S	平台

圖 11.139

DiLENS 的光學架構示意圖，它可分為三大部分：(a) 單倍率望遠鏡，(b) 最佳化的光柵尺幾何外形，(c) 圓偏振光干涉儀。

11.6.2 雷射光學尺光學架構與量測原理

(1) DiLENS 光學架構

　　雷射光學尺具有高量測解析度、長行程量測，以及能承受高環境公差等優點[155,156]。在科研積極尋求奈米環境的改善、量測原理的突破，以及結合多領域技術，試圖將現有量測準確度進一步提升，而難以取得重大進展的同時，若能夠使得雷射光學尺易於安裝，甚至能夠對機具高速運動所產生的偏擺具有更高的公差，就使用者的立場而言將具有積極的意義。

　　DiLENS 乃基於以上的考量點而設計，它的光學架構主要分為單倍率望遠鏡 (1 × telescope)、光柵尺以及圓偏振光干涉儀 (circular polarization interferometer) 三大部分，如圖 11.139 所示。單倍率望遠鏡用以確保繞射光路能夠沿著平行原入射光路的方向，光學頭與光柵尺之間的對位公差 (alignment tolerance) 乃得以提高。光柵尺用以提供表徵位移資訊的都卜勒頻率偏移，經最佳化 (optimized) 的光柵尺幾何外形，可增加干涉訊號的強度 (intensity)。圓偏振光干涉儀用以取出表徵位移資訊的干涉條紋 (interference fringes)，透過光偵測器輸出正交訊號，經解相位 (phase decoding) 後可得到位移。

(2) DiLENS 量測原理

　　DiLENS 係利用繞射光柵 (diffraction grating) 做為量測尺規，將機具的位移、速度等資訊以數位訊號的型式輸出，做為機械裝置超精密閉迴路控制之用。圖 11.140 所示為習用之

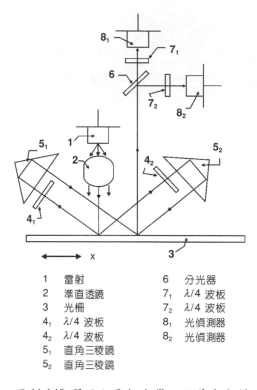

1 雷射
2 準直透鏡
3 光柵
4_1　$\lambda/4$ 波板
4_2　$\lambda/4$ 波板
5_1　直角三稜鏡
5_2　直角三稜鏡
6 分光器
7_1　$\lambda/4$ 波板
7_2　$\lambda/4$ 波板
8_1　光偵測器
8_2　光偵測器

圖 11.140 習用之雷射光學尺之基本架構
　　　　　示意圖[157]。

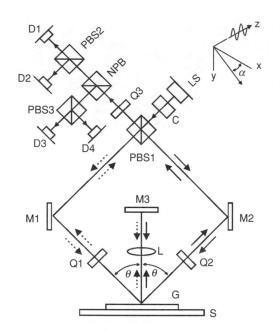

→　Propagation direction of the right light arm
⋯▸　Propagation direction of the left light arm
➤　Common propagation direction

圖 11.141 DiLENS 的光學架構細部光路示
　　　　　意圖。

雷射光學尺架構示意圖，其中二極體雷射提供量測之同調光源 (coherent light source)，間距為 1 μm (micrometer) 數量級的繞射光柵係固定在移動機具上隨機具移動，用來調制繞射光的相位 (phase)。光學系統係用以收集並合成繞射光，以產生與位移量有關的干涉條紋，及利用一個至多個光偵測器 (photodetector) 將光訊號轉換為數位電子訊號。由於雷射光學尺利用細密光柵的繞射效應來量測位移量，因此系統之解析度不會受繞射極限的牽制；另外，由於在雷射光學尺中之組件，包括量測光源、光學元件及繞射光路，均可經由小型化之光機設計而裝置在同一操作空間中，使得系統受量測空間周遭環境溫度、濕度及空氣擾動的影響大幅降低。雷射光學尺係屬於精密機械工業中不可或缺的位置感測器，而其應用範疇則主要在半導體製程設備、資訊儲存工業如磁碟機、光碟與數位影音光碟 (DVD) 等產品之生產設備，因此雷射光學尺在當前全球主要之高科技產業中，實具有關鍵的地位。

　　DiLENS 利用繞射光柵與同調光源所產生的都卜勒頻率偏移 (Doppler frequency shift)，來量測機具的位移資訊，圖 11.141 所示 DiLENS 的光學架構細部光路示意圖，光柵尺的位移量 Δx 與正交訊號之相位變化 Φ 可表示為

$$\Delta x = \frac{\Phi d}{8\pi} \qquad\qquad (11.101)$$

由 (11.101) 式可知:當光柵往 x 方向移動一個光柵節距時,光偵測器可在輸出端得到四個週期變化的干涉條紋明暗變化,或是可得到正交訊號繞出四個完整的圓軌跡;換句話說,若光柵條紋週期為 $d = 1.6\ \mu m$,當光柵移動 $0.4\ \mu m$ 的距離時,在光偵測器端便可以得到一個完整週期的干涉條紋明暗變化,或是可得到正交訊號繞出一個完整的圓軌跡。式 (11.101) 另指出:得自光偵測器之正交訊號的相位變化和引起此一相位變化的位移 Δx 存在理論上的線性關係,欲提高測量位移的解析度,首先應該提高正確分辨測量相位的能力。利用圓偏振光干涉儀架構輸出正交訊號,理論上在呂薩加空間 (Lissajous space) 中應該會形成一個圓形;然而,大部分的輸出訊號為偏離原點的傾斜橢圓形式。對於求解這一類型訊號相位的方法,大體上現存有正交訊號混頻解頻法、正交訊號反正切解相位法、準位比較解相位法,以及正交訊號容錯式解相位法等[158,159]。本文採用後者進行解相位,此法將訊號在徑向上的變動視為是一種誤差來源,真正的位移訊號均沿著圓的切線方向變動,而於演算法中將訊號的徑向變動濾除,藉此消減解相位時的誤差。

11.6.3 光學頭與光柵尺對位公差分析

隨著製造科技的技術指標－積體電路製程線寬 (line width) 的不斷縮小,次微米等級解析度的位置感測系統已無法滿足產業的迫切需求。事實上,已有相當多的研究人力投入在提高感測系統量測解析度以及精確度相關問題的工作上,也做出了許多具體的貢獻[160-163];然而,這些研究工作有一個共同特徵:它們從未就使用的角度探討被測機具動態變動的事實對量測性能的影響,而這個考量點正是雷射光學尺是否可以廣泛應用的關鍵。本文針對被測機具高速工作狀況下所導致的光柵尺與光學頭之間機具運動偏擺的問題,提出一個切實可行的方案:一方面提高系統對機具運動偏擺的公差,另一方面讓使用者可以容易架設此一系統。而此一方案將此問題點歸結為這樣的命題:透過光學頭內部光學系統的巧妙設計,提高光學頭對抗機具運動偏擺的能力。

(1) 三維光柵繞射方程式

雷射線性光學尺採用線性光柵為量測尺規 (measuring scale),而當機具高速工作狀況下,機具運動偏擺將造成光柵尺局部與光學頭之間產生相對的位置改變,光源在光柵尺上的入射與繞射均隨之改變,明顯與原先設計的光束行進路徑有所偏離。對於此一效應,並無法採用習知的面內光柵方程式 (in-plane grating equation) 來評估,而必須採用三維光柵繞射 (conical diffraction) 方程式來處理[164]。三維光柵繞射方程式的具體數學內容可以表示如下 (參見圖 11.142):

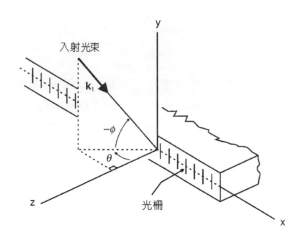

圖 11.142

三維光柵繞射方程式所採用的座標系統示意圖，其光柵條紋係沿著 y 軸方向。

$$e_{xm} = \sin\theta\cos\phi + \frac{m\lambda}{d} \tag{11.102}$$

$$e_{ym} = -\sin\phi \tag{11.103}$$

$$e_{zm} = \sqrt{1 - \sin^2\phi - (\sin\theta\cos\phi + m\lambda/d)^2} \tag{11.104}$$

其中 e_{xm}、e_{ym} 與 e_{zm} 分別表示經光柵尺繞射之後繞射光束的方向餘弦，m 表示繞射光的階數 (m 為整數)，λ 表示光源的波長，d 表光柵條紋週期長度，θ 係指光波由光學頭入射光柵尺的方向在光柵法平面內的投影與光柵尺的外法線方向 (z 軸) 之夾角，或入射光波行進方向 $\mathbf{k}_1$ 在光柵法平面內的投影與光柵尺的外法線方向的夾角，ϕ 則表示入射平面光波 $\mathbf{k}_1$ 與其在光柵法平面內之投影方向的夾角。高速工作機具所產生的光柵尺運動偏擺現象，使光學之繞射問題變成三維。在本節裡中，將分別針對高速工作機具所產生的光柵尺運動偏擺現象，對光學頭內部光路的影響進行分析。

(2) 單倍率望遠鏡光學行為

　　茲考慮如圖 11.143 所示單倍率望遠鏡的數學分析模型，在光柵尺具有機具運動偏擺的狀況下，光束自光柵尺表面繞射後以座標高度 h_0、方向角 η_0 輸入單倍率望遠鏡。由於光柵尺的機具運動偏擺的幅值均很小，典型數值小於 $1°$，因此我們可以進一步合理地假設矩陣 (近軸) 光學適用於本問題的分析。對於圖 11.143(a) 之無離焦的情況，透過矩陣光學，可將光束從輸入到輸出單倍率望遠鏡的過程以下面的矩陣運算式表達[165-167]：

$$\begin{bmatrix} 1 & -f \\ 0 & 1 \end{bmatrix}\begin{bmatrix} 1 & 0 \\ 1/f & 1 \end{bmatrix}\begin{bmatrix} 1 & -f \\ 0 & 1 \end{bmatrix}\begin{bmatrix} 1 & 0 \\ 0 & -1 \end{bmatrix}\begin{bmatrix} 1 & f \\ 0 & 1 \end{bmatrix}\begin{bmatrix} 1 & 0 \\ -1/f & 1 \end{bmatrix}\begin{bmatrix} 1 & f \\ 0 & 1 \end{bmatrix}\begin{Bmatrix} h_0 \\ \eta_0 \end{Bmatrix} \tag{11.105}$$
$$= \begin{Bmatrix} -h_0 \\ \eta_0 \end{Bmatrix}$$

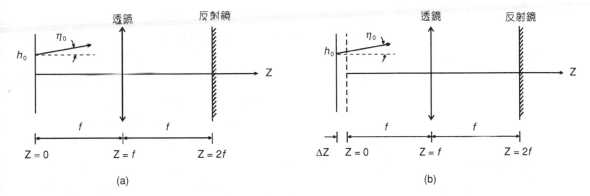

圖 11.143 光學頭與光柵尺之間機具運動偏擺的數學分析模型：(a) 光的繞射位置沒有離焦的情況，
(b) 光的繞射位置離焦的情況。

由此式可知：對於單倍率望遠鏡這種軸對稱的光學系統，它可以使在光柵尺附近的輸入與
輸出的光路保持平行，而僅僅使再次入射光柵尺的輸出光位置與原輸入光位置對稱於單倍
率望遠鏡前焦點 (front focal point)。換言之，單倍率望眼鏡這一光學架構，具有保持其在光
柵尺附近的輸入與輸出光路平行的特性，因此它有確保光學頭內部的返回光路 (return
optical path) 與原入射光路平行的功能。

　　進一步考慮光柵尺與光學頭具有離焦 (defocus) 現象－五個機具運動偏擺中的遠離情
況，如圖 11.143(b) 所示，配合該圖以及矩陣光學，我們可以對具有離焦現象 (離焦距離 ΔZ)
的單倍率望眼鏡的輸入與輸出光路做以下的矩陣運算描述：

$$
\begin{bmatrix} 1 & -f-\Delta Z \\ 0 & 1 \end{bmatrix}\begin{bmatrix} 1 & 0 \\ 1/f & 1 \end{bmatrix}\begin{bmatrix} 1 & -f \\ 0 & 1 \end{bmatrix}\begin{bmatrix} 1 & 0 \\ 0 & -1 \end{bmatrix}\begin{bmatrix} 1 & f \\ 0 & 1 \end{bmatrix}\begin{bmatrix} 1 & 0 \\ -1/f & 1 \end{bmatrix}\begin{bmatrix} 1 & f+\Delta Z \\ 0 & 1 \end{bmatrix}\begin{Bmatrix} h_0 \\ \eta_0 \end{Bmatrix}
$$
$$
=\begin{Bmatrix} -h_0-2\Delta Z\cdot\eta_0 \\ \eta_0 \end{Bmatrix} \tag{11.106}
$$

從式 (11.106) 不難發現：即使在光柵尺相對於光學頭 (單倍率望遠鏡) 具有離焦問題時，仍
然可以確保單倍率望遠鏡在光柵尺附近之輸出光路與其輸入光路為平行。

　　依據 (11.105) 與 (11.106) 兩式，可以得到一個結論：光柵尺所具有的機具運動偏擺的問
題，透過所採用的單倍率望遠鏡的光學頭架構，可使 DiLENS 的光柵尺對入射與出射光束
具有保方向性，大幅提高了光學頭與光柵尺之間光學對位的公差。在下一小節中，將利用
光學分析軟體建立整體光學尺光學系統的模型並進行分析，以明瞭實際的光學頭與光柵尺
之間的對位公差數值。

(3) LightTools™ 分析模型

雷射光學尺並不是傳統的共軸 (coaxial) 及軸對稱的 (rotational symmetric) 光學架構，採用視覺化的 LightTools™ 程式來建立光學系統模型是較為方便而直接的選擇。圖 11.144 係雷射線性光學尺的 LightTools™ 光學分析模型的立體視圖，在該模型中所採用的光源為波長 780 nm 的近紅外線雷射光源。值得注意的是像 LightTools™ 這類的光跡追蹤程式，均是以面 (surface) 為各個元件的基本要素，因此每個面的光學特性必須分別定義，例如要模擬一個偏振分光鏡，必須定義 6 個面的光學性質，包括偏振分光鏡的 4 個邊腳 (legs) 面，以及 2 個偏極分離鍍膜的光學性質，這樣才完成一個偏振分光鏡模型的定義。在該分析模型中的光柵尺模型係 LightTools™ 內建的，雖然它不是一個真正的光柵繞射模型，但它可以保證光線追蹤方向的正確性，這在我們目前的分析工作上已經足夠。另外，圖 11.144 中的線性光學尺模型係按照縮小化光機的實際尺寸及光學規格進行建模 (modeling)，因此它可以視為是雷射線性光學尺的一個完美模型，適合應用於雷射線性光學尺在光學頭與光柵尺之間的對位公差分析。

依據實驗觀察，光點重疊度要足夠好才可以得到足夠清晰的干涉圖樣，因此採用以下的判斷準則來計算 DiLENS 在光學頭與光柵尺之間的對位公差：

(i) 光偵測器上的光點距離 $\leq \dfrac{光點直徑}{4}$ 。

(ii) 光偵測器上的光點中心位置必須落在直徑 4 mm 的光偵測器之內。

表 11.3 所示係利用 LightTools™ 所計算出來的 DiLENS 在光學頭與光柵尺之間的對位公差數值與實驗量測值，及其與同等級 Canon 的線性光學尺的對位公差比較 (實驗架構如圖 11.145 所示)，可以清楚看出我們採用單倍率望遠鏡架構的雷射光學尺光學架構，可以在光學頭與光柵尺之間提供較 Canon 雷射光學尺高出至少 6－20 倍的對位公差。

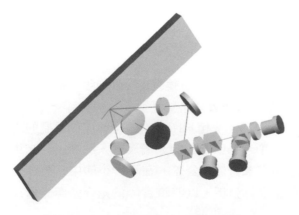

圖 11.144 射線性光學尺的 LightTools™ 光學分
析模型之立體視圖。

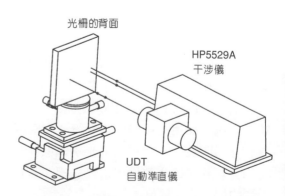

圖 11.145 光學頭與光柵尺之間對位公差量測
之實驗架設示意圖。

表 11.3　*電射線件光學尺在光學頭與光柵尺間對位公差數值比較表。*

Alignment tolerance	Calculated by LightTools	Experimental	Canon encoder
Roll	±60 arc-min	±58 arc-min	±3 arc-min
Pitch	±20 arc-min	±23 arc-min	±20 arc-min
Yaw	±3 degrees	±3.2 degrees	±20 arc-min
Stand-off	±1.5 mm	±1.3 mm	±0.2 mm
Offset	±2 mm	±2 mm	±0.3 mm

光柵尺在具有運動偏擺時，干涉條紋的相位變化可以表示為

$$d\Phi = \frac{8\pi}{d} u_x \cdot dt \tag{11.107}$$

由 (11.107) 式可知：干涉條紋相位變化只與光柵尺移動速度 **u** 的 x 分量 u_x 有關，而與其他分量 u_y、u_z 無關。當光柵尺以 **u** 速度等速移動一段時間 t，其相位變化與位移的關係仍然為

$$\Phi = \frac{8\pi}{d} \Delta x \tag{11.108}$$

注意到 (11.108) 式與 (11.101) 式完全相同，這表明光柵尺運動偏擺完全不會造成額外的都卜勒頻率偏移。

(4) 光偵測器對位不準對量測訊號的影響

對位不準對 DiLENS 輸出訊號的影響可分為兩個層面，一為光路調校不良，另一為光偵測器對位失準。若光路調校不良，則顯微鏡所觀察到的干涉條紋多於一條；而光偵測器對位失準則是正交訊號斜橢圓化的原因之一。圖 11.146 所示係 DiLENS 採用差動放大光電訊號檢測方式之圓偏振光干涉儀架構示意圖。當光偵測器對位不準時，光偵測器所觀察到的干涉條紋將不在同一個位置，如圖 11.147(a) 所示，此時經差動後之干涉訊號 P 與 Q 可分別表示如式 (11.109) 及式 (11.110)，其中 $\Delta\omega$ 表示光柵尺與光學頭相對運動時所產生之都卜勒角頻率偏移 (Doppler angular freqency shift)。

$$P = \Delta A_P^2 + \tilde{A}_P^2 \sin(4\Delta\omega \cdot t + \tilde{\Phi}_P) \tag{11.109}$$

$$Q = \Delta A_Q^2 + \tilde{A}_Q^2 \cos(4\Delta\omega \cdot t + \tilde{\Phi}_Q) \tag{11.110}$$

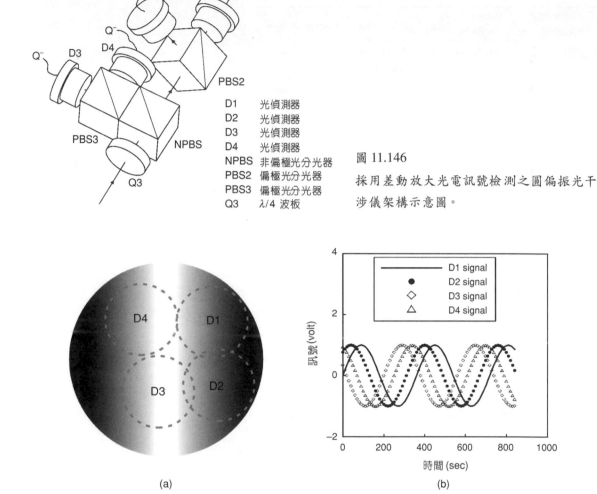

圖 11.146
採用差動放大光電訊號檢測之圓偏振光干
涉儀架構示意圖。

圖 11.147 (a) 光偵測器對位不準時，光偵測器所觀察到的干涉條紋不在同一個位置；(b) 光偵測器
　　　　對位不準將造成光偵測器輸出的正交訊號間具有額外的相位差。

其中 $\Delta A_P{}^2$ 為 P 訊號的直流偏位 (DC offset) 大小，$\tilde{A}_P^2$ 為 P 訊號的振幅大小，$\tilde{\Phi}_P$ 為 P 訊號的相位角；$\Delta A_Q{}^2$ 為 Q 訊號的直流偏位大小，$\tilde{A}_Q^2$ 為 Q 訊號的振幅大小，$\tilde{\Phi}_Q$ 為 Q 訊號的相位角。由 (11.109)、(11.110) 兩式可知：光偵測器對位不準，除了使 P、Q 訊號產生額外的相位差而形成斜橢圓，同時會使斜橢圓的中心與原點產生偏移。圖 11.148 所示即為光偵測器對位不良時，其輸出的正交訊號形成斜橢圓的情況。

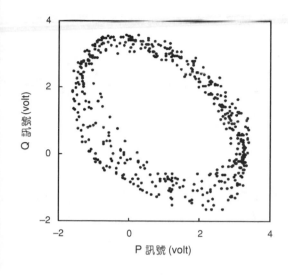

圖 11.148

光偵測器對位不良時，所輸出訊號形成傾斜橢圓的情形。

11.6.4 疊紋干涉術原理

疊紋干涉術乃是利用雷射同調光源，經過分光鏡 (NPBS) 各自分成兩束光，經過平面鏡反射後，於空間中交會而形成干涉條紋 (如圖 11.149 所示)，此干涉條紋在空間中形成虛擬參考光柵 (virtual reference grating)，該光柵條紋之空間頻率 f 可由 $f = 2\sin\alpha/\lambda$ 求得，其中 α 為入射光與待測物體面上法線的夾角，λ 為光在真空中之波長。此虛擬光柵與一通常貼於待測體上之高反射率相位光柵相互疊加而形成疊紋，由電磁學理論可知

$$A_1 = a_1 \cos 2\pi \left(\omega t - \frac{\delta_1}{\lambda} \right) \tag{11.111}$$

$$A_2 = a_2 \cos 2\pi \left(\omega t - \frac{\delta_2}{\lambda} \right) \tag{11.112}$$

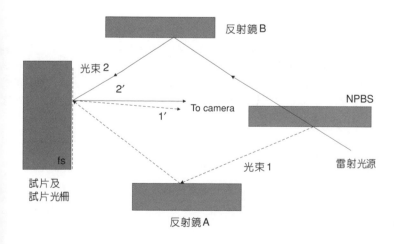

圖 11.149

繞射式疊紋法基本光路圖。

其中 A_1 與 A_2 為電磁場強度，a_1 與 a_2 為電場振幅，δ_1 與 δ_2 為光程。合成電場強度為 $A = A_1 + A_2$，因此

$$A = a_1 \cos\left(2\pi\omega t - 2\pi\frac{\delta_1}{\lambda}\right) + a_2 \cos\left(2\pi\omega t - 2\pi\frac{\delta_2}{\lambda}\right) \tag{11.113}$$

令

$$K\cos\phi = \left(a_1 \cos 2\pi\frac{\delta_1}{\lambda} + a_2 \cos 2\pi\frac{\delta_2}{\lambda}\right) \tag{11.114}$$

$$K\sin\phi = \left(a_1 \sin 2\pi\frac{\delta_1}{\lambda} + a_2 \sin 2\pi\frac{\delta_2}{\lambda}\right) \tag{11.115}$$

則可得到

$$K^2 = a_1^2 + a_2^2 + 2a_1 a_2 \cos\frac{2\pi}{\lambda}(\delta_1 - \delta_2) \tag{11.116}$$

$$\tan\phi = \frac{a_1 \sin 2\pi\dfrac{\delta_1}{\lambda} + a_2 \sin 2\pi\dfrac{\delta_2}{\lambda}}{a_1 \cos 2\pi\dfrac{\delta_1}{\lambda} + a_2 \cos 2\pi\dfrac{\delta_2}{\lambda}} \tag{11.117}$$

經由化簡，可得

$$I = K^2 = a_1^2 + a_2^2 + 2a_1 a_2 \cos\frac{2\pi}{\lambda}(\delta_1 - \delta_2) \tag{11.118}$$

令光程差為 $d(x,y) = \delta_1 - \delta_2$、$I_1 = a_1^2$、$I_2 = a_2^2$，則可得到

$$I = I_1 + I_2 + 2\sqrt{I_1 I_2} \cos 2\pi\frac{d(x,y)}{\lambda} \tag{11.119}$$

當兩道光束強度相同時 $(I_1 = I_2 = I_0)$，干涉條紋階級 $N = \dfrac{d(x,y)}{\lambda}$，則有

$$I = 2I_0(1 + \cos 2\pi N) = 4I_0\cos^2\pi N \tag{11.120}$$

令第一道光的光程 ΔOPL_1，第二道光的光程為 ΔOPL_2，則它們分別可寫為

$$\Delta OPL_1 = W(x,y)(1+\cos\alpha) + U(x,y)\sin\alpha \tag{11.121}$$

$$\Delta OPL_2 = W(x,y)(1+\cos\alpha) - U(x,y)\sin\alpha \tag{11.122}$$

其中 $U(x,y)$ 表示 x 方向的位移量，$W(x,y)$ 表示 z 方向的位移量。試片變形後 (兩道光強度相等)，

$$A_1'' = a\cos 2\pi\left(\omega t - \frac{\Delta OPL_1}{\lambda}\right) \tag{11.123}$$

$$A_2'' = a\cos 2\pi\left(\omega t - \frac{k}{\lambda} - \frac{\Delta OPL_2}{\lambda}\right) \tag{11.124}$$

其中 k 表示試片變形前兩道光束之間的光程差。令

$$d(x,y) = \Delta OPL_1 - \Delta OPL_2 - k \tag{11.125}$$

則

$$d(x,y) = \lambda f U(x,y) - W(x,y) \tag{11.126}$$

$$I = 4a^2\cos^2\pi\left(fU - \frac{k}{\lambda}\right) \tag{11.127}$$

又 $N_x = fU - \dfrac{k}{\lambda}$ ，於是有

$$I = 4a^2\cos^2\pi N_x \tag{11.128}$$

與

$$U = \frac{1}{f}\left(N_x + \frac{k}{\lambda}\right) = \frac{N_x}{f} + \frac{k}{\lambda f} \tag{11.129}$$

當忽略剛體的位移量時，$U = N_x/f$，同理 $V = N_y/f$，於是有

$$\Delta d \approx \lambda f \frac{\partial U}{\partial x}\Delta x \tag{11.130}$$

而由 $\Delta N_x = \Delta d / \lambda$，可以進一步得到

$$\varepsilon_x = \frac{\partial U}{\partial x} \approx \frac{1}{f} \frac{\Delta N_x}{\Delta x} \tag{11.131}$$

$$\varepsilon_y = \frac{\partial V}{\partial y} \approx \frac{1}{f} \frac{\Delta N_y}{\Delta y} \tag{11.132}$$

$$\gamma_{xy} = \frac{\partial U}{\partial y} + \frac{\partial V}{\partial x} \tag{11.133}$$

當光照射到光柵表面時，入射光經光柵繞射產生一系列反射式繞射光束，令繞射光階數 m 與試片法線之夾角為 β_m，其相應之繞射方程式為

$$\sin\beta_m = \sin\alpha + m\lambda f_s \tag{11.134}$$

當 $m = 1$ 時，若 $\sin(-\alpha) = -\lambda/2$ 且 $f_s = f/2$，則 $\sin\beta_1 = 0$，換言之，在上述條件下第一階的繞射光束將相互平行[168]。

　　在施行疊紋干涉法時，一般皆取 +1 和 -1 之繞射階數，如此可提高訊雜比使量測更具強韌性。如圖 11.150 所示，被測體表面光柵的空間頻率 f_s 為 $f/2$ 條/mm，由同一道雷射光源所分出的兩束光 W_1 和 W_2 分別以 α 和 $-\alpha$ 角度入射 (指與被測體法線的夾角)，經反射後其垂直被測體光柵的繞射階數為 +1 和 -1 階，若被測體未受力時，其波前分別為 W_1' 和 W_2'，而被測體受力後其波前分別為 W_1'' 和 W_2'' 且為扭曲波前，因此空間頻率為 f 的虛擬參考光柵和空間頻率為 $f/2$ 被測體光柵相互疊加在一起而形成疊紋，若採用 He-Ne 雷射光源 (波長 632.8 nm) 且虛擬參考光柵的空間頻率為 2400 條/mm，當在沿 x 方向的正向應變為 0.001

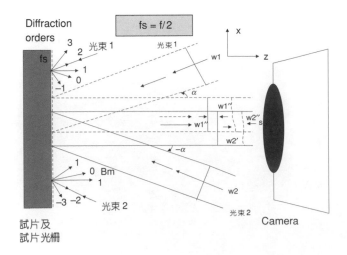

試片及
試片光柵

圖 11.150
試片之光柵繞射示意圖。

mm/mm 時，其繞射角 β_1 將等於 −0.043°，此時所形成之疊紋空間頻率將為 2.4 條/mm，由此算例可知繞射式疊紋法之精度極高：在應變為 1 μm/mm 時，可在 1 mm 間產生 2.4 個條紋。

11.6.5 實驗結果

(1) DiLENS 性能校驗

　　利用 HP5529A 雷射干涉儀，與入射光偵測器前的光路所產生干涉條紋及該干涉條紋相應的訊號進行比對，來校驗與評估 DiLENS 系統量測的重複性與準確度。首先進行 DiLENS 的重複性與準確度實驗，最後校驗 DiLENS 系統量測的不確定度 (uncertainty)，並對系統量測誤差進行分析。

　　圖 11.151 所示係 DiLENS 進行重複性與準確度校驗的實驗架設示意圖，利用 HP5529A 雷射干涉儀做為移動平台之位置感測裝置，即時回授驅動壓電超音波馬達修正移動平台的位置，以提供移動平台標準位移值。圖 11.152 所示即為雷射光學尺系統量測的重複性校驗結果，本實驗係分別針對位移 Δx = 2000、4000、6000、8000、10000、12000、14000、16000、18000、20000 μm 進行校驗，每一個位移均重複進行 10 次量測，而系統量測的重複性則是採用每個位移 10 次量測數據的標準差表示之。該結果顯示 DiLENS 量測的重複性為 4.48 nm。圖 11.153 所示係 DiLENS 量測的準確度校驗結果，本實驗係分別針對位移 Δx = 2000、4000、6000、8000、10000、12000、14000、16000、18000、20000 μm 進行校驗，每一個位移均重複進行 10 次量測，而系統量測的準確度，是每個位移 10 次量測數據與 HP5529A 量得的標準位移量的方均根 (root mean square)。系統的平均準確度為 33.71 nm。

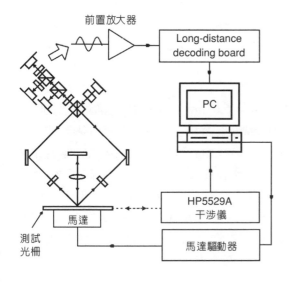

圖 11.151

雷射光學尺系統進行重複性校驗的實驗架設示意圖。

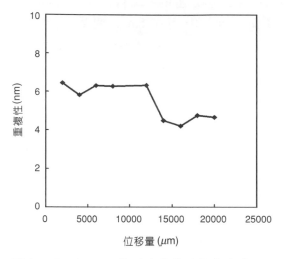

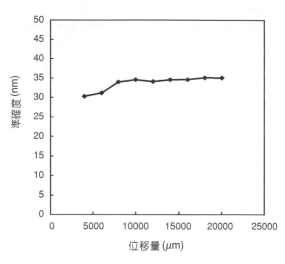

圖 11.152 DiLENS 量測的重複性校驗結果。　　　　　圖 11.153 DiLENS 量測的準確度校驗結果。

(2) 半導體封裝之熱變形分析

　　由圖 11.154 多晶片 ceramic ball grid array (CBGA) 封裝組合圖，可知電子構裝內含有不同熱膨脹係數 (coefficient of thermal expansion, CTE) 的導體和絕緣體等元件。當晶片內的電路被驅動時，則因溫度變化而使得各微電子元件產生熱膨脹變化，由於封裝內之元件 CTE 不同，因此在溫度改變時，熱變形梯度會增加，而熱應變則會使封裝內之元件產生應力 (如圖 11.155 所示)。然而目前已經可針對複雜的負荷和邊界條件建立數學模型而加以計算，但仍然必須用其他方法予以驗證，因此，近年來乃有將疊紋干涉術應用在此微電子元件之熱變形量測的研究上，希望求得切平面之奈米級的水平和垂直位移。在此方面應用下，一般常使用之虛擬參考光柵的頻率為 2400 lines/mm，經由疊紋分析可得到約 0.417 μm 條紋間距。若將疊紋和顯微技術相結合，更可提升上述之虛擬參考光柵之頻率到 4800 lines/mm。

　　由於 TSOP (thin-small outline package) 的封裝方式已廣泛的使用，TSOP 模組含有矽晶片和導線架組，其固定在 PCB 上，在導線架邊 TSOP 元件有 1.2 mm 高度，其封裝體到 PCB 板間隙約 0.5 mm。圖 11.156 所示為一個 14.4 mm × 5.6 mm 的 TSOP 模組降溫到 60 °C 而產生的負載，由於 TSOP 模組和 PCB 的變形是因導線架而相互限制，此相互限制的結果會導致一個力系作用於導線架和焊料填充處 (solder fillet)，由於彎矩而產生很大的應力和應力集中，其局部變形的位移量可藉由疊紋干涉圖形顯示出來，在條紋倍增因子 (multiplication factor) 等於 6 時，對應的疊紋等高線間距可測得為 35 nm/fringe。圖 11.156(a) 的圖形顯示極高之局部應變集中於焊片的踵部，而拉應變是 0.41%，此位置與 ATC (accelerate thermal cycling) 測試中疲勞裂縫初始點的位置相吻合；圖 11.156(b) 中描述在 ATC 測試後不良的接點，在 A 區疲勞裂縫會沿引線和焊點交界處而延伸成長[169]。

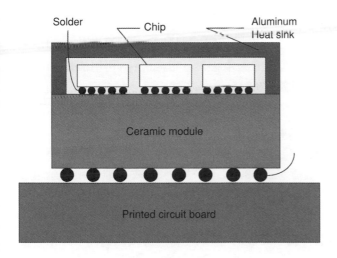

圖 11.154

多晶片組細部圖。

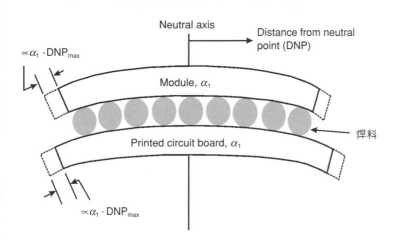

圖 11.155

熱膨脹所產生之彎曲。

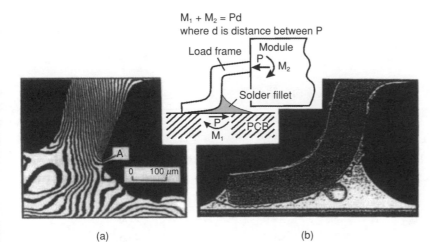

| (a) | (b) |

圖 11.156

(a) 疊紋等高線，(b) 疲勞
裂縫延伸區域。

(3) 應力強度因子 K_I 與 J 積分之量測

應力強度因子 (stress intensity factor) K_I 與 J 積分是描述張開型裂縫尖端應力集中的兩個重要參數，利用疊紋干涉術可以量測機件裂縫延伸的嚴重程度，也可核對利用破壞力學理論所推出的結果是否正確。如圖 11.157 所示，厚度 6.325 mm 之試片受到拉力負載，而 a/w 分別為 0.56、0.66 和 0.75，其對應之幾何形狀因子 (geometric shape factor) 分別為 11.74、11.83 和 30.049。表 11.4 列出施加負載與沿著負載方向的位移量 (LLD)，每個試件每次的負荷增量皆相同，而負載作用線的位移量亦成等量增加，由於每次的負載不同，所以疊紋的圖形亦有所不同[170]，圖 11.158 即為 CT1 在負荷等於 990 N 時，利用疊紋干涉術所顯示之圖形。其中 K_I 值可由條紋上的位移場 $U(x,y)$ 和 $V(x,y)$ 求得，K_I 值平均為 0.35 MN/m$^{2/3}$，而 J 之理論值可藉試片的 Γ_1 沿逆時針求得。圖 11.159 所示，乃 CT1 在四種不同之負荷下得到 J 積分的實驗值，其中缺口尖端以垂直線表示，當 side 3 在垂直線的左邊或右邊時，J 積分便為正值或零，該值與破壞力學理論符合。

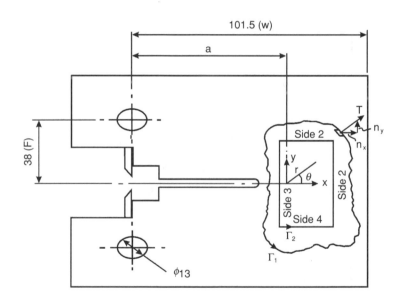

圖 11.157
待測試體形狀。

表 11.4 疊紋干涉術測試：施加負載與沿著負載方向的位移量。

量測次數	試 片					
	CT1 ($a/w = 0.56$)		CT2 ($a/w = 0.66$)		CT3 ($a/w = 0.75$)	
	Load (N)	LLD (μm)	Load (N)	LLD (μm)	Load (N)	LLD (μm)
1	99	10.9	74	16.3	25	11.7
2	198	22.1	149	32.6	50	21.4
3	297	36.1	223	47.0	74	33.0
4	396	48.1	297	61.3	99	43.5

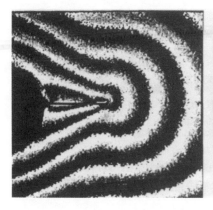

圖 11.158
缺口尖端裂縫疊紋圖。

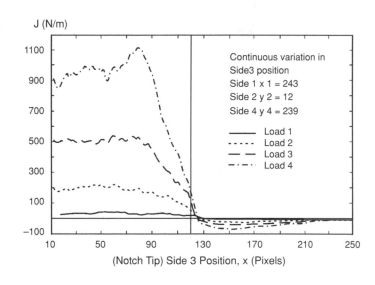

圖 11.159
四個連續負荷所得之 J 值。

11.6.6 結語

　　DiLENS 具有在光學頭與光柵尺間高對位公差的光學設計，它採用單倍率望遠鏡架構，可使光學頭與光柵尺間之對位公差較同等級的 Canon 光學尺至少提高 6 至 20 倍。光學頭與光柵尺間些微的溫度場不均勻，使正交訊號的相位於量測過程中發生變動，降低光學尺系統的準確性。DiLENS 的光學頭設計先天上即能避免光柵尺對不同偏振態光波繞射差異性的問題，光柵尺的製造公差因而提高；它的光柵尺幾何外形經過最佳化設計，為深度 190 nm 之正弦式表面起伏光柵，約可提高干涉訊號的強度較同等級的 Canon 雷射光學尺達 6 倍。

　　圓偏振光干涉儀實現以光學方式，自高頻雷射光波中取出表徵光柵尺位移的都卜勒頻率偏移，量測訊號的處理得以由高頻的光波頻率域轉換為低頻的都卜勒頻率域。圓偏振光干涉儀輸出訊號斜橢圓化，是造成量測準確度降低的內在 (intrinsic) 因素，分析發現該現象的成因是來自偏振板透振方向對位不準與光偵測器相對對位不準，透過光學對位即可克服。DiLENS 的系統量測性能經 HP5529A 雷射干涉儀校驗,其平均量測準確度為 33.71 nm,平均量測重複性為 4.48 nm。DiLENS 在一般具有擾動環境條件下,其量測的最大的誤差量為 35.4 nm,誤差標準差的平均值為 15.3 nm。

　　疊紋干涉術乃以繞射光學為量測基礎,可應用此檢測原理研發或了解其他利用繞射現象以提高精度之量測儀器,例如繞射式光學尺便可視為運用疊紋干涉術,由光偵測器取出干涉訊號,進行電子細分割訊號處理,可得到奈米級之量測解析度,突破了傳統式光學尺受繞射現象限制而無法提升其量測精度之瓶頸。疊紋干涉法利用待測物上的光柵與空間虛擬光柵相互疊加而成,因此干涉條紋相當清楚,影像也非常良好,故在位移量測上可取得奈米級之檢測精度。

11.7 脈衝式電子斑點及全像干涉儀檢測技術

　　「輕、薄、短、小」是目前高科技產業發展的重點,對於微機電元件精密度的要求也相對的大幅提高,在製程上的檢測技術也就愈形重要。在微機電的世界中,元件的等級已達微米尺度,而元件之變形,甚至是波傳行為更是到達了奈米尺度,想要瞭解此微小世界的現象,一套高精度的量測系統是不可或缺的。以傳統的機械方式進行量測,往往受限於物理及加工上的極限,且量測精度易受環境因素的影響,故一般量測微機電元件時,大都採用光學方法進行量測,不僅能達到非破壞檢測 (non-destructive measurement) 的好處,量測精度也大幅提高到低於光波長之等級。在此將介紹脈衝式電子斑點干涉術及全像干涉儀檢測技術,此兩者都是光學非接觸的檢測方式,且具有可達到全域檢測的優點。

11.7.1 脈衝式電子斑點干涉術

　　電子斑點干涉術 (electronic speckle pattern interferometry, ESPI) 為 1970 年代所開發出來的光學檢測技術。電子斑點干涉術是利用散射光干涉來記錄物體變形訊號,與一般利用反射光干涉的型式截然不同,因為電子斑點干涉術使用散射光,所以必須經由變形前後的斑點圖作相減或相加處理才能得出干涉條紋。在日常生活中,因為自然光是連續性的光譜,當它照射在物體表面時,表面反射的各點光源相位不相干,散出來的能量會被平均掉,因而看不到斑點產生,但若是使用高同調光源如雷射光照射在粗糙表面時,表面上的各點皆將雷射光反射到不同方向,因為粗糙表面高低起伏不一樣而使得各個反射光相位不同,在觀測點上互相干涉,形成不規則的斑點影像。

　　如上文所述,電子斑點干涉術採用的光源為高同調性雷射,為了能量測物體暫態的行為,在此採用脈衝雷射進行量測,因此本文所討論為脈衝式電子斑點。在選擇脈衝雷射時,有幾點是需要特別注意的:第一,因為電子斑點干涉術採用散射光進行拍攝,大部分的能量均散布至空間中,所以雷射脈衝之輸出能量要夠高,需在 100 mJ 等級;第二,為了

第 11.7 節作者為李世光先生、吳光鐘先生、陳怡君小姐、周榮宗先生、劉典璇先生及李宜璉小姐。

能量測物體隨時間變化的變形量，使用兩個脈衝分別進行物體變形前與變形後之輪廓記錄，所以兩個雷射脈衝的時間間隔要可調整在欲檢測的時間範圍。

　　在電子斑點干涉術的量測架構中，直接採用電子照相機作為記錄媒介，再將所記錄到的影像傳送到電腦，以電腦做即時的處理得到最後的波傳圖。電子照相機一般可分為真空管照相機、電荷耦合照相機及互補金屬氧化物半導體照相機等，各有其優缺點，可視需求而自行選擇。

　　電子斑點干涉術可量測物體面外 (out-of-plane) 與面內 (in-plane) 的變形，面外量測的架構是量測垂直物體表面的變形，面內量測則是量測平行物體表面的變形，結合面外與面內之量測結果便可以獲得物體三維的變形資訊。

　　物體變形前後會造成光程的改變，使相位產生變化，如圖 11.160 所示，入射光由 $\mathbf{V}_1$ 方向照射物體，由 $\mathbf{V}_3$ 方向進行觀測，當物體產生一 $\mathbf{\Delta}$ 之變形，入射光和觀測方向皆未變，但變形前後的光程發生變化，其光程差 ΔL 表示為：

$$\Delta L = \mathbf{\Delta} \cdot (-\mathbf{V}_1) + \mathbf{\Delta} \cdot \mathbf{V}_3 = (\mathbf{V}_3 - \mathbf{V}_1) \cdot \mathbf{\Delta} \tag{11.135}$$

其中，$\mathbf{V}_1$ 與 $\mathbf{V}_3$ 皆為單位向量。而其相位差則為光程差乘上波常數 k，以下式表示之：

$$\begin{aligned}
\delta &= k(\mathbf{V}_3 - \mathbf{V}_1) \cdot \mathbf{\Delta} = (\mathbf{k}_3 - \mathbf{k}_1) \cdot \mathbf{\Delta} \\
&= |\mathbf{k}_3||\mathbf{\Delta}|\cos\theta_3 + |\mathbf{k}_1||\mathbf{\Delta}|\cos\theta_1 \\
&= k\left[\Delta_z + |\mathbf{\Delta}|\cos(\theta_3 - \theta)\right] \\
&= k\left[\Delta_z + \Delta_z \cos\theta + \Delta_y \sin\theta\right] \\
&= k\left[\Delta_z(1 + \cos\theta) + \Delta_y \sin\theta\right]
\end{aligned} \tag{11.136}$$

其中，$\mathbf{k}_1 = k \cdot \mathbf{V}_1$ 與 $\mathbf{k}_3 = k \cdot \mathbf{V}_3$ 為波向量 (wave vector)，即波常數乘上單位向量，Δ_z 與 Δ_y 分別為 $\mathbf{\Delta}$ 在 z 方向與 y 方向的分量。

　　以電子斑點干涉術量測面外變形的基本架構如圖 11.161 所示，與邁克森干涉儀十分類似，但電子斑點干涉術使用散射光，與邁克森干涉儀不同，雷射光射出後，經由空間濾波器進行擴束，再由分光鏡 (beam splitter) 分成兩道光，分別由 $\mathbf{V}_1$ 與 $\mathbf{V}_2$ 方向照射到物體與參考物之表面(稱為物光與參考光)，而由 $\mathbf{V}_3$ 方向進行觀測。未變形時物光與參考光兩道光的電場函數分別為 E_1、E_2：

$$E_1(x, y) = A_1(x, y)\exp\left[j\Phi_1(x, y)\right] \tag{11.137}$$

$$E_2(x, y) = A_2(x, y)\exp\left[j\Phi_2(x, y)\right] \tag{11.138}$$

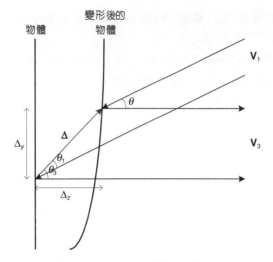

圖 11.160 物體變形造成 V_1 與 V_3 方向光程
　　　　差之變化圖。

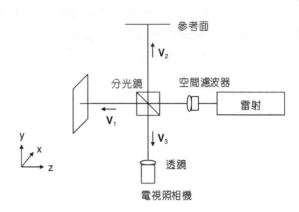

圖 11.161 電子斑點干涉術面外量測之基本架
　　　　構。

其中 A 表振幅，Φ 表相位角，其干涉光光強訊號為電場相加的平方，可表示如下式：

$$
\begin{aligned}
I(x, y) &= |E_1 + E_2|^2 \\
&= A_1^2 + A_2^2 + 2A_1 A_2 \cos(\Phi_1 - \Phi_2) \\
&= I_1 + I_2 + 2\sqrt{I_1 I_2} \cos\phi
\end{aligned}
\tag{11.139}
$$

其中，I_1 與 I_2 為干涉的物光和參考光各自的光強，$\phi = \Phi_1 - \Phi_2$ 表示兩道光的相位角差。可將
上式改寫成

$$
I(x, y) = I_0(1 + v \cos\phi)
\tag{11.140}
$$

其中 $I_0 = I_1 + I_2$，v 則為干涉條紋的可視度，可用來判斷干涉現象的清晰程度，而變形所產
生的相位差 δ 可由 (11.136) 式得知。在面外架構中，因為參考物為固定之物體，沒有變形
發生，只有物光會因變形而發生相位的變化，參考光在面外變形的架構下，由垂直物體表
面方向入射，(11.136) 式中的 θ 為 0 度，變形前變形後的相位差表示如下：

$$
\delta_{\text{out}} = 2k\Delta_z = \frac{4\pi}{\lambda}\Delta_z
\tag{11.141}
$$

變形後物光與參考光之電場為

$$E_1' = A_1 \exp(j\Phi_1 + \delta_{out})$$ (11.142)
$$E_2' = A_2 \exp(j\Phi_2)$$

干涉光光強則成為

$$I' = I_0\left[1 + v\cos(\phi + \delta_{out})\right]$$ (11.143)

其中，I' 為變形後物光與參考光干涉之光強分布，δ_{out} 為物體面外變形所導致的相位變化量。

　　電子斑點干涉術面內變形的量測架構則如圖 11.162 所示，雷射光射出後分成成兩道光，分別經由空間濾波器進行擴束，並消除高頻雜訊，再個別經由 $\mathbf{V}_1$、$\mathbf{V}_2$ 方向射向物體，由 $\mathbf{V}_3$ 方向進行觀測，物光由 $\mathbf{V}_1$ 方向照射所觀察到的物體變形量測與圖 11.160 所示相同，相位差則如(11.136) 式，表示成：

$$\delta_1 = k\left[\Delta_z(1 + \cos\theta) + \Delta_y\sin\theta\right]$$ (11.144)

物光由 $\mathbf{V}_2$ 方向照射的變形量測則可如圖 11.163 所示，相位差如式 (11.136)，可表示成：

$$\begin{aligned}
\delta_2 &= (\mathbf{k}_3 - \mathbf{k}_2) \cdot \mathbf{\Delta} \\
&= |\mathbf{k}_3||\mathbf{\Delta}|\cos\theta_3 + |\mathbf{k}_2||\mathbf{\Delta}|\cos\theta_2 \\
&= k\left[\Delta_z + |\mathbf{\Delta}|\cos(\theta_3 + \theta)\right] \\
&= k\left[\Delta_z + \Delta_z\cos\theta - \Delta_y\sin\theta\right]
\end{aligned}$$ (11.145)

將 (11.144) 式與 (11.145) 式相減，即可得到面內量測的相位差 δ_{in}：

$$\begin{aligned}
\delta_{in} &= \delta_1 - \delta_2 \\
&= 2k\Delta_y\sin\theta = \frac{4\pi}{\lambda}\Delta_y\sin\theta
\end{aligned}$$ (11.146)

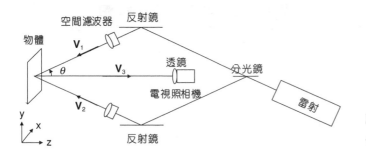

圖 11.162
電子斑點干涉術面內量測之基本架構。

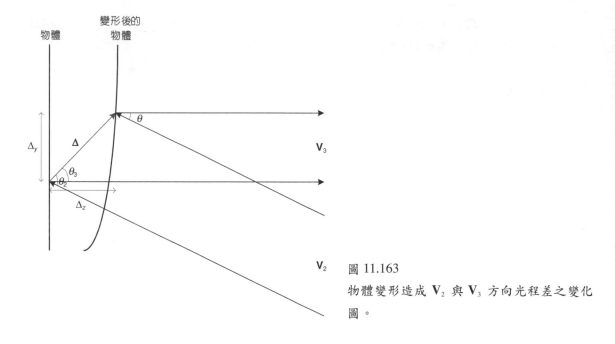

圖 11.163

物體變形造成 $\mathbf{V}_2$ 與 $\mathbf{V}_3$ 方向光程差之變化圖。

以面外變形和面內變形量測得到變形前後的斑點圖後，可採相減法或相加法得出干涉條紋，但在求解相位的實際過程，需經過一系列的相移步驟和相位重建過程，把光強分布轉換為連續的相位分布，得到連續的相位分布後，即可利用相位分布與物體變形分布的線性關係，得出實際的位移量，將在下文詳細介紹。

11.7.2 全像術基本原理

1948 年 Dennis Gabor 發明全像術，至 1960 年同調性高的雷射發明之後，全像術開始蓬勃發展。全像術是一種可以記錄物體光的明暗、顏色及相位的技術。不同於傳統的照相術以底片對物體直接進行曝光，只能記錄平面的影像，全像術則是在物光之外多加了一道參考光，以干涉的程序進行記錄。在記錄過程中，利用參考光對物光編碼；重建時，則利用原始參考光來解碼。故全像術不僅記錄了物體的光強，同時也記錄了物體的相位，故可用來記錄物體影像，並加以重建出三維影像。

圖 11.64 為一般斜向入射的反射式全像術拍攝與重建基本架構。經由物體反射的物光與參考光在底片上重疊並干涉，在全像底片上以光柵的型式記錄下來。物光的波前電場函數 $E_o(x,y)$ 可表示如下：

$$E_o(x,y) = A_o(x,y)\exp\big[j\Phi_o(x,y)\big] \tag{11.147}$$

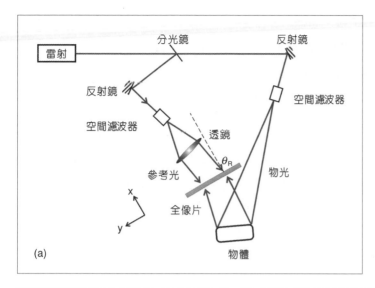

(a)

圖 11.164

斜向入射的反射式全像術拍攝與重建基本架構。

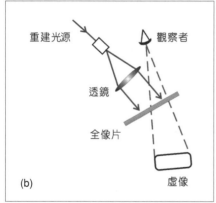

(b)

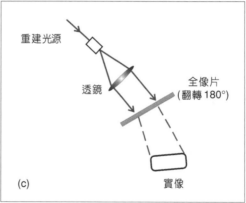

(c)

以角度 θ_R 入射全像底片的平面參考光則可寫為：

$$E_R(x,y) = A_R \exp(j2\pi f_y y) \tag{11.148}$$

其中 A_R 為振幅、Φ 為相位角、$f_y = \sin\theta_R/\lambda$ 為參考光的空間頻率。兩道光在底片上干涉所形成的光強分布為：

$$I(x,y) = |E_O + E_R|^2 \tag{11.149}$$
$$= A_R^2 + A_O^2 + A_R E_O \exp(-j2\pi f_y y) + A_R E_O^* \exp(j2\pi f_y y)$$

全像底片接收如上的光強分布後，經過曝光、定影、顯影的程序，使整張底片上的光強穿透率亦形成一個函數分布 $t(x,y)$，$t(x,y)$ 與 $I(x,y)$ 成線性正相關，其關係如下：

$$t(x,y) = t_0 + \beta I(x,y) \tag{11.150}$$
$$= t_0 + \beta \left[A_R^2 + A_O^2 + A_R E_O \exp(-j2\pi f_y y) + A_R E_O^* \exp(j2\pi f_y y) \right]$$
$$= t_b + \beta \left[A_O^2 + A_R E_O \exp(-j2\pi f_y y) + A_R E_O^* \exp(j2\pi f_y y) \right]$$
$$= t_b + \beta A_O^2(x,y) + 2\beta A_R A_O \cos\left[j2\pi f_y y - \Phi(x,y) \right]$$

公式中 t_0 是全像底片的平均透射率，為一常數；而 $t_b = t_0 + \beta A_R^2$，其中 βA_R^2 為由參考光所產生的均勻偏置透射率。由式 (11.150) 可知全像底片上為一組空間頻率為 f_y、振幅 A_O 受調制及相位 Φ 受調制的光柵，且已記錄下物光波前 $E_o(x,y)$ 與其共軛波前 $E_o^*(x,y)$ 的全部資訊。接著將參考光再一次依拍攝時的相同方式投射在底片上，是為重建光 $E_C(x,y) = A_C \exp(j2\pi f_y y)$，則此時參考光透過全像片所產生的波前電場函數可寫為

$$E_I(x,y) = E_C(x,y)t(x,y) \tag{11.151}$$
$$= A_C \exp(j2\pi f_y y)t(x,y)$$
$$= A_C \exp(j2\pi f_y y)\left\{ t_b + \beta\left[A_O^2 + A_R E_O \exp(-j2\pi f_y y) + A_R E_O^* \exp(j2\pi f_y y) \right] \right\}$$
$$= (t_b + \beta A_O^2)A_C \exp(j2\pi f_y y) + \beta A_C A_R E_O + \beta A_C A_R E_O^* \exp(j4\pi f_y y)$$

其中第一項為零級繞射光，即重建光的一部分光強；第二項含有物光 E_o，故可觀察到物體的虛像；第三項含有共軛物光 E_o^*，故可觀察到物體的實像。如圖 11.164(a) 中，拍攝全像時參考光及物光在底片的「異側」；圖 11.164(b) 為重建時在參考光之「同側」，可觀察到物體的虛像在物體之原位置上；圖 11.164(c) 為若將底片反轉 180 度，則在共軛參考光之「異側」產生物體的實像在物體之原位置上。拍攝全像片時，因物光為散射光，帶有斑點雜訊，故適當調整拍攝的物光與參考光光強比，使約為 1：3 至 1：10，可有效抑制斑點雜訊，以得到較佳的影像重建結果。

11.7.3 全像干涉儀

　　如上節所述，利用全像片記錄物光和參考光的干涉條紋，再投射相同於參考光的重建光，即可重建出物體的影像。而一張全像片可以分別記錄多張影像，定影後再重建物像，則不同時間所記錄的物體影像即可同時重建出來且互相干涉，顯示出干涉條紋，這就是全像干涉術 (holographic interferometry) 的基本思路。

　　將全像干涉術應用於物體的形變檢測、波傳分析等，則其操作的基本概念為先記錄物體的狀態於全像底片上，在物體狀態改變、產生形變後，再記錄下物體變形後的物光波前於同一張底片，最後將變形前與變形後的影像重建出來並產生二者的干涉條紋。

　　全像干涉術可分為幾種主要的架構，包括即時全像干涉法、雙重曝光全像干涉法和均時全像干涉法。

(1) 即時全像干涉法

即時全像干涉法是先拍攝物體變形前的相位資料，在底片定影後重建出物體影像，以同樣的光場持續對物體照明，則散射來的物光就會和變形前的物光相重疊，當物體產生任何形變，則變形前和變形後重建出來的物光就會相干涉，產生條紋，可再以電子照相機拍攝下來，當物體持續變動，干涉條紋也會跟著即時變動，由干涉條紋的疏密度即可反算出物體的變形量。

(2) 雙重曝光全像干涉法

雙重曝光全像干涉法是將變形前與變形後的物像記錄在同一張全像片上，重建時即可重建出變形前與變形後相干涉的條紋，再以電子照相機拍下干涉條紋，即可由干涉條紋計算出拍攝時兩個狀態的變形差異。

(3) 均時全像干涉法

均時全像干涉法記錄物體振動時的全部過程，物體每個質點的散射光在振動過程每個位置的相位都平均記錄在全像底片上，故稱為時間平均，主要用於量測物體的共振模態。由於物體在使用共振頻率激發時，會產生一固定之模態，如果將一連串的變形資訊皆記錄在同一張全像片中，重建時就會重建出帶有此物體共振資訊的干涉條紋。

在此僅探討物體某一瞬間的形變或波傳行為，所以只將即時全像干涉法和雙重曝光全像干涉法拿來討論。當得到干涉光強圖之後，可利用相移干涉術，對相位角加入幾個已知的調變量，量測對應的光強，配合數學運算，即可求出變形前後的相位資料。為了搭配相移法 (phase shifting technology)，在雙重曝光法中必須使用雙參考光的架構，也就是說記錄物體變形前與變形後的全像在同一張底片上時，變形前所使用的參考光與變形後所使用的參考光必須路徑不同，進行重建時，這兩道參考光都必須再次投射在底片上以重建出變形前後的兩個影像，此時改變兩道參考光中其中任何一道的光路徑長，便可施行相移法。另一方面，使用即時全像干涉術亦需搭配相移法方可解出物體變形的相位改變量，在動態量測時，物體的變形量隨時間變化極快，故較適宜的方式應為以全像片記錄下物體某一瞬間變形時的全像片，重建出的物光再與物體靜態時進行全像干涉，此時便可移動兩道物光任何一道的光路徑長來施行相移法。

11.7.4 相移法與相位重建

在脈衝式電子斑點及全像干涉儀的架構中，電子照相機所拍攝下來的為兩道光的干涉條紋，僅代表光強分布的訊號，必須再經過一些處理，才能獲得所需要的變形資訊。首先必須將干涉條紋圖轉換為相位圖，再利用相位重建技術將相位圖轉換為變形圖。

　　相移干涉術就是利用干涉原理，將干涉之光強訊號轉換為相位圖的一種技術，藉由已知的相位加以調變於干涉圖中，使原本的干涉圖產生對應的改變，再經由一些運算而將干涉圖像各點的光前資訊轉換為相位資訊。許多已建立的演算法可以將光學的干涉條紋強度圖轉換為相對的相位差資訊，使量測到的光強圖轉換為相位差圖。將由電子照相機所擷取到的干涉光強函數寫成以下的方程式：

$$I(x,y) = I_0(x,y)\big[1 + v\cos\phi(x,y)\big] \tag{11.152}$$

式中的 $I_0(x,y)$ 是原光束的光強度、v 是干涉條紋的可見度、$\phi(x,y)$ 是干涉的兩道光的相位角差。在式 (11.152) 中存在 $I_0(x,y)$、v 和 $\phi(x,y)$ 三個未知數，因此至少需要三個獨立的量測結果才能決定式 (11.152) 中的相位 $\phi(x,y)$。量測相位的技術可藉由鏡面移動或使用相位延遲板，引入一獨立參數 α 來改變參考光和物光之間的相對相位差，然後分析演算在移動中所擷取到的干涉光強圖而得到精確的相位圖。

　　相移技術一般的原則是當相移越多步時所能求得的相位就會越準確。在線性相移機構中，五步演算法與 Carre 演算法對誤差均不算靈敏，且當相移機構有非線性的現象時，五步演算法是比較好的選擇。因此對全像作相移以得到相位圖時，我們討論能將雜訊的影響減至最小的五步相位演算法 (five-step technique) 來重建相位角 $\phi(x,y)$。

　　在五步演算法中，必須將一個未知數 α 引入式 (11.152) 中，由電子照相機擷取五張光強圖光強分別為 I_1、I_2、I_3、I_4 和 I_5，使其中每張圖的相位差皆為 α，以推導得到兩光束干涉條紋間的相對相位差。其方程式可依序表示如下：

$$I_1 = I_0\left\{1 + v\cos\big[\phi(x,y) - 2\alpha\big]\right\} \tag{11.153}$$
$$I_2 = I_0\left\{1 + v\cos\big[\phi(x,y) - \alpha\big]\right\}$$
$$I_3 = I_0\left\{1 + v\cos\big[\phi(x,y)\big]\right\}$$
$$I_4 = I_0\left\{1 + v\cos\big[\phi(x,y) + \alpha\big]\right\}$$
$$I_5 = I_0\left\{1 + v\cos\big[\phi(x,y) + 2\alpha\big]\right\}$$

運算後這五個方程式可簡化為：

$$\cos\alpha = \frac{I_1 - I_5}{2(I_2 - I_4)} \tag{11.154}$$
$$\tan\phi = \frac{1 - \cos 2\alpha}{\sin\alpha} \times \frac{I_2 - I_4}{2I_3 - I_1 - I_5}$$

如果我們採用 $\alpha = \pi/2$，則式 (11.154) 可更進一步簡化為：

$$\tan\phi = \frac{I_2 - I_4}{2I_3 - I_1 - I_5} \tag{11.155}$$

其中若 $I_2 - I_4 < 0$，則 $\phi(x,y)$ 的範圍在 $(-\pi,0)$；以及若 $I_2 - I_4 > 0$，則 $\phi(x,y)$ 範圍在 $(0,\pi)$。在上述的處理過程中，隨機雜訊的干擾將會消失，可以將雜訊的影響減至最小，$\phi(x,y)$ 的正確數值亦可精確獲得。

　　在脈衝式電子斑點方面，因為其必須分別記錄下變形前與變形後之物光與參考光干涉的斑點圖，藉由兩張斑點圖才能計算出一張條紋圖，故電子斑點干涉術 (ESPI) 所需使用的相移法必須在物體變形前取五組光強圖，變形後再取一組光強圖，分別寫如下式：

$$I_{B1}(x,y) = I_0(x,y)\left\{1 + v(x,y)\cos[\Delta\Phi(x,y) - 2\alpha]\right\} \tag{11.156}$$
$$I_{B2}(x,y) = I_0(x,y)\left\{1 + v(x,y)\cos[\Delta\Phi(x,y) - \alpha]\right\}$$
$$I_{B3}(x,y) = I_0(x,y)\left\{1 + v(x,y)\cos[\Delta\Phi(x,y)]\right\}$$
$$I_{B4}(x,y) = I_0(x,y)\left\{1 + v(x,y)\cos[\Delta\Phi(x,y) + \alpha]\right\}$$
$$I_{B5}(x,y) = I_0(x,y)\left\{1 + v(x,y)\cos[\Delta\Phi(x,y) + 2\alpha]\right\}$$
$$I_A(x,y) = I_0(x,y)\left\{1 + v(x,y)\cos[\Delta\Phi(x,y) + \phi(x,y)]\right\}$$

其中 I_{B1} 至 I_{B5} 為變形前的五張光強圖，I_A 為變形後的光強圖。分別求取五組變形前後干涉圖之相關係數資訊，表示為下式：

$$\Gamma_1 = \frac{1 + \langle v^2 \rangle \cos(\phi - 2\alpha)}{1 + \langle v^2 \rangle} \tag{11.157}$$
$$\Gamma_2 = \frac{1 + \langle v^2 \rangle \cos(\phi - \alpha)}{1 + \langle v^2 \rangle}$$
$$\Gamma_3 = \frac{1 + \langle v^2 \rangle \cos\phi}{1 + \langle v^2 \rangle}$$
$$\Gamma_4 = \frac{1 + \langle v^2 \rangle \cos(\phi + \alpha)}{1 + \langle v^2 \rangle}$$
$$\Gamma_5 = \frac{1 + \langle v^2 \rangle \cos(\phi + 2\alpha)}{1 + \langle v^2 \rangle}$$

同理於五步相移法，運算後這五個方程式可簡化為

$$\cos\alpha = \frac{\Gamma_1 - \Gamma_5}{2(\Gamma_2 - \Gamma_4)}$$ (11.158)

$$\tan\phi = \frac{1 - \cos 2\alpha}{\sin\alpha} \times \frac{\Gamma_2 - \Gamma_4}{2\Gamma_3 - \Gamma_1 - \Gamma_5}$$

判斷 $\tan\phi$ 分子與分母的正負號，便可解出主幅角值 $\phi(x,y)$ 在 $[-\pi,\pi]$ 的範圍內，接著再配合相位重建法即可求出變形量。由於相關係數運算法 (direct correlation method) 能得到十分清晰的條紋圖，對相位重建品質的提升大有幫助，而五加一步相移法 ((5,1) phase shifting technology) 採用變形前相移五步的方式，可先在物體保持靜態時進行五步量測，變形後只需一張光強圖，故適合用在動態量測的範疇。

在影像處理的過程中，雜訊的引入會造成錯誤的判斷，並使處理的過程更為複雜且得到錯誤的結果。雜訊的來源很多且發生頻繁，實驗室環境的擾動及傳輸過程電子訊號的雜訊，都會對相位重建的影像處理過程造成嚴重的影響。任何一個像素點的光強只要有雜訊進入，就會使相位角值計算結果錯誤，繼而可能對不連續點造成錯誤的判斷而影響整張影像的計算。尤其是在使用全像干涉術與電子斑點干涉術來量測實際之複雜物體所產生之條紋圖中，因為這兩者使用散射光作為量測，所以經常帶有大量的斑點雜訊。目前已有許多影像處理的理論運用在消除雜訊上，但一般用於影像處理的濾波器若使用於相位圖上時，容易發生如圖 11.165 所示的問題，導致 2π 不連續點之轉折處被平滑化，造成資料精度的損失，使相位重建的判斷依據被破壞，故一般影像的濾波方法並不適合來處理光學干涉之相位圖。

消除干涉影像雜訊的方式主要可分為兩種：一是對每一張干涉條紋圖各別做濾波的動作，二是對相位圖做濾波的動作，而兩者的濾波方式則不盡相同。前者可使用一般影像的濾波器，將圖上的各點與其鄰近點之光強值做一平均動作，再將結果放置於原位置上，運算過程中每點的值皆為原始值。這樣的濾波方式能將雜訊的影響平均分散至周圍，但對每一張干涉條紋圖分別做濾波，而不考慮五步相移中每張條紋圖間彼此的相關性，並不是合

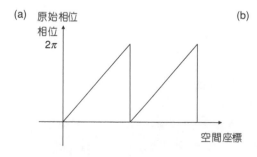

(a) 原始相位

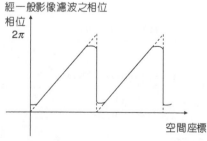

(b) 經一般影像濾波之相位

圖 11.165
原始相位與經影像濾波之相位比較圖。

理的做法。故本研究中採用中位數濾波法，對相移干涉中的五張條紋圖所計算得之相位圖進行濾波，其主要的工作方式為選出相位圖中的雜訊點並以一合理的值取代它，此方式不會降低量測結果的空間解析度，並可保留相位躍遷處的尖銳度，同時也移除了其間的雜訊。

　　經由相移法將干涉光強圖轉換所得的相位圖為不連續的相位，各點相位的主幅角值在介於 $-\pi$ 與 π 的範圍內，必須令其相對於起始參考點，將相位躍遷處連接起來，重建成連續的相位，此即為相位重建。傳統的步徑相依方法的相位重建如圖 11.166 所示，其基本想法是在量測得的相位圖上，以一固定點為起點，延著相位圖的某一路徑，累計相位值，逐點計算相臨兩點間的相角差 $\Delta\phi$，一發現有相位不連續處，則根據 $\Delta\phi$ 加減 2π。在理想的狀況下，整個相位圖最後可被完整的重建。但是在實際的實驗中，雜訊的處理常常決定了實驗的成敗，如圖 11.167 的處理結果，相位重建採路徑相依的演算法，最明顯的缺點是雜訊會經由積分的過程而傳播，而導致相位重建的失敗，如果在重建的過程中將雜訊區繞過去，則因為雜訊太多，會造成處理速度過慢，所以必須選擇與路徑無關的相位重建方法以因應需求。

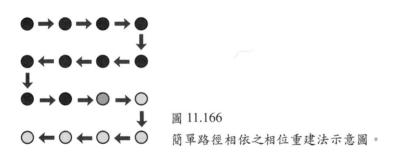

圖 11.166
簡單路徑相依之相位重建法示意圖。

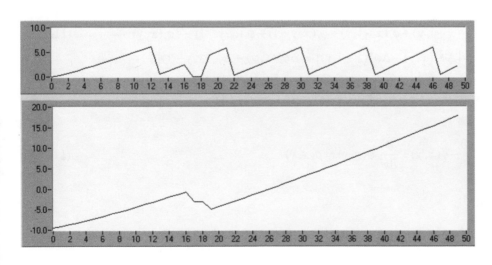

圖 11.167
簡單路徑相依
相位重建法之
缺陷圖。

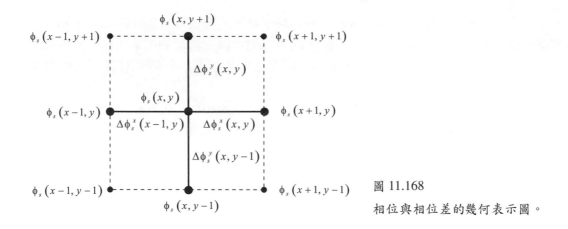

圖 11.168

相位與相位差的幾何表示圖。

　　在光學干涉量測實驗中，由電子照相機記錄下參考光和物光相互干涉的光強圖，再利用相移技術將光強資料轉換成相位差資料，所得的相位差圖即為物體的面外變形量所造成的物光相位角改變量 $\phi(x,y)$ 除以 2π 的餘數 (主幅角值)，以 $\phi_s(x,y)$ 表示之。若以 $\phi_s(x,y)$ 來表示 $M \times N$ 個樣本點的未知相位函數，以 $\Delta\phi_s^x(x,y)$、$\Delta\phi_s^y(x,y)$ 分別表兩軸的相位差資料，則如圖 11.168 所示，考慮所有與 (x,y) 相鄰的點，將會得到下列的關係式：

$$
\begin{aligned}
&\left[\phi_s(x+1,y)-\phi_s(x,y)\right]-\left[\phi_s(x,y)-\phi_s(x-1,y)\right] \\
&+\left[\phi_s(x,y+1)-\phi_s(x,y)\right]-\left[\phi_s(x,y)-\phi_s(x,y-1)\right] \\
&=\left[\Delta\phi_s^x(x,y)-\Delta\phi_s^x(x-1,y)\right]+\left[\Delta\phi_s^y(x,y)-\Delta\phi_s^y(x,y-1)\right]
\end{aligned}
\tag{11.159}
$$

可進一步改寫如下：

$$
\begin{aligned}
&\phi_s(x+1,y)+\phi_s(x-1,y)+\phi_s(x,y+1)+\phi_s(x,y-1)-4\phi_s(x,y) \\
&=\left[\Delta\phi_s^x(x,y)-\Delta\phi_s^x(x-1,y)\right]+\left[\Delta\phi_s^y(x,y)-\Delta\phi_s^y(x,y-1)\right]
\end{aligned}
\tag{11.160}
$$

檢驗圖 11.168 和式 (11.160)，發現式 (11.160) 可視為如 Poisson 方程式

$$
\frac{\partial^2}{\partial x^2}\phi(x,y)+\frac{\partial^2}{\partial y^2}\phi(x,y)=\rho(x,y)
\tag{11.161}
$$

的離散表示式，其中

$$
\rho(x,y)=\phi_s(x+1,y)+\phi_s(x-1,y)+\phi_s(x,y+1)+\phi_s(x,y-1)-4\phi_s(x,y)
\tag{11.162}
$$

這個觀察結果將相位重建所需的方法轉變成解一個偏微分方程式 (partial differential

equation, PDE)，於是我們便可利用數學上的轉換方法來解 PDE。考慮此系統處於穩態下，在邊界上無能量進出，故相位重建時，解此 PDE 所需的邊界條件可採用 Neumann boundary conditions（$\nabla \phi \cdot \mathbf{n} = \dfrac{\partial \phi}{\partial n} = 0$）。所需的邊界條件即為：

$$\Delta \phi_s^x(-1, y) = \Delta \phi_s^x(M-1, y) = 0 \qquad\qquad (11.163)$$
$$y = -1, 0, ..., N-1$$
$$\Delta \phi_s^y(x, -1) = \Delta \phi_s^y(x, N-1) = 0$$
$$x = -1, 0, ..., M-1$$

將相位差類比於 PDE 後，我們即可使用離散餘弦轉換法、離散傅立葉轉換法以及快速傅立葉轉換法等，以矩陣的方式進行相位重建。在此，要注意的是上述的演算法所適用的運算空間均為矩陣。在實際的實驗中，檢測的試件常有不規則的外形，試件之外的資料點並不需要加以計算，且應為零值，但往往在試件之外的資料點仍有非零的相位值，或是有明顯已知的雜訊在資料空間中，欲以人為方式將雜訊隔離。在這些情況下，便需要在運算的過程中對輸入資料給予權重後再進行相位重建。由於離散餘弦轉換法、離散傅立葉轉換法以及快速傅立葉轉換法的演算法在本質上均為全域性的演算法，將誤差平均分配至各個資料點，故不論是否事先將不要的資料點去除或保留，都將影響相位重建的正確性。但是若採用加權式迭代演算法，將試件的權重設為 1，試件外圍的權重設為 0，便可使相位重建的結果收斂至正確值。

11.7.5 實例量測及其結果

在此介紹以脈衝式電子斑點及全像干涉儀檢測磁碟機之碟片經一高重複性的壓電衝擊儀撞擊後，面外變形量測之光場架構及其結果。

脈衝式斑點面外變形的量測架構即如圖 11.161 所示，所使用的脈衝雷射為 Spectra Physics 之 PIV-400-15 Nd:YAG 雙共振腔脈衝雷射，可輸出兩偏極態恰為正交之脈衝；每一個脈衝 10 ns，足以量測 MHz 物體振動；單一脈衝可達 240 mJ，同調長度可達 2 m；脈衝間距時間可調範圍可達 100 ns 至 100 ms，故可量測波傳時間符合檢測的需求。在未變形前碟片靜止時，以五個脈衝雷射取五張加入適當相位調變參考光與物光所形成的電子斑點干涉的斑點圖成像在電子照相機上，以影像擷取卡捕捉這五張影像，存檔在電腦內。然後使用壓電衝擊儀撞擊碟片，在 Δt 時間後，以一雷射脈衝將碟片該瞬間的表面輪廓與參考面形成之斑點圖記錄存檔並改變 Δt，重複此步驟。最後使用相關係數演算法結合五加一步相移法進行相位主幅角之運算，再使用相位重建得到最終的變形圖。圖 11.169 即為在此架構下所拍得的相位主幅角圖，圖 11.170 為相位重建所得的變形結果，圖中每一張分別為撞擊後 45 μs、168 μs、336 μs 及 668 μs 所得圖像。

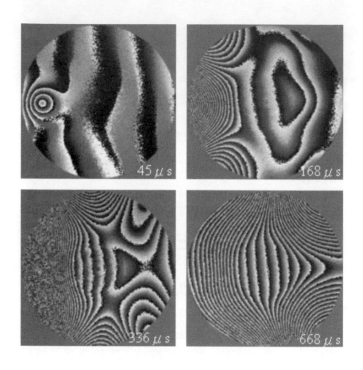

圖 11.169
脈衝式電子斑點實驗所得的相位主幅角圖。

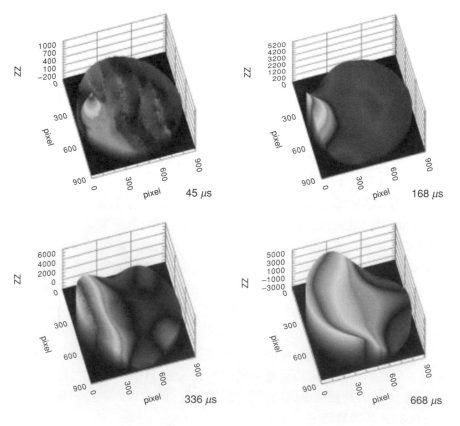

圖 11.170
脈衝式電子斑點實
驗所得的原始相位
重建變形圖。

為了縮短拍攝的時間取得即時量測的結果,全像干涉儀小選擇高能量的 Spectra Physics 之 PIV-400-15 Nd:YAG 雙共振腔脈衝雷射進行拍攝,拍攝實驗架構如圖 11.171 所示。雷射打出來後經過二分之一波板及偏極分光鏡做光強比例的調整,分光後分別再經過一個二分之一波板使兩道光有相同的偏極態,拍攝與重建為相同的光路,其中壓電平台為做五步相移時相位調變的機制。選擇的全像底片為杜邦公司所出的 Photopolymer HRF-700X285-20,不需經過濕式沖洗程序,拍攝完成之後直接以紫外光或可見光照射 100 mJ/cm^2 即可完成定影動作。此外,因為使用脈衝雷射,對於底片需用非同調光源經過預曝光的動作以提高感光度。圖 11.172 為受脈衝撞擊後拍攝所得的碟片干涉條紋,圖 11.173 為使用五步相移法計算出相位主幅角圖,圖 11.174 為得到主幅角圖後再使用相位重建技術得出的變形圖,圖中每一張分別為撞擊後 70 μs、110 μs、130 μs 及 190 μs 所得圖像。

11.7.6 脈衝式電子斑點和全像干涉儀的比較

脈衝式電子斑點和全像干涉儀都是用來進行物體表面的變形量測,在此將這二種方法做一比較。脈衝式電子斑點採用電子照相機直接擷取影像,不需要記錄介質,而全像干涉

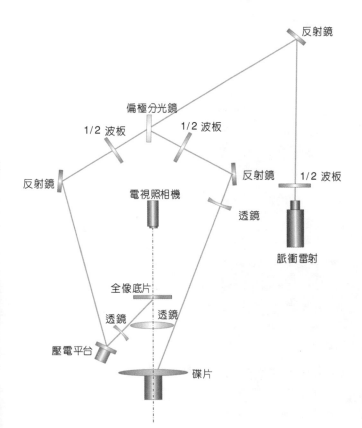

圖 11.171

全像干涉儀的實驗架構。

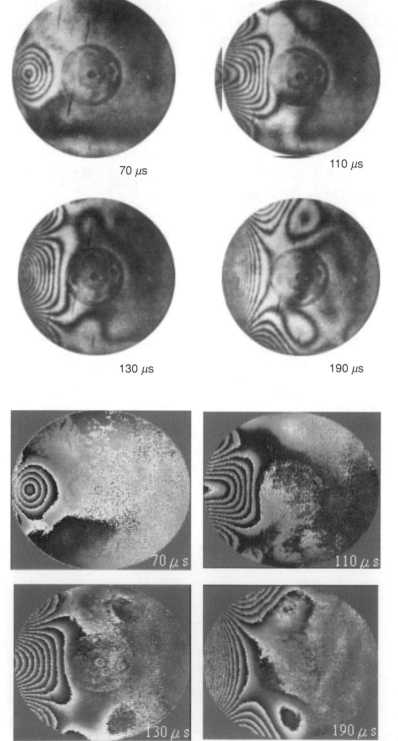

圖 11.172
全像干涉儀拍攝所得的干涉條
紋圖。

圖 11.173
全像干涉儀所得之相位主幅角
圖。

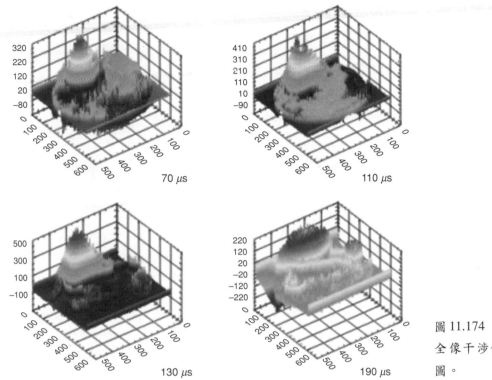

70 μs

110 μs

130 μs

190 μs

圖 11.174
全像干涉儀所得之變形
圖。

儀需要以全像底片記錄後再以電子照相機進行拍攝,所以脈衝式電子斑點的架構較全像干涉儀簡單。然而脈衝式電子斑點必須擷取變形前後的斑點圖做相加減才可得到干涉條紋圖,全像干涉儀可直接得到干涉條紋圖,所以脈衝式電子斑點在解相位及相位重建的處理計算較為複雜。

在影像的解析度方面,因脈衝式電子斑點及全像干涉儀均使用物體表面的散射光,故其所產生之條紋圖上都帶有大量斑點雜訊,但因電子斑點干涉術直接使用電子照相機記錄物體變形前後之空間頻率高的干涉斑點圖,而全像干涉術則是先使用解析度高的全像底片記錄了物體變形前後的相位,再以電子照相機記錄空間頻率較低的條紋圖,故全像干涉術所得到的條紋在清晰度及雜訊的避免上都有較佳的表現。

11.8 生物微系統檢測技術

由於世界各國極力投入生物科技的發展,使得生醫科技的分子檢測技術需求大幅增加。「眼見為憑」一直是科學進步的基石,在生物醫學上也有相同的歷史軌跡,顯微鏡的發明奠定生物體是由細胞組成的學說,電子顯微鏡的發明更進一步確立分子生物學的重要地

第 11.8 節作者為李舒昇小姐、黃念祖先生、陳逸文先生、李世光先生、林啟萬先生、薛順成先生及張憲彰先生。

位，我們當然相信具奈米等級解析度的量測技術，有朝一日可以更精確、更方便、更有效的協助我們以多維度的方式診斷與治療疾病。

生物分子的量測尺寸大小，所需的精度從奈米至次微米等級均有；而微機電製造技術經過多年的發展至今，已經從微米進展至深次微米，因此，微機電的量測技術經由適當的修改恰可配合生物微系統的檢測。這方面的檢測技術目前常見的有雷射掃描共焦顯微鏡、表面電漿子共振技術、干涉顯微鏡、橢圓偏光儀、光子穿隧顯微鏡、光學同調斷層掃描儀等。由於橢圓偏光儀的技術已經在 11.1 節中有詳細介紹，本節將就目前另外兩種生物微系統檢測領域最普遍的檢測技術：雷射掃描共焦顯微鏡 (laser confocal scanning microscope) 與表面電漿子共振技術加以介紹。

11.8.1 雷射掃描共焦顯微鏡

以顯微鏡的發展歷史來看，自從電子顯微鏡問世之後，由於其高解析度之特徵，因此其重要性可說是與日俱增。但由於電子顯微鏡存在著購置與維護成本過高和不易操縱等缺點，而光學顯微鏡對樣本具有非破壞性且無須在真空環境下使用的特性，再加上傳統光學顯微鏡可觀察生物樣本、活細胞及半導體材料等優點，因此傳統之光學顯微鏡仍然被廣泛地應用於各種不同的研究領域中。

即或如此，傳統光學顯微鏡相較於電子顯微鏡，仍存在著解析力低、對比力差及景深 (depth of field)[186] 等先天限制。共焦顯微鏡之發明可說局部解決了上述傳統光學顯微鏡所無法克服的問題，由於共焦顯微鏡可對樣本進行光學切片量測，進而突破光學顯微鏡之景深的限制。其基本原理為，當樣本 (sample) 位於焦平面 (focal plane) 時，經樣本表面之反射光會聚焦在針孔 (pinhole) 上；而當樣本離開聚焦的平面 (out of focus) 時，則會在針孔之前形成一個失焦點 (defocus spot)，此時，位於針孔後方的光檢測器 (photo detector) 所量測到的強度將大大地減弱。利用此性質，即可對試件進行非破壞性之切片觀測，進而完成樣本表面微幾何形貌 (microtopography) 之量測。易言之，共焦顯微鏡相對於傳統光學顯微鏡的優勢，就在於它有優越的橫向解析度 (lateral resolution)[187]，以及更淺的聚焦深度 (depth of focus)。因此共焦顯微鏡符合生物醫學領域檢測方法的基本需求：非接觸式 (non-contact)、非侵入式 (non-invasive)、高靈敏度 (high sensitivity)、大頻寬 (wide bandwidth) 與小量測體積 (small probe volume)，可重建出生物分子之三維立體影像。

在基因工程上[188]，共焦顯微鏡亦是一項重要的檢測工具，名為共焦雷射掃描器 (confocal laser scanner)，是微陣列生物晶片 (ELISA based micro-array biochip) 的重要檢測工具。目前微陣列生物晶片應用於基因序列檢測的技術已成熟，進一步的應用是把此一基因檢測的技術直接移植於蛋白質 (protein) 的檢測中。

傳統光學顯微鏡主要是採用非同調光源 (incoherent source) 照射樣本物體表面，再由物鏡 (objective) 將樣本上每點逐一於像平面上成像。物鏡所扮演的角色就是負責成像，而聚光鏡 (condenser) 則是於成像過程中控制空間同調性 (spatial coherence) 的程度，如圖 11.175

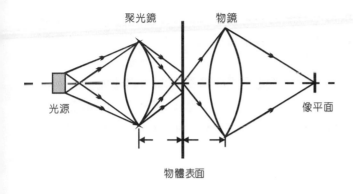

圖 11.175

傳統光學顯微鏡示意圖。

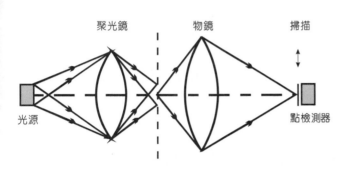

圖 11.176

掃描式點檢測器光學顯微鏡示意圖。

所示。傳統光學顯微鏡的成像亦可於像平面處採用掃描式點檢測器 (point detector)，逐一將樣本表面的資訊記錄下來，就形成所謂的掃描式點檢測器光學顯微鏡 (point-detector scanning microscope)，如圖 11.176 所示。

　　掃描的方式分為檢測器掃描 (detector scanning) 或相對於物鏡的樣本掃描 (object scanning)。前者利用視訊照相機 (television camera) 取得即時 (real time) 影像；後者則是利用機械式機構作掃描。

　　為了進一步了解共焦光學掃描式顯微鏡樣本表面於焦平面附近時所產生的位移與光感測器量測值兩者之間的定量關係，將利用傅氏光學 (Fourier optics) 二維成像理論加以分析[189]。

　　利用傅氏光學來考慮一個軸對稱、半徑為 a 的光瞳函數 $P(\rho)$，其方程式可以下式表示：

$$P(\rho) = \begin{cases} 1, & \rho \leq 1 \\ 0, & \rho > 1 \end{cases} \tag{11.164}$$

其中 $\rho = r/a$，r 是 (x,y) 平面的圓柱座標表示式。其點散佈函數 (point spread function) 可推導得出，如式(11.165) 所示：

$$h(v) = 2\int_0^1 P(\rho)J_0(v\rho)\rho d\rho \tag{11.165}$$

$$v = \frac{2\pi r_i \sin\alpha}{\lambda} \tag{11.166}$$

其中 J_0 為第一類貝索函數 (Bessel function)。方程式 (11.166) 中之 v 為無因次化徑向光學座標 (dimensionless radial optical coordinate)，相當於 (x_i, y_i) 像平面的徑向座標，$\sin\alpha$ 為數值孔徑 (numerical aperture)，而 r_i 為 (x_i, y_i) 的圓柱座標。

為了進一步了解於 (x_i, y_i) 平面軸向距離的變動對點散佈函數的影響，考慮偏焦的因素，以一個簡單的二次相位變數 $\exp(ju\rho^2/2)$ 併入先前式 (11.165) 的光瞳函數中，來模擬 d_i 距離發生改變時光場 $v_i(x_i, y_i)$ 所產生的變化。此時點散佈函數將變成式 (11.167) 所表示的情形：

$$h(u,v) = 2\int_0^1 P(\rho)\exp\left(\frac{1}{2}ju\rho^2\right)J_0(v\rho)\rho d\rho \tag{11.167}$$

$$u = \frac{8\pi}{\lambda}z\sin^2\left(\frac{\alpha}{2}\right) \tag{11.168}$$

方程式 (11.167) 中的 u 為無因次化徑向光學座標，以式 (11.168) 表示，相當於 z 軸的位置。在共焦成像 (confocal imaging) 中，光場由光源出發經樣本反射至光感測器的完整過程，可以圖 11.177 來表示整個光場的演化。其中點光源在 (x_0, y_0) 平面上，而光感測器在 (x_i, y_i) 平面上。亦即滿足式 (11.169)、式 (11.170) 所示。考慮雷射掃描共焦顯微鏡系統，以雷射光為光源則滿足同調成像 (coherent imaging) 關係，因此光感測器量測到的光強可以式 (11.171) 表示。以 $T(x,y)$ 來表示時，必須假設物體很薄。對穿透光學顯微鏡而言，$T(x,y)$ 表示振幅穿透率 (amplitude transmittance)；而對反射式光學顯微鏡 (reflected optical microscope) 而言，$T(x,y)$ 表示振幅反射率 (amplitude reflectivity)。

$$U(x_0, y_0) = \delta(x_1)\delta(y_1) \tag{11.169}$$

$$D(x_i, y_i) = \delta(x_i)\delta(y_i) \tag{11.170}$$

$$I = \left|(h_1 h_2)\otimes T\right|^2 \tag{11.171}$$

若以平面反射鏡 $T(x,y) = 1$ 代入此系統，且假設圖 11.177 中兩個透鏡完全相同，則光程 (optical path) 與脈衝響應必完全相同。代入式 (11.171) 中，加上式 (11.170) 中表示只量測到徑向座標原點的訊號，所以光感測器所接受到的光強 $I(u, v = 0)$ 應如式 (11.172) 所示。

$$I(u,0) = \left|\int_0^{2\pi}\int_0^1 P(\rho,\theta)(\rho,\pi-\theta)\exp(ju\rho^2)\rho d\rho d\theta\right|^2 \tag{11.172}$$

$$= \left|\int_0^1 \exp(ju\rho^2)\rho d\rho\right|^2$$

$$= \left[\frac{\sin(u/2)}{u/2}\right]^2$$

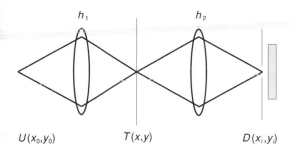

$U(x_0,y_0)$　　　　　　　$T(x,y)$　　　　　　　　　$D(x_i,y_i)$

圖 11.177　穿透式光學顯微鏡共焦成像光場演化示意圖。

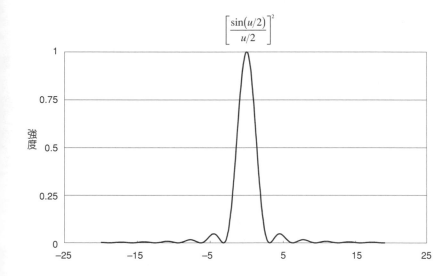

圖 11.178
軸向位置相對於光感測器之光強關係圖。

　　圖 11.178 乃是根據式 (11.172) 所繪出的結果，當光感測器軸向位置發生改變與量測到的光強變化關係圖。由圖 11.178 中可以發現當軸向位置一有微小變化，光感測器的量測值將會有明顯的變動。而光感測器位在共焦成像面時，光強為最大。此一結果即是共焦光學掃描式顯微鏡之幾何光學光路設計的基本理念。

　　以上的推導並未考慮針孔大小對共焦成像的影響，而是將針孔視為一理想的小點。實際上在共焦光學掃描式顯微鏡中，針孔置於光感測器前，其大小會直接影響量測到的反射光強，則間接地影響整個共焦光學掃描顯微鏡的解析度。考慮簡單的繞射理論中聚焦點大小為 $1.22\lambda f/D$，再以式 (11.172) 及圖 11.178 可以推算出目前常用的雷射共焦掃描顯微鏡架設中，使用 $40\times$、NA 值為 0.6 的物鏡，He-Ne 雷射為光源，針孔的孔徑大小約為 6.7 μm[190]。

　　至於觀測整個物體表面輪廓的能力，雷射共焦掃描顯微鏡可利用優越的切片觀察能力及較高的空間解析度，以及更短的焦深，達到將物體作切片 (optical sectioning) 逐步觀察的基本概念，如圖 11.179 所示。即樣本位於焦平面時，經樣本表面之反射光會聚焦在針孔上；而樣本離開聚焦的平面時，如圖 11.180 虛線所示，則會在針孔之前形成一個偏焦點

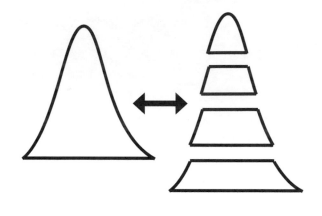

圖 11.179
共焦成像概念示意圖。

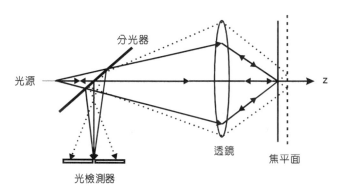

圖 11.180
共焦光學掃描式顯微鏡幾何光學光路示意圖。

(defocus spot)。此時，位於針孔後方的光感測器所量測到的強度將大大地減弱。一旦樣本表面離開聚焦的平面時，光感測器即無法量測到樣本表面之反射光強，所以可利用此一特性，逐層重建樣本表面的微幾何形貌，或者藉此特性產生較高的景深 (depth of field)。

在使用雷射掃描共焦顯微鏡時，除了是利用其對物體作切片 (optical sectioning) 逐步觀察得到待測物的三維影像之外，雷射光源另外一重要的用途是可以作為生化反應中螢光染劑的激發光源，故可以成為雷射螢光共焦掃描顯微鏡。圖 11.181 即為一目前商用的雷射掃描共焦顯微鏡。

11.8.2 表面電漿子共振技術

表面電漿子共振技術 (surface plasmon resonance, SPR) 是一種在許多學門中皆具應用性質之獨特的光學表面感測技術。表面電漿子共振技術可以用來偵測發生在感測器表面附近的折射率變化，因此任何發生在表面會改變折射率的物理現象皆可以透過表面電漿子共振技術量測出來。表面電漿子共振技術的應用涉及金屬薄膜之光學性質研究。表面電漿子共振技術已經發展成為一種應用在許多領域之多用途技術，其中包括：表面吸收、生物分子動能、生物感測技術、介電質液體測量[191]、氣體偵測[192]、免疫感測技術[193-196]、表面電漿子

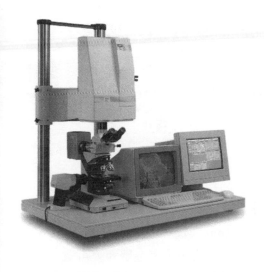

圖 11.181

目前商用的雷射掃描共軛顯微鏡。

共振技術顯微鏡[197]、折射率測量[198]、表面電漿子共振極化[199]，以及薄膜鑑定[200,201]。近年來
表面電漿子共振技術的發展已經朝向生物感應技術[202-205] 方面。由於表面電漿子共振技術具
有多元學門的本質，表面電漿子共振技術生化使用者從事研究時應具有充分的光學波導概
念、薄膜科學、光學偵測技術，以及生物反應等知識。

表面電漿子 (surface plasmon, SP) 是一種消散電磁波 (evanescent electromagnetic wave)，
引起表面電荷共振時，在金屬與介電質界面上有最大電場強度，在兩側之金屬與介電質中
電場強度則呈指數衰減。電漿子 (plasmon) 是表面電荷密度的振盪以表面電荷雲型態進行波
傳 (如圖 11.182 所示)，可以在金屬與介電質之界面上傳播，例如金屬與水之界面即可，此
二者之介電導電率 (dielectric permeability, ε) 具相反號，在紅外光至可見光之頻譜範圍內，
對金屬而言其介電常數為負值，水則為正值。金 (gold) 通常是最適合作為生物技術 SPR 測
量應用的金屬，因其不易與其他化學分子作用，光學特性及化學性質安定。

界面上表面電漿子波傳的行為和特性與周圍之聚積物質 (bulk material) 波傳現象不同，
分別以波傳向量來看，表面電漿子波傳向量與聚積物質波傳向量可以分別表示如下：

$$K_{sp} = K_0 \sqrt{\frac{(\varepsilon_m \varepsilon_b)}{(\varepsilon_m + \varepsilon_b)}} \tag{11.173}$$

$$K_b = K_0 \sqrt{\varepsilon_0} \tag{11.174}$$

其中 K_0 表示真空中波傳向量。

但是要達到表面電漿子共振模態必須滿足 $K_{sp} = K_b$ 的條件，也就是表面電漿子傳播向量
必須等於 bulk 電磁波傳向量。

但從式 (11.173) 與式 (11.174) 可以看出，若 $K_{sp} > K_b$ 要達到表面電漿子共振模態，常見
的架設方式有稜鏡耦合式 (prism coupler) 與光柵耦合式 (grating coupler)。

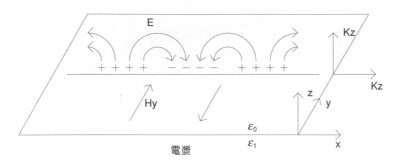

圖 11.182

金屬與介電質之表面波傳遞。

(1) 稜鏡 耦合式

稜鏡耦合式又可分為 (a) Otto 架構及 (b) Kretschmann 架構，如圖 11.183 所示。以 Kretschmann 稜鏡配置為例，一金屬薄膜附著在三稜鏡的一面上，或者金屬薄膜可置於一載玻片上，再將此載玻片與一折射率和流體匹配的三稜鏡緊密接合，則這金屬薄膜即形成載有生物分子樣本在上面的感應器表面。光線射進三稜鏡後，一部分進入金屬薄膜的電漿狀態，另外的部分則被反射出金屬薄膜而進入一個光學影像偵測器。偵測器感應到的光量變化即為金屬薄膜上的生物系統層改變所引起的，其改變不僅影響金屬薄膜上的生物系統之實際折射率，更造成金屬薄膜表面電漿子之數量狀態。因此藉由偵測器感應到光量變化可得知生物分子系統之變化。

(2) 光柵 耦合式

光柵耦合式是以光柵耦合方式將光束導引經過週期變化之金屬表面 (參見圖 11.184)，光子可以額外增加一動量，使相速度 (phase velocity) 減少而且可以與表面波相速度相當，使表面電荷與光束達到激發狀態。

從以上兩種方式可知，使入射光能進入表面電漿子共振模態可以視為表面波傳向量之匹配 (wave vector matching)，因此必須在有條件選擇下才會使入射光與表面電荷產生共振。

一般而言可改變許多參數以觀察 SPR 表面電荷與光束的激發情形，包括改變入射光入射角觀察反射光強、改變入射光波長觀察反射光強、改變樣本折射率觀察反射光強等方法。

改變入射光的入射角度稱為角度調制法，其以單色光為入射光，量測不同入射角情形下，所對應產生之反射率變化。理論上在最滿足波動耦合情況下，在其反射光強圖中會產生一極小值，稱為耦合角，如圖 11.185 所示。因此可藉由角度的調制得到一最小反射光強，此最小反射光強值就是因為入射光在界面上產生之表面電漿子的數量最多，導致入射光在金屬表面被吸收量最大，故此角度即產生表面電漿子共振之入射角；同時表面電漿子

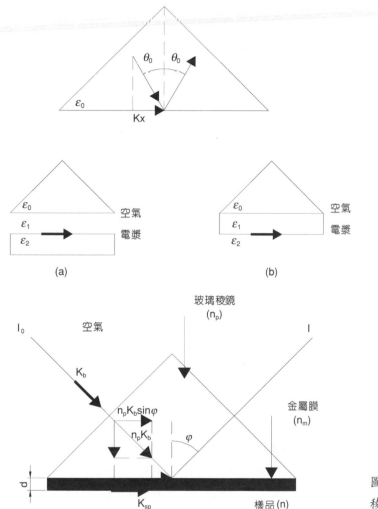

圖 11.183

稜鏡耦合式表面電漿子共振架構。

共振之耦合角與周圍介質的折射率有極大關係,所以另一方面也可藉由模型的建立來預測耦合角與介質折射率之相互關係。

　　改變入射光波長的方法為波長調制法,即量測在同一入射角時,變換不同的入射光波長,所得到的反射光強頻譜圖。同樣地在最滿足波動耦合情況下,在其反射光強頻譜圖中會產生一極小值,稱為耦合波長,因此可藉由波長的調制得到一最小反射光強,此波長即產生表面電漿子共振之波長。

　　同時當樣本之折射率改變時,可利用斯奈爾 (Snell) 表面電漿子共振模型來預測反射光的相位變化,如圖 11.186 即為在光波長為 633 nm、入射角為 55.3 度,且樣本折射率在水之折射率附近變化時,TM (transverse magnetic) 偏極光的反射光相角變化關係圖。

　　上述三種方式的優劣可參見表 11.5,其中波長和相位調制方法的反射光強度的解析度

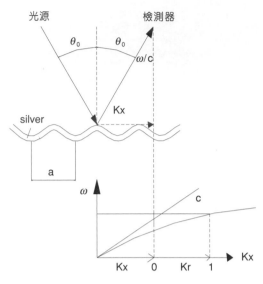

圖 11.184 光柵耦合式表面電漿子共振架構。

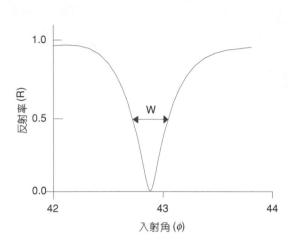

圖 11.185 波長固定且入射角度改變所對應極
小之反射光強。

大致相同,而相位調制方法的解析度大約為其 3 倍。但由圖 11.186 可知其動態範圍不大,故解析度雖然高,但較不適合應用於折射率變動大的情況下。因此先以波長或角度調制方法解出粗略的折射率後,再使用相位調制以求得精確的 SPR 表面電荷與光束的激發情形,應是較佳的選擇。

　　表面電漿子共振技術應用於生化反應量測主要是因為其靈敏度 (sensitivity) 高之故。以 Kretschmann 架構來看,稜鏡表面須鍍一層金薄膜,此薄膜厚度與使用之光波長和邊界上物質之光學常數有關。如果此層太厚,會使聚積物質波轉變為表面電漿子波之效率降低,如果太薄則此轉換速率變得非常快而無法看出其變化,因此降低靈敏度,所以在轉換效能與靈敏度之間須妥協取得一最佳狀態而決定一最適合之厚度。K_{sp} 隨著金屬薄膜表面附著生物分子增加而漸增,SPR 共振角度亦增加。SPR 技術對於光學厚度反應極為靈敏,可以達到 10^{-10} m 的解析度。

　　由上述原理觀之,SPR 感測技術對於金屬薄膜所連結之其他薄膜系統 (例如生物分子厚度) 之折射率變化相當敏感,這也是其量測方式可以使用在各個不同領域之原因。除此之

表 11.5 量測技術與計算出之表面電漿子共振折射係數解析度。

調變技術 (Modulation technique)	區域斜率 (Local slope)	儀器解析度 (Instrument resolution)	計算 RI 值之解析度 (Calculated RI resolution (σ_n))
角度 (Angle)	1.5×10^{-2} RI/°	1×10^{-2}°	1.5×10^{-6}
波長 (Wavelength)	1.8×10^{-4} RI/nm	0.01 nm	1.8×10^{-6}
相位 (Phase)	2.0×10^{-5} RI/°	2.5×10^{-2}°	0.5×10^{-6}

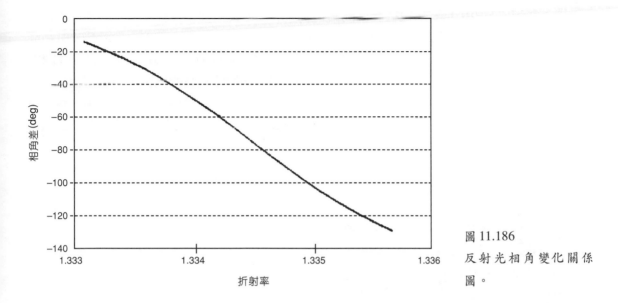

圖 11.186

反射光相角變化關係
圖。

外，SPR 感測器亦是少數不受光色散影響之量測方法，換言之，聚積樣本之改變所引起之類似色散效應皆不影響 SPR 感測器量測結果，主要原因是電漿取樣深度的關係。所謂的電漿取樣深度是指電漿所能達到的量測深度，此牽涉繁瑣的物理推導，在此不贅述，僅將電漿取樣深度與波長和介電常數之關係列於下式中

$$E \approx E_0 \exp\left[-(\lambda)^{-1}\sqrt{\frac{-\varepsilon_m^2}{\varepsilon_p + \varepsilon_s}}\right] \tag{11.175}$$

其中 ε_m 為介電常數金屬之實數部分，ε_p 為稜鏡之介電常數，ε_s 為試件之介電常數，λ 為激發光波之波長。當波長大幅度增加時，電漿取樣深度只小幅增加而已，取樣深度之範圍約在 200－300 nm 左右，相對於流體系統中流動細胞 (flow cell) 與晶片厚度之尺寸比較起來小很多。

　　當表面電漿子共振時，其反應僅來自於金屬表面鄰近區域一小塊體積，而且此區域面積還由光學系統特性來決定，例如有些架構使用聚焦系統可以得到較小的取樣面積，對大部分的稜鏡架構下其雷射激發表面電漿子時有效之量測面積大約為 1 mm²。

　　與許多其他之生物感測器一樣，SPR 技術是以量測折射率改變情形來推算其他生化反應之參數，因此在金薄膜表面固定一抗體，再經由流體系統將抗原注入，當抗原固定在抗體上時，表面電漿子共振技術就可以看出折射率的變化，此折射率的變化決定於晶片感測器表面所結合之生物分子層厚度，即為表面電漿子共振狀態之改變。

　　表面電漿子共振技術研究的貢獻目前已走出研究實驗室而邁向主流商業化的應用。例如，由於對於多功與高敏感性生物感測技術之需求，Biacore AB、Quantech、Texas

Instruments 以及 EBI Inc. 等已經發展商業化表面電漿子共振技術系統。每一個系統係設定在生物分子交互作用的即時分析。Pharmacia Biosensor AB 公司 (於 1996 年更名為 Biacore AB) 於 1990 年第一次將其研發產品成功推入市場,該量測設備即為 BIAcore。如圖 11.187 是以 SPR 為基礎的生化量測技術,其架構為 Kretschmann 三稜鏡的配置,可以用來監控生物分子的相互作用 (biomolecular interaction),此外也包括一套樣品自動處理的設備,可以進行生物分子固定 (biomolecular immobilization)、SPR 分析、生物晶片感測器之表面再生 (regeneration)。

圖 11.187
以表面電漿子共振技術為檢測基礎的 BIAcore
蛋白質晶片系統。

11.9 微流場檢測技術

11.9.1 簡介

　　傳統光學式流體量測技術中,雷射都卜勒流速儀 (laser Doppler anemometry/laser Doppler velocimeter, LDA/LDV,以下稱為 LDV) 一直是公認具有高精確度 (不確定度 U < 0.5 %)、單點高解析度 (Res. < 100 μm) 與大動態量測範圍 (10 mm/s – 400 m/s) 的一項儀器。舉凡汽車與航太工業的風洞試驗,以及學術研究上常遇到的紊流與多相流分析等問題,莫不是藉由 LDV 的協助來完成。然而,另一方面 LDV 僅能進行點量測的特性,卻也阻礙對暫態流場的研究,因此,1991 年 Adrian 首先發展粒子影像流速儀 (particle image velocimeter, PIV)[206],以二維全場量測彌補這方面的不足;該系統是利用雷射在空間上形成光頁 (light sheet) 的方式,來獲取二維平面的流速。兩者同樣選擇雷射作光源,以軌跡粒子產生訊號,因此共同繼承了光學非侵入式量測的優點。在工程上的應用,鑑於兩者擁有部分的同質性,因此近來往往在量測時,偏好同時使用,以相互驗證、互通資訊[207]。

　　隨著 MEMS 產業帶動生技、分析化學與機械等領域的快速發展,微小尺度的量測技術在近來也逐漸受到重視,但從微米流 (micro flow)、次微米流 (sub-micro flow),以至於最終的奈米流 (nano flow) 研究中,相關量測技術方面的發展腳步似乎仍顯不足,因此開發更有效的量測系統一直是研究者積極努力的目標。本節特別針對目前正新興發展的微粒子影像

第 11.9 節作者為莊漢聲、楊正財先生及羅裕龍先生。

流速儀 (micro-PIV) 與微都卜勒雷射流速儀 (micro-LDV) 兩套系統作介紹，又本並簡要敘述三維微流速儀架構，期望可以引領讀者深入瞭解微流檢測的世界。

11.9.2 相關文獻回顧

由於過去的努力，至今在微流檢測的議題上已逐漸累積大量的研究成果，其中光學的部分有雷射都卜勒式、干涉式與影像式等。前者在 1976 年由 Mishina 等人首度發展[208]，結合顯微鏡與雷射都卜勒技術應用在活體青蛙的微血管血流量測上，稱為 LDV 顯微術 (LDV microscopy)；1998 年 Kellam 以同樣的架構再加入 CCD 的動態影像顯示功能[209]，首度引進視訊量測與 LDV 並存的概念。2000 年時則有 Chuang 和 Lo 將上述技術應用在微通道 (micro channels) 內的流體行為研究[210]。近年來，Lo 和 Chuang[211] 發展新型雷射都卜勒外差式顯微鏡 (laser Doppler heterodyne microscope)，並應用於微流管流速的量測。另外，在實用性的考量上也有可攜式的小型 LDV 研發[212]，甚至近來更以半導體技術積體化 (integrated) 其探頭與資料處理部分而成為微型 LDV[213]。另外有一種採用光纖式干涉原理，稱為光學都卜勒斷層掃描儀 (optical Doppler tomography, ODT)[214] 的檢測系統，可以掃描的方式同時量測影像與速度，也逐漸應用在醫學臨床檢驗上，尤其對血管內部的病理研究貢獻良多。目前已有研究人員嘗試將其以 MEMS 技術整合成為晶片，以提升量測效率[215]。

在利用影像方式來進行量測的部分，早期的應用以生醫領域為主，其方式乃以 CCD 攝影機拍攝顯微鏡放大後的影像，再由目視數點的方式進行[216,217]。直到 1998 年 Santiago 等人以螢光顯微鏡 (epi-fluorescent microscope) 為平臺，搭配 PIV 技術形成 micro-PIV 系統後[218]，才開始以較精確的方法為影像量測定位。至於其他接觸式的微流量測方法，目前已知主要有電容式[219]、壓阻式[220] 與感溫式[221] 等多種，但部分使用時可能干擾流場，較不適用於流速解析，因此在本文中將不進一步討論。

下文介紹微雷射都卜勒流速儀 (micro-LDV) 與微粒子影像流速儀 (micro-PIV) 的基本量測原理，包括都卜勒頻率與流速的轉換、微粒的散射理論、影像間的交錯相關分析、PIV 的體積照明與量測解析度等，並據此做為稍後系統介紹的基礎。

11.9.3 微雷射都卜勒流速儀 (Micro-LDV) 量測原理

(1) 都卜勒頻率

如圖 11.188 所示，在 LDV 的系統中，當二道相同來源的雷射光束於同調長度內相互交錯時，會形成明暗相間的干涉現象，稱為「干涉條紋 (fringes)」，其條紋間距之計算可以表示為

$$\Delta X = \frac{\lambda}{2 \sin \frac{\alpha}{2}}$$

(11.176)

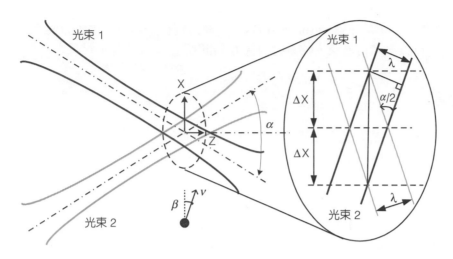

圖 11.188
雙光束雷射干涉之條
紋成像說明。

其中 α 是兩光束的夾角，λ 是入射光波長，而所形成條紋的區域則稱為量測體 (measurement volume)。當流體中之懸浮微粒 (aerosol/seedings) 隨流體以速度 v、夾角 β 通過此量測體時，由於條紋的影響而會造成明、暗規律的散射訊號，且散射光閃動頻率具有與流速成正比的關係，稱為都卜勒頻率 (Doppler frequency)，以公式表示可寫成

$$f = \frac{v\cos\beta}{\Delta X} = \frac{2v\cos\beta\sin\dfrac{\alpha}{2}}{\lambda} \tag{11.177}$$

再由公式 (11.177) 移項可得出被量測粒子的速度

$$V_{\text{LDV}} = v = \frac{f\cdot\lambda}{2\cos\beta\sin\dfrac{\alpha}{2}} \tag{11.178}$$

(2) 微粒子散射理論

　　應用上，LDV 是以偵測粒子散射的訊號作為量測依據，因此散射效率便成為一項影響量測品質的因素。通常依據粒子的尺寸效應 (size effect, $\chi = \pi d_p/\lambda$)，我們可概略區分其光散射模型座落在兩種區間上，當 $\chi \ll 1$ 時，稱為雷利散射 (Rayleigh scattering)；當 $\chi > 1$ 時，稱為麥氏散射 (Mie's scattering)。由於研究所用的粒子尺寸值大多數為 1 以上，因此，在此僅說明後者的產生原理。

　　假設粒子粒徑遠小於入射光波長，則粒子受激發時由於整顆粒子感受相同的電場，所以由粒子不同部位所發出的散射光都以同一相位發散出去，故不會互相干涉。然而當粒子粒徑逐漸增加時，散射光的強度也逐漸變化，此時粒子各部位所感受的入射光電場已不再是相同電場，使得各部位所發出之散射光的相位已不再是一致，因此各散射光之間將產生相互干涉的效應。若此時以不同的角度觀測此粒子，有些角度的散射光特別強，稱為建設性干涉；有些角度的散射光則顯得特別弱，稱為破壞性干涉。依麥氏於 1908 年所提出的公式計算正圓形單一粒子，其結果可得二互相垂直偏光面的散射光強度函數和散射角的關係為

$$i_1(\theta) = |S_1(\theta)|^2 = \left| \sum_{n=1}^{\infty} \frac{2n+1}{n(n+1)} \left[a_n \pi_n(\cos\theta) + b_n \tau_n(\cos\theta) \right] \right|^2 \tag{11.179}$$

$$i_2(\theta) = |S_2(\theta)|^2 = \left| \sum_{n=1}^{\infty} \frac{2n+1}{n(n+1)} \left[b_n \pi_n(\cos\theta) + a_n \tau_n(\cos\theta) \right] \right|^2 \tag{11.180}$$

其中 a_n 與 b_n 通稱麥氏係數 (Mie coefficient)，為 Riccati-Bessel 的函數式，π_n 與 τ_n 為角度函數 (angular function)，是 Legendre 的多項式，θ 則是二維平面上的散射角度，最後光強度分布的圖形大略如圖 11.189 所示。

基本上，光強度對角度的分布函數就麥氏理論來說非常複雜，無法由單一公式推導出單一的結論，但是大致的趨勢則是一致的，也就是說正向散射光強度通常非常強；相反地，逆向散射光強則會變得比較弱。

(3) 量測體尺寸估計

在系統由大尺寸的量測轉換到微小尺寸的研究時，解析度的提升是一項值得考量的因素。假設雷射光束直徑被等效聚焦到物鏡焦點，且焦點位置即為腰部位置，則此時我們可以根據其光徑、光波長、焦距與交角換算出量測體在空間上所佔的體積，由此便估計出

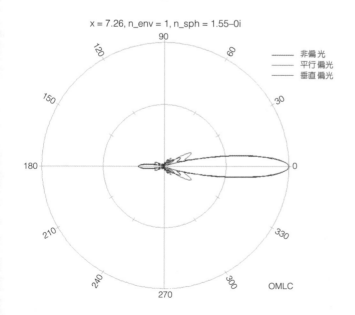

圖 11.189

麥式散射光強度沿角度的分布情形。粒徑 = 1 mm，粒子折射率 = 1.55，粒子密度 = 1.01 g/cm^3，入射波長 = 433 nm。

micro-LDV 的空間解析度，如公式 (11.181) 與 (11.182) 公式所示：

$$dx = \frac{4}{\pi} \frac{f \cdot \lambda}{D \cos(\alpha/2)} \tag{11.181}$$

$$dz = \frac{4}{\pi} \frac{f \cdot \lambda}{D \sin(\alpha/2)} \tag{11.182}$$

其中 f 為物鏡焦距，D 為入射光直徑，相關位置可對照圖 11.190。

11.9.4 微粒子影像流速儀 (Micro-PIV) 量測原理

(1) 交錯相關法

　　PIV 流速的計算方法如圖 11.191 所示，首先在二張拍攝時間間隔為 Δt 的二維粒子影像圖上，定義大小各為 d_1 與 d_2 的計算視窗 (interrogation window)，以強度函數表示為 $I_1(X)$ 與 $I_2(X)$ $(X = (x, y))$，利用交錯相關法 (cross correlation) 求出相對位移：

$$R(s) = \int I_1(X) I_2(X + s) \, dX \tag{11.183}$$

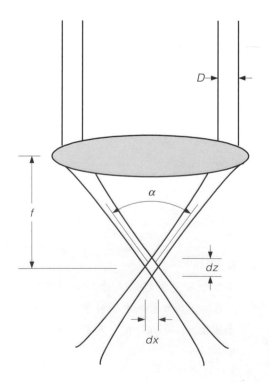

圖 11.190
光束經由物鏡聚焦後所形成量測體尺寸與各參數關係圖。

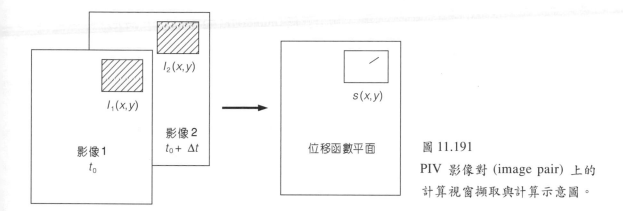

圖 11.191
PIV 影像對 (image pair) 上的
計算視窗擷取與計算示意圖。

其中 s 代表位移函數 $(\Delta x, \Delta y)$。將公式 (11.179) 展開得到下列三項:

$$R(s) = R_C(s) + R_D(s) + R_F(s) \tag{11.184}$$

其中 $R_C(s)$ 為與背景產生的相關值，$R_F(s)$ 為背景本身雜訊擾動，$R_D(s)$ 則為位移相關值。由於 $R_D(s)$ 在位移平面 (s) 上為一分布狀態函數，則該計算視窗內粒子的平均位移中心 $\Delta\overline{D}$ 可經由公式 (11.185) 求得:

$$\Delta\overline{D} = \frac{\int s R_D(s) ds}{R_D(s) ds} \tag{11.185}$$

再將位移除以時間間隔便可以導出平均速度為:

$$V_{\text{PIV}} = \frac{\Delta\overline{D}}{\Delta t} \tag{11.186}$$

重複以上步驟直到處理完影像畫面的全部計算視窗為止，最後即可得到二維流速向量圖。

(2) 體積照明

異於傳統 PIV 流速儀以柱狀透鏡形成光頁 (light sheet) 為量測面，在本系統中由於結合了顯微鏡的功能，因此是利用物鏡聚焦產生的聚焦深度 (depth of focus, DOF) 為量測面，通稱為體積照明 (volume illumination)，所以聚焦深度的長短便影響微小尺寸量測的能力。物鏡形成量測面的厚度可表示為[221]:

$$\Delta Z = \frac{3n\lambda_0}{\text{NA}^2} + \frac{2.16 d_p}{\tan\theta} + d_p \tag{11.187}$$

λ_0 為真空下激發螢光波長；NA 為物鏡之數值孔徑 (numerical aperture)；θ 為光入射角度，d_p 為粒徑。

(3) 量測解析度[225]

　　PIV 解析度的計算方式大致上是以每個像素為最小可解析的基本單位，再利用分析時的計算視窗尺寸與重疊比例調整，即可得到最佳的解析值。由圖 11.192 的圖示說明 ICCD 的實際可視範圍 (field of view) 若為 $W \times H$，且對應到 $P_W \times P_H$ 的點像素，則可得到像素比例單位為：

$$R_{\text{scale}} = \frac{W}{P_W} + \frac{H}{P_H} \ (\mu\text{m/pixel}) \tag{11.188}$$

而向量圖上的各點向量值，則是由不同計算視窗上的計算結果重疊後得到的。硬體上的比例尺決定後，此時便可再決定影響解析度的其他因素 (參考圖 11.193)，首先是分割影像的視窗大小，其尺寸通常為 32×32、64×64 或 128×128 等，採用小尺寸固然可以得到較佳的解析度，然而受到 Nyquist 定理 ($f_{\text{inst}} \geq f_{\text{sample}}$)、粒子數目 ($N_p > 10$) 與影像粒徑的限制，因此視情況而會有最佳的極限值產生。影像粒徑的算法於下一節將會有詳細介紹。一般來說，粒子的影像粒徑經由繞射後，皆會有一定程度的放大作用。此外，計算視窗重疊比例 (overlap percentage) 也可以用來調整解析度，然而需考量到流場型態是否為渦流或大速度梯度，若為該型態之流場則改變計算視窗尺寸效果較顯著。綜合以上的因素，點對點之間的解析度可表示為：

$$R = R_{\text{scale}} \times Window\_Size \times (1 - Overlap\_Percentage) \tag{11.189}$$

對邊界的解析度就交錯相關法來說則永遠需維持視窗尺寸一半的距離。

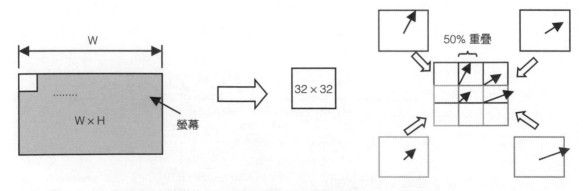

圖 11.192 PIV 運算時將螢幕資料分割成微小計算視窗與重疊比例示意圖。

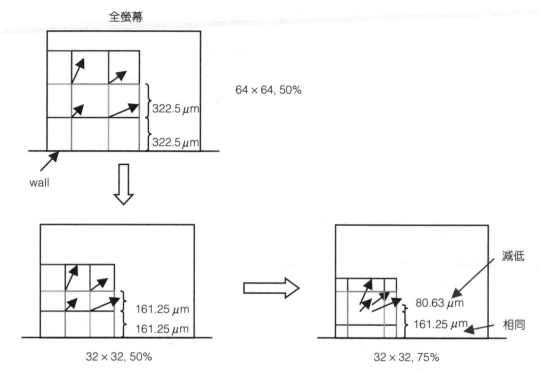

圖 11.193 不同的重疊比例與計算視窗大小影響速度解析度的情形。

11.9.5 Micro-LDV 與 Micro-PIV 系統簡介

　　由於設計上，Micro-LDV 與 Micro-PIV 兩者的系統有部分重疊的情形，因此為便於分類，本節將根據其運作模式做一共同介紹。兩套系統皆可被區分為三個項目，包括光路傳導、訊號處理與微流系統 (見圖 11.194 與圖 11.195)。設計考量係根據以上原理，茲描述如下。

(1) Micro-LDV/Micro-PIV 光路傳導

　　LDV 量測原理係利用同光源雙光束干涉後，產生的明暗條紋為粒子遮罩，因此在結合顯微鏡設計時，首先必須在顯微鏡主體外將雷射 (一般可使用紅光 633 nm、綠光 514.5 nm 或藍光 488 nm) 導引分為兩平行入射光，藉由物鏡聚焦在量測流體內，而後粒子散射光可再尋原路徑回到光電倍增管上，形成都卜勒訊號。在此，為配合整體光路設計可使用背向散射式 (backward scattering) 擷取光源，然而根據麥氏理論得知，該種方式的散射效率約只能達到前向散射式 (forward scattering) 的 1/3 以下的強度，因此為減少不必要的背景值影響，可在光偵測器前增設一針孔，以共焦方式 (confocal) 消除雜訊提高訊雜比 (SNR) (參考圖 11.196)。

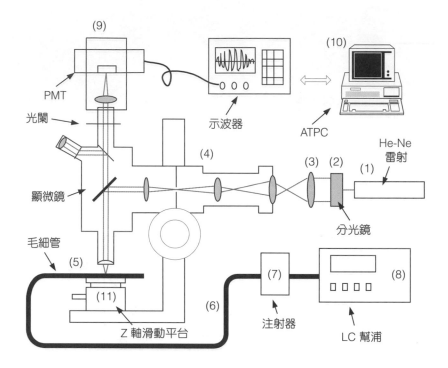

圖 11.194
微雷射都卜勒流速儀
架設示意圖。

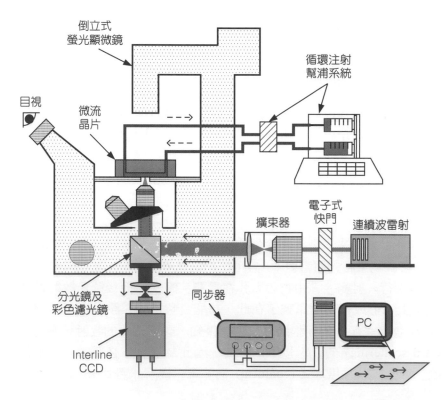

圖 11.195
微粒子影像流速儀架
設示意圖。

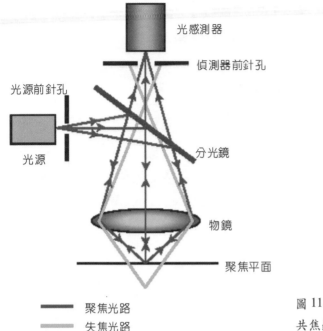

光感測器

偵測器前針孔

光源前針孔

光源

分光鏡

物鏡

聚焦平面

聚焦光路
失焦光路

圖 11.196
共焦顯微鏡運作原理。

在 micro-PIV 方面，是結合傳統 PIV 與顯微鏡主體，而形成整體微量測系統的一部分。一般光源上使用 532 nm 的綠光雷射為粒子螢光激發光源。光源調制機構可以採外部控制，也就是透過一組聲光調變器 (AOM) 來將連續波雷射 (CW laser) 轉換成脈衝式輸出。螢光微粒子 (541 nm/610 nm) 經激發後的散射光將做為 PIV 粒子顯像使用，同時為符合 Stoke's law，選用粒徑以小於 1 μm 為佳。為方便操作者有較大的工作空間，顯微鏡可採倒立式 (inverted microscope)，並且需配合螢光粒子的選用而採用不同的濾鏡組合。物鏡基本上必須在工作距離 WD 與放大倍率 M 上取得妥協，其考量點為 $WD > 500 \mu m$，$M > 40\times$ 為佳，景深則關係著解析度的良莠，宜事先評估 (參考公式 (11.187))。

(2) 訊號處理

在訊號產生方面，雖然同樣是由粒子作為顯示流體狀況的媒介，然而偵測到的訊號形式卻大不相同。LDV 偵測的是粒子的都卜勒拍頻，因此訊號呈現在時間序列上是一個又一個的高頻弦波擾動，由於微小而不易察覺，故必須佐以精密的光學元件校準以及高靈敏度的光偵測器方能得到訊號，在此常用的偵測儀器為光電倍增管 (photomultiplier tube, PMT) 或崩潰型光二極體 (avalanche photodiode, APD)。其他後端訊號處理，則以訊號擷取卡 (A/D card) 擷取原始訊號後加以處理。圖 11.194 所示的架構是無法判斷粒子的流動方向，為解決此問題，以光學外差式干涉儀為基礎的雷射都卜勒外差式顯微鏡 (laser Doppler heterodyne microscope) 已經發展完成，並在微管道中測量流體速度[211]。使用繞射光柵 (diffractive

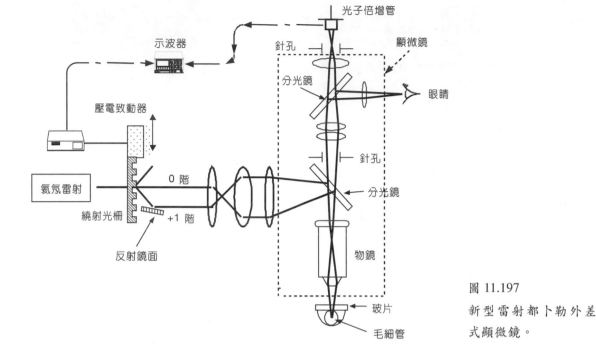

圖 11.197

新型雷射都卜勒外差
式顯微鏡。

grating) 的雷射都卜勒外差式顯微鏡，其基本光學架構如圖 11.197 所示；氦氖雷射光經過一
個穿透式的繞射光柵而產生繞射，其 +1 和 0 階的繞射光由物鏡的聚焦作用而在量測區域中
形成干涉條紋。+1 階的繞射光透過壓電致動器 (PZT) 做正弦曲線的前後移動而調變，因
此，干涉條紋會形成非標準式外差調變訊號，利用新式合成外差訊號演算法 (new synthetic
heterodyne algorithm)[211] 可進一步地將非標準式轉換成標準式。最後，經過數位訊號後處理
中的快速傅立葉轉換 (fast Fourier transform, FFT)、帶寬濾波器、反快速傅立葉轉換 (inverse
fast Fourier transform, IFFT) 和反正切函數演算法來解調變出光相位漂移訊號，進而解析出
流體速度。

　　至於 PIV 系統的量測則是以影像為基礎，因此影像擷取的品質便攸關計算結果的正確
性。解析度除了取決於物鏡倍率，還包含影像上的觀測粒徑 d_e，其估計方式為[206]

$$d_e = (M^2 d_p^2 + d_s^2)^{1/2} \tag{11.190}$$

$$d_s = 2.44(1+M)f^\# \lambda$$

其中 M 為物鏡放大倍率，d_p 為粒徑，$f^\# = EFL/D_{\text{Lens}}$，$EFL$ 為有效焦距，D_{Lens} 為透鏡直徑，λ
為散射光波長。再將投影在 CCD 感光晶片上的大小除以每一個感光單位的實際大小，求出
像素數目，即可得出最後在螢幕上的影像粒徑 d_{img}：

$$d_{\text{img}} = \psi \left(\frac{d_e}{pixel\_size} \right) \tag{11.191}$$

其中 ψ 代表螢幕上單位像素的尺寸。CCD 的選取則為配合流速量測，而必須具備高速擷取或雙重拍攝的條件，解析度則愈高愈好。光源部分與影像擷取部分的同步控制與時間區隔，必須透過一具高頻、多通道的同步裝置來達成。

(3) 微流體系統

　　驅動微流體的方式有多種，包含電壓式、壓差式、自流式與推拉式等，而其中又依需求不同而有不同的選用。一般無特殊要求的情形下，以幫浦驅動或針筒注射的方式即可達到要求。而此部分重點即在於微流道晶片的設計，預計會影響流體表現的因素包括：流道壁面的親、疏水性、流道的幾何形狀、特徵尺寸、製程技術、工作流體與壓力溫度等。設計上必須搭配光學部分的要求來進行，才能得到比較理想的量測結果。其中由 Flockhart 及 Yang 的實驗結果曾預測當特徵尺寸落在微米的範圍時[223]，我們仍可以那維爾－史托克 (Navier-Stokes) 方程式來解釋流體現象。在此，亦可引用普遍應用於氣體的紐森數 (Knudsen number) 來評估各種統御方程式對流場分析適用性：

$$Kn = \frac{MFP}{L} \tag{11.192}$$

其中 MFP 代表粒子平均自由徑，L 代表特徵長度，參考圖 11.198。假設水分子平均尺寸為 3.7 Å，密度為 1 g/cm^3，$L = 50\ \mu m$，則 MFP 約為 3.1 nm，所以 $Kn = 6.21 \times 10^{-5}$，仍落在連體的範圍內，藉此可以判斷目前應用的統御方程式應為有效。

11.9.6 微流量測應用

　　微流元件當中，微閥、微幫浦、微噴嘴與微流道幾乎佔了大宗，不同的元件幾何形狀設計都勢必對流場形成關鍵性的影響；而有效的設計對於微流體的穩定、混合或分離等現象將會是助益或阻力，更是值得深入探討。

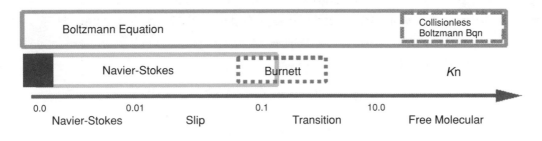

圖 11.198 不同紐森數與其對應統御方程式一覽。

　　以新型雷射都卜勒外差式顯微鏡來量測微流管內單點的流體速度為例，圖 11.199 顯示所解調出的相位漂移訊號和未經處理的都卜勒訊號。其解調出的相位漂移和計算條紋數的相位漂移有良好的一致性。因此，利用新型調變與解調變原理，此技術已可判斷微粒子在微流管內的流動方向。

　　以微粒子影像流速儀為檢測實例，介紹數種常用的微流道，包括直管、彎管、突擴／縮管、分流管等之研究成果，量測條件如表 11.6。我們可以得到相關的量測資訊，如圖 11.200 至圖 11.203 所示，並以之與 CFD 數值模擬相互比對驗證其正確性。實驗歸納在微流的情況下觀察到的幾項結果：

(1) 在實驗中的微流條件下 ($Re < 0.1$)，所有流道並無分離流產生。然而針對突擴／縮管的一

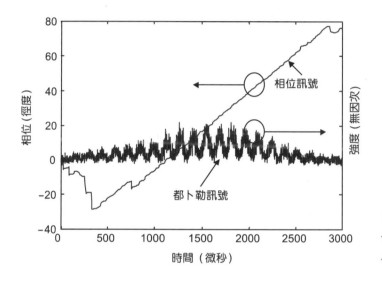

圖 11.199

新型雷射都卜勒外差式顯微鏡的相位漂移解調變與都卜勒訊號。

表 11.6 微流晶片量測條件。

項目	內容	備註
微流道尺寸	$(100-300)\ \mu m \times 60\ \mu m$	
工作流體	去離子水	
體積流率	$(0.1-0.5)\ \mu L/min$	
螢光微粒	$\phi = 0.2\ \mu m$、541/590 nm	Polymer
雷射光源	532 nm、連續波雷射	DPSS
物鏡	15 ×	
計算視窗	64 × 128 像素	
時間間隔	54 ms	
計算方式	交錯相關法	

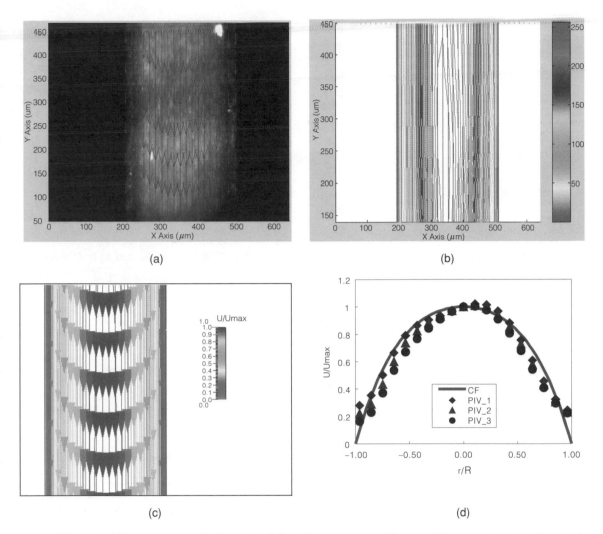

圖 11.200　管徑 100 μm 的方形直管，流率 0.5 $\mu L/min$，距入口 10 mm。(a) 以粒子圖為背景的速度
　　　　　向量場；(b) 等速度與流線圖；(c) CFD 模擬速度場結果；(d) CFD 與實驗值比較圖，實
　　　　　線代表預測值，點則代表實驗值。

　　項觀察中發現，當 Re = 33.3 －41.7 的時候，在角落即會逐漸形成渦流。

(2) 全展流所需入口長度很短，根據實驗與數值模擬比對的結果，最長約需要 900 μm 以
　　下。

(3) 擴散作用在目前尺寸下並不明顯，因此粒子若非均勻送入流道中，將可能產生「帶狀」
　　流動現象，也就是流層之間不互相影響。

(4) 藉由 CFD 與實驗值的比對過程，可以測試數值模擬微流體行為的效果，並依偏差量帶入
　　修正參數後，可以據此作為往後更複雜微流道流體模擬的先備條件。

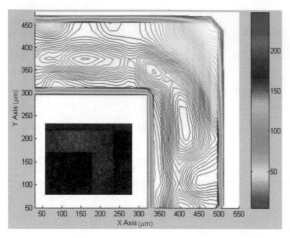

圖 11.201　管徑 150 mm 的方形彎管，流率 0.1
　　　　　mL/min 等速度圖。

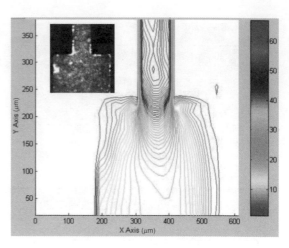

圖 11.202　管徑 100→300 mm 的方形彎管，流
　　　　　率 0.1 mL/min 等速度圖。

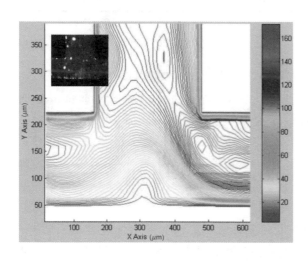

圖 11.203
管徑 200→150/150 μm 的方形彎管，流率 0.1
μL/min 等速度圖。

11.9.7 三維微流量測系統

　　現今國內外發展的微流量測系統雖然廣泛，但就算被視為最具潛力的流速量測裝置之
一── micro-PIV 也僅能達到 2D2C (D：dimension，C：component) 的二維量測，對於較複雜
的流場並無解析能力。近來有人提出光學都卜勒斷層掃描儀 (optical Doppler tomography,
ODT)[214,215] 與前向散射式粒子影像流速儀 (forward scattering particle image velocimetry,
FSPIV)[224] 的新系統希望突破這項限制，卻也僅能達到 1D3C 與 2D3C 的地步。有鑑於此，
工研院量測中心引進體積全像術的概念，配合相位多工的方法，可在同一片光折變儲存媒
體內，暫存高達 5000 張以上的立體影像資料[225]，達成 3D3C 的量測目的，可符合未來檢測
的需求。

　　其方法如圖 11.204 所示，係利用一同調性良好的脈衝雷射，經擴束後分光以做為全像術記錄的光源；低倍率顯微鏡物鏡負責將流體三維暫態影像放大，並導引到光折變媒體成為物件光 (subject beam)；相位調變裝置 (phase modulator) 則控制通過的參考光相位變化，可達到多工與加密的目的。光折變媒體匯集二道物件光與參考光在媒體內干涉，利用本身折射率改變暫存影像。量測結束後，由 CCD 攝影機以掃描的方式將立體影像一頁一頁地由暫態資料轉換到數位格式記錄裝置內 (如硬碟機)；在此，CCD 的掃描動作是透過精密位移平臺來控制，其最小位移量由 CCD 聚焦面厚度所決定。最後階段的處理程序則是透過高效能終端機，將同時分頁的影像進行所謂「簡潔交錯相關 (concise cross correlation, CCC)」的計算後，便可得到 3D3C 的立體微流場向量圖，達成三維微流檢測的目的。

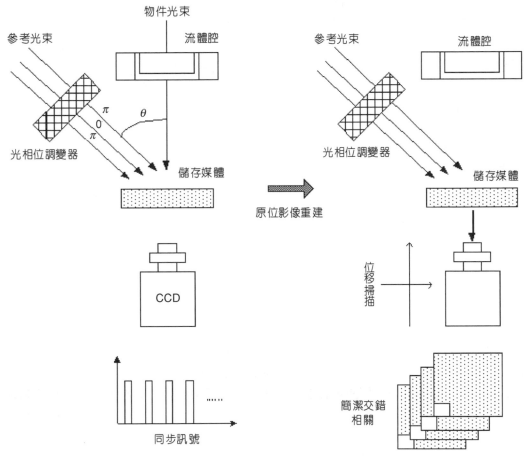

圖11.204 微流速儀操作原理。

11.9.8 結語

　　基本上，與傳統流場比較起來，微小流場由於涉及到尺寸的急遽縮減，因此首先面臨到的問題便是尋找適當的量測工具不易，以致量測的困難度提升；此外在微觀下，流場特性的改變也成為一項值得探討的課題。目前雖然有多種以 MEMS 技術開發的微流感測元件可供在微流道內直接量取概括性的流量或速度等參數，譬如電容式、壓阻式或熱感式等，也有本文中所介紹的 micro-LDV 與 micro-PIV 等光學式量測設備，然而誠如先前所提到，即時性、非干擾性、三維全場與高精確度的系統才是最終在微流場應用的主流，因此依量測環境所需選擇適當的量測工具才能收事半功倍之效。

　　另外值得一提的是，除了目前發展檢測儀器對微／奈米流體扮演重要的角色外，針對微流元件標準尺度的建立與相對應儀器追溯校正程序的開發，也是在積極投入該領域時不容忽略的一環，因為唯有良好的驗證才能有高品質的量測結果。

　　總括來說，可以確信的是乘著這一波全球高科技主義領導的趨勢風，微／奈米級流體檢測技術將迅速發展其應用領域。本文僅以微雷射都卜勒流速儀與微粒子影像流速儀兩套系統做粗淺之介紹，期望能提供更多有心人士在投身該領域前一項有用的參考。

11.10 可靠性檢測技術

11.10.1 簡介

　　MEMS 產品在許多領域開啟了嶄新的應用，如：航太、汽車、生醫、流體、軍事、光通訊、無線通訊、民生及許多其他領域。在實際應用時，MEMS 產品是否可靠，是一個相當重要的問題，尤其是用於關鍵的元件或模組時。MEMS 產品通常是電路與微機械之組合，因此其可靠性不但需考慮此兩方面，而且更因其含多種材料、多重界面及互相作用而相當複雜化。IC 電路之失效機構已被研究得相當清楚，甚且可以相當準確地預測其在特定環境下之性能。相反的，現今對 MEMS 產品的失效機構尚未充分瞭解 (就如 30 年前之 IC 技術一般)，尚需對其失效模式之基本物理多所研究，才可對任一 MEMS 設計作最終失效之預測。

　　MEMS 產品一般可分為四類，以了解其失效模式 (failure mode) 及發展品質測試 (qualification) 技術[227]。第一類是不含運動部分者，如加速度計、壓力感測器、噴墨頭或應變規等；第二類是含運動部分但並不含摩擦或碰撞表面者，如陀螺儀、梳狀致動器、共振器或濾波器等；第三類是含運動部分且含碰撞表面者，如德州儀器之數位微鏡面元件 (digital micromirror device, DMD)、繼電器 (relay)、閥或幫浦等；第四類則是含運動部分、摩擦及碰撞表面者，如光開關、開閉器 (shutter)、閘門 (lock) 或鑑別器 (discriminator) 等。有這些分類，也表示適用於某一 MEMS 元件之設計並不一定適合於其他 MEMS 元件。

第 11.10 節作者為彭成鑑先生、林澤勝先生、張忠恕先生及邢泰剛先生。

可靠性往往是決定 MEMS 元件商業化、關鍵應用之重要因素。而以往對巨觀層級之假設，並不一定適用於微觀層級。在巨觀層級可以忽略的因素，可能在微觀層級顯得非常重要。若忽略這些對微觀層級重要的因素，MEMS 元件可能無法使用，甚且在製造完成初時就損壞了。

在 MEMS 產品推出上市之前，產品環境測試與可靠性試驗 (reliability test) 是必須經過的路程。藉由產品之環境測試與可靠性試驗，可以先期發現產品在設計階段或是製造階段上可能的弱點，早一步在設計階段上對可能的產品失效做修正預防，以達到提升產品品質之目的。另一方面，知道產品之可靠性，可以了解產品未來在被大量使用時，經過一段時間使用後可能失效的數目，對產品定價、保固期限及售後服務等均可據以參考訂定。

在現今對 MEMS 元件之失效模式尚未有很多了解、缺乏大量資料庫及對可靠度尚未完全明瞭之下，對 MEMS 元件進行大量生產前之可靠度工程試驗方法，大都參考 IC 技術之可靠度工程及目前為止商業化 MEMS 元件的可靠度工程經驗，邊製作邊修改設計，以達商業化之目標。這種做法當然費時又成本高，但是快速又經濟之作法則有賴對基本之失效模式完全了解才可做到。

本節首先以工業技術研究院工業材料研究所之壓阻式微壓力感測器 (piezoresistive type pressure sensor) 的可靠度工程試驗 (reliability engineering test) 作法為例作一簡單介紹。之後並對最近文獻上 MEMS 元件可靠性研究之進展作一整理，以供參考。

11.10.2 可靠度工程試驗方法

11.10.2.1 理論背景[228-231]

1952 年美國國防部顧問小組 (AGREE) 賦予可靠度之定義為：「物品於既定的時間內，在特定的使用 (環境) 條件下，執行特定功能或性能，圓滿達成任務的機率」。因而討論可靠度時，是針對討論的對象 (產品或物品)，探討其功能、條件、時間和機率 (或能力) 四個要素。功能 (function) 是物品／產品開發製造最主要的目的。一般所指的故障或失效 (failure) 是指物品喪失功能的狀態。時間則是由物品或系統的生命週期來決定。條件一般指使用此項產品時之環境及工作條件。機率或能力為表示產品可靠度的整體指標，一般以成功或存活機率、平均失效間隔時間 (mean time between failure, MTBF, θ)、可靠度係數 (reliability index) 或失效率 (failure rate, λ) 來表示[228]。對於系統及單次動能裝備，一般多以成功機率或存活機率作為可靠度的衡量指標，裝備及單機層次以平均失效間隔時間 (MTBF) 表示居多，零組件層次則以失效率為多。

美軍對於已建可靠度 (established reliability, ER) 的被動電氣零件的各種失效水準分級，以每 1000 小時的百分失效率 (% fr/1000 h) 為單位，如表 11.7 所示。

在討論可靠度問題時，常以 $F_T(t)$ 表示失效之累積分布函數，亦即產品操作使用時間累

表 11.7 被動零件等級及其相對失效率 (美軍標準 MIL-STD-690C)。

等級代號	失效率 (% fr/1000 h)
L	2.0
M	1.0
P	0.1
R	0.01
S	0.001
T	0.0001

積到 t 時，失效數目相對於全體總數之比率，因此亦稱為失效機率函數 (failure probability function)。

$$F_T(t) = \int_0^1 f_T(\xi)d\xi \tag{11.193}$$

其中，$f_T(\xi)$ 為任一時間的失效密度函數。可靠度函數 (reliability function) $R(t)$ 為：

$$R(t) = 1 - F_T(t) = 1 - \int_0^1 f_T(\xi)d\xi \tag{11.194}$$
$$= \int_t^\infty f_T(\xi)d\xi$$

失效率函數 (failure rate function, $h(t)$) 為在總數為 N_0 的物品中，存活到時間 t 時的數目 $N_s(t)$，與在從 t 到 $(t + \delta t)$ 之間，單位時間 (δt) 內發生失效的產品數目 $N_f(t)$ 之間的比率，其中 $N_s(t) = N_0(1 - F_T(t)) = N_0 R(t)$。其與 $f_T(t)$ 及 $R(t)$ 之間的關係為：

$$h(t) = \frac{f_T(t)}{R(t)} = -\frac{d \ln R(t)}{dt} \tag{11.195}$$

若產品的壽命呈指數分布，其失效率函數是常數，即 $h(t) = \lambda$，則平均失效時間或平均壽命 $\bar{t}$ 為：

$$\bar{t} = \int_0^\infty R(t)dt = \int_0^\infty e^{-\lambda t}dt = \frac{1}{\lambda}\int e^{-\lambda t}d(\lambda t) = \frac{1}{\lambda} = \theta \tag{11.196}$$

即失效率與平均失效時間互為倒數。這是只有在失效時間為指數分布 (exponential distribution) 時，才有這種簡單的關係。由 $h(t) = \lambda$，可得：

$$f_T(t) = \lambda \exp(-\lambda t) \tag{11.197}$$

$$F_T(t) = \int_0^\infty f_T(t)dt = 1 - \exp(-\lambda t)$$

$$R(t) = 1 - F_T(t) = \exp(-\lambda t)$$

對於使用的零件大多是標準化或已經發展成熟的電子裝備而言，指數分布是可靠度分析最常使用的模型，其主要假設為物品失效現象遵循波松過程 (Poisson process)，即：

(1) 每一時段 δt 內只發生一次失效。

(2) 每一時段 δt 內所發生的失效次數與以前發生的無關。

(3) 在任一時段 δt 內，發生一次失效的機率與 δt 成正比，且其比例常數為 λ。

廣義的可靠度試驗方法包括性能試驗 (在標準的環境條件、固定時間和使用條件下，測定產品的能力)、環境試驗 (固定時間與性能，尋求環境條件對產品的影響) 及壽命試驗 (固定性能與環境，尋求時間對物品的影響)。狹義的可靠度試驗單指壽命試驗，壽命試驗又稱為耐久性試驗 (durability test)。

美軍標準 MIL-HDBK-781 將可靠度抽樣計畫的種類根據抽樣決策之特性與應用時機，區分為固定長度單次抽樣檢定、逐次抽樣檢定與全數生產可靠度接收抽樣檢定等三類。對平均失效時間或平均壽命抽樣檢定而言，一般分為固定長度單次抽樣計畫、定數截尾壽命試驗抽樣方法與定時截尾壽命試驗抽樣方案三種。其中，定時截尾壽命試驗抽樣方案為從一批產品中任取 n 個樣品進行壽命試驗，試驗到事先規定的截止時間 t 停止，如在 $(0, t)$ 內的失效次數共為 r 個，c 為允許失效數，則檢定規則為：(1) $r \le c$，認為產品合格，允收該批產品；(2) $r > c$，認為產品不合格，拒收該批產品。

在壽命分布參數為 λ 的指數分布的前題下，即：

$$F_T(t) = 1 - \exp(-\lambda t) \tag{11.198}$$

$$= 1 - \exp\left(-\frac{t}{\theta}\right)$$

式中 $\theta = 1/\lambda$ 為產品的平均壽命。則 n 個產品在 $(0, t)$ 內出現失效或故障的次數 r 服從或近似服從參數為 nt/θ 的波松分布，因此固定試驗時間截尾壽命試驗下，平均壽命抽樣方案的允收機率為：

$$L(\theta) = \Pr\{r \le c; \theta\} = \sum_{r=0}^c \frac{(nt/\theta)}{r!} \exp\left(-\frac{nt}{\theta}\right) \tag{11.199}$$

$$= \int_{2nt/\theta}^\infty f(\chi^2; 2c + 2)dx^2$$

其中 $f(\chi^2; 2c + 2)$ 是自由度為 $2c + 2$ 的 χ^2 分布的機率密度函數。

在有更換情況下，設 $nt = T$，T 為總試驗時間，則有：

$$L(\theta) = \sum \frac{(T/\theta)^r}{r!} \exp\left(-\frac{T}{\theta}\right) \tag{11.200}$$

對於給定的兩類風險 α、β 及允收平均壽命 θ_0、極限平均壽命 θ_1，可建立下列方程式組：

$$L(\theta_0) = \Pr\{r \le c; \theta_0\} = \sum_{r=0}^{c} \frac{(nt/\theta_0)^r}{r!} \exp\left(-\frac{nt}{\theta}\right) \tag{11.201}$$

$$= \int_{2nt/\theta}^{\infty} f(\chi^2; 2c+2) dx^2 = 1 - \alpha$$

$$L(\theta_1) = \Pr\{r \le c; \theta_1\} = \sum_{r=0}^{c} \frac{(nt/\theta_0)^r}{r!} \exp\left(-\frac{nt}{\theta_1}\right)$$

$$= \int_{2nt/\theta_1}^{\infty} f(\chi^2; 2c+2) dx^2 = \beta$$

其中，

θ_0：MTBF 檢定上限，當物品的 MTBF 真值等於或小於此一數值時，有很高的機率 $(1 - \alpha)$ 判定為合格可以允收，因此又稱為可靠度允收水準 (acceptable reliability level, ARL)。

θ_1：MTBF 檢定下限，當物品的 MTBF 真值等於或大於此一數值時，有很高的機率 $(1 - \beta)$ 判定為不合格必須拒收，因此又稱為可靠度拒收水準。

α：生產者冒險值 (風險)，當物品的 MTBF 真值等於 θ_0 而被判定為拒收的機率，當 MTBF 真值高於 θ_0 卻被拒收的機率小於 α。亦稱為 Type I error：當原始假設本身是正確的，因為樣本數據中存在著偶然的差異，以致於否定了正確的原始假設，導致生產者發生損失。

β：使用者冒險值 (風險)，當物品的 MTBF 真值等於 θ_1 而被判定為允收的機率，當 MTBF 真值低於 θ_1 卻被接收的機率小於 β。亦稱為 Type II error：當原始假設是不正確的，然而根據樣本觀測推斷，接受了原始假設，判斷錯誤導致使用者發生損失。

d：鑑別比，θ_0 與 θ_1 之比值 $(d = \theta_0/\theta_1)$，$d \ge 1$。d 代表一個抽樣方案的鑑別能力，d 值愈大，表示鑑別能力愈差，但所需試驗時間愈少，反之鑑別能力愈好，所需試驗時間愈長。

由此可得，

$$\frac{2T}{\theta_0} = x^2_{(1-\alpha)}(2c+2) \tag{11.202}$$

$$\frac{2T}{\theta_1} = x^2_{\beta}(2c+2)$$

由上式可解得 T 與 c。根據 $T = nt$ 及實際生產狀況，可確定抽樣數量 n 和試驗截止時間 T。如產品批量少，n 可取得小一些，但 T 相對地將增大。

對於常用的兩類風險 α、β 及鑑別比 d，已有現成的抽樣方案表，如表 11.8 所示。

可靠度抽樣計畫之構成概念及類別與一般品質管制抽樣計畫是基於相同的理論基礎，根據統計假設檢定之原理而規劃擬訂。在品質抽樣計畫中，檢定的對象是產品特性的不良率；而在可靠度抽樣計畫中，檢定的對象則為說明產品可靠度的指標，如成功機率、存活機率、失效機率(λ) 或 MTBF 等可靠度參數。

至於抽樣數量，可由 (11.202) 式解得 T 與 c，根據 $T = nt$ 及實際生產狀況，可確定抽樣數量 n 和試驗截止時間 T。在指數分布下，最小的樣本數可根據以下步驟決定。已知 λ 為失效率 (failure rate)，AF 為壽命測試條件與使用條件間的加速因子 (acceleration factor)，t 為壽命測試時間 (life test duration)，CL 為信心水準 (confidence level)，c 為失效數 (number of failure)。計算方式為累積使用等效時間 (accumulated use-equivalent time) 內之失效機率 (probability of failure)，可由下式直接計算：

$$F(taf) = 1 - e^{-\lambda \cdot taf} \tag{11.203}$$

其中，$taf = t \times AF$ (註：上式在 $F(taf) < 0.1$ 的情形下很近似真值)，最小的樣本數 $n(min) = \chi^2$ (CL, d.f.)/$2F(taf)$，其中 χ^2 (CL, d.f.) 為卡方分配表 (chi-square percentile)，自由度 (degree of freedom, d.f.) = $2c + 2$。

計算範例：當 $\lambda = 1\%$fr/1000 h、AF = 1.0、$t = 1000$ h、CL = 60% 及 $c = 1$ 時，大略估算的結果如表 11.9 所示。

表 11.8 定時截尾壽命試驗抽樣方案。

抽樣方案	生產方 風險 α	消費方 風險 β	鑑別比 $d = \theta_0/\theta_1$	試驗時間 T θ_1 的倍數	判決準則 (失效次數) 允收數	拒收數
1	12.0%	9.9%	1.5	45.0	36	37
2	10.9%	21.4%	1.5	29.9	25	26
3	17.8%	22.1%	1.5	21.1	17	18
4	9.6%	10.6%	2.0	18.8	13	14
5	9.8%	20.9%	2.0	12.4	9	10
6	19.9%	21.0%	2.0	7.8	5	6
7	9.4%	9.9%	3.0	9.3	5	6
8	10.9%	21.3%	3.0	5.4	3	4
9	17.5%	19.7%	3.0	4.3	2	3

表 11.9 最少樣本數的計算例。

No	試驗項目	c	AF	t	CL	d.f.	χ^2	$F(taf)$	λ	n
1	保存試驗	1	1	1000	60%	4	4.045	0.00995017	10^{-5}	203
2	溫度循環	1	1	1067	60%	4	4.045	0.01060998	10^{-5}	191
3	高溫動作	1	1	1944	60%	4	4.05	0.01925662	10^{-5}	105

表 11.10 平均失效率與等級。

No	試驗序號	n	r	AF	t	CL	d.f.	χ^2	$F(taf)$	λ	FRL
1	T-R-01	250	0	1	1000	60%	2	1.833	0.0036652	3.67×10^{-6}	M
2	T-R-02	258	0	1	1000	60%	2	1.833	0.0035515	3.56×10^{-6}	M
3	T-R-03	250	1	1	1000	60%	4	4.045	0.0080893	8.12×10^{-6}	M
4	T-R-05	204	0	1	1000	60%	2	1.833	0.0044916	4.50×10^{-6}	M
5	T-R-06	160	2	1	1944	60%	6	6.211	0.0194086	1.01×10^{-5}	M

FRL：失效率等級

　　這也就是 MIL-STD-690C 所示樣本數的計算方式。解讀以上範例為使用樣本數為 202 的加速壽命試驗，如果有 1 個或 1 個以下的失效數，則我們有 60% 的信心說母群體產品的平均失效機率為 1.0%/1000 h，也就是 MIL-STD-690C 所定義的 M 級失效機率程度 (參見表 11.10)。

11.10.2.2 試驗方法

　　可靠度決定試驗 (reliability determination test) 或可靠度工程試驗 (reliability engineering test) 為可靠度水準未知，根據試驗結果決定元件的可靠度水準，必須利用數理統計的推定方法來分析數據。

　　矽質壓阻式壓力感測器由於是利用矽材料的壓阻效應原理，藉量測當材料或元件受到外加壓力時其本身電阻值的改變，反推出外加壓力之大小，以達到壓力之量測功能。它本身雖可因設計的不同採用單壓阻或橋式四壓阻等不同型態，但在電子電路上，基本上因只有四個壓阻，而無電晶體等主動電路，可視為純粹是一個被動電路元件，屬於 MEMS 元件第一類不含運動部分者。

　　可靠性技術在一般的被動電子元件或半導體元件已經是相當成熟的技術，各種的業界產品或應用標準與規範齊全，但在 MEMS 元件如壓力感測器的情況中，則因為牽涉到另一個機械壓力的變數，使用時不同的環境應力造成對感測器不同元件的影響，需要完整與仔細的評估和考慮。

　　可靠性試驗的目的，在於根據試驗所量測得之可靠度結果，利用統計的原理與抽樣試驗，確認是否符合系統之需求，為一種可靠性鑑定試驗，亦為正式生產前先導生產的試驗。預期可靠度的目標可依最終使用需求或業界標準訂定，譬如：(1) 耐久性 > 30,000 次之壓力循環；(2) M 級失效率，即失效機率 = 1.0%/1000 h。

　　由系統之可靠度需求，可轉換成元件之可靠度需求。最主要的考量因素為真正地考慮實際的需求，而且符合現有的設計技術水準，以免所訂定的需求目標無法達到或是需要花費龐大的時間與金錢才能達到。可靠度需求展開步驟如下：(i) 確定物品的功能／形態與系統界面，(ii) 定義設計功能特性與失效準則，(iii) 定義任務輪廓與操作時間，(iv) 定義使用條件。

　　實際做法可以展開如下：

1. 依系統需求訂定元件規格／業界產品與可靠性測試法規標準蒐集。此部分將參考現有之業界先進與市場應用經驗發達之美國、日本等公司之做法，或以業界標準法規之現況，以為依據。一般而言，矽質壓力感測器的應用，美國地區是以工業製程與汽車等應用為主，日本則以電子產品開發應用為主。對許多其他 MEMS 元件而言，大部分都沒有測試標準，必須根據失效機構與壽命限制因子來設計。
2. 可靠性測試技術建立規劃擬訂：根據系統之應用環境，規劃與擬訂元件之環境測試工作與可靠性技術分析。
3. 可靠性測試所需設備整治或準備：評估測試所需之設備，並進行設備整治與準備。
4. 環境測試前／後元件性能之測試 (評估)：環境測試前確定元件之預期特性功能與環境測試後元件之預期特性功能變化情況。
5. 可靠性環境／加速測試工作進行：進行規劃之環境／加速測試工作項目。
6. 可靠性測試後之分析：就環境測試後的元件預期功能特性變化情況，進行可靠性之分析。

11.10.2.3 測試計畫

　　以民生應用產品為技術進行載具，產品之實際應用時可能遭遇之環境應力，和以其他諸如工業應用之產品大不相同。以血壓微感測元件為例，在參照血壓感測元件之目標應用產品—「電子式血壓計」—的可能使用環境和條件、美軍標準 MIL-STD-202F[232]、日本電氣工業協會 EIAJ ED-8403[233] 等相關文件，並參酌經費可能限制後，規劃之環境測試項目和規格如下。

(1) 高溫儲存壽命測試 (High Temperature Storage Life Test, HTSL)

　　目的：模擬可能的最高儲存溫度，在熱膨脹應力之下促使任何可能導致失效的潛變機構 (如：裂縫之產生或成長) 得以顯現出來。

　　可能失效模式：零點或線性度之參數漂移 (parametric shift in offset or linearity)。

　　可能失效機制：晶粒缺陷 (bulk die defect) 或擴散缺陷 (diffusion defect)。

(2) 低溫儲存壽命測試 (Low Temperature Storage Life Test, LTSL)
  目的：模擬可能的最低儲存溫度，在冷收縮應力之下促使任何可能導致失效的潛變機構 (如：裂縫之產生或成長) 得以顯現出來。
  可能失效模式：零點或線性度之參數漂移。
  可能失效機制：晶粒缺陷或擴散缺陷。

(3) 溫濕度偏壓壽命測試 (High Humidity, High Temperature with Bias Life Test, H3TB)
  目的：由於晶圓表面未受保護之電路或金屬導線易受游離離子或腐蝕性氣體之影響，將元件偏壓後暴露於高溫、高濕之複合環境下，可使得任何易受溫濕度影響之失效機構及早顯現出來。
  可能失效模式：斷路 (open)、短路 (short)、參數漂移 (parametric shift)。
  可能失效機制：打線 (wire bond)、參數穩定性 (parametric stability)。

(4) 溫度循環測試 (Temperature Cycling Test, TC)
  目的：環境應力測試，產生材料間之熱不相容性，來對元件造成應力。
  可能失效模式：斷路、零點及線性度參數漂移。
  可能失效機制：打線、晶粒接合 (die bond)、膠氣脹 (gel aeration)、封裝不良 (package failure)。

(5) 高溫動作試驗 (High Temperature With Bias, HTB)
  目的：溫度加速壽命試驗，可用以估計元件之溫度加速壽命因子。
  可能失效模式：零點或線性度之參數漂移。
  可能失效機制：晶粒穩定度 (die stability)。

(6) 背向耐壓測試 (Backside Blowoff, BBO)
  目的：本項試驗測試元件所能承受高於一般工作壓力之能力，其中如有微細裂孔或黏膠變質，將可提早顯現出來。
  可能失效模式：漏氣 (leakage)、斷路、零點或線性度之參數漂移。
  可能失效機制：晶粒接合。

(7) 壓力循環測試 (Pressure Cycling Test, PCT)
  目的：模擬元件可能工作最高壓力之 120%，以不間斷方式持續壓力週期，可以估計元件之壓力加速壽命因子，如圖 11.205 所示。
  可能失效模式：漏氣、斷路、零點或線性度之參數漂移。
  可能失效機制：晶粒接合。

其他還有傳統之測試項目，包括自然落下試驗、振動試驗與焊錫耐熱試驗等。

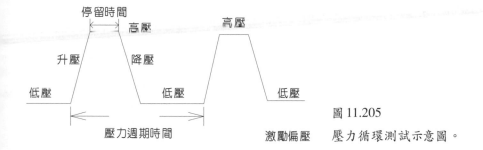

圖 11.205

激勵偏壓　　壓力循環測試示意圖。

11.10.2.4 失效率及可靠性分析[228-231]

(1) 溫度加速壽命試驗分析

　　溫度的變化對於電子產品壽命影響有十分密切的關係，一般而言，電子產品基本上依循所謂的 Arrhenius model (第一階近似)，其關係式表示如下：

$$溫度加速壽命因子　(AF1) = \exp\left[\frac{(Ea)_{HS}}{k}\left(\frac{1}{T_{LS}} - \frac{1}{T_{HS}}\right)\right] \tag{11.204}$$

其中，Ea 為活化能 (activation energy)，下標 HS 為加嚴狀況，而 LS 為正常使用狀況。根據 Motorola 之研究[234]，半導體壓力元件之活化能在 0.3 –0.8 eV 之間，與溫度對反應速率影響之程度有關。在此假設 Ea = 1 eV，波茲曼常數 (Boltzmann's constant, k) 為 8.6171×10^{-5} eV/K，假設在常溫 25 °C 下使用，T_{LS} 為 298.16 K，T_{HS} 為 125 + 273.16 = 398 K，則 AF1 = 17,594。

$$AF1 = \frac{(Rt)_{HS}}{(Rt)_{LS}} = \frac{t_{LS}}{t_{HS}} \tag{11.205}$$

其中，$(Rt)_{HS}$ 為在加嚴狀況 (高溫) 下之反應速率，$(Rt)_{LS}$ 為在正常使用狀況下之反應速率，t_{HS} 為產品在加嚴狀況 (高溫) 下之累積元件時間，t_{LS} 為在正常使用狀況下之累積元件時間。

$$t_{LS} = AF1 \times t_{HS} = 17,594 \times 6720 = 118,234,815 \text{ device hours}$$

假設失效元件數目為零

使用溫度	累積元件時間	結果 (No. Fails)	χ^2 Quality	失效率 (60%)
25 °C	118,234,815	0	1.833	7.8 FIT

註：1 FIT = 1×10^{-9}/h

可算得 MTBF，即平均兩個元件失效所花的時間，亦為失效率的倒數：MTBF = $1/\lambda$ = 1/7.8 FIT = 129,006,890 元件時間 (device hours，為試驗元件個數乘以試驗時數)。

(2) 壓力加速壽命試驗分析

加速壽命的基本假設為使用加嚴狀況所產生的失效模式與機制，必須與其原先者相同，也就是在加嚴狀況下並不會改變其產品基本物理特性；同時在不同環境條件下，所得的失效分配也存在相似的統計分配特性。

$$\frac{t_{LS}}{t_{HS}} = \left(\frac{P_{HS}}{P_{LS}}\right)^N \tag{11.205}$$

上式為假設壓力加速壽命試驗依循 inverse power model，t_{LS} 為在正常狀況下之累積元件時間，t_{HS} 為產品在加嚴狀況下之累積元件時間，P_{HS} 為加嚴狀況之高壓，P_{LS} 為使用狀況壓力。當 N 假設為 8，P_{LS} 為 200 mmHg，P_{HS} 為 360 mmHg，產品在正常使用狀況下之累積元件時間為 $(360/200)^8 \times 1108 = 122,101$ device hours。

假設失效元件數目為零

使用壓力	累積元件時間	結果 (No. Fails)	χ^2 Quality	失效率 (60%)
200 mmHg	122,101	0	1.833	7508 FIT

則 MTBF = $1/\lambda$ = 1/7508 FIT = 133,189 元件時間。

(3) 失效率分析

經過可靠性試驗後，指數分布下之平均失效率 (average failure rate) 計算步驟如下。其中實驗資料：n 為壽命測試之初的樣本數，r 為測試期間觀察到的失效總數，AF 為壽命試驗與使用條件間的加速因子，t 為壽命測試時間，CL 為雙邊區間或單邊邊界之信心水準。

而計算方式：對一雙邊區間均針對上邊界及下邊界之步驟執行。對單邊邊界之情形，若為上信心邊界 (upper confidence bound) 情形，則導循「上邊界」之步驟，若為下信心邊界 (lower confidence bound)，則導循「下邊界」之步驟。

上邊界：

1. $F_u(taf)$：計算相當於等效使用測試時間 (use-equivalent test time) 之上信心邊界之失效機率：

$$F_u(taf) = \chi^2(P, \text{d.f.}) / 2n$$

其中 $P = CL/2$ (適用於雙邊區間) 或 $P = CL$ (適用於單邊邊界)，$\chi^2(P, \text{d.f.})$ 為在特定自由度及機率 P 下之卡方分配 (註：上式只在 $F_u(taf) < 0.1$ 及 $n > 50$ 時與真值最近似)。

2. 在一時間 t，平均失效率之上信心邊界可直接由下式計算：

$$\lambda_u = -\ln\left[1 - F_u(taf)\right] / taf$$

其中 $taf = t \times \text{AF}$

下邊界：

1. $F_e(taf)$：計算相當於等效使用測試時間之下信心邊界之失效機率

$$F_e(taf) = \chi^2(P, \text{d.f.}) / 2n$$

其中 $P = (1 - CL) / 2$ (對雙邊區間) 或 $P = CL$ (對單邊邊界)，$\chi^2(P, \text{d.f.})$ 為在特定自由度與機率 P 下之卡方分配 (註：上式只在 $F_e(taf) < 0.1$ 及 $n > 50$ 時，與真值最近似)。

2. 在一時間 t，平均失效率之下信心邊界可直接由下式計算：

$$\lambda_e = -\ln\left[1 - F_e(taf)\right] / taf$$

　　計算範例：平均失效率需求 $1.0\%/1000\ h = 10.0 \times 10^{-6}$ (M level)，假設指數分布且單邊下信心邊界 (lower one-sided confidence bound)，計算可得如表 11.10 所列。因而我們可以說，我們有 60% 的信心認為，產品的平均失效率等級為 M 級水準，即小於 $1.0\%/1000\ h$ 的平均失效率。

11.10.2.5　可靠性測試失效模式與效應分析

　　失效分析為可靠度工程的核心。所有物品，包括 MEMS 元件發生失效時，其表現出來的形式可以為下列四種之一：① 實體破壞、② 操作功能終止，即故障、③ 功能退化及 ④ 功能偏移或不穩定。

　　MEMS 元件失效，表示無法達成預期的任務，亦即元件不可靠。若要解決此種不可靠的情形，必須先了解失效發生的原因及其相關資訊，如此才能掌握問題的根本所在，進而採取有效的改善行動，尤其是在一開始設計的階段，以達到消除失效或延長壽命、提高可靠度的目的。失效分析即是考慮失效發生的原因，及其對元件可靠度的影響。失效模式

(failure mode) 為描述元件失效現象的方式,可以解釋為產生失效所發生的物理過程或這些過程的綜合效應。經過適當地整理元件在使用時所發生的失效現象,可以歸納成幾種代表的失效模式,以簡化失效問題的分析、失效原因的調查與研究,以及改善對策的研擬與執行。失效效應是指失效模式一旦發生時,對元件,乃至於系統之功能或操作人員和部署安裝的建築物所造成的影響。

失效模式與效應分析 (failure mode and effects analysis, FMEA) 即為研究一物件失效對系統操作的結果或效應,然後根據其嚴重程度將每一可能的失效原因加以歸納與分類。失效模式與效應分析的方法可以使用表列並分析每一實體的可能失效模式,或是根據元件的輸出功能,分析造成失效的可能原因。失效模式、效應與關鍵性分析 (failure mode, effects and criticality analysis, FMECA) 是由「失效模式與效應分析 (FMEA)」與「關鍵性分析」兩部分組成。關鍵性分析為運用失效模式與效應分析結果,以及所有的資訊,將每一可能發生失效之模式,按影響程度的順序排列,決定物件的關鍵程度。此項設計分析技術的主要參考資料為美軍標準 MIL-STD-1629A。理想上,FMECA 是由一群與微系統或元件設計相關的專家團隊來做。由於這種分析是透過架構上不同層次進行,因此可以在設計早期預測失效模式。當然,在 FMECA 的會議中,不可能完全正確地預測所有的失效模式及其影響分析。失效影響程度的排序亦是由團隊委員的主觀判斷來決定。

以壓力感測元件為例,失效模式可分為短路、斷路、漏氣、功能偏移與封裝不良 (圖 11.206)。其失效模式與失效機制之關係可分類如表 11.11。而表 11.12 所示為測試項目與可能失效模式之關係。

11.10.3 MEMS 元件可靠性之研究

經由最近一些 MEMS 元件的大量生產、可靠度試驗與實際使用,如 TI 的 DMD (第三類是含運動部分且含碰撞表面者)、Analog Devices 的加速度計 (第一類是不含運動部分者)、Motorola 的加速度計與壓力感測器等 (第一類是不含運動部分者) 的結果,發現了一些

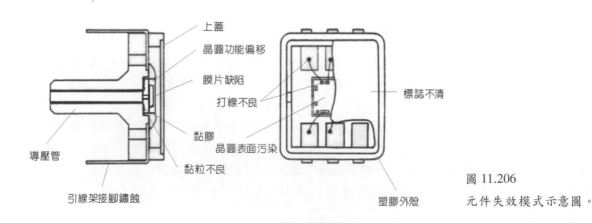

圖 11.206

元件失效模式示意圖。

表 11.11 失效模式與失效機制之關係。

失效模式	失效機制
斷路、幾乎斷路、可能斷路 (Open, near open, potential open)	黃光 (光罩有刮痕、割痕、污點) 黃光 (對不準) 蝕刻 (氧化物去除不當) 蝕刻 (底切造成金屬斷路) 金屬 (不當運送造成之刮痕、污點) 金屬 (沉積不足造成之薄金屬層) 金屬 (化學殘留物腐蝕造成金屬斷線) 金屬 (對不準與污染之接觸區) 金屬 (不當之合金化溫度與時間) 微細加工 (KOH 蝕刻液腐蝕金屬層) 晶粒 (die) 分割 (不當之切割造成晶粒有裂或缺口) 打線 (接合過度或不足造成接線弱及斷線) 打線 (接合墊或導線 (lead) 形成污點) 打線 (接合墊面積或間距不足) 打線 (接合過程或控制不當) 打線 (接合對準不當) 打線 (晶粒有裂或缺口) 打線 (導線有污點、割痕及磨損造成導線斷掉) 導線成形 (外部導線架斷掉或彎曲)
短路、幾乎短路、可能短路 (Short, near short, potential short)	黃光 (光罩有刮痕、割痕、污點) 黃光 (對不準) 蝕刻 (斑點 (蝕刻噴濺)) 蝕刻 (底切造成金屬短路) 金屬 (不當運送造成之刮痕、污點) 金屬 (不當之合金化溫度與時間) 打線 (接合墊面積或間距不足) 打線 (接合對準不當) 打線 (過多接合線、下垂、或導線 (lead) 長度) 打線 (接合線尾無去除)
短路、間歇短路或操作 (Short, intermittent short or operation)	蝕刻 (氧化物去除不當) 打線 (在封裝內有鬆的導電顆粒) 打線 (接合過程或控制不當)
功能偏移 (Performance degradation)	磊晶晶片 (表面不規則) 磊晶晶片 (污染導致接點 (junction) 特性劣化) 黃光 (光阻圖樣不規則 (線寬、線距、針孔)) 蝕刻 (光阻污染或化學殘留物造成漏電增加或低崩潰) 擴散 (摻雜曲線控制不良) 擴散 (電阻不均導致阻值不可預測) 保護層 (passivation) (裂或針孔導致金屬層與基板間之氧化層產生電崩潰) 玻璃接合 (不當控制導致熱應力) 晶粒接合 (過熱導致封裝座與晶粒間產生 空泡 (void))
漏氣 (Leakage)	玻璃接合 (不當接合程序或控制) 玻璃接合 (玻璃或晶片表面不規則) 晶粒接合 (RTV 塗膠不均勻) 晶粒接合 (不規則表面) 晶粒接合 (媒介相容性) 微細加工 (懸膜破裂) 打線 (不當打線程序導致懸膜破裂或破斷)
封裝不良 (裂或晶粒凸起 (cracked or lifted die))	晶粒接合 (封裝座與晶粒間接合不良) 晶粒接合 (材料不相配)
封裝不良 (打線凸起 (lifted bond))	打線 (接合過度或不足造成接線弱及斷線或間歇斷線) 打線 (材料不相容或污染之接合墊造成接線鬆脫)

表 11.12 測試項目與可能失效模式之關係。

	短路	斷路	漏氣	表面缺陷	功能偏移	封裝不良
目視檢查			×			×
功能測試	×	×			×	
HTSL					×	
LTSL					×	
HTB					×	
H3TB	×	×			×	×
PCT	×	×	×		×	
BBO	×	×	×		×	

在大尺度產品上不同的，甚至新的失效機構。這些產品大部分是基於美軍標準 MIL-STD-883[235] 的可靠度評鑑方法，包括經由環境試驗與耐久性試驗來確認可能之失效機構，並在機械、熱、電與環境之加嚴狀況下來發展物理模型，以便將來能對各種操作狀況下之可靠性加以量化。再來則針對失效模式，對元件之設計加以修改。最後，就是作全規模之壽命試驗以確認 MEMS 微系統之可靠性。一般說來，我們將會遇到三種挑戰：第一個挑戰是挖掘一種可以確認且可以加速試驗的失效模式，同時卻能維持在同一個失效機構的技術。第二個挑戰是對 MEMS 之基本失效機構及其潛在物理的了解。第三個挑戰則是建立一種可預測性的物理可靠性模型，可以描述失效與加速因子，並且可以正確反映失效數據[236]。

　　MEMS 元件特有的可靠性問題包括黏著 (stiction)、機械磨耗 (mechanical wear)、破斷 (fracture)、疲勞 (fatigue)、衝擊 (shock) 與振動 (vibration) 等。目前在市場上的 MEMS 產品大多是感測器，如壓力、加速度與化學感測器，它們不具有相互摩擦的表面 (rubbing surface)，因而沒有摩擦與磨耗的問題。對 MEMS 致動器而言，通常會有相互接觸的表面且相互摩擦的情形，因而摩擦表面之磨耗成為致動器可靠性之重要問題。

　　微小元件之最主要問題為黏著，它同時會影響良率與可靠性。黏著是今日 MEMS 元件最大的可靠性問題之一，也都會發生在感測器與致動器上。黏著除了發生在釋放 (release) 的製程外，也會發生在操作當中，如電訊號之過度驅動、環境變化 (溼度或衝擊) 或在共振時之機械不穩定所引起。雖然疏水性的被覆 (coating) 及特別的釋放蝕刻 (release etching) 與乾燥 (如超臨界二氧化碳乾燥法) 方法，可以減少黏著的發生，但其長期是否有效，還是未知數。對加速度計，因衝擊所致之黏著失效，已發展了一套經驗式之預測方法[237]。德州儀器之數位微鏡面元件 (DMD) 的一個可靠性問題為鏡子的黏住 (stuck) 現象。鏡子黏住的三個原因為顆粒污染、表面殘餘物與毛細凝結。顆粒污染為最主要的原因，表面殘餘物則會增加表面黏結而黏住鏡子。為了克服此表面黏結，除了在接觸表面使用特別的表面被覆以外，還在鏡子的接觸端設計了一個彈簧。表面被覆可以減少黏結與毛細凝結，而彈簧可以儲存能量將鏡子端推離接觸面。微開關與繼電器 (relay) 也常有黏著的問題。一般開關之接觸端使用金屬材料，如金，雖然有最小之接觸電阻，但卻很容易黏住。Schlaak 等人發現電鍍之 AuNi, 有較好的性質，可以達到 6 百萬次的接觸壽命[238]。

　　因磨耗而失效的現象，也是 MEMS 元件主要的可靠性問題。在以多晶矽做成之微渦輪、微馬達與微齒輪等高速轉動的元件中，磨耗是最主要的失效機構。在 Sandia National Lab 的微引擎研究中，也發現驅動軸的磨耗是最主要的失效機構，且與溼度有關。當溼度減少時，磨耗所致之碎粒 (debris) 急遽增加[239]。在較高溼度時，表面氫氧化物的形成，可以當作潤滑劑，減少磨耗碎粒的量。溼度在 20 到 60% 之間，可以大幅減少磨耗。這些磨耗的碎粒發現均為非晶質之矽氧化物，顯示在磨耗前，多晶矽表面已被氧化了。

　　MEMS 材料的機械性質是設計時所需之重要材料參數，以預測 MEMS 元件之破斷與疲勞。很多 MEMS 元件是用多晶矽來作結構層。多晶矽是強、硬，但脆的材料，其破斷發生的情形卻並不常見 (在沒有磨耗的情形下)[240]。一些其他的報導則顯示，多晶矽結構易於因疲勞循環而引起裂縫成長，甚而破斷[241]。材料的疲勞問題通常是用荷重循環之試驗來研究。一些實驗顯示，多晶矽之強度會隨著荷重循環之次數增加而減少，如 Muhlstein 等發現，在 $10^9 - 10^{11}$ 次之循環後多晶矽之強度減少50%[242]。在很低於破斷強度之應力 (有可能 4 −10 倍)下的疲勞情形，應會是 MEMS 元件長期頻率穩定性、可靠性與壽命之重要限制因素。其起因為環境腐蝕[241]，或多層結構材料間熱膨脹係數 (thermal expansion coefficient) 不匹配下長期循環使用的結果[243]。即使不會失效，此種強度降低的情形也會使一些靠其剛性來算時間或慣性之元件，如振盪器與陀螺儀等產生過大之累積誤差。然而，德州儀器之數位微鏡面元件 (DMD) 的鋁鏡鉸鏈 (mirror hinge) 在經過 1.7×10^{12} 次之循環後，鉸鏈並沒有如理論上預期地發生疲勞的情形[244]。德州儀器將此結果歸功於薄膜材料之性質與塊材不同的緣故。譬如，巨觀之塊材疲勞模型是基於差排會堆積於金屬表面，當差排密度累積增加則會產生疲勞裂縫；而薄膜材料可能只有一個晶粒的厚度，其自由的表面可以抑制差排的堆積，因此不會產生疲勞裂縫[244]。德州儀器反而發現數位微鏡面元件的鉸鏈有記憶的現象，即不會回到靜止的位置。此現象之根本原因為金屬的潛變 (creep)。使用新材料可以解決記憶問題，增加可靠性。

　　雖然各影響因素的組合 (如與平面垂直方向的衝擊引起的黏著) 有可能會產生問題，但一般 MEMS 元件是相當耐衝擊與振動的[245]。原因是一般 MEMS 元件具有高彈簧常數 k 值與低質量m，而共振頻率 (resonant frequency) 與 k/m 值成正比，使得 MEMS 元件在機械上來說是相當強韌的。Tanner 等在120 g 之加速度與20−2000 Hz 之頻率振動下，測試其微引擎，發現唯一之失效為碎粒將梳狀驅動器 (comb drive) 與接地面短路[246]。德州儀器之數位微鏡面元件(DMD) 也通過三軸20 g 加速度與 20−2000 Hz 頻率振動之試驗[247]。為了避免環境之振動影響，一般 MEMS 元件之設計上，為將共振頻率設計在遠離環境振動之頻率。例如，德州儀器之數位微面鏡元件的共振頻率為一般運送與操作情形下振動頻率至少兩個數量級以上，其最低共振頻率為 100 kHz，所有其他共振頻率為在 MHz 以上。衝擊與振動的不同點在於衝擊是單一之機械撞擊 (impact)，而非節奏性的。一般說來，MEMS 元件還頗耐衝擊的。譬如，Brown 等人展示了 MEMS 加速度元件在各個方向、100,000 g 之衝擊下仍相當強健[248]。但是有些加速度計經過 40,000 g 之衝擊後，會有相當大的偏壓偏移。而且衝擊有可能導致黏著 (stiction) 而失效，如前所述，Hartzell 等對此已發展了一套經驗式之預測方法[237]。Analog Devices 也曾觀察到他們的加速度計經過 1500 g 的衝擊，發生跳躍偏移 (jump shift)，原因是中心質量在 x 軸與 z 軸方向產生了位移。Tanner 等對他們的微引擎在 500 g－40,000 g 之加速度範圍做試驗，發現耐衝擊力很不錯[249]。他們歸功於有凹槽 (dimples) 的設計，得以避免因黏著而失效。在失效的原因中，發現在 4,000 g 之衝擊時，發生打線與封裝的問題；同時碎粒會在晶粒表面稍微移動。在 10,000 g 之衝擊時，晶粒脫落使其撞擊到封裝蓋，同時碎粒在晶粒表面移動相當大的距離導致短路。在 20,000 g 之衝擊時，元件結構損傷；而在 40,000 g 之衝擊時，連陶瓷封裝也破裂了。

　　除了以上衝擊、振動、溼度與機械循環以外，其他導致這些 MEMS 元件特有的可靠性問題的操作參數還包括輻射、溫度循環與溫度應力等。在太空等輻射強的場合，由於電場所導致的機械動作元件，容易受到輻射傷害。Knudson 等人報導了中子與重離子的輻射會導致加速度計輸出電壓偏移之特性變化[250]。他們認為是輻射離子產生之電荷，會陷在可動質量塊下方之介電層上。由於質量塊在電性上與基板是耦合的，此陷入之電荷會改變加速度計之輸出電壓。

　　溫度變化對 MEMS 元件的影響，發生在許多方面。如用不同熱膨脹係數材料做成之多層結構，存在著對溫度敏感之內應力 (internal stress)。Shen 等人證實溫度變化會引起懸臂之變形，導致共振頻率偏移，影響操作性能[251]。最近實驗顯示，溫度循環並不會造成 MEMS 元件之失效問題[252]。唯一與失效之有關報導為對 Motorola 之加速度計做溫度循環試驗時，在感測器旁之 silicone 覆蓋層使接線斷線而失效[253]。Shen 等人發現，即使是在高溫暴露一次，也會改變 MEMS 元件原本變形之形狀[251]。這種形狀之變形，原則上來說，應是與結構材料之能量變化有關，即晶粒成長與差排之產生，這種過程亦稱為能量儲存現象。在較高溫時，晶界移動將孔洞陷入而改變材料性質；熱膨脹係數不同會導致負荷／應力之產生，若超過某材料之彈性極限，就會產生差排。此種能量儲存現象會引起元件之特性變化，影響可靠性。例如，RF-MEMS 可調電容中之平行板形狀或間距有可能因高溫而改變，可能超出設計之驅動電壓極限。有些軟性的金屬，如金，很容易有能量儲存現象。一般說來，選擇薄且低應力之金屬線，或較硬性之材料，如銅、鋁、白金與鎢等，可減輕或避免這種能量儲存現象。這種溫度應力之考慮，對以熱驅動之致動器而言，更形重要。

11.10.4 結語

　　由於環境所致之失效常發生在 MEMS 與 IC 封裝系統裡。MEMS 元件因含有額外之機械可動元件，對於環境所致之失效更為敏感。比起 IC 業，MEMS 可靠性測試還在早期階段，尚需開發標準化的應力測試方法。

　　目前 MEMS 元件的可靠性仍然不容易量化，原因是我們仍然缺乏長期的量產歷史以得知長期的問題所在。目前所知，大部分的失效模式與材料的機械失效，如疲勞等，較無關係。較為可能的是由濕氣所引起的黏著效應 (stiction effects)，與接觸或摩擦表面所致之黏著與磨耗問題。這個問題也是硬碟領域所常遭遇的問題，即濕氣存在的話，磁頭就很容易黏在磁碟表面上。解決之道是在控制的氣氛 (如乾的氮氣) 下做氣密性封裝；但是 MEMS 元件的性能也會受到此氣體密度或壓力的影響[254]。

　　由於 MEMS 特有的失效機構尚未完全評鑑出來，MEMS 元件之可靠性預估必須由物理失效的方法學中發展出來。而此種需求又受到 MEMS 系統特有的多層材料與介面、及系統與環境之互相作用等諸多因素影響而相當複雜。在經濟的考量下，一般希望 MEMS 封裝是非氣密性但卻具有與氣密性封裝相當的可靠性。非氣密性封裝會導致許多長期之可靠性問題，譬如濕氣的影響與暴露於污染氣體或其他污染物的污染等。另外，與可靠性非常相關的是評定 (qualification) 問題。評定的目的是審查 MEMS 元件之設計、製造與組裝能力，以達到可靠性的目標。傳統 IC 的評定方法有可能不適用，因此開發一能夠結合精明的設計與加速測試 (即所謂的加速評定法) 之實質的評定方法學，是許多應用產品能夠即時且低成本評定所必需的[255]。

　　傳統微電子之可靠性測試可以提供 MEMS 可靠性測試之參考，然而 MEMS 元件之測試應力與失效機構間之關係，則尚需努力以求完全了解。

參考文獻

1. http://four-point-probes.com/fpp.html
2. L. B. Valdes, *Proc. I. R. E.*, **42**, 420 (1954).
3. http://www.swt.edu/~wg06/manuals/AlphaStep500
4. H. E. Bennett and J. O. Porteus, *J. Opt. Soc. Am.*, **51**, 123 (1961).
5. 李孝文, 積分球橢偏儀, 國立台灣大學應用力學研究所博士論文 (1997).
6. D. E. Aspens, J. B. Theeten, and F. Hottier, *Physical Review B*, **20**, 3292 (1979).
7. T. V. Vorburger and K. C. Ludema, *Appl. Opt.*, **19**, 561 (1980).
8. R. J. Acher, *J. opt. Soc. Am.*, **52**, 970 (1962).
9. H. Takasaki, *Appl. Opt.*, **5**, 759 (1996).
10. H. J. Mathieu, D. E. McClure, and R. H. Muller, *Rev. Sci. Instrum.*, **45**, 798 (1974).
11. G. Zalczer, *Rev. Sci. Instrum.*, **59**, 6260 (1988).
12. B. D. Cahan and R. F. Spanier, *Surface Sci.*, **16**, 166 (1969).
13. R. Greef, *Rev. Sci. Instrum.*, **41**, 532 (1970).
14. J. C. Suits, *Rev. Sci. Instrum.*, **42**, 19 (1971).
15. D. E. Aspnes, *Opt. Commun.*, **8**, 222 (1973).
16. P. S. Hauge and F. H. Dill, *IBM J. Res. Devel.*, **17**, 472 (1973).

17. U.S. Patents 4,053,232.

18. S. N. Jasperson and S. E. Schnatterly, *Rev. Sci. Instrum.*, **40**, 761 (1969).

19. J. C. Kemp, *J. Opt. Sco. Am.*, **59**, 950 (1969).

20. S. N. Jasperson, D. K. Burge, and C. O. O'Handley, *Surf. Sci.*, **37**, 548 (1973).

21. V. M. Bermudes and H. Ritz, *Appl. Opt.*, **17**, 542 (1978).

22. B. Drevillon, J. Prrin, R. Maybot, A. Violet, and J. L. Dalby, *Rev. Sci. Instrum.*, **53**, 42 (1982).

23. E. N. Huber, N. Baltzer, and M. Von. Allmen, *Rev. Sci. Instrum.*, **56**, 2222 (1985).

24. O. Acher and E. Bigan, *Rev. Sci. Instrum.*, **60**, 65 (1989).

25. U.S. Patents 5,416,588.

26. U.S. Patents 5,485,271.

27. U.S. Patents 4,850,711.

28. U.S. Patents 5,438,415.

29. C. W. Chu, C. C. Lee, I. Y. Fu, J. C. Hsu, and Y. Y. Liou, *Jpn. J. Appl. Phys.*, **33** (1), 4769 (1994).

30. R. M. A. Azzam and N. M. Bashara, *Ellipsometry and Polarized Light*, New York: North-Holland (1988).

31. *Ellipsometric Parameters Δ and ψ and Derived Thickness and Refractive Index of a Silicon Dioxide Layer on Silicon*, NIST Special Publication, 260 (1988).

32. 李兆祜, 精準相位延遲拋物面橢偏儀, 國立台灣大學應用力學研究所博士論文 (1999).

33. A. C. Fischer-Cripps, *Nanoindentation*, New York: Springer (2002).

34. J. Lubliner, *Plasticity*, New York: Macmillan (1990).

35. T. W. Wu, *Mater. Chem. Phys.*, **33**, 15 (1993).

36. J. B. Pethica, R. Hutchings, and W. C. Oliver, *Phil, Mag.*, **48**, 593 (1983).

37. T. W. Wu, C. Hwang, J. Lo, and P.S. Alexopoulos, *Thin Solid Films*, **166**, 299 (1988).

38. M. F. Doerner and W. D. Nix, *J. Mater. Res.*, **1**, 601 (1986).

39. J. L. Loubet, J. M. George, O. Marchesini, and G. Meille, *J. Tribol.*, **106**, 43 (1984).

40. J. Bryzek, K. E. Petersen, and W. McCulley, *IEEE Spectrum*, **31**, 20 (1994).

41. K. E. Petersen, *Proceedings of the IEEE*, **70**, 420 (1982).

42. D. Chapman, *IEEE Trans. on Mag.*, **25**, 3686 (1989).

43. S. Wang, F. Liu, K. D. Maranowski, and M. N. Kryder, *IEEE Trans. on Mag.*, **MAG 30**, 281 (1994).

44. T. Kawanabe, J. G. Park, and M. Naoe, *IEEE Trans. on Mag.*, **MAG 27**, 5031 (1991).

45. H. J. Lee, R. Zubeck, D. Hollars, J. K. Lee, M. Smallen, and A. Chao, *J. Vac. Sci. and Tech.*, **11**, 711 (1993).

46. A. K. Andriatis, E. I. Il'yashenko, J. B. Korneyev, and Z. A. Ragauskas, *IEEE Trans. on Mag.*, **MAG 24**, 2653 (1988).

47. T. Temesvary, S. Wu, W. H. Hsieh, Y.-C. Tai, and D. K. Miu, *Journal of MEMS*, **4**, 1 (1995).

48. J. A. Wickert, D. N. Lambeth, and W. Fang, *ASME Special Publication TRIB-Vol.3, ASME/STLE Tribology Conference*, St. Louis, MO, Oct., 13 (1991).

49. J. A. Thorton and D. W. Hoffman, *Thin Solid Films*, **171**, 5 (1989).

50. M. Ohring, *The Materials Science of Thin Films*, San Diego, CA: Academic Press, 33 (1992).

51. W. Fang and J. A. Wickert, *Journal of Micromechanics and Microengineering*, **6**, 301 (1996).

52. S. Wang and M. N. Kryder, Data Storage Systems Center, Carnegie Mellon University, personal contact (1994).

53. S. M. Rossnagel, P. Gilstrap, and R. Rujkorakarn, *Journal of Vacuum Science and Technology*, **B21**, 1045 (1982).

54. W. D. Nix, *Metallurgical Trans.*, **20A**, 2217 (1991).

55. W. Fang and J. A. Wickert, *Journal of Micromechanics and Microengineering*, **4**, 182 (1994).

56. H. Guckel, T. Randazzo, and D.W. Burns, *Journal of Apply Physical*, **57**, 1671 (1985).

57. M. Mehregany, R. T. Howe, and S. D. Senturia, *Journal of Apply Physical*, **62**, 3276 (1987).

58. W. Fang and J. A. Wickert, *Journal of Micromechanics and Microengineering*, **5**, 276 (1995).

59. L. Lin, R. T. Howe, and A. P. Pisano, *Proceeding of the IEEE MEMS*, Fort Lauderdale, FL, Feb., 201 (1993).

60. K. Najafi and K. Suzuki, *Proceeding of the IEEE MEMS*, Salk Lake City, UT, Feb (1989).

61. Q. Zou, Z. Li, and L. Liu, *Sensora and Actuators A*, **48**, 81 (1995).

62. P. M. Osterberg and S. D. Senturia, *Journal of Microelectromechanical systems*, **6** (2), 107 (1997).

63. L. M. Zhang, D. Uttamchandani, and B. Culshaw, *Sensors and Actuators A*, **29**, 79 (1991).

64. J. Wylde and T. J. Hubbard, *Proceedings of the 1999 IEEE Canadian Conference on Electrical and Computer Engineering*, Shaw Conference Center, Edmonton, Alberta, Canada, May 9-12, 1674 (1999).

65. T. Ikehara, R. A. F. Zwijze, and K. Ikeda, *Journal of Micromechanics and Microengineering*, **11**, 55 (2001).

66. J. W. Hutchinson and W. T. Koiter, *Appl. Mechanics Rev.*, **23**, 1353 (1970).

67. G. G. Stoney, *Proceeding of Royal Social London*, **A82**, 172 (1909).

68. D. S. Gardner and P. A. Flinn, *Journal of Apply Physical*, **67**, 2927 (1990).

69. NT-MDT Corp., *SPM introduction*, http://www.ntmdt.ru

70. D. A. Bonnell, *Sanning Probe Microscopy and Spectroscopy*, New York: Wiley-VCH (2000)

71. P. K. Hansma and J. Tersoff, *J. Appl. Phys*, **61**, R1 (1987).

72. Bushing, *Handbook of Micro/Nano Tribology* (1995).

73. Park Scientific Instruments Corp, *Users Guide to Auto Probe CP*, PartII, http://www.park.com/

74. Digital Instruments Corp., *Data Sheets*, http://www.di.com

75. B. Cappella, *et al., IEEE Engineering in Medicine and Biology*, Mar/Apil (1997).

76. B. Cappella, G. Dietler, *Surf. Sci. Reports*, **34**, 1 (1999).

77. I. N. Sneddon, *Int. J. Engng. Sci.*, **3**, 47 (1965).

78. http://www.di.com/movies/movies_inhance/appnotes/forcevol/fvmain.html

79. C. Mathew Mate, *et al., Phys. Rev. Lett.*, **59**, 17 (1987).

80. A. Kikukawa, *et al., Appl. Phys. Lett.*, **66**, 3510 (1995).

81. G. H. Buh *et al., J. Appl. Phys.*, **90** (1), 443 (2001).

82. 張茂男, 陳志遠, 潘扶民, 科儀新知, **22** (5), 67 (2001).

83. M. Tortonese, *IEEE Eng. Med. Biol.*, **16**, 28 (1997).

84. R. D. Piner, S. Hong, and C. A. Mirkin, *Langmuir*, **15**, 5457 (1999).

85. P. Zammaretti, A. Fakler, F. Zaugg, U. E. Spichiger-Keller, *Anal. Chem.*, **72**, 3689 (2000).

86. V. J. Morris, A. R. Kirby, and A. P. Gunning, *Atomic Force Microscopy for Biologists*, London: Imperial College Press (1999).

87. Nanosensors Corp., *Product Guide*, http://www.nanosensors.com/

88. MikroMasch Cop., *Product Guide*, http://www.spmtips.com/

89. J. M. Neumeister and W. A. Ducker, *Rev. Sci. Instrum.*, **65**, 2527 (1994).

90. J. P. Cleveland, S. Manne, D. Bocek, and P. K. Hansma, *Rev. Sci. Instrum.*, **64**, 603 (1993).

91. J. L. Hutter and J. Bechhoefer, *Rev. Sci. Instrum.*, **64**, 1868 (1993).

92. Park Scientific Instruments Corp., *A Practical Guide to Scanning Probe Microscopy.*

93. E. Gmelin, *et al., Thermochimica Acta*, **310**, 1 (1998).

94. F. S-S Chien, *et al., J. Appl. Phys.*, **75** (16), 18 (1999).

95. E. H. Synge, *Phil. Mag.*, **6**, 356 (1928).

96. J. A. O'Keefe, *J. Opt. Soc. Am.*, **46**, 359 (1956).

97. E. A. Ash and G. Nichols, *Nature*, **237**, 510 (1972).

98. G. Binnig, H. Rohrer, C. H. Gerber, and E. Weibel, *Phys. Rev. Lett.*, **50**, 120 (1983).

99. G. Binnig, C. F. Quate, C. H. Gerber, *Phys. Rev. Lett.*, **56**, 930 (1986).

100. U. Ch. Fischer, U. T. Durig, and D. W. Pohl, *Appl. Phys. Lett.*, **52**, 249 (1988).

101. E. Betzig, R. J. Chichester, *Science*, **262**, 1422 (1993).

102. B. D. Terris, H. J. Mamin, D. Rugar, W. R. Studenmund, and G. S. Kino, *Appl. Phys. Lett.*, **65**, 388 (1994).

103. B. D. Terris, H. J. Mamin, and D. Rugar, *Appl. Phys. Lett.*, **68**, 141 (1996).

104. W. P. Ambrose *et al., Phys. Rev. Lett.*, **72**, 160 (1994); Sunney Xie *et al., Science*, **265**, 361 (1994); Sunney Xie *et al., Ultramicroscopy*, **57**, 113 (1994).

105. T. J. Silva, S. Schultz, and Dieter Weller, *Appl. Phys. Lett.*, **65**, 658 (1994).

106. R. D. Grober, T. D. Harris, J. K. Trautman, E. Betzig, W. Wegsheider, L. Pfeiffer, K. West, *Appl. Phys.Lett.*, **64**, 1421 (1994).

107. D. P. Tsai, A. Othonos, M. Moskovits, and D. Uttamchandani, *Appl. Phys. Lett.*, **64**, 1768 (1994).

108. D. P. Tsai, J. Kovacs, M. Moskovits. V. M. Shalave, J. S. Suh, and R. Botet, *Phys. Rev. Lett.*, **72**, 4149 (1994).

109. E. Betzig and J. K. Trautman, *Science*, **257**, 189 (1992).

110. D. P. Tsai and Y. Y. Lu, *Appl. Phys. Lett.*, **73**, 2724 (1998).

111. D. P. Tsai, C. W. Yang, S. Z. Lo, and H. E. Jackson, *Appl. Phys. Lett.*, **75**, 1039 (1999).

112. N. H. Lu, D. P. Tsai, C. S. Chang, and T. T. Tsong, *Appl. Phys. Lett.*, **74**, 2746 (1999).

113. A. Matsumoto, T. Odani, K. Sudu, M. Miyata, and K. Tashiro, *Nature*, **405**, 328 (2000).

114. L. Aigouy, A. Lahrech, S. Gresillon, H. Cory, A. C. Boccara, and J. C. Rivoal, *Opt. Lett.*, **24**, 187 (1999).

115. M. Gu and P. C. Ke, *Opt. Lett.*, **24**, 74 (1999).

116. R. Stockle and C. Fokas, *Appl. Phys. Lett.*, **75**, 160 (1999).

117. Hiroshi Muramatsu, Norio Chiba, Katsunori Homma, Kunio Nakajima, Tatsuaki Ataka, Satoko Ohta, Akihiro Kusumi, and Masamichi Fujihira, *Appl. Phys. Lett.*, **66**, 3245 (1995).

118. R. Chang, W. Fann, and S. H. Lin, *Appl. Phys. Lett.*, **69**, 2338 (1996).

119. R. Eckert, J. M. Freyland, H. Gersen, H. Heinzelmann, G. Schurmann, W. Noell, U. Staufer, and N. F. de Rooij, *Appl. Phys. Lett.*, **77**, 3695 (2000).

120. Y. K. Kim, P. M. Lundquist, J. A. Helfrich, J. M. Mikrut, G. K. Wong, P. R. Auvil, and J. B. Ketterson, *Appl. Phys. Lett.*, **66**, 3407 (1995).

121. T. Yatsui, M. Kourogi, and M. Ohtsu, *Appl. Phys. Lett.*, **79**, 4583 (2001).

122. J. Tominaga, C. Mihalcea, D. Buchel, H. Fukuda, T. Nakano, N. Atoda, H. Fuji, and T. Kikukawa, *Appl. Phys. Lett.*, **78**, 2417 (2001).

123. M. Achermann, U. Siegner, L.-E. Wernersson, and U. Keller, *Appl. Phys. Lett.*, **77**, 3370 (2000).

124. W. Pohl and Daniel Courjon, *Near Field Optics*, Boston: Kluwer Academic (1993).

125. J. P. Fillard, *Near Field Optics and Nanoscopy*, Singapore: World Scientific (1996).

126. M. A. Paesler and P. J. Moyer, *Near-Field Optics: Theory, Instrumentation, and Applications*, New York: Wiley (1996).

127. Motoichi Ohtsu and Hirokazu Hori, *Near-Field Nano-Optics: from Basic Principles to Nano-Fabrication and Nano-Photonics*, New York: Kluwer/Plenum Publishers (1999).

128. 蔡定平, 近場光學顯微術, 自然科學簡訊, **7** (3), 110 (1995).

129. 蔡定平, 近場光學顯微術及其應用, 科儀新知, **17** (5), 10 (1996).

130. 蔡定平, 近場光學顯微術簡介, 物理, **18** (3), 375 (1996).

131. 蔡定平, 原子力顯微術和近場光學顯微術在工業上之應用, 量測資訊, **45**, 29 (1997).

132. 蔡定平, 近場光碟機最近之發展, 科儀新知, **19** (4), 28 (1998).

133. 蔡定平, 近場光學記錄的新發展 (上), 光訊, **74**, 11 (1998).

134. 蔡定平, 近場光學記錄的新發展 (下), 光訊, **75**, 29 (1999).

135. The website of Olympus America, Inc., http://www.olympus.com

136. J. Lothe and D. M. Barnett, *J. Appl. Phys.*, **47**, 428 (1976).

137. H. L. Bertoni, *IEEE Transactions on Sonics and Ultrasonics*, **SU-31** (2), 105 (1984).

138. M. Hoppe and J. Bereiter-Hahn, *Proc. IEEE*, **SU-32**, 289 (1985).

139. V. S. Ahn, J. D. Achenbach, Z. L. Li, and J. O. Kim, *Research in Nondestructive Evaluation*, **3** (4), 183 (1991).

140. J.-F. Chai and T.-T. Wu, *J. Acoust. Soc. Am.*, **95** (6), 3232 (1994).

141. T.-T. Wu and J.-F. Chai, *Ultrasonics*, **32** (1), 21 (1994).

142. T.-T. Wu and J.-F. Chai, *1994 Far East Conference on NDT and ROCSNT*, 159 (1994).

143. B. A. Auld, *Acoustic Fields and Waves in Solids*, Vol. 1, New York: Wiley Interscience (1973).

144. K. F. Graff, *Wave Motion in Elastic Solids*, Columbus, Ohio: Ohio State University Press (1975).

145. C. K. Lee and T. W. Wu, *AIAA Journal*, **33** (9), 1675 (1995).

146. C. K. Lee, and T. W. Wu, *IBM Technical Disclosure Bulletin*, **35** (1A), 189 (1992).

147. C. K. Lee, G. Y. Wu, G. T. Pan, S. R. Chiang, and J. Wu, "An innovative miniature differential laser Doppler interferometer", *Int. Sym. on Polari. Ana. and Appl. to Devices Tech*, Yokohama, Japan, June 12-14 (1996).

148. C. K. Lee, W. W. Chiang, D. W. Meyer, U. K. Nayak, T. C. O'Sullivan, and T. W. Wu, "Miniature Differential Laser Interferomer/Vibrometer for Optical Glide and Other Storage Applications", *IBM Technical Disclosure Bulletin*.

149. T. D. Perng, W. J. Wu, S. J. Chiang, C. K. Lee, and C. W. Huang, "A Miniature Laser Doppler Interferometer", *The 4th Symposium on the Defense Technology*, Vol. II. Signal Processing, Taoyuan, Taiwan, ROC (1995).

150. G. Y. Wu and C. K. Lee, "Measuring Disk Radial Runout of Magnetic Storage Devices by using A Miniature Laser Doppler Interferometer", *Asia-Pacific Data Storage Conference*, Ta-Shee Resort, Taoyuan, Taiwan, ROC (1997).

151. C. K. Lee, G. Y. Wu, C. T. Teng, W. J. Wu, C. T. Lin, *et al.*, *Journal of Japanese Applied Physics*, **38**, Part 1, No. 3B (1999).

152. 吳錦源, 李世光, DVD 通訊第三期, 工研院光電所, 第三版 (1997).

153. 吳錦源, 李世光, 鄧兆庭, 林三堅, 機械月刊, **43** (5), 364 (1997).

154. 李世光, 吳錦源, 吳文中, 葉錕生, 李進發, "Advanced Vibrometer/Interferometer Device," US Patent Pending (Filed June 14, 1997).

155. N. Bobroff, *Meas. Sci. Technol.*, **4**, 907 (1995).

156. 程曉輝, 趙洋, 李達, 光學學報, **3**, 73 (1999).

157. T. Nishimura, Y. Kubota, S. Ishii, S. Ishizuka, and M. Tsukiji, "Endcoder with Diffraction Grating and Multiply Diffrection Light", *U.S. Patent No. 5038032* (1990).

158. W. W. Chiang and C. K. Lee, *U.S. Patent No. 5,442,172* (1995).

159. W. J. Wu, C. K. Lee, and C. T. Hsieh, *Jpn. J. Appl. Phys.*, **38**-1 (3B), 1725 (1999).

160. V. G. Badami and S. R. Petterson, *Precis. Eng.*, **24**, 41 (2000).

161. V. P. Drachev and S.V. Perminov, *Appl. Phys. B*, **71**, 193 (2000).

162. S. Hosoe, *Nanotechnology*, **4**, 81 (1993).

163. D. Lin, H. Jiang, and C. Yin, *Opt. Laser Technol.*, **32**, 95 (2000).

164. R. Petit (Eds.), *Electromagnetic Theory of Gratings, Berlin,* Germany: Spring-Verlag, (1980).

165. A. Cox, *A System of Optical Design*, New York: The Focal Press (1967).

166. R. Guenther, *Modern Optics*, New York: John Wiley & Sons (1990).

167. E. Hecht, *Optics*, New York: Addison-Wesley (1998).

168. A. J. Moiré and J. R. Tyrer, *Experimental Mechanics*, **35** (4), 306 (1995).

169. D. Post, B. Han, and P. Ifju, *High Sensitivity Moire*, New York: Springer (1994).

170. B. Han, *Experimental Mechanics*, **38** (4), 278 (1998).

171. C. K. Lee, C. T. Lin, C. C. Hsiao, and W. C. Liaw, *J. Guid. Contr. Dyn.*, **21** (5), 692 (1998).

172. A. Capanni, L. Pezzati, D. Bertani, M. Cetica, and F. Francini, *Opt. Eng.*, **36** (9), 2466 (1997).

173. H. Takajo and T. Takahashi, *J. Opt. Soc. Am. A*, **5** (3), 416 (1988).

174. H. Takajo and T. Takahashi, *J. Opt. Soc. Am. A*, **5** (11), 1818 (1988).

175. D. C. Ghiglia and L. A. Romero, *J. Opt. Soc. Am. A*, **11** (1), 107 (1994).

176. C. M. Vest, *Holographic Interferometry*, New York: John Wiley & Sons (1979).

177. R. Jones and C. Wykes, *Holographic and Speckle Interferometry*, Cambridge, UK: Cambridge Univ. Press (1989).

178. *Quanta-Ray PRO-Series: Pulsed Nd:YAG Lasers User's Manual*, California: Spectra-Physics (1999).

179. *PIV: Pulsed Nd:YAG Laser for Particle Image Velocemetry User's Manual*, California: Spectra-Physics (1997)

180. D.W. Robinson and G.T. Reid, *Interferogram Analysis: Digital Fringe Pattern Measurement Techniques*, Bristol, Great Britain: IOP Publishing Ltd. (1993).

181. D. Malacara, M. Servin, and Z. Malacara, *Interferogram Analysis for Optical Testing*, New York: Marcel Dekker, Inc. (1998).

182. 廖文卿, 精密壓電衝擊儀之設計、分析與實驗, 國立台灣大學應用力學研究所碩士論文 (1996).

183. 高志誠, 以相位重建技術研製三維電子斑點干涉儀, 國立台灣大學應用力學研究所碩士論文 (1999).

184. 陳怡君, 全域波傳量測系統之理論與實驗: 以穩頻雙共振腔脈衝雷射為電子斑點干涉及全像紀錄／重建光源之架構開發, 國立台灣大學應用力學研究所碩士論文 (2000).

185. 黃元甫, 即時動態全域量測系統之研究: 全像與脈衝雷射之創新應用, 國立台灣大學應用力學研究所碩士論文 (2001).

186. C. J. R. Sheppard and T. Wilson, *Optics Letters*, **3** (3), 115 (1978).

187. S. Kimura and T. Wilson, *Appl. Opt.*, **32** (13), 2257 (1993).

188. E. Kawasaki, M. Schermer, and R. Zeleny, *Biophotonics International*, **6** (1), 46 (1999).

189. J. W. Goodman, *Introduction to Fourier Optics*, McGraw-Hill (1992).

190. T. Wilson and A. R. Carlini, *Optics Letters*, **12** (4), 227 (1987).

191. H. Bruijn, B. Altenburg, R. Kooyman, and J. Greve, *Optics Communications*, **82**, 425 (1991).

192. B. Liedberg, C. Nylander, and I. Lundstrom, *Sens. Actuators*, **4**, 299 (1983).

193. B. Johnson, S. Lofas, and G. Lindquist, *Anal. Biochem.*, **198**, 268 (1991).

194. H. Morgan and D. M. Taylor, *Biosensors and Bioelectronics*, **7**, 405 (1992).

195. A. H. Severs, R. B. M. Schasfoort, and M. H. L. Salden, *Biosensors and Bioelectronics*, **8**, 185 (1993).

196. J. Haimovich, D. Czerwinski, C . P. Wong, and R. Levy, *J. Immunol. Methods*, **214**, 113 (1998).

197. H. Bruijn, R. Kooyman, and J. Greve, *Appl. Opt.*, **32** (13), 2426 (1993).

198. S. R. Karlsen, K. S. Johnston, R. C. Jorgenson, and S. S. Yee, *Sensors and Actuators B*, **24**, 747 (1995).

199. M. Zervas, *Optical Fiber Sensors*, **44**, 327 (1989).

200. R. E. Dessy and W. J. Bender, *Analytical Chemistry*, **66**, 963 (1994),

201. B. Rothenhausler, C. Duschl, and W. Knoll, *Thin Solid Films*, **159**, 323 (1998).

202. L. Fagerstam, A Frostell-Karlsson, R. Karlsson, B. Persson, and I. Ronnberg, *J. of Chrom.*, **597**, 397 (1992).

203. A. L. Plant, M. Brigham-Burke, E. C. Petrella, and D. J. O'Shannessy, *Anal. Biochem.*, **226**, 342 (1995).

204. J. G. Quinn, R. O'Kenndy, M. Smyth, and J. Moulds, *J. Immunol. Methods*, **206**, 87 (1997).

205. J. S. Tung, J. Gimenez, C. T. Przysiecki, and G. Mark, *J. of Pharmaceutical Sci.*, **87** (1), 76 (1998).

206. R. J. Adrian, *Annual Review of Fluid Mechanics*, **23**, 261 (1991).

207. N. Grosjean, L. Graftieaux, M. Michard, W. Hübner, C. Tropea, and J. Volkert, *Meas. Sci.*, **8**, 1523 (1997).

208. H. Mishina, T. Ushizaka, and T. Asakura, *Optics and Laser Technology*, 121 (1976).

209. K. Keith, S. Braeside, and D. Axminister, *Laser Doppler Microscopy Methods and Instruments*, U.S. Patent, pn:5778878 (1998).

210. H. S. Chuang and Y. L. Lo, *First Cross-Straight Symposium on Microsystem Technologies*, 293 (2000).

211. Y. L. Lo and G. S. Chuang, *Fluid Velocity Measurements in Micro-Channel by Two New Optical Heterodyne Microscopes*, Accepted by OSA, *Applied Optics* (2002).

212. M. R. Mackenzie, A. K. Tieu, P. B. Kosasih, and L. N. Binh, *Meas. Sci. Technol.*, **3**, 852 (1992).

213. D. Modarress, D. Fourguette, F. Tuagwalder, M. Gharib, S. Forouhar, D. Wilson, and S. Scalf, *10th International Symposium on Applications of Laser Techniques to Fluid Mechanics* (2000).

214. Z. Chen, T. E. Milner, S. Srinivas, X. J. Wang, A. Malekafzali, M. J. C. van Germert, and J. S. Nelson, *Opt. Lett.*, **22**, 1119 (1997).

215. H. Xie, Y. Pan, and G. K. Fedder, *Micro Electro Mechanical Systems*, The Fifteenth IEEE International Conference, 495 (2002).

216. M. J. Levesque and R. M. Nerem, *Journal of Biomechanical Engineering*, **107**, 341 (1985).

217. K. M. Barber, A. Pinero, and G. A. Turskey, *American Physiological Society*, H591 (1998).

218. J. G. Santiago, S. T. Werely, C. D. Meinhart, D. J. Beebe, and R. J. Adrian, *Experiments in Fluids*, **25**, 316 (1998).

219. O. Berberig, K. Nottmeyer, J. Mizuno, Y. Kanai, and T. Kobayashi, *Solid State Sensors and Actuators, Tranducers '97 Chicago.*, International Conference, **1**, 155 (1997).

220. V. Gass, B. H.van der Schoot, and N. F. de Rooij, *Proc. IEEE-MEMS Workshop*, 167 (1993).

221. F. Jiang and Y. C. Tai, *Electron Devices Meeting, Technical Digest.*, International, 139 (1994).

222. C. D. Meinhart, S. T. Werely, and M. H. B. Gray, *Measurement Science Technology*, **11**, 804 (2000).

223. S. M. Flockhart and S. J. Yang, *Microengineering Components for Fluids*, IEE, 2/1 (1996).

224. B. Ovryn, *Experiment in Fluids*, **29**, 175 (2000).

225. F. H. Mok, *Optics Letters*, **18**, 915 (1993).

226. 莊漢聲, 楊正財, Micro-PIV 測試與建立, 初版, 新竹: 工研院量測中心 (2002).

227. Sandia, *MEMS Reliability Short Course*, Nov., 14-16 (2000).

228. 彭鴻霖編著, 可靠度技術手冊 (1997).

229. 林澤勝, 張忠恕, 陳友欽, 林淑霞, 矽壓阻式壓力感測器環境測試與可靠性分析技術研究報告, 工業材料研究所報告編號: 053860311 (1997).

230. 彭成鑑, 張忠恕, 林澤勝, 林淑霞, 陳友欽, 血壓感測元件實驗量產可靠性分析, 工業材料研究所報告編號: 053870333 (1998).

231. 王宗華編著, 可靠度試驗與評估, 中華民國品質管制學會發行, 初版二刷 (1994).

232. MIL-STD-202F, *Test Methods for Electronic and Electric Component Parts*.

233. EIAJ ED-8403, 半導體壓力感測器環境及耐久性試驗方法 (Environmental and endurance test methods for semiconductor pressure sensors (Diffused piezoreistance type), (1994).

234. Motorola, *Sensor Device Data, and Sensym. Solid-State Pressure Sensors Handbook*, 3rd. (1995).

235. MIL-STD-883, *Test Methods and Procedures for Microelectonics*.

236. M. Dardalhon, *Failure Analysis in MEMS: A Summary of Texts Published in the Literature*, Dec. CNES, France (2001).

237. A. Hartzell and D. Woodilla, *Proc. IEEE International Reliability Physical Symposium*, San Diego, CA, 202 (1999).

238. H. F. Schlaak, F. Arndt and M. Hanke, *Proc. of 19th International Conference on Electrical Contact Phenomena*, Nuremburg, Germany, 59 (1998).

239. D. M. Tanner *et al.*, *Proc. IEEE International Reliability Physics Symposium*, 189 (1999).

240. S. L. Miller *et al.*, *Proc. IEEE International Reliability Physics Symposium*, 17 (1998).

241. S. Brown *et al.*, *Intl. Conf. on Solid-state Sensors and Actuators*, 591 (1997).

242. C. L. Muhlstein *et al.*, "High-Cycle Fatigue of Polycrystalline Silicon Thin Films in Laboratory Air", *MRS Symposium Proceedings*, **657**, EE5.8.1-EE5.8.6 (2000).

243. F. Shen, P. Lu, S. J. O'Shea, K. H. Lee, and T. Y. Ng, *Sensors and Actuators*, **A 95**, 17 (2001).

244. M. R. Douglass, *IEEE Int. Reliability Physics Symp.* Proc., 9 (1998).

245. D. M. Tanner, *Proc. 22rd international Conference on Microelectronics*, **1**, 14 (2000).

246. D. M. Tanner, J. A. Walraven, K. S. Helgesen, L. W. Irwin, D. L. Gregory, J. R. Stake, and N. F. Smith, *IEEE International Reliability Physics Symposium*, 139 (2000).

247. M. R. Douglass, D. M. Kozuch, *SID 95 Applications Digest*, **26**, 49 (1995).

248. T. G. Brown and B. S. Davis, *SPIE Conf. on Materials and Device Characterization in Micromachining*, **3512**, 228 (1998).

249. D. M. Tanner, J. A. Walraven, K. S. Helgesen, L. W. Irwin, F. Brown, N. F. Smith, and N. Masters, *IEEE Int. Reliability Physics Symp.*, 129 (2000).

250. A. R. Knudson, S. Buchner, P. McDonald, W. J. Stapor, A. B. Campbell, K. S. Grabowski, D. L. Knies, S. Lewis, and Y. Zhao, *IEEE Transactions on Nuclear Science*, **43** (6), 3122 (1996).

251. F. Shen, P. Lu, S. J. O'Shea, K. H. Lee, and T. Y. Ng, *Sensors and Actuators*, **A95**, 17 (2001).

252. A. K. Sharma and A. Teverovksy, *Evaluation of Thermo-Mechanical Stability of COTS Dual-Axis MEMS Accelerometers for Space Applications*, http://www.nepp.nasa.gov (2000).

253. A. K. Sharma, A. Teverovsky, and F. Felt, *Thermo-Mechanical Characterization of Motorola MMA1201P Accelerometer Test Report*, http://www.nepp.nasa.gov

254. B. Murari, "Is Micromachining Still a Dream or an Industrial Reality?", *IEEE/ASME International Conference on Advanced Intelligent Mechatronics*, Como, Italy, 8 (2001).

255. P. Sandborn, *MEMS Packaging and Reliability*, CALCE Electronic Products and Systems Center, University of Maryland, College Park, Maryland 20742.

第十二章　模擬與分析技術

12.1 前言

　　實驗、理論與計算是解決工程問題三種不同的方式，各有其優缺點。實驗方法是以控制實驗條件在真實模型下探究問題，而後兩者是透過虛擬模型的建構，運用解析或是計算的方法來解決問題。理論與計算方法一般的解決步驟，如圖 12.1 所示。首先在面對一個工程問題或現象時，分析者將此分析的對象或系統依經驗準則做適當的假設，將此實際對象以一近似的物理模型來代替，也就是將處理的真實模型轉換成一物理模型。每個物理模型都有其假設條件，因此有一定的適用範圍，背後有對應的材料性質、幾何及外力特性與物理定律等描述此物理模型的行為。例如等向與非等向、線性與非線性、彈性與塑性及剛體與撓性體等都是可能的材料性質；大變形、小變形大旋轉、小變形小旋轉、樑模型與板殼模型及固定邊界等都是可能的變形幾何模式；而牛頓運動定律與歐姆定律是很常見的物理定律。

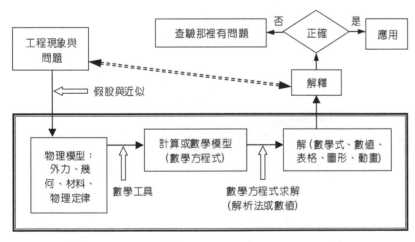

電腦輔助分析或電腦輔助工程

圖 12.1
工程問題的分析步驟。

第 12.1 及 12.2 節作者為姚志民先生。

　　經由物理模型之材料、幾何、外力與物理定律等之假設，再配合數學理論與工具，可推導出此物理模型之數學方程式，此稱之為數學模型 (mathematical model)，又稱為統御方程式 (governing equation)。該數學模型可能是代數方程式、常微分方程式、偏微分方程式或是混合的型式。數學方程式有時可利用解析法 (analytical method) 求出解析解 (analytical solution)，此解析解通常為數學式，有時會再利用數值法來求得此數學式之值與其特性。對於無法求得解析解的問題，就必須採用數值方法來求其數值解 (numerical solution)，此時的數學模型又可稱之為計算模型 (computational model)。舉個簡單的例子，如圖 12.2(a) 所示的微結構，它的一端與矽基板連接，另一端為自由端，可受力而產生變形，可能的一個物理模型是懸臂結構，如圖 12.2(b) 所示，此物理模型之計算模型可以是有限元素法之三維元素如圖 12.2(c)，或是用二維板元素如圖 12.2(d)，亦或用一維樑元素如圖 12.2(e)。也可用如圖 12.2(f) 之偏微分方程式的懸臂歐拉樑 (Euler beam) 數學模型來進行分析，也就是假設此結構之剖面在變形時是平面，變形後也是平面，它的固定端假設為不會變形之牆面。至於外力可能假設為集中力，也就是外力是僅作用在一個點上，因面積無限小，故此假設模型在理論上該處所受應力會無限大，但因有限元素之元素是有限大小，所以該節點之應力會相當大，但不是無限大。

　　數學模型的解可能以數學式、數值、表格、圖形及動畫等不同的方式展現，分析者透過這些不同的展示結果，來解釋物理模型的物理現象，若是物理模型適當的代表要探索的真實物理對象，那也就相當是在解釋真實的問題。結果的正確與否須作適當的判斷，因為有可能在前述之分析過程中，發生錯誤或做了不適當的假設。嚴格來說，正確的意義是在

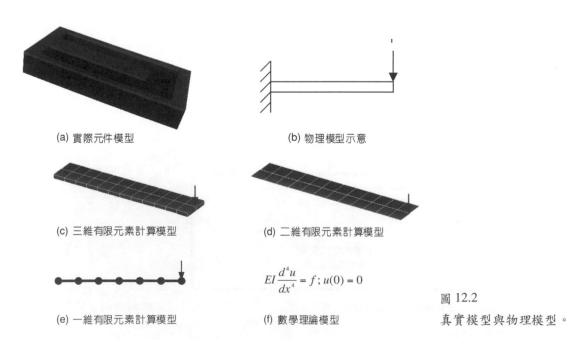

(a) 實際元件模型

(b) 物理模型示意

(c) 三維有限元素計算模型

(d) 二維有限元素計算模型

(e) 一維有限元素計算模型

(f) 數學理論模型

$$EI\frac{d^4u}{dx^4} = f\,;\,u(0) = 0$$

圖 12.2
真實模型與物理模型。

結果的準確度是否是可接受的，不同的問題與不同的要求，可接受的程度就不同。結果是否正確通常需要許多的經驗累積，此經驗包括對相關物理現象的理解程度、理論的基礎及邏輯判斷等。若發現結果有問題，就要從每個過程中去分析判斷那個部分或環節出錯，修正後再分析，直到結果正確為止。若結果正確，就可以應用此分析的結果，也就是可用來瞭解現象、修正設計甚至重新設計。上述的過程稱之為分析，反過來的步驟則稱之為設計或合成 (synthesis)，就是在已知系統特性規格下，找出滿足此特性的物理系統與參數。

在上述的分析過程中，有幾個很重要的關鍵是分析者要特別注意的。真實系統產生物理模型的假設，必須在近似程度與複雜度中取得平衡，物理模型愈簡單通常處理起來愈方便也愈快，但相對的其精確度或與真實系統的相似程度就越差。若要採用解析法則假設條件與限制較多，若運用數值法則可處理的系統可以較複雜。此步驟所需的專業知識與分析的經驗占很重要的角色，如何運用一個夠簡單卻又能保留重要的性質，是快速且有效分析中不可或缺的能力。推導出物理模型的統御方程式，所需要的是對物理定律的清楚瞭解與數學的運用，因此對分析者專業學養的要求較高，對數學能力也有一定程度的要求。用解析法求解統御方程式需數學求解能力，數值解法則要求對數值方法與電腦程式有所瞭解。對結果的判讀，則對處理對象的物理特性之學理也要有相當程度的認識，經驗也很重要。

由於電腦軟硬體、數值方法與程式語言的發展，使工程師與研究者有了很好的方法解決許多無法由解析解求出的問題。近年來因圖形使用者介面 (graphic user interface, GUI) 技術的迅速發展，使得電腦輔助分析軟體的發展日益蓬勃，使得運用電腦軟體來協助分析與設計之電腦輔助工程 (computer-aided engineering, CAE) 領域被廣泛的應用在各工程領域，運用有限元素法、邊界元素法、有限差分法及有限體積法等數值計算為基礎的商用軟體，被廣為應用在各研究領域和工業。這些年微機電的快速發展，加上微機電之原型開發的耗時與昂貴，讓微機電的專用軟體也隨之應運而生，目的是滿足微機電產業的需要。

現今電腦輔助工程軟體工具的應用，大大的簡化了分析的過程與效率，它們使得分析者用圖形的方式直接建構出物理模型，包括幾何外形、幾何邊界條件、外力型態、求解類型，以及數值方法與參數等，之後電腦程式就可自動產生數學方程式並進行求解。求解完後，使用者可以數值、表格或特別是圖形與動畫的方式來協助結果的解讀。因此使用者不再需要自己推導數學方程式，也不再需要自己求解方程式，便可輕易的將數值結果用視覺的方法呈現出來。但是如何假設與近似，如何判斷與解讀結果，如何應用此結果，則是目前電腦無法取代分析者的部分。分析者不再需要那麼多的學理基礎、數學能力與數值技巧，藉由軟體的專業協助，可以大大加速分析的進行。所以電腦輔助工程軟體應用的優點，是透過滑鼠與鍵盤以具親和力的繪圖方式，建構物理模型來建立虛擬原型 (virtual prototyping)，以取代或減少實體原型之製作與測試時間及成本，易於變更設計與驗證，善加運用可縮短設計開發的時間，降低開發的成本，提升產品的性能。易於操作與對理論及數學能力的要求較低，使更多的人包括專家與非專家都可以參與產品不同層次的設計與分析。由於微機電製程的成本相當高，更使得電腦輔助工程在此方面的應用益發重要。

　　本章將針對微機電模擬分析的重要內容與發展做完整的介紹，在下一節先介紹基本架構與重要的技術內容，讓讀者能對其風貌與內涵有所瞭解，後續的三節再分別就系統層次與巨觀模型、元件特性模擬與製程模擬，做更深入的探討與說明，微機電軟體發展狀況則於最後一節中描述。

12.2 微機電分析模擬基本架構與內容

　　微機電系統是一個結合機械、電子、光學、材料、物理、化學、生物及醫學等多重技術之領域，特別是強調整合不同領域之特性，希望能達到積體化、高效率化、智慧化、低成本化、可量產化和高附加價值之目標。微機電系統包括兩個主要對象，一個是微機電元件，一個是微機電系統。微機電元件意指微感測器、微結構及微致動器等微元件本身，而微機電系統則泛指包含微機電元件，以及其他相互連接或搭配之各類電路、光學等組件或系統。

　　為了設計或分析微機電系統，所需要的完整微機電設計與分析之主要內容與架構顯示於圖 12.3，其中有多階層 (multi-level) 與多重物理領域 (multi-physics) 兩大特性。多階層特性以由上而下的設計流程來看，最上層的系統階層 (system level)，是探討此微系統整體的特性與性能。下一層的元件行為階層 (device behavior level)，以簡化的數學模型來描述微元件的物理模型。再下一層的元件物理階層 (device physical level)，重點是精確的模擬微元件的各種性能與特性。最底層的製程階層 (process level)，是給定二維光罩圖形及製程步驟與條件下，模擬所製作出來的元件幾何外觀。此四個階層組成微機電多階層模擬的架構[1]，由上而下是微系統的設計流程，從系統的規格訂出後，找到合適的元件行為，再找到符合元件行為的元件細部設計，然後訂出製造的方式；由下而上是驗證與分析流程，在實際的設計過程中，設計與驗證流程通常是不斷的交互運用，以決定出最後符合規格的設計。

　　在多階層模擬特性中，階層間資料的交流是很重要的。就由上而下的設計流程而言，如何從系統的規格，到微元件的行為特性，到元件的幾何與材料等特性，最後到怎樣的製程可以做出此微元件，需要不同的工具來加速設計的過程，合成工具即扮演著由上而下階層間的角色。另外最佳化的工具可以協助在各階層間或是在各階層內找到較佳的設計。因為一個軟體不可能做所有的分析，也不是所有的功能都符合需求，因此各軟體之間的整合運用就很重要。要整合則各軟體之間資料的流通就要靠彼此之間的介面來達成，這就要求軟體的開放性要夠，也就是它應該提供充份的輸出與輸入功能來運用別的軟體資料或讓別的軟體分享它的資料。相關的軟體工具需求即建基於此這兩大特性，以下將扼要說明其內涵。

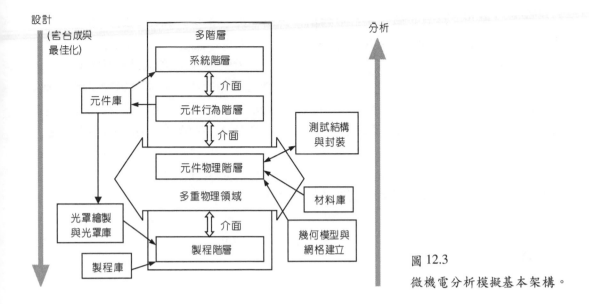

圖 12.3
微機電分析模擬基本架構。

12.2.1 元件物理階層

　　微元件之分析模擬的一個最重要項目是微機電元件之特性與性能，也就是希望在微元件製作出來之前，能透過分析模擬事前知曉元件的特性與性能是否達到設計規範，經由設計變更或修正以便獲得較佳的元件，此分析模擬之階層稱為元件物理階層。在此階層的重點是精確地模擬微元件的各種性能與特性，所需要的是微元件分析模擬技術。此階層除了可運用解析方法來求解外，特別強調的是運用有限元素法、邊界元素法及有限體積法等場方程式之計算方法來求解問題。

　　除了個別領域之分析模擬，如結構應力應變、熱傳、流場及電磁場等，另外更重要的是多重領域分析或稱之為耦合分析 (coupling analysis)，因為微元件常運用不同能量轉換來運作，也是最大的挑戰。以能量的種類來區分，主要有機械能、電能、磁能、輻射能、化學能與熱能等不同能量型態，微感測器與微致動器的設計即充份運用這些能量本身，以及能量之間的轉換來達成所要的性能，其中電能與構成微結構本身的機械能耦合是最普遍的設計，機電耦合模擬也就變成最重要的需求。隨著製造與設計能力之進展，牽涉其他能量或更多能量間的耦合分析也益發重要。此外，當微元件最後要成為可直接使用的產品時，一定要做封裝 (packaging)，因此封裝之特性分析以及封裝對微元件特性的影響分析，也是元件物理階層所應探討的問題。

　　由於元件在微小化後，許多物理特性有可能改變，因此在微機電分析中應特別留意小尺度之準確與可靠性問題。在微系統邁向成熟的階段下，新的小尺度物理模型之研究與建立是必需的。雖然如此，利用現存工程師所熟悉之大尺度物理定律的物理模型與工具，仍在一定範圍內具相當之價值。

運用有限元素法、邊界元素法、有限體積法等場方程式來求解問題的第一步驟是建立網格 (mesh)，因為這些方法都是透過網格的概念將連續體的特性離散化(discretize)，也就是將無限自由度的系統以有限自由度的系統來近似。網格是由許多的元素 (element) 組成，而元素由節點 (node) 組成。每個元素皆有其對應的假設條件，例如一維、二維與三維、線性元素與高階元素、完全 (full) 積分與縮減 (reduced) 積分、樑元素與板殼元素等等不一而足。網格類型的選取與幾何特性的品質好壞，如深寬比 (aspect ratio)、夾角與扭曲度 (distorsion)，與計算的精確度及效率有很大的關係。

能快速建立網格，且又兼具網格的高品質是不可或缺的技術，建立的方式主要有兩種，一種是由下而上，就是先建立格點再組成元素，此法較少使用；另一種方法是由上而下，就是先建立幾何，再將此幾何切割成網格，稱之為實體模型法 (solid modeling)。自動網格產生 (auto mesh generation) 與適應網格 (adaptive meshing) 都是為協助建立網格所發展出來的技術。至於幾何的產生可分為兩種方式，一是直接用具有幾何建構核心之軟體，如所謂的電腦輔助設計 (computer-aided design) 軟體如 Pro/Engineer、I-DEAS 等，或是泛用型前處理軟體如 Patran。另一種方式是透過製程模擬來產生幾何模型，此方式是微機電專用軟體所採用的最主要方法。

材料性質在元件特性分析時是當成已知的，因此在分析前如何取得可靠的材料性質是很重要的。因為微機電的材料性質隨製程的不同條件會有不同的數值，更增加其困難度。透過實驗測試方法或特殊之測試結構來得到可靠的材料性質常是必要的手段，特別是機械性質，尚沒有標準化的測試，文獻中的值也有很大的差異，取得也較不易，若能有材料庫供參考查閱，對分析之進行會有很大的助益。測試結構的設計本身有時也可看成是一種微元件的設計，因此也可採用此階層之分析技術來協助其設計。

12.2.2 製程階層

此階層主要包括四個部分的內容：光罩 (mask) 繪製、製程步驟與條件定義、製程模擬以及設計法則驗證 (design rule check)，其中製程模擬是在現階段微機電元件設計專用軟體開發中最主要的項目之一，是給定二維光罩圖形及製程步驟與條件下，模擬所製作出來的元件幾何外觀。製程模擬軟體工具的開發與應用，最主要的功能是為了得到微元件被製作完成後的幾何，同時也可以透過三維的立體幾何或二維的剖面幾何之視覺圖形，幫助設計者瞭解與掌握微元件幾何尺寸與光罩繪製是否正確。製程模擬的方法可區分為與製程條件有關以及與製程條件無關，製程模擬將於 12.5 節中詳述。

利用微影 (lithography) 製程為基礎的微加工製程，是利用光罩圖形來將形狀轉移到晶片上，製作光罩之前則要有光罩圖形的繪製，此光罩圖形是二維的圖形，它的繪製通常使用光罩軟體工具。光罩軟體提供許多二維圖形繪製、修改、複製等基本功能，由於微機電在真實曲線之需求,有別於積體電路中微電子元件以多邊形為主,因此能否提供真正曲線之繪製功能,是微機電專用光罩工具軟體必備的功能。此功能結合直接運用真正曲線產生的實體幾何,對網格的建立是非常重要的。另外是否能提供參數化光罩庫,以便讓繪製者對常用的幾何型式或元件能快速的利用幾何參數值的輸入,得以產生並重複使用。

每個光罩工具軟體有自己的光罩檔案格式,但常用來儲存或交換使用之光罩檔案的格式,主要有 GDSII、CIF、DXF 三種,因此具備此三種格式之一種以上的輸出與輸入或轉檔是這些軟體必備的功能。GDS 是圖形設計系統 (graphic design system) 的縮寫,GDS 格式有幾個不同的名稱,如 GDSII、GDS II、Calma GDSII Stream 格式等。CIF 是加州理工中介格式 (Caltech intermediate format),此兩個格式是原本積體電路設計與代工廠常用的標準格式,此兩格式原則上主要支援多邊形 (polygon) 圖形。DXF 是 AutoDesk 公司為 AutoCAD 軟體所制定出來的繪圖交換檔 (drawing interchange file),AutoCAD 是機械領域廣泛使用之繪圖軟體,支援各式各樣的圖形繪製能力,但是用來做光罩用途時,通常會限制其為多邊形圖形才可。因此在做檔案交換轉檔時,應注意真正曲線與多邊形之轉換問題。

設計法則 (design rule) 的訂定[2],是為了確保製程成功的最大可能性。它是對光罩幾何上的一些限制,包括每層 (layer) 光罩內的圖形,以及不同層光罩內圖形之間的尺寸限制。例如常見的最小線寬 (minimum width)、最小間距 (minimum space)、含括 (enclosed) 或包圍 (surround)、切入 (cut-in) 或重疊 (overlap)、切出 (cut-out) 或延伸 (extend),如圖 12.4 所示。通常最小設計規範是由微影製程解析度 (resolution) 與對準 (alignment) 能力之限制所產生,所以設計法則驗證 (design rule check, DRC) 是光罩繪製過程中應當進行的驗證工作。若是微機電元件本身並不複雜,可以人為的驗證來取代軟體的協助。

製程模擬給定二維光罩圖形及製程步驟後,自動產生微元件之三維幾何。反過來若已知三維幾何與製程步驟時,自動產生對應之光罩圖形,也可加快設計的進行。

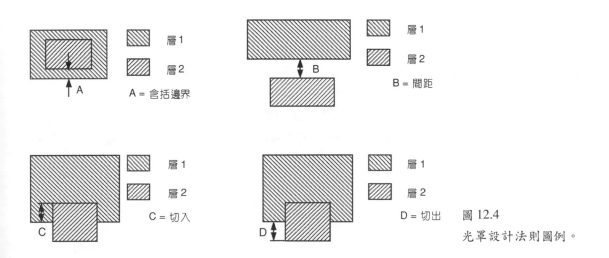

圖 12.4
光罩設計法則圖例。

12.2.3 系統與元件行為階層

　　系統階層分析的對象是微機電系統，泛指包含微機電元件以及其他相互連接或搭配之各類電路、光學等組件或系統。計算此微系統整體的特性與性能，也就是所謂的系統模擬 (system simulation)，如此之軟體工具即稱之為系統模擬軟體。因此最完整的系統模擬軟體應能處理混合訊號 (mixed signal) 與混合技術 (mixed technology)。所謂混合訊號包括的是數位 (digital) 與類比 (analog) 訊號。而混合技術指的是除了電路外，也能同時處理機械、光學等其他不同元件，所以可視為在系統層次的多重物理領域耦合模擬。此系統模擬雖也可做穩態分析，但最主要的功能是在暫態 (transient) 分析。

　　既然微機電系統中含有微機電元件，因此在微機電系統模擬時，就需要微機電元件的數學模型。但在系統模擬中，使用需要大量計算的元件物理層次之模型是不切實際的，因計算量會太龐大。所以如何由精確的元件物理層次之計算結果來獲得一個近似的模型，是元件行為層次 (device behavior level) 最重要的工作，此近似模型又稱之為降階 (reduced order) 模型或是巨觀模型 (macromodel)。另外配合系統模擬程式所需的模型描述方式，半自動或全自動產生如 SPICE、HDL-A 等之計算模型，也是重要的功能，可減少學習系統模型語法及人力撰寫模型的時間。於 12.4 節中將對系統模擬與簡化模型有更詳細的說明。

　　元件庫的提供是對系統設計能快速進行的重要功能，這在半導體電子電路設計中是廣泛被採用的方式，該功能讓設計者可以快速運用現有的各種元件，組合成一個系統後，進行分析驗證其性能。同樣的，若能將微機電元件的巨觀模型建成一元件庫供系統設計者使用，甚至將之建成參數化的元件庫，將可大幅縮短系統設計的時間。若此元件庫的元件，其每個模型又包括其對應的光罩設計，將可縮短光罩之設計與繪製時間。

　　此外，在積體電路設計中也常提供一個功能，供設計者進行系統與光罩設計的驗證工作。因為系統必須由光罩的設計與製程將之實際製作出來，如何在製作之前確保詳細的光罩圖形所對應的設計就是系統模擬時所設計的系統，是避免錯誤的重要工作。微機電之設計驗證也應包括此類似的功能。

12.3 元件特性之物理領域模擬

　　為了充份了解微機電結構在各種操作環境狀況下之特性，以配合有限元素或邊界元素法等作各特定物理領域 (domain specific physical level) 的模擬，是微機電元件設計相當關鍵的一環。目前市面上微機電相關的專業模擬軟體，皆能結合元件的光罩設計圖及實際的製程描述 (process description)，自動產生微機電元件三維的實體模型 (3D solid model)，並做特定物理領域的模擬計算。概括而言，特定物理領域的模擬是將相關的物理方程式 (偏微分方程式) 及邊界條件，運用數值分析的理論及技巧，套用於元件實體模型所代表的幾何結構上，完整詳細的計算出相關物理量的數值或分布，並可由此得知元件的性能，驗證是否符

第 12.3 節作者為楊燿州先生。

合原來設計者的預期需求，讓設計者在花費最少的金錢及時間之下達到最佳化的成效。

　　一般模擬的程序是先將元件實體模型網格化 (meshing)，再利用有限元素法 (finite element method) 或是邊界元素法 (boundary element method) 的方式將相關的物理方程式離散化 (discretize) 來分析。就分析數據的精確度來說，使用者可以依照結構的複雜度，或是想要的模擬精確度，自行控制網格的疏密，以達到省時又精準的分析結果；接下來的章節將介紹目前微機電相關軟體在各特定實體領域模擬計算之功能。

12.3.1 機械固力分析

　　微機電元件設計者常常需要瞭解當元件受各種不同外力後，元件產生機械形變的情況，而分析機械形變的部分，通常皆可用固力的計算軟體達成。機械固力分析也常常跟其他現象耦合作分析，後面將舉例說明。

　　圖 12.5(a) 中所顯示的是一個橋結構 (即兩端固定的長平板) 網格化的結果。圖 12.5(b) 為此橋結構在受一由上至下的均勻外力後之形變。

　　除了受力分析之外，找出元件的自然共振頻也是非常重要。輸入訊號若是與機械結構的自然共振頻率接近，會激發出最大的振動振幅。預測結構之自然共振頻率的應用極多，例如許多加速度計的操作頻寬之上限即受限於共振頻率。也有很多元件是以共振的現象，作為操作的基礎原理，例如微機電共振器或濾波器等，這些元件之機械結構共振時，其品質因子 (quality factor) 較一般電子式的元件大許多，因此有可能在高頻的應用中取代電子式的元件。圖 12.6 顯示圖 12.5(a) 中的橋結構在自然共振分析中之前三個自然共振頻的共振模態。因便於檢視之故，在圖 12.6 結構之厚度較圖 12.5(a) 放大了 10 倍。

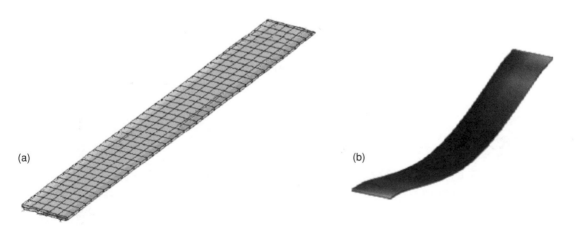

(a)　　　　　　　　　　　　　　　　　　　　　　　　(b)

圖 12.5 (a) 經過八節點六面體元素 (8-node brick element) 網格化的橋結構，(b) 橋結構在受一由上至下的均勻外力後之形變。

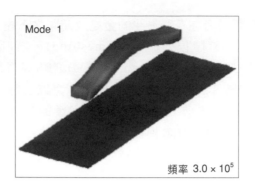

圖 12.6
橋 結 構 之 前 三
個 自 然 共 振 頻
率 的 共 振 模 態。

12.3.2 靜電及固力耦合之分析[3]

　　微機電分析中常見卻複雜的分析就是靜電及固力耦合之分析 (coupled electromechanical analysis)。以大部分的應用而言,最輕易輸入微機電元件之訊號 (或能量) 為電壓;此外,電容式靜電力之致動器對微機電元件而言是最易設計、製作及操作的,因此利用靜電力造成微機電元件之機械結構形變是相當普遍的操作方式。

　　圖 12.7 為一懸臂樑在加電壓前及加電壓後結構變形的示意圖。當此系統達成力平衡時,靜電力與結構之恢復力 (機械固力計算) 互相抵消。以下將介紹如何使用數值方法來整合獨立的靜電力計算程式,以及如何使用機械固力的計算程式來求得最終的力平衡。

(1) 運算方式

　　一般來說,靜電及固力耦合之分析,都是利用迭代 (iteration) 的方式來求得。其中較為穩定及準確的方式是利用有限元素法模擬程式來解固力的領域,利用邊界元素法模擬程式來解靜電力的領域,而採用鬆弛法 (relaxation method) 來整合兩個領域之模擬程式。在此以懸臂樑為例說明 (圖 12.7)。當懸臂樑給定一外加電壓時,可經由靜電力的模擬程式求出靜電力在結構上的分布;由於此靜電力會對其結構產生向矽基底方向彎曲的形變,因此將此靜電力分布當作固力模擬程式的負載條件,計算出結構實際的變形,完成第一個循環之計算。此一形變將使結構產生彈性恢復力 (詳細情形應為固定端產生恢復力矩，此處為方便解說而作簡化)，方向為向上，即遠離矽基底方向，且與之前計算出之靜電力相平衡。然而實際上，由於形變的影響，原本因外加電壓而分布的電荷將重行分布，在形變較大，即兩結構彼此比較靠近之處 (如懸臂樑之端點處)，電荷分布將較密集，此一電荷重分布勢必導致靜電力影響增加，因此必須作迭代的計算：將剛求出已「形變的 (deformed)」結構，作為靜電力的模擬程式所將模擬的結構，重新計算靜電力之分布，然後再將此靜電力分布作為固力模擬程式的邊界條件，計算新的變形量。此一「靜電力→引起形變→改變靜電力→引起新形變→…」的迭代流程，即為鬆弛法。每次迭代產生結果的形變量，若收斂的話，差距將越來越小，也越接近一收斂的實際結果。當兩次迭代中形變的差距已小到我們可接受的範圍，或迭代次數 (iteration number) 已達設定值時，運算即停止並輸出結果。

(a)

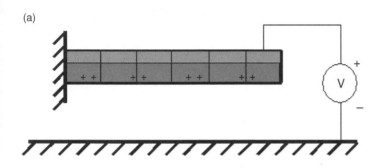

(b)

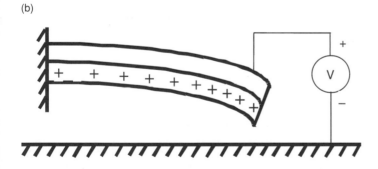

圖 12.7

懸臂樑在加電壓前後結構變形的情況，(a) 加電壓前，(b) 加電壓後。

(2) 突衝現象

突衝 (pull-in) 現象也是靜電及固力耦合分析中較常遇到的應用。這是一種結合靜電力和固體力學的影響，所產生的非線性現象。以微壓力計為例子來解說 (圖 12.8)，當微壓力計結構上方的薄膜給定一個電壓時，由於和底板間靜電力的影響，結構將會產生形變，向底板方向凹陷。當外加電壓逐漸增加時，此一形變量亦隨之增加。而當此外加電壓增加到一個關鍵值時，靜電力將大於結構彈性恢復力的影響，彈性恢復力無法再與靜電力達成平

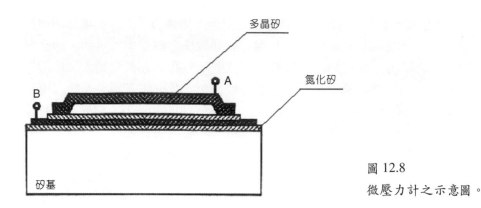

圖 12.8

微壓力計之示意圖。

衡，而使靜電力取得支配性的地位。此時結構形變會突然以非線性方式大量增加，使薄膜凹陷至接觸底板為止，此一現象即為突衝。而開始產生突衝現象的關鍵電壓稱為「突衝電壓 (pull-in voltage)」。

(3) 遲滯現象

當產生突衝現象時，若持續增加外加電壓，整個結構與底材 (substrate) 接觸的面積仍會繼續擴大。當電壓到達一定值後，我們開始以同樣的電壓變化軌跡，反向逐漸減少外加電壓。一般而言，當電壓減少至突衝電壓時，由於此時靜電力的影響仍大於結構彈性力的影響，故薄膜結構並不會立刻與矽基底分離，兩部分結構會繼續接觸。直到外加電壓持續下降至一定值後，兩部分才會分離。此一完整的過程，即為遲滯 (hysteresis) 現象，兩部分結構分離時的電壓稱為「釋放電壓 (release voltage)」。

(4) 電容式微壓力計範例

接下來以一個微壓力計為模擬範例 (圖 12.8 及圖 12.9)。此微壓力計之操作原理是，當外面環境的壓力增加時，上層的多晶矽薄膜會向下凹陷，其凹陷將造成結構變形，也將造成電容值發生改變，因此可以在薄膜變形時，藉由在 A、B 兩點加上測試電壓，以量取電容值。圖 12.10 為其壓力差 (P) 與電容值 (C) 之間的關係圖，因此以後只需要量測電容值，即可對應圖 12.10 求得壓力差。

接下來我們來看微壓力計的突衝現象與遲滯現象的模擬情況，首先在 A、B 兩點間加上電壓差，並且以一次增加 20 V 的方式做直流掃描，直到薄膜與底板接觸在一起之後再將電壓遞減，觀察微壓力計薄膜與底板間距離與電壓的關係 (圖 12.11)。由此圖可以看出當薄膜與底板間距離為零時，此時的外加電壓就是微壓力計的突衝電壓，在此電壓附近薄膜的

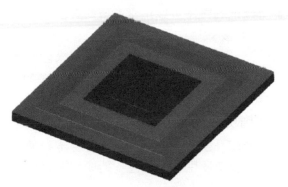

圖 12.9 微壓力計的實體模型。

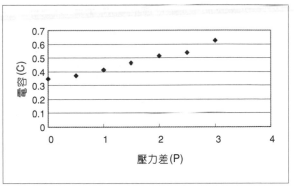

圖 12.10 微壓力計之壓力差 (P) 與電容值 (C) 之間
　　　 的關係圖。

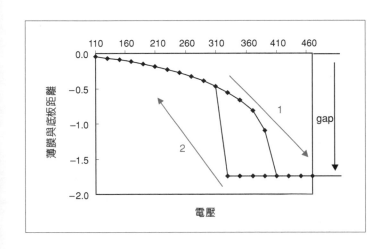

圖 12.11

微壓力計薄膜與底板間距離的變化。

形變突然發生非線性式的劇烈增加，此圖也可以看出，當電壓自突衝電壓逐漸下降時，遲
滯現象也隨之發生。

12.3.3 高頻電感分析[4-6]

　　近年來無線通訊科技使用的普及，許多高頻微機電元件的應用也漸漸成形。其中之一
即為利用微加工技術所發展出的電感。由於在高頻的運作下，表皮效應 (skin effect) 和近接
效應 (proximity effect) 會造成電感元件的整體效應 (包括電阻值及電感值) 隨著頻率變動。

　　在低頻時，電流乃是因為自由電子受電場影響造成自由電子漂移而使得整個導體的自
由電子均產生漂移，但是在高頻交流的情況下，會傾向僅僅只有導體表面的電子產生漂

移，這就稱為高頻電流的表皮效應，因此一個表面氧化的導體可以正常的傳輸直流或低頻交流訊號，但對於高頻訊號而言卻是不良導體。而近接效應的發生原因則是在高頻運作下，電感器周圍的金屬將會產生反方向的感應渦電流，而此感應渦電流又會反過來影響電感器，造成電感值的下降。

　　以下就以一個螺旋電感感測器 (spiral inductive sensor) 作為分析範例 (圖 12.12)，螺旋電感感測器主要可以分為銅製導線以及鋁製金屬板兩個部分。由圖 12.13 可知，當輸入訊號是低頻時，電阻以及電感值不會發生太大的變化，但是在高頻電路時，由於銅導線本身發生表皮效應，因此電阻值會越來越大。此外，高頻訊號也會產生近接效應，造成鋁製平板上生成反方向的感應渦電流 (圖 12.14)，因而使元件電感值大幅下降。

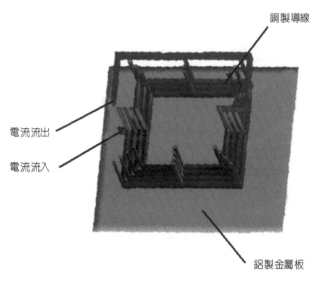

圖 12.12
螺旋電感感測器的的三維示意圖。

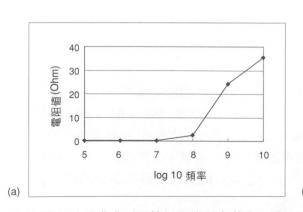

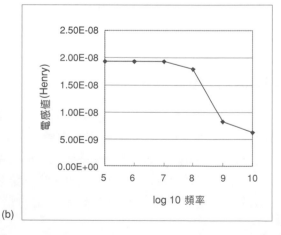

圖 12.13 螺旋電感感測器輸入訊號頻率對電阻關係圖。

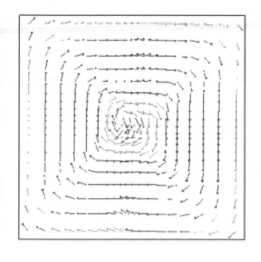

圖 12.14

鋁製平板上的電流密度 (current density) 分布。

　　另外若是將上例的鋁製平板去除，我們將發現當頻率升高時電感值只會小幅下降 (圖 12.15(a))，反觀由於銅導線中的表皮效應依然存在，電阻值仍會因為頻率升高而增加 (圖 12.15(b))。

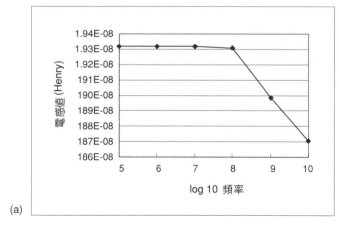

(a)

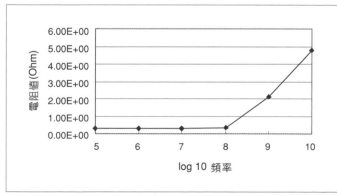

(b)

圖 12.15

去掉平板後，(a) 輸入訊號頻率對電感值關係，(b) 輸入訊號頻率對電阻值關係的模擬結果。

12.3.4 電熱固力分析[7]

　　微機電元件致動器往往都是透過機械結構的變形來達到元件作動的目的，而由於溫度變化所造成的機械變形力量非常的大，相較於其他種類的機械變形可以有較大的驅動力，因此以熱變形做為驅動元件原理的應用也是相當廣泛。接下來就以一個電壓驅動的微熱致動器做為例子，說明微機電元件在電磁、熱、機械方面的綜合模擬。

　　圖 12.16 係熱致動器的三維設計示意圖。此元件的基本操作原理在於設計時相同材料但結構剖面的粗細不同會有不一樣的電阻，結構剖面越細其電阻值也越大。因此當元件通以電壓差時，較細的地方會產生比粗的地方更多的焦耳熱，溫度也就高於粗的地方。圖 12.16 中的熱臂 (hot arm) 是細的地方，粗的地方則為冷臂 (cold arm)，由於熱脹冷縮的效應，使得熱臂變形較冷臂明顯，因此而造成元件會朝向冷臂的方向彎曲形變。

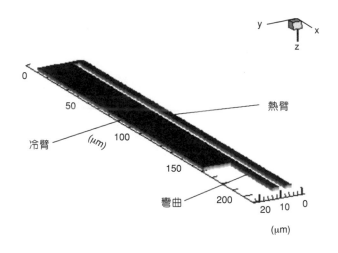

圖 12.16
熱致動器的三維設計圖。

　　此元件的分析流程分為三個步驟：

　　首先在元件的兩個端點外加電壓，再根據材料的電傳導係數計算出元件各部分電流密度的分布。接下來再以此電流密度之分布，算出因為電流密度所產生的焦耳熱，作為熱傳分析之熱產生率分布，接著根據各部位上的能量散逸計算出元件各個部位的溫度分布。圖 12.17 即是熱致動器受到焦耳熱影響後的溫度分布情形。

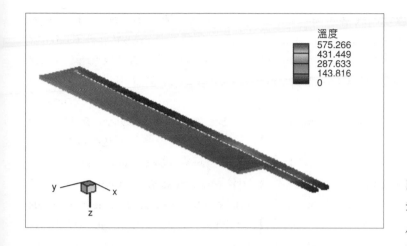

圖 12.17

對元件施加電壓差後各部位的溫度分布情形。

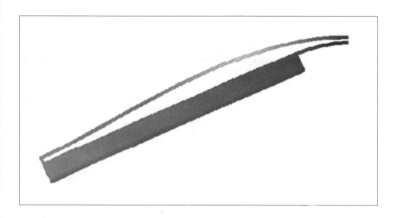

圖 12.18

熱致動器變形的情形。

最後再根據計算出來的溫度分布，以及材料的熱膨脹係數算出因為熱膨脹所造成材料彎曲的情況(圖 12.18)。

12.3.5 壓阻特性分析

當壓阻 (piezoresistive) 材料遭受到外力產生形變，造成原子位置的變動，使得材料的能帶圖產生些微的變動，若此時材料受到外加電場，傳導帶 (conduction band) 內的情形與原來未遭受外力時不一樣，因而造成材料的電阻係數產生變化。一般來說，晶格之形變將造成某些方向的電阻係數增加，或某些方向的電阻係數減少。一般材料的歐姆定律可以表示為：

$$
\begin{bmatrix} E_1 \\ E_2 \\ E_3 \end{bmatrix} = \rho \begin{bmatrix} 1 & 0 & 0 \\ 0 & 1 & 0 \\ 0 & 0 & 1 \end{bmatrix} \begin{bmatrix} J_1 \\ J_2 \\ J_3 \end{bmatrix} \tag{12.1}
$$

加入壓阻 (piezoresistive) 的現象，可將歐姆定律修正為[8]：

$$\begin{bmatrix} E_1 \\ E_2 \\ E_3 \end{bmatrix} = \rho \begin{bmatrix} 1+d_{11} & d_{12} & d_{13} \\ d_{12} & 1+d_{22} & d_{23} \\ d_{13} & d_{23} & 1+d_{33} \end{bmatrix} \begin{bmatrix} J_1 \\ J_2 \\ J_3 \end{bmatrix} \tag{12.2}$$

$$\begin{bmatrix} d_{11} \\ d_{22} \\ d_{33} \\ d_{13} \\ d_{23} \\ d_{12} \end{bmatrix} = \rho \begin{bmatrix} \pi_{11} & \pi_{12} & \pi_{12} & 0 & 0 & 0 \\ \pi_{12} & \pi_{11} & \pi_{12} & 0 & 0 & 0 \\ \pi_{12} & \pi_{12} & \pi_{11} & 0 & 0 & 0 \\ 0 & 0 & \pi_{44} & 0 & 0 & 0 \\ 0 & 0 & 0 & \pi_{44} & 0 & 0 \\ 0 & 0 & 0 & 0 & \pi_{44} & 0 \end{bmatrix} \begin{bmatrix} \sigma_{11} \\ \sigma_{22} \\ \sigma_{33} \\ \tau_{13} \\ \tau_{23} \\ \tau_{12} \end{bmatrix} \tag{12.3}$$

其中式 (12.3) 就是當壓阻材料受到外力後，對電場所產生的修正項。σ_{11}、σ_{22}、σ_{33} 為正向應力，τ_{13}、τ_{23}、τ_{12} 為剪應力。

　　以下就以 Motorola 公司壓力計中的壓阻材料應用[9] 做為模擬分析的例子 (X-ducer)。圖 12.19 為 Motorola 壓力計的二維示意圖。圖中壓阻材料以斜線表示，其長軸為座標 1 方向，短軸為座標 2 方向，高度方向為座標 3 方向。由圖中可以很明顯看出電流只有在座標 1 (J_1) 方向流動，因此 $J_2 = J_3 = 0$，而且由於 X-ducer (即壓阻機構) 是擺在壓力計上端薄膜邊界的附近，壓阻幾乎沒有高度方向的受力與變形，所以其 σ_{33}、τ_{23} 與 τ_{13} 都近似於零。

圖 12.19
Motorola 壓力計二維示意圖。

因此根據壓阻方程式，其電場的大小可以寫成

$$E_1 = \rho(1 + \pi_{11} \cdot \sigma_{11} + \pi_{12} \cdot \sigma_{22})J_1 \tag{12.4}$$
$$E_2 = \rho \cdot \pi_{44} \cdot \tau_{12} \cdot J_1$$
$$E_3 = 0$$

由此方程式可以看出，我們只要給定特定的電壓 V_1，並藉由量測 V_2，即可經過轉換求出感應到的壓力差。由於在製作的過程當中，壓阻的位置會因為製程的微影誤差，使得壓阻無法正好在薄膜邊緣，這也將會影響到感測計的敏感度，一般來說，製程越接近薄膜的邊緣，敏感度也會越高。圖 12.20(a) 為壓力計整體受到外在壓力差後應力的分布情形，而圖 12.20(b) 則是 X-ducer 電位 (electric potential) 的分布圖。

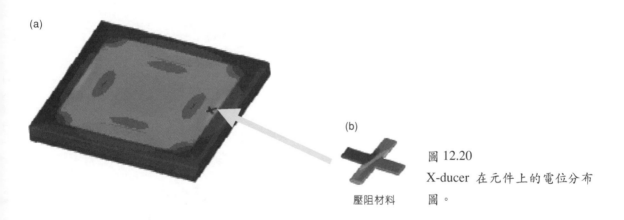

(a)

(b)

壓阻材料

圖 12.20
X-ducer 在元件上的電位分布圖。

12.3.6 壓電分析[10]

近年來隨著材料加工技術的快速發展，許多元件的設計都朝著微小的外形進行研發，而壓電材料相較於其他可控制材料而言，有著質量輕、體積小、反應快速靈敏等優點，因此應用非常的廣泛。在微機電研究領域中，亦有頗多研究者開發相容之壓電材料製程應用於相關元件中。所謂的壓電材料係指某物質具有可以將機械能與電能做互相轉換的效應，圖 12.21 及圖 12.22 可作一扼要說明。

如圖所示，壓電材料被施加應力時，材料表面會產生電荷，此即為正壓電效應；反之，若對壓電材料施以外加電壓時，則會使該壓電材料產生應變，即為逆壓電效應。事實上某一材料是否為壓電材料，係取決於該材料是否具有極化性質，因為具有極化性質的材料，才會在受到電場作用時產生應力或應變之變化。在忽略材料的磁、熱效應及遲滯的情況下，可以將上列的敘述轉換成下列線性方程式

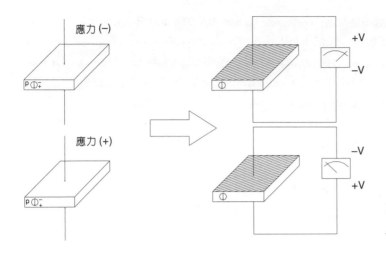

圖 12.21
正壓電效應。

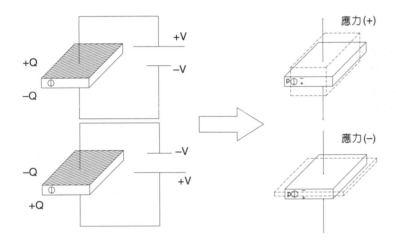

圖 12.22
逆壓電效應。

$$S = Se \cdot T + dt \cdot E \tag{12.5}$$

$$D = d \cdot T + \varepsilon T \cdot E \tag{12.6}$$

$$
\begin{bmatrix} S_1 \\ S_2 \\ S_3 \\ S_4 \\ S_5 \\ S_6 \\ D_1 \\ D_2 \\ D_3 \end{bmatrix}
=
\begin{bmatrix}
Se_{11} & Se_{12} & Se_{13} & 0 & 0 & 0 & 0 & 0 & d_{31} \\
Se_{12} & Se_{11} & Se_{13} & 0 & 0 & 0 & 0 & 0 & d_{31} \\
Se_{13} & Se_{13} & Se_{33} & 0 & 0 & 0 & 0 & 0 & d_{33} \\
0 & 0 & 0 & Se_{44} & 0 & 0 & 0 & d_{15} & 0 \\
0 & 0 & 0 & 0 & Se_{44} & 0 & d_{15} & 0 & 0 \\
0 & 0 & 0 & 0 & 0 & Se_{66} & 0 & 0 & 0 \\
0 & 0 & 0 & 0 & d_{15} & 0 & \varepsilon T_{11} & 0 & 0 \\
0 & 0 & 0 & d_{15} & 0 & 0 & 0 & \varepsilon T_{11} & 0 \\
d_{31} & d_{31} & d_{33} & 0 & 0 & 0 & 0 & 0 & \varepsilon T_{33}
\end{bmatrix}
\begin{bmatrix} T_1 \\ T_2 \\ T_3 \\ T_4 \\ T_5 \\ T_6 \\ E_1 \\ E_2 \\ E_3 \end{bmatrix}
\tag{12.7}
$$

其中 Se 是在電場固定時的彈性柔順常數 (elastic compliance constant)，eT 是在應力固定時的介電常數 (dielectric constant)，d 是壓電常數 (piezoelectric constant)。

一般來說，為了使壓電材料使用方便，會利用各種製程技術突顯某單一方向的壓電特性，使得材料在施以外加電壓時，只在單一方向有明顯的形變。

圖 12.23 即為同一種壓電材料在受到不同的外加電壓之下，軸向長度的變化情形，由圖中可以明顯的發現，在外加電壓增大時，軸向長度的變化量也會增加。

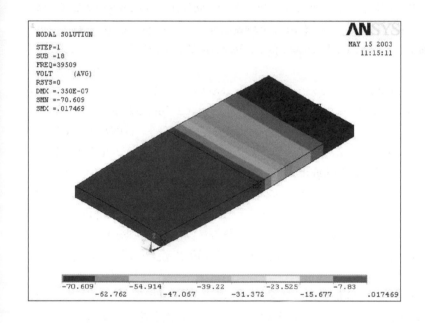

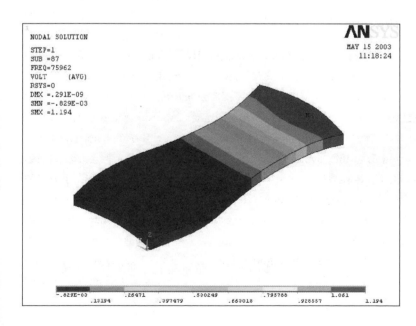

圖 12.23
壓電材料分別在第一模態與第二模態時的軸向變化圖。

12.3.7 封裝模擬[11]

　　微機電元件的封裝處理與電子電路晶片的封裝處理有著非常顯著的不同。一般的電子電路晶片封裝只是為了能隔絕外界的電磁干擾，提供接腳以供外部電路連結，以及提供足夠的散熱能力即可，但是微機電元件的封裝，除了需要注意以上幾點之外，也必須針對元件的功能，作其他更細部、特殊的考量。例如某些振盪元件 (resonant device) 就與電路封裝要求不同，振盪元件需要真空封裝才不會因為阻尼 (damping) 的原因對共振現象造成影響。

　　因此封裝是相當重要的過程，不然在封裝時，因為溫度、外力等其他因素的影響，造成微機電結構的變化，甚至產生材料疲勞，導致元件效能的退化，這樣之前的設計就前功盡棄了。通常微機電元件的封裝處理過程，就成為此元件是否能商品化最重要的關鍵。不過一般來說，封裝是屬於高度的商業機密，因此學術界在封裝上面的研究可以說是少之又少。

　　圖 12.24 為微機電元件封裝的三維示意圖，圖中右上角之小方塊即為微機電元件，在封裝過程中由於溫度會產生變化，因此整體材料將會產生熱變形，而經由封裝整體的網格化 (圖 12.25) 後，可以根據各材料參數模擬分析求得整體的熱應變，再反推微機電元件在封裝過程當中受到熱變形的情況 (圖 12.26)。

12.3.8 微流體分析

　　微機電在流體方面的應用相當地廣泛，常見的應用如微通道 (channel)、微幫浦 (pump)、微閥及微噴嘴等。流體數值分析 (computational fluidic dynamics, CFD，或稱計算流體力學) 的研究在近二十年來受到全世界重視。以微流體而言，由於尺度因素的關係，大多

圖 12.24 微機電元件封裝示意圖。

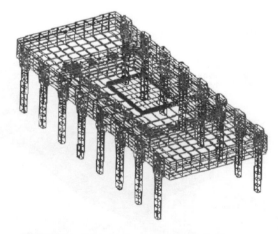

圖 12.25 經過網格化分析的封裝結構。

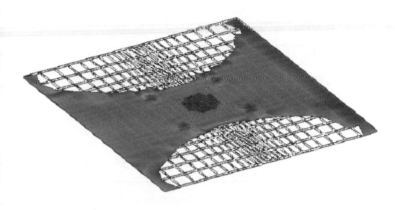

圖 12.26

微機電元件封裝過程中熱應力分
布圖。

屬於層流 (laminar flow) 的範疇。計算流體力學所依據最基本方程式分別敘述三項基本的物
理守恆定律及熱力學中的狀態方程式 (equation of state)[12]。

質量守恆：$\partial \rho / \partial t + (\nabla \cdot \rho v) = 0$

動量守恆：$\partial (\rho v) / \partial t + (\nabla \cdot \rho vv) = -\nabla P + (\nabla \tau) + \rho g + F$

能量守恆：$(C_P \partial \rho T / \partial t + v \cdot C_P \nabla \rho T) = \nabla \cdot (k \nabla T) + G$

狀態方程式：$P = \rho RT$

其中 ρ 是流體的密度，v 是流體的速度，P 是壓力，τ 是剪應力 (shear stress)，$\rho g + F$ 是體力
(body force)，C_P 是定壓比熱，T 是溫度，G 是熱產生率。

此外對於流體密度 ρ 又可分為不可壓縮流 (ρ = constant) 及可壓縮流 ($\rho = \rho(T)$)，此時溫
度變化會造成浮力，也會造成流體的流動。一般情形下，只要此液體溫度還離其沸點很
遠，壓力對流體密度的影響是微乎其微，因此通常都不考慮其影響。流體的紐森數
(Knudsen number, Kn) 也要基於是連續流體力學的假設，若是 Kn 太大則此流體不再是連續
流體，而是屬於分子動力學 (molecular dynamics) 的領域，此時上述四項方程式便不再適用
(見圖 12.27)。不過在微機電多數的應用情形下 (正常一大氣壓下或液態)，Kn 都遠小於 1，
因此傳統 CFD 的套裝軟體大多皆能適用。紐森數的定義為

$$Kn = \frac{\lambda}{L} \tag{12.8}$$

其中 λ 為流體平均自由路徑 (mean free path)，L 為流道的特徵長度。

當溫度因素很重要，或是管內流體溫度與管外溫度差距太大時，也要考慮流體在流管
中熱對流以及與管壁間產生的熱傳導現象，因此目前許多流體力學的計算軟體皆能將熱對
流等效應用流體力學的計算方式得出，並能接受熱傳導的邊界條件。在流體方面的應用除

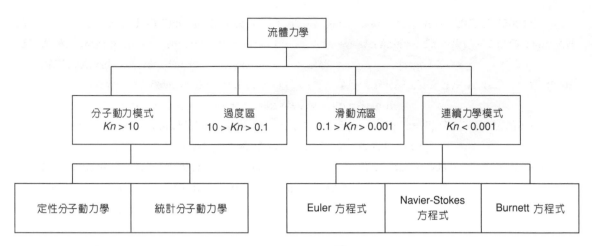

圖 12.27 依紐森數 (Kn) 分類之各種不同性質流體的領域[13]。

了一般流體流動的情況之外，現在也有很多生物、化學方面的應用，此時需要考慮不同成分之流體混和或產生反應之分析，或帶電離子 (電解質溶液) 等靜電分析，必須結合電磁學等方面的模擬。

12.3.9 電解質溶液、帶電溶質的分析

一般帶電溶質在管道中流動，是利用其外加電場，使流道中的帶電粒子產生遷移速度造成流動現象，此種現象稱為電泳 (electrophoresis)，如圖 12.28 所示，其遷移速度 $V_{ep} = U_{ep} \cdot E$。其中 U_{ep} 是離子在溶液中的移動率 (mobility)，E 為外加電場。

第二種現象稱為電滲透 (electroosmosis) (圖 12.29)，此現象的原理描述如下：電解液產生極化現象吸附在管壁上面，使得電解液在管壁附近產生雙層 (double layer) 結構，又由於外加電場的關係，帶動這些電荷流動，再利用流體本身的黏滯力，帶動管中所有的流體一起移動。

接下來以一個樣品取樣蒐集之「非擠縮式 (unpinched)」及「擠縮式 (pinched channel)」

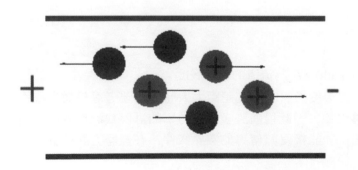

圖 12.28
電泳原理的示意圖。

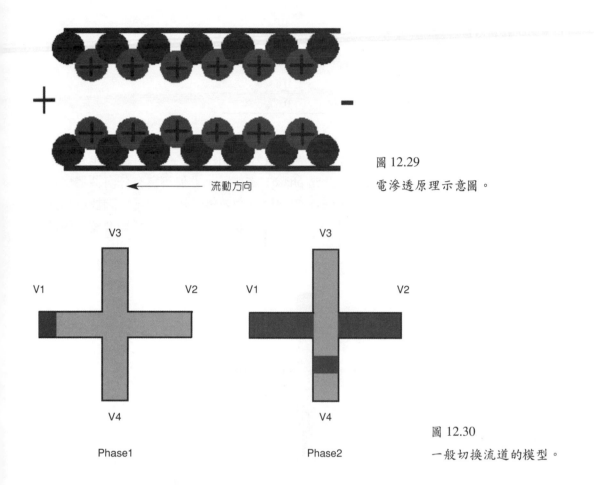

圖 12.29

電滲透原理示意圖。

圖 12.30

一般切換流道的模型。

設計做為例子[14]。此流道設計為十字型 (圖 12.30)，液體由 V_1 端輸入，在 V_4 端採集樣本，在非擠縮式切換流道的情況下 (表 12.1)，一開始 V_1 端電壓為 0 V，V_2 端電壓為 18 V，V_3 與 V_4 端皆為 9 V，因此在 phase1 時液體會因為 V_1、V_2 端的電壓差帶動，由 V_1 流到 V_2，經過一段時間後，將 V_1、V_2 端變為 18 V，V_3 改為 0 V，V_4 改為 18 V (即 phase 2)，此時正在流道交叉口處的液體樣本則會因為 V_3、V_4 端的電壓差，流往 V_4 端，如圖 12.30 之 phase2 所示。

　　非擠縮式切換流道在 phase1 時由於電位能在管中分布相當均勻，所以在 phase1 時液體樣本會因擴散效應 (diffusion effect) 堆積在中間交叉處，因此造成在 phase2 時會採集到過多的樣本。為了改善這種情形，我們將 phase1 改變為 $V_3 = V_4 = 0$ V (表 12.2)，而為了使液體

表 12.1 非擠縮式切換流道的操作狀態表。

	V_1	V_2	V_3	V_4	持續時間
Phase1	0 V	18 V	9 V	9 V	0.6 sec
Phase2	18 V	18 V	0 V	18 V	0.6 sec

表 12.2 擠縮式切換流道的操作狀態表。

	V_1	V_2	V_3	V_4	持續時間
Phase1	0 V	18 V	0 V	0 V	0.6 sec
Phase2	18 V	18 V	0 V	18 V	0.6 sec

樣本由 V_1 端流向 V_2 端,因此 V_1、V_2 還是保持不變,此時由於流道內的電位能分布不均勻,液體也會由 V_3 及 V_4 端流至 V_2 端,因此當 phase1 結束時,非但不會有任何液體樣本堆積在流道交叉處,且在交叉處的樣本 (species) 會因擠縮的效應而較為細長,因此更易採集較小的樣本。圖 12.31 顯示當 phase1 結束時,擠縮式切換流道及非擠縮式切換流道內液體樣本的分布情形。

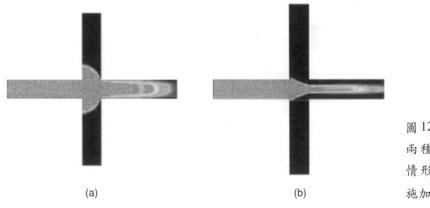

(a) (b)

圖 12.31
兩種流道內液體樣本的分布情形,(a) 無擠縮效應,(b) 施加擠縮效應。

12.3.10 微液滴分析

隨著噴墨技術的解析度要求越來越高,以及醫療器材要求越來越精密,利用微機電的元件來製作液體噴頭也是非常重要的應用。目前使用在電腦週邊以及其他應用研究的 drop on demand (DOD) 噴墨頭主要有壓電式噴墨列印頭及熱氣泡式噴墨列印頭兩種。壓電式噴墨頭有下列幾個優點[15]:

(1) 由於壓電機構反應速度較熱傳導快,列印速度比較有提升的空間。
(2) 壓電噴墨頭不用將液體加溫,不會破壞液體的化學成分,因此也可以用於生物溶液與藥劑方面的應用。
(3) 壓電式的噴墨頭不存在熱應力破壞現象,因此生命週期較長。
(4) 液滴大小較容易控制,可以大幅提升列印的品質。

因此以下就以壓電材料作為驅動的 DOD 噴墨頭液滴模擬部分作為範例。此噴墨頭的基

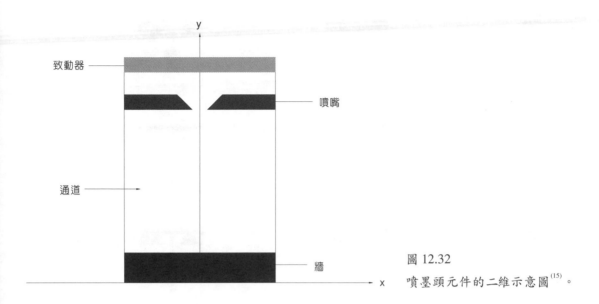

圖 12.32
噴墨頭元件的二維示意圖[15]。

本操作原理為透過給定壓電致動層變形量的大小,使流道內壓力產生變化,因而擠壓裡面的液體向外溢出,一開始液體由於受到噴嘴 (nozzle) 的表面張力之束縛,因此只在表面上形成液滴,不會直接滴下來,直到致動器擠壓力超過表面張力的負荷,此時液滴才開始往下掉。

此模擬分析考慮了流體的黏滯力、表面張力,以及通道 (channel) 內表面粗度之關係,而分析出液滴噴出過程中液滴密度、壓力以及速度的動態關係。圖 12.32 為噴墨頭元件的二維示意圖。

接下來只要再將各元件的幾何大小關係定義清楚,即可利用模擬軟體模擬出液滴噴出過程中的各種動態關係。顏色越偏向紅色表示速度越大,越偏向藍色表示速度越小。圖 12.33 顯示液滴從形成到滴到牆上完整的速度模擬情形。

12.4 系統階層模擬分析技術

12.4.1 基本介紹

微機電系統之設計有相當多的考慮因素,基本上可把它分成外在因素與內在因素兩大類[1,3]。如圖 12.34 所示[16],外在因素包括了市場分析、競爭者、技術層級以及製造方面考量等因素;內在因素則包括了最重要的創新設計,以及如何落實該設計所需之分析、模擬、試做與驗證等。通常一個微機電系統之設計牽涉到數個領域之整合,整個系統是否能夠達到所需之性能要求,需要一個有效的系統階層設計評估。整個系統的優劣,必須仰賴許多次系統間之設計匹配,絕非對單一次系統作最佳化設計即可。

第 12.4 節作者為陳國聲先生。

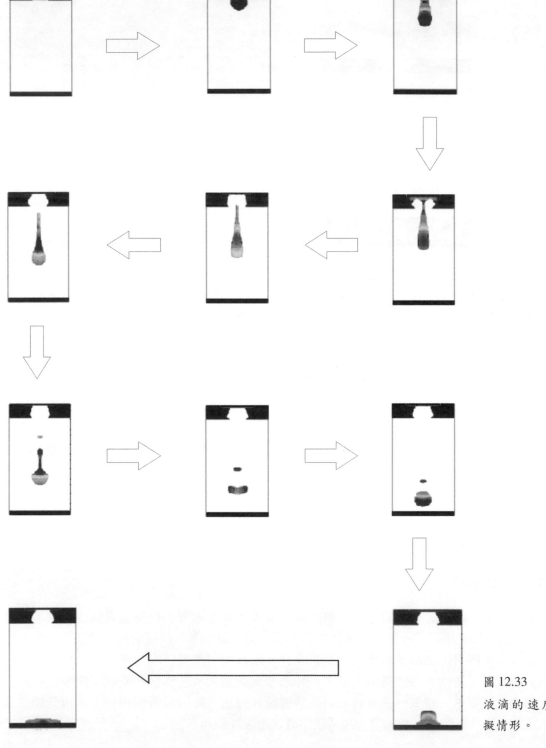

圖 12.33
液滴的速度模
擬情形。

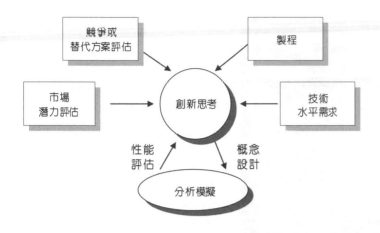

圖 12.34

微機電系統設計需要考慮的要素。

　　以面型微加工之力回授加速規為例，如圖 12.35(a) 所示，它可粗分為微機電與微電子兩大部分。若往下細分，微機電部分可再分成機械結構、感測部分及致動部分等，而微電子部分又可以分成差分、放大、濾波及控制電路等。另外，一個典型的生醫檢測晶片如圖 12.35(b) 所示，是由許多生化檢測以及微流體次系統，如酸鹼度偵測、加熱器、閥、幫浦及管路等所整合而成。而這些次系統又是整合了許多元件而成。很明顯的，某一部分設計得非常好並不保證足以提升系統的整體效能。任何一部份設計得不完善，均將衝擊到產品的最終性能。但是從另一個角度觀察，若某一次系統之性能無法做有效提升或是其所耗成本過大，仍可利用改善其他次系統的性能，達到提升整體產能與性能之目的。

　　再以力回授加速規為例，它的功用是將外界的加速度訊號轉成電壓訊號輸出。當然微機電部分對提升性能有支配性的影響，若其設計與製作受限於製程設備而使得整個加速規之性能無法滿足時，是否要更改微機電設計或更新製程設備則有待商榷。因為這可能會大幅度的提升成本而喪失競爭力。比較可行的方式是經由整體評估，找出替代的方法。通常上述問題可以藉由改變後續之電子電路設計而獲得解決，它的成本較低且更具自由度。

　　上述的例子說明了系統階層設計的重要性，如果沒有系統階層之規劃，元件的設計者很容易將其注意力完全侷限在自己的部分，而忽略了元件與元件間之相互作用。對於如何整合各部門之設計以達成最後的目標將是一件很困難的事。本節的目的即在於深入討論微機電「系統」之設計、分析與模擬方法，並對現今微機電「系統」設計工具作一概略介紹。

　　一般而言，系統階層模型之建立仰賴的是對基本物理與工程定律的靈活應用，以及對微機電各次系統之交互影響與因果關係的確實掌握，並以簡單的聯立常微分方程式表示。然而，即使是最簡單的模型，對於複雜的系統而言，例如機械場與靜電場之耦合問題，即便要獲得一簡單的解析解亦屬不易[17-20]。因此許多的電腦輔助設計 (CAD) 工具便應運而生。若能有效的應用 CAD 工具，則可以快速而有效的獲得系統階層問題之解，進而迅速的決定微機電系統之初始基本設計 (initial baseline design)，並在後續之設計變更 (design iteration) 過程之中，持續的扮演各次系統間仲裁與協調之角色。

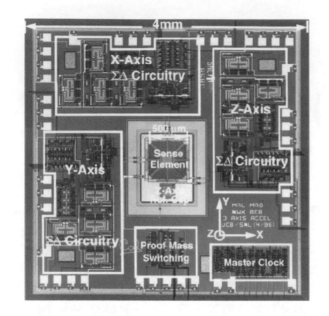

(a)

(b)

圖 12.35

(a) 一個三軸微加速度計之結構圖，它包含了微機電次系統與電子電路等部分[16]，(b) 一個生醫晶片是由許多生醫感測以及微流體次系統組成[54]。

　　儘管今日 CAD 在微機電系統設計上已經取代了相當可觀的人力，它仍然無法獨立的創建系統階層模型。有關建立模型部分，仍然仰賴設計者豐富的學識與認知。一個良好的系統階層模型對於微機電系統之性能與成本有著決定性的影響[1,3,22]。一般而言，優良的微機電系統模型需具備以下幾個條件：(1) 它必須是可解析的，(2) 它必須能夠清楚的表現出正確之因果關係，(3) 它的結構必須有充分的自由度，可以隨著設計的進展而加以修正。

　　另一方面，基於過去積體電路以及機械設計之發展所累積的理論方法，也在微機電系統設計上引起了相當熱烈的討論。由於微機電系統身兼電機與機械二者之特性，通用之數位電路的高階設計或是機械工程之同步設計，何種方式才是真正契合微機電系統設計，是一個相當重要的課題。在本節之中我們也會詳細介紹。

在本節中將依序對上述之重要議題逐一討論。首先在 12.4.2 對於微機電系統設計理論方面的研究提出概略性之說明。接著於 12.4.3 對系統階層分析模擬的步驟與流程作詳細的說明。為了能充分的反映元件詳細的設計，必須能將其設計內容引進系統模型之中，然而過度繁瑣的細節會降低一個系統模型之可用性。因此如何對元件或物理模型作合理的簡化是一個重要的工作。此模型簡化與整合將於 12.4.4 介紹。緊接著在 12.4.5 對幾種目前較受肯定的系統分析模擬方法作討論，一些相關的系統分析軟體則於 12.4.6 介紹。

12.4.2 微機電系統設計與設計合成理論

有鑒於微機電研究的蓬勃發展，一個媲美 IC 產業的新型工業似乎儼然成型。人們開始關心微機電系統從實驗室的純粹學術研究到工業生產之間如何銜接。簡而言之，如何將學界在實驗室內展示出來之可行性，以一個低成本且快速的方式，透過工業生產，將其實際的應用在生活之中。正確而有效的設計理論被認為在這之中扮演著舉足輕重的地位。在 1995 年美國國家科學發展基金會 (National Science Foundation, NSF) 舉辦了一系列微機電系統設計方法相關的研討會。其中 95 年底在美國加州理工學院所舉辦的結構化微機電系統設計方法最具代表性。在該研討會中，學者試圖從過去 IC 設計製作之成功經驗中，尋找出微機電系統設計的正確途徑[23-26]。

學者在該研討會中指出，一個各方採用的統一格式是 IC 工業能夠成功發展的基本。但真正促使 IC 工業蓬勃發展的主要因素，則是它的設計乃是以功能設計為導向，在做 IC 設計時只要考慮到電路布局，並不特別需要在設計過程中考慮到製造上的細節因素。但如何確保一個可製造 (manufacturable) 的設計則必須仰賴一些規範及工具的協助。從高階抽象的電路設計到詳細的實際物理布局以至於最後之實際成品的過程中，不斷的有自動化的工具協助驗證設計之合理性。例如，經過多年之討論，各方面討論將光罩幾何形狀轉換的檔案形式－加州理工中介格式 (Caltech intermediate format, CIF) 即是一證明。假使一個 CIF 檔能夠符合所有幾何方面的設計規範，則該設計必是可製造的。因此積體電路設計與布局的工程師在執行其設計工作時，一般而言，並不需要考慮到詳細的製程細節。另一方面，電路設計以功能為導向，並不特別考慮其幾何形狀，因此一般均以直角式的曼哈頓 (Manhattan)型式為主。學者認為設計與製造脫勾，以及在設計過程中完全以性能考量，不必特別考慮幾何形狀及結構安全的兩大特性，正是積體電路設計如此成功的主要原因[24]。

從 CIF 的發展觀察，一個統一的介面格式至少有下列優點：

(1) 此一介於設計與製造間之標準介面使得電腦輔助設計得以發揮，從而推動了積體電路電腦輔助設計軟體之蓬勃發展。而電腦輔助設計之成熟也加速了積體電路工業的成功，二者有著相輔相成的效果。

(2) 學生可以在完全沒有任何製程基礎之下，學習積體電路設計；並且可以透過 CAD 的協助，立刻讓學生知道其電路設計之真實物理形狀與特性。

(3) 代工廠可以依 CIF 格式發展其標準製程，而不需知道詳細的電路設計。

(4) 電路設計師可利用代工廠來實現其硬體。因此設計與製造可徹底分離，電路設計公司不需維持昂貴的設備成本。而代工廠之設備也可以供給各大公司使用，以增強競爭力。

　　反觀機械系統之設計，上述兩項特點均不存在。機械系統設計中，結構安全考量一直處於相當關鍵的地位，但它通常是性能考慮方面的主要限制。另外，機械系統之性能通常與結構物外形息息相關，需要小心設計。除此之外，機械系統強調同步設計，需同時考慮從設計分析乃至於製造的所有因素，方可獲致最佳化[27]。因此機械設計製造與電子電路設計製造似乎在其基本的方法上存在著極大的差異。微機電系統身兼機械與電機之特性，其設計方法很可能因為機械與電子間之根本性矛盾而變得相當的複雜。而建立一個有效率的微機電系統設計方法是微機電工業能夠永續發展的關鍵。然而，目前在此方面仍未獲致一結論。

　　由於微機電系統在機械方面的根本限制，以及諸多製造上的不確定因素，例如蝕刻率、負載效應、角落之過度蝕刻，甚至於沉積薄膜厚度之不確定性等，目前要產生一個性能最佳化設計，經常需要仰賴試作過程。此舉必須建立在設計者與製造者合一之情形，或設計者必須擁有相當深入之製程知識方可勝任。但此項條件並不利於微機電系統之發展，因此許多學者建議發展有系統的方法，建立誤差影響評估矩陣，以系統化的角度評估設計參數與製程不確定性之交互關係。學者 Antonsson 教授對於微機電之最佳化設計方面有深入的研究[23]。他認為如何著手一項強健的設計以抵抗諸多製程上的不確定性來保持性能著手的最佳化，是一個相當重要的課題。他以蝕刻率之不確定性為例，發展出蝕刻模擬程式以作為最佳設計之參考[28]。如圖 12.36 所示，最左邊是我們希望的蝕刻結果，但若是製程參數控制不當，則底切或者是角落之過度蝕刻效應可使得結果完全走樣。另外，整體的微機電結構設計大致上可分成光罩 (mask) 設計、結構形狀 (shape) 設計以及功能 (function) 設計三大階段，如圖 12.37 所示。他認為目前之微機電設計多偏重於光罩－形狀－功能方向之設計分析，但此設計分析僅能被動的預測該設計之最後功能，而無法主動的提出功能需求，而

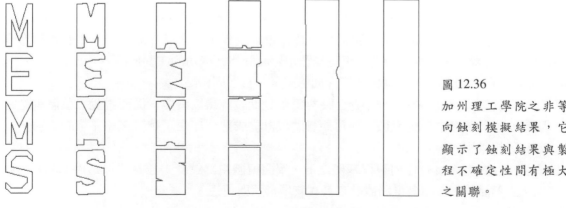

圖 12.36
加州理工學院之非等
向蝕刻模擬結果，它
顯示了蝕刻結果與製
程不確定性間有極大
之關聯。

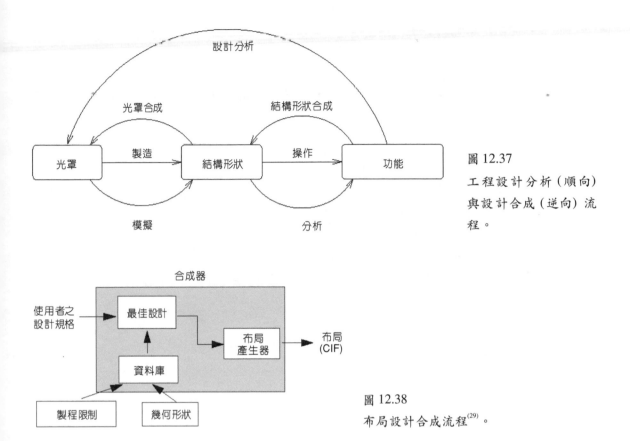

圖 12.37
工程設計分析（順向）
與設計合成（逆向）流
程。

圖 12.38
布局設計合成流程[29]。

且若不考慮製程之不確定性，該分析工作不一定能夠確保最後之設計功能。若能從設計合成方向思考，由功能－外型－光罩方向著手，以最終所欲之系統性能為考慮的焦點，考慮製程不確定性，設計出較強健之結構外型乃至於光罩形狀，將會是較合理的做法。此論點及做法與機械設計之逆向工程極為類似。另外，學者 Fedder 亦針對梳狀致動 (comb driven) 微加速度計之設計布局，嘗試著以一個非線性之最佳化問題模擬之，來發展自動化之布局系統，其示意圖如圖 12.38 所示[29]。

　　對於外形最佳化設計，學者 Ye 等人曾對梳狀致動器之形狀以邊界元素法 (boundary element method, BEM) 分析，以便獲致效率最佳化之幾何形狀[30]。Fedder 等人亦對等效電路 (equivalent circuit) 設計方法在資料流通交換以及分析流程做一改良，期望能夠將一般較鬆散的等效電路微機電系統設計流程 (他稱之為不具結構性 (unstructured) 的微機電系統設計方法，見圖 12.39)，經由此改良，使其具結構性 (見圖 12.40)，因此可以較具規則程序式的方法，有系統的達成最佳化設計之目的[31]。

　　學者 Senturia 與 Annathasuresh 則針對超大型積體電路 (VLSI)、大型機械與機電系統，以及微機電系統三者，就動態特性、設計限制以及製作技術等方面做一比較，如表 12.3 所示。由於多領域耦合之故，機電系統之設計較積體電路之設計更複雜。根據比較，Senturia

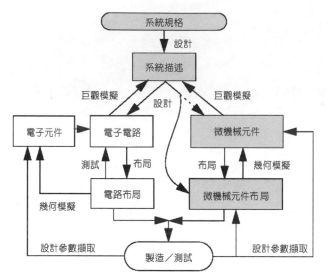

圖 12.39
非結構性微機電系統設計[31]。

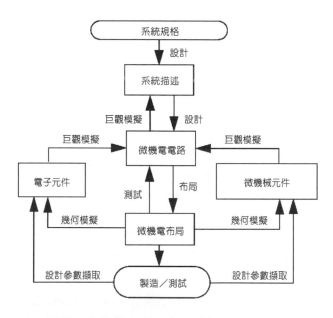

圖 12.40
結構化微機電系統設計[31]。

等人認為微機電系統之設計較大型機電系統有較多的限制。但從另一方面解讀，這也表示在大型機電系統無法使用的積體電路設計方式，可以有限度的被應用在微機電系統設計上[26]。

12.4.3 系統階層分析模擬流程

除了設計理論外，一個合理有效的分析流程也是非常的重要。然而微機電系統設計從

表 12.3 積體電路系統、大尺寸機械與機電系統，及微機電系統在各方面特性之差異[76]。

	積體電路系統	大尺寸機械－機電系統	微機電系統
能量域複雜度	單能量域	多重耦合能量域	多重耦合能量域
元件功能與形狀之關係	電路元件之功能與形狀皆清楚定義	元件之形狀與功能沒有直接關係	元件之形狀與功能沒有直接關係
元件接合準則	以簡單之連結原則(KVL或KCL)連接電路元件	不存在簡單的機械元件連結原則	不存在簡單的機械元件連結原則
幾何外形之重要性	幾何形狀基本上並非主要之設計考量	幾何形狀與機械性能息息相關，特別是在結構安全或是運動部分。	與大尺寸機械－機電系統類似，但其自由度較少。
製程複雜度	以平面微影製程製作，基本上為二維製程。	擁有相當多的製造程序，包括各種三維製程。	以平面微影製程為主流，但亦擁有有限之三維加工能力。

最上層的功能需求到最下層之詳細製程參數決定等諸多細節，沒有任何一個分析模型有足夠的能力將這些因素完全考慮，因此勢必要在詳細程度與宏觀程度兩方面做適當的取捨。在 1990 年代初期，學者 Senturia 教授在構思微機電電腦輔助分析系統架構的過程中，提出了四階層模擬的主張[1,3,19]。他認為一個微機電系統之設計模擬由上而下，最好將其分成四個層次，如圖 12.41 所示分別是：系統階層、元件階層、物理階層，以及製程階層。各階層之重點各不相同，但是必須要能夠互相搭配，並且在一定的程度之下，各階層之模型能與其上下層緊密銜接並具修正能力。其中物理與製程階層，一為複雜之三維有限元素分析或是具三維外形結構之邊界元素分析，一為牽涉到熱流、擴散、化學及物理等詳細之製程模擬。二者在本質上均屬分布 (distributed) 或連續 (continuous) 系統，必須以偏微分方程描述之。因此解題之困難度甚高，需以極細緻之格點並耗費大量的計算方可達成。因此它們均缺乏靈活度，雖然準確度極高，但也無法在沒有完善的系統與元件設計分析之前，即貿然為之。

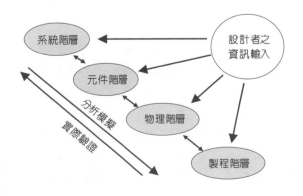

圖 12.41

微機電四階層分析架構。

　　系統與元件階層之分析，即是試圖以一般之基本物理定律為主體，將複雜的元件物理行為簡化成簡單的 (lumped element)，然後再以訊號流 (signal flow) 或是功率流 (power flow) 等方法，考慮各元件間之交互作用，將這些元件組成微機電系統動態模型。本質上，此二階層可以用聯立之常微分方程式描述之，並以發展得相當完善之微分方程、矩陣以及線性或非線性分析等數學工具，做進一步的運算。甚至有可能求出解析解，以清楚的引導整個微機電系統設計的發展。即便是無法獲致解析解 (通常如此)，其所花費的計算成本也較小，適合做大量之參數研究，求出經驗式以引導設計之進行。

　　因此，我們可以說系統階層模型即是數個元件模型經由合理的元件連結模式所構成，而如何建構合理的元件階層模型乃是最基本的要件。目前在元件階層模擬方面，一般人均已接受巨觀模型 (marcomodel) 的概念。一個巨觀模型顧名思義即是忽略過度詳細之資訊，僅保留其具指標性的部分而形成之簡化模型。然而，一個理想的巨觀模型必須具有下列數個要件[4]：

(1) 它是一個解析的模型，而非僅是數值解。它的表示式必須能夠清楚的表明材料性質及結構物幾何尺度等設計參數對於元件或系統之影響趨勢，使設計者可以從這個解析模型之中獲得清楚之資訊。

(2) 它必須能夠表示元件之靜態與動態特性、小訊號線性行為，甚至於大訊號之非線性行為。

(3) 它必須能夠符合大體之元件行為，並與複雜的有限元素分析結果互相搭配，並且能夠很快速的進行計算或是運用於系統階層之模擬。

(4) 它必須有正確的能量交換行為，若是一個守恆系統，則它必須能夠表現出能量守恆的行為，反之亦然。

　　至於系統或是元件階層之數學表示法，通常不外乎三種[33]。其一是微分方程式，它能夠表示出最詳細的物理系統之動態。但它能夠使用的工具也比較少或是較無效率。其二是轉移函數表示法，它是一個相當簡便的表示方式，注重輸入／輸出間的關係。然而，它的限制也是最大，必須是線性非時變系統方可以此方式表示。然而轉移函數經系統理論和古典控制數十年之發展，已經發展出一套相當嚴謹且便利之操作，因此，一旦該系統可以用轉移函數表示，此意味著該系統模型具有較佳之可操作性，亦較有效率。其三是狀態變數表示法，此法之限制較轉移函數表示法為小，可擴展至時變與有限度的非線性，也有相當多的數學工具與法則可資運用。

　　一般而言，除了簡單的系統之外，很少有任何的巨觀模型能夠完全擁有上述的特性。另外，巨觀模型的產生基本上是以物理定律如力平衡、克悉合夫 (Kirchhoff) 環路或節點定律，或是能量守恆等定律及元件之組成律為著手點，以微分方程式的方式將其表現出來。然而，對於幾何形狀或是材料行為複雜的元件而言，要清晰的以上述方式得到一純解析模型幾乎是不可能的。比較可行的方式是在某一層面上必須仰賴物理階層之二維或是三維數值模擬所提供之結果，來修正巨觀模型之準確性[33]。因此，此四階層分析模擬流程絕非一條鞭式，而是在其中有相當程度的耦合。在微機電系統中，它經常包括了微機電、類比電路，甚至數位電路等次系統，各次系統之設計均或多或少顯示了這種階層化的趨勢。圖 12.42 與圖 12.43 分別為數位與類比次系統之設計流程。由於電機系統不需考慮元件之詳細物理結構，因此由系統／元件階層之設計模擬完成之後，即可經由光罩與製程設計實現之。而微機電次系統之設計，如圖 12.44 所示，介於系統／元件與製程階層間之物理階層模型，扮演著一個相當關鍵的地位。巨觀模型與物理階層之間存在著相當密切的互動。

　　如圖 12.45 所示，由上而下 (top down)，從系統階層以至製程階層之工作，我們可稱之為設計或是設計合成 (synthesis)。而由下而上 (bottom up)，由製程階層著手，最後探求系統性能，我們則稱之為設計驗證 (design verification) 或是分析 (analysis)。一般而言，目前之微

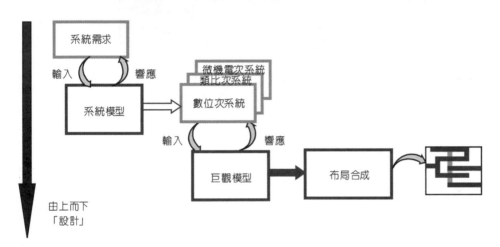

圖 12.42 數位次系統設計流程。

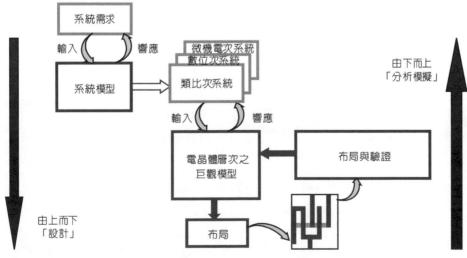

圖 12.43 類比電路次系統設計流程。

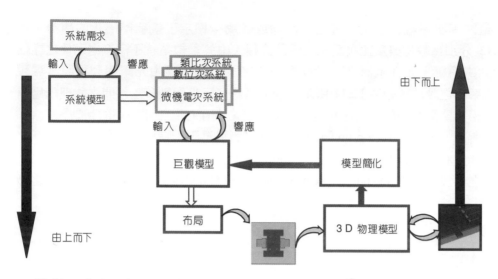

圖 12.44 微機電次系統設計流程。

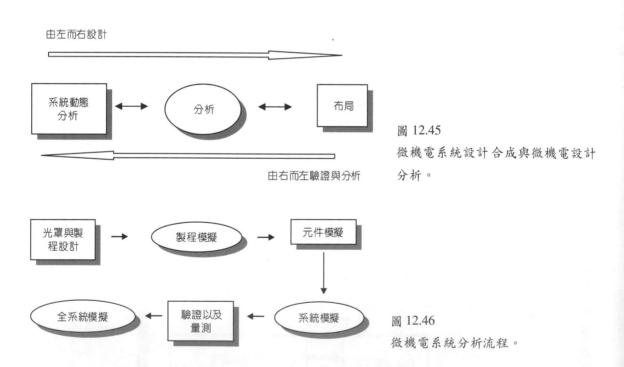

圖 12.45
微機電系統設計合成與微機電設計
分析。

圖 12.46
微機電系統分析流程。

機電電腦輔助分析軟體之功能均較強調分析,其流程如圖 12.46 所示,意即設計者已經達成某種程度之設計,而以微機電電腦輔助設計軟體做性能評估與設計驗證。一般而言,分析過程其解具唯一性。反之,設計過程則可能有不只一個解。目前微機電解析方面的研究並不是很多,軟體開發也大多僅限於學術層次。但不可諱言的是,如何建立一合理有效的設計合成方法並開發相關工具,是未來微機電系統設計的一大瓶頸。

　　另外，由於物理階層為數值分析模型解，其數值分析結果僅能用於驗證特定設計之性能，並無法提供明確的設計改善方向。且其自由度過高，無法將其完全納入元件階層之設計考量。因此，如何將物理階層之模擬結果加以簡化，忽略其次要部分，僅保留最具代表性的部分並將其納入巨觀模型之中，有其實際上的重要性[33,34]。

12.4.4 模型簡化與整合

　　一般而言，物理系統簡化的方法不外乎兩種，其一是已經擁有一相當明確之巨觀模型，但某些特定的係數由於幾何形狀過於複雜，必須由數值方法獲得。因此利用物理階層之有限元素模型等進行軟體實驗，以標準的測試程序如單軸拉伸、彎矩或是步階輸入等方式求取此有限元素模型之響應，並將此數值化的動態響應以曲線模擬 (curve fitting) 的方式得到一實驗式，然後將此實驗式插入元件模型中需要的部分，最常見的例子為微陀螺儀結構體之等效彈簧常數之求取，如圖 12.47 所示，一個複雜之連續體可以被簡化成振動學中最簡單之彈簧質量系統。其等效彈簧常數或許是一個常數，但也有可能是一個變量。然而它可以查表 (look-up table) 的方式表示之。其二是以有系統之系統鑑別 (system identification) 的方式，將一個物理模型之結果轉化成轉移函數[35]，此方法則可獲得一解析之動態方程式。然而其階數仍可能過高，必須再做進一步的簡化。例如，我們可以從有限元素模型求取結構物之質量與剛性矩陣，藉由這些矩陣我們可以建立相當完善之動態模型。然而這些矩陣之階數因節點數目而異，但一般而言可高至數萬階。若將有限元素模型轉化成如此詳細之巨觀模型，此巨觀模型將無任何的意義。因此必須考慮整體設計可能之操作頻寬，對此詳細之矩陣動態方程式做適當之降階。一般而言，在絕大多數的狀況下，所需要的巨觀模型之動態很少會超過四階以上。至於模型簡化的方法，一般均由頻域出發，可以用各式的簡化方式如 brutal truncation 將高階的動態現象忽略之[35]。商用微機電設計軟體亦發展出

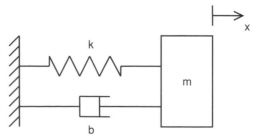

圖 12.47 微機電陀螺儀最簡單之系統動態模型[16]。

模型簡化模組，如前 MEMCAD 之 AutoSpring 模組即是從有限元素模型中將元件之等效彈簧常數估測出，以利巨觀模型之發展[9]。對於模型簡化的過程，我們接下來以微阻尼為例子說明。

壓縮阻尼 (squeeze film damping) 是微機電系統阻尼之最主要的形式[36-40]。然而，它的行為事實上相當的複雜，遠非簡單的黏滯阻尼可比擬。考慮一對平行板 (長 L、寬 W、間距 d) 在恆溫以及小位移狀況下，如圖 12.48 所示，平行板結構內之流體運動可以用雷諾方程式 (Reynold's equation) 表示如下[36]：

$$\frac{P_a d^2}{12\eta_{\text{eff}}} \nabla^2 \left(\frac{P}{P_a}\right) - \frac{\partial}{\partial t}\left(\frac{P}{P_a}\right) = \frac{\partial}{\partial t}\left(\frac{x}{d}\right) \tag{12.9}$$

其中 P_a、P 分別代表靜壓以及壓力改變量，x 為氣隙大小與結構移動量，η_{eff} 為等效黏滯係數，∇^2 為 Laplacian 操作因子 (operator)。定義壓縮因子 (squeeze film number)

$$\sigma = \frac{12\eta_{\text{eff}} W^2}{P_a d^2}\omega \tag{12.10}$$

其中 ω 為角頻率 (angular frequency)。經由數學運算，可以獲得下列級數解：

$$p = -\frac{z_0}{d}\sum_{n\,\text{odd}}\frac{4}{n\pi}(\sin n\pi\xi)e^{-\alpha_n t} \tag{12.11}$$

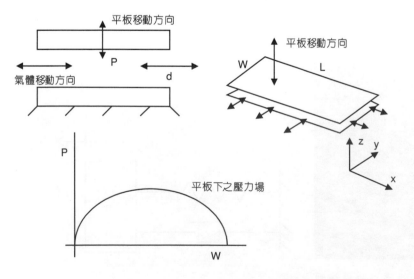

圖 12.48
平行板阻尼器模型示意圖。

其中 z_0 為平板移動之距離。若以轉移函數表示，則上式可以表示成

$$F(s) = \left[\frac{96\eta_{\text{eff}}LW^3}{\pi^4 d^3} \sum_{n\,\text{odd}} \frac{1}{n^4} \frac{1}{1 + \dfrac{s}{\alpha_n}} \right] sZ(s) \tag{12.12}$$

其中 F 為平板之總受力。雖然上式乍看之下相當複雜，但仍可容易的以電腦求解，且其收斂相當的快速。若僅取第一項，則上式可表示成

$$F(s) = \frac{b}{1 + \dfrac{s}{\omega_c}} sZ(s) \tag{12.13}$$

其中

$$b = \frac{96\eta_{\text{eff}}LW^3}{\pi^4 d^3} \tag{12.14}$$

$$\omega_c = \frac{\pi^2 \omega}{\sigma} \tag{12.15}$$

　　一含壓縮阻尼之微機電系統，如加速規等，其行為可以用式 (12.13) 之巨觀模型表示。它代表著一簡單的 RC 電路，在操作頻率小於 ω_c 之下，系統阻尼可由式 (12.14) 表示。因此可透過等效電路的方式，以力－電壓類比的方式解出此微機電系統之動態。式 (12.15) 是較詳細之模型，對於精度要求更嚴苛的環境，必須使用到該式。例如針對一電容式加速規 (如圖 12.49 所示)，學者 Veijola 等人曾以力－電流類比的模式，建立該式之等效電路模型，如

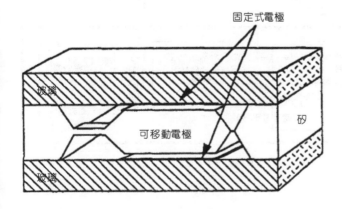

固定式電極

玻璃

可移動電極

矽

玻璃

圖 12.49
電容式加速規之示意圖[38]。

圖 12.50 所示[40]。另一方面，我們可以藉由 Simulink 系統動態模型，將式 (12.12) 寫成轉移函數模型，而以訊號流法評估該阻尼器之效能，其示意圖如圖 12.51 所示。

　　若該微阻尼器之形狀不符合式子之初始假設時，例如形狀無法用上述之矩形平行板表示或是二者不平行時，便無法獲得解析或是級數解。但是，可以其簡化之表示式 (12.13) 為微阻尼器之巨觀模型的骨架，並配合詳細之數值流體力學計算的結果，試圖找出一修正因子以改善巨觀模型之精確度。

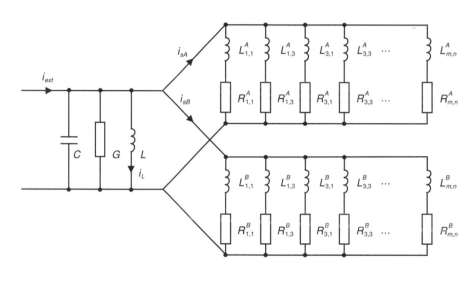

圖 12.50
電容式加速規之等效電路模型[38]。

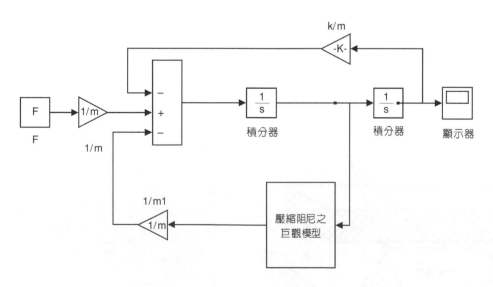

圖 12.51
電容式加速規之 Simulink 系統動態模型。

12.4.5 系統階層模擬分析方法

目前在微機電設計方法的研究大抵上有幾個方式，最常用的是以等效電路方式，將微機電之機械部分簡化成電阻、電感及電容等基本電路元件，然後以解電路的軟體如 SPICE 等解此等效電路，然後再將解出之電壓、電流等轉換為機械系統之受力與位移等資訊。此方法是基於電子與機械系統動態之數學微分方程式具有相同的型式或系統類比 (analogy system) 之概念，而非真實物理特性之類比。因此，此類設計方法僅考慮機械或電機領域動態行為。一般而言，等效電路法主要有下列幾點特性[18,34,41-44]：

(1) 一般而言，此方法對含非線性元件之分析較困難，常限於線性化的小訊號分析，因此無法對真正的非線性系統做有效的分析。

(2) 此法亦受限於在 SPICE 中可用之電路元件。

(3) 以等效電路法分析之結果，並不保證能量的守恆性。

(4) 最後，亦是最基本的問題，是如何將一物理系統轉換成其等效電路。對於不熟悉系統動態分析的工程師而言，這恐怕是此法最根本的問題。

另一種經常用於跨領域系統動態分析的工具是 MATLAB/Simulink[32,45-48]。它基本上是完全以訊號流縱貫整個系統模型。其優點是只要能夠將元件之動態方程式寫出，不管是線性或非線性，均能以最接近物理概念方式將元件串接成系統模型求解，省去了求取等效電路之麻煩 (此舉對相當多設計分析人員而言，是一項挑戰)。然而，它亦有相當多的缺點：第一，此軟體並非針對微機電系統設計而開發，因此其計算效率遠較等效電路軟體為低。其二，使用者必須了解每個元件之數學模型，再依正確之訊號交流將其串接，整個基本運作道理與電路分析軟體在電腦上藉由串接各式電子電路元件相比完全不同。其三，使用訊號流完全無法考慮到負載效應，正常狀況下也無法保證能量守恆。雖然它有相當多的缺點，然而由於其頗受一般系統動態分析人員之喜好，因此，它仍是一個相當重要的工具。一些學術性質之微機電動態分析軟體，如加州大學柏克萊分校發展出之 SUGAR[46]，即是以 MATLAB/Simulink 為其基本架構。

另一重要的跨領域分析方法則是以能量交換與功率流為主要的依據。此類方法如 Bond Graph 等已經在大尺度機電整合系統的設計分析上發揮了相當有效的功能[42,49-51]。 Bond Graph 法以廣義化的電阻、電容以及慣量元素，配合廣義電壓源 (effort)、廣義電流源 (flow) 以及廣義的變壓器與 gyrators 等元件，這些元素以功率流的概念互相連結。一旦該系統之 Bond Graph 畫出之後，經過制式方法即可將此系統之狀態方程式求出。此方法可分析機械、電機、油氣壓、熱系統等多重耦合系統。Analogy 公司所發展之 Saber 軟體即是基於功率流 (power flow) 的架構下寫成[42]，它被前 Microcosom 公司使用於其 MEMCAD 中的 MemSys 模組[11]。

硬體描述語言 (hardware description language, HDL)[34,52] 原是針對數位系統設計而發展出的高階硬體語言，但隨著日益重要之發展，它也逐漸地被使用於類比電路設計上。它是一種程式語言介面，提供了一個極具彈性的設計入口 (design entry)，以作為電路設計者與各種電腦輔助設計工具之間溝通的橋樑。例如商用軟體 Saber 的類比硬體描述語言 (AHDL) 以及 Verilog 的 VHDL (very high speed integrated circuit HDL) 語言，都是利用此法進行系統分析。HDL 的一重要分支 VHDL-AMS (VHDL analog and mixed signal) 即可將含微分方程或矩陣形式之系統藉由元件行為模型發展出其 HDL 模型。且系統內允許非線性元素之存在，因此其動態分析可以不侷限於小訊號分析。

12.4.6 系統階層模擬分析工具

目前對於系統動態的分析工具相當多，無論是商用或是學術上的軟體都有相當不錯的分析能力，在此提出相關軟體以提供日後分析的參考。

(1) 學術性軟體

SUGAR[46] 的設計是仿照 SPICE 的概念，最主要是讓設計者能夠使用 SUGAR 描述類比裝置與元件的工作形式。其主體程式是以 MATLAB 為架構，使它更容易安裝和改進。

(2) 商用軟體

Cadence 公司所出之 IC 設計軟體[41]，乃一系列之積體電路電腦輔助設計軟體，從系統設計、電路設計、布局驗證以至於 PCB 製作皆有相對應之功能提供使用者使用，乃是一套完整之整合型電腦輔助設計環境。

SPICE[52] 提供類比／數位電路模擬、分析與偵錯，並針對分析系統頻率高低而有不同之類型，如 PSPICE、ISPICE 及 HSPICE 等。

如之前所提及，Simulink 是 MATLAB 內部的一個工具盒，是目前學術上以及工業界在建構及模擬分析動態系統最廣泛的軟體，它支援線性及非線性系統，並能建立離散時間或連續時間以及兩者混合的系統模型。除了標準功能方塊外，它的 S-Function 功能可以允許使用者自行設計系統動態方塊，常被使用者用於複雜系統之巨觀模型建立上，如 MIT 微引擎之整體操作性能評估與壓電式微獵能器 (micro energy harvester) 之系統設計[47]。圖 12.52 為該系統之功能與示意圖，它是一個複雜之壓電、機械、流力、電子耦合系統[45]。圖 12.53 則為該系統 Simulink 模型之最上層示意結構。

Saber[42] 軟體為虛擬開發工具，為一大型系統設計分析軟體。它能提供混合訊號、混合技術與混合階層等完整設計的模擬功能。混合訊號指的是數位與類比訊號混合，混合技術指的是電子、電磁、機械、熱、光學、控制及油壓等領域的混合，而混合階層指的是從元件、零件、功能到行為等特性的混合。因此它提供了系統設計與開發者一個統合模擬設計

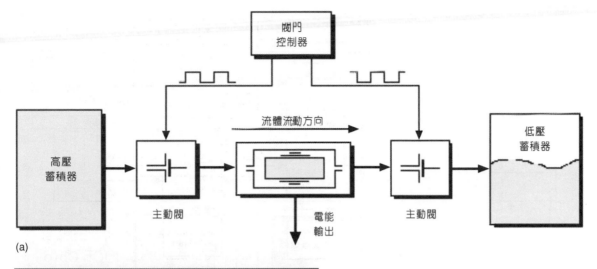

(a)

(b)

圖 12.52

微獵能器示意圖，中間之壓電元件用於產生能量，兩側之壓電源件則用於控制工作流體閥門之開合。

的環境。

　　Verilog[52] 是利用硬體描述語言所開發出來的電路模擬軟體，它提供了使用者一個非常具有彈性的模擬環境，工程師可如同撰寫軟體般，以程式語言的方式，描述數位電路內部的電氣行為、架構、功能及各種輸出入的狀態，以作為設計時的模擬參考。

12.4.7 結語

　　本節介紹了微機電系統階層的模擬分析方法、系統設計理論以及各種分析工具。一個合理有效的微機電系統設計分析方法，對於微機電工業的發展有舉足輕重的地位。這包括了幾大部分，如設計理論、分析、解析以及電腦輔助設計等方面。經過多年的發展，在許

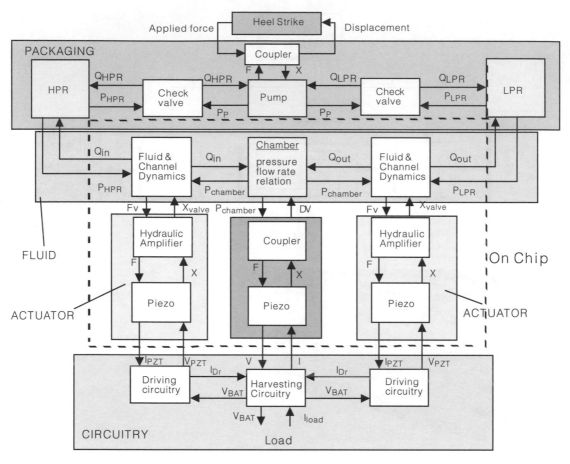

圖 12.53 以 Simulink 構建微獵能器之系統模型。

多方面已經卓然有成，但是相較於製程發展與微機電應用元件之開發而言，所投入的資源與成果仍嫌不足，這也是未來要積極努力的一個目標。

12.5 製程模擬

微機電元件的製程大致上可分成體型微加工 (bulk micromachining)、面型微加工(surface micromachining)、接合 (bonding)、微影光刻電鑄模造 (LIGA) 及微精密機械加工等不同製造技術。微精密機械加工製程所需要的輔助工具原則上與傳統機械加工所需的電腦輔助設計與製造 (CAD/CAM) 是相同的，不再贅述。前三項是矽基微機電製程最重要的製程，其與微影光刻電鑄模造是本節所要介紹的重點。

矽基微機電製程基本上是利用薄膜成長與沉積來堆疊材料層，用蝕刻來挖掉部分的材料，並以兩者交互搭配進行來製作微小元件。其中的蝕刻要搭配微影製程來定義蝕刻區域

第 12.5 及 12.6 節作者為姚志民先生。

及不被蝕刻區域，此區域範圍是由光罩圖形與正負光阻技術來決定。製程模擬 (process simulation) 的基本要求是在已知製程步驟以及光罩圖形下，得出元件二維剖面外觀幾何，甚至三維立體幾何，來幫助設計與驗證。為求得此幾何，分析的模型分成兩大類，一是建基在真正的製程現象，一是純粹的幾何模型。前者是利用製程特性，以經驗或理論模式之計算來得出元件的幾何或材料特性，這在積體電路製程模擬中有較久的發展，尤其是一維與二維的問題，常稱之為半導體製程模擬，例如 SUPREM III 與 SUPREM IV 分別為史丹福大學發展出來的一維與二維的矽製程模擬軟體[55,56]。雖然在如氧化、擴散 (diffusion) 等製程有較多的應用，但在實務上因製程特性的複雜性，在大多數製程尚有實際應用上的困難與限度。以真正製程現象為基礎的三維幾何軟體如 SAMPLE-3D[57]，或結合製程現象與幾何模型之混合式三維製程軟體如 OPUS/3D[58]，運用複雜的沉積與蝕刻法則可以產生高精細的三維幾何，但卻要耗費大量的計算時間，所以目前微機電製程模擬除了體型微加工使用的非等向蝕刻 (anisotropic etching) 製程技術是以製程特性來模擬蝕刻出來的三維結構外，最主要的還是以幾何模型來模擬製程，因此以幾何模型為基礎的製程模擬又可視為一種建立三維幾何的特殊方法。

12.5.1 非等向蝕刻模擬

矽晶片的材料本是單晶矽 (single crystal silicon)，若將之置於如氫氧化鉀 (KOH) 與氫氧化四甲銨 (TMAH) 這類蝕刻液中，搭配在矽晶片表面製造一層蝕刻遮罩 (etching mask)，將不要暴露或要暴露在蝕刻液的區域定義出來，利用不同晶格方向的蝕刻率 (etching rate) 不同，就可以製作出一些特殊型態之幾何，此就是所謂的非等向蝕刻。非等向蝕刻模擬 (anisotropic etching simulation) 就是希望透過模擬的方法得到蝕刻後的三維幾何外形，在已知晶片類型 (如 ⟨100⟩ 或 ⟨110⟩ 晶片)、蝕刻遮罩光罩圖形、蝕刻時間以及不同晶格方向之蝕刻率即可模擬。各晶格方向之蝕刻率取決於晶片摻雜濃度、蝕刻液種類、濃度與配方、蝕刻溫度等製程參數，通常必須經由實驗來決定出蝕刻率。此外，一個軟體要能接近可能運用的真實製程、可模擬雙面蝕刻 (double side etching)、蝕刻終止 (etch stop)、多次蝕刻 (multiple etching) 等，是此類軟體能充分發揮效力應具備的功能。

非等向蝕刻模擬的結果是此製程製造出之元件外形，可讓製程工程師或設計者用來選擇適當的蝕刻液及其配方、濃度、溫度，評估蝕刻的時間、各方向蝕刻率、光罩對準誤差、底切 (undercut) 效應等對元件幾何的影響。也可用以決定適當的光罩補償 (mask compensation) 來修正蝕刻遮罩的形狀以得到所要的外形。能有各蝕刻液在不同配方、濃度、溫度下的蝕刻率資料庫，就可減少實驗的次數，對分析的進行也有很大的幫助。若產生之三維幾何能直接輸出給元件分析用，也可節省建立元件模型的時間。

AnisE 是微機電專用軟體 IntelliSuite 軟體內的一個非等向蝕刻模擬模組[59]，有上述的蝕刻模擬功能，也提供了 KOH 與 TMAH 之蝕刻率資料庫，但其所產生的幾何形狀無法供元

 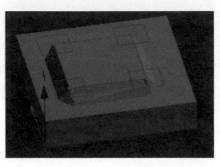

圖 12.54

非等向蝕刻後之三

維幾何。

件分析用。它計算時需要的是 (100)、(110) 與 (111) 三個方向的蝕刻率，圖 12.54 是利用 AnisE 所模擬出三維幾何的一個簡單例子。MEMS Xplorer 是另一套微機電專用軟體[60]，其中含有一非等向蝕刻模擬模組。另外兩個商用軟體是德國的 SIMODE[61] 與日本的 MICROCAD[62]，後者也有一個叫 ODETTE 的資料庫模組。

　　另外美國加州理工學院有一網路線上蝕刻模擬軟體 SEGS[63]，提供免費的模擬，而美國伊利諾大學香檳校區的微致動器感測器與系統 (MASS) 研究群發展了一套適用在視窗95/NT 上的非等向蝕刻模擬軟體 ACES[64]，放在網路上供人免費下載。ASEP[65] 是 Buser 等人所開發出來的軟體，其所模擬出的幾何可以用來產生網格。

12.5.2 製程幾何模擬

　　因為以物理模型為基礎的三維製程模擬既複雜且耗時，所以使用純粹的幾何模型方式變成是略為損失精確度但加快速度的折衷方案，這也是目前微機電製程模擬軟體的主流。此方法就是將每個製程直接對應成一特定幾何的形成或改變，也就是將所有的製程看成是一連串幾何成長與拿掉的過程，可稱之為長與挖的製程，模擬過程直接指定長和挖的方式與尺寸的大小，與製程參數無關。

　　長的製程是在晶片表面長一層指定厚度的材料，但長的方式或是長出來的幾何形狀有不同的型式，圖 12.55 顯示幾種不同的類型，包括均勻型、水平面成長型、平坦型、填入凹洞型及堆疊型。不同的長膜方式，只是為了能近似各種製程所會產生的幾何形狀。例如厚度均勻型用來模擬階梯覆蓋性 (step coverage) 良好之等向沉積製程，水平面成長型可用來近似階梯覆蓋性很差之非等向沉積製程，平坦型可用來模擬沉積再進行化學機械研磨的製程，填入凹洞型可用來模擬電鍍製程，堆疊型可用來模擬接合製程。

　　不同挖的製程，挖之後的幾何也有所不同，如圖 12.56 所示。如直接沿光罩圖形垂直整層厚度拿掉或部份厚度拿掉，或可指定側壁之角度及底切的量，甚或指定犧牲層而將此材

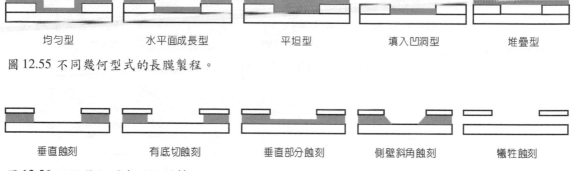

均勻型　　　　水平面成長型　　　　平坦型　　　　填入凹洞型　　　　堆疊型

圖 12.55 不同幾何型式的長膜製程。

垂直蝕刻　　　有底切蝕刻　　　垂直部分蝕刻　　側壁斜角蝕刻　　犧牲蝕刻

圖 12.56 不同幾何型式的蝕刻製程。

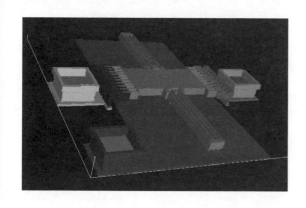

圖 12.57
製程模擬後的三維幾何。

料全部去除，抑或挖的是晶片上面或下面或是雙面。其中的側壁斜角蝕刻可以用來模擬 〈100〉晶片的非等向蝕刻後之近似幾何。其他如接合則只是幾何的堆疊連接，摻雜、微光刻、電鑄模造等也都可以類似的幾何方式來定義。圖 12.57 是一典型著名的微機電系統共用製程 (MUMPs) 利用製程模擬軟體所模擬出來梳狀致動器 (comb drive) 的三維幾何，除了可以清楚的看到三維的外觀之外，又可容易的直接運用來建立分析網格。

　　此方法最大的好處是，若製程步驟固定，只要變更光罩的二維圖形，就可模擬出變更後的幾何。所以將常用或是標準的製程步驟建立成一個個製程檔案並組成製程庫，如此可重複使用，可加速設計的進行。若再配合參數化的光罩庫，利用參數變化快速變更光罩尺寸設計，會更有效率。

　　當然不同的軟體在自己的架構、製程分類與幾何運算產生上有自己的發展，如 IntelliSuite[66]、CoventorWare[67]、MEMS Pro[68]、MEMS Xplorer[60]、等這類商用微機電專用軟體皆提供此製程模擬之功能，只是功能上有或多或少的差異而已，另外如 CFDRC 也提供了一個 CFD-micromesh 模組[69]。在此模擬下，是否能完全真實的呈現製程的步驟，是否能建構出相當複雜的三維幾何，此三維幾何能否自動產生元件分析所需之網格，或是此幾何是否能容易的傳輸給其他網格建立的前處理軟體，都是這類製程模擬軟體所應提供或克服的功能。加州大學柏克萊分校開發了一個 SIMPLer 程式[70]，是只可顯示二維剖面之製程幾何模型模擬軟體。另外還有一個讓人免費下載的軟體 An's MEMS CAD[71]，能畫光罩並能模擬出三維之幾何外觀。此外，OYSTER[72]、3DMX[73]、Jale3D[74]、3DµV[75] 是另外一些被開發出來的軟體。

12.6 現有之發展介紹

電腦輔助設計與分析軟體的發展已有很長的歷史，許多以各產業特性為對象的專用軟體或是以模擬技術導向的泛用型軟體，被廣泛的應用在很多的產業中。原有的泛用型系統模擬工具如 Saber，或電路模擬軟體如 SPICE 等，皆可應用於微系統之系統階層模擬，在 12.4 節中已有介紹，製程模擬軟體於 12.5 節也作了介紹，本節將介紹其他技術部分與微機電專用軟體，讀者也可參考文獻中有關微機電軟體的發展與相關介紹[76-80]。

12.6.1 光罩工具與技術

光罩工具 (layout tool) 在半導體等領域早有發展，且已有非常多商業化的軟體可使用，也有免費的軟體供人下載使用，如 LASI[81] 與 MAGIC[82]，這些光罩工具當然也可用來繪製微機電系統之光罩。然而微機電元件與半導體元件在特性上有所不同，所以針對微機電專用的光罩工具軟體也陸續出現。微機電元件較常用到真實曲線，而不像半導體元件光罩圖形最主要是垂直與水平線段組成的曼哈頓 (Manhattan) 型式之多邊形，或是任意多邊形。因此如 IntelliSuite、CoventorWare 與 MEMS Pro 的光罩工具都支援某種程度的真實曲線繪製功能。

提供可重複使用的參數化光罩 (parametrilized layout) 庫也是微機電光罩工具的重要發展之一，因其可大幅簡化光罩圖形之建構。例如 CoventorWare 軟體內的光罩軟體針對常用的微流體元件與機電元件提供參數化的圖形繪製工具，如圖 12.58 所示，使用者選擇所要繪製圖形的類別，再填入所希望的尺寸值，就可以在某光罩層內繪出所要的圖形，另外也提供了英文字型的光罩圖形。而 MEMS Pro 的光罩工具則針對著名的 MUMPs 製程建了一個參數化微元件光罩庫，共分為四大類：主動元件、被動元件、測試元件與振盪元件，另外流體元件光罩庫則與前述 CoventorWare 的流體光罩庫類似，圖 12.59 顯示其介面。所謂的參數化微元件光罩庫是讓使用者選擇所要的微元件類型後，填入尺寸值就可繪出該元件所有需要之光罩層，在 CoventorWare 內要有 Cronos 設計工具箱 (design kit) 才會提供類似的微元件光罩庫。這兩個軟體也都提供了讓使用者自行建立自己的參數化光罩庫的功能。另美國 Cronos 公司有一套稱為 CaMEL 的光罩庫[82]，內含參數化與非參數化的微機電光罩庫，這個光罩庫的內容是前兩個商用軟體所參考的基礎，它可透過網路申請，由電子郵件來免費取得所要的光罩圖形。

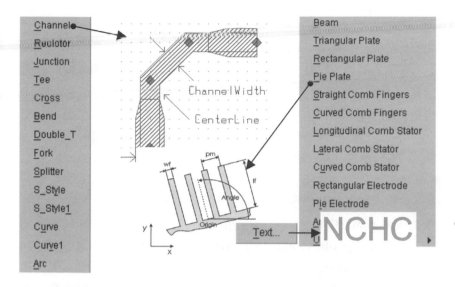

圖 12.58
CoventorWare 光罩工具中的圖形參數化光罩庫。

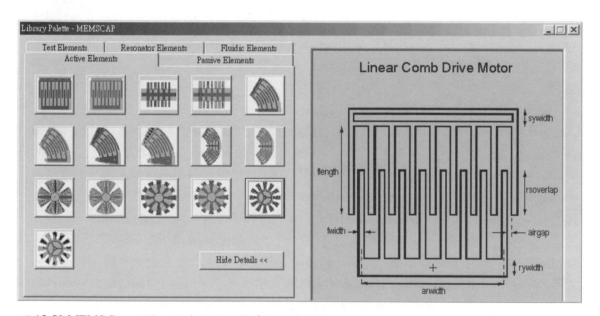

圖 12.59 MEMS Pro 光罩工具中的微元件參數化光罩庫。

12.6.2 元件物理技術與軟體

元件物理階層的分析模擬技術主要是像有限元素法、邊界元素法等場方程數值解法，傳統各領域的泛用型軟體可直接運用來做微元件的特性分析，例如結構有限元素軟體 NASTRAN、ABAQUS，流力軟體 CFDRC、STARCD，電磁軟體 Ansoft 等。

泛用型多物理領域模擬軟體原本也已存在於市場中，如最著名的是 ANSYS[83]，另外還有 CFDRC[84] 與 Algor，它們也被應用到微機電領域。ANSYS 除了原有的多領域模擬功能

(機械、流體、電、磁、輻射與熱) 外，近年也為微機電系統的分析發展出所需的功能，其各領域分析與耦合主要建基在有限元素理論。CFDRC 公司是以計算流體著稱，在固流耦合問題上也有相當多之經驗，近年為微機電系統所開發之 CFDACE + MEMS 軟體套件，將有限體積法之流體、有限元素法之結構以及邊界元素法之電場三個求解核心整合起來。瑞士的 ISE 原是半導體元件製程與物理模擬軟體中的著名軟體之一，其中的 Solidis 模組是為半導體元件與微機電元件所開發之二維與三維熱、機械與電耦合的模擬軟體，它可完全整合在其 TCAD 的模擬環境中，但目前已不再繼續發展。FEMLAB[85] 是最新的多領域模擬軟體，是以有限元素法求解偏微分方程式之技術為基礎，可與著名的軟體 MATLAB 完全整合在一起，也可直接以偏微分方程式輸入做為數學模型，進行耦合領域的計算。

耦合領域模擬 (coupled field simulation) 最大的挑戰是如何快速有效又精確地解出不同領域之場偏微分統御方程式。直接耦合 (direct coupling) 解法是同時求解所有的方程式，常會利用牛頓 (Newton) 法的迭代 (iteration) 方法，收斂性較好，但缺點是求解核心要重新寫，而不能利用現有功能完整的單一領域軟體。為了可充分利用已有個別單一領域軟體之功能，將之整合起來求解耦合的問題，最常用的方法就是順序 (sequential) 或非直接 (indirect) 耦合解法，又稱之為鬆弛法 (relaxation method)。ANSYS 提供上述兩種方法，但並非所有耦合問題兩個方法都可用或適合用。耦合領域分析概念與相關問題，讀者可參考文獻 86。

因微機電技術的蓬勃發展，完全以微機電元件特性為市場定位的軟體也相繼出現。CoventorWare 與 IntelliSuite 此兩軟體的機電耦合分析是運用邊界元素靜電場分析與機械有限元素，以順序法將兩者耦合在一起，並不斷開發其他微機電元件不同領域所需相關的分析模組。CoventorWare 的前身是著名的 MEMCAD，它提供了靜電、機械、熱、機電耦合、空氣彈簧與阻尼特性、壓阻、壓電、封裝、光學與頻率相關之電阻與電感、流固耦合以及其他許多與微流體元件相關之不同模組的分析能力。而 IntelliSuite 的原名是 IntelliCAD，它提供了靜電、機械、熱、機電耦合、壓電、微流、高頻電磁等分析功能。另外 AutoMEMS[87] 軟體是完全以邊界元素法所開發之靜電、熱與機械耦合的軟體，目標是利用邊界元素法的特性來加快求解的時間與加大可解問題的尺度，另有一 AutoMEMS-SMP 軟體是針對具分享式記憶體處理器 (shared memory processor) 之電腦所開發，更加速它的處理能力。瑞士的 SESES[88] 軟體是為微機電所開發的靜電、熱與機械耦合的有限元素分析軟體。

網格建立的快慢與品質良好與否是微元件特性分析的重要技術指標，傳統上的分析軟體皆提供功能不一的幾何與網格建立工具，也有泛用型前處理軟體 Patran、I-DEAS、Hypermesh 可用來協助複雜網格的產生。自動網格產生法與適應性 (adaptive) 網格法是有效的網格建立法，其中自動網格產生法在二維問題產生三角形或四邊形網格的技術相當成熟，對三維問題產生四面體網格也很成熟，但純六面體網格卻依然是個有待努力的方向。微機電元件常見的幾何特性之一是以一層層長與挖的過程產生的幾何，而非具複雜曲面的三維幾何，所以應用此特性的 IntelliSuite 與 CoventorWare 兩專用軟體已發展出能自動快速產生高品質六面體網格的技術，讓使用者更方便的進行分析。在 IntelliSuite 中另外發展了一個像蓋房子似的方法 (3D Builder)，讓使用者不透過幾何，能直接用一層層網格建立的方式來快速的建立分析網格。針對微流道流場分析模型之網格建立，CoventorWare 發展了一個特別功能，讓使用者不透過幾何，直接且快速地建立六面體網格，圖 12.60 顯示此參數化微流道產生工具的例子，此工具讓使用者選擇不同的微流道造型與剖面形狀後，指定尺寸大小與網格切割參數，就可自動產生網格，接著可依序組合成複雜的微流道網格。

　　此外，MEMS Pro 軟體發展了在已知三維幾何與製程步驟下，自動產生對應之光罩圖形的功能，讓使用者在 ANSYS 驗證過的微元件幾何得以轉成 CIF 格式的光罩檔案，免除繪製光罩的時間。而 IntelliSuite 也建構了一個目前唯一的商用化微機電專用的材料庫 (material database) MEMaterial 模組，讓使用者可以查詢常用之微機電材料的材料性質與製程參數的關係圖，如圖 12.61，也可加入自己的材料性質。

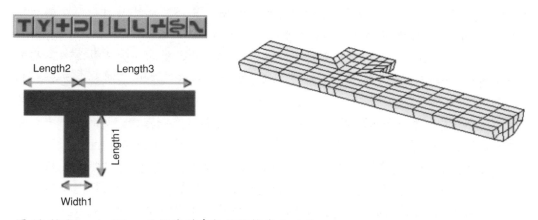

圖 12.60 CoventorWare 的微流道參數化網格產生工具。

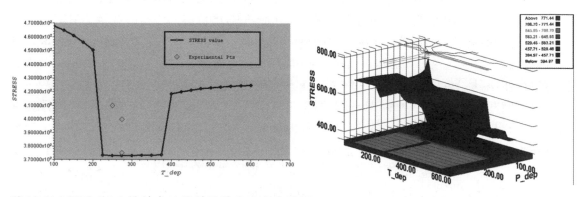

圖 12.61 MEMaterial 材料庫的材料性質平面與立體圖。

12.6.3 巨觀模型工具與微元件庫

　　巨觀模型階層分析主要有兩類問題，一是如何將複雜的元件物理計算結果轉換成一個簡單的降階計算模型；另一個是將此簡單的降階計算模型寫出系統模擬軟體所用語法 (如 SPICE 或 HDL-A) 的模型。CoventorWare 提供了上述的功能，而 MEMS Pro 在 ANSYS 內開發了一些使用介面，運用 ANSYS 的降階法也提供上述的功能。這兩個軟體也提供了常用微機電元件庫，協助系統設計的進行，這些元件庫除了含有巨觀模型外，也有對應的光罩圖。

12.6.4 軟體在不同階層的功能

　　以多階層特性的四個階層來看最重要的幾個軟體目前的定位，IntelliSuite 主要提供的是製程與元件物理兩個階層的功能，CoventorWare 四個層次皆有，MEMS Pro 本身提供製程與系統階層，當 MEMS Pro 與 ANSYS 整合時，MEMS Pro 又可提供元件行為階層。而 ANSYS 則可提供元件物理階層、元件行為階層與系統階層之功能，CFDRC 則可提供製程與元件物理之功能。非等向蝕刻模擬與微機電材料庫是 IntelliSuite 有別於其他幾個軟體特有的功能。這僅是很粗略的畫分，各軟體在各階層的功能上有多有寡。隨著微機電技術的發展，軟體廠商可能會有策略性的改變，可以預見的是，為微機電設計分析者開發愈來愈好用、功能愈多愈強的軟體是一定的趨勢，也是微機電產品與應用愈來愈普遍的重要助力之一。

參考文獻

1. S. D. Senturia, *IEEE*, **86** (8), 1611 (1998).

2. D. A. Koeser, B. Hardy, and K. W. Markus, *MUMPs Design Handbook*, Revision 7.0, http://www.memsrus.com/mumps.pdf.

3. S. D. Senturia, *Microsystem Design*, Kluwer Academic Press (2000).

4. F. W. Grover, *Inductance Calculations, Working Formula and Tables*, New York: Dover Publications (1946).

5. M. Kamon, F. Wang, and J. White, "Recent Improvements to Fast Inductance Extraction and Simulation", *Proc. of the 7th Topical Meeting on Electrical Performance of Electronic Packaging*, West Point, New York, 281 (1998).

6. A. E. Ruehli, *IBM J. Res. Develop.*, **16**, 470 (1972).

7. Q. A. Huang and N. K. S. Lee, *Journal of Micromech. Microeng*, **9**, 64 (1999).

8. K. Matsuda, K. Suzuki, K. Yamamura, and Y. Kanda, *J. Applied Physics*, **73**, 1838 (1993).

9. Motorola, *Sensor Device Data / Handbook*, 4th ed., Phoenix, AZ: Motorola, Inc., (1998).

10. T. Ikeda, *Fundamentals of Piezoelectricity*, New York: Oxford University Press (1990).

11. CoventorWare / Supplemental Tutorials and Reference Guide, Inc., Coventor (2001).

12. R. W. Fox and A. T. McDonald, *Introduction to Fluid Mechanics*, 2nd ed., Wiley (1998).

13. L. Lofdahl and M. Gad-el-Hak, *Progress in Aerospace Sciences*, **35**, 101 (1999).

14. D. J. Harrison, K. Fluri, K. Seiler, Z. Fan, C. S. Effenhauser, and A. Manz, *Science*, **261**, 895 (1993).

15. 方昱仁, 單體單噴孔壓電致動式噴液裝置之設計與製造, 國立台灣大學機械工程學研究所碩士論文.

16. M. A. Lemkin, B. Boser, D. Auslander, and R. L. Smith, "A 3-Axis Force Balance Accelerometer Using a Single Proof Mass," *Transducers '97*, 4B2.01 (1997).

17. K. S. Nabors and J. White, *IEEE Trans. Computer-Aided Design*, **10**, 1447 (1991).

18. 姚志民, *National Science Council Monthly*, **29** (3), 174 (2001).

19. 姚志民, 微系統科技協會季刊, **3**, 29 (2001).

20. P. M. Osterberg and S. D. Senturia, *IEEE J. Microelectromechanical Systems*, **6**, 107 (1997).

21. S. D. Senturia, N. Aluru, and J. White, *IEEE Computational Sci. Eng. Mag.*, **4** (1), 30 (1997).

22. S. D. Senturia, R. M. Harris, B. P. Johnson, S. Kim, K. Nabors, M. A. Shulman, and J. K. White, *IEEE J. Microelectromechanical Systems*, **1**, 3 (1992).

23. E. K. Antonsson, "Structured Design Methods for MEMS," in *NSF Sponsored Workshop on Structured Design Methods for MEMS Final Report*, 53 (1996).

24. J. Hilibrand and B. Chern, "Getting a Clean Separation between Design and Fabrication," in *NSF Sponsored Workshop on Structured Design Methods for MEMS Final Report*, 69 (1996).

25. T. J. Hubbard, "VLSI and MEMS, VLSI vs. MEMS," in *NSF Sponsored Workshop on Structured Design Methods for MEMS Final Report*, 71 (1996).

26. G. K. Anathasuresh and S. D. Senturia, "Structured Design for MEMS," in *NSF Sponsored Workshop on Structured Design Methods for MEMS Final Report*, 97 (1996).

27. N. P. Suh, Axiomatic Design, *Advances and Applications*, Oxford (2001).

28. T. J. Hubbard and E. K. Antonsson, *J. Microelectromech. Syst.*, **3**, 116 (1993).

29. Y. Zhou, *Layout Synthesis of Accelerometers*, Master Thesis, Department of Eelctrical and Computer Engineering, Carnegie Mellon University (1998).

30. W. Ye, S. Mukherjee, and N. MacDonald, *J. Microelectromechanical Systems*, **7**, 16 (1998).

31. G. K. Fedder, "Structured Design of Integrated MEMS," *Proceedings of the 12th IEEE International MEMS Conference*, Orlando, Fla., 1 (1999).

32. C. M. Close, D. K. Frederick, sand J. C. Newell, *Modeling and Analysis of Dynamic Systems*, 3rd ed., Wiley (2002).

33. E. S. Hung and S. D. Senturia, *IEEE J. Microelectromechanical System*, **8**, 280 (1999).

34. B. F. Romanowicz, *Methodology for the Modeling and Simulation of Microsystems*, Boston: Kluwer Academic Press (1998).

35. E. Crawley, M. Campbell, and S. Hall, *High Performance Structures: Dynamics and Control*, Cambridge University Press (2001).

36. J. J. Blech, *J. Lubrication Technology*, **105**, 615 (1983).

37. W. S. Griffin, H. H. Richardson, and S. Yamanami, J. Basic Engineering, June, 451 (1996).

38. Y. J. Yang, *Squeeze-Film Damping for MEMS Structures*, S. M. Thesis, Department of Electrical Engineering and Computer Science, Massachusetts Institute of Technology, Cambridge, MA (1997).

39. R. P. van Jampen, *Bulk-Micromachined Capacitive Servo-Accelerometer*, Ph.D. Thesis, Delft University (1995).

40. T. Veijola, H. Kuisma, J. Lahdenperg, T. Ryhtinen, *Sensors and Actuators A*, **48**, 239 (1995).

41. Cadance 網站: http://www.cadance.com

42. Saber Designer Intro Course, Analogy Corp. (1995).

43. H. A. C. Tilmans, *J. Micromech. Microeng.*, **7**, 285 (1997).

44. 黎立民, 微機電製程模組與機電耦合之分析, 國立成功大學機械系碩士論文 (2002).

45. N. W. Hagood, *et. al.*, "Development of Micro-Hydraulic Transducer Technology," *10th Intl' Conf. On Adaptive Structures and Technologies* (ICAST'99), Paris, France (1999).

46. SUGAR 網站: http://www-bsac.eecs.berkeley.edu/~cfm

47. C. Liu, *Dynamical System Modeling of a Micro Gas Turbine Engine*, Master Thesis, Department of Aeronautics and Astronautics, Massachusetts Institute of Technology (2000).

48. K. Ogata, *Modern Control Engineering*, Prentice-Hall (1995).

49. R. C. Rosenberg, *Introduction to Physical System Dynamics*, McGraw-Hill International (1996).

50. D. Wormley and D. Rowell, *System Dynamics, an Introduction*, Prentice-Hall (2001).

51. D. Karnopp and R. Rosenberg, *System Dynamics: A Unified Approach*, Wiley (1975).

52. Verilog 網站: http://www.verilog.com/

53. J. Keown, *MicroSim Pspice and Circuit Analysis*, Prentice-Hall (1998).

54. M. Madou, *Fundamental of Microfabrication*, CRC Press (1998).

55. SUPREM III 網頁: http://www-tcad.stanford.edu/tcad/programs/suprem3.html

56. SUPREM IV 網頁: http://www-tcad.stanford.edu/tcad/programs/suprem4.html

57. E. W. Scheckler and A. R. Neureuther, *IEEE Trans. On Computer-Aided Design of Ics and Systems*, **13** (2), 219 (1994).

58. U. Shintaro, K. Nishi, S. Kuroda, et al., *IEEE Trans. On Computer-Aided Design of Ics and Systems*, **9** (7), 745 (1990).

59. AnisE 網頁: http://www.intellisense.com/software/anise.html

60. MEMS Xplorer 網頁: http://www.memscap.com/cad-memsexpl-ds.html

61. SIMODE 網頁: http://www.gemac-chemnitz.de/mst/simode.htm

62. MICROCAD 網頁: http://www.fuji-ric.co.jp/crab/electric/semicon/microcad/micro.html

63. SEGS 網頁: http://www.design.caltech.edu/Research/MEMS/software.html

64. ACES 網頁: http://galaxy.ccsm.uiuc.edu/aces

65. R. A. Buser and N. F. de Rooij, *Sensors and Materials*, **28**, 71 (1991).

66. IntelliSuite 網頁: http://www.intellisense.com

67. CoventorWare 網頁: http://www.coventor.com

68. MEMS Pro 網頁: http://www.memscap.com/cad-memspro-ds.html

69. CFDRC 網頁: http://www.cfdrc.com

70. SIMPLer 網頁: http://www-inst.eecs.berkeley.edu/~ee40/SIMPLer/SIMPLer.html

71. An's MEMS CAD 網頁: http://myhome.dreamx.net/piyo123/MEMSCAD.html

72. G. M. Koppelman, *Sensors and Actuators*, **20** (1), 179 (1989).

73. D. L. DeVoe, S. B. Green, and J. M. Jump, "Automated Solid Model Extraction For MEMS Visulization," *Proc. Int. Conf. On Modeling and Simulation of Microsystems, Sensors, and Actuators*, 292 (1998).

74. L. C. Ost, M. Mainardi, L. S. Indrusiak, and R. Reis, "Jale3D- Platform-Independent IC/MEMS Layout Edition Tool," *14th Symposium on Integrated Circuits and Systems Design*, 174 (2001).

75. N. R. Lo and K. Pister, *SPIE*, **2642**, 290 (1995).

76. S. D. Senturia, *IEEE*, **86** (8), 1611 (1998).

77. S. D. Senturia, *Sensors and Actuators A*, **67**, 1 (1998).

78. G. Wachutka, P. Voigt, and G. Schrag, "CAD Tools For Microdevices and Microsystems: Today's Demand, Potentials and Visions," *ASDAM'98, 2nd International Conference on Advanced Semiconductor Devices and Microsytems*, Smolenice Castle, Slovakia, 299 (1998).

79. B. Courtois, J. M. Karam, M. Lubaszewske, V. Szekely, M. Rencz, K. Hofmann, and M. Glesner, *Material Science and Engineering*, **B51**, 242 (1998).

80. LASI 網頁: http://cmosedu.com/cmos1/winlasi/winlasi.htm

81. MAGIC 網頁: http://www.research.digital.com/wrl/projects/magic/magic.html

82. CaMEL 光罩庫網頁: http://www.memsrus.com/cronos/svcscml.html

83. ANSYS 網頁: http://www.ansys.com

84. CFDRC 網頁: http://www.cfdrc.com

85. FEMLAB 網頁:

86. 姚志民, 工程(中國工程師學會會刊), **75** (1), 63 (2002).

87. AutoMEMS 網頁

88. SESES 網頁: http://www.nmtec.ch

第十三章 微機電系統應用

13.1 微光機電系統

13.1.1 系統簡介

1969 年 Miller 提出「積體光學」的概念，希望利用光波導連接每個光學元件，就如在積體電路用微線路連接每個電晶體。然而，光波導的技術卻一直無法整合在自由空間 (free-space) 的光學系統中。但基於自由空間光學具有形成光學影像，以及能產生繞射極限的聚焦點等優點，能夠廣泛應用在光學顯示器、光儲存、光開關及檢測系統，因此需要另外一套有效且適合的技術來整合。

微機電系統在光學上具備了諸多潛力：(1) 由於光本身不具質量，只需很小的能量即可驅動微元件，(2) 對光而言，微小位移可有顯著的作用，(3) 微小化之光機電元件具有迅速反應與快速運動的特性，(4) 無需與環境作直接的接觸，具有容易封裝的特性，(5) 具有微小化且可大量製造的製程特性，不僅使其具有整體成本降低的潛力，也具有高度商業化之可行性。藉由微機電技術，更可將可產生微小位移的機械結構精確地定位並製造在矽晶片上，應用於光學系統中更是如魚得水。例如，若能利用微機械結構在干涉儀造成一個四分之一波長位移的改變，就能達到開關的效果。相較於一般的微小光學元件，微光機元件就顯得更精小、更輕巧、更穩固，並且可達到快速轉換 (高的共振頻率)。因此可藉由微機電技術和光學的緊密結合，可衍生出一套嶄新的技術—微光機電系統技術 (MOEMS 或 optical MEMS)。

自 1997 年，IEEE/LEOS 舉辦第一屆國際微光機電系統研討會 (Micro-Opto-Electro-Mechanical Systems, MOEMS)，到 2000 年改為 Optical MEMS，僅短短數年的時間，技術與應用已不斷地創新，不論是在光纖通訊、光感測、影像顯示技術及生醫領域等，都有無限的發展潛力。微光機電系統結合了半導體、光、機、電的特性，使得資料傳遞過程中，可一直保持在光的形式 (光－光) 傳輸，而不需轉換至電子資訊層的架構，進而開展了微光機電系統在全光網路之光纖通訊上的可能與機會，其元件包括：可調變式雷射 (tunable laser)、調變器 (modulator)、可調變式光濾波器 (tunable filter)、光開關 (optical switch)、增益

第 13.1 節作者為黃榮山先生。

等量器 (gain equalizer)、光波塞取多工器 (wavelength division add/drop multiplexer, WADM) 及可調變式接收器 (tunable receiver) 等。在影像顯示技術方面也有相當的發展，最著名的例子便是德州儀器 (Texas Instruments, TI) 公司所研發出的數位微鏡面元件 (digital micromirror device, DMD)，其運用在投影顯示器上，為成功的商業成品；另外相關的元件如光柵式光閥元件 (grating light valve, GLV) 及微致動閃耀式光柵等。生醫技術方面，利用微光機電系統技術應用在光學同調斷層掃描儀 (optical coherence tomography, OCT) 上，可達到微小化、高掃描速率之皮膚癌、口腔癌檢測等生醫應用領域。

由此可見，微光機電系統技術在全球具有不可忽視的市場競爭力，而全球的學術界與產業界也花費相當的人力與經費在上面，以期能將此技術發展得更趨成熟，帶來龐大的商機。

13.1.2 顯示器

隨著科技的發展，網路與多媒體已經成為現代人不可或缺的生活必備要件，相對地，對於顯示器品質的要求也快速提升。在各種新型的顯示技術發展下，傳統的光學元件由於體積大、重量重，已經不能符合當前追求重量輕、品質佳的需求，而逐漸被淘汰；起而代之的微型光學元件，由於具有體積小、重量輕等優點，已逐漸被應用在創新的顯示技術上，其中又以數位微鏡面元件 (DMD) 及光柵式光閥元件 (GLV) 發展得最為完備，已經成功商品化。以下僅針對此二種微光學元件之原理以及其應用面作探討。

(1) 數位微鏡面元件

數位微鏡面元件 (DMD) 是由德州儀器公司的 Larry Hornbech 等人在 80 年代研發出來，以微機電技術配合半導體製程，將元件的微結構與 CMOS 電路整合在一起，能有效地控制微鏡面致動，是最具代表性之商品化微機電系統微型顯示器。

基本上，數位微鏡面元件就是一個靜電致動式可偏轉的微鏡面，鋁材質的微鏡面連接在非常薄的扭轉鉸鏈 (torsion hinge) 之上，懸浮在矽基材上，矽基材之上連接有一組電極以及靜態隨機處理記憶體 (SRAM) 單元，其結構如圖 13.1 所示。

其微鏡面設計的可操作角度為正負 10 度，而控制微鏡面的方法是藉著在微鏡面和偏轉電極間施加一個電壓，使得微鏡面以扭轉鉸鏈為轉軸而旋轉，其基本操作如圖 13.2 所示。數位微鏡面元件便是利用此機構，而應用在各種顯示元件中。

德州儀器公司對於數位微鏡面元件最初的設計，是應用於數位光學處理引擎 (digital light processing, DLP) 的投影顯示器上，光源射出經由透鏡聚光至一色彩濾光盤上，將白光分為紅、綠、藍三色，再投向數位微鏡面元件上。微鏡面向光源時，反射入射光，在螢幕上就為亮的畫素；偏離光源時，就成為暗的畫素。而微鏡面在一秒之內可以轉動的次數高

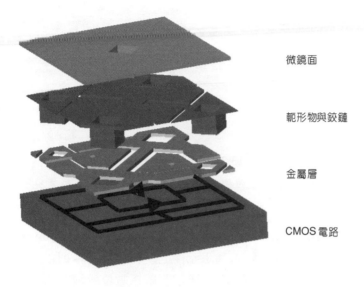

微鏡面

軛形物與鉸鏈

金屬層

CMOS 電路

圖 13.1
數位微鏡面元件之示意圖。

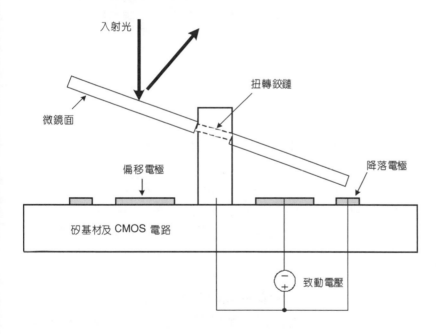

圖 13.2
德州儀器公司生產之數位
微鏡面元件基本操作示意
圖。

達數千次,故如果在單位時間內亮的次數多於暗的次數,則畫素就產生比較亮的灰度表現;反之亦然。這樣一來,此一數位光學處理引擎便能產生細微的色度變化,使色彩更生動、鮮明。投射在螢幕上時,每一點的畫素 (pixel) 即是由一個數位微鏡面元件組成,故若顯示器為 XGA (1024 × 768) 之解析度,則元件數量將高達八十萬個。因此產品良率的提升,正是德州儀器公司努力達成的目標。

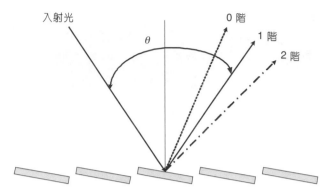

圖 13.3

數位微鏡面元件以閃耀式光柵外形呈現。

　　由於數位微鏡面元件的鏡面尺寸只有 16 μm × 16 μm，相鄰的鏡面間隙也只有 1 μm 左右，開關時間也很短，只有 20 μs，因此也適合應用於光通訊元件上。若將鏡面陣列致動，就會產生如同閃耀式光柵 (brazed grating) 的效果，如圖 13.3 所示，所以數位微鏡面元件也能當作可開關控制的光柵。唯獨數位微鏡面元件的製作過程實在太過複雜，良率無法有效提高，市場價格居高不下，因此尚有改善之空間。

(2) 光柵式光閥元件

　　光柵式光閥元件 (GLV) 的技術最早是由美國史丹佛大學的 David Bloom 教授及其學生所發明並申請專利，接著再由公司繼續發展，並將之商品化。目前已應用在光衰減器、光開關，以及投影機等方面。

　　整個光柵式光閥元件的製造是使用積體電路製程，包括有光罩顯影製程、沉積、蝕刻，以及金屬層製作等各層分布的結構。當元件製作完成並測試好後，再將乾淨的玻璃罩置放在反射條上且以氮氣封住，以避免氧化的情況發生。光柵式光閥元件其中一個被看好的原因就是與 CMOS 標準製程的相容性高，故有機會能達到產量大及成本低的優勢。

　　當元件裡的反射條同在一個平面上時，元件顯現的行為即是如同一面反射鏡，將入射光沿原路射回；當相鄰的反射條被吸力下拉，使得整個元件形成方井 (square-well) 式的光柵，產生繞射效應，而將入射光繞射回不同的路徑，如圖 13.4 所示，可將不同光波長繞射至不同角度，以應用在顯示器的分光上。就控制一階光繞射而言，只需將反射條利用靜電力下移至約 $\lambda/4$ 的位置，即可決定不同波長的一階繞射角度。故當入射光為白光時，可調整反射條，使得紅、綠、藍三原色的一階繞射光打在同一角度，形成繞射光調色的功能。

　　光柵式光閥元件的前景看好，其主要的原因除了可以完全用 CMOS 製程生產外，另一個被看好的原因是，光柵式光閥元件沒有像數位微鏡面元件採用可致動的微鏡面，所以反應時間快了 1000 倍，如此一來便有更多的空間向更高解析度發展。這種種優點使得光柵式光閥元件好操控、成本降低，而且在光柵式光閥元件之陣列中，不再需要電晶體，大大地減少製程的步驟。

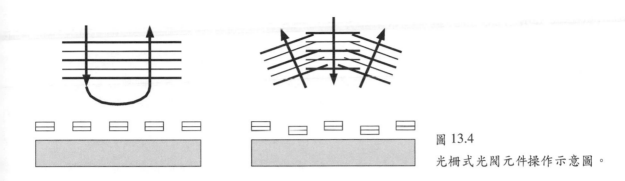

圖 13.4

光柵式光閥元件操作示意圖。

光柵式光閥元件在光通訊方面的應用,可以作為可變式光衰減器 (variable optical attenuator),在現今多通道的光纖通訊中,每一個通道即各自需要一個可調變光衰減器,因此如果是一個有八個通道的光纖,便需要八個光衰減器。而在這裡,只需使用單一的光柵式光閥元件來取代數個光衰減器,如此一來,可以大幅降低成本,節省空間及能量的消耗。

13.1.3 光纖通訊

光纖的主要成分為玻璃材質,具有不受電磁波干擾的特性,可確保傳輸資訊的保密及穩定。1970 年康寧 (Corning) 公司製造出世界上第一種低耗損光纖,使得每公里傳遞 1 Gbps 的資料成本減低至少一半以上,而光纖於通訊上之應用也大大的邁進一步。現今,隨著資料的傳輸量漸增,為了因應高頻寬傳輸所發展出的高密度多工分波 (dense wavelength division multiplexing, DWDM) 系統,為現今光纖傳輸的主力,其將數種傳輸訊號經由不同波長的光訊號封包,同時經由一條光纖來傳輸,並可適當的擷取或加入訊號以提供用戶端使用,大大增加其傳輸效率,而其中相關元件,如光開關、光衰減器、光放大器 (optical amplifier)、可調變式雷射、光塞取多工器 (optical add/drop multiplexer, OADM) 等,皆是影響傳輸品質的關鍵。

自 1980 年代末期起,微機電系統開始廣受歐美日先進國家矚目,此一創新之領域結合了半導體、電子、機械與化學技術,而將傳統感測器及致動器縮製在矽晶圓上,微機電系統元件及其尺寸的特性,與光波的互動上,具備了諸多潛力且極其密切。此外,在高密度多工分波 (DWDM) 系統上,「光-電-光」轉換程序中光電開關元件使整個寬頻通訊系統產生延遲,而微光機電系統結合了半導體、光、機與電子的特性,使得在資訊的傳遞過程中可維持在光的平台上 (光-光),而不需轉換至電子資訊層的架構,進而開展了微光機電系統在全光網路之光纖通訊上的可能與機會。因此,微機電技術應用於光通訊上之構想是日新月異,應用範圍也越來越廣,逐漸展露出微機電所佔的重要角色。以下為光衰減器及光開關之簡介,此兩種光通訊元件已成功地商業化,且在 DWDM 系統中發揮微機電之優點。

(1) 光衰減器

　　現今光衰減器 (optical attenuator) 有許多不同的種類型式，主要可分為固定式光衰減器及可調式光衰減器。固定式光衰減器主要是用來平衡光的能量，其價格普遍較低，而可調式光衰減器能夠主動的平衡光的訊號強度，其發展較有競爭力，應用範圍也較廣，其控制方式可為手動或電子式控制。

　　光衰減器在性能要求方面，需要低的極化模態色散、極化損失、插入損失及串話等。在製造方面，以往光衰減器是利用電場來改變材料折射率，以控制光的衰減量，而國內所初步發展的光衰減器，大部分是以機械調變方式來控制光的衰減量，利用步進馬達移動葉片或濾光片進入光路中達到減低光能量的目的，其次還有利用熱對各種材料間折射率的關係，當光纖在耦合處加熱光纖，改變纖核的折射率，使部分的光耦合出纖核而造成能量的損失，但其有體積較大且速度較慢等缺點。近來有幾種新興的領域進入光衰減器的研發，其中以微機電 (MEMS) 及液晶 (liquid crystal, LC) 較受矚目，其較以往製作方式有更優越的性能，如較低的極化損失、較低的色散損失及較低的插入損失等，而微機電更具有能夠批量製造、降低成本及能微小致動的特性，使其在光衰減器的製作方面，更能發揮其優點製作出性能更好的光衰減器。

　　目前國內外有許多的論文及專利，競相研發出更新的微機電技術，以改善光衰減器的性能，降低其不必要的損失。如圖 13.5 所示，其為利用微機電製程製作的梳狀致動器 (comb drive)，利用控制所加之電壓能夠產生非常微小位移的特性，在光纖耦合處的光路中插入一微小葉片並使其與梳狀致動器連接。由梳狀致動器慢慢移動葉片進入光路，而阻擋部分光進入耦合的光纖中，藉著控制輸入梳狀致動器的電壓而達到光的衰減。葉片和光路夾一角度是避免光反射回原光纖中。

圖 13.5
梳狀致動器[6]。

(2) 光通訊開關

　　全光光纖通訊網路的關鍵元件「光通訊開關」是目前最迫切需要的元件之一，其應用範圍可分為：自動保護裝置 (protection and restoration)、網路監控 (monitor)、光塞取處理器 (optical add/drop multiplexer, OADM) 及光訊號交換器 (cross connection)。而由上述應用方式之分類，可知光通訊開關在全光網路中將扮演各種角色，且每個角色均有其需求之開關特性，因此應以可擴充性 (scalability)、切換速度、損耗及可靠度 (reliability) 等特性，選擇適當之光開關系統。此外，光開關亦有許多種類，如微機電系統 (MEMS)、液晶 (liquid crystal)、全像 (hologram)、氣泡 (bubble)、熱光 (thermal-optics)、聲光 (acoustic-optics) 等技術，但其中微機電技術以其成本低、切換速度快，以及能有效的將元件微小化之優點，在光開關領域中倍受矚目。微機電所發展之光開關可分為二維式光開關及三維式光開關，以下分別介紹。

① 二維式光通訊開關

　　二維之光通訊開關主要是改變光在同一平面上行進的方向，其機制可利用移動的微小鏡面或在液氣界面上折射率的不同，所造成光全反射效應。而應用微機電方式，主要是利用機械之特性控制鏡面移動或轉動，並藉由鏡面反射得以改變光行經之路線，進而達成光開關之目的，此方式亦可由簡單之 2 × 2 擴充至 8 × 8 之陣列式排列，如圖 13.6 所示。

② 三維式光通訊開關

　　當二維鏡面陣列欲擴充至高埠數時，將造成光路徑之衝突 (blocking)，若利用空間中三維行進之光路徑即可避免此問題的發生。此結構以雙軸類比式轉動鏡面為例，如圖 13.7 所示，其可控制多方向之光行進路線，且多埠數之三維微鏡面陣列具有高度擴充特性，可作

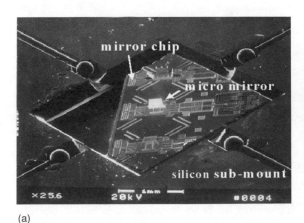

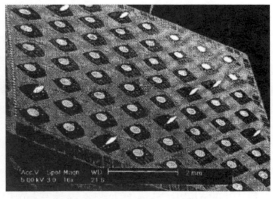

(a)   (b)

圖 13.6 (a) 2 × 2 二維式光開關[7]，(b) 8 × 8 二維式光開關[8]。

圖 13.7
三維式光開關[9]。

為交換裝置 (optical cross connect, OXC)，雖然伴隨之微鏡面角度控制、鏡面平整度及良率等技術問題仍待克服，但其在多埠數之發展潛力卻極具競爭力。

　　微機電在光學上的應用可以說是非常之廣，因其為新興之領域，因此有許多新元件之研發仍在實驗階段，或尚未成為普遍之商業化產品，如可調變式雷射、可調變式光濾波器等，其非常有機會利用微機電技術取代傳統式的製作方法，讓成本更低、效能更好。微機電系統技術以費比裴洛干涉儀 (Fabry-Perot interferometer) 來作光學濾波器，此裝置係利用微機電製程技術，製作出一具反射層、空氣腔 (air cavity) 及電極之可調式微費比裴洛干涉儀，利用外加電壓，以靜電力來拉近上下電極之間的距離，藉著改變腔內之距離，而選擇所要濾出之特定波長，以達到濾波的效果。

13.1.4 微光機電系統之應用

(1) 在生物醫學上之應用

① 光學同調斷層掃描術之簡介

　　大部分人只要聽到斷層掃描，通常只會聯想到放射性的造影技術，但是近年來發展出一套利用「光」來作為人體組織的造影技術，最主要的原因在於光是一種非游離性的能量源，其最大之優點即是對人體並不會產生傷害，但是因為光在人體中會有嚴重的散射效應，導致無法造影，因此發展出一套同調光子閘截 (coherence gating) 技術，來提高影像的訊雜比，以利造影。

　　光學同調斷層掃描 (optical coherence tomography, OCT) 乃是利用低同調光源在一干涉儀中能產生極短干涉波包 (envelope) 之長度，以達到空間解析度造影的效果。理論上，光源的頻寬 (bandwidth) 愈寬，干涉波包長度越短，造影之解析度就越高。該造影技術具有高度橫向解析度的組織影像，而縱深解析度問題可用光源來解決，如今半透明之生物組織 (如眼睛或青蛙受精卵) 已可測量之深度為 1 至 2 cm，而其他半透明組織 (如皮膚)，也可深入組織 1

至 2 mm，取得細小微血管或其他微組織結構，這是一般傳統顯微鏡或共焦顯微鏡無法達成的。而其他造影技術皆有其缺點，如核磁共振造影技術相對於光學同調斷層掃描而言成本過高、X 光斷層掃描對人體有害，雖然光學同調斷層掃描比起高頻超音波造影技術之穿透深度較差，但是光學同調斷層掃描之解析度則較優，且硬體設備也較為低廉，這使得光學同調斷層掃描具有與傳統造影技術競爭的優勢。

目前已有應用於人類眼底組織之造影，因為視網膜層至脈絡膜層約有 8 層，故其總厚度約可達 250 μm。傳統上，若要瞭解眼底有無病變，大部分會以「螢光眼底血管攝影 (ICG)」或「眼底攝影 (FAG)」為參考依據。不論 ICG 或 FAG，檢查結果只是視網膜表層，且需待 3 至 5 天才能拿到底片，時間拖延太久。因此，只有「眼底斷層掃描」能提供準確又快速的診斷分析結果。然而光學同調斷層掃描於門診檢查時，不需要長時間散瞳等待，病人的瞳孔只要 3 mm 即可以測量、掃描與即時性的掃描顯影，針對視網膜、青光眼、視神經等疾病，能夠以一份完整眼底各層的斷層生理解剖圖，快速、簡單、易懂又精確的提供給眼科醫師，在門診同時間內，即可掌握病患的病況，給予即時的防範與治療。

② 光學同調斷層掃描之原理

圖 13.8 是標準的麥克森干涉儀，其為光學同調斷層掃描技術之核心原理，它是利用分光鏡 (beam splitter) 將光源分成兩道光，一半進入參考面鏡 (reference)，另一半則進入樣本 (sample)，兩道光反射後又將合於分光鏡，然後同時射入偵測器 (detector) 內，而產生干涉現象。只要小幅移動參考面鏡，量測到干涉條紋之變化，即可測得掃描樣本因深度不同而造成之不同反射狀況，便達到斷層掃描之效果。而光學同調斷層掃描之光源必須有很短之同調長度 (coherence length)，因為同調長度會直接影響縱深解析度。而一般人體組織中穿透較佳之光波長範圍為 0.65 至 1.3 μm 之間 (近紅外光)，大部分研究使用之光源有兩種，其一為超亮二極體 (super luminance diode, SLD)，舉一實例如中心波長為 1290 nm，頻寬約 30 nm，此系統乃以光纖耦合器來形成邁克遜干涉儀，由於發光二極體體積小，其他部分亦輕巧，故此系統可以移動；然而，由於頻寬僅有 30 nm，其縱深的空間解析度僅有 18 μm (於人體組織內)，且因為發光二極體之同調長度亦短，故尚須考慮到參考臂與樣本臂長度差，

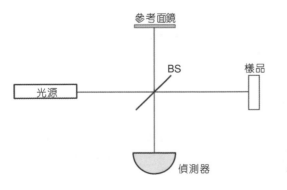

圖 13.8
麥克森干涉儀之示意圖。

只要差異的長度稍有變化，干涉即無法發生。而另外一套系統是利用光纖內的自相位調制，以鈦寶石雷射之超短脈波來形成寬頻光源，其以 800 nm 為中心波長，並於約 5 m 長的單模光纖內注入 100 ns 脈波，在光纖另一頭可得最高 80 nm 的頻寬，頻寬大小隨注入光纖雷射功率變大而增加，而 80 nm 的頻寬在此波段，其在人體組織內的縱深解析度可達 5 μm。但可惜此套系統利用兩個大型雷射，所以無法移動，同時因為頻寬大，無法使用一般分光鏡，只能用空間的干涉儀架構，更增加移動的困難性。所以微小化便是光學同調斷層掃描的未來發展趨勢，不只是可以降低成本，更可以使其利用的範圍更寬廣。

③ 光學同調斷層掃描之應用

　　目前已經有利用光學同調斷層掃描系統掃描各種不同樣品的應用，通常拿洋蔥來做測試基準，若能看到洋蔥之細胞組織結構表示系統狀況正常，即可從事樣品掃描。當掃描離體口腔癌組織時，即能從光學同調斷層掃描圖中辨識癌組織細胞，並和組織切片結果做比較。此外，關於燒燙傷之研究，為了控制燒燙傷之程度，選擇以各式雷射燙傷豬舌頭來做為樣品，而由掃描之結果已能分辨各種不同程度的燒燙傷，另外也可應用於掃描牙齒的結構，可用於檢視整顆牙齒並判斷是否有發生病變。

④ 光學同調斷層掃描之微小化

　　上述一些目前光學同調斷層掃描的應用除了眼球掃描外，都停留在實驗室的應用階段或是一些非活體的掃描上，為實現至實際應用上，則是配合微機電製程的方法，將光學同調斷層掃描微小化，其微小化後可以配合內視鏡的使用，如圖 13.9 所示。此項發展將可使光學同調斷層掃描的利用更上一層，使其不再只是做一些非活體的組織斷層掃描，此時即可深入生物體內部，進行活體即時性的斷層掃描造影，這可以省去許多內部組織的檢查所需要執行的組織切片手術，並降低不必要的浪費，相信在未來的醫療市場裡有相當高的發展價值。

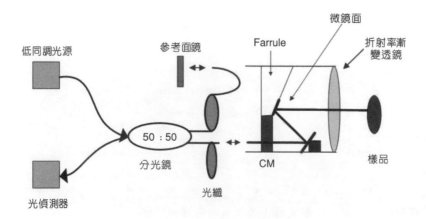

圖 13.9
內視鏡系統利用光纖來結合光學同調斷層掃描。

(2) 在掃描器上之應用

掃描器在日常生活中其實隨處可見,因為其具有快速的辨識能力,且正確性高,所以只要結合電腦之軟體工具,即是一個非常好的幫手。譬如說目前大部分的商店利用條碼讀取機,在每一件商品賣出時就掃描一次,並將之紀錄在電腦裡,經過一段時間後便可利用軟體知道每件商品的出貨數量,來提醒是否該補貨,或是該商品的銷售並不理想而採取下一步的動作,較人工點貨的速度快且正確性高。

而在微機電系統的實驗中,因為實驗結果往往細微到無法用肉眼觀察,故常利用一些掃描式儀器來量測驗證實驗結果是否正確。例如表面輪廓儀 (surface profiler)、原子力顯微鏡 (atomic force microscope, AFM)、掃描式電子顯微鏡 (scanning electron microscope, SEM) 等,各有不同之優點與限制,必須依實驗之需求選擇使用的儀器。

而利用微米級的致動器 (actuator) 所製作的微扭轉面鏡,經常用來作為高頻的掃描器,例如條碼讀取機、雷射印表機、掃描式顯示器,以及蛋白質樣品檢測系統 (detection system in protein sample) 等,這些均是必須使用高頻掃描才可達到的,因此可以看出微機電系統在實際之應用有相當大的發展潛力。

13.2 生物微機電系統

13.2.1 微陣列生物晶片

13.2.1.1 DNA 晶片

近 10 年來,生物科技突飛猛進,其中最具革命性影響的關鍵技術當屬 DNA 晶片 (DNA chip)。它的出現,徹底改寫了生命科學的遊戲規則,將傳統曠日費時的基因功能檢測,從以往一次一個 (或數個) 瞬間提升至成千上萬。如此一來,不僅節省了無數試劑樣品的用量、大幅地增加了一次檢驗的數量,同時也巨幅降低檢測的時間和費用。目前它的應用遍及醫學、製藥、食品、農業和環保各個領域,可說是 20 世紀末期最重要的分子生物技術發明之一。

DNA 晶片就是將許多不同的 DNA 序列(端視不同的應用,可以是任意 ATCG 的排列組合或者是基因中的部分片段) 當作生物探針 (probe),如陣列般地佈放在一片微型的載體上,如玻璃、尼龍薄膜、矽晶片或塑膠等材質,去檢測未知物中是否具有與之互補的 DNA 序列。由於 DNA 具有特殊的 A:T 和 C:G 配對特性,若樣品中恰巧有某個 DNA 之部分或全部序列與晶片上任一 DNA 序列互補,將會產生非常穩定的化學鍵結反應,稱之為雜合反應 (hybridization)。然後再將未產生雜合反應的 DNA 洗去,最後只剩下與生物探針產生雜合反應的 DNA 殘留在晶片上。若樣品事前先以放射性元素、螢光或顏色染料標記 (labeling),利用適當的偵測儀器,即可檢視那些位址有標記訊號。由於每個位址的 DNA 序

第 13.2.1.1 節作者為周正中先生及白果能先生。

列是已知的，所以可以推測樣品中含有那些 DNA 序列。一般說來，絕大部分固定在晶片上的 DNA 是基因的部分片段，用來檢測生物體內各個基因的表現，這類晶片俗稱為基因晶片。DNA 晶片上的 DNA 片段依其製造來源可以區分為 cDNA (complementary DNA，亦即互補或單股DNA) 晶片和寡核苷酸晶片 (oligonucleotide chip)。

(1) cDNA 晶片

　　cDNA晶片上的基因片段是將生物體內的基因片段轉殖 (clone) 到大腸桿菌 (*E. coli*) 中，利用大腸桿菌快速分裂成長的特性，於短時間大量複製這些基因後，將其冷凍至 −80 °C 冰箱中以長期保存。一旦需要可從冰箱取出少許解凍，最後利用所謂生物體外 DNA 複製法、聚合酶連鎖反應 (polymerase chain reaction, PCR) 再一次將這些微量的基因增加到足夠的數量後，就可固定在載體上使用。這種基因製備法的好處在於不需要事前知道各基因的 DNA 序列，最困難之處就是如何取得內含許多不同基因的大腸桿菌菌庫 (library)。所幸目前已有一些國外廠商提供各種生物體的基因庫，但價格並不便宜。上述方法所產生基因片段的長度一般平均在 500−2000 bp (bp 是 base pair 的縮寫，代表一個 DNA 的長度單位) 左右，由於 DNA 探針的長度夠長，雜合反應後所產生訊號也夠強，便於偵測。然而，太長的 DNA 探針往往造成所謂非專一性雜合反應的發生 (cross-hybridization)。因為凡是兩股非完全互補的 DNA 單鏈，只要彼此之間的序列有 70% 以上的相似性，就會形成局部雜合反應而產生假性 (false positive) 訊號。基因片段的長度愈長，非專一性雜合反應的發生就愈頻繁。此外，大腸桿菌在經過多次繁殖複製後，極易遭受其他菌種感染而變質。因此之故，使得另一基因製備替代方法−寡核苷酸晶片便應運而生。

(2) 寡核苷酸晶片

　　寡核苷酸晶片是指它的 DNA 探針是以化學合成方式 (非生物方法複製) 製造出的短鏈 DNA，一般它的長度多在 30 mer (或鹼基) 以下。由於是化學合成之故，DNA 序列必須事前知悉，幸好目前已有超過 50 個物種的基因體已完成或即將完成定序 (包含人類)。短鏈的基因探針序列設計必須借助生物資訊學的方法去尋找每個基因中最獨特 (unique) 的 DNA 序列。這個序列就如同指紋一般，可以區別每個基因間的不同，避免非專一性雜合反應的發生。此外，基因探針的長度也須詳加考慮，探針太長不但不易合成、價格昂貴，而且不容易找出高度專一性的 DNA 序列；太短的探針不僅不具代表性與專一性，且雜合反應效率不佳容易造成雜合訊號太弱無法偵測。早期在全球執牛耳的美國基因晶片製造公司 Affymetrix 使用長度 25 mer 的 DNA 為探針，但目前多數歐美公司皆認為這個長度太短，因而競相開發較長的寡核苷酸探針，一般皆介於 50−80 mer 之間。目前一項新的趨勢為發展一種長度介於 cDNA 與寡核苷酸之間的基因 DNA 探針，長度約為 150 mer 左右。這個長度的 DNA 探針是以 PCR 來複製每個基因的獨特 DNA 序列，以避開探針太長、合成價格昂貴的缺點；同時實驗證實這個長度的DNA 探針具有與cDNA 探針相同的雜合反應效率，可以說避開了上述兩種晶片的缺點但保留下他們的優點。

DNA 晶片的主要功能就是篩選 (screening) 和檢測 (detection)，因此它的應用也侷限在這二個領域。其中，基因晶片無疑是使用最普遍、市場最龐大的一型晶片。而它最主要的應用是在於基因表現分析 (gene expression analysis) 和新藥的研發 (drug discovery)。

(1) 基因表現分析

基因表現 (gene expression) 其實是基因被啟動或關閉的程度，可比擬為電子訊號的振幅大小。人類在某個生理狀態下，某些原本關閉的基因功能會被啟動，有的啟動程度大些，其基因表現就強些，反之亦然；相反地，另一些原本啟動的基因功能會被關閉，有的關閉程度大、有的關閉程度小些。那麼這些基因的啟動與關閉有何重要性，為何要偵測分析他們呢？因為說穿了，人類的生命功能舉凡生、老、病、死其實都是由體內 3 至 4 萬個基因所調控。這些基因會彼此影響，形成一個類似電路的複雜調控網路 (regulatory network)。一旦某些基因產生變異，就如同電路中某些元件出現問題，因此導致某些生理功能失調而產生疾病。從逆向工程 (reverse engineering) 的觀點來看，要尋找那些基因造成疾病的產生，最簡單的方法就是比對健康和疾病時兩者基因表現的差異。相對於健康時的基因表現，那些在疾病時才被大程度啟動或關閉的基因，就是與疾病相關的基因群了。以往使用傳統方法，一次只能偵測少數的基因表現，無法一窺全貌，對於尋找與疾病有關的基因沒有多大的功效。現在由於 DNA 晶片可以一次監測成千上萬個基因，尋找與疾病相關的基因就變得輕而易舉。目前這種依比對正常與不正常檢體去找出問題基因的方法已被廣泛地使用在醫學和臨床的研究上。然而，找到與疾病相關的基因只是第一步，接下來更重要的是探索疾病產生的機制。也就是說，尋找這些問題基因在整個調控網路中扮演何種角色？這是一個十分艱鉅的任務，因為一組 DNA 晶片實驗所得到的數據極為龐大，如何處理、分析這些資料以釐清基因間複雜的互動關係，已經變成 DNA 晶片發展的最大瓶頸和最具挑戰性的課題。事實上，DNA 晶片的資料分析已經自成一個學門，成為生物資訊學中極為重要的一個分支，吸引了如資訊、統計、數學、電機、物理等許多不同領域的專家學者競相投入研究。DNA 晶片與基因表現分析的關係就如同電腦中的硬體與軟體，當硬體技術日趨成熟，軟體的價值就日趨重要甚至凌駕硬體之上。在可預見的未來，誰能在基因表現分析上先馳得點，誰就掌握了 DNA 晶片市場的發言權。

(2) 新藥的研發

當 DNA 晶片剛剛出現的時候，第一個熱情擁抱、同時也是最大的顧客就是製藥公司。因為當針對某一疾病發展新藥時，第一步就是找出可能的致病基因作為藥物標的。如前所述，DNA 晶片無疑是最好的篩選利器。不僅如此，一旦找到問題基因後，還可利用 DNA 晶片分析不同藥物對這些基因治療前和治療後的變化。事實上，已有超過 90% 以上的美國製藥廠使用 DNA 晶片做為評估新藥的療效標準之一。

DNA 晶片的出現，使得人類第一次有能力以全基因組 (genome) 的角度來看待生命現象，這無疑是生命科學的一大突破。隨著技術的日趨成熟以及價格的持續下滑，DNA 晶片在不久的將來必會成為每個醫院和生化實驗室的標準分析利器。如果微陣列晶片能夠與微流體和微機電技術加速整合，從樣品導入、分離、純化、放大、偵測皆能一氣呵成，DNA晶片甚至可能就像體溫計一樣，成為每個家庭必備的家護用品。這不是科幻小說的情節，而是在不久地將來即可實現的科技。

13.2.1.2 蛋白質微陣列晶片

雖然基因晶片之技術已相當成熟，但在許多疾病之檢測或藥物之篩檢中，蛋白質之表現為必須之檢驗工具，且無法由基因之篩檢而獲得。因此，蛋白質微陣列晶片為繼 DNA 晶片之後，另一重要之微陣列技術發展重點。蛋白質晶片係以蛋白質為生物探針，以陣列型態排列在晶片上，進行抗原－抗體等反應，以達蛋白質檢驗之目的。隨著人類基因圖譜逐漸解開，基因功能研究已如火如荼地展開，然而，明瞭基因表現並不等同於明瞭蛋白質表現，因此，透過對蛋白質的辨識及功能分析，亦即蛋白質組 (proteomics) 的研究，去瞭解蛋白質表現、功能與疾病之關係，並用來研發新藥物以治療疾病，為目前重要的研究領域。科學家估計人類基因組約包含 3－4 萬個基因，這些基因經過轉錄 (transcription) 將訊息傳給RNA，再以 RNA 為模板轉譯(translation) 生成蛋白質。但是 RNA 可能會被修飾，所導致的多樣性將使蛋白質的種類超出基因的總數，更加深了蛋白質組研究的複雜性。此外，由於蛋白質的來源取得不易、價格昂貴，且蛋白質的合成遠較 DNA 合成困難，因此，微量且大批次的檢測技術成為先進國家重要的研發方向。以微陣列技術 (microarray technology) 製作的蛋白質晶片，強調只需少量檢體就可快速、精準、批次地檢驗出特定疾病與癌症、偵測各式藥物對目標蛋白的影響，遂成為科學家研發上的一個重要方法[10,11]。

傳統的微陣列技術使用數個微小針頭放置於機械手臂下，並控制其在試片上將生醫檢體打點成為陣列，如圖 13.10 所示。此一將生醫檢體陣列化之技術，目前已廣泛的應用於DNA 微陣列晶片之製作，但對於蛋白質微陣列，傳統的點針陣列技術有以下的限制，包含打點的速度取決於針頭的數量，且打點方式為循序打印，並非平行處理。以 4 針頭機器為例，處理一組含一萬個檢驗點之試片需時約 1 小時，42 個試片同時處理需時約 30 小時。冗長的打點時間增加檢體或試劑腐壞之危險。而且機器使用精密定位設備，價格高於數百萬元新台幣，需維修及校準針頭。打印不同檢體時需用大量清水清洗，增加運作成本，浪費大量原有檢體，且增加環境污染及檢體相互污染之可能。其所打印之點的體積差異約為10%－25% 以上，增加檢測之不可靠性。此外打點之大小局限於細針之傳統加工技術，打點大小較難突破至 100 微米以下。

因此針對蛋白質微陣列，至少有以下之微陣列方式使用奈微系統技術發展而成，其中包含微影方式[12-14]、微噴射方式[15-17]、奈米蘸水筆方式[18-20] 以及奈微壓印方式等[21-27]。

圖 13.11 所顯示之蛋白質微陣列方式則使用光微影技術[12]，並且配合自組裝單層膜 (self assembled monolayer, SAM) 的技術以固定蛋白質。其製程包含：於選定之底材上先旋鍍一

第 13.2.1.2 節作者為曾繁根先生。

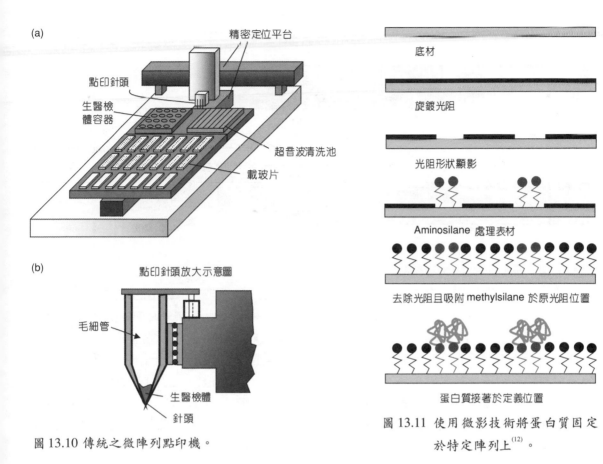

底材

旋鍍光阻

光阻形狀顯影

Aminosilane 處理表材

去除光阻且吸附 methylsilane 於原光阻位置

蛋白質接著於定義位置

圖 13.10 傳統之微陣列點印機。

圖 13.11 使用微影技術將蛋白質固定於特定陣列上[12]。

層光阻,將光阻顯影後露出部分底材作為蛋白質接著處,然後將 SAM 材料塗佈於所露出之底材。光阻去除之後,另外一層阻擋蛋白質附著之材料,接著塗佈於 SAM 材料之外所有底材處,以定義蛋白質附著處。最後讓蛋白質檢體與此晶片反應後,蛋白質可於所定義之處形成微陣列。此種鍵結蛋白質之方式可有效且迅速地將蛋白質固定於所需之處,且亦可形成定量之大陣列。但對於多種蛋白質選擇性鍵結於同一晶片上不同之處,則需要繁瑣之程序,且對成千上萬不同種類檢體同時固定,有相當困難。

第二種方法則使用微噴射之方式[17],如圖 13.12 所示。檢體先用滴管或機械手臂點於蛋白質填充池 (protein reservoir) 中,晶片上之微流道系統可將蛋白質檢體迅速以表面張力帶入中心之噴射孔中。噴射孔之上方使用壓電材料所作成之致動器,將噴孔中之檢體擠壓形成液珠陣列,此液珠陣列則打印於晶片上固定。此種方式可同時處理上百種不同之蛋白質檢體,且打印之大小可由壓電材料之訊號控制。但打點之形狀可能因為液珠衝擊速度過快而呈現不規則狀,且衛星液珠之形成亦必須控制,否則定量將有誤差。此外,使用同一致動器驅動不同微噴管中之液體,將面臨位置不同之微噴管所擁有之液力狀況並不相同的情況,因此易造成陣列內外液珠大小不均之結果。如果將每一噴孔單獨分開由單一之致動器

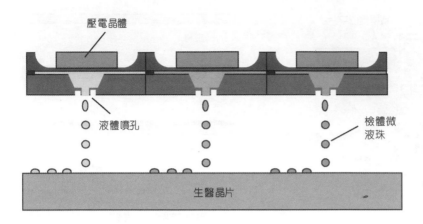

圖 13.12
使用微噴射技術將蛋白質固
定於特定陣列上。

控制，單一晶片能容納之檢體數量將受到相當大的限制。

　　第三種方式則為使用奈米蘸水筆 (dip-pen) 之方式[18-20]，如圖 13.13 所示。蘸水筆奈米微影法是利用原子力顯微鏡的探針作為奈米筆在金膜上繪出蛋白質奈米陣列。原子力顯微鏡的探針在掃描樣品時，探針與樣品之間的極微小距離會形成毛細管，當空氣中的水氣凝結在探針表面上時，在探針與樣品表面之間會有液面連接，若探針表面已預先塗佈特定的物質，這些物質分子會被溶出，沿著探針流到被掃描的樣品表面上，如圖 13.13 所示。

　　Lee 等人則利用蘸水筆奈米微影法製作蛋白質奈米陣列[20]，他們在原子力顯微鏡的探針上塗佈 16-mercapto-hexadecanoic acid (MHA)，MHA 是一種對蛋白質有極高親和力的化學藥品，帶有硫醇 (-SH) 官能基，而硫醇能與金產生非常強的共價鍵結，因此蘸水筆奈米微影法通常配合鍍有金膜的底材使用。利用原子力顯微鏡在金膜上形成 MHA 奈米陣列後，再將金膜其他的地方塗佈一層對蛋白質親和力極低的 11-mercapto-undecyl-tri(ethylene glycol)，

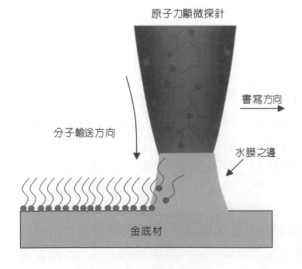

圖 13.13
使用奈米蘸水筆技術將蛋白質固定於特定陣列上[18]。

防止蛋白質吸附在不該吸附的地方，最後再將金膜浸泡在蛋白質溶液中，而蛋白質只會與 MHA 產生鍵結，蛋白質奈米陣列於焉完成。蘸水筆奈米微影法雖然能製作出奈米等級的蛋白質陣列，減少蛋白質使用量，但太費時間是它最大的缺點。

第四種方式則為使用壓印之方式，如圖 11.14 所示[21]。此方法將凝膠先固化於玻璃管中，並利用凝膠來吸收蛋白質，接著使用壓印的方法，一次可壓印多個相同的蛋白質在特定表面上，這種方法可以一次壓印大量的同一種蛋白質。此種方法如用於大陣列不同蛋白質之壓印，將耗費大量人力及手工製成之玻管－凝膠印章。此外，使用矽膠膜造製成之微印章則為另一種壓印方式[22,23]，此種方式可利用微印章吸附蛋白質檢體，然後轉印至生醫晶片上形成微陣列；或使用膜造之矽膠微通道系統緊壓於生醫晶片上，並將蛋白質檢體通入流道中，以使蛋白質與表面鍵結而固定。無論以上何種方式皆只顯示一至數種蛋白質於單一晶片上之處理，並無法大量處理不同種類之蛋白質。

針對上述的問題，國立清華大學工科系與生科系的研究團隊，利用生醫微機電製程技術，發展出一種新式之填充式蛋白質微陣列壓印系統[24-27]。此系統使用溫和之機械接觸以及流體表面張力作用，將不同之蛋白質檢體，以定量方式填充於微印頭，然後平行大量的轉印於表面處理過之生醫檢測晶片，以為後續之檢測，如圖 13.15 所示。由於壓印過程於短時間結束 (少於一分鐘)，蛋白質檢體得以完整保存且定量精確，每個蛋白質印僅含微量檢體 (nL－pL)。此外，此壓印晶片並具有以下特色：可同時填充且壓印多種檢體於試片上、快速製作微陣列，以及壓印之蛋白質點尺寸將可控制於 5% 誤差以內。所壓印 135 點之蛋白質陣列如圖 13.16 所示。目前研究團隊正將此系統發展為上千點之蛋白質微陣列系統。

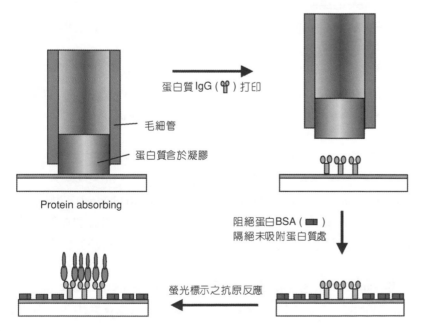

圖 13.14
使用壓印技術將蛋白質固定於底材上[21]。

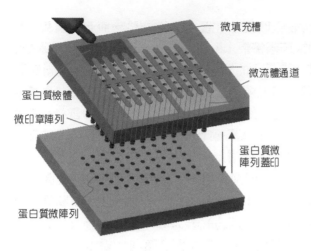

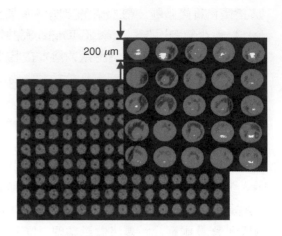

圖 13.15 背後填充式微壓印系統工作原理示意圖。　　圖 13.16 使用背後填充式微印之壓印成果。
　　　　　　　　　　　　　　　　　　　　　　　　　　　每一壓印點之大小與頭髮粗細相仿。

13.2.2 微流體技術應用

　　微機電系統加工技術可將傳統生化分析中所需的微幫浦、微閥門、微過濾器、微混合器、微管道、微感測器及微反應器等元件，集中製作於生化晶片上，以進行樣品前處理、混合、傳輸、分離和偵測等程序，這樣的微流體生醫晶片又稱為微全程分析系統 (micro total analysis system, μ-TAS) 或晶片型實驗室 (lab-on-a-chip, LOC)。利用微流體生醫晶片進行生物醫學檢測或分析，具有降低人工操作的實驗誤差、提高系統穩定性、降低耗能與樣品用量，以及節省人力和時間等優點。若能配合開發出低成本和可大量生產的製程，將可成為未來的新興產業。

　　目前微流體晶片技術在生物醫學方面的應用，主要領域包括基因表現分析、疾病診斷、藥物篩選、基因定序及蛋白質分析等相關應用。以下將就微幫浦 (micropump)、微閥門 (microvalve) 及微流體開關 (micro flow switch) 三大領域分別簡介其研發現況。

13.2.2.1 微幫浦

　　一個完整的微流體系統 (microfluidic system)，從樣品進入微管道 (micro channel) 開始到分析檢測結束，需要各種微元件 (microdevice) 的配合才能完成。其中，為了使流體在管道中能往特定方向前進，需要施加一驅動的力量才能達成。因此，微幫浦的研究乃微流體系統中一重要的工作。

　　從文獻中可知，在 1988 年 van Lintel 等人最早利用壓電材料 (piezoelectric material) 驅動薄膜來製作微幫浦[28]。而往後的研究中，又有許多不同薄膜驅動方式被發表出來，如靜

第 13.2.2 節作者為李國賓先生。

電力、形狀記憶合金等；另外，為了減少微幫浦中可動元件疲勞等問題，更有無閥門幫浦 (valveless pump)、電滲透幫浦 (electroosmotic pump) 等非薄膜式幫浦被設計出來。

　　雖然文獻中微幫浦的設計方式有許多種，但每一種設計卻都有其操作限制及優缺點，例如操作電壓很高、推動效率低等問題，因此距離商品化仍有許多改進空間。而目前已經商品化的微幫浦，則為如德國 IMM 公司等生產一些獨立操作的微幫浦。因此，未來若要將微幫浦直接整合於微流體系統中，除了要解決目前面臨的問題之外，更需要研究者發揮創新的巧思。所謂鑑往知來，經由文獻的整理及探討，將使我們能進一步了解微幫浦的發展歷程，且藉由前人的經驗與智慧，引領我們有新的想法和創意。

　　日常生活中所使用的幫浦，多為渦輪引擎轉動葉片來推動流體，而它的流率及效率基本上是相當高的。但在微觀世界中，由於尺寸變小使得表面作用力 (surface force) 影響變得十分顯著，因此若只是把現有的幫浦整個尺寸縮小，則效果將大打折扣，甚至無法產生動作。因此，針對微觀尺寸的物理現象，重新設計一個能夠正常動作且較具可靠度的微幫浦是必要的。

　　文獻中有各種不同設計的微幫浦，有的利用薄膜 (membrane) 振動、以氣泡 (bubble) 推動，也有的直接使用電場來驅動流體。若再進一步著眼於微幫浦的製程、甚至使用的材料，則更是琳瑯滿目、難以細數。所以為了區別及分類上的方便，大致上以幫浦的驅動方式來作整理、介紹。

(1) 氣泡式幫浦

　　在微小之元件尺寸中，氣泡能用來推動流體以作為一個微幫浦。1997 年 Evans 等人發表的氣泡式幫浦 (bubble pump)[29]，即使用多晶矽 (polysilicon) 作為加熱器 (heater)，通電局部加熱以產生氣泡來推動流體。這種微幫浦的製作方式比較簡單，但卻有不少缺點，例如：動作過程需要加熱，因此相當耗能；加熱片直接對管道的液體加熱，可能改變其中的化學性質 (若試劑中有蛋白質更易被破壞)；通電的加熱片可能會有電洩漏；利用加熱產生氣泡、消除氣泡的過程的頻率響應低 (文獻報告為 0.5 Hz)。

　　圖 13.17 為 Tsai 等人在 2001 年發表的氣泡式幫浦示意圖[30]，他們利用幾何形狀的設計，加上不同溫度造成表面張力的差異，製作出推動導電流體的微幫浦，從文獻中得知它的頻率約為 1－10 Hz。

(2) 薄膜式幫浦

　　薄膜式幫浦 (membrane pump) 之動作原理就如同生物的心臟，藉由薄膜形變產生的往

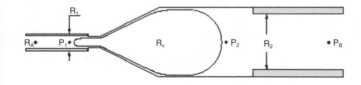

圖 13.17
氣泡式微幫浦剖面示意圖[30]。

復運動來改變內腔 (chamber) 的體積,進而造成其內外有一壓力差。而通常連接內腔的通道口,都有控制流體進出的閥門 (valve),如同心臟的瓣膜一樣,使得流體能夠遵循固定的方向進出。

綜合有關薄膜式幫浦的文獻報告,發現其製程上的主要差異,乃取決於薄膜驅動方式與閥門上的設計。雖然在幾何形狀與尺寸的設計會有不同,但操作原理卻有特定的脈絡可循,以下則依此分類加以介紹。

① 壓縮空氣驅動 (Pneumatic Actuation)

將薄膜的另一端外接幫浦,打入高壓空氣使得薄膜產生形變。此種方式屬於實驗階段較克難的測試方式,因為還要外接管線至高壓氣體幫浦,故在效率上與實用上皆不方便,也不易整合到整個微幫浦中。較早期的文獻有 1994 年 Rapp 等人利用外接氣壓配合 LIGA 製程來製作微幫浦[31],但在往後的發展中,外接氣壓的驅動方式也因其缺點而被其他驅動方式取代。

② 熱壓驅動 (Thermopneumatic Actuation)

此方式為在薄膜上製作一個空腔並在其內置電阻絲,將電阻加熱後使空腔內的流體蒸發產生氣體,進而擠壓薄膜而產生形變。其優點為操作方式較容易且產生的作動力強;但由於它需要給與熱量,因而有耗能、反應較遲鈍的缺點。

圖 13.18 所示為 Lopez 等人在 1999 年所發表的微幫浦[32],從剖面圖可看到上方空腔的流體因電阻絲加熱膨脹,而能推動薄膜壓縮下方空腔的流體,使流體隨閥門的控制流動。

③ 壓電驅動 (Piezoelectric Actuation)

壓電材料經通電後在某些特定方向會產生形變,而這些動作的頻率響應都非常高。因此,利用各種製程技術,如濺鍍 (sputtering)、網版印刷 (screen-printing) 等製程,在薄膜上沉積一層壓電材料,通以高頻交流電,將使壓電材料產生連續振動,並推動薄膜作高頻率的往復運動。而由於壓電材料在 MEMS 的應用已十分成熟,所以我們發現許多文獻中皆採用壓電材料作為微幫浦的驅動元件。

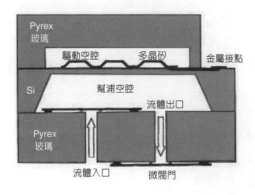

圖 13.18
熱膨脹驅動微幫浦剖面示意圖[32]。

一般而言，利用壓電材料推動的微幫浦都有很高的幫浦驅動頻率，但由於閥門開關的速度最終會無法跟上其振動頻率，因此到一定的振動頻率後，驅動的效率就會降得很低 (由於閥門來不及關上造成逆流等因素)，所以若配合無閥門 (valveless) 的設計，才能使壓電驅動發揮它高頻的優勢。然而，壓電驅動仍有輸入電壓相當高 (數百伏特) 的缺點，所以未來若要將整個供能系統整合至微幫浦中，將會面臨許多困難。圖 13.19 則是壓電驅動幫浦的示意剖面圖。

④ 靜電力驅動 (Electrostatic Actuation)

在微小尺寸中，由於靜電力的距離大幅縮小，因此它亦足以用來驅使薄膜變形、振動。圖 13.20 所示為 Zengerle 等人在 1995 年利用靜電驅動薄膜製作的雙向微幫浦 (bi-directional micropump)[34]，實驗結果顯示，靜電驅動的頻率響應也有相當不錯的效果，其所耗的能量亦相當低。

⑤ 雙金屬驅動 (Bimetallic Actuation)

此種驅動方式為利用兩種具有不同熱膨脹係數的材料構成薄膜，使得加熱之後兩者因膨脹不一致造成擠壓，而往某一邊彎曲變形。

⑥ 形狀記憶合金驅動 (Shape-Memory-Alloy Actuation)

形狀記憶合金是另一種利用溫度驅動薄膜變形的方式。Benard 等人在 1997 年發表的微幫浦即是以此特殊的方式來推動它的薄膜振動[35]。圖 13.21 中 TiNi 即是形狀記憶合金，我們能看到在不同溫度下，兩種不同狀態的 TiNi 會有不一樣的變形，所以利用此設計將能製造薄膜振動的效果。它有操作電壓低 (0.6 V、0.9 A)、材料疲勞小的優點，然而卻也需要較複雜的製程才能完成對位與接合。

⑦ 電磁式驅動 (Magnetic Actuation)

因為電磁力具有低耗能、反應快且操作容易的優點，在近幾年的研究中，電磁力亦被

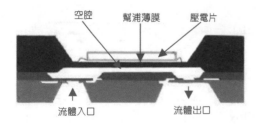

圖 13.19 壓電材料驅動微幫浦剖面示意圖[33]。

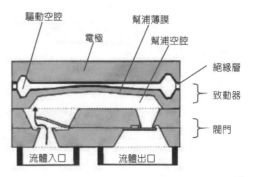

圖 13.20 靜電力驅動微幫浦剖面示意圖[34]。

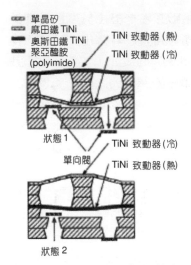

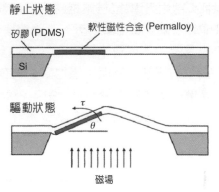

圖 13.22 幫浦薄膜受磁力驅動剖面示意圖[37]。

圖 13.21 SMA 驅動式微幫浦
作動剖面示意圖[35]。

廣泛地應用在微幫浦之設計中。此外電磁所產生的吸引力不亞於靜電力，而它亦能產生靜電力所沒有的斥力。

　　1996 年 Zhang 等人曾提出了電磁式幫浦[36]，其操作電壓只需 3 V 即可驅動薄膜產生 23 μm 的變形。而之後在 2001 年 Liu 等人所發表的文獻中[37]，更進一步結合 PDMS 軟性材料作為薄膜，配合電磁力的吸引，使得薄膜的變形可達 84 μm，圖 13.22 是微幫浦受磁力作動的示意圖。

(3) 擴散式幫浦

　　擴散式幫浦 (diffuser pump) 是近年來常被研究做為微幫浦的設計方式，由於它的構造中不需要閥門，所以配合壓電材料的驅動，即能達到相當好的推動流率 (文獻報告裡最高 16000 μL/min)。另外，因為整體設計上的優勢，它較不受流體黏滯性的影響，也不易因為氣泡或雜質而阻塞，同時若要在流體中輸送細胞，也不會破壞到細胞本身。最直接的例子有 1995 年 Olsson 等人應用在微流體分析系統 (microfluidic analytical system) 的擴散式幫浦[38]，其中主要的流體通道是用深反應離子蝕刻 (deep-RIE) 技術製作而成。圖 13.23 為擴散式幫浦作動示意圖。

(4) 旋轉式幫浦 (Rotary Pump)

　　1995 年 Ahn 和 Allen 利用軟性感磁材料－permalloy[39]，製作類似馬達的齒輪結構，利用磁場驅動使之轉動來帶動流體 (如圖 13.24)。文獻記載了它能有 5000 rpm 的轉速，每分鐘可推動 24 μL 的流量。

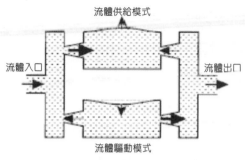

圖 13.23 擴散式幫浦作動示意圖[38]。

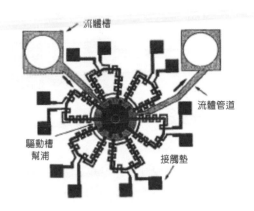

圖 13.24 磁驅動旋轉式微幫浦設計上視圖[39]。

(5) 電流體動力式幫浦

在之前所提出的各式微型幫浦中,不難發現它們有一個共同的特性－可動的元件。然而當元件經過頻繁的往復運動之後,材料容易因疲勞而破壞,造成幫浦運作上的障礙並縮短使用的壽命。因此有人利用流體的電氣特性,在電場中來驅動流體,即所謂的電流體動力式幫浦 (electrohydrodynamic pump, EHD pump),如圖 13.25 所示[40]。

一般而言,要使得流體在電場中移動,流體本身必須帶有自由電荷,或是溶質需為帶電荷的離子,有些則是將原本不帶電荷的粒子利用電場在粒子表面誘導出電荷。而電荷在電場中會受到一作用力而移動,在帶電粒子移動的同時,因為溶劑 (即流體本身) 的黏滯性會使得溶劑隨著溶質朝電場作用力的方向移動,而達到驅動流體的效果。

(6) 電滲透式／電泳式幫浦

電滲透流是由外加的驅動電壓與流體電荷分布 (電雙層) 之間的相互作用所產生的驅動力來驅動流體,而電泳效應是指利用帶電荷離子在高電壓作用下,於介電質中以不同的移動率向電荷相反方向所造成物質的分離。圖 13.26(a) 是電滲透式幫浦的動作原理示意圖,而圖 13.26(b) 是電泳式微幫浦的動作原理示意圖。

由於電滲透式／電泳式幫浦 (electroosmotic/electrophoretic pump) 中沒有使用到可動的

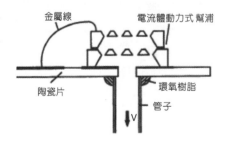

圖 13.25
電流體動力式微幫浦剖面示意圖[40]。

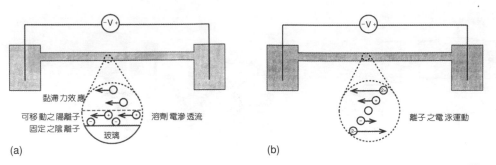

圖 13.26 (a) 電滲透式微幫浦動作原理示意圖，(b) 電泳式微幫浦動作原理示意圖[41]。

元件，因此幫浦的可靠度也相對提高。對於電泳式幫浦或是電滲透式幫浦，因為不需要其他特殊的結構，只需在一條微管道的兩端施加適當的電壓即可驅動，因此在製程及設計上也簡單了許多。然而在驅動流體時，需要加入很高的電場 (每公分約需數百伏特)，因此在能量的供給以及操作上都還有可以改進的空間。

　　從本文中可了解，微幫浦的設計歷年來在研究人員的智慧與創意中，發展出各式各樣的形態。雖然它們都能達成推動流體的目的，但從本文中我們知道，每一種設計都有它操作上的限制及優缺點，另外效率上的提升也仍待改善。不過，微幫浦在這十多年的發展歷程中，至今也已成功發展出不少商品化的產品，如德國 IMM 公司的 PZT 微幫浦即是一個很好的例子。雖然目前微幫浦的發展已有一定的成熟度，但成功運作的幫浦每一個卻都是獨立的，因此，未來若要整合微幫浦於微流體系統之中，達到晶片型實驗室 (LOC) 的目標，相信在微幫浦的設計及製程方式中，還需要更多創新的巧思與努力。

13.2.2.2 微閥門

　　無論是巨觀系統或是微觀系統，閥門在流體控制上都是非常關鍵的元件。而作為流體控制的功能，一個理想的閥門應以達成下面的需求為目標：(1) 無洩漏、(2) 低耗能、(3) 無死水區 (dead volume)、(4) 可承受大的壓差、(5) 不受流體中所含顆粒影響、(6) 反應時間極快、(7) 可作線性控制及 (8) 能操作任何性質的流體。

　　很明顯地，目前巨觀系統中沒有任何閥門能滿足以上所有的目標，更何況當尺寸微小化後，許多面臨的挑戰會變得更加艱鉅，舉例來說，在巨觀系統中微不足道的小顆粒，在微流體系統中則可能會造成微閥門嚴重的阻塞與破壞。雖然挑戰重重，在微機電領域中，仍有許多有關微閥門的研究一直積極地進行著，因為微閥門在微流體系統中著實扮演了非常重要的角色。在本文中，我們簡單將微閥門分成兩類來介紹，分別為無耗能的被動式 (passive) 閥門與需要能量驅動的主動式 (active) 閥門。

(1) 被動式微閥門

　　一般而言，不需要外加能量的被動式微閥門都設計成如同心臟瓣膜般的單向閥 (check valve)，其優點為不需要外界控制且不用消耗能量，但它只能作單一方向的流體控制。此外它可承受的壓差亦有固定的極限。圖 13.27 是一種設計最簡易的被動式微閥門[42]，其係在一片矽基材上作體型微加工 (bulk micromachining)，分別在兩面蝕刻雕鑿出 V 形結構，來製作使流體單向流動的微閥門。當流體由上往下時，閥門設計的結構能被流體推開；而當流體由下往上衝時，則結構反而會被推得更加緊密，由此達成控制流體往特定方向流動的目的。

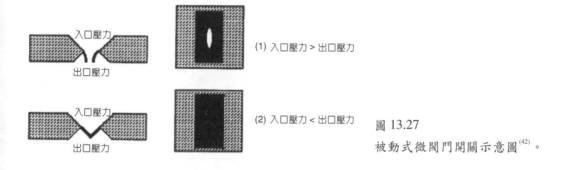

圖 13.27
被動式微閥門開關示意圖[42]。

(2) 主動式微閥門

　　從歷年來的文獻中可發現，許多不同的驅動原理已被用來製作主動式微閥門，其中包括有熱膨脹式 (thermal expansion)、熱壓式 (thermopneumatic)、壓電式 (piezoelectric)、形狀記憶合金 (shape memory alloy)、靜電式 (electrostatic) 以及電磁式 (electromagnetic) 等，然而，在這麼多種的驅動方法中，並沒有哪一種是能適用於所有微閥門控制上的需要，其各具優缺點，也各有擅長。

　　舉例來說，牽涉熱的驅動方式雖然能產生很大的力量，但卻相當耗能，並可能對流道中流體作不必要的加熱。此外，加熱、散熱的過程亦造成閥門的疲勞，也使閥門開關的反應速度緩慢，如熱膨脹式、熱壓式及形狀記憶合金即屬於此類。而壓電材料的驅動方式，雖然能於高頻產生足夠的力量，但操作電壓高及移動距離很小卻是其主要的缺點。同樣地，靜電式驅動雖能產生足夠的吸引力，但卻也需要在高電壓下操作，並且還有控制上為非線性的問題。至於電磁的驅動方式，雖然它產生的力量大、反應快且耗能低，已被廣泛地採用於大型系統的閥門之中，但若要將整個電磁驅動系統微小化，在微製程上則又要面臨許多挑戰。以下則列舉出幾種文獻中所設計不同的主動式微閥門，讓讀者更能了解不同驅動方式的原理與特點。

① 氣動式 (Pneumatic Type)

　　圖 13.28 為 Vieider 等人在 1995 年所發表的微閥門[43]，其上方開口外接氣壓源，藉由氣壓推動中央夾心的矽薄膜，可封閉其下方微管道的流體流動。文獻報告指出，這個微閥門可承受 500 kPa 的壓力差，且幾乎沒有洩漏，但由於它仍要外接壓力源來控制，因此並不適合未來微流體系統整合的發展。

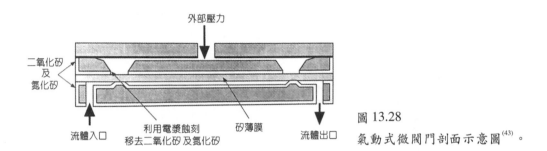

圖 13.28
氣動式微閥門剖面示意圖[43]。

② 熱壓式 (Thermopneumatic Type)

　　Yang 等人在 1997 年利用矽樹脂 (silicone) 作為閥門的薄膜結構[44]，其製程如圖 13.29(a) 所示，最後再封裝成微閥門。圖 13.29(b) 中，下方的電阻絲加熱空腔中的流體，流體膨脹後則往上擠壓矽樹脂，使得上方的微流道被軟性的樹脂所封住。實驗結果顯示此微閥門可承受高達 1 MPa 的壓差。

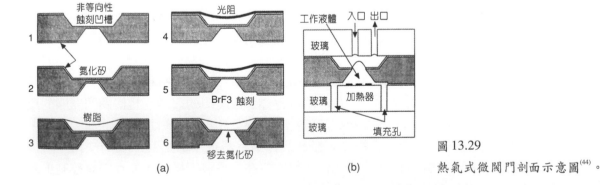

(a)　　　　　　　　　　　　　　　(b)

圖 13.29
熱氣式微閥門剖面示意圖[44]。

③ 熱膨脹式 (Thermal-Expansion Type)

　　圖 13.30 為 Jerman 在 1991 年所發表的熱膨脹式微幫浦[45]，其原理為利用兩膨脹係數不同的材料－矽及鋁，由於雙層材料受熱彎曲，能將中央的矽塊抬升或壓下，而控制下方出口的開與關。

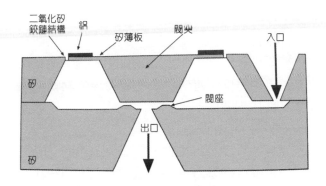

圖 13.30
熱膨脹式微閥門剖面示意圖[45]。

④ 壓電式 (Piezoelectric Type)

1991 年 Shoji 等人利用壓電材料製作出如圖 13.31 之主動式微閥門[46]，其上方中央厚達 9 mm 的壓電材料在高電壓驅動下，將連續推動下方的矽薄板、並把 7 μm 厚的光阻薄膜下壓封住流體管道，而由於光阻薄膜材料性質柔軟，因此能提供較好的密封度。

⑤ 靜電式 (Electrostatic Type)

圖 13.32 為包含氣動式與靜電式的主動微閥門，1993 年 Huff 等人設計的這種微閥門[47]，其中央盤狀的矽與 O 型墊圈構造，可讓閥門在平時保持關閉的狀態。而當通以 200 伏特的電壓時，由於上下兩矽基材受靜電吸引，將使盤狀矽板被吸引而彎曲，使閥門呈開的狀態。至於其下方的氣動式空腔，則能輔助矽基材加強上下彎曲的動作，使閥門開關的空間加大。

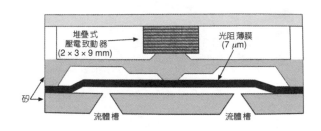

圖 13.31
壓電式微閥門剖面示意圖[46]。

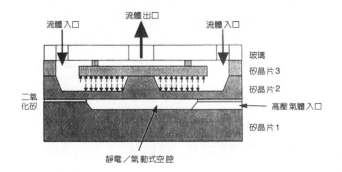

圖 13.32
靜電式微閥門剖面示意圖[47]。

⑥ 電磁式 (Electromagnetic Type)

　　圖 13.33 為電磁式微閥門的剖面示意圖，其外側表示環繞流體管道的線圈，而中央則是由鎳鐵合金所構成的微閥門，閥門由矽基材所支撐，上下並用 O 型墊圈加以封實。由於鎳鐵合金具有感磁的特性，因此若適當控制線圈電流的方向，將使中央的磁力線方向往上或往下，進而驅動蓋帽 (cap) 向上或下運動，使閥門開啟或關閉。

　　從以上可知，被動式微閥門雖然具有製程簡易且不耗能的優點，但卻失去控制上的空間，使得它所能控制的流體有限，並只能承受一定限度的壓力差。但被動式微閥門在作為單向閥門的應用上，仍能滿足許多微流體控制 (micro flow control) 上的需求，並可節省許多設計及製作上的成本與時間。然而，當我們需要達成更精密而嚴謹的微流體控制時，主動式微閥門則成為整個微流體系統設計上的重點，此時選擇哪一種驅動方式也將決定往後微閥門的性能及操作上的方便性。在未來，微流體系統在生醫領域應用的重要性與日俱增，面對最終將微閥門整合至微流體系統中的目標，微閥門未來的發展仍有許多的問題與挑戰有待研究者去解決。

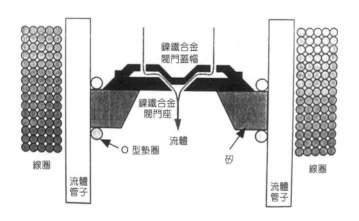

圖 13.33
電磁式微閥門剖面示意圖[48]。

13.2.2.3 微流體開關

　　在微流體分析系統中，控制流體之微流體開關的開發為一關鍵性的技術。藉由微型流體開關，可在同一平面上作流向控制，以便將不同或是相同樣品注射至不同或相同之出口槽 (output-port)，以連接至不同的微流體分析晶片，達成多功能連續式的樣品進料功能，進而作一系列的檢測分析。此一裝置對於高產能 (high-throughput) 之微流體晶片是一非常重要之模組。以下簡要地介紹各式微流體開關之原理及操作情形。

(1) 熱驅動式微閥開關 (Thermally-Actuated Flow Switch)

　　Doring 等人於 1992 年提出以具有不同熱膨脹係數複合材料之懸臂樑[49]，經由熱膨脹驅

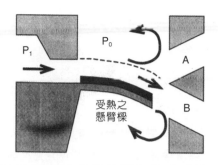

圖 11.34 複合材料懸臂樑微閥開關之
示意圖。以複合材料之懸臂
樑利用 Coanda 效應使得流體
得以切換於兩不同出口槽[49]。

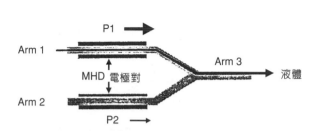

圖 13.35 交流磁電式微流體開關示意圖[50]。

動懸臂樑形變的方向作為切換開關，使得流體會因為 Coanda 效應沿著懸臂樑尾部曲線流動
而被導入兩出口槽之一。此懸臂樑是以矽基板之正面佈植硼為熱阻，利用電化學蝕刻終止
技術，由矽晶片背面非等向性蝕刻成懸臂樑和 11 μm 厚之鋁作為複合材料 (如圖 11.34 所
示)。當施予 1 瓦特功率時，由於複合材料熱膨脹係數的不同，懸臂樑產生向上 15° 形變
量，使得流速為 100 至 150 mL/min 之流體以 1 ms 的時間切換於不同出口槽。

(2) 交流式磁電流體開關 (AC Magnetohydrodynamic Flow Switch)

Lemoff 和 Lee 等人利用交流磁電 (AC magnetohydrodynamic, MHD) 產生之勞倫茲力
(Lorentz force) 來驅動帶電之微流體[50]。將二組交流磁電幫浦整合於 Y 形結構之微流道，使
得微流體可被切換於 Y 形流道之兩分叉支流，此交流磁電式微流體開關可整合於多工微全
分析系統。當只驅動交流磁電幫浦 **1** 於支流 **1** 時，被驅動之流體將流向支流 **2** 和 **3**，為了使
流體連續地從支流 **1** 流至支流 **3**，交流磁電幫浦 **2** 必須提供一適當壓力抑制，一般來說，此
壓力需小於交流磁電幫浦 **1** 之驅動力。圖 13.35 為交流磁電式微流體開關示意圖[50]。

(3) 流體力驅動之微流體開關 (Hydrodynamic-Force-Driven Flow Switch)

連續式進料及分析對於高效率微流體系統之研發非常重要，連續式微流體晶片整合了
流體的預集中 (hydrodynamic pre-focusing) 以及無閥式開關 (valveless switch)，藉由注射式幫
浦提供之流體力，可將不同或是相同樣品注射至不同或相同之出口槽，以連接至不同的流
體分析晶片 (圖 13.36 - 圖 13.39)。此一預先縮減樣品流寬度的步驟，最大的優點在於事先
對樣品流作預集中處理，以便能將樣品精確的導向所預定之出口槽 (圖 13.40(b))，而避免在
出口槽邊界造成多管道滲漏 (smearing) 的情況 (圖 13.40(a))。

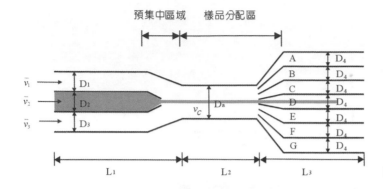

圖 13.36
包含三個入口和七個出口之可預先
縮減樣品流 (sample flow) 寬度的 1
× 7 微流體晶片[51]。

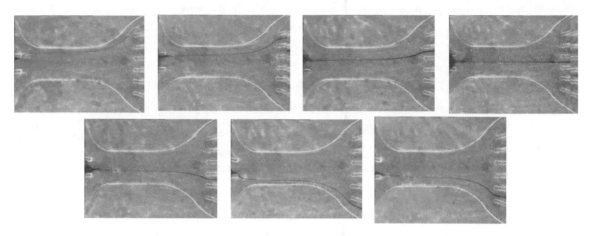

圖 13.37 1 × 7 微流體晶片之實驗圖形[51]。

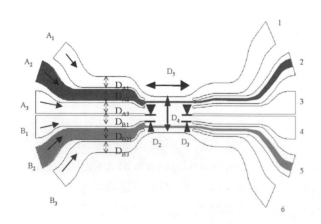

圖 13.38
包含 2 個樣品流入口和 6 個出口槽之可預先
縮減樣品流寬度的 2 × 6 微流體晶片[52]。

(4) 電場控制式微流體開關 (Electrokinetically-Driven Flow Switch)

利用電滲透流動現象可以將流體切換至不同管道,此微流體晶片必須藉由電壓差來控
制其流場的方向,一個簡單的 1 × 3 微流體電場控制晶片流體切換情形如圖 13.41 所示[54]。

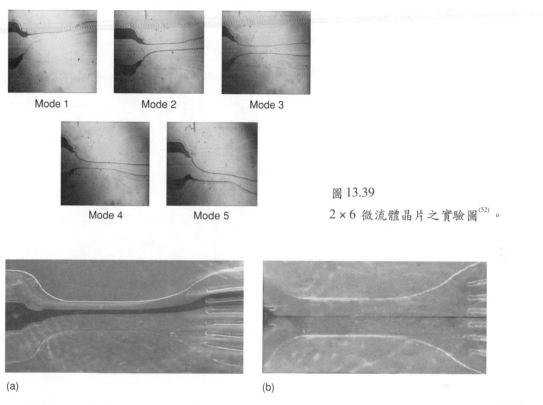

Mode 1   Mode 2   Mode 3

Mode 4   Mode 5

圖 13.39

2×6 微流體晶片之實驗圖[52]。

(a)   (b)

圖 13.40 (a) 未先聚焦而產生之滲漏現象，(b) 先聚焦而將樣品精確的導向所預定之出口槽[51]。

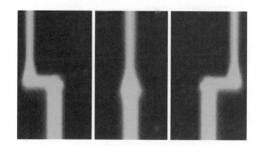

圖 13.41

1×3 電場控制式微流體開關之流體切換情形。

    在電壓的控制方面是根據 Kirchhoff 定律加以修正而得到[49]，如此可以利用不同的電壓驅動模式來達到所需的收集效果。在 1×3 的微流體電場控制晶片當中可以控制三種不同的流向，其數學模式[50] 可分成：

① 第一種控制模式

$$\phi_1 > \phi_3 + \left(\frac{\phi_A - \phi_3}{H + L_1} \right) \times \left(\frac{H}{2} + L_1 \right) \tag{13.1}$$

$$\phi_2 = \phi_B = \phi_C > \phi_3 + \left(\frac{\phi_A - \phi_3}{H + L_1}\right) \times \frac{H}{2} \tag{13.2}$$

其中 ϕ_3 表示高壓端、ϕ_A 為低壓端；若經由方程式 (13.1) 及 (13.2) 的計算，而電壓控制在 $\phi_1 : \phi_2 : \phi_3 : \phi_B : \phi_C = 0.55 : 0.68 : 1 : 0.68 : 0.68$ 的情況下可將檢體往右管道收集，如圖 13.42(a) 所示。

② 第二種控制模式

$$\phi_1 = \phi_A > \phi_3 + \left(\frac{\phi_B - \phi_3}{H}\right) \times \frac{H}{2} \tag{13.3}$$

$$\phi_2 = \phi_C > \phi_3 + \left(\frac{\phi_B - \phi_3}{H}\right) \times \frac{H}{2} \tag{13.4}$$

在此數學模式下將電壓設定為 $\phi_1 : \phi_2 : \phi_3 : \phi_A : \phi_C = 0.65 : 0.65 : 1 : 0.65 : 0.6$ 可得到如圖 13.42(b) 的流場模式。

③ 第三種控制模式

$$\phi_2 > \phi_3 + \left(\frac{\phi_c - \phi_3}{H + L_2}\right) \times \left(\frac{H}{2} + L_2\right) \tag{13.5}$$

$$\phi_1 = \phi_A = \phi_B > \phi_3 + \left(\frac{\phi_c - \phi_3}{H + L_2}\right) \times \frac{H}{2} \tag{13.6}$$

在方程式 (13.5) 及 (13.6) 的精確估算下，將電壓設定為 $\phi_1 : \phi_2 : \phi_3 : \phi_A : \phi_B = 0.68 : 0.55 : 1 : 0.68 : 0.68$ 便可得到如圖 13.42(c) 的流場模式。

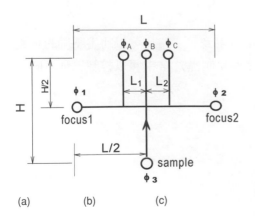

(a)　　　　　(b)　　　　　(c)

圖 13.42

三種不同的微流體控制模式。

13.2.3 微生醫晶片

13.2.3.1 微型聚合酶連鎖反應晶片

由於微機電技術的蓬勃發展，微流體系統 (microfluidic system) 應運而生，在這種尺寸介於微米 (μm) 至毫米 (mm) 之間的微型元件內，運行的不再只是「電子」，還包括「氣」與「水」。科學家非常期待如此複雜有趣的微流體系統能夠應用在尺寸相當、成分類似的生醫系統上，雖然在各類微流體技術的先驅研究中，許多實際的應用困難仍不斷浮現，但此一新技術的導入卻也引發了許多突破傳統的新思維，本節將以「微型聚合酶連鎖反應晶片」為例來介紹。

(1) 聚合酶連鎖反應的基本原理

聚合酶連鎖反應 (polymerase chain reaction, PCR) 是由 Kary Mullis 於 1985 年所發明，Mullis 並因此獲得諾貝爾獎以及價值連城的專利權。能夠成為專利是因為它是「發明」而非「發現」，換句話說，自然界並不存在這種生化反應。PCR 是人為的，它是 DNA 雙股結構 (double helix) 與鹼基配對 (base pairing) 非常精彩的邏輯應用；它具有兩大功能，需要四種材料，以及一再循環的三個步驟。兩大功能是指「搜索」與「複製」，PCR 能在長達數千萬鹼基對 (base pair, bp) 的核酸分子中，精確的搜索出長度約數百鹼基對的特定鹼基序列，並將此段序列複製一百萬倍以上！四種材料是指 DNA 模版 (template)、一對引子 (primer，亦為核酸分子，長度約 25－30 bp)、散裝的核酸 (dNTP) 與聚合酶 (polymerase)。

而 PCR 的三步驟則是指 (1) 雙股分離 (denature)：升溫到 94 ℃，藉此打開 DNA 模版的雙股結構；(2) 引子雜交 (annealing)：降溫至 30－65 ℃，此時一對引子進入雙股 DNA 分子中，分頭搜索與本身互補的鹼基序列並結合在此位置；(3) 核酸合成 (extension)：升溫至 65－75 ℃，藉此活化聚合並結合在引子的 3' 端，依著模版上的鹼基序列抓取周遭對應的 dNTP 連成新的核酸分子鏈；兩個聚合酶以面對面的方向同時成長核酸分子鏈，直到雙雙走完模版為止。發明重點在於兩引子本身亦為新生核酸分子鏈的一部分，而且就位在此新生雙股分子對角的兩端，若再次以此核酸分子鏈為模版，重複雙股分離、引子雜交，到了第二次核酸合成過程時，對向走過來的聚合酶就會自動停在引子模版的最後一個核酸上，如圖 13.43 所示。

不斷循環此三步驟，即形成所謂的聚合酶連鎖反應。理論上 n 個循環 (cycle) 應可得到 2^{n-2} 個複製物 (amplicons)，例如 30 個循環可得 268,435,456 個雙股複製物。可惜事實上並非如此，反應終了能夠得到 10^5－10^6 複製物算是不錯的了。科學家常用一個簡單的公式來估算產率為 $(1 + e)^n$，e 是指效率 (efficiency)，通常超過 20 個循環以後效果就開始大打折扣了 (e 大約為 0.8)。Mullis 稱這種情形為「貧乏狀態 (anemic mode)」，意思就是「原料不足」、「工作沒勁」了。

第 13.2.3.1 節作者為姚南光先生。

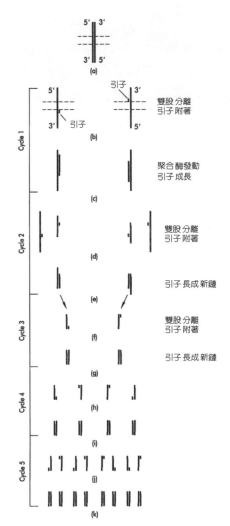

圖 13.43

聚合酶連鎖反應[58]，若只看軸心連鎖系列，暫不管前兩個循環之半成品衍生的旁支連鎖系列，從 cycle 3 開始就可產出二個標準長度的複製物，而其內容正是兩個引子在模版上所「夾」出的鹼基序列！

(2) 快速能量傳遞

　　「貧乏狀態 (anemic mode)」的主要原因有二。(1) 引子黏錯 (primer mismatch)：引子黏錯了地方，卻照樣依循 PCR 機制產出大量的非標的複製物 (nontarget amplicon)，特別是引子黏錯後距離變短，進而使得複製物長度也變短的這種狀況特別嚴重。因為引子黏錯後複製物若變長，在下一個循環時 PCR 機制會自動將它修正回來；而變短的複製物顯然會比正確的複製物更容易完成連鎖反應，這種稱為引子雙倍體 (primer dimmer) 的干擾產物會競爭性的消耗掉大量的 dNTP 和聚合酶，結果就造成了「原料不足」。(2) 聚合酶受損：既然自然界並不存在 PCR 這種反應，我們不能指望能夠找到一種 PCR 專用的聚合酶，科學家能夠從溫泉細菌 *Thermus aquaticus* 尋獲 *Taq* 聚合酶已算是萬幸，但即便如此，一次又一次高達 94 °C 的雙股分離過程溫度仍會一次又一次削弱 *Taq* 聚合酶的活性 (活性半衰熱循環數 (cycling half life)：80－160 循環)，這就是聚合酶的「工作沒勁」。

　　不同於生化學家從引子的設計、調整 G/C 比例、Mg^{2+} 濃度等因素入手，工程師會從另兩個方向思考。第一，製造犀利的溫度折返點：為了避免雙股分離過程持續的高溫傷害 *Taq* 聚合酶，以及在引子雜交過程降溫過低造成引子的黏錯，必須試圖精確的在到達此二高低溫後立刻折返 (已有研究報告：< 1 s 的雙股分離與引子雜交過程具有不錯的效果[57])。第二，設法加快升降溫速率：太慢的降溫也會傷害 *Taq* 聚合酶，而太慢的升溫也容易使引子黏錯地方，故快速升降溫也是必要的。

　　此外，由於 *Taq* 聚合酶的工作效率是固定的 (95 nuc/s)，製造愈長的複製物就需要愈長的核酸合成 過程時間。因此，恐怕只有「提高升降溫速率」這部分才有機會縮短 PCR 的總時間，這正是 PCR 晶片的重要賣點。綜言之，就是要想辦法提供「快速的能量傳遞」，只是設計這種機構恐怕不太容易，因為這兩個溫控策略其實是相衝突的。試想跑得越快的車子勢必越難在定點煞車且立刻回頭，不過正因如此，工程師才有事可做。

(3) 傳統作法：GeneAmp® PCR 9700

　　目前市場上較先進的機種是 Perkin-Elmer 推出的 GeneAmp® PCR 9700，搭配該公司提供的試劑套件，升降溫速率號稱可達到 5 °C/s。此系統使用之反應管 (reaction tube) 為 polyethylene 材質、附管蓋，可經蓋頂加熱 (attached caps)、薄管壁設計，運作時緊密插入加熱金屬塊預置的井中，藉此增加熱傳導的面積與效率。其體積對表面積比 (volume to surface ratio) 為 0.66 $\mu L/mm^2$，意思是每 1 mm^2 熱傳導面積必須負擔 0.66 μL 體積的 PCR 混合試劑 (mixture)。

　　這是一種接觸式加熱法，就總體積 100－500 μL PCR 混合試劑，同時又要考量機電系統成本的情況下，此法已算是相當經濟而有效率的。然而其先天的缺點在於總加熱質量 (total thermal mass) 會變得很大，系統必須先加熱金屬塊，再加熱試管壁，然後才能加熱到 PCR 混合試劑，系統因而很難更為敏捷的變換溫度。

(4) 微小化系統：紅外線熱循環反應器

　　1998 年美國 Mayo 研究中心與 Pittsburgh 大學的研究群共同發表了一篇論文，討論使用紅外光熱輻射成就 PCR 循環溫控的可行性 (圖 13.44)。這是一個很好的例子，說明「微小化系統」對於提升反應效率非常有效。

　　比起現行許多利用微加工製程 (micromachining)、內建微加熱器的矽－玻璃 PCR 晶片，此研究雖不十分顯眼，卻觸及了一些問題的核心。(1) 鎢絲燈開啟後就不再調整功率 (power)，變溫的任務交給置於燈與晶片間的透鏡組，透鏡的變換立刻改變了紅外光的聚焦程度，瞬間調整了系統對反應試劑的能量傳輸效率，全部過程僅是一個機械動作，變換前後系統暫態造成的時間延遲 (system time delay) 幾乎可忽略。(2) 紅外光線直接聚焦在反應試劑上，加熱過程中能量甚少消耗在周遭裝置甚至玻璃晶片本身，總加熱質量因此能夠減小到最低限度，促使系統的升降溫動作能夠迅速反應在試劑溫度上。(3) 由於整體結構變小時

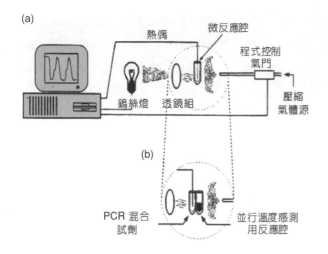

圖 13.44

紅外線熱循環反應器[56]，28 μL PCR 混合試劑置於微小化的方形玻璃晶片中 (chip-like glass chamber)，紅外光源是傳統的鎢絲燈，經過光學透鏡組直接聚焦在 PCR 混合試劑上，升溫速率可達 10 °C/s；試管背後吹送高速壓縮空氣藉以冷卻，降溫速率為 20 °C/s。

體積以三次元縮小，而面積卻以二次元縮小，故此系統微小化的方形玻璃晶片 (截面：500 μm × 5 mm) 大幅降低了體積對表面積比為 0.19 μL/mm²，大約僅為傳統 PE 反應管的 1/4。此時利用高速壓縮空氣直接吹向晶片背面降溫時，要達到 20 °C/s 的降溫速率自然輕而易舉。

整體而言，這是一種整合「紅外線加熱」、「光學」及「氣冷」效應之非接觸式升降溫方法，任一技術本身並無任何前瞻創新之處，假設試劑總體積仍為傳統之數百 μL − mL，就算這些裝置完成整合，要想達到快速 PCR 的變溫要求，恐怕也必須使用相當高功率而昂貴的組件，那麼整件事情似乎就不合乎經濟效益了。然而當試劑與承載晶片微小化以後，使用低功率、便宜的光學與氣控組件卻足以運行自如。該研究報告顯示，系統可完成非常精彩的溫程控制 94 °C − 2s / 54 °C − 2s / 72 °C − 4s，跑完 30 個循環只需要 12 分鐘 (大約比傳統方法動輒數小時的反應時間快了十倍)。

(5) 連續流 PCR 晶片

白話解釋「微小化創意」是說：東西變小後您怎麼想？如果你有一大桶水需要不斷的改變溫度，你會傻呼呼的把那桶水在不同溫度的電爐之間搬來搬去呢？還是直接調整電爐的功率即可呢？答案顯然是後者。可是如果加熱的不是一桶水，而是一杯水，甚至只有一滴水呢？英國皇家科學院 (Imperial College of Science, UK) Andreas Manz 教授所領導的研究群在 1998 年 Science 期刊發表了一塊可謂是「微小化創意」經典之作的 PCR 晶片，如圖 13.45 與圖 13.46 所示[55]。

第一個關鍵在於「微小化」的管道結構提供了無與倫比的體積對表面積比為 0.04 μL/mm²，大約僅為傳統 PE 反應管的 1/17，因此當試劑流經任一銅塊時，巨大的能量交換面積能夠促使反應試劑立即與周遭的溫度一致。第二個關鍵在於雙股分離、引子雜交及核酸合成 過程三種溫度的持續「時間」，已利用微加工製程所精確定義的「空間」加以轉換，亦即 4：4：9 的管道長度比。

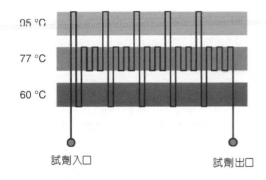

圖 13.45
連續流 PCR 晶片[55]，首先利用微加工方法在玻璃晶片上蝕刻一條截面積 40 μm × 90 μm、但卻長達 2.2 公尺的微細管道，這條迴轉曲折的微管道經過特別的布局，以 4：4：9 的長度比散布在晶片上的三個區域。

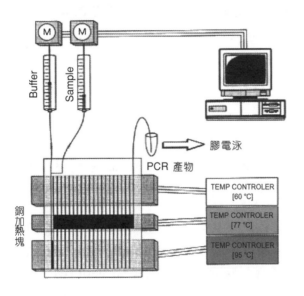

圖 13.46
連續流 PCR 晶片全系統[55]，將玻璃晶片置於間隔排列、溫度已各自穩定在 60 °C、77 °C、95 °C 的三塊銅塊上，接著利用幫浦 (pump) 將 PCR 混合試劑源源不斷的注入微管道中，形成連續的反應試劑流(continuous-flow)。

　　系統變小後先使得反應流體具備了與環境瞬間「入境隨俗」的共溫能力，細水長流的微管線布局又使得晶片上的小空間，足以紀錄溫程變化的時間參數，在這些背景條件下，將一滴水在不同溫度的電爐之間搬來搬去又有何不可。剩下來的問題就是反應試劑在微管道中的流速到底可加到多快了，很顯然的，流速越快，溫度折返點越犀利，升降溫速率就越高。該研究報告指出，若以 72.9 nL/s 的流速運作，完成 20 個循環僅需 90 秒 (大約比傳統方法的反應時間快了一百倍)！

　　當然世間沒有十全十美的設計，對於這麼快的系統，PCR 複製物的產量如何呢？論文中明白表示：流速 5.8 nL/s、18.8 min 完成 20 個循環，產量可達傳統方法的 80%，不過加快流速後產量開始明顯下滑，90 秒的高速運作下，PCR 複製物其實是很微量的。除此之外，另一個邏輯問題是：從 95 °C 雙股分離過程到 60 °C 引子雜交過程，其實是一個降溫過程，當已經是 95 °C 的高溫反應試劑流入 60 °C 的銅塊區時，究竟此時 60 °C 的銅塊加熱器是要開還是關呢？所以儘管這塊晶片的設計已相當傑出，但顯然仍有許多改善空間。

(6) 結論

　　Mullis 剛發明 PCR 時用的聚合酶是 *Escherichia coli* DNA 聚合酶，這種不耐高溫的聚合酶每經過一次 94 °C 的雙股分離過程就損失了大半，因此當時每經過一個循環就需要再加一次材料，一直到能耐高溫的 *Taq* 聚合酶被純化出來，世人才真正有了「連鎖反應」的感覺。今天，對生物晶片的研究更積極的想法為：PCR 前幾個循環與後幾個循環對於 *Taq* 聚合酶的需求量顯然很不一樣，軸心連鎖系列中，3 個循環只需要 2 個 *Taq* 聚合酶，而 20 循環卻需要 262,144 個 *Taq* 聚合酶，沒有道理一開始就投入最後才需要的巨量 *Taq* 聚合酶，卻令其全體白白去承擔每一次循環的高溫攻擊。如果每經過一個循環就加一次材料已經不像以前那麼麻煩了，何不逐次導入新鮮 *Taq* 聚合酶參加反應，或許因此有機會將 PCR 的性能再次往前推進。利用目前漸趨成熟的微流體技術，此構想並非遙不可及，相信這種性能更強的 PCR 晶片很快的就能問世！

13.2.3.2 微電泳晶片

(1) 電泳效應與電滲流的形成

　　電泳效應 (electrophoresis) 是指利用帶電荷離子在高電壓作用下，於介電質中以不同的移動率向電荷相反方向運動所造成物質的分離，利用此種現象對某些化學、生化或醫學檢體進行分離分析的技術稱為電泳技術。

　　由於微管道大多是用二氧化矽或石英 (silica-base) 材料製成的，其內壁呈現帶負電的現象，為了電性的平衡，其緩衝液中則產生正電的電荷。而這些正電荷的分布可分成兩類：一是被吸附在管壁表面的固定離子，在此層內稱為固定層 (compact layer 或 Stern layer)；而另一種分布是離管壁較遠的擴散離子，其電荷密度隨著徑向距離的增加而急速遞減，在此層內稱為擴散層 (diffuse layer)。因此電滲流 (electroosmotic flow, EOF) 流場可視為有電場作用時，電解質組成的移動在電雙層與固定層的雙重影響下，所表現的流體流動行為，其流場模式如圖 13.47 所示。在固定層和壁面之間的邊界層上的電位勢稱為 zeta 電位勢 (electrical potential)，其大小範圍約 0–200 mV 之間，而 zeta 電位勢的值隨著距離的增加呈現指數的衰減，使其衰減一個指數單位所需的距離稱為電雙層的特徵厚度。

　　電滲流場是由外加的驅動電壓與流體之電荷分布 (電雙層) 之間的相互作用所產生的驅動力來驅動流體，因此當流體達到完全發展時，其完全發展區之橫截面的速度呈現較平坦的分布；此種速度分布不像一般壓力驅動的管流，在完全發展區時速度分布呈現拋物線形 (如圖 13.48)。當樣品在電場的作用下，根據質量以及帶電荷的多寡會產生不同的速度，因而產生分離之效果。微電泳晶片在 DNA 的分析上相較於傳統膠電泳及毛細管電泳而言，由於尺寸較小使得分析速率較為提高。除了分析速度及效率高的優點外，結合高靈敏度的雷射誘導螢光偵測 (laser induced fluorescence, LIF) 是晶片式電泳的優勢。

第 13.2.3.2 節作者為李國賓先生。

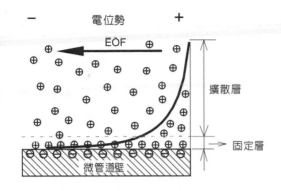

圖 13.47 電滲流場之示意圖。

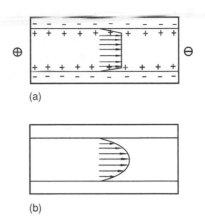

圖 13.48 (a) 電壓驅動流和 (b) 壓力驅動流。

(2) 理論分析

　　在電滲流場中其物理模式包含施加電壓與界面交互作用效應之波松 (Poisson) 方程式 ψ、液體正負離子電荷濃度之離子濃度方程式 n^+ 與 n^-，以及修正後包含電遷移 (electrokinetic migration) 的 Navier-Stokes 方程式與解檢測液帶寬之濃度 (C) 方程式

$$\nabla^2 \psi = -\frac{\kappa^2}{2} \rho_e \tag{13.7}$$

$$\frac{\partial n_i}{\partial t} + \mathbf{u} \cdot \nabla n_i = \frac{1}{S_c R_e} \nabla^2 n_i + \frac{1}{S_c R_e} \left[\nabla(n_i \nabla \psi) \right] \tag{13.8}$$

$$\nabla \cdot \mathbf{u} = 0 \tag{13.9}$$

$$\frac{\partial \mathbf{u}}{\partial t} + (\mathbf{u} \cdot \nabla)\mathbf{u} = -\nabla p + \frac{1}{R_e} \nabla^2 \mathbf{u} - G_x \rho_e \nabla \psi \tag{13.10}$$

$$\frac{\partial C}{\partial t} + \mathbf{u} \cdot \nabla C = \frac{1}{S_c R_e} \nabla^2 C \tag{13.11}$$

其中 $\rho_e = (n^+ - n^-)ze$ 是電荷密度 (charge density)，$\kappa = W \times K$ 是電動分離距，$K = (2n_0 z^2 e^2 / \varepsilon \varepsilon_0 k_b T)^{1/2}$ 是 Debye-Huckel 參數，z 為離子的原子價，ε 為電解液的介電常數，ε_0 為真空介電常數，k_b 為 Boltzmann 常數，W 是微管的寬度，$1/K$ 是電荷密度的特徵厚度，其中 $S_c = \mu / \rho_f D_i$ 是 Schmidt 數，$R_e = \rho_f U_{ref} W / \mu = \rho_f \left(\dfrac{\psi_{inlet} \varepsilon \varepsilon_0 \xi}{\mu L} \right) \left(\dfrac{W}{\mu} \right)$ 是雷諾數，μ 是流體的黏滯係數，ρ_f 是流體的密度，$U_{ref} = \psi_{inlet} \varepsilon \varepsilon_0 \zeta / \mu L$，$\psi_{inlet}$ 是入口的 activated 電位勢，ζ 是壁面的 zeta 電位勢。利用上述方程式可求出微流體在電滲流中之流動行為。

(3) 微電泳晶片 (Micro Capillary Electrophoresis Chips, μ-CE) 之應用

① 十字形進料之微電泳晶片

　　最典型的晶片樣式是所謂的「十字形晶片」，分析的概念是採用所謂的「注射→分離」模式。注射 (loading) 樣品是利用電壓方式驅動，而分離 (separation) 是將十字形管道交叉處的樣品帶入分離管道進行分析。微電泳晶片由十字形的微管道、管道端的四個儲液槽及電極組成，如圖 13.49(a) 所示。其驅動原理如圖 13.49(b)，帶電樣品由 III 端注入，在注入管道 III & IV 加電壓差，則帶電樣品由 III 流向 IV，完成載入樣品的動作。然後在分離管道 I & II 加上電壓差，在管道中心的樣品則由 I 流向 II。當樣品在管道 I & II 流動時，荷質比不同的成分分子在電場作用下會有不同的流動速率，而達到樣品分離的效果。

　　微電泳晶片的製作過程如圖 13.50 所示。首先，採用由光阻、鉻和石英三層材質組成的光罩板為基板，以標準的微影製程將微管道結構轉印於光阻層。光阻顯影後，再以餘留的光阻為遮罩蝕刻鉻金屬層。最後利用餘留的鉻為遮罩，而以 BOE (buffered oxide etchant, HF：NH₄F = 1：6) 作為石英的蝕刻液，在石英基板上蝕刻出微管道的結構。若製作以石英為基材的晶片，可利用低溫接合技術，將基板與另一塊做為上板的石英板接合。首先，在作為上板的石英板上鑽好樣品出、入孔，然後將 SiO_2：NaOH 混合液旋塗於上板表面，最後上板再與製作好的石英基板對準壓合，並在 50 °C 加熱 8 小時。若製作以 PMMA 作為基材的晶片，則以蝕刻好的石英基板作為母模，再以熱壓方式將母模的結構壓印於 PMMA 基板上，再與作為上板的 PMMA 用熱壓方式接合。除用熱壓方式外，也可利用準分子雷射製作 PMMA 晶片，由於準分子雷射能量可打斷 PMMA 分子鍵結，透過石英光罩，利用 X-Y-Z-θ 工作台精確控制雷射，可在 PMMA 基材上刻出元件結構。

　　以製作好的微電泳晶片進行 DNA 片段 (φX-174-RF Hae III digest) 及 C 型肝炎病毒

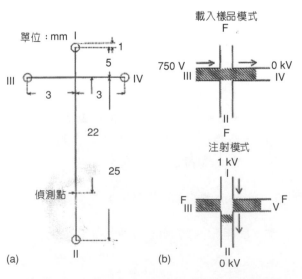

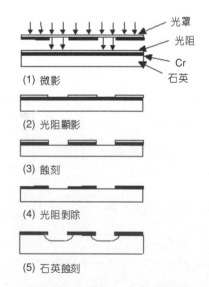

圖 13.49 (a) 微電泳晶片的結構，(b) 其操作示意圖。　　圖 13.50 石英基板微管道結構微影製程。

(HCV) 的電泳分析[59]。以 TBE (100 mM Tris-Borate, 5 mM EDTA) 作為緩衝液並在樣品中加入螢光染料 TopRo-3。樣品在 1－2 分鐘內便完成電泳分析，在螢光偵測器在分離管道末端偵測到分離的 DNA 片段螢光訊號。測試結果如圖 13.51 所示，晶片可在 2 分鐘內鑑定出 φX174 的 11 個 DNA 片段。其中，第 271 和 281 片段可利用 HPMC (hydroxypropyl methyl cellulose) 濃度增加或電場強度的增加提高分離解析度，而遷移時間和波峰面積的標準偏差分別為 0.4% 和 8%。同樣地，145 bp 的 HCV DNA 也在九十秒內測定出來。

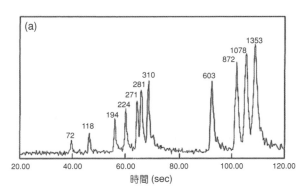 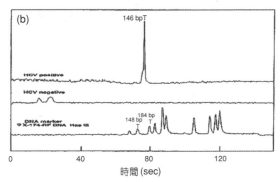

圖 13.51 (a) φX174、(b) HCV DNA 毛細電泳分析。

② 多功能進料系統之微電泳晶片

在傳統的十字形、雙 T 形及三 T 形注射管道系統只有單一進料的功能，由於進料量固定，往往也只能做少部分的檢測項目，對於需要不同量的檢測分析，可能會因進料量的不足而影響其分離及偵測的效果，因此最新研究提出了十字形、雙 T 形及三 T 形注射管道結合在同一微流晶片上的概念[60]，如此我們可以依檢測項目來選定進料的功能，增加微流體晶片的可用性。圖 13.52 至圖 13.54 分別代表各種不同進料量之檢體注射至分離管道。

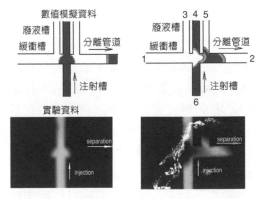 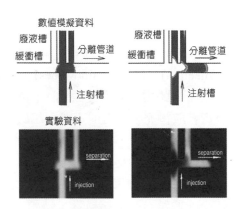

圖 13.52 多功能微電泳注射系統之十字　　　　圖 13.53 多功能微電泳注射系統之雙
　　　　　形微管道注射模式。　　　　　　　　　　　　T 形微管道注射模式。

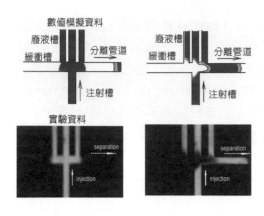

圖 13.54

多功能微電泳注射系統之三 T 形微管道注射模式。

13.2.3.3 微型基因轉殖晶片

本節主要介紹以微機電製程開發電胞膜穿孔基因轉殖晶片 (micro electroporation chip, μEP chip) 的技術，對於其原理、應用、設計以及如何與生物技術結合等方面加以介紹，並以目前實驗結果評估未來開發方向與發展潛能。

(1) 前言

微機電的開發始於 1980 年代。它原本是一種半導體製程的衍生技術，目前更因為材料的開發與超精密加工技術的精進，大幅增進其使用性，更由於尺寸介於數百微米至幾微米，與細胞尺寸相近甚至更小，因此相當適合作為生物組織的感測器或輸送工具。由於製程技術的成熟，微機電的設計開始應用於電轉殖 (electroporation, EP) 的研究上[61,62]；1999 年柏克萊大學 Huang & Rubinsky 設計新型微晶片作為實驗平台，研究單一細胞在電轉殖狀態下電壓與電流的關係[63]。

細胞基因轉殖是一項刪除、轉變或增加生物基因的技術，藉由外力或載子的協助，將具有特定生物反應機制的 DNA 輸送進入細胞或細菌內，藉以產生蛋白質而有醫療或製藥的功效。目前從文獻中發現作為基因轉殖技術中基因投遞 (deliver) 方法可分為兩類：病毒法及非病毒法。病毒法依照病毒載體的種類又可細分為：腺病毒 (*Adenovirus*)、逆轉濾過性病毒 (一種致癌病毒 *Retrovirus*)、皰疹病毒 (*Herpesvirus*) 等；非病毒法可細分為微注射法 (micro injection)、脂胞法 (liposomes)、雷射誘導法、基因槍、鈣離子法、電脈衝胞膜穿孔法等。以上所述的方法各有優缺點，例如以病毒法所進行的轉殖技術就必須考慮載子本身是否將病毒粹取得完全，否則可能引起嚴重的後果。1999 年 9 月在賓州大學以病毒法進行基因治療的人體實驗中，發生第一起基因治療的死亡案例，造成 18 歲病患 Jesse Gelsinger 的死亡，使得美國食品及藥物管理局 (Food and Drug Administration, FDA) 對於基因治療的臨床試驗制訂更嚴謹的規範，同時基因治療的安全性更受到研究人員的重視。而非病毒法的各項技術則通常含有價格昂貴、轉殖的侷限性與過程複雜等缺點，因此真正應用於臨床醫療的實例少之又少。

第 13.2.3.3 節作者為林裕城先生。

非病毒法中以電脈衝胞膜穿孔法應用較廣，屬工程上物理性應用技術。電轉殖的優點主要有：① 過程簡單而且快速，② 適用於各種細胞 (病毒法中細胞必須藉由特定的病毒感染)，③ 可以傳遞基因以外的大型分子或藥物，④ 成功的應用於原核 (prokaryotic) 及真核 (eukaryotic) 細胞。

(2) 細胞膜電性機制與原理

① 細胞膜的性質

細胞膜是由脂質 (lipid) 所組成的雙脂層薄膜 (lipid bilayer) 結構，如圖 13.55 所示，包含親水性極性頭部 (hydrophilic polar head group) 和一個疏水性尾部 (hydrophobic tail)，頭部朝水溶液，尾部靠緊具有抗水性。一般大型水溶性分子無法自由通過細胞膜，細胞膜主要成分為磷脂質 (phospholipids)，細胞膜上另外有膽固醇 (cholesterol) 與蛋白質，雙脂層薄膜的厚度 2－6 nm。細胞膜的厚度因細胞種類而異，一般細胞膜只有 1－2 層雙脂層薄膜，因此胞膜厚度在 12 nm 以下。特殊的細胞由於功能性的問題，有數百層雙脂層薄膜在細胞外圍，如皮膚細胞外圍的角質層(corneum)。

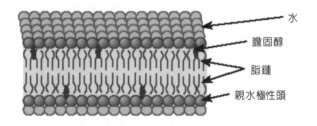

水
膽固醇
脂鏈
親水極性頭

圖 13.55
細胞膜示意圖[64]。

② 電胞膜穿孔原理

水通道的數量與直徑會隨著穿膜電壓而變化，當胞膜內外電位失去平衡時，穿膜電壓上升，胞膜的電位差增加，使得胞膜表面的通道增加直徑增大，讓更多的離子通過以平衡胞膜內外的電壓。一般小型離子 (如 Na^+、K^+、Cl^-) 可以藉由水通道自由通過細胞膜，達到平衡電位的效果，因此胞膜產生的自然電位差在進行轉殖時必須使外界環境形成高於穿膜電壓，才能(暫時或永久) 破壞胞膜，使離子完全自由通過。

(3) 電胞膜穿孔實驗設計

要進行電胞膜穿孔實驗必須考慮轉殖的細胞與質體 (plasmid) 的選擇，針對實驗對象選擇適當的培養方式，接下來再針對晶片的設計與偵測的方式選擇具有生物相容性的材料。另外還有脈衝週期、電壓，交直電流與滲透壓等參數問題，可以在實驗設計完成後依據細胞性質與晶片設計來加以調整。

① 晶片設計與製程

　　EP 晶片的設計主要是代替傳統樣品槽 (cuvette) 作為反應器，對細胞進行電脈衝胞膜穿孔，將質體 DNA 輸送到細胞內，目前已經有部分轉殖的研究以 MEMS 技術進行實驗，可依細胞的狀態分為兩類。第一類是細胞懸浮時進行，這類的元件設計大致分為微流道、反應區與電極設計三大部分，製程的方式以蝕刻、微影技術製程製作微型金電極，流道部分常以高分子材料作為微流道基材，配以微型電極製成轉殖晶片 (如圖 13.56)，對細胞以較低的工作電壓 (10 V 以下) 進行轉殖，把質體送進細胞加以觀察，除此之外更有研究設計對單一細胞進行轉殖現象的研究[63]。

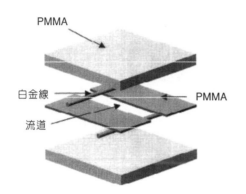

圖 13.56
流道式微型轉殖晶片。

　　第二類轉殖晶片的設計是針對貼附型細胞，由於細胞必須有較長的時間在晶片上培養，相對於材質的選擇就必須更加注重生物相容性的問題，而這種晶片的優點是結構較為簡單，有利於低成本的開發 (如圖 13.57)。這類型的晶片本身也可設計成光學平台，實驗的過程與結果都可在原位加以觀察[65]。

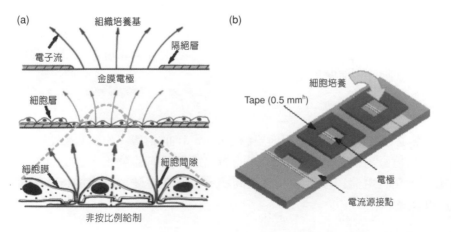

圖 13.57
(a) 轉殖貼附細胞原理，(b) 貼附型晶片設計。

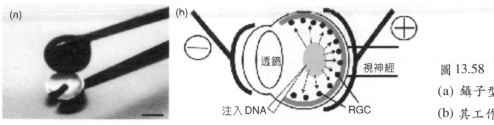

圖 13.58
(a) 鑷子型電極設計，
(b) 其工作原理。

　　另外微型技術由於體積小與電壓低，勢必可以應用於活體組織方面的基因治療，除了針型陣列電極設計，Mari Dezawa[66,67] 的鑷子型電極設計將注入眼球中的 DNA 植入式網膜中是一種實用的設計，如圖 13.58 所示。

② 細胞前處理生物技術

　　當所製造的晶片由無塵室出來時，其潔淨度雖然很高但是並非直接可以應用於生物檢測上，這是因為製程的過程並沒有無菌的處理。一般來說，以紫外線照射與高溫高壓滅菌法較為常用，滅菌好的晶片如果是玻璃為底材，則必須添加胰蛋白酶使其表面改成親水性，或增加分子力藉以使細胞容易附著，接著以濃度 0.5% 的 trypsin-EDTA 將細胞由培養皿中取下，經過離心分離、萃取、細胞計數與存活測試，配出實驗所使用的細胞濃度之後，再以為滴定管加入晶片微型槽當中，然後將晶片竟放在濕度 95%、CO_2 為 0.5%、溫度 37°C 的恆溫無菌環境中加以培養，經過 24 小時後細胞將逐步貼附、增生而穩定。實驗前將晶片上培養基吸取乾淨，以 D-PBS 洗滌細胞一至二次，其目的是要去除培養基中添加的胎牛血清 (FBS) 所存留的脂蛋白 (lipoprotein)，最後就是要將混和好的 GFP-DNA 滴入微型培養槽中靜置數分鐘後開始電擊。

　　當質體 DNA 被植入細胞內後，質體在轉譯的過程中，同時會將外插入的 DNA 功能轉譯。一般常用的 DNA 質體為 plasmid pRAY 1、GFP[70]。本實驗中轉殖成功的細胞會以 pEGFP-N1 Vector 為模板，而遺傳密碼子 679－1398 會被轉譯成綠色螢光蛋白 (GFP)，使得細胞膜內充滿螢光蛋白物質，藉以確認細胞的基因轉殖成效。GFP DNA 進入細胞後，細胞會以 GFP DNA 為模板，製造出綠色螢光蛋白 (GFP)，使得細胞膜內充滿螢光蛋白物質，以便在螢光顯微鏡下觀察。螢光物質吸收短波長的光能，放射出長波長的光，GFP 的激發波長為 488 nm (藍光)，發射波長為 507 nm (綠光)。轉殖成功的細胞，利用反射式汞燈光源螢光顯微鏡搭配適當的濾鏡組，便可判讀轉殖細胞的數目。

③ 光學定性偵測分析

　　基因轉殖成功的細胞會開始製造螢光蛋白 GFP，經過 24 小時的培養後，GFP 的濃度提高，便可以在螢光顯微鏡下觀察轉殖結果，計算綠色螢光細胞的數量以反映轉殖的程度。

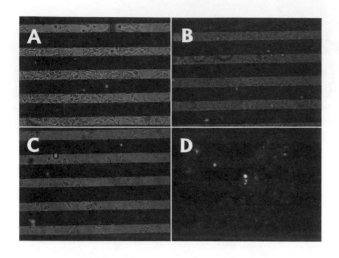

圖 13.59
(a) Chang-Liver、(b) HUVEC、(c) HAPG2 、
(d) Huh-7 。

實驗中採用 Olympus BX 40 螢光顯微鏡，搭配濾光鏡組 U-MWIB (激發波長：460－490 nm, 發射波長 515 nm －)，如圖 13.59 所示，影像擷取系統是 Pixera 600CL Cooled CCD 配合桌上型電腦，即時擷取螢光影像。Pixera 600CL Cooled CCD 系統採用 1/2″ IT-CCD (1.5 mega pixel)，最大解析度 2776 × 2074 pixel，快門速度 1/1000－60 s。

(4) 結果與討論

微機電技術所製成的轉殖晶片不僅可以廣泛的應用於多種細胞株，如腎臟癌、肝癌細胞等，即使人體正常細胞如血管細胞也可以獲得相同的效果。電胞膜穿孔技術在傳統樣品槽方式中轉殖電壓場高達數百伏，常造成細胞極高的死亡率，即使臨床醫療上也有極大的副作用。目前上市的機型 Multiporator[68] 對原生細胞 (primary cells)：微血管細胞 (microvascular endothelial (rat heart)) 以 400 V 工作電壓工作，細胞殘存率為 10%，轉殖率也僅為殘存細胞的 18.5%，且已可將同型原生細胞：人類臍帶血細胞 (human unbilical vein endothelial, HUVEC) 以 4 V 的工作電壓轉殖率達到殘存細胞的 12%，而殘存率卻可提高到 87%。只要配合相關的生物機制，將能有效的提升此種物理性植入技術的效能與降低焦耳熱與電分解 (lysis) 的作用。

(5) 結論

驅動晶片的脈衝電壓不高，低於 10 V，功率消耗低，在 0.1 W/pulse 以下，可由一般電池作為電源供應裝置，因此脈衝產生器縮小成掌上型系統，使得細胞基因轉殖的實驗可在掌上操作，提高實驗的移動性，並且有機會成為居家型醫療商品。而用途方面轉殖晶片具有脈衝電壓低與副作用小等優點，除了基因治療與製藥之外，只要改變電極設計或增加一個較低的起始電流則有助於藥物傳送 (藥物可以是蛋白、酵素或其他帶電分子)，增進藥物的療效及治療速率。最近幾年針對表皮細胞藥物輸送的研究逐漸增加，目前已經有商品出現，所以未來基因工程越趨於成熟，而這將是一項不可或缺的工具。

13.2.4 商品化產品

　　生物晶片依市場區隔，分為「研究用晶片」及「臨床檢驗用晶片」兩種。研究用晶片主要供應給研究單位或新藥研發公司，可大量處理研發資訊，目前的生物晶片多供應此一市場；臨床檢驗用晶片主要是為取代目前的檢驗試劑，但是因為成本偏高，預期三到五年後才有市場。現在生物晶片的價格，每片約 200－500 美元，未來若每片降至 10 美元以下，才可用於大量篩檢和臨床檢驗，成為可丟棄式的健康檢查或疾病檢測儀器。

　　根據統計，全球生物晶片 2000 年產出 20.6 萬片，產值近 2 億美元，預估 2001年有 34萬片需求，產值近 2.5 億美元，至 2004 年全球生物晶片的產值可達 20－40 億美元，產業成長的關鍵點除了普及應用，當然也包括價格。另根據 1999 年我國工研院生醫中心之預測，2003 年醫療檢驗用晶片之平均價格可降至研究用晶片之 1/4，使用量將超越研究用晶片，整體銷售額為 2.2 億美元；至 2008 年醫療檢驗用晶片之平均價格將降至 10 美元，而銷售量將遠超過研究用晶片，至 8,200 萬片，銷售額亦超越研究用晶片之水準，整體銷售額達 13.2 億美元。一旦晶片能被醫院或診所大量使用，市場就很可觀，甚至當生物晶片被應用於消費市場時，將如同電腦普及至一般家庭，市場潛力無可限量。

13.2.4.1 國外發展現況

　　去年以來，美國新掛牌的上市或上櫃生技公司，如雨後春筍般興起，大部分是與基因或生物晶片有關的公司，因此提供生物晶片公司生產設備的公司，是此波生技熱潮的第一批獲利者。除了提供生物晶片公司儀器、材料的廠商已經賺錢，多數生物晶片公司仍處於虧損狀態，例如美國 Affymetrix，每年虧損超過一千萬美元，即使如此，因為看好生物晶片未來市場前景，生物晶片相關的新公司仍不斷成立。以下便就美國幾家 DNA 晶片生技公司作一介紹。

(1) Affymetrix

　　Affymetrix 是全美第一家發展 DNA 晶片技術的公司，並且擁有 DNA 晶片製造技術的專利權，正因為 Affymetrix 擁有這些第一，使其於 DNA 晶片製造和銷售的市場上擁有不容忽視的競爭潛力。

　　目前 Affymetrix 正全力推行許多不同的行銷策略，以期讓它的 DNA 晶片「Gene Chip Oligonucleotide Arrays」能領先其他公司並成為顧客使用 DNA 晶片的最佳選擇。其中一種叫做「Easy Access」的行銷策略，是延續有名的「Gillette」可換式安全刮鬍刀的行銷策略，所以 Affymetrix 所獲得的部分營利來自出售大量可丟棄式的 DNA 晶片。除了這項「Gene Chip Oligonucleotide Arrays」之外，Affymetrix 還擁有其他的 DNA 晶片專利權，其中包括「Spotted cDNA Arrays (點狀式互補性 DNA 晶片)」，其晶片上具有超過 400 種不同

第 13.2.4 節作者為林裕城先生。

圖 13.60
GeneChi® Array[69]。

的 DNA 探針，許多其他的 DNA 晶片生技公司若要採用類似的技術時，都必須要付費給 Affymetrix。由於擁有多項專利權和行銷策略的成功，Affymetrix 的前景十分看好 (圖 13.60)。

(2) Nanogen

Nanogen 自從 1993 年設立以來即致力於發展電子 DNA 晶片的技術，其產品最大特色在於它的自由度大，顧客可以自由選擇他們想要的 DNA 片段放在晶片上，利用電腦只要花上幾個小時，顧客就可以設計一片自己想要的 DNA 晶片。

Nanogen 的產品可在只有一平方公分的晶片上放上 25 萬個探針，並且晶片的面積也還比 Affymetrix 的產品小，另外由於利用電子吸引力的原理，其 DNA 晶片在做雜合反應 (hybridization) 時只需要 15 秒就可以完成。由於上述優點，Nanogen 正大力推廣應用其產品在法醫學上檢定犯罪證據 (圖 13.61)。

圖 13.61
Nanogen Analyzer System[70]。

(3) Illumina

Illumina 的產品擁有一項非常傑出的特色，就是他們的 DNA 晶片是目前號稱「探針密度最高」的晶片，這種產品可將 25 萬個探針放在一個類似針頭大面積的晶片上。其技術是將 DNA 片段放在一個個非常細微的小珠珠上 (beads)，而晶片上則設計一個個只能各放一個小珠的凹槽。由於這項設計，使得 Illumina 的 DNA 晶片成為目前面積最小、密度最高的

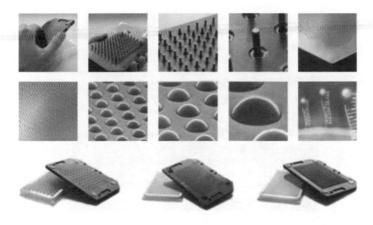

圖 13.62
BeadArray Technology[71]。

DNA 晶片，其最大優勢將是由於這種晶片面積小、製造簡單，價格勢必比 Affymetrix 的產品便宜。另 Illumina 號稱他們的 DNA 片段－小珠技術，將可應用在各種不同的分析技術上，並不只在 DNA 晶片上，這代表 Illumina 將會有更大的行銷市場，是一家潛力無窮的 DNA 晶片生技公司 (圖 13.62)。

(4) Cepheid

Cepheid 早在 1996 年時建立，這間公司主要是在整合有偵測功能的各種先進顯微器具和機械加工技術，其目標首先是要縮減偵測儀器的大小，加快偵測的速率，並將現有的微機械加工技術應用到系統上，開始設計和生產完整的生物分析測試系統。其應用範圍可從人類的傳染性疾病、癌症的偵測、食物品質的測試、環境的測試以至於研究發展分子生物學理論；其主要擁有的知識是建立在快速熱處理和新的微流體領域中。Cephied 也開創了唯一能自動化偵測流體的微偵測技術，這個方法可以把微機械的器具和微流體混合在一起 (silicon/plastic)，目前也在設計微機械晶片做式樣處理與細胞 DNA/RNA 的萃取，已有十七個專利，五個專利正在申請當中。

① Smart Cycler System

Smart Cycler System 是一種多功能及高效率熱循環 (rapid thermal cycling) 系統，其測試結果可經由光學直接觀察 (real-time detection)，特別適用於目前快速發展中的分子生物實驗室。配合微電子的設計，Smart Cycler 可以依使用者的需求組成 1－6 個處理區塊，每一個區塊包含 16 個反應區。而各區塊中的 16 個反應區是獨立的程序，且分別有 4 個通道可同時進行螢光偵測。由於有成熟的使用者 PC 介面，此儀器可定義並同時完成各種模擬的假設，其包含獨特的循環參數系、門檻標準及分析運算。此外，每個區塊可進行熱及光學監視，所得到的結果會根據使用者先前所定義的模式進行分析並產生報告。Smart Cycler 是進行最佳化方法的理想系統，且可有效率的處理具有多變樣本數及假設的工作 (圖 13.63)。

圖 13.63 The Smart Cycler®
TD System[72]。

圖 13.64 The GeneXpert® Platform[72]。

② GeneXpert

Cepheid 綜合有關快速熱循環及真實時間偵測平台的所有膠捲式基底樣本之配置技術，提出一種革命性的顯示系統－「The GnenXpert」。所謂膠捲式是應用流體迴路 (其內部包含多種處理部分)，在五分鐘內對 5 mL 的尿液自動完成完整的樣本準備及 DNA 抽取程序 (包含過濾、細胞分解、DNA 抽離及事先裝填分析特定 PCR 試劑的附加物)。抽離的 DNA 及 PCR 反應混合劑會自動送到一個封閉、完整的反應試管，以 Cepheid I-CORE 模組進行快速熱循環、放大及即時 (real-time) 光學偵測。使用 Taqman 式系統進行均質螢光 (fluorecent) 偵測時，使用 TET 通道可偵測 Ct 的存在，對 GC 則使用 FAM 通道。從開始偵測只需少於 30 分鐘的時間即可獲得結果 (圖 13.64)。

③ Briefcase Smart Cycler (BSC) System

BSC 是個非常快速、高效率、應用電池進行熱循環的即時光學偵測器。基於微電子的設計技術，BSC 包含 16 個獨立的程式化反應區，每個區內各有四個通道的多螢光偵測器。可處理並同時監視多達 16 個不同的變化情況，且每個反應可發出正向訊號快速終止。此系統的速度及靈敏度適合或更優於複雜的實驗系統。BSC 是對於快速、即時、重要疾病偵測器或進行核醣酸探針分析的解決之要 (圖 13.65)。

(5) i-STAT

i-STAT 是生物晶片界的老兵，1983 年創立，擁有薄膜電化學的生物感測技術，產品名為i-STAT，使用可拋棄式的感測模組，並可同時感測九項血液中檢測頻率高的項目。其產品有分析器 (analyzer，如圖 13.66 所示) 及 cartridge，其不同偵測項目的 cartridges 如圖 13.67 及圖 13.68 所示。

圖 13.65 Briefcase Smart Cycler System[72]。

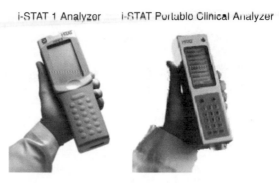

圖 13.66 i-STAT Analyzer[73]。

(6) Incyte Pharmaceuticals, Inc.

1991 年於 Delaware 成立,由 Invitron 取得技術與資產;現在公司的股東和員工多為前 Invitron 的科學家與員工。該公司致力於尋找人類基因的研究,其認為人類蛋白質至少含有十四萬個基因,該公司已經申請數千種的 DNA 排序專利。

Incyte 是少數幾家利用電腦輔助基因排序的生物科技公司,其目的為識別每一個基因和相對的蛋白質,除發掘出在臨床治療上的應用,並且建立基因資料庫,找出個別基因在生物及醫療上的功能,開發藥品的作業平台,以協助了解疾病分子結構的整合作業平台。Incyte 發展並提供已知的基因資料庫、基因資訊的管理軟體 (microarray-based gene expression service) 及相關的反應劑 (reagent) 與服務。

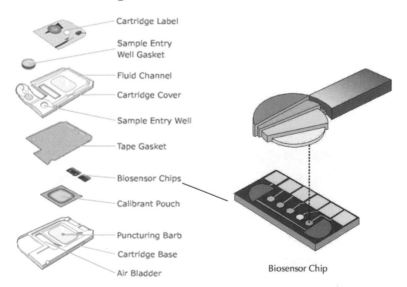

圖 13.67 Cartridges Biosensor Chip[73]。

Catalog # 125000

Sodium
Potassium
Chloride
Urea Nitrogen
Glucose
pH
PCO_2
Hematocrit
Bicarbonate*
Total Carbon Dioxide*
Base Excess*
Anion Gap*
Hemoglobin*

Catalog # 220300

Sodium
Potassium
Ionized Calcium
pH
PCO_2
PO_2
Hematocrit
Bicarbonate*
Total Carbon Dioxide*
Base Excess*
O_2 Saturation*
Hemoglobin*

Catalog # 123000

Sodium
Potassium
Glucose
Ionized Calcium
pH
Hematocrit
Hemoglobin*

Catalog # 220200

Sodium
Potassium
pH
PCO_2
PO_2
Hematocrit
Bicarbonate*
Total Carbon Dioxide*
Base Excess*
O_2 Saturation*
Hemoglobin*

Catalog # 121000

Sodium
Potassium
Chloride
Urea Nitrogen
Glucose
Hematocrit
Hemoglobin*

Catalog # 121500

Sodium
Potassium
Glucose
Hematocrit
Hemoglobin*

Catalog # 220100

pH
PCO_2
PO_2
Bicarbonate*
Total Carbon Dioxide*
Base Excess*
O_2 Saturation*

Catalog # 120500

Sodium
Potassium
Hematocrit
Hemoglobin*

Catalog # 120100

Glucose

圖 13.68
Cartridges series[73]。

　　基因排序之目的為協助藥理學及生物學的研究,包括新藥的開發、基因功能的發現與利用、了解疾病發生的機制、確定新疾病的原因,以及建立疾病與基因的關連性。Incyte 的主要產品簡介如下:

① 藥物遺傳學
　　藥物遺傳學係為確定基因在疾病表現的相異性和對藥物的反應,針對個人化的醫療、SNP (single-nucleotide polymorphism) 的自動化開發,並提供各種基因型平台以便臨床研究。

② 微陣列 (microarray)
　　GEM microarray:讓研究者可以簡單而且精確分析正常和受疾病影響的基因表現。

③ 蛋白質學 (proteomics)

　　LifeProt：分析蛋白質對不同疾病和藥物反應的特徵、鑑定因為疾病所造成的蛋白質的變化、檢定藥物對基因表現的影響、找出正確的藥物目標 (target)、描述藥物毒性及建立蛋白質的資料庫。

④ 資料庫 (database)

　　資料庫包括人類的基因模組 (human, cancer/blood)、動物的基因模組 (animal model, mouse/rat)、細菌的基因模組 (microbial) 及植物的基因模組 (plant)。

⑤ DNA 定序、蛋白質定序

　　基因定序工程浩大，人類基因定序後，將可有助於基因治療之技術。而蛋白質定序則是在決定蛋白質結構，進一步了解其功能及特性，對於生物資訊及新藥開發非常重要。

　　生物晶片屬「工具型」產業，未來需求會逐漸增加，發展潛力大，惟目前各家業者產品仍多處於實驗室階段，距離量產、商品化還需一段時間。而目前各公司競爭的重點在於佔領重要領域，公司之價值決定於該公司所擁有的「專利」。以美國 Affymetrix 為例，其於探針設計上，擁有每片晶片不可超過 1,000 點 (探針) 與晶片密度不可超過每平方公分 400 點以上之專利，此為美國以外研發生物晶片邁向商品化的關鍵門檻，大陸最大生物科技公司－聯合基因，已就此與 Affymetrix 商談授權事宜。未來待生物晶片市場達到一定規模後，預料產業結構及分工亦將如現在的半導體產業，有晶片設計開發、晶片元件製作、系統整合、應用軟體及試劑藥品等廠商。

13.2.4.2 國內發展現況

　　台灣近幾年於生物晶片領域才開始起步，較歐、美落後十年左右，政府每年編有 1－2 億元的經費投入研發，並將其列為「製藥與生物科技國家型計畫」的一環，不過，與日本、大陸及新加坡等國的重視程度相較，我國政府的支援明顯較少，尤其是面對大陸的急起直追 (其於今年初投入 2,500 億美元的經費)，台灣必須加快腳步，才能在生技領域中佔有一席之地。

　　台灣生技產業鏈的型態，在基礎研究、生技公司、大藥廠間，存有開發並提供研究所需之儀器、設備、試劑與提供生物資訊等的技術服務，生物技術結合台灣暨有的電子、電機、化工、資訊產業利基，及過去於半導體與電子科技產業累積的基礎，將是我國發展生物晶片產業的優勢。台灣具有優秀人才，但缺乏充分資源，零星與分散的投資難以在國際上競爭，純粹代工已逐漸喪失競爭力，需透過政府或協會建立機制，使台灣產、官、學、研的力量能夠分工整合，達到進軍國際的臨界規模，台灣生物晶片產業才有機會。

　　國內除中研院、工研院分別投入生物晶片之研發，民間企業主要有微晶、晶宇、台灣基因，成立時間也都不到三年。面對一些大型的國際企業耗費巨資投入生物晶片產業，國內的中小型生物晶片公司要具有競爭力，可以切入一些特定的晶片項目上，特別是部分研究機構所需要的基因晶片，不一定是大型基因晶片公司所生產，中小型的基因晶片公司擁有高技術性的產品，正能滿足這些公司的需求。因為沒有任何一家大型基因晶片公司能擁有所有的技術，未來就一些特定的項目，國際大型基因晶片公司還是會交由其他公司代工，所以台灣可以掌握一些特定的疾病或晶片製程技術，特別是美國的企業或研究機構，投入研究比較少的亞洲型疾病的技術或資訊，作為未來與國際基因晶片大廠進行交互授權的基礎。

13.2.4.3 結論

　　發現人類基因序列，就像找到一大堆字母，但仍須逐步找出字、句，加以解讀，才能了解整本書的意義。生物晶片是解讀過程中的必備工具，從發現字母到讀完整本書，還要花費相當長的時間。台灣以過去在全球具有領先地位之設計製造能力的優勢，具發展為全球性生物晶片設計製造中心的潛力；此外，在量產製程技術、開發新型特殊的應用領域、晶片測試及驗證等商品化技術方面，均為我國在生物晶片發展上的可能機會。惟近兩年國際大廠在研發成果轉為專利後，在國際上進行專利追訴，許多智慧財產權紛爭增加，此為我國在發展生物晶片產業階段所需防範之處。

13.3 射頻微機電系統

13.3.1 簡介

　　回顧過去，相信大家都能同意 1999 年與 2000 年當紅產業分別是手機與光通訊。展望未來之明星產品將是機器間短距離無線通訊相關產品。例如，目前藍芽 (bluetooth) 的推廣速度及參與廠商之眾多，皆令人印象深刻。另外，為了解決辦公室內甚至家庭中上網及多機器溝通、移動及佈線等問題，無線區域網路 (wireless LAN) 亦日趨蓬勃發展，預估年成長率將達五成以上。目前 IEEE 802.11b 雖僅能提供 11 Mb/s 的傳輸速度，但 802.11a 的 54 Mb/s (下一代將達 200 Mb/s) 傳輸速度，相信已能滿足絕大多數個人用戶之需求。但是如何整合以降低成本及提升性能，則是目前眾多廠商努力之目標。

　　目前半導體業者除了積極發展適合高頻用矽基晶片及整合各式主動元件，也嘗試以 CMOS 技術製作高 Q 值被動元件，但是由於半導體平面製程限制，結果仍不甚理想。另外，傳統被動元件廠商則朝模組發展，希望仍能掌握未來商機，但由於與主動元件整合上無法「主動」，稍居於劣勢。而這兩方面努力整合發展已造成手機從以往超過 500 個元件，

第 13.3.1 節至第 13.3.7 節作者為邢泰剛先生。

到 2000 年已降至 100 個以下。展望未來，整合之趨勢不變，但難度越來越高。而目前採微機電技術所製作之被動元件，不但可以提供與傳統分離式元件差不多甚至更佳性能，且具有與半導體相似之製作技術，未來如能結合微電子及微機電技術來製作系統單晶片，不但可以提供更好之性能 (如減少寄生效應)，且因同採批次生產，將可有效地降低成本，勢必成為解決網路建構之最後一哩 (last mile) 的最佳方案。

　　微機電系統的真正量產實用化早期集中在各式感測器之發展及應用，至今卻擴展到無線、光通訊及生物產業，可謂千變萬化且發展潛力無窮，將來也許微機電技術會被各行業視為不可或缺之技術。對於無線通訊元件而言，除了因為利用微機電技術所製作之元件具有某些優良特性，其與一般 IC 製程相容之製造特性，使其可與一般主動 IC 晶片整合，將使得通訊系統做成單一晶片 (SoC) 的可能性大增，對於通訊系統及一般被動元件產業可能造成重大之衝擊。此外由於此種方式所製作之晶片具有體積小、價格低及性能佳等特性，將可促成如軟體無線電 (software radio) 等理想早日實現，未來更可能發展出新的系統架構。目前歐洲、美國甚至韓國的通訊大廠等皆投入研發而有不錯之成果，顯見此技術未來之重要性。

13.3.2 無線通訊發展之近況及趨勢

　　目前人手一機的情況已隨處可見，而以產量及年成長率而言，手機的重要性已超過 PC 等產業。未來則不但人與人之間必須通訊，手機也將提供網際網路、GPS 等附加功能，甚至人與機器、機器與機器之間都必須通訊。這都使得無線通訊產業雖然成長可期，但卻面臨日益嚴苛之技術挑戰。也因此，可攜式無線裝置比目前市面上任何已量產的商品更需微小化、系統整合及注重功率使用效率。故通常必須對能源損耗、敏感度及所需體積作一妥善處理。改善元件之能源損耗及敏感度，可以增加電池壽命及裝置收訊範圍，亦可改善使用頻段間互相干擾的問題。元件體積縮小亦有助於使用較大之電池，方便未來增加新的功能。目前最常用的通訊系統結構仍是沿襲早期收音機時就已發展成熟之超外差 (super heterodyne) 結構。如圖 13.69 所示，其中基頻部分主要包含訊號處理 (如編碼／解碼、加密等) 及控制器，一般乃是以矽作為底材，採用標準積體電路製程製作，以求最佳之性能價格比。而中頻 (IF) 及射頻 (RF) 的前段部分乃是負責接收及傳遞低功率之射頻無線訊號，必須維持高訊雜比，所以組成元件最好能具有高 Q 值以避免訊號損耗。目前以標準積體電路製作的元件無法達到高 Q 值，故一般皆採用分離式 (off-chip) 的元件，如表面聲波元件製作的帶通濾波器 (band pass filter) 及石英振盪器等。這些元件也成為整合瓶頸，主要是因為目前以標準積體電路製作的類似功能元件是平面線路，其 Q 值甚低，無法提供好的性能或是耗費大量能源。此種超外差結構雖可提供不錯的系統效能，但是由於所需的元件較多且無法整合，導致成本較高，且無法縮小，更別說整合成單一晶片。

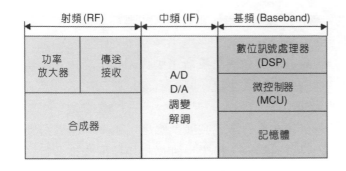

圖 13.69

一般手機區塊結構圖。

　　以往超外差結構往往需要許多分離式被動中頻元件，以求在許多不同標準中達到頻道過濾之要求，此也造成以往對被動元件之龐大需求，而造成體積過大及成本無法下降。目前無線通訊系統業界正努力從改變系統架構著手，如 Zero-IF 及直接轉換 (direct conversion) 等結構 (如圖 13.70 所示)，希望能省略中頻濾波器元件，但是此種方式需要高性能之 A/D 轉換器，且數位濾波器皆會耗費更多能源。此種方式雖可省掉中頻濾波器，但是仍有部分射頻元件無法以積體電路技術製作併入現有單一晶片的架構，形成一發展瓶頸，這些元件主要是射頻端的帶通濾波器、微開關及晶體振盪器等。此種方式可大幅降低成本，勢必成為未來主流。但將耗費大量能源，增加對電池需求，尤其是越往高頻發展，此種趨勢越明顯。但是如果利用微機電技術應該有機會製作高品質的上述瓶頸元件，建構完成單一晶片。

　　回顧歷史，手機從早期第一代單頻類比式 (主要為聲音) 發展成功開始，目前已到第二代 (或已邁向所謂第 2.5 代) 雙頻雙模數位式 (可傳遞聲音及資料) 手機。現正努力發展可以提供多模多頻及多標準之所謂 3G、4G 手機 (預期可以建構資料網路，提供高速資料傳輸，滿足通訊上之需求)。現今國際上主要的標準包含目前主流之 GSM (global system for mobile communications)、DECT (digital European cordless telecommunications)、GPRS (general packet radio service) 及未來之趨勢 CDMA (code division multiple access)。故隨著通訊功能及服務不斷推陳出新，未來手機 (或其他無線終端產品) 除了必須在現有各種不同頻帶 (900 MHz、1800 MHz、1900 MHz 等) 操作之外，同時亦將整合：與網際網路連接功能、全球定

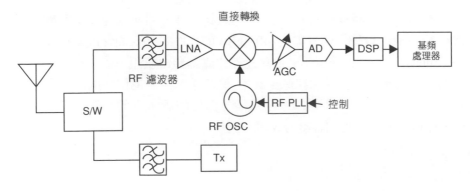

圖 13.70

直接轉換的通訊結構。

位系統 (GPS) 及傳呼器 (pager) 等各種不同新需求及功能，而未來 3G 手機在過渡時期也必須考慮與今日 GSM 系統相容性的問題。所以未來手機製造商，不但一方面得力求降低製造成本以獲取更高利潤 (目標產品如未來之可拋棄式手機)，但是另一方面卻必須不斷增加新功能 (如三頻手機)，以增加市場佔有率及減低功率耗損 (數星期不用重新充電)，故發展新的系統架構已是必然之趨勢。以目前超外差無線通訊系統架構而言，如採用傳統方式，光在雙頻手機上就需要兩套元件，等於成本及體積加倍，更不用說未來的多頻多功能手機。故有廠商想要以可切換濾波器組 (switchable filter banks) 的方式來解決此問題。此種方式將多個需求頻帶在前段部分以多組可控制開關，加上各個頻帶以帶通濾波器 (如圖 13.71 所示) 來解決；亦即，每個頻帶對應一個射頻帶通濾波器，而由基頻訊號處理器來選擇開關，以接通其中一組射頻帶通濾波器。如此，可以大幅節省所需之元組件及體積，當然也能有效降低成本，應是未來努力之目標。

13.3.3 RF MEMS 之優缺點

隨著產業的不斷變化及技術進步，目前微機電技術在無線通訊領域方面也逐漸受到重視 (可取代元件參見圖 13.72)，尤其微機電技術的整合能力將使得無線通訊系統成為單一晶片的可能性大增。如果我們重新檢視以往通訊系統使用的被動元件，我們可以發現，機械原理是部分重要元件的主要運作方式，早期低頻常用的機械式濾波器 (mechanical filter) 就是利用機械的共振原理。機械共振方式雖然可以提供高 Q 值，但受限於當時技術，體積無法縮小、頻率無法提高，當然也無法與微電路整合。但是隨著微機電技術的發展，上述問題已不再是不能解決的瓶頸。

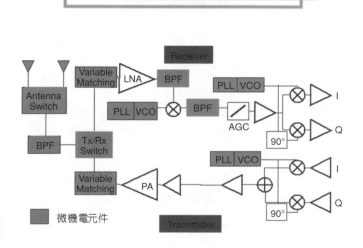

圖 13.71
可切換濾波器結構。

圖 13.72
微機電技術可取代之元件。

從上一節之討論可以發現，能源損耗、整合能力及所需體積將是未來系統廠商選擇零組件時之主要考慮。檢視現有之技術，似乎無一能夠滿足上述所有需求。但是如果我們思考微機電技術之特性，答案可能已呼之欲出[74-76]。以微機電技術製作之微機械式開關為例 (目前微開關可說是發展較成熟之產品，我們將於後面章節介紹相關發展作為參考)，我們發現它可以提供的優點包含：(1) 可微小化 (可小於 $100 \times 100\ \mu m^2$)；(2) 沒有因為接觸和歐姆接觸 (ohmic contact) 所產生的展延電阻 (spreading resistance)，元件阻抗損失較低。除此之外，由於是被動元件而非以往電子式微開關，採主動方式製作被動元件，能源耗損上大為改善 (手機中，PIN 二極體微開關中所需偏壓電流是能源耗損的主要因素)；(3) 具有與 IC 製程相容之可能性；(4) 由於採機械式結構，插入損失 (在 40 GHz 可小於 0.2 dB) 及隔絕性表現皆較電子式為佳；(5) 目前訊號操作頻率可從 DC 到 100 GHz，遠較電子式為佳；(6) 由於機械結構無半導體接面，因此可以降低元件之 I-V 的非線性化及功率承受，不會像電子元件對高頻訊號會產生相互調變 (inter-modulation) 之非線性現象。當然，微機電技術製作之元件也並非全然完美，以微機械式開關為例，其壽命 (約可達 10^{10} cycles) 及操作速度 (最快約 5 μm) 皆遠較電子式為差，使用時必須特別注意。另外，可整合其他功能亦是微機電技術吸引人之處，例如 Infineon 就打算將麥克風及指紋辨識等功能，以微機電技術整合至其未來無線通訊終端，當然這些附加功能也會增加其系統複雜性及功率耗損。歐洲 (NEXUS) 目前對微機電技術在手機方面的相關應用規劃如表 13.1 所列，而評估微機電技術對手機方面之影響則如表 13.2 所列。

13.3.4 研發現況

根據 In-Stat (市場調查公司) 調查，目前已有 48 個以上的單位投入 RF-MEMS 的發展，然而有些很少發表其概況和活動。目前比較明確發展 RF-MEMS 商品化的領導廠商包括：Analog Devices、Cronos Integrated Microsystems、Infineon Technologies、Microlab、Motorola、Omron Electronics、Raytheon 等；其他 (例如：Honeywell、TRW 等) 則保持秘密進行。調查主要針對微機械式開關，結果如表 13.3 所列。

13.3.5 微開關

目前在無線通訊系統架構上，通常可能有二處會用到微開關，一個是天線的微開關 (雙天線時使用)，另一個則是傳送與收發 (transmit/receive) 微開關，其他如阻抗匹配及訊號改道等亦會使用。目前主要是採用分離式之固態電子式微開關，PIN 二極體 (diode)、GaAs 金屬半導體場效電晶體 (MESFET)、Schottky 二極體、機電繼電式 (electromechanical relay) 開關、鐵磁式 (ferrite) 開關，皆是常用的 RF 開關元件。機械式開關雖體積較大，但能應用於高功率的系統中。PIN 二極體大約佔 RF 開關市場的二分之一，而剩下約三分之一市場為機械式開關，其餘為鐵磁式開關。目前固態式微開關的比較如表 13.4 所列。一個好的開關應

表 13.1 微機電技術在手機方面的相關應用及優點 (來源：NEXUS (2000/08))。

分類／元件	應用例子／微機電技術優點
RF-front-end	
RF 微開關 (靜電式)	Band-Switches，Duplexer-Switches，Bypass-Switches，沒靜電功率耗損，低損耗及訊號扭曲
微機械式共振器	Duplexer-Filters，RX&TX-Band filters，GPS-Filters，VCOs，小尺寸，RF-System-On-Chip capability
高 Q 電感	匹配元件，Baluns，VCOs improved Q-value for On-Chip Inductors
可調電容	VCOs，tunable Filters improved Q-value and tuning range for On-Chip Varactors
人機介面	
矽－方向性麥克風陣列及微揚聲器	聲音，免持聽筒操作，溫度穩定，可調方向性
微顯示器	作為網際網路及影像用之高解析度顯示器
生物辨認	指紋辨認安全及使用友善性
輔助功能	
慣性感測器	動作偵測器，小尺寸、低成本
其他感測器	壓力、溫度、濕度及光強度檢測及健康監視感測器
能源	
新能源	電池，微燃燒器，小尺寸、低成本

該達到下述的特性要求：

1. 插入損失 (insertion loss) 越低越好，其肇因於阻抗不匹配與開關接觸時所產生的損耗。
2. 阻絕率 (isolation) 越高越好，其來自元件外的寄生電容，可藉由增加間距而加大阻絕率。
3. 驅動電壓越低越好。
4. 切換速度越快越好 (以應付快速切換之需要)。
5. 操作壽命越長越好。
6. 散熱能力及功率承載越高越好。
7. 線性度越佳越好。對微機械式開關而言，考慮長期壽命及疲勞方面影響，開關必須在遠低於最大應力下操作。如以靜電方式驅動，大間距雖可達到高阻絕率，卻意味高驅動電壓及低彈簧常數及低共振頻率。

　　開關之規格主要包含下列三項：

1. 插入損失：主要來自訊號線之阻抗、低頻時接觸情況 (截面積及整體金屬接觸情況主導) 及高頻時之集膚效應 (表面積及金屬導電情況主導)。此損耗可由 S_{21} 特性表示 (通路時，串聯開關為關閉狀態)。
2. 返回損失 (return loss)：由元件所反射回去之損耗，可由 S_{11} 特性表示 (通路時)。

表 13.2 微機電技術對手機方面的可能影響 (來源：NEXUS (2000/08))。

特 性	已知好處	微機電技術衝擊
蜂巢細胞縮小(目前從 300 m 到 35 km)	低輸出功率	RF 前端微小化
多頻／多標準	更寬／全球使用	共振器及合成器
天線	更小／整合	微小化和／或微機構
供應電源及管理	更小，長效及功率耗損	電池，太陽能，RF，燃料電池或混和
顯示器	更大，觸摸螢幕或投射，浸入式／虛擬真實	可變形鏡子，場發射
安全性	個人辨認，授權 (Biometrics)	指紋辨認感測器，標記
功能性	診斷 (醫學，動作，環境，家庭安全) 情報 (Location or position recognition) Context sensitivity	感測器 (溫度，壓力，濕度，衝擊，震動，化學) 感測器 (陀螺儀，慣性，導航，GPS) 陀螺儀／慣性感測器
聲音	高靈敏度，改善方向性，免持聽筒及強固性	矽基隔膜，耳塞／電話
影像	多媒體，多方會議	顯示，相機，光學，偵測
其他	連接性 列印 掃描器 模組結構	無線(光學)、光纖連接 列印頭技術 光學陣列 互連

表 13.3 各公司微機械式開關的比較規格 (來源：In-Stat (2001/07))。

公司	名稱	形式	電壓	切換時間 (μs)	驅動方式	介入損失 (dB)	產品上市	壽命 (百萬次)
Analog Devices	μm Relay	Relay	5－80 V	6	靜電式	0.2	2003	－
Cronos (RSC licensed)	－	Relay	3－6 V	8000	電熱式	－	無資料	40－400
Infineon Technologies	－	Relay	10－15 V	5	靜電式	－	無資料	－
Microlab	MagLatch	Switch	4－6 V	50	電磁式	0.3	2001Q4	100
Motorola	－	Switch	3－60 V	10	靜電式			－
Omron Electronics	MMRelay	Relay	5－24 V	< 500	靜電式	0.5－0.9	2001Q4	1000
Raytheon	－	Switch	30－50 V	2	靜電式	－	無資料	－
Tyco Electronics (Siemens EMC)	Silicon Micro Relay	Relay	< 15 V	200	靜電式	－	無資料	－

表 13.4 各種不同開關的特性。

	二極體 (< 100 W)	砷化鎵 (< 1 W)	機電式 (< 100 W)	氧化磁鐵 (> 100 W)
切換速度	1 −200 ns	1 ns	1 −20 ms	1 −5000 ms
插入損失	0.8 −2 dB	2 −5 dB	0.05 −0.8 dB	0.5 −1.5 dB
隔絕度	40 −80 dB	15 −30 dB	60 −110 dB	20 −80 dB
電壓駐波比	1.5 −2.0	1.5 −2.0	1.1 −1.5	1.5 −2.0
承受功率	0.01 −1 W	0.01 −1 W	5 −100 W	1 −5000 W
一般尺寸	$0.5 \times 1.0 \times 2.0''$	$0.1 \times 0.1 \times 0.1''$	$0.5 \times 1.0 \times 1.2''$	很大
一般成本	2 −10 倍	25 −100 倍	1 倍	10 −20 倍
功率損耗	1 −5 W	—	2.5 W	5 −250 W
多切 (multi-throw) 能力	SP10T	好	SP3T SP18T	SP4T

3. 隔絕率：為輸入與輸出之間的隔絕程度，可由 S_{21} 特性表示 (斷路時，串聯開關為開啟狀態)。主要因素包括電容寄生耦合及表面洩漏。

(1) 微機械開關

　　以微機電技術發展之微機械式開關[77-97]，將具有傳統機械式及電子式之優點，甚至可以提供上述二者所無之優點，未來微機械式開關如能與其他元件有效整合，當能作出更多新的模組。另外，可切換式濾波器及可切換式天線亦是可能之應用模組。除此之外，在國防上，一般認為，微機械式開關的絕佳插入損失之特性，對於相位陣列天線 (phase array antenna)[98] 雷達未來微小化非常重要。

　　從電路特性來看，如圖 13.73 所示，微機械式開關可分為電阻式及電容式兩種。電阻式微開關乃是在電路上方以機械懸臂等方式接通，或切斷訊號線路接通時 (以驅動器壓下懸臂) 整體線路之電阻不受影響，但切斷時 (驅動器不作用) 整體線路之電阻呈無限大 (電路上等於開路)，適合從直流到高頻訊號切換之用途，但壽命較差 (約一百億次週期)。通常為了減少插入損失，驅動力量必須增大，而為了增加隔絕率，間距必須加大。此兩要求往往相互抵觸，必須作一最佳化選擇。另一方式為電容式，主要利用在面對高頻訊號時，電容將如同短路，低頻時則可視為開路，所以操作原理與電阻式略為不同。主要在金屬表面加上介電層，利用此介電層與空氣作為串聯電容來源。在不作動時，此串聯電容由空氣層 (小電容) 主導，等效成大阻抗，相當於斷路故訊號為通路。當作動時，上下電極相接近，此時串聯電容由介電層主導，等效成小阻抗，相當於通路故訊號分流變為斷路。其最大缺點是不適合低頻訊號應用，然而因其非金屬直接接觸，故壽命會較長 (> 十億週期)。其特性已在前一節描述，故不再重複。如圖 13.74 所示，從與 RF 線路的連接方式 (configuration) 而言，開關與 RF 線路常見的連接方式有串聯 (series) 與分流 (shunt) 兩種。串聯係指開關本身即在傳輸線上，開關本身會傳遞訊號，通常為電阻式開關。分流係指傳輸線與開關分開，訊號在傳輸線上傳遞，開關只將訊號導到地線，造成傳輸線上訊號減弱，通常為電容式開關。

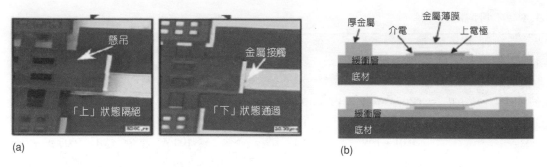

(a)   (b)

圖 13.73 (a) 電阻式 (Rockwell) 與 (b) 電容式 (Raytheon) 微機械式開關。

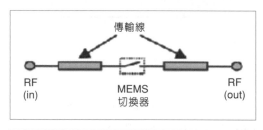

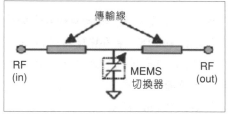

圖 13.74
串聯與分流微機械式開關。

　　以驅動方式作為分類，驅動機械結構的機制有：(1) 靜電式 (electrostatic) － 外加電壓於元件中特定的電極間造成正負電荷的積聚，形成庫倫吸引力來驅動機械元件，是目前最常被使用之驅動方式；(2) 壓電式 (piezoelectric) － 外加電場於結構中的壓電材料層，使壓電材料產生變形，藉此驅動元件；(3) 熱電式 (thermal electric) － 將電流通入元件中的金屬部分使其因發熱而膨脹變形，藉此變形量來驅動元件；(4) 電磁式 (magnetic) － 利用磁性材料或電磁鐵來驅動元件；(5) 記憶金屬式 (shape memory) － 某些材料在低溫時產生的變形，在溫度高時會回到變形前的狀態，利用此一特性來驅動元件。在諸多的驅動方式中，目前以靜電式驅動的技術最為成熟，原因應該是製作靜電式驅動所需使用的面型加工技術與積體電路的製程最為相容，且速度夠快又節省能源所致。而以結構而言，包含了旋轉式設計、面型加工製作或體型加工與晶片接合方式之懸臂樑及多點支撐的樑或隔膜方式，以及雙穩態 (bistable) 結構。以所用材料而言則有多晶矽、鑽石、水銀 (接觸用)、鋁、金、SiO_2、Si_3N_4 等。

(2) 電阻式微機械開關

　　在微機電開關中，電阻式開關設計由於製作較簡單，故較常被使用。Petersen 在 1979 年製作出第一個樑型微機電開關，係利用黃金當作接觸金屬。目前製作電阻式開關頗多，在此僅介紹美國 Rockwell 所發展之產品。Jason Yao 等人從 1995 年開始發表一系列可與 CMOS 製程相容的懸臂電阻式開關，並用於 RF 訊號測試，如圖 13.75 所示。

　　以 1999 年發表以共平面波導 (coplanar waveguide) 線路方式製作之金屬接觸式開關元件為例，在 50 Ω 的阻抗匹配考慮下，在訊號線上有一斷路間距採用懸臂結構作串聯式接觸，開關大小為 80 μm × 160 μm (不包含打線塊)，元件製作於 GaAs 上。如圖 13.76 所示，製程上採用面型微加工技術，為了與標準積體電路製程相容，所使用之結構層乃是 PECVD 的 SiO_2，而犧牲層乃是 polyimide，以乾蝕刻去除，整個製造過程溫度可低於 250 °C。驅動電壓為 60 V，切換速度約為 4 μs，經過測試其可以運作超過 10^8 次，仍沒有疲勞現象產生。其插入損失約為 0.2 dB (DC to 40 GHz)，隔絕率在 1 GHz 為 –60 dB，但在 40 GHz 為 –25 dB，如圖 13.77 所示。IP3 為 55.75 dBm，遠比一般 PIN 二極體開關為佳。除了單一開關之外，他們也整合 GaAs PHEMT 低雜訊放大器 (low noise amplifier) 與微機械式開關於一個模組，以製作可切換式低雜訊放大器。微機械式開關在此係作為切換訊號於不同頻率特性之低雜訊放大器。

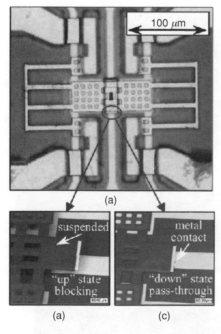

圖 13.75 Rockwell 電阻式微機械開關。

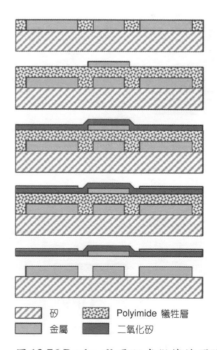

圖 13.76 Rockwell 電阻式微機械開關製程。

(3) 電容式微機械開關

　　電容式開關[95-97] 通常採用一空橋結構，此空橋介於 RF 傳輸線與接地面間形成一電容，當空橋下移導致電容變化，而造成等效阻抗變化形成分流電路。如圖 13.78 所示便是一個典型的電容式開關的截面圖。美國 Raytheon 公司的 Goldsmith 等人所研發的電容式開關，其薄膜位於基板表面上方約 4 μm 處，在訊號線上方另有一層厚度為 0.1 μm 的介電層 (silicon nitride)，採靜電式驅動，如圖 13.79 所示，加上驅動偏壓使薄膜與下電極間產生靜電吸引力而彎曲，藉由 on 和 off 兩種狀態不同的電容值來切換訊號。

　　高頻訊號的 on-off 是由開關 on-off 狀態時的電容值所決定：

$$C_{\mathrm{off}} = \frac{1}{\dfrac{h_d}{\varepsilon_d A} + \dfrac{h_a}{\varepsilon_0 A}} \tag{13.12}$$

$$C_{\mathrm{on}} = \frac{\varepsilon_d A}{h_d} \tag{13.13}$$

此處之 C_{off}、C_{on} 分別代表開關的薄膜位置在上和薄膜位置在下狀態的電容值，h_d、h_a 分別代表介電層與空氣層的厚度，ε_d、ε_a 代表介電層與空氣的介電常數，A 指的是有效面積。當開

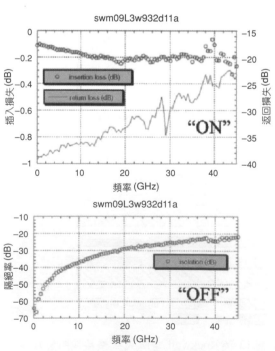

圖 13.77 Rockwell 電阻式微機械開關插入損失與隔絕率。

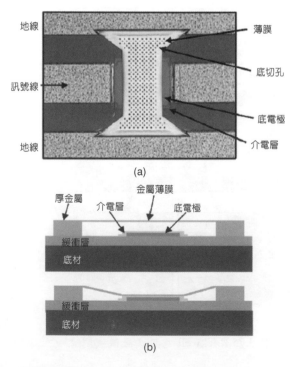

圖 13.78 Raytheon 電容式開關截面示意圖。

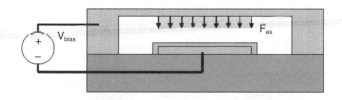

圖 13.79

加上驅動偏壓而產生靜電吸引力使薄膜彎曲。

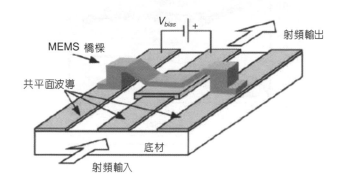

圖 13.80

開關處於 on 狀態。

關處於 on 狀態，如圖 13.80 所示，即薄膜位置在下，高頻訊號是屬於不導通的狀態，此時 C_{on} 值要越大越好，因為其等效阻抗會隨之減小。相反地，當開關處於 off 狀態，即薄膜位置在上時，高頻訊號是屬於導通的狀態，C_{off} 值要越小越好。因此判定一個薄膜式開關的好壞，除了插入損失及阻絕率考量外，一般會先以 C_{on} 和 C_{off} 的比值 C_{on}/C_{off} 來判定。而

$$\frac{Z_{off}}{Z_{on}} = \frac{C_{on}}{C_{off}}$$

(13.14)

這裡 Z_{off} 與 Z_{on} 分別指開關處於 off 與 on 狀態時的阻抗。該比值越大表示該開關切換 on-off 的效果越明顯。

　　製程上使用鋁作為懸浮薄膜，底電極則採用鎢薄膜 (厚度小於 0.5 μm) 以防止高溫製程造成小丘情況 (hillocking)。犧牲層則採用光阻，光阻的去除則以乾蝕刻方式進行，如圖 13.81 所示。一共使用五道光罩在高阻值矽 (> 5000 $\Omega \cdot$cm) 晶圓上製作。

　　電容式開關的大小為 120 μm × 280 μm，採用共平面波導作為訊號傳輸方式。切換速度的快慢和殘餘應力 (residual stress) 有關。Goldsmith 等人所製作之薄膜開關的共振頻率介於 56－150 kHz 之間，向上切換所需時間為 3.5 μs，向下切換則需要 5.3 μs。驅動電壓大約是 50 V。加大薄膜尺寸時，因為剛性降低所以可以降低驅動電壓。其 C_{off} 約為 35 fF (on 狀態)，C_{on} 約為 2.1－3.5 pF (off 狀態)，比值約為 60－100。如圖 13.82 所示，插入損失在 1 GHz 約為 0.1 dB，在 40 GHz 約為 0.3 dB。這個開關在低頻時阻絕率較差，DC 時約是 0 dB；但阻絕率會隨著頻率的增加而增加。在 40 GHz 時它的阻絕率約是 35 dB。阻絕率可用下式表示：

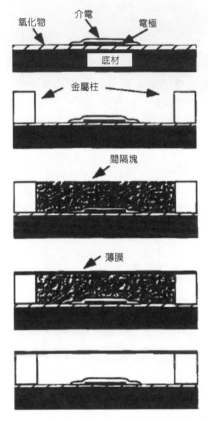

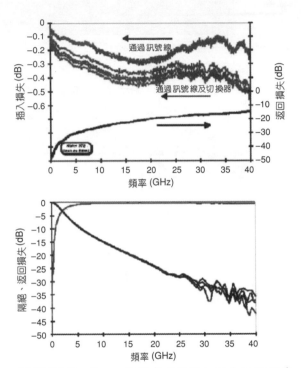

圖 13.81 Raytheon 電容式開關製程。　　　　　　圖 13.82 Raytheon 電容式開關插入損失及阻絕率。

$$I = \frac{1}{1 + (\omega Z_0 C_s)^2} \tag{13.15}$$

其中 Z_0 代表傳輸線之特性阻抗。當 ω 趨近於零時，阻絕率趨近於 1，亦即 0 dB。當超過轉折頻率 $1/2\pi Z_0 C_s$ 後，將隨著 $1/\omega^2$ 而增加。

　　雖說這種開關在操作時之接觸係發生在金屬與絕緣層間，而且接觸面也沒有電流通過，因此不會有太嚴重的黏滯 (stiction) 及微焊接 (micro welding) 的問題。不過和介電層接觸的薄膜其表面的平整度 (roughness) 卻會嚴重影響到整體的電容值，除此之外，介電層的電荷累積可能會造成可靠度的問題。

(4) 微機械開關可靠度[99-101]

　　微機械式開關都有一些實體上的接觸。利用微致動所產生的微小力量來完成接觸或是解除接觸的機制都是相當複雜的。例如：10－100 微牛頓的驅動力道、驅動方式及電壓、已操作次數、閉合時間及彈跳 (bounce) 現象，金屬表面的狀況、受到污染與否、材料特性，

乃至構裝方式等因素，都會影響金屬接觸面的性能表現。例如：以黃金與黃金的電性接觸
而言，接觸時上述驅動力會產生極大量的「熱」流進基板中，故選擇接觸材料時必須考慮
接觸阻抗、金屬黏性、壽命以及與環境和構裝的相容性。故電阻式微開關之可靠度方面必
須考慮阻值方面的變化、黏滯性 (stiction) 及其他災難性的破壞。

　　從事可靠度研究時必須瞭解：① 機械模型：例如施力、彈跳、接觸機構及黏著
(adhesion)，② 熱模型：例如由於熱切換造成之暫態反應，③ 電遷移現象 (electro-
migration)，④ 表面化學現象。

　　一般用來作為接觸之金屬為金，如圖 13.83 所示，主要因為其可以提供不錯的導電性及
不易氧化的特性，另外金也廣泛使用於 MMIC 中。如果能增加接觸力，將可有效改善開關
特性，然而此通常意味著高能源損耗。因此電容式開關之金屬與介電層的接觸方式被認為
比較可靠，因為在發生接觸的表面並不會產生焦耳熱 (因為沒有電流流過該接觸面)，也不
會產生火花，如此降低了「微焊接 (micro welding)」的可能性。然而金屬與介電層間缺少緊
密的接觸 (由於介電層表面的粗糙度)，會減少電容值，進而影響到開關的性能表現。因此
製程參數需要加以精確的控制才能確保製作出穩定平滑表面的金屬和介電層。另外應力也
會影響到開關的性能，這是因為存有應力的薄膜，在釋放之後不會平整。如此一來也會影
響金屬與介電層接觸的有效面積，使得電容值下降。除此之外，最近研究又發現介電層在
高電壓驅動下 (靜電驅動) 時會有電荷累積現象，而造成電容式開關無法正常操作。

　　靜電式驅動力的大小決定於懸臂樑與下電極表面介電層之相對電荷累積程度，剛開始
時介電層並無任何電荷累積，完全是因為靜電荷相吸引而產生相對之電荷，如果驅動電壓
移除，此電荷就跟著消失。但隨著接觸次數增加，介電層會產生永久性電荷累積。此電荷
累積現象會造成下列現象：① 當施加偏壓後懸臂樑無法被吸下，② 當偏壓移除後懸臂樑卻
無法被釋放，③ 當施加偏壓後懸臂樑無法驅動。一般認為第一種現象與表面累積電荷有
關，第二、三種現象與體累積電荷有關。

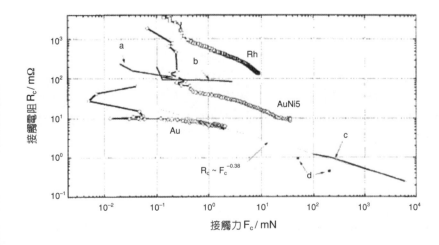

圖 13.83
接觸材料與接觸力關係圖。

表 13.5 天線開關 (車用之移動式電話)。

配置	SPDT
電流耗損	位置 1 "zero"；位置 2 < 80 mA
操作電壓	< 3 V
頻率範圍	500 MHz − 3 GHz
特性阻抗	50 Ω
插入損失	< 0.4 dB at 2 GHz (50 W load)；< 0.2 dB at 1 GHz (50 W load)
返回損失	> 10 dB (50 W load)
隔絕率	> 15 dB
最大輸入 RF 功率	2 W (連續)
IIP3	> 50 dBm
1-dB 壓縮	> 35 dBm
操作溫度	−40 to +80 °C
安裝	SMD，回流焊接 (一般 260 °C)

(5) 微機械開關目標規格

　　微機械式開關的目標規格包含：

1. GSM 雙工開關 (duplex-switch)：切換速度 < 10 μs、10^{12} 週期、插入損失 (on-state) < 0.3 dB @ 2 GHz、隔絕率 (off-state) > 30 dB @ 2 GHz，操作系統電壓 < 2.7 V。

2. 頻帶 (band) 開關，gain-step 開關：100 μs 切換速度、10^{10} 週期、插入損失 (on-state) < 0.1 dB @ 2 GHz、隔絕率 (off-state) > 30 dB @ 2 GHz、操作系統電壓 < 2.7 V。

3. 天線開關 (車用之移動式電話)：如表 13.5 所列。

(6) 微機械開關應用

　　在多頻帶 (multi-band) 無線通訊系統中 (如圖 13.84 所示)，由於各個頻帶之間會互相干擾而造成干涉現象，故通常需要一前選擇器 (preselector)，但是傳統使用之前選擇器不但大而昂貴，且功率耗損非常嚴重，成為移動型通訊系統的發展瓶頸。但以微機電製作之微開關則可以解決上述的問題。例如：在 ARC-210 (30 − 400 MHz，5 頻帶) 系統中，以往採用 27 個 PIN 二極體，不但耗費大量能量且隔絕性差，據評估如以微機電製作之微開關取代，則隔絕性將從 60 dB 增加至 80 dB 以上，插入損失則從 4.5 dB 降至 4.0 dB，最重要的則是功率耗損從以往 100 mW 劇降至 1 mW 以下。

13.3.6 可變電容

　　一般而言可變電容 (tunable capacitor/varactor)，常用於低雜訊放大器 (low noise

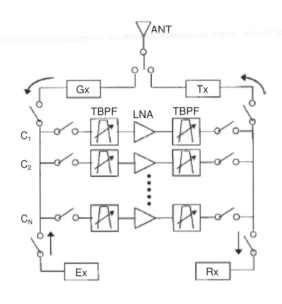

圖 13.84
ARC-210 通訊系統示意圖。

parametric amplifier)、諧調頻率產生器、可調式濾波器及頻率控製器 (如電壓控制振盪器 (VCO)) 等。一般傳統上使用矽或 GaAs 材料的 *p-n* 界面或蕭特基能障 (Schottky barrier) 界面作為可變電容，其缺點是為了遷就電源的相依性及線性度會造成成本高、面積大、功率耗損大等問題。以 IC 製程完成的可變電容其可調比例通常小於 30%，而 Q 值僅 10 左右，其電機共振頻率亦低。

　　微機電製作之可變電容可達到高 Q 值及較大的可變電容範圍，其較大可變範圍 (tuning range) 的可變電容可提供涵蓋所需要的頻帶及補償製程和溫度的變化。高 Q 值電感結合在一起時，可調式電容對於低相位雜訊 (low phase noise) 整合 VCO 應用和可調式、低漏失之射頻濾波器，以及可調式匹配網路等應用來說是相當有用的。

　　通常在選用可變電容時有幾項需注意的：(1) 未加偏壓時基礎電容 (unbiased base) 因需求而變，通常在 VHF 時約數 pF，而到了 X-band 只需約 0.1 pF；(2) 可調比例通常最好在 2：1 以上；(3) Q 值 (主要為電阻損耗)；(4) 等效電感最好愈低愈好，以使得電機共振頻率增加，亦即可操作頻率增加 (超過共振頻率時電容變成電感性)；(5) 對 RF 電源的線性度，一般希望 IP3 能超過 50 dBm，但是目前固態式可變電容對 RF 電源有相依性，必須使用特殊組合來增加線性度，但也造成成本高、面積大、功率消耗等問題。高頻電容之 Q 值可以表示為

$$Q = \frac{1}{j\omega C R_c} \tag{13.16}$$

其中 R_c 代表等效電阻；等效電阻愈大，則 Q 值越小且電阻損耗越大。在 VHF 及 UHF 範圍

通常小於 < 1 Ω，而其共振頻率 f_r 為

$$f_r = \sqrt{\frac{1}{CL_c}} \tag{13.17}$$

其中 L_c 代表等效電感，通常我們會儘量減少寄生電感以增加可操作之頻率範圍，因為當超過共振頻率時，電容性轉換為電感性，無法正常使用。

(1) 微機電可變電容

　　相對而言，以微機電技術製作之可變電容[102-106] 可以提供許多好處，例如：可調範圍較大、Q 值較高 (由於等效串聯電阻值較低)、線性度較佳、低功率需求，且可能達到控制電路與訊號線路分離。但受限於製程，以微機電技術製作之可變電容時以平行板電容為主。其電容值可以下式表示

$$C = \frac{\varepsilon A}{d} \tag{13.18}$$

其中 ε 代表兩平行板電容中填充物之介電常數，A 為重疊面積，及 d 為平行板電容之間距。這種方式可變動的部分主要是平行板中間間距、二平行板的重疊 (overlap) 面積區域，及中間重疊介電層。故目前可變電容的發展有間距調整式、可移動介電層及改變重疊區域面積等方式。設計上必須考慮驅動電壓、切換速度、溫度補償、構裝及可靠度等問題。

① 間距調整式可變電容

　　第一種為間距調整式 (如圖 13.85 所示)。例如 Young 等人於 1996 年以面型微加工的方式製作出可變電容，為了避免寄生效應造成 Q 值過低，先用鋁作成接地平面以隔絕高損耗的矽底材。再以 LTO 作為固定的寄生電容 (4 μm)，其上再以二層鋁作為平行板結構，中間間距約 1.5 μm，如圖 13.86 所示。整個電容電極區域大小為 200×200 μm^2。當施加 5.5 V 電壓時，電容從 2.11 pF 變成 2.46 pF，可變比例為 16%，在 1 GHz 時 Q 值可達 62 (等效電阻 1.2 Ω)。

　　如圖 13.87 所示，靜電力 f_{es} 可以表示為

$$f_{es} = \frac{\varepsilon A V^2}{2(d-x)^2} \tag{13.19}$$

其中 d 代表平行板中間間距。此力量與一般結構之回復力 f_{sp} 取得平衡。回復力可以表示為

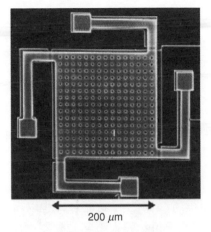

圖 13.85 間距調整式可變電容
（美國 UCB 大學）。

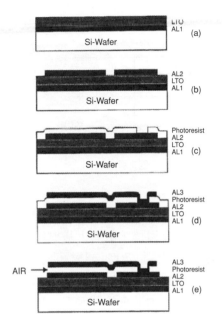

圖 13.86 UCB 間距調整式可變電容製程。

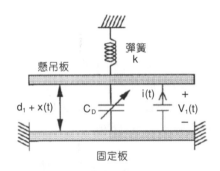

圖 13.87 間距調整式可變電容
（美國 UCB 大學）。

$$f_{sp} = kx \tag{13.20}$$

其中 k 代表結構之剛性。而當靜電力超過結構所能提供之回復力時，會發生塌陷 (collapse) 現象。此種以靜電力驅動的方式有其缺點，除了需要高電壓驅動之外，為了避免塌陷，通常僅能變動 1/3 間距 $(x = d/3)$，造成理論上最大的可調比例為 50%，但實際操作時可調變的範圍似乎比理論值少了許多，此乃因寄生電容所造成的。為了解決上述可調比例上限問題，Columbia 大學以加上第三個平板方式，如圖 13.88 所示，將可調比例增加為 100%。其上下平板固定，僅有中間平板為自由移動，其中上平板與中間平板形成之電容與下平板與中間平板形成之電容的增加與減少量相等。當供應電壓 0－4.4 V 時，可調範圍為 1.87：1，其 Q 值約 15.4，共振頻率 6 GHz，C 為 4.0 pF。

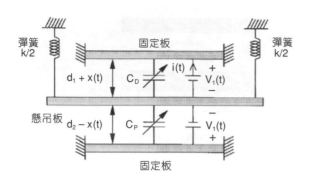

圖 13.88

三平板間距調整式可變電容 (美國 Columbia 大學)。

　　由於目前通訊應用需要較大的調變範圍，故以微機電製程所製作的可變電容，也以得到較佳調變能力為目標，故有人嘗試用其他驅動方式驅動。例如 Feng 等人將熱致動器應用在可變電容，可達到 270% 調變範圍，缺點則是其反應速度比以靜電方式驅動來得慢。在雜訊方面，通常以布朗 (Brownian) 雜訊為主，此雜訊來自周遭氣體分子等任意運動造成之撞擊力量，主要是由非真空狀態下氣體分子形成阻尼效應所造成。

② 調整重疊面積式可變電容

　　另一種則是調整重疊面積區域。例如：Rockwell 的 Yao 等人，利用許多交指式 (interdigitated) 梳狀結構 ($2 \ \mu m \times 2 \ \mu m \times 20-30 \ \mu m$ 高)，及深層乾式蝕刻技術在單晶矽上亦完成了可變電容 (如圖 13.89 所示)。此元件乃是利用 $20-30 \ \mu m$ 厚 SOI (silicon on insulator) 晶圓製作，其中二氧化矽厚約 $0.5-2 \ \mu m$，其外表再鍍上一層金屬以改善 Q 值，如圖 13.90 所示。

　　亦可製作於高阻值之基材上，以降低寄生效應。在 500 MHz，其 Q 值為 34。如果以 5 V 驅動，則可由原先 5.19 pF 變至 2.48 pF，可調範圍約 100%。如果以 14 V 驅動，則可調範圍達 200%。目前最新結果為，如果以 8 V 驅動，可調範圍 8.4：1，1.4 pF−11.9 pF，一直到 700 MHz 時 Q 皆大於 100。此種方式並無理論上限制。

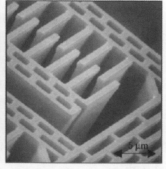

圖 13.89

RSC 調整重疊面積式可變電容。

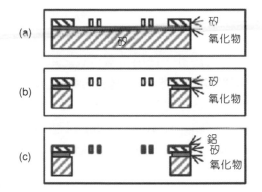

圖 13.90
RSC 調整重疊面積式可變電容製程。

③ 介電層調整式可變電容

美國密西根大學 J. Yoon 等人所製作的微型可變電容,採用金屬的電鑄及面型矽微加工技術。其設計主要藉由改變介電層的位置進而改變電容值,當施加 10 V 電壓時,電容為 1.21 pF,共振頻率 19 GHz,可調變比例為 7 - 10%,在 1 GHz 時 Q 值為 291 (如圖 13.91 所示)。其懸吊結構與施加電壓完全分離,其介電層由側向彈簧加上靜電驅動,可以在小於 1 μm 的間距中移動,造成等效介電常數改變。其製程如圖 13.92 所示,採用低溫製程,分別以電鍍銅的方式來製作上下電極 (分別為 7 μm 與 5 μm),而其中間隙乃是採用鋁作為犧牲層做成。

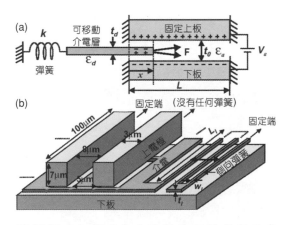

圖 13.91 (a) 可移動介電層的可變電容示意圖,(b) 附加側向彈性結構的元件示意圖。

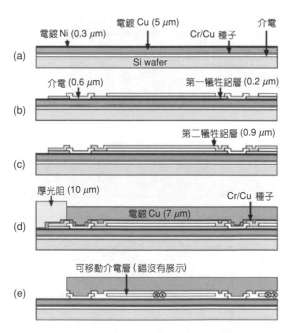

圖 13.92 可移動介電層的可變電容製程。

(2) 數位式之電容陣列

　　前述之可變電容皆是屬於類比方式操作，較易受到環境之影響，例如溫度及震動皆會造成電容值之改變。Raytheon 公司利用電容式開關配合電路設計，提出了數位式之電容陣列概念，如圖 13.93 所示。每一個電容式開關除了作為切換功能之外，亦提供一固定之電容值，經由外在電路控制切換可以組合提供不同之電容輸出。這些電容之間並不連續，也較不易受到環境之影響，同時可以提供非常大之調整範圍。例如：利用他們發展之電容式開關所製作之電容陣列，可以提供從 1.5 到 33.2 pF，高達 22 倍調整範圍，切換速度小於 10 μs，操作頻率可高達 40 GHz，大小為 3.2 mm $\times$ 3.2 mm。

(3) 可調整式濾波器

　　如果使用一般類比式可變電容及電感，再配合上微開關，亦可以組成一組濾波陣列[107,108]，可以稱之為可切換濾波器陣列。此時可調濾波器頻率範圍擴大很多，但是切換時可能是不連續，目前 Raytheon 公司已應用來製作寬頻的 LC 濾波器 (如圖 13.94 所示)。

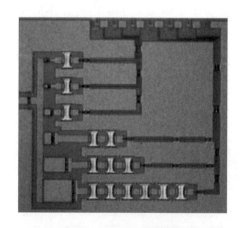

圖 13.93
6 位元數位式之電容陣列。

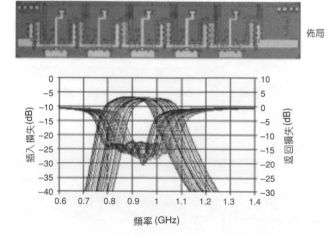

圖 13.94
寬頻的 LC 濾波器 (美國 Raytheon 公司)。

(4) 壓控振盪器

　　研究人員也嘗試使用微機電可變電容及電感來製作壓控振盪器 (voltage control oscillator)[109-112]，如圖 13.95 所示。如美國加州大學柏克萊分校 Yang 等人使用 3-D 微機電電感 (Q~30 @ 1 GHz，L = 4.8 nH，f_r = 8 GHz) 配合可變電容成功製作壓控振盪器，其使用 863 MHz 載子 (0.8 μm CMOS 製程) 得到相位雜訊 –136 dBc/Hz @ 3MHz offset。

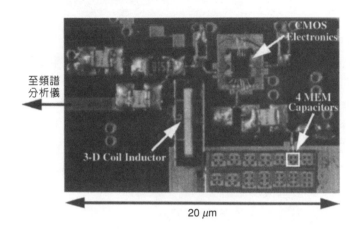

圖 13.95
UCB 壓控振盪器。

(5) 可靠度與封裝

　　由於此領域尚屬研發階段，在可靠度工程方面研究人員只能大概歸類可能注意事項及損壞機制，包含：懸吊結構疲勞問題、漂移及穩定度、溫度效應、介電電荷累積、機械應力變化、震動、氣密封裝及數位式電容的表面粗度。

13.3.7 微機電電感

　　RF 被動元件中的電感主要用於濾波器、振盪器及功率轉換等，使用非常廣泛。目前一般以 CMOS 製程製作的螺旋式電感，其 Q 值通常小於10，故過去如欲保有高 Q 值 RF 電感，一般使用非整合型 (off-chip) 電感，其 Q 值可達到 100，而無法與 IC 元件整合。如同電容，電感也使用 Q 值及共振頻率作為評量之規範。所謂的 Q 值即為量測元件能量儲存及損失能力之參考值，其值會隨著頻率改變，而最大值出現在元件從電感性轉換為電容性時。高頻電感之 Q 值可以表示為

$$Q = \frac{j\omega L}{R_L} \tag{13.21}$$

其中 R_L 代表等效電阻，等效電阻愈大則 Q 值越小，且電阻損耗越大。另外，可利用共振頻率來決定其操作頻率，因操作頻率大於其共振頻率時，則其電感性會轉變成電容性。而其共振頻率 f_r 為

$$f_r = \sqrt{\frac{1}{LC_L}} \tag{13.22}$$

其中 C_L 表等效寄生電容，通常我們會儘量減少寄生電容以增加可操作之頻率範圍。一般分離式之電感可以提供高 Q 值及高電感值，但是此種方式無法提供整合功能，同時寄生問題嚴重，隨著無線通訊往高頻發展，此問題也越來越嚴重。而整合型之電感以往 Q 值過低一直是其最嚴重之問題，但如果藉由微機電技術使 Q 值達到 $15 - 25$ 以上，許多應用將立即出現，例如轉換器 (transformer)，甚至壓控振盪器 (VCO) 都有可能實現。

　　分析螺旋式電感，其 Q 值及共振頻率之所以會下降的原因如下：
1. 本身的歐姆電阻損耗 (intrinsic ohmic loss)；
2. 寄生電容損失 (包括電感之間電容效應及介於基板及電感間的寄生電容)；
3. 寄生磁場損失 (包括導體表面影響及基板、導體本身之渦電流效應)。

　　如圖 13.96 所示為高頻電感之可能電路模型，其中 L_s 代表串聯電感，而 R_s 代表串聯電阻，C_f 代表寄生電電容，C_1 與 C_2 代表金屬層與接地基材間之電容，R_1 與 R_2 代表基材損耗之阻值。

　　為提升 on-chip 的電感上的 Q 值及共振頻率，其方法大概可分為兩大類：(1) 降低金屬阻值 (增加 Q 值)，(2) 降低基板損失 (substrate loss) (增加 Q 值及共振頻率)。

　　其中降低金屬阻值方法主要為採用高導電性之金屬，及增加其單位之電感值，例如採用銅及增加其厚度。至於降低基板損失則可針對與基板間產生之寄生電容及電阻著手，方法之一乃是採用微機電技術將電感下方之基材去除或墊高[113-126]，以去除或減少寄生效應。

　　例如 IBM 針對金屬厚度及基材對電感影響做相關研究，從圖 13.97 可以得知，電感值與 Q 值隨銅金屬厚度增加而增加。如圖 13.98 所示為電感值、Q 值與基材關係，很明顯高阻值之石英基材 (採用覆晶方式製作) 可以提供較高之 Q 值 ($Q = 20$ 而 $L = 80$ nH)，但是此種方式無法用於一般 CMOS 製程。

　　除了利用多層金屬 (銅或鋁) 來降低金屬阻值，亦有研究人員利用 polyimide 低阻值材料、含磷氧化矽及空氣當作間隙 (gap) 材料，來提升電感之特性。2002 年美國 CMU 利用 CMOS 製程 (使用 $0.18~\mu m$ 製程、二層 $0.5~\mu m$ 厚之銅導線作為電感) 配合 MEMS 技術 (使用乾式蝕刻從前方作體型微細加工) 製作蝕刻矽晶片，來移除電感下方部分基板，以達到降低基板損失，增加其 Q 值 (如圖 13.99 所示)。電感值可達到 4.6 nH，原先在 1.25 GHz (共振頻率) 時量測之 Q 值為 3.5，在採用微機電技術將電感下方之基材去除，共振頻率增加至 4.75 GHz，而 Q 值為 7.3。

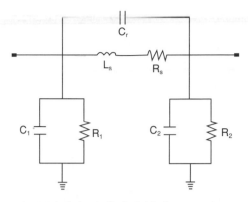

圖 13.96 高頻電感電路模型。

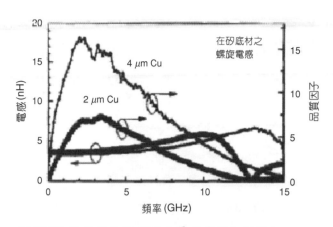

圖 13.97 電感值與 Q 值隨金屬厚度增加而增加。

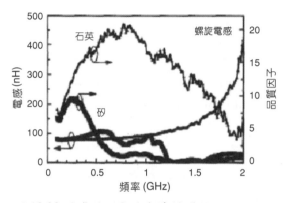

圖 13.98 電感值、Q 值與基材關係。

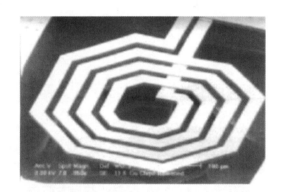

圖 13.99 CMU 電感。

　　另外韓國 KAIST 利用犧牲層 (使用電阻或金屬)、銅電鍍及平坦化技術,利用高達數十微米厚電鑄銅製成電感,可架空做於其他元件上 (如圖 13.100 所示)。其電感值達 5 nH,當其操作頻率到 5 GHz 時,Q 值仍可達到 50 以上,其製程如圖 13.101 所示。

　　在電感封裝問題方面,我們必須先考慮作為電感之金屬可能鈍化 (passivation) 的現象,其會受到製程溫度及均勻性之影響。如果能夠提供氣密保護,當能有效防止環境變化之影響,如果能在晶圓層次完成氣密構裝,可以有效降低成本。而一般機械振動的共振頻率約在數 kHz,遠低於電感之共振頻率,其影響可以忽略。

13.3.8 共振器

　　共振 (resonant) 元件除了可在通訊系統用來作為濾波器 (filter) 及振盪器 (oscillator) 外,在化學及生物感測方面亦有應用。一般共振器可以分成幾大類:

第 13.3.8 節作者為李志成先生、戴建雄先生及邢泰剛先生。

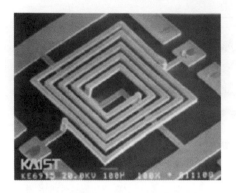

圖 13.100 KAIST 3D 電感。

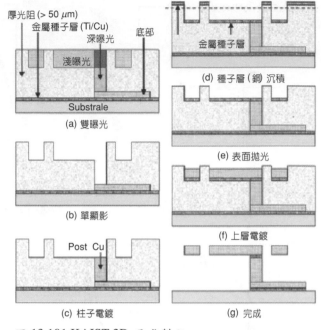

圖 13.101 KAIST 3D 電感製程。

(1) LC 共振器最為常用，但一般僅限於 100 MHz 頻率以下。

(2) 壓電共振器：如表面聲波元件 (SAW) 或石英元件等。此種方式 Q 值甚高，通常採外接方式。目前利用體聲波共振及微機電技術亦發展出新的共振元件，且可與一般 IC 晶片整合。

(3) 機械式共振器：所謂機械式共振器是指利用結構體振動或波傳現象作為工作原理之共振器，經過機電換能機構，即可應用於電路之中。此種方法可用來製作 IF 濾波器，具有高 Q 值 (適合窄頻) 及不錯的溫度穩定性，但是由於大小及製造問題，以往只限於 600 kHz 頻率以下的應用，故已較少使用，但以微機電技術製作之微機械式共振器可以解決上述問題。

　　利用電子式共振器所構成的振盪器或濾波器，雖可滿足部分較低頻率電路的需求，但是對於日益增加的電路操作頻率，品質因子數不高的電子式共振器就顯得力有未逮。機械式共振器普遍擁有較高的 Q 值，而 Q 值大小對未來濾波器設計之影響，如圖 13.102 所示。如果共振器 Q 值從 10 增加到 10000，在同樣頻寬要求下，其插入損失會大幅減少。現將各種不同的共振器原理及技術現況簡述於後。

(1) 共振現象及其應用

　　所謂振盪是指某物理量的大小隨時間呈週期性變化的現象。在電路上最常被使用的當屬由電感及電容構成的 LC 振盪迴路，若在接通前線圈中儲有磁能，或電容經過充電而儲有

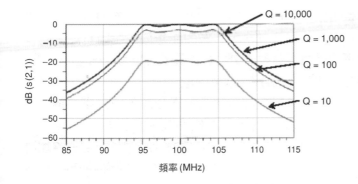

圖 13.102

三階 10% 頻寬 Chebyshev 濾波器與共振器 Q 值關係。

電能，當迴路閉合後，儲存的能量將在線圈及電容之間相互交換，產生振盪電壓或振盪電流，此現象稱為自由振盪 (free oscillation)。在電機系統裡此種電容電感共振腔 (LC tank) 元件幾乎已是一個不可或缺的元件，多極 (pole) 的共振器經過串、並聯後，可構成不同種類的濾波器或移相器 (phase shifter)，應用於需要執行頻率訊號篩選及訊號相位移的場合。如果系統中含有儲能元件和主動元件的電路，在特定的條件下能產生自激振盪 (self-excited oscillation)，此即為振盪器。

最常見的振盪器為回饋型振盪器 (feedback oscillator)，其作用方塊圖如圖 13.103 所示。其中，A 代表主要由主動元件構成的放大器，β 代表由共振器所構成的回饋電路。先假設電路在 S 點無回饋訊號之加入，在 A 的輸入端加入頻率為 f 的正弦電壓 V_i，放大後的輸出電壓為 V_o，由 β 回饋回來的電壓為 V_f。如果 V_f 和 V_i 大小相等、相位相同，那麼，用 V_f 替代 V_i，輸出 V_o 將保持不變。由於實際迴路中，S 點是導通的，所以在特定條件下，即使電路沒有輸入激勵仍能得到輸出電壓 V_o。使回饋型振盪器維持自激振盪的兩個條件分別為 $|A\beta| = 1$，且相位差為 0° 或 360° 的整數倍，前者使振盪器能維持固定振幅的輸出，後者確認輸入訊號與回饋訊號相位相同。

(2) 晶體共振器

電容電感共振器可整合於積體電路中，應用相當廣泛。電感與電容之阻抗為複數，且與頻率有關，在較低的操作頻率下，其寄生效應並不顯著，可視為一理想元件。但隨著操作頻率的升高，來自元件封裝及元件之間的寄生效應構成了許多次系統，不再能忽略也不

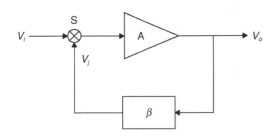

圖 13.103

回饋型振盪器方塊圖。

易消除，使得電容電感共振器之響應偏離原先之設計。對於以積體電路製作的電容與電感而言，此效應更為嚴重，因矽基材並非理想的絕緣材料，共振的能量因寄生阻抗而消耗，使得 Q 值大幅下降。由於這項缺點使得電感電容共振器不太可能達到 100 MHz 以上高頻電路的規格要求。

一般機械系統乃是連續體，可等效為無窮多單質量彈簧系統之串並聯，所以機械結構如樑或板，會有無窮多個共振頻率；並且機械式共振器有較高 Q 值 (如在真空狀態下可達到 $Q > 1000$，石英共振器更可達 10^6)。因有如此優越的特性，使得機械式共振結構一直受到各方的重視，但是如何利用電壓或電流訊號來驅動此機械結構，使其能產生受迫共振 (force vibration)，並將結構的位移轉換成電路上可用的訊號或接收此訊號，就是一個重要的問題，此一般稱為機電轉換機構。

1880 年 Curie 與 Piere 發現當石英承受機械應力時會產生電荷，電荷量與施加之應力成正比，稱之為壓電效應；而施加電位差於石英則會令石英晶體產生機械變形的物理現象稱為逆壓電效應。由於壓電晶體的對稱性較低，受外力作用產生應變時，晶格中正負離子的相對位移造成正負電荷中心移動，導致晶體發生巨觀極化 (polarization)。而晶體表面電荷密度等於極化向量在表面法向量上的投影，故晶體受壓力形變時表面出現電荷；反之，如果加以電荷則已可造成壓電晶體產生形變。利用壓電晶體此特有的物理現象作為雙向之機電轉換機構，共振器的換能方式可以輕易解決，並且單晶的石英也可作為良好的結構體材料，故早於 1921 年，第一個石英晶體共振器就已被使用於電路之中。

石英晶體在溫度低於 573 °C 時為 α 型，晶格構造屬點群 32。α 石英的剛性張量 (stiffness tensor) 中僅有三個非零獨立分量，而壓電張量 (piezoelectric tensor) 則有兩個非零獨立分量，圖 13.104 顯示出石英不同的機械振動模態：彎曲 (flexture)、厚度伸展 (thickness extension)、面剪切 (face shear)、厚度剪切 (thickness shear) 等模態，分別適用於不同的操作頻率。不同晶體軸向切面的石英如圖 13.105 所示，有不同的材料特性，目前工業界最常用的為 AT-cut，主要是因為其溫度穩定度特性良好 (溫度漂移 < 2 ppm/°C)。

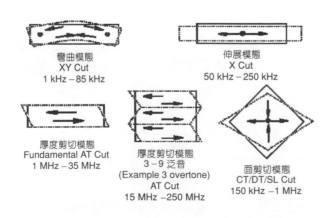

圖 13.104
石英不同的機械振動模態。

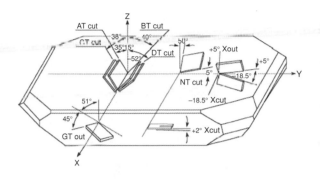

圖 13.105

石英不同的機械振動模態。

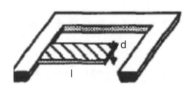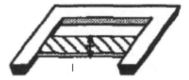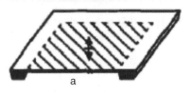

圖 13.106 常用微機械結構。

以其他壓電陶瓷取代石英，並利用相同原理作動的共振器稱為陶瓷共振器，目前常用的是鈦酸鋇($BaTiO_3$) 及鋯鈦酸鉛(PZT)。由於這些壓電陶瓷的壓電耦合特性及傳遞波速較石英為佳，故其操作頻率較石英晶體共振器為高，但在溫度穩定性的表現方面，則遠不如單晶的石英理想。目前這些陶瓷共振器仍為獨立元件，亦無法整合至晶片組中。

(3) 微機械共振器

高頻無線通訊電路需要數量繁多的各式濾波器及振盪器，且對 Q 值有很高的要求。而現代的科技產品皆有輕、薄、短、小的設計趨勢，應用積體電路製造技術延伸的微機電技術，能製造出微米級的機械結構，又可與訊號處理電路相整合，不啻是滿足以上需求最佳解決之道，因此吸引眾人的目光。一般使用微機電製程可以製作之微機械結構有懸臂樑橋狀結構及隔膜等，如圖 13.106 所示。

如以機械共振方向來分，微機械式共振器可分為垂直式及側向式二種[127-138]。側向式以梳狀驅動器 (comb drive) 作為代表，一般 Q 值較高但共振頻率較低。1992 年由 Lin 等發表的梳狀共振器，乃是利用 UCB 發展的面型微細加工方法製作，驅動側與感應側梳狀電極結構位於本體之兩側，其操作之中心頻率為 20 kHz，此結構操作於真空環境時，品質因子可達數千。Nguyen 將梳狀共振器之製作與 CMOS 電路整合得到一微細加工振盪器，如圖 13.107 所示。由於面加工結構層厚度受製程的限制不能隨意改變，梳狀結構為了要得到較大的驅動力，兩側的驅動電極極多，使得共振器結構面積變得很大，導致結構剛性太低，無法得到很高的操作頻率。另外 Beeby 等利用 SOI 晶片及音叉結構製作出另一種側向式微

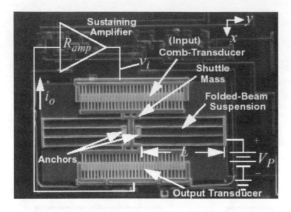

圖 13.107 側向驅動梳狀結構之微機械共振器。

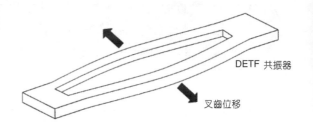

圖 13.108 側向驅動音叉結構之微機械共振器。

共振器，如圖 13.108 所示，結構長 340 μm、厚 3 μm，指狀約 2 μm 寬，指狀結構與電極間距為 2 μm，其共振頻率約為 170 kHz (第二模態) (V_{dc} = 5 V，V_{ac} = 2 V)，Q 值可達 40000。

　　至於垂直式的共振結構則以懸臂樑 (cantilever beam) 及隔膜等最常被使用。Nguyen 提出了一系列垂直式微共振器結構，其主要的結構為一懸臂樑，驅動電極位於樑下方。利用一短臂將兩懸臂樑耦合，可成為另一種型態的共振器，早期最高共振頻率小於 100 MHz，而且如果支撐點設計不良則 Q 值表現不佳。主要採用靜電式驅動及電容式偵測，此種方式尚可以直流偏壓的方式藉由靜電引起的彈性軟化效應來調整頻率，效果似乎不錯。此種微機械式共振器原先計畫發展作為濾波器之用，但是考慮其面積大小與共振頻率及訊雜比之關係，應該在振盪器 (10 MHz－1 GHz) 方面更有應用價值。如果利用兩短臂將兩懸臂樑耦合，連接點恰好是懸臂樑在無拘束條件下共振之節點，則可成為一類似自由－自由 (free free) 樑，如圖 13.109 所示。同樣使用靜電式驅動及電容式偵測，操作共振頻率接近 100 MHz，在真空中測量品質因子可達數千，藉由改變結構設計可以減低能量從支撐點耗損之問題，解決以往 Q 值過低之問題。靜電力之大小與電極間距成反比，為了降低驅動電壓，縮小電極間距為最有效方法，但會受限於面加工犧牲層厚度不易降低。Nguyen 亦提出利用側向靜電力驅動的共振器，主體亦為自由－自由 (free-free) 樑，操作頻率約 100 MHz，品質因子可達 10743。另有一碟狀電容式面加工結構如圖 13.110 所示，係利用電容式偵測垂直方向的電容變化，操作頻率可達到 153 MHz，Q 值約 9400。

　　以樑 (beam) 方式作為共振器，其運動方程式可以表示為

$$\frac{\partial^4 y}{\partial x^4} + \frac{\rho A}{EI}\frac{\partial^2 y}{\partial t^2} = 0 \tag{13.23}$$

其中 E 為楊氏係數，ρ 為密度，A 為截面積，而 I 為慣性矩。如果採用兩邊固定樑結構 (橋狀)，其共振頻率及等效剛性係數可以表示為

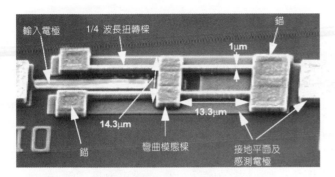

圖 13.109 垂直驅動靜電式微機械共振器。

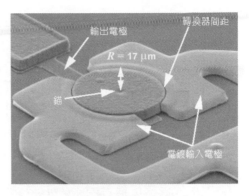

圖 13.110 碟狀靜電式微機械共振器。

$$f_0 = 1.03 \sqrt{\frac{E}{\rho}} \frac{w}{L^2} \tag{13.24}$$

$$k_{sys} = 41.7 \frac{Etw^3}{L^3} \tag{13.25}$$

其中 w 為樑之寬度，t 為厚度，L 為長度。如果採用懸臂樑結構，其共振頻率及等效剛性係數可以表示為

$$f_0 = 0.1615 \sqrt{\frac{E}{\rho}} \frac{w}{L^2} \tag{13.26}$$

$$k_{sys} = \frac{1}{4} \frac{Etw^3}{L^3} \tag{13.27}$$

如果使用單晶矽作為結構，如欲達到 GHz 以上頻率，預估其樑結構長度必須小於 2 μm。當然如果使用更為堅硬之材料 (如鑽石)，可以得到更高之共振頻率。其等效電路亦可以 BVD (Butterworth Van Dyke) 模型表示，如圖 13.111 所示，其中 BVD 模型的等效 R_m、L_{eff}、C_{eff} 分別為

$$R_m = \sqrt{\frac{k_{sys} m_{eff}}{Q \eta^2}} \tag{13.28}$$

$$L_{eff} = \frac{m_{eff}}{\eta^2} \tag{13.29}$$

$$C_{eff} = \frac{\eta^2}{k_{sys}} \tag{13.30}$$

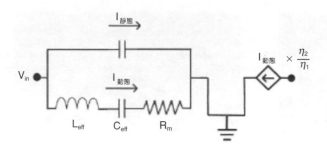

圖 13.111
微機械共振器 BVD 模型。

其中 η 代表機電耦合因素，m_{eff} 為等效質量，Q 為品質因子。雖然其等效之電阻值非常大 (可達數十萬歐姆)，但是由於其等效之高電感(低電容)，使得其 Q 值仍然非常高。

$$Q = \frac{w_0 L_{eff}}{R_m} = \frac{1}{w_0 R_m C_{eff}} \tag{13.31}$$

機械 Q 值會受到黏滯阻尼 (viscous damping)、結構表面狀況及定位處耗損 (anchor loss) 等影響。一般模擬無法全盤考慮各種損耗之影響。如前所述，可以藉著使用較堅硬的材料增加共振頻率，但是會同時增加等效之電阻值，此亦會造成匹配問題。

如果將上述微機械共振器加上適當連結 (如等效彈簧)，如圖 13.112 所示，則可以組成濾波器[139-146]。

以上使用靜電力驅動的各種共振器，動輒需要用到數十伏特的高電壓方能驅動結構共振，而講求低供應電壓的電子商品不太可能提供如此高的電壓，如何將驅動電壓降低，是此技術所需面臨的第一個問題。其次，靜電力驅動能造成的結構變形量極小，為了提高結

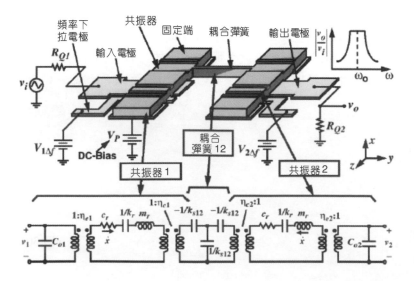

圖 13.112
微機械濾波器示意圖。

構之共振頻率，意味著必須加強結構之剛性，結構剛性愈高，則結構之變形就更小，整個系統的阻尼除了結構阻尼外，空氣阻尼的效應將更顯著，除非共振器能置於真空下操作，否則 Q 值必會受到影響。另外以微量電容變化作為感測機構，在高頻電路的應用上，許多寄生的效應可能會影響共振器的高頻電氣特性，因此目前尚未有實用化的商品出現。

(4) 微型聲波式機械共振器

　　不同於上述使用結構振動的微機械共振器，另外一種共振器利用應力 (聲、彈性) 波在固體內傳導為其作動原理，尤其適合作為濾波器[147-153]。主要利用應力波的低傳播速率 (比電磁波少了 $4-5$ 個數量級)，在相同之操作頻率其傳導波長可以大幅減小，使得元件體積大幅縮小。應力波共振器的特性包含有高感度、穩定、大動態範圍及頻率輸出。其中應用表面聲波 (surface acoustic wave, SAW) 的波傳現象作為工作原理的表面聲波濾波器已是相當實用化的技術，其操作頻率與交指式電極間距及壓電材料的波速有關。由於表面波的能量絕大部分集中在表面上，因此製作時只要在壓電晶體塊材上以光學微影蝕刻的方式形成交指式的電極即可，製程相當簡單。

　　另一種利用體彈性波為作用原理的是薄膜體型聲波共振器 (thin film bulk acoustic resonator, FBAR)，使用壓電薄膜 (AlN、ZnO 及 PZT 等) 作為機電轉換機構，非常適合作成 $100\,MHz - 10\,GHz$ 的濾波器，且具有與積體電路製程整合潛力，應是未來的明日之星。

　　當 RF 訊號通過 FBAR 元件時，經由壓電層機電轉換作用產生共振，在共振頻率附近其阻抗會有劇烈的變化，如圖 13.113 所示。在串聯共振頻率 (f_r) 那一點虛部阻抗為最小，也就是整個元件為通路；而並聯共振頻率 (f_a) 那一點，虛部阻抗為最大，整個元件為開路。這兩個共振頻率的差 Δf 對濾波器的設計有著極大的影響。

　　較常使用的壓電材料有氮化鋁 (AlN)、氧化鋅 (ZnO) 及 PZT 三種，電極材料則有鋁、金、鉑、鉬等，其不同的材料特性造成應用上也有所不同，例如壓電材料或電極材料相位速度越高則越適合做高頻濾波器，而壓電材料之機電轉換係數越高則越適合做寬頻濾波

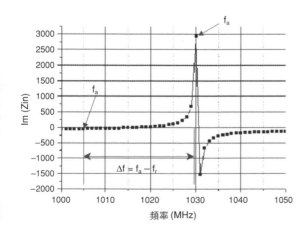

圖 13.113
FBAR 的頻率與阻抗的關係圖。

器。這些材料特性也會影響整個 FBAR 濾波器上每個 FBAR 的面積與厚度大小，例如當相位速度較小，欲達較高的共振頻率時，材料的厚度需更薄；而若材料的介電係數較大，則整個 FBAR 需要較小的面積才能達到濾波器的規格。儘管面積小及厚度薄對於元件微小化更有利，然而就現今製程的角度來看卻存在一定的瓶頸。由此可知，材料的選擇與濾波器甚至雙工器彼此間存在著極為重要的關連性。

由於體彈性波在固體內傳播，為了減少能量損耗、提高品質因子數，需配合微機電製程中的蝕刻技術作出隔膜結構，以製作腔體方式來區分有使用體型微細加工及面型微細加工兩種方式。一般製作方式乃是採取體型微細加工技術，如圖 13.114 所示，從晶圓背部蝕刻，留下一非常薄之結構層，或是從正面挖出一腔體，如此可以利用空氣作為反射層，將能量集中於共振器內部而減少損耗。背部蝕刻容易製作，但需要較大使用面積，且蝕刻後之晶圓易碎，不利於製作濾波器。反之，從正面蝕刻所需之面積小，但是蝕刻液卻可能對已有之結構及電路造成損害。

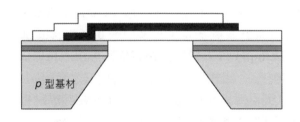

圖 13.114
體型微細加工 FBAR。

面型微細加工採取空橋方式製作，如圖 13.115 所示，除要有犧牲層 (sacrificial layer) 之移除技術，通常還需配合二氧化碳超臨界清洗 (CO_2 supercritical cleaning) 技術，以避免結構的黏結。故亦有人嘗試使用其他方法解決此問題。

如圖 13.116 所示為各種共振器目前所能達到的頻率範圍，未來最有可能朝向整合之目標前者，可能為微機電製作之共振器。

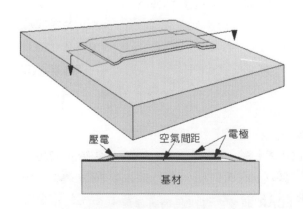

圖 13.115
面加工之薄膜體聲波共振器。

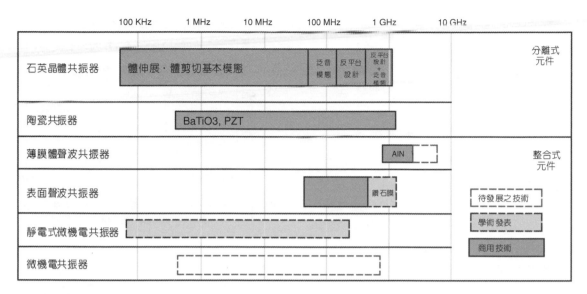

圖 13.116 各種共振器目前所能達到的頻率範圍。

(5) 薄膜體聲波濾波器

　　如前所述，使用濾波器仍是未來趨勢。其中如果使用 LC 共振器作為濾波器，必須大幅改善電感 Q 值；如果使用主動式濾波器，必須注意功率耗損、線性度及雜訊等問題；如果使用高 Q 值共振器濾波器，則整合性問題必須注意。以薄膜體聲波共振器構成濾波器或雙工器，可說是目前最被看好之明星產品。當多個薄膜體聲波共振器元件彼此串並聯在一起便可組成帶通濾波器或帶斥濾波器，現今最常用的為 ladder 濾波器架構 (參見圖 13.117)。通常濾波器內的薄膜體聲波共振器設計時採用兩個不同的共振頻率，也就是所有串聯的薄膜體聲波共振器為一個共振頻率，所有並聯的薄膜體聲波共振器為另一個共振頻率，而且並聯薄膜體聲波共振器的共振頻率比串聯薄膜體聲波共振器的共振頻率略低。

　　典型 ladder 架構的薄膜體聲波濾波器之 S_{21} 如圖 13.118 所示，其中低頻側向下彎曲點的頻率是由並聯薄膜體聲波共振器的串聯共振頻率 f_r 決定，而高頻側的向下彎曲點則是由串聯薄膜體聲波共振器的並聯共振頻率 f_a 來決定。如果同時要產生多個向下彎曲點則需較為複雜的架構，一般採外加電感或電容，以改變薄膜體聲波共振器的並聯或串聯共振頻率，使得整個濾波器的響應跟著改變。在設計雙工器時便需要用到多個向下彎曲點的架構。

　　整個濾波器的設計原理可由圖 13.118 來說明，當 RF 訊號低於濾波器的帶斥 (rejection) 頻率 (也就是薄膜體聲波共振器尚未共振的狀態) 時，整個濾波器看進去皆由電容所組成，因此濾波器呈現平坦的頻率響應。在 RF 訊號到達並聯薄膜體聲波共振器的 f_r 時，由於並聯薄膜體聲波共振器相當於通路 (由於有損耗，因此不是短路)，整個濾波器看進去相當於接地 (為濾波器頻率響應低頻端的向下彎曲點)，因此訊號無法到達另一端。接著當頻率再增

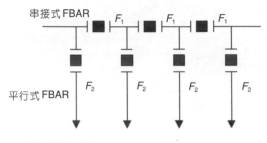

圖 13.117 Ladder 濾波器的架構。

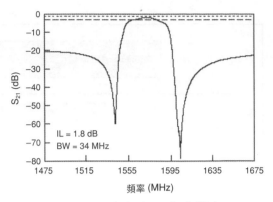

圖 13.118 Ladder 濾波器 S_{21} 頻率響應。

加一些時，便到了並聯薄膜體聲波共振器的 f_a，因此所有的並聯薄膜體聲波共振器都幾乎是斷路，訊號以非常低的損耗經由串聯薄膜體聲波共振器到達另一端。而訊號頻率繼續增加到達串聯薄膜體聲波共振器的 f_r 時，此時並聯薄膜體聲波共振器仍是高阻抗 (由於阻抗不是真的無限大，所以依舊會吸收一些能量)，因相較於並聯薄膜體聲波共振器，串聯薄膜體聲波共振器幾乎是短路，因此訊號可以最低的損耗到達另一端。而當訊號繼續往更高頻率增加，到達串聯薄膜體聲波共振器的 f_a 時，此時整個濾波器看進去又回到高阻抗，因此訊號無法到達另一端，也就是濾波器頻率響應在高頻端的那一個向下彎曲點處。當訊號頻率遠離串聯薄膜體聲波共振器的 f_a 後，所有的薄膜體聲波共振器都處於非共振狀態，所以整個濾波器又回到由電容組成的情況，因此呈平坦的頻率響應。

　　需注意的是，Q 值與薄膜體聲波共振器的共振頻率差 Δf 是無法同時兼得，Q 值越高則 Δf 越小，反之則 Δf 越大。然而在 Δf 增加的同時，薄膜體聲波共振器的損耗亦會跟著增加，因此需視濾波器所需的頻寬反推薄膜體聲波共振器的 Δf 與 Q 值，以得出薄膜體聲波共振器的各層的厚度。由圖 13.119 可得在相同的壓電材料、電極材料與共振頻率下，不同的厚度狀態 (壓電層厚度與下電極厚度分別為 0.4/0.4、0.6/0.4、0.8/0.4 μm) 對應的 Q 值與整個濾波器的表現。

(6) 薄膜體聲波雙工器

　　雙工器設計需利用外加的電感或電容來調整薄膜體聲波共振器的並聯或串聯共振頻率，藉以拉大薄膜體聲波共振器的 Δf 值。同時雙工器為避免造成誤訊號干擾，接收端的濾波器與發射端的濾波器在個別的帶通頻率範圍內，另一個濾波器的帶斥的返回損失必須低於要求的規格 (參見圖 13.120)。且兩個濾波器除了滿足規定的頻寬外，在帶通頻率範圍內的插入損失損耗必須能夠小於規格要求的目標。需注意的是，外加的電感或電容可能增加損耗，但薄膜體聲波共振器本身的 Q 值夠大，因此基於整體的效益，還是值得的。

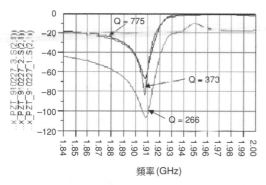

圖 13.119 各種不同厚度對於薄膜體聲波濾波
器的影響。

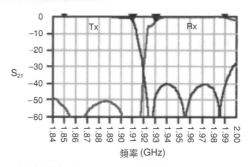

圖 13.120 雙工器的頻率響應。

　　最後將幾個具代表性的薄膜體聲波共振器在材料使用及其應用的範圍,與陶瓷濾波器、SAW 濾波器及薄膜體聲波共振器濾波器分別比較。薄膜體聲波共振器的壓電材料及配合電極會影響濾波器本身的 Q 值,由表 13.6 可知 AlN 最適合做高頻率的濾波器,此乃因 AlN 的相位速度大;而 PZT 則可做相當寬頻的濾波器,但由於製程上厚度的限制,頻率不宜過高。同時相較於另外兩者,其面積亦需很小,此亦為需考慮要素。另外,由於 Q 值越大,則「roll-off」越陡,也因此 ZnO 與 PZT 較適合做濾波器,而 AlN 則可用作雙工器。陶瓷濾波器、SAW 濾波器及薄膜體聲波濾波器的比較如表 13.7 所示,可看出各種不同濾波器的優缺點。

表 13.6 薄膜體聲波共振器的壓電材料及配合電極。

	Agilent		TDK		TFR
FBAR 結構	Mo AlN Mo		Au ZnO Au	Pt PZT Pt	W AlN Al Reflecter
壓電層厚度(μm)	1—2		1.2	0.75	3.2
電極層厚度(μm)	0.3		0.1	0.1	0.3
中心頻率 (MHz)	1880	1960	1580	1600	836.5
FBAR 面積(μm^2)	180×180	180×180	200×200	20×20	N/A
Δf (MHz)	47	49	50	180	N/A
Ladder 濾波器架構	2×2	3×4	2×2	3×4	N/A
濾波器頻寬(MHz)	65.8	68.6	60	120	25
Q 值	>1000		350	45	450
應用	雙工器		寬頻濾波器	寬頻濾波器	濾波器

表 13.7 濾波器的比較 (摘自 Agilent Technologies)。

	陶瓷	表面聲波	薄膜體聲波
尺寸 (PCS 雙工器)	675 mm^3	140 mm^3	98 mm^3 → 46 mm^3
電機性能	佳	好	佳
承受功率	最好 (> 35 dBm @ 2 GHz)	普通 (> 31 dBm @ 900 MHz)	好 (> 32 dBm @ 2 GHz)
溫度係數	0 – –5 ppm/°C	–23 – –94 ppm/°C	–20 – –30 ppm/°C
頻率範圍			
濾波器	手機／PCS	中頻－手機／PCS	手機－PCS-mW
雙工器	手機／PCS	手機／PCS?	手機－PCS-mW
整合能力	不能	多晶粒模組(MCM)	多晶粒模組；未來完全整合

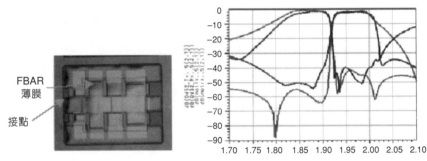

圖 13.121 Agilent 利用薄膜體聲波共振器製成之雙工器及其性能。

　　而 Agilent 採用微機電技術製作方法，目前已完成 1.9 GHz 的雙工器製作，如圖 13.121 所示，效果可以比美陶瓷濾波器，但是體積卻大幅縮小，未來也可能進行整合。

13.3.9 量測與封裝

　　傳統上，高頻測試一直是一門大學問，主要除了必須考慮無所不在之高頻寄生效應 (來自量測儀器、元件本身及傳輸線路) 影響量測及最終元件性能，故各種校正方法也應運而生之外，另外電磁防護 (shielding) 效應往往造成晶圓級量測結果與實際封裝後量測結果不一。故一般都認為高頻量測尚未完全成熟，進入障礙遠較一般量測為高，此也造成設計與整合上的各種困擾。

　　眾所周知，傳統射頻元件封裝對於性能影響頗大，對於 MEMS 元件亦然[154-158]。除了注意電磁防護及共振現象等之外，為了避免濕度影響 (會造成 MEMS 元件黏著 (stiction) 及能量損耗) 及外來粒子干擾，封裝時往往必須採取陶瓷構裝以達成氣密封裝 (hermetical

---

第 13.3.9 節作者為陶有福先生及邢泰剛先生。

sealing)，但這也增加處理上的困擾及成本。如同其他 MEMS 元件，封裝成本往往高達七成以上，如果能整合許多元件成一模組，將可有效降低成本。對於共振元件而言，Q 值受到真空程度影響頗大，故如能以批次生產直接提供所需真空，將可有效降低成本。此外封裝時也必須考慮是否因外接線路 (如打金線) 而增加額外阻抗，故利用覆晶技術亦是研發重點，如圖 13.122 所示。

現在配合微機電的晶圓級封裝技術，應可提供相當好的電磁防護效果。如圖 13.123 所示，密西根大學利用微細加工及接合 (bonding) 技術，在高頻元件上方及下方構成一電磁遮蔽層，可完成有效電磁防護。藉由此種技術，高頻元件較不會受到以後封裝的影響，元件間也不會互相干擾，如此不但元件性能可以提升，同時測試工作的可靠度也可以大為提高。此外，密西根大學亦利用此種技術，進一步整合天線 RF IC 等元件於一體，形成一整合模組，此種封裝技術一般用於 3D 封裝，在此則除了節省空間之外，在性能提升及量測上皆提供額外好處。

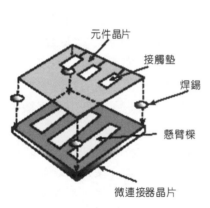

圖 13.122 RF MEMS 元件以覆晶技術封裝。

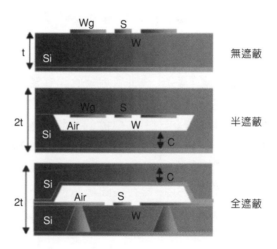

圖 13.123 高頻元件晶圓級電磁防護。

目前針對元件進行高頻量測的方法可概分為測試夾具 (fixture) 及晶圓級 (on-wafer) 量測二種，各有其需求及優、缺點。測試夾具法為早期針對個別分離式元件所發展的量測方式，必須把元件切割甚至封裝後才能進行量測。雖然能忠實地表現出元件封裝後的特性，但是元件的原始特性卻會受封裝、夾具、焊線等影響而改變，對元件製程發展、品質管控及其特性最佳化的時效性有所限制。晶圓級量測則是藉由共平面探針 (coplanar probe) 的使用，在製程完成後可立即取得元件的高頻特性，在時效上佔了很大的優勢。另外，與運用測試夾具的量測方式比較起來，其元件原始特性也較不易為其他寄生效應掩蓋，但其量測結果的重複性較易受操作人員之熟練度所影響。

　　無論是以測試夾具法或是晶圓級量測進行半導體元件的高頻特性量測，都必須在量測之前對系統進行校正 (calibration)，以去除量測儀器及環境所造成之效應，將量測系統的參考平面 (reference plane) 移至距離待測元件越近越好。以測試夾具法而言，一般是以 TRL (through, reflect, line) 校正法進行系統校正，將量測之參考平面移至測試夾具的前端；而晶圓級量測最常用的校正方法為 SOLT (short, open, load, through) 校正法，可將測試參考平面移至微波探針的針尖，如此可得到較真實的半導體元件高頻特性。至於測試參考平面與真正元件 (intrinsic device) 之間，其他無法運用校正方式去除之寄生元件效應，則需另外利用「de-embedding」方法加以去除。以上即為高頻元件測試的基本概念，其原則亦適用於一般無線通訊應用之 RF MEMS 測試，但細節可能必須依元件差異而修改。

(1) 薄膜體聲波共振器測試

　　薄膜體聲波共振器如果在封裝時採用金屬接線，在高頻時會引起寄生電感效應，使得薄膜體聲波共振器本身的特性受到影響。因此如果想要了解薄膜體聲波共振器本身的特性，就必須做晶圓級高頻測試。若要進一步準確量測薄膜體聲波共振器本身的特性，就必須做晶圓級高頻測試系統的誤差校正，以及在待測的薄膜體聲波共振器晶圓上製作假 (dummy) 元件，並配合「去嵌入 (de-embedding)」方法做薄膜體聲波共振器晶粒與測試探針尖端間寄生參數效應的移除。而晶圓級薄膜體聲波共振器測試所得之 S 參數，可用於薄膜體聲波共振器模型的參數擷取，以驗證所模擬之薄膜體聲波共振器的模型。若有不同時，可依據測試所獲得的資料，修改模擬的設計參數，使得所設計的模型能準確的代表薄膜體聲波共振器的特性。更進一步可依準確的設計模型，依據不同應用需求，做良率與靈敏度分析，由此可得到量產時所需要的測試規格。

　　此外，薄膜體聲波共振器在晶圓級量測時，為了量測方便，設計時通常採用共平面波導 (coplanar waveguide, CPW) 方式的接地／訊號／接地 (G/S/G) 結構，而不使用 S/G 結構。採用 G/S/G 結構是因為在高頻時電磁波傳送的接地端必須對稱於訊號端，如此能量傳送損失不會因傳輸線結構本身而增加。由於薄膜體聲波共振器所製造的濾波器大小約為陶磁濾波器的十分之一，因此當應用在傳送濾波器 (transmitter) 時，必須考慮功率的耐受程度，所以功率處理也是一重要的量測考量。

(2) 薄膜體聲波共振器晶圓級測試

　　一般 40 GHz 以下完整的晶圓級測試系統中，薄膜體聲波共振器待測訊號是由射頻探針經由同軸電纜傳送至向量式網路分析儀，量測出待測訊號的 S 參數。而半自動探針平台 (probe station) 可以自動地經由控制器做整個晶圓上所有薄膜體聲波共振器的測試。

　　薄膜體聲波共振器晶圓級測試步驟如下所示：

1. 作校正及晶圓量測的去嵌入準備工作。

2. 執行薄膜體聲波共振器電路模型的參數擷取 (parameter extraction)。
3. 比較測試與最佳化模擬的薄膜體聲波共振器 BVD 電路模型參數。
4. 若超出容許範圍時，修整薄膜體聲波共振器厚度與面積以符合濾波器設計規格。

① 晶圓測試校正

　　由於薄膜體聲波共振器待測訊號的 S 參數含有射頻探針至向量式網路分析儀的系統誤差，為移除此誤差，可以使用校正基材 (calibration substrate) 做為校正標準元件，配合校正標準的方法，即可移除此系統誤差。一般晶圓級校正標準的方法有三種，分別為 SOLT、TRL 與 LRM (line, reflect, match)。其優缺點如表 13.8 所示。由於薄膜體聲波共振器的操作頻率通常接近 2 GHz 以上，因此一般採用 SOLT 或 LRM 的校正標準。不使用 TRL 校正標準的原因，是因為其所佔用的晶圓面積太大，不實際。

表 13.8 晶圓級校正標準的方法比較。

校正標準	優點	缺點	絕對準確度
SOLT	1. 可適應於固定的探針。 2. 可用於寬頻。	1. 標準的模式很困難決定。 2. 無法長久保持自我一致性 (self-consisted)。	可
TRL	1. 電氣上可保持自我一致。 2. 對校正而言，標準可容易且簡單的表示。	1. 無法容許固定間隔距離的探針。 2. 對寬頻校正時，需要多條線數。 3. 因線長原因，低頻是不實際的，建議頻率不可低於 2 GHz。	差
LRM	1. 容許固定間距的探針。 2. 電氣上可自我保持一致。 3. 寬頻。 4. 被量測的標準比 SOLT 還少。	1. Load 電感可成為量測參考阻抗的一部份。 2. Match 標準被假設是相同以及不同時會產生誤差。	佳

② 晶圓測試的去嵌入策略

　　為了能準確的量測到薄膜體聲波共振器特性，必須將其耦合效應與不必要的線路移除，晶圓級的去嵌入方法也就應運而生。薄膜體聲波共振器與基材的耦合效應 (Y_1, Y_2, Y_3) 及薄膜體聲波共振器與測試點尖端的線路連接 (Z_1, Z_2, Z_3) 的等效模式可表示如圖 13.124 所示。一般採取四個步驟的去嵌入法，其中必須配合薄膜體聲波共振器元件製作四個假元件，分別為 (Open, Short1, Short2, Through)。

　　薄膜體聲波共振器的元件晶粒與其用作去嵌入的假元件光罩如圖 13.125 所示。圖中 (a) 為雙埠的薄膜體聲波共振器元件，(b) 為其假元件 (Through, Short1, Short2, Open)。

　　因為薄膜體聲波共振器電阻值很小 (1－3 Ω)，所以要加個小電容來做高 Q 值量測，而

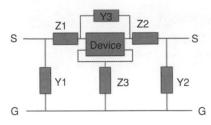

圖 13.124 薄膜體聲波共振器元件
與基材的耦合效應。

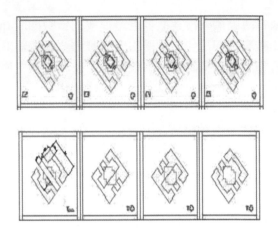

圖 13.125 薄膜體聲波共振器元件與其用作
去嵌入的假元件光罩圖。

且薄膜體聲波共振器的待測訊號可由雙埠或單埠網路的型態獲知。但是做高 Q 值量測，也可以經由六個參數所組成的 BVD 模型的參數擷取所獲得，此時薄膜體聲波共振器的待測訊號僅可以單埠網路的型態獲知。

當我們量測到薄膜體聲波共振器的 S 參數且經過「去嵌入」去除耦合效應後，可以針對所想要的 BVD 模型中 RLC 參數進行擷取。

③ 薄膜體聲波共振器元件功率承受

薄膜體聲波傳送濾波器在使用時，會有一輸入功率流入薄膜體聲波共振器，在工作頻率範圍內，薄膜體聲波共振器在不同頻率下其等效阻抗會改變，導致不同大小的功率流密度與熱損耗。此熱損耗在薄膜體聲波共振器上會引起下列效應：(1) 加熱所造成的頻率偏移，(2) 長期的老化與衰減，(3) 應變大小趨近薄膜的脆裂程度，(4) 傳送濾波器的熱破壞。

由於以上效應，薄膜體聲波共振器元件的功率耐受程度必須在設計上預先評估，因此薄膜體聲波共振器元件功率處理，可由下列步驟所獲知：(1) 依據規格，利用薄膜體聲波共振器設計傳送濾波器；(2) 已知輸入功率大小，經由 SPICE 軟體估計出傳送濾波器在工作頻率的功率密度分布；(3) 計算出最大的功率密度是否大於薄膜體聲波共振器元件所能耐受的功率密度，如超過需重新設計。

對於薄膜體聲波共振器功率承受的量測，有如下步驟：在加熱的晶座上，探針偵測個別的薄膜體聲波共振器，以測知元件本身之頻率隨著加熱溫度而產生偏移之現象及偏移溫度係數。由量測元件本身頻率隨溫度的漂移情形，可推知薄膜體聲波共振器自我加熱的效應。再依據應用場合，例如 CDMA 的手機標準，增加輸入功率 (29 dBm -36 dBm)，以量測個別薄膜體聲波共振器的最大功率耐受度。

13.3.10 挑戰與風險

　　RF MEMS 元件雖然有上述的優點，但是在壽命、可靠度、價格及封裝等各方面仍有許多問題待克服。對於手機如此高產量之市場而言，價格將是最重要的因素，但對於高單價產品，可靠度則應是較重要的考量。目前微開關的價格比較如表 13.9 所列，正如同許多新科技產品，RF MEMS 產品初期之價格仍過高。

表 13.9 微開關價格比較表 (來源: In-Stat (2001/07))。

技術	目前價格 (美元)
FETs	$ 0.50 − $ 4.50
Pin Diodes	$ 0.30 − $ 8.00
RF-MEMS	$ 5.00 − $ 25.00

　　此外目前許多無線通訊元件所需之製程與測試技術與現有之微機電技術或半導體技術不太相同，對於製程標準化及未來量產皆有不利之影響。尤其許多共振器或驅動器的製作皆使用壓電薄膜材料，對於製程整合 (如微細加工、應力、高溫退火及污染問題) 及產品特性掌握 (如可靠度) 皆為一大挑戰。此外目前微機電的產品與 RF IC 的單一整合 (monolithic) 產品，對於系統整合、微小化及成本皆有相當之影響，也頗受系統廠商注意。但是一般 IC 甚至微機電的產品封裝及測試技術經驗並無法在此完全複製及使用，必須根據產品做適當的修改，尤其高頻封裝及測試中寄生問題必須特別注意。當然，如同其他微機電的產品，如果現行的構裝及測試可以支援產品的生產，將可有效的降低成本及產品開發時間，並不一定需要單一整合產品。

13.3.11 未來發展及市場評估

　　目前主要發展廠商都以手機元組件為目標，主要是因為預估到 2005 年手機年產量將高達十億個。但是成本上的考量將是主要的進入障礙。以微開關而言，據估計其單價必須降至一美元以下，當然易於模組化及優良性能亦是其賣點。例如未來 3G 手機為了相容性及新功能，勢必要採取新的元組件才能順利工作。目前除了手機之外，PDA 及 WLAN 等皆為可能目標。至於小量但高單價產品，目前以自動測試機器 (automated test equipment, ATE) 的市場最被看好，主要是因為 RF-MEMS 產品可以提供微小化及良好能源效率，當然此時價格將不是最重要的因素。除此之外，未來寬頻用之相位雷達天線 (phase array antenna)、可切換式濾波器及可切換式智慧型天線，亦可能是未來的殺手應用 (killer application)。

　　根據 In-Stat 預測 (參見表 13.10)，從 2001 年到 2006 年 RF MEMS 的市場成長率驚人。不過，從其報告看來，此預測應不包含體型聲波濾波器。

第 13.3.10 節至第 13.3.12 節作者為邢泰剛先生。

表 13.10 RF-MEMS 全球產值 (百萬美元) 及數量預估 (來源：In-Stat (2001/07))。

	2001	2002	2003	2004	2005	2006
營收	1	50	120	140	250	330
產量 (百萬)	1	10	30	75	170	280

13.3.12 結語

　　本章從無線通訊系統的觀點介紹了微機電技術帶來之解決方案及新的應用，另外也介紹一些重要元件最近的發展。從系統的觀點來看，以後最重要的影響可能是在未來單一晶片系統的實現及新的通訊架構的出現，這都是未來 RF MEMS 的利基，台灣應儘早切入以掌握先機。目前奈米科技及微機電技術皆被視為未來的明星科技產業。尤其微機電技術乃是由半導體所發展延伸出來，對於目前台灣蓬勃的半導體產業尤具吸引力。未來如能有效利用目前台灣半導體業已無競爭力之五吋及六吋生產線，不但可以再創產業高峰，且結合目前台灣在 IC 設計的經驗，可望在微機電與 IC 設計整合方面領先世界。另一思考點則在於如何協助台灣傳統零組件業者面對未來整合之趨勢，再創產業的另一春。

13.4 其他工程應用

13.4.1 軍事航太應用

13.4.1.1 微機電系統技術與武器發展

　　微機電系統技術乃因應各式系統輕薄短小之趨勢而蓬勃發展，且迅速滲透至各種領域，武器系統自然也不例外。不論是現有系統之改良或是新武器系統之發展，MEMS 技術都可扮演積極與重要的角色。由於 MEMS 技術之應用，未來武器系統技術甚至於戰略與戰術均會受到相當之影響。但 MEMS 屬於小尺度系統，除了極少數可能外，MEMS 技術在軍事上之應用主要並非用以增強武器之直接爆破力或殺傷力。強大之武力與殺傷力固然在作戰時有利於求勝，但作戰時迅速有效之指管通情 (軍事術語：指揮、管制、通訊、情報之簡稱) 常是致勝之關鍵。新興之 MEMS 技術在指管通情、武器系統之性能精進以及維修、後勤支援等方面都可有所貢獻，因此美國國防研究之推手－國防先進研究計畫局 (Defense Advanced Research Project Agency, DARPA) 亦於近年成立微系統技術室 (Microsystems Technology Office, MTO)，專司微系統技術軍事應用研究之推動[159]。參考近年 DARPA 所公布之資料、美國國防部智庫組織 RAND[160] 之 MEMS 軍事應用先期研究，以及其他相關資料來源，筆者綜合歸納微系統技術之軍事用途約略可分成以下三大應用方向：(1) 既用系統或次系統之微型化；(2) 微型部隊之發展；以及 (3) 資訊優勢 (information superiority) 環境建構，藉微機電光技術中各種微元件之設計、整合與應用，發展出各式改良型或創新系統。

第 13.4.1 節作者為宋齊有先生。

(1) 既用系統或次系統之微型化

應用微系統技術與微元件設計以達成系統之輕薄短小化,此種尺寸微型化可使系統重量輕、能量與功率消耗低,成熟之量產技術可使製造成本降低;同時,因其分件之微型化亦可致使武器系統之反應快速、準確性高、機動性高以及系統之效率獲得提升。列舉數例如下。

① 導航控制等組件之微型化

導航控制等組件可測知其飛行運動參數以及執行穩定控制或導航。利用微系統技術設計製造角速率微感測器 (angular rate micro sensor)、微致動器 (micro actuator) 以及微陀螺儀 (microgyro) 用於箭彈等投射式火砲武器,或製成單晶片慣性導航組件裝置於投射武器之彈頭,可以達到減重量、低成本、高精準之要求。此外,各種微型之速率感測器 (rate sensor)、流動或差壓感測器 (flow/differential pressure sensor)、撞擊感測器 (impact sensor) 等之應用亦有助於精確控制、操作魚雷或炸彈等武器系統之安全、發射或引爆[161]。

② 微型敵我識別 (Identification of Friend or Foe, IFF) 系統

作戰時之敵我識別非常重要,目前慣用之敵我識別係利用反射帶 (reflective tape)、主動信標 (active beacon) 等以標示載具之存在。然而戰場與戰況之複雜以及可能之干擾則會造成正確識別敵我之困難。新的微型敵我識別系統利用大尺度已有之角方反射 (corner cube reflection) 原理,以微機電技術整合微光機電分件製程製造毫米 (millimeter) 尺度之敵我識別器。詢方發射一調變雷射,可啟動受詢者之角方反射器,並回覆一編碼之雷射響應,告知其載具型別與狀況,整個程序在一秒內完成。新的 IFF 系統需滿足:可 360 度全方位覆蓋、快速回應、不易受攔截干擾、詢方訊號啟動、低功率、電池操作等需求[162]。

③ 化學攻擊警報感測器 (Chemical Attack Warning Sensor)

利用微機電技術改良現有之生化感測器,用於生化戰之防衛。目前新發展者為戰場上使用之小型可程式化遠距化學感測器 (stand-off chemical sensor)[161,162]。此一設計係以矽晶圓為基板,其上布置電極陣列與可偏折微鏡面 (deflectable micro mirror),製成多色譜儀 (polychromator)。此系統可將遠距觀測時入射之寬頻光 (broadband light) 轉成色譜輸出以判定化學成分。其規格需求為:敏感性高 (低於有害劑量時即可偵測)、快速偵測與預警、分析準確性高、低功率消耗 (可電池操作)、輕小、耐用。

④ 腕上通訊器 (Wrist Communicator)

目前軍用通訊器材於作戰時攜帶仍嫌重量過重、體積大且能源消耗大,若能通過尺寸、重量、天線、頻寬以及能源供應技術挑戰,利用微機電技術將其中之機械分件微型化,製成機電整合之通訊組件單晶片,則可發展如手錶大小之個人型腕上通訊器[163]。

⑤ 高能量密度 MEMS 能源 (High-Energy-Density MEMS Power)

　　微型裝備與元件工作所需之能源供應係各式系統微型化時共通之挑戰。當系統小至釐米、甚至於毫米、微米等級，能源之供給常成為系統無法成功之致命關鍵。在輕薄短小之微系統中，足夠使微系統長時間工作所需之能量需儲存於輕小系統中，高能量密度 (註：能量密度指每單位質量所含能量) 之要求是必然的。傳統之能量儲存系統，如鋰電池、鎳鎘電池等一次電池 (primary battery) 在一些需求較高之裝備上已不敷所需，微型能量轉換裝置之研究，如微型燃料電池 (micro fuel cell)、微型引擎 (micro engine)、熱電發電器 (thermoelectric generator) 均為評估、發展中具有潛力之解決方案。在小功率 (mW 至 W 之等級) 之應用時，直接甲醇燃料電池 (direct methanol fuel cell) 為具潛力且頗受矚目之微型能源系統，目前功率 10 mW、陶瓷晶圓上 2 cm × 2 cm 大小之微燃料電池為研發中項目之一[164]；微引擎與相關之微燃燒理論與實驗已有一些初步研究成果[165]；至於熱電發電亦有一些研究 (MIT 與 UC Berkeley) 在進行中。此類微系統將整合微系統製造之組件：微型催化反應器、微結構與材料、微流與溫度感測器、微閥、微幫浦、加熱器與控制器等組合而成。可以想見的是：這些微型能量轉換裝置體積都應足夠小，目前發展中之系統其體積量級均在數 cm^3 之譜，未來可望再持續縮小尺寸，MEMS 技術自是其成功之關鍵。

(2) 微型部隊之發展

　　如前所述：微機電系統屬於小尺度系統，在軍事上之應用並非增強武器之直接爆破力或殺傷力，應以類似人海戰術之大量出擊，或是以攻擊敵方目標最關鍵或具敏感性之部件為主。未來將有如螞蟻雄兵之「微型部隊」或稱「微型軍」出現，執行軍事行動，或許會成為戰場之主導者。

① 分布式機器人 (Distributed Robotics)

　　微型機器人極適於軍事應用，可代替真人執行距外 (stand-off) 軍事行動，降低人員風險；可以從事人員不可能執行之任務。由於微小型機器人尺寸小、重量輕，單人即可攜帶與進行部署。其可執行之任務可包括：偵察、監視、尋路、欺敵誘餌、武器運送、小尺度致動、地雷偵測等等。若部署微機器人群組，可平行工作，減少執行任務之時間，且其成本低於功能複雜精巧之單一機器人。

　　微型或小型機器人之發展有賴微電子 (microelectronics)、MEMS、智慧材料 (smart materials)、先進封裝、能源儲存、生物系統等技術之合流，以降低其單元成本。此種微系統發展上之主要技術挑戰有：低質量元件之動作機構、低功率電子控制與酬載之整合、能源以及人機控制介面等。由於微小型器人之質量相當於小動物或昆蟲，因此其設計除傳統之滾動、拖曳等動作外，也有仿生物動作，如跳躍、登高、爬行、扭動前行 (slithering) 等，再配合 MEMS 與智慧材料，可設計出新的動作機制。MEMS 技術可達成單晶片微機電整合，而先進封裝技術與混合訊號處理微電子 (mixed signal electronics) 技術可於微機器人領域發展出創新之功能。能源之節約與新能源之開發與應用則可延長機器人使用時間。至於機器人之控制,可分為全控制、半自動與全自動,控制架構與人機介面技術之發展極為必要[159]。

② 微機器人電子失能系統 (Microrobotic Electronic Disabling System, MEDS)

微機器人電子失能系統以攻擊敵方特別敏感之關鍵目標－電子系統為主。MEDS 可以無人駕駛飛行器部署於目標附近,該 MEDS 系統可自行偵測敵方電子裝備位置,移近目標,進行滲透並使之癱瘓。應考慮目標數量與散布位置以及 MEDS 可移動距離,以便設計有效經濟之最佳部署策略。每一 MEDS 應有以下五種次系統[162]:(1) 感測器系統;(2) 前進與自律導航 (autonomous navigation);(3) 殺害機制 (kill mechanism);(4) 機動系統 (mobility system);(5) 能源系統 (power system)。感測器系統可於一相當距離 (例如:數十公尺) 感測電子裝備之存在,前進與自律導航系統使其移至目標處,殺害機制則可以噴灑腐蝕性或導電性流體以達成任務。此外 MEDS 不僅可用於癱瘓敵國之指管通情系統,甚至可用以破壞戰略目標,如電廠、機場海港、交通管理系統等等。一旦此種武器系統發展成功,未來敵我雙方均擁有此種武器時,其反制 (countermeasure) 技術亦為發展之重點。

此外,尚有倡議以昆蟲作為武器平台,將微晶片植於昆蟲體內,以神經探針 (neural probe) 刺激昆蟲之中樞神經,藉以指揮昆蟲而成微型軍[162]。另有螞蟻雄兵、蚊子導彈、針尖炸彈等構想[166],都是企圖利用 MEMS 技術構想大量微型攻擊武器系統或建立微型部隊之例。

(3) 資訊優勢 (Information Superiority) 環境建構

整合微機、電、光技術以及既有之通訊、電子、電腦、導航、控制科技,建構資訊優勢之環境,以確保戰略與戰術之優勢。在此類微系統技術應用方面,強調可用於監視、監聽、偵察、追蹤、巡邏、程序控制之分布式且無需監管之微感測器網路。列舉數例說明如下。

① 微型空中感測與通訊器 (Micro Airborne Sensor/Communicator)

此種微型空中感測與通訊器名稱見於 DARPA 微系統技術展望報告[163],亦有名為監視塵粒 (surveillance dust) 見於早先之研究報告[167],近年更有類似裝置之研究,稱為智慧塵粒 (smart dust) 或稱 MEMS 塵粒。其靈感來自蒲公英孢子、微塵之長時間空中漂浮能力,目前有數種不同之設計,以圖 13.126(a) 顯示其一構想之示意圖為例,此裝置尺寸為毫米級,具有可定向飛行之降落傘型天線陣列、各種感測器、致動器、動力與能源等分件;長度小於 10 mm,柄徑僅 1 mm,質量約 12 g,電池操作,亦配備有太陽能電池。此種塵粒由飛行器部署於空中,作為偵察、監視之無線網路之結點。此裝備若在 2000 ft 高空釋出,自由落體達地面需時約 5.6 h,終端速度約為 3 cm/s。若發現固定目標,作連續監視動作,無太陽能

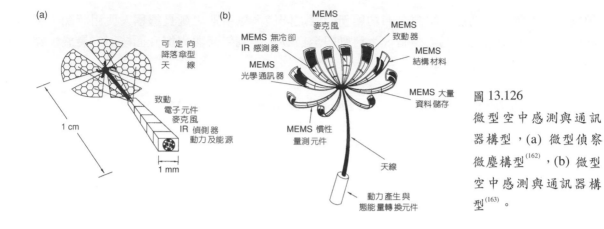

圖 13.126

微型空中感測與通訊器構型，(a) 微型偵察微塵構型[162]，(b) 微型空中感測與通訊器構型[163]。

供給狀況下可工作一小時；如果僅 1% 時間取樣之工作模式，電池可支撐逾四天。圖 13.126(b) 為 DARPA 報告中之另一構想，其中與 MEMS 技術相關者包括：麥克風及各種感測器、光學通訊器、數據儲存、致動器、結構材料、天線、能源等。涉及之主要技術領域有三：數位電路、無線通訊、微機電系統。技術瓶頸有：尺寸、重量、感測能力、通訊安全、飛行控制以及能源與動力等問題。此外，分布式感測器所得零散資訊之整合、可靠度不高的大量分件間之協調、貴重資源之動態定位以及資訊回報總部之時機與方式等，都是有關 MEMS 塵粒之重要研究項目。美國加州大學柏克萊分校在 DARPA 資助下進行完全自律 (autonomous) 毫米級 (邊長 1－2 mm) 之微塵粒研究[159,168]。

② 戰術遙端感測系統 (Tactical Remote Sensor System)

　　此一系統亦是由分布式感測器與結點 (node) 組成，由飛行器作撒種部署。但與上述之 MEMS 塵粒不同的是：此系統為部署於戰場陸面之感測器群組。每一群組感測器之資訊傳至結點，再由結點傳至戰場之總體機動監視系統 (空中)，回報遙端之基地台[163]。此一偵察網路部署快速，可雙向傳訊。技術發展亦與微機電系統、無線通訊、數位電路等領域相關，但由於無空中漂浮能力之考量，技術困難度較低於空用之智慧塵粒。

③ 高效敏捷之混合訊號微系統 (High Efficient, Agile Mixed-Signal Microsystems)

　　此一技術研發旨在開發驗證一高性能混合訊號系統之單晶片 (system-on-chip)，以滿足尺寸微型化與積體電路高密度化之要求。所謂混合訊號系統晶片之定義為一積體電路可從事數位、類比、射頻等混合訊號，以及來自 MEMS、流體、化學、生物等混合數據之處理與轉換。此種微系統需滿足軍事應用較嚴苛之要求，例如：晶片上訊號之類比－數位轉換 (A-D conversion) 遭受嚴重之電磁干擾 (on-chip EM interaction)，所造成系統性能之不穩定必須解決[159]。以創新的設計工具與設計自動化方法降低軍用系統之設計時程與成本等都是值得研究的課題[169]。

13.4.1.2 微機電系統技術與航太科技

　　1995 年美國空軍科學委員會提出之建議報告中，即明確預期 MEMS 技術將在航太科技之發展上有突破性的貢獻[170]。依近年技術發展之觀察，列舉數項 MEMS 技術應用於航太領域之範例，以供舉一反三，觸類旁通。

(1) 微型衛星 (Micro Satellite)

　　微型衛星是微機電系統技術與太空科技直接有關之系統。微型衛星是泛指 100 kg 以下之衛星系統，但若詳細分類衛星級別，則微衛星 (microsatellite) 是指重量為 10－100 kg 者，重量為 1－10 kg 者為奈衛星 (nanosatellite)，而 0.1－1 kg 者稱之為皮衛星 (picosatellite)。習見之衛星系統極為龐大，造價與發射成本均極高。微衛星之優點為造價低、發射成本低、可群集使用。然而，技術挑戰來自於衛星之各次系統，如通訊、推進 (軌道控制)、導航 (姿態控制)、能源等系統均需微型化與輕量化。利用微機電與微電子技術，開發整合系統為其解決方案。未來，可將相當數量之此種微型衛星連成分布式衛星結構體系或是星座體系，形成太空中之偵察、監視、通訊網，甚至可能發展成為攻擊性武器系統。目前此種微型衛星技術之里程碑為：2000 年 1 月 26 日 DARPA 推動研發之 OPAL (Orbiting Picosatellite Automated Launcher) 計畫成功地將 Stanford 大學設計之兩顆皮衛星由發射至軌道之母船 OPAL 釋出，並進行無線通訊與追蹤之驗證[161]。

(2) 數位微推進器 (Digital Micro Propulsion)

　　此一微型推進器主要用以提供微小型系統所需之推力，前述之皮衛星軌道控制所需之推力即為一例。由於受控體質量低於 1 kg，所需之推力脈衝元 (impulse bit) 極低，其大小量階約在 $10^{-4}－10^{-6}$ N·s (牛頓－秒) 之譜，傳統之火箭系統不適於此一任務。數位微推進器係一微推力陣列，為三層之三明治結構，包含底層之微電阻式點燃器 (igniter)、中層之推力室 (thrust chamber)，以及上層之可破裂薄膜 (rupture diaphragm)，每一密封之推力室均裝有固態推進劑，結構示意圖如圖 13.127。當電阻通電產生能量點燃推進劑，生成之高壓脈衝噴流衝破薄膜排出推力室，推力因而產生。由於推力室直徑僅數百微米，單一晶圓上可一次製造約 10^6 個推力室[171]。

(3) 三角翼 (Delta Wing) 飛行器氣動力性能之微機電控制

　　由於三角翼飛行器在具攻角飛行時，氣流繞翼前緣旋轉至上翼面，而生成前緣渦 (leading-edge vortices)，此一情況導致上翼面氣流速度增高，壓力降低，升力因而提高。調變翼前緣渦之位置與強度即可控制飛行器氣動力與力矩，乃至其飛行動力特性與操控性能。由於前緣渦係由下翼面氣流上翻 (roll-up) 至上翼面而成，若能控制上翻起始之流動分離 (separation) 位置，渦之位置強度則可調整；若左右兩翼給予不同之改變，則可控制飛行

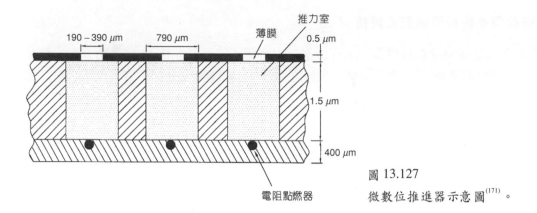

圖 13.127
微數位推進器示意圖[171]。

器之偏航 (yaw) 與滾轉 (roll)。飛行器之質量大、速度快、慣性亦大，如何以微尺度元件加以控制？此間涉及流動不穩定性論題，簡言之，欲四兩撥千斤，必在系統具不穩定性、對外在變化敏感時方可。利用翼前緣渦之生成對前緣表面流況之高敏感性，在前緣區裝置分布式微流感測器，配合致動元件與控制算則，即可局部控制翼前緣渦之運動及其產生之氣動力負載 (aerodynamic load)。美加州大學洛杉磯分校微系統中心 (Microsystems Research Center, UCLA) 何志明教授主導之研究[172] 利用大量之微型剪應力感測器 (shear-stress sensor) 作三角翼局部流場感測，以 1.5 mm 之微襟翼 (micro flap) 或 MEMS 控制之氣泡 (MEMS bubble) 作為偏折局部流動方向之致動器，並以神經網路 (neural network) 系統控制個別致動器之操作。此一構想在風洞試驗與數值模擬上獲得支持，圖 13.128 為一組雷諾數 $Re \sim (10^5)$ 之風洞測試結果之示意圖，其中顯示：若微元件布置位置適當 (此例約為 50°)，飛行器之滾轉力矩係數可提升約 35%。在一具 1/7 縮尺之幻象戰機 (Mirage III) 模型飛行測試中，亦證實加裝 MEMS 控制後，操控性能大幅提升。

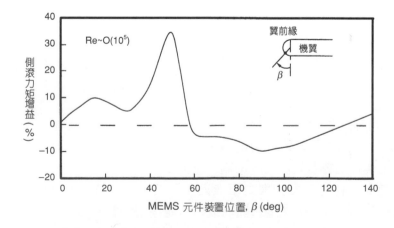

圖 13.128
三角翼氣動力性能之 MEMS 控制效果[172]。

(4) MEMS 技術強化之噴射引擎

噴射引擎技術與高速飛行器之性能息息相關。目前噴射引擎之技術挑戰多與引擎內熱流與力學特性相關,包括:引擎內溫度梯度與熱問題、渦輪葉片顫振 (flutter) 與高週波疲勞、渦輪／壓縮機葉尖間隙 (tip clearance)、流動密封 (flow seal)、效率問題、推力之精準控制、操作即時性能與壽期之折衷等。應用微機電系統技術可對上述問題之解決提出一些方案,其中有:微型之熱通量控制、共振應力量測 (可達傳統應力計靈敏度之 10,000 倍)、表面微致動、高頻寬流量感測器、微霧化器噴流控制,以及高溫操作下支煙力、溫度、應力等感測器[161]。配合這些微元件之應用,噴射引擎之功能可望獲得強化的效益。

(5) 微飛行器 (Micro Air Vehicle, MAV)

微飛行器為一種微型之飛行系統,亦有少數文獻中稱為微飛行機器 (micro flying robot),可謂軍事、航空系統微型化以及微系統技術可充分發揮之典型範例,其相關技術發展包括系統微型化及微元件之開發與應用,介紹如下節。

13.4.1.3 微飛行器系統

微飛行器概念之萌芽可回溯至 1994 年,最初設想以人質救援為主要用途;1997 年美國國防部預期此種微飛行器在作戰時可作為單兵之個人偵察利器[173],於是開始推動其研發。微飛行器系統之技術層次不亞於習見之大型飛行器,無論氣動力、推進、控制、導航以及相關元件之微型化均極具挑戰性。微飛行器係指最大長度尺度小於 15 公分之小型飛行器,未來更可望有昆蟲大小之微飛行器。由於其低可見度 (low observability),適於擔任空中偵測、跟蹤、監視、電子干擾、通訊中繼、敵靶標示及核生化戰場偵測等工作而不易為敵所察,故亦有間諜飛機 (spy plane) 之稱。未來大量生產成軍,可以成為微型空軍執行作戰任務。在非軍事用途方面,微飛行器也可以協助人質救援或擔任高危險區之工作等。

微飛行器以其升力產生與推進方式可分為下列三大類。(1) 固定翼 (fixed-wing) 微飛行器。具有彈性翼 (flexible-wing) 表面之 MAV 亦可歸類於固定翼。(2) 拍撲翼 (flapping-wing) 微飛行器;(3) 旋翼 (rotary-wing) 微飛行器。以 15 cm 固定翼微飛行器為例,其規格可略述如下:起飛重量:100 g 或更輕;酬載:1－20 g;飛行速度:5－20 m/s;飛行高度:50－150 m;航程:10 km;續航時間:至少 20 min。至於任務導向功能,則依其執行任務種類不同,需具備各式微感測器、微致動器、微傳訊器等。

微飛行器係由機體、動力與能源、控制與導航等各部分組成,其系統整合如圖 13.129 所示。由微飛行器尺度分析 (scaling analysis),可知機體結構強度在微飛行器之設計與製造上並非重要課題,無需特別考量,但微飛行器涉及其他相關之力學問題甚多[174]。微飛行器技術研究之重點,在機體部分有:低雷諾數空氣動力學、飛行力學、微型推進系統、微型高能量密度與高功率密度之能源系統、強健之飛行控制系統、微感測器、微致動器、微陀

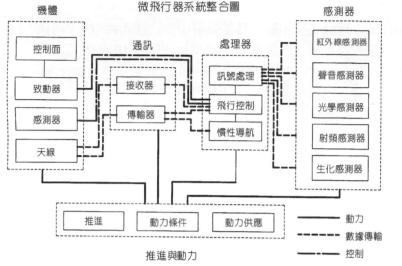

圖 13.129

微飛行器系統整合圖 (參考 1999 年 DARPA 公布之資料重繪)。

螺儀等；此外就任務導向所需之技術有：微型數據處理與傳輸器 (偵察、監視、監聽)、微型攝影與影像處理 (偵察監視)、微生化感測器 (核生化偵測) 等；在拍撲翼微飛行器研究方面：拍撲翼空氣動力學、拍撲機構、高分子人工肌肉致動器等等諸多問題均尚待探討。微飛行器之微型化產生許多技術之瓶頸有待突破。以下就關鍵之困難、未來努力方向，以及可藉 MEMS 技術協助之部分作一敘述。

(1) 空氣動力

圖 13.130 顯示：相較於習見飛行器，微飛行器之雷諾數 (Re) 低數個數量級[175]。因此空氣黏性效應扮演之角色增強，造成氣動力效率之低落，此為尺度效應 (scale effect) 所致。增進氣動力效率為應持續關注之項目，彈性翼之設計[176,177] 即是因此而生。除翼型設計之創新外，藉 MEMS 元件之助，作翼型之動態控制[178]，以及翼表面氣流之局部控制均為可行之方案。拍撲翼通常為小面積、多片、高頻振動，然此一流場具非定常渦系統，其複雜之拍撲運動模式及非定常渦流控制目前尚瞭解有限，是先進氣動力技術亟待開發之領域。

(2) 推進與能源系統

現有之微小型推進系統尚未能滿足微飛行器系統所需之高推進效率。目前使用或研究中之推進系統有：螺旋槳配微馬達、螺旋槳配小型內燃機、微燃氣渦輪、脈衝噴流式推進及拍撲翼等。螺旋槳氣動力翼效率同前一節所述；微馬達高轉速時之散熱是一大問題；小型內燃機目前尺寸尚嫌大，此外，如何降低其噪音亦是挑戰之一；至於微燃氣渦輪、脈衝噴流式推進之設計目前仍在開發中，其中涉及極多之 MEMS 元件與製程設計之問題。拍撲翼之三維轉動高頻振動機構、人工肌腱之高分子材料均是相關之高難度課題。微飛行器能

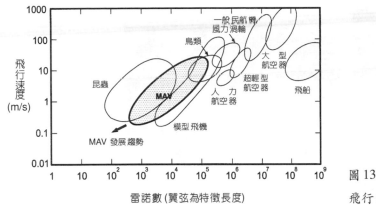

圖 13.130

飛行系統速度與雷諾數之比較[175]。

源系統之要求為高能量密度與高功率密度，如何發展符合所需之微型引擎以及輕型能源儲
存系統均是挑戰。

(3) 穩定與控制

　　有關微飛行器穩定與控制技術面臨之挑戰主要肇因於：① 微飛行器之質量輕、慣性矩
小、氣動力阻尼低，對外在干擾之高靈敏度，使得微飛行器之穩定與控制受到極大的挑
戰；② 低 Re 之氣動力數據欠缺，控制系統設計不易。穩定增強系統、自動駕駛系統等都亟
需開發。微感測器、微致動器與微陀螺儀均為可供利用之微元件。

　　自從 DARPA 推動以來，美國各研究機構、學術單位以及科技公司投入龐大資源參與各
相關研究項目，包括：固定翼、彈性翼、拍撲翼 MAV。目前之成果仍以固定翼 MAV 技術
較成熟，可達實際應用之水準，DARPA 委託 Lockheed-Martin 飛機公司之子公司 Sanders 研
發之微星號 (MicroStar) MAV 即為一例；而 Florida 大學提出之彈性翼，對固定翼性能之提
升極有助益。其他學術與研究機構之相關研究活動可參閱先前研究報告[179,180] 中之回顧，此
處不再贅述。我國自 1998 年 7 月起由中正理工學院與中科院合作研發微飛行器，進行氣動
力、飛行穩定與控制等項目之理論與實驗研究，包括試驗機之製造與試飛[180-182]。該團隊已
分別於 2000 年 5 月、9 月、12 月成功飛起翼展 25、20、15 cm 之固定翼微飛行器，於 2001
年飛試翼展 13 cm 彈性翼微飛行器，各式原型機見圖 13.131。工研院航太中心亦於 2000 年
開始投入微飛行器之研發。

　　以目前 MAV 技術水準觀之，旋翼及拍撲翼之困難度較高，成果亦極有限，全系統技術
尚未成熟，固定翼微飛行器之應用仍是目前最可實現的。但固定翼飛行器之微型化有其極
限，未來微飛行器縮小至昆蟲大小之希望，仍以似蟲鳥之拍撲翼為主；同時，其較佳之滯
空盤旋能力及靈活之飛行特性，在偵查等各種任務上會有極佳之表現。當飛行器小至蒼
蠅、蜜蜂的尺寸，又仍需保留大自然所賦予它們之超級飛行能力，並滿足人類加諸之任務
需求，其困難度之高可以想像。除了航空動力之挑戰外，如此的微飛行器系統對 MEMS 技
術之依賴是不言而喻。

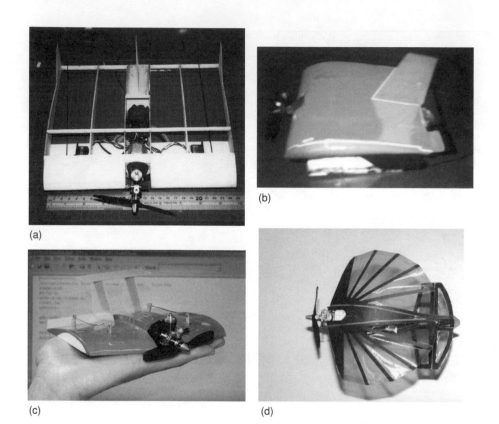

圖 13.131 微飛行器原型機圖例。(a) 翼展 25 cm 固定翼 MAV (未蒙皮)；(b) 翼展 20 cm 固定翼
　　　　　MAV；(c) 翼展 15 cm 固定翼 MAV；(d) 翼展 13 cm 彈性翼 MAV。(圖片提供：國防大學
　　　　　中正理工學院旋轉流與渦流動力研究室 MAV 研究團隊)

13.4.2 土木檢測之應用

　　微機電元件及土木結構的幾何尺寸與整體受力數量級相差甚鉅，故微機電之於土木工
程之應用，目前可能做得到的，還僅限於單純的土木結構缺陷檢測。至於結構動力方面的
主動回授懸吊避震等致動的課題，不像流體有非穩定性發散的特性可利用 (參見本章微小飛
行器的描述)，短期內微機電技術恐無機會參與。即便只是單純地應用微機電元件於土木結
構檢測之研究，時下亦不多見，故本小節僅以作者研究的初步成果作為獻曝之主軸。

(1) 土木工程中暫態彈性波非破壞性檢測

　　隨著經濟成長與生活品質提升，國人對於新興公共工程的營造品質以及結構物安全無
不關心，然而對於現存已經使用多年的高樓、橋樑、大壩等公共工程結構，因材料老化
(aging) 或強震侵襲引起之安全顧慮，也是值得關切的課題。故國內土木界已經多所研討如
何利用「非破壞性評估／測試方法」(non-destructive evaluation or testing; NDE or NDT) 來防

第 13.4.2 節作者為楊龍杰先生及吳政忠先生。

微杜漸，進而判斷公共建物繼續使用的安全性[183]。

「非破壞性評估方法」中的超音波法 (ultrasonic method)、音射法 (acoustic emission method) 與暫態彈性波法 (transient elastic wave method)，已經大量應用於土木工程建設中。其中的暫態彈性波法是利用數 mm 直徑的鋼珠 (impact head) 直接撞擊混凝土結構表面激發的彈性波，來探測裂縫 (crack)、空洞 (cavity)、異質邊界 (hetero junction) 等缺陷，是新混凝土表面裂縫偵測較受矚目之方式[183-186]。

暫態彈性波法通常需要動用多重的超音波感測器 (ultrasonic transducer)，藉由訊號間接比對定出敲擊之「觸發時間原點 (initiation time origin)」，才能進一步推算出裂縫深度 (depth of crack) 等訊息[186]。若能直接測定暫態彈性波之「觸發時間原點」，可省去多重超音波感測器之配置，使偵測與反算趨於單純，有利於本非破壞性檢測系統之縮小化。另外，對於混凝土結構非破壞性檢測的其他手法中，尤其是應用了地球物理 (geophysics) 中所謂的影像處理法 (imaging method)，測量時間原點也是必需的技術。

(2) 如何利用微感測技術解決暫態彈性波時間原點的問題

要量測撞擊之觸發時間原點，短路 (short-circuit) 觸發的作法是最簡單的。不過因為受限於敲擊或量測之標的物是混凝土材質，並不導電，除非在混凝土表面臨時黏上金屬箔片，否則短路觸發行不通。故此處介紹如何利用微感測技術，解決暫態彈性波時間原點的問題。

選用微感測器之前，首先要了解本力學問題的特徵。圖 13.132 是一鋼珠敲擊半無限域鋼台時，鋼台上超音波感測器量測到的暫態彈性波訊號，其第一波峰是縱波 (P-wave；如同地震時我們首先感知的上下震動)，第二波峰是表面波 (Rayleigh wave or surface wave；如同地震時緊接 P 波而來的上下左右混合起伏搖動)，整體的頻率範圍在 100 kHz 以上。另外，若以傳統的壓電式加速度計 (如尺寸約公分級的 PCB-309-A)，黏於直徑 6 mm 的鋼珠之上，直接實施撞擊鋼台，其時域輸出 (time history) 經過快速傅立葉轉換 (FFT) 處理之後，可在頻率域顯示近 2000 g 之加速度值，已超過傳統機械加工壓電式感測器的正常工作範圍！

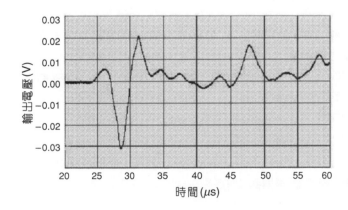

圖 13.132

鋼珠敲擊半無限域鋼台時，鋼台上超音波感測器量到之暫態彈性波訊號。

　　誠如本書先前微機電系統技術之介紹，半導體微感測器一直朝向小尺寸 (高強度)、高頻寬與低價位的方向發展，極適用於此處暫態彈性波撞擊之嚴苛環境。而半導體微型感測器依感測原理有電容式、壓電式、壓阻式三類。一般而言，電容式需要微小電容感測電路之輔助設計能力，進入門檻不低。壓電式則因為矽半導體本身不是壓電材料，故需要額外仰賴壓電材料 (例如 PZT、ZnO) 之鍍膜技術，而壓電材料之鍍膜製程，卻常牽涉到與半導體製程是否相容 (compatible) 的困難。第三類的壓阻式感測器則是較主要且已經廣泛應用之類型，尤其在壓力與加速度之量測上[187]，已達成熟普遍的實用境地。此處採用圖 13.133 之美國 SMI 公司壓力計晶片，進行封裝整合。

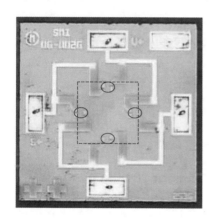

圖 13.133

應用於本文之壓阻式壓力感測器晶片 (美國 SMI 公司製作)，其全部晶片面積只有 1.8 mm 的見方；其中央薄膜結構 (以方框虛線標出) 上的四個壓電阻 (以圓框標出) 連接成一個惠氏電橋 (Wheatstone bridge)。

(3) 微感測器與撞擊鋼珠之黏合封裝

　　應用毫米級小尺寸的壓阻式感測器在實際大尺寸的工程量測上，另一要緊的是如何採用合適的整合封裝 (packaging) 方式，以便鋼珠撞擊產生的彈性波直接由鋼珠撞擊點傳至微感測器的壓電阻感測部位，而不為感測器整體包裝濾除 (一般的機械封裝對於訊號而言都是低通濾波器 (low-pass filter))。此地的包裝方式如圖 13.134 所示。其主要的精神在於將壓阻式壓力計晶片「直接接觸」固定在撞擊鋼珠的頂端，來降低因封裝所造成之濾波效果。說明如下。

　　壓力計晶片首先必須黏於特製的印刷電路板 (PCB) 上進行打線 (wire-bonding，線徑 1.25 mil)，使訊號經由 PCB 電路板對外連接。打線後，先以環氧樹脂 (epoxy，凝固後極堅硬) 小心塗覆在感測器晶片周圍細微的打線線路上，避免 1.25 mil 的鋁線因往後不當之碰觸而斷線。然後再將壓力計晶片模組 (連帶 PCB 電路板) 倒扣固定在 6 mm 直徑的撞擊鋼珠上。

　　在灌注環氧樹脂膠於封裝接觸部分周圍之前，注意須用另一直徑 0.5 mm 的原子筆小鋼珠，置於壓力計感測薄膜與撞擊鋼珠之間，一則有墊高效果，保護打線頭端附近不會因碰撞而斷路；二則希望撞擊之彈性波可順利由 6 mm 鋼珠經 0.5 mm 小鋼珠，而傳到微感測器中。最後再將環氧樹脂膠灌注在撞擊鋼珠與微感測器封裝接觸的周圍，待其乾固後備用。

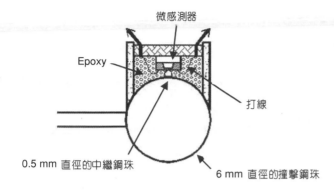

圖 13.134

壓阻式力感測器的包裝方式；下方鋼珠的
直徑是 6 mm；圖中央封裝介面的小鋼珠直
徑為 0.5 mm；包裝圖形上端之兩只箭頭代
表惠氏電橋的直流偏壓輸入與訊號輸出。
實際封裝時，是按本圖顛倒的景象實施。

(4) 時間原點測定實驗之結果

　　封裝妥微感測器之撞擊鋼珠的輸出訊號，採用工作頻寬範圍達 0.5 GHz 的高速示波器
(LeCroy-9314L oscilloscope) 進行訊號之擷取，整體實驗配置如圖 13.135。首先將壓阻式微
感測器之壓電阻惠氏電橋 (Wheatstone bridge) 施以 1 V 偏壓，實施鋼珠撞擊初步測試，證實
輸出訊號存在無誤，再進行偵測時間原點之實驗。實驗實景如圖 13.136。

　　圖 13.136 中顯示之彈性波平台並非混凝土，而採鋼台結構，這是為了以「短路觸發」
作為時間原點的校正依據的方式。等待撞擊鋼珠上之微感測器測試無誤，並對於其「落後」
「短路觸發」之時間差 (time lag) 弄清楚之後 (該時間差只與鋼珠封裝的材質與幾何構型有
關)，便可改回實際的混凝土平台進行測試。至於「短路觸發」之做法極為單純，係直接以
由電池分壓 0.2 V，一端接在鋼珠，一端接在鋼台而得。圖 13.137 是鋼珠敲擊實驗之訊號
輸出圖。

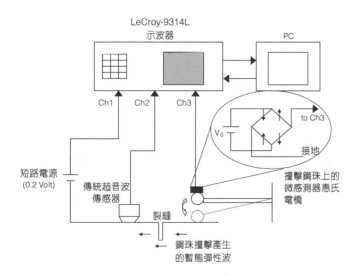

圖 13.135

利用已封裝感測器之撞擊鋼珠，進行
撞擊起始時間測定之實驗配置。

圖 13.136
圖 13.135 實驗配置中之部分零組件實況：
左側為已經封裝感測器之撞擊鋼珠與其支
撐桿；右側則為一般應用在混凝土表面裂
縫偵測的超音波感測器模組。

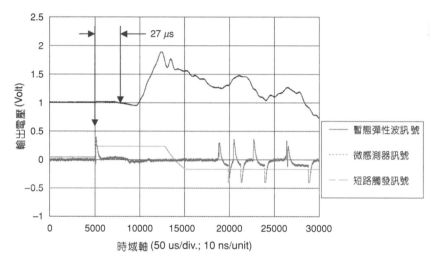

圖 13.137「鋼台上超音波探頭 (transient elastic wave)」、「鋼珠上微感測器之訊號輸出 (sensor
　　　　　trigger)」與「鋼台與鋼珠短路觸發訊號 (short-circuit trigger)」之同時抓取，並以「鋼台
　　　　　與鋼珠短路觸發」作為觸發點 (因其為最初最快輸出的訊號)。圖中左箭頭指出鋼珠撞擊
　　　　　的瞬間，右箭頭代表撞擊引起的暫態彈性波到達了超音波感測器之所在，二者相差 27
　　　　　微秒。

　　　圖 13.138 是圖 13.137 短路觸發瞬間之訊號放大圖，用以標定校正微感測器輸出訊號與
「短路觸發」之時間差。圖 13.138 顯示，封裝後之「壓電阻輸出訊號」不僅與「鋼台與鋼珠
短路觸發」訊號幾乎相近，甚至還領先 40 毫微秒 (nano-second)！經進一步分析，研判該
「壓電阻輸出訊號」(約 400 mV) 肇因於撞擊前之瞬間加速度變化，而不是因為撞擊彈性波
帶來之壓阻訊號輸出 (約在數十 mV 的範圍且落後數微秒)。由於該時間差訊號只有毫微秒
的時間數量級，遠小於本彈性波課題的微米時間數量級，故從工程的觀點來看，直接把微
感測器的輸出訊號當作鋼珠撞擊時間原點，屬合理且有效的做法。
　　　本微感測器技術於土木檢測的應用，除了顯現微感測器尺寸小、功能強的特性，也揭
示了合適的封裝技術開發是微機電技術應用發展的一大關鍵課題。

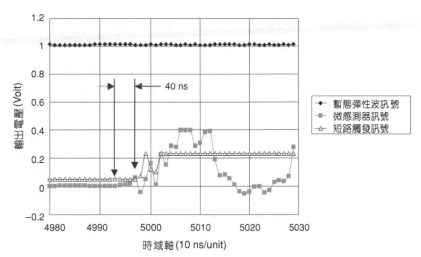

圖 13.138 鋼珠撞擊鋼台起始瞬間 0.5 微秒內的輸出訊號圖（圖 13.137 起始部分的放大圖）。圖中右
　　　　箭頭代表由短路觸發所偵測的鋼珠撞擊瞬間，左箭頭代表壓阻式感測器在撞擊之前便已
　　　　經感知到撞擊鋼珠加速度變化的訊號輸出，二者相差僅僅 40 毫微秒，遠小於暫態彈性
　　　　波問題的時間尺度。

13.4.3 生命科學及食品科學範疇之應用

(1) 前言

　　微機電系統在生命科學及食品科學領域之應用，首推生物晶片之發展。生物晶片係利
用微機電及相關微細加工技術，將生物分子固定於玻璃、矽晶片、塑膠[188] 等材質之基板上
而構成者，其目的為在該等晶片上進行生物識別反應，而達成定性或定量之檢測。

　　過去生物晶片之研究開發主要集中應用於生命科學相關研究，包括癌症篩檢與藥物安
全評估[189]、疾病診斷與新藥開發[188] 等諸多應用。至於食品科學方面之應用，其急迫性雖不
如大多數生醫檢測直接與生命安全相關，但是被污染的食品卻是許多疾病之致病原因，因
此，食品污染物之分析檢測應該和生命科學相關研究一樣受到重視。

　　根據 2001 年體外檢測試劑雜誌 (IVD Technology) 指出，除了生醫檢測外，食品安全檢
測為體外檢測試劑最具潛力之用途，每年全球市場需求之食品安全檢測數量高達 4 億 2 千
萬次[190]。以美國市場為例，1999 年全年微生物檢測試劑之使用量為 1.44 億劑，較 1998 年
成長 23%，這些數目尚不包含食品添加物及農藥殘留物的分析檢測部分。除了食品安全檢
測外，最近經常發生口蹄疫、禽流感及狂牛症等傳染疾病，只要少數幾個案例即造成全國
甚至全世界之恐慌，因此酪農、養殖戶及農畜牧業者，對於家禽、家畜及禽畜產品之分析
檢測愈來愈積極，也是一個深具潛力之市場。依據統計，僅美國市場每年就有一億頭牛之
消費胃納，若再加上其它禽畜數目，每年禽畜產品之分析檢測試劑與器材的市場規模的確
相當可觀。

第 13.4.3 節作者為陳建源先生及張谷昇先生。

(2) 食品安全檢測之主要問題

　　生物晶片中提供生物識別之對象可以為基因[191,192]、蛋白質[193-195]，或是病毒、微生物等。但是由於食品成分非常複雜，僅就外觀就可見有固態、液態、黏稠態、凝膠態，以及含顆粒之懸浮態等區別，因此，有些樣品必須透過一連串前處理程序，才能進行分析檢測。這些前處理程序可歸納為：① 樣品處理：包括打碎、均質、過濾、離心等步驟。② 將目標基因放大[196]、將目標微生物增殖，或提高目標成分濃度以利於結果之判讀。例如基因之聚合酶鏈鎖反應 (polymerase chain reaction, PCR)、微生物之平皿培養、限外過濾濃縮等。③ 最後則是利用光學或電化學等方法將反應結果以物理訊號表現出來作為判讀之依據：反應模式可能包括化學反應、酵素反應、親和性免疫反應或 DNA 雜交反應等，表現信號則常見電流、電位、吸光度、穿透率、振盪頻率及折射係數等。

　　針對上述各種程序及情況，目前已常見各種單一功能晶片之發展，而最終目標是要將整個分析過程 (包含樣品處理、反應監控、結果檢測) 集中在一個晶片上進行完成，亦即所謂具備完整實驗室功能之微縮晶片 (lab-on-a-chip)。預期不久的將來，生物晶片將會廣泛應用於日常生活中的各式分析檢測，例如應用於食物中毒成分及微生物之檢測、食物污染成分之檢測，甚至可應用於基因改造食品之檢測等。

(3) 食品安全檢測用生物晶片[197]
① 樣品處理晶片

　　傳統化學或生化反應之監控與檢測，往往必須在實驗室中使用大型實驗器材才能完成。若於晶片上利用光刻技術 (photolithography) 製成毛細輸送管道，再利用微機電製程構築進料、混合、加熱等操作單元，使樣品於毛細管道中進行分離、混合、培養、加熱等反應，即可發揮等同於實驗室中大型實驗器材之功能。例如應用於樣品處理程序之微過濾分離晶片 (microfiltrational separation chip) 以及毛細電泳晶片 (capillary electrophoresis chip) 等，都是常見實例。

　　微過濾分離晶片：食品樣品一般都包含複雜成分，進行分析前常有必要對樣品進行離心或過濾等處理，傳統方法常採用離心機、過濾膜等器材來達成離心及過濾之目的，若利用微機電製程，則可製成三度空間的過濾器。微過濾分離晶片是在矽晶片上蝕刻出各種形狀的過濾通道，通道一般為數微米大小，然後在矽片上黏合玻璃蓋片而完成。目前這種微過濾器主要用於血球之過濾分離[197]，亦即根據人類白血球的尺寸比紅血球大的特點，適當控制過濾通道尺寸，使人類血液流過微過濾器時只讓血漿和尺寸較小的紅血球及血小板通過，尺寸較大的白血球即被攔截分離。

　　毛細電泳晶片：若使微生物或病毒處於同一交變電場中，由於它們的介電性質不同，所受的介電力大小也將不同，因而可以藉由選擇適當的懸浮液及電場，使它們的電極化程度異於周圍懸浮液，當它們處於不均勻電場中時，就會分別移到電場強度各不相同的區域，如此即可將各種微生物從檢品中分離出來。

② 微形聚合酶鏈鎖反應晶片 (mini polymerase chain reaction chip)

聚合酶鏈反應 (polymerase chain reaction, PCR) 技術是 1984 年美國穆里斯 (Kary Mullis) 等人開發之一種專利技術，此方法能快速簡便的大量複製特定的 DNA 片段。其基本方法是以人工合成之一對寡核苷酸為引子 (primer)，在 dNTP 存在下，重複進行 (1) 高溫將 DNA 變性、(2) 回溫使模板與引子靠合、(3) 引子延伸等三階段並循環多次，即可將特定的 DNA 片段大量複製。

聚合酶鏈鎖反應儀器必須提供週而復始的升溫與降溫功能，市售產品若體積過於龐大則只能適合於實驗室使用。近來有關聚合酶鏈鎖反應儀器研究之趨勢則係利用微機電製程於石英晶片上刻蝕出微細的通道[198-201]，並在其底部或反面製作微型電極陣列或附加加熱器組。藉由調控施加於電極或加熱器組的電壓，使反應槽內的溫度得到精確的控制，形成核酸擴增反應所需的溫度時間譜，及可提供等同於市售聚合酶鏈鎖反應器之功能。例如可於通道上每間格一個區段塗覆白金[202] 或氧化銥錫 (iodium-tin-oxide)[203] 等薄膜來提供加熱功能，當樣品通過此通道即完成連續加熱及冷卻之聚合酶鏈鎖反應。依此方式建構之反應系統只需要數平方公分大小，具備體積小、表面積大、反應槽溫度升降迅速、操控準確之優點，通常需時數十分鐘的 PCR 反應在晶片上可縮短至十餘分鐘內完成，如此不僅可縮短反應時間，並可符合操作簡便、攜帶容易之需求。

③ 分析檢測晶片

常見之分析檢測晶片包括 DNA 晶片 (DNA chip) 及蛋白質晶片 (protein chip) 兩大類，係以 DNA 分子互補兩股間之雜交以及蛋白質分子之專一性催化能力或專一性結合特性為基礎。

‧ 微陣列 DNA 晶片

DNA 晶片又稱基因晶片，係利用 DNA 分子互補兩股間之雜交反應配合螢光或呈色系統所構成。通常使用一段已知序列之核酸為探針，將其整齊固定排列在晶片上，使之和具有互補序列的核酸片段發生雜交結合反應，藉此進行樣品之定性及定量檢驗分析。其優點是可針對多種不同標的物同時進行檢測分析，可大幅節省操作時間。其操作步驟示如表13.11。

表 13.11 DNA 晶片之操作步驟及種類[188]。

操作步驟	種類
探針種類	寡核苷酸、cDNAs、染色體、小器官
晶片製作方法	光刻法、噴墨、點樣法
標的物種類	RNA、cDNA
定量方法	雜交、質譜儀、電泳、螢光儀、聚合酶鏈反應系統
結果判讀	螢光、電導法、電泳、質譜儀

常用於構築 DNA 晶片之核酸探針包括寡核苷酸 (oligo-nucleotide)、互補 DNA (complemental DNA, cDNA)、染色體 (chromosome) 等，將探針固定在晶片上之製程技術包括下述三種。(1) 接觸式點樣法 (spotting on process)：將核酸探針以機械手臂快速、高密度的固定到載體基板上；這種高密度整齊排列的晶片，稱為微陣列晶片 (microarray chip)。製造上述微陣列晶片之技術，稱為微陣列技術，為最常用且簡便的 DNA 晶片製程技術。(2) 另一種 DNA 晶片之製備的方式是 Affymetrix 公司研發出的光蝕刻法與化學合成法相結合的光引導原位合成法 (light-directed synthesis process)：係利用半導體技術中的光微影術配合適當光罩，在晶片上做出微細結構的方格陣列，再利用 DNA 合成儀，配合光微影術將鹼基依序植入方格陣列中，直接在載體基板上之各陣列方格表面合成預定序列之寡核苷酸作為核酸探針。(3) 此外亦可應用噴墨 (ink-jet) 技術，將核酸探針噴灑固定到載體基板上之各陣列方格表面，以構築微陣列 DNA 晶片。樣品與微陣列 DNA 晶片上之核酸探針接觸後，樣品中存在之 DNA 若含有與核酸探針互補之序列即可相互結合，而其是否結合及其互補結合程度等結果之判讀，通常可利用螢光物質標識法、同位素標識法，以及呈色物質標識法等方法進行判讀。表 13.12 為目前市場上主要 DNA 晶片生產廠家、各廠家採用之晶片製程，以及其採用之結果判讀方法[204]。

　　DNA 晶片在分析去氧核糖核酸 (deoxyribonucleic acid, DNA) 序列之目的上是一種極有效的工具，而其微陣列呈高密度矩陣排列之所謂「高密度」 DNA 晶片，更能在短時間內快速且有效地分析檢測大量的 DNA 序列。在一片數釐米平方的矽晶片基板上，可製作出數萬個微反應方格陣列，並在每一個數微米之微反應方格中，分別植入不同序列的核酸探針。以這般高密度的 DNA 晶片利用雜交比對的方式來篩檢 DNA 序列，只需要極少量的檢體，並且在短時間內就可以有效檢驗為數眾多的 DNA 序列。

　　將上述 DNA 晶片應用於食品科學範疇，具有可同時檢測數種不同微生物的優點，不但大幅節省檢測時間，可更廣泛了解食品污染之實際情況。目前已成功應用此類技術及裝置，從混雜存在大腸桿菌的血液檢品中分離出細菌，經高電壓沖破細胞後得到 DNA，再以基因雜交晶片分析檢測，證實檢品中存在大腸桿菌的 DNA。

・微陣列蛋白質晶片

　　微陣列蛋白質晶片係以蛋白質為生物探針，整齊固定排列在晶片上進行抗原－抗體免疫反應，藉以達成定性及定量之目的。此類蛋白質晶片可用來檢測毒性物質及藥物，亦可用來檢測微生物菌體。如何獲得具備理想特性之蛋白質、如何將蛋白質固定黏附於晶片上之微反應方格表面，以及如何於固定過程中保有原始蛋白質之構形而能維持其專一反應特性與親合力，為構築此等微陣列蛋白質晶片之關鍵技術。

(4) 生物晶片於食品科學範疇之應用實例

　　生命科學和食品科學都與人類生活息息相關，後者之重要性比諸前者並不遜色，只是

表 13.12 主要DNA 晶片生產廠商、晶片製程及結果判讀方法[204]。

公司名	產品名	晶片製程	結果判讀
Affymetrix, Santa Clara, California	GeneChip®	光刻法	螢光
Brax, Cambridge, UK		晶片外合成 寡核苷酸	質譜儀
Genometrix, The Woodlands, Texas	Universal Arrays™		
GENSET, Paris, France			
Hyseq, Sunnyvale, California	HyChip™	噴墨	同位素或螢光
Incyte Pharmaceuticals, Palo Alto, California	GEM	點樣法	同位素或螢光
Molecular Dynamics, Inc., Sunnyvale, California	Storm® FluorImager®	噴墨	螢光
Nanogen, San Diego, California	Semiconductor Microchip	噴墨	螢光
Protogene Laboratories, Palo Alto, California		噴墨	螢光
Sequenom, Hamburg, Germany, and San Diego, California	MassArray SpectroChip	噴墨	質譜儀
Synteni, Inc., Fremont, California	UniGEM™	噴墨	螢光

因為食品污染等問題對人類的危害性並不像疾病那麼直接，因此其重要性往往被忽略。但是很多疾病其實都是由飲食不當引起，因此，食品安全檢測應該和生醫檢測一樣受到重視。此外，因為食品污染物種類相當的繁雜，過去以較大型的生物感測器只針對單一項目的分析檢測無法符合需求，而以微細加工技術構築之生物感測晶片可同時在一個晶片上進行多項功能之分析檢測，只要生物分子設計得宜，此系統將可獲得多樣性、甚至全面性的分析檢測數據，更能符合食品安全檢測之目的。

① 引起食品中毒的因素及種類

    引起食品中毒之因素及種類甚多，依中毒來源種類可大體區分成細菌性食物中毒、化學性食物中毒及黴菌毒素中毒等。

　　細菌引起之食物中毒可分為感染性食物中毒與毒素性食物中毒等兩類。感染性食物中毒係因為食用過多活菌，菌體於生物腸道內過度繁殖而致病。導致感染性食物中毒之微生物種類包括腸炎弧菌 (*Vibrio parahaemolytic*)、沙門氏菌 (*Samonella spp.*)、病原性大腸桿菌 (*Escherichia coli*) 以及赤痢菌 (*Shigella*) 等。毒素性食物中毒則係因為菌體於食物中繁殖並產生毒素，生物攝取過量毒素而中毒。常造成毒素性食物中毒之微生物包括金黃色葡萄球菌 (*Staphylococcus aureus*)、仙人掌桿菌 (*Bacillus cereus*)、肉毒桿菌 (*Clostridium botulinum*) 等，尤其肉毒桿菌毒素為神經毒，毒素由腸道吸收後隨血液傳到神經系統而導致中毒，症狀為呼吸麻痺及心跳停止，攝取量若超過 1 μg 即可能致命。

　　化學性食物中毒包含農藥、多氯聯苯 (polychlorinated biphenyls)、亞硝酸鹽 (sodium nitrite)、戴奧辛 (dioxin)、食品加熱裂解產物、油脂氧化產物，以及其他非法添加物等。這些毒性物質或會產生神經毒素，或為強烈之致癌劑。通常這些毒性物質在農作物或海產中累積，隨後被食用而攝入生物體內，又因為其不易溶解於水中，故難經由體內代謝途徑排出，而在體內累積不容易被排出，因而造成慢性食物中毒，亦因此這些毒性物質導致之食品中毒症狀通常不易治療。

　　黴菌毒素係由黴菌所產生之毒素，包括由黃麴菌屬 (*Aspergillus*) 所產生的黃麴毒素 (*Aflatoxin*)、青黴菌屬 (*Penicillium*) 引起的黃變米毒素 (yellow rice toxin)，以及紅黴菌屬 (*Fusarium*) 引起之紅黴毒素等，其中尤其是黃麴毒素最受矚目[205]。係因黴菌生長於例如玉米、稻米、花生以及豆類等含高碳水化合物之穀類中，當環境適合時即產生毒素。這些黴菌毒素或具有強烈致癌作用，或導致腎臟功能障礙，其中又以黃麴毒素為害最為嚴重，它是強烈的致癌物質，因其本身無臭無味，食用時難以察覺。另一方面，這些黴菌通常是相當穩定的有機化合物，一般加工方法無法將其破壞，目前也無有效的方法能夠順利將其從污染物中移除。

② 微生物性食物中毒之檢測

　　隨著消費層次提高，飲食目的由飽足進一步提升成為一種享受，餐飲業因而蓬勃發展。然而一般攤販及餐廳或因設備不佳，或因衛生常識不足，稍有疏忽就常造成食物中毒。微生物及其產生的毒素為主要食品中毒的原因，常造成食物中毒之微生物包括腸炎弧菌、金黃色葡萄球菌、仙人掌桿菌、沙門氏菌、病原性大腸桿菌以及肉毒桿菌等，如前所述。其中腸炎弧菌、沙門氏菌以及病原性大腸桿菌為感染型微生物，主要致病原因為菌體本身，有必要檢測食品中這些菌體之含量。而金黃色葡萄球菌、仙人掌桿菌以及肉毒桿菌等之主要致病原因為菌體所分泌之毒素，所以除了監控菌體濃度外，有必要同時檢測彼等所分泌之毒素。

　　傳統微生物之檢測方法必須經過一至兩天的增殖、篩選分離以及生化鑑定等繁雜步驟，除了需要專業熟練人力與器材外，還需要耗費一到二週的時間方能得到檢測結果，衛生稽查單位縱使有能力負擔檢測重任，卻常因操作繁雜、曠日廢時而緩不濟急。

近來應用表面電漿共振技術 (SPR) 或微量天平技術構築之生物感測器被廣泛使用於這些食物中毒成因微生物之檢測[206-211]，這些檢測系統無論在檢測之靈敏度或再現性皆能符合實際應用之需求。然而該等生物感測器通常體積過於龐大，使其實用性受到相當限制，因此微小檢測系統之開發深受期待[212]。

隨著微細加工與上述生物感測技術互相結合，某些微生物已可在微電極表面進行檢測。例如 Gau 等利用微型電化學電極與 DNA 雜交技術互相結合[213]，構築大腸桿菌的微型檢測系統，將單股 DNAl (ssDNA) 固定於於微型電化學電極表面，去捕捉大腸桿菌的核糖體 RNA (rRNA)，再利用帶有辣根過氧化酶 (horseradish peroxide) 的檢測 DNA 與被捕捉的大腸桿菌核糖體 RNA 結合，當加入固定濃度之過氧化氫時，由化學電極產生的電流大小將與大腸桿菌之濃度成正相關，即可有效定量大腸桿菌之存在濃度。此檢測方法所需的樣品量只需要數 μL，而檢測僅需時 40 分鐘，經由適當 DNA 之選用，相同技術亦可應用於其他微生物之檢測。表面電漿共振系統常被用來進行親和性檢測，但因光進行路徑較長等問題，使得檢測機器體積龐大，因此有學者利用導波管 (optical waveguide) 及光纖 (optical fiber) 等來構築微小光學檢測系統[214,215]。Naimushin 等則使用微小化的表面電漿共振儀來檢測金黃色葡萄球菌的 B 型腸毒素 (*Staphylococcus aureus* enterotoxin B)，只要將金黃色葡萄球菌的毒素進行動物免疫生產抗體，再利用毒素與抗體間親和性結合造成光學折射角的改變，即可用來檢測毒素之濃度。此系統可在 10 分鐘內完成毒素檢測，其靈敏度為 10 ng/mL。此系統不但可以再生使用，而且可穩定使用一個月以上[216]。此外，Ogert 等則利用光纖感測器檢測食品中的肉毒桿菌毒素[207]。

③ 化學性食物中毒之檢測

　　除了細菌以外，由於環境污染及藥劑之不當使用，不論海產類或動植物來源之食品中，常累積相當高濃度的食品污染物。這些污染物包括毒菇、河豚毒、毒魚貝等來源之天然毒性物質、非法添加物、多氯聯苯、黃麴毒素等毒性物質，以及農藥、抗生素等藥劑殘留物等。這些毒性物質或導致急性神經毒害，或累積於體內導致慢性毒害，甚至導致嚴重之致癌性。因此，針對食品可能存在之各種毒性物質之檢測刻不容緩。然而天然毒物之檢測需要各種複雜之樣品處理步驟，以及例如氣相分析儀、高效能液相分析儀等昂貴的檢測儀器，而且一次僅能針對一種單一毒物進行檢測，在實用上受到相當程度之限制。

　　針對上述食物中毒相關因素之分析檢測，目前仍以發展各種適用之生物感測器為主。有關上述食品污染物之檢測方法包括：文獻 217 將乙醯膽鹼酯酶 (acetylcholinesterase) 與膽鹼氧化酶共同固定於微型過氧化氫電極，當加入固定濃度的乙醯膽鹼時，乙醯膽鹼被乙醯膽鹼酯酶催化水解生成膽鹼，生成之膽鹼隨後被膽鹼氧化酶催化進行氧化反應而產生過氧化氫，利用微型過氧化氫電極即可檢測過氧化氫生成之濃度。當樣品中含有有機磷或胺基甲酸鹽等農藥時，乙醯膽鹼酯酶會被抑制而影響過氧化氫之生成，利用此原理即可檢測食品之有機磷或胺基甲酸鹽等農藥之殘留濃度，該檢測系統之靈敏度可達千萬分之一 (ppb)，符合實際應用之需求。文獻 218 則利用氯黴素生產單株抗體，並將單株抗體固定於石英振盪晶片表面，利用氯黴素與其抗體結合導致之重量變化造成之振頻移差來檢測食品中氯黴素濃度。Daly 等利用表面電漿共振儀針對黃麴毒素 B1 進行檢測，只需數 μL 樣品即可進行檢測，樣品無需複雜的前處理，感測器能重複使用[219]。

　　至於其他的污染物的檢測，只要將標的成分物質進行動物免疫，製取反應特性能夠滿足檢測需求之抗體，再透過親和性感測器 (affinity sensor) 即可得到檢測結果。目前已成功上市的例子包括瑞典 Biacore 公司之表面電漿共振器 (BIAcore 2000™)、英國 Affinity Sensors 公司之表面電漿共振器 (IAsys)、美國 Universal Sensors 公司的石英振盪感測器 (piezoimmunosensor) 等[220]。然而這些儀器屬於較大型儀器，而且只能針對單一成分進行檢測，日後研究方向當以多功能及小型的檢測系統為主。

　　目前對於多功能檢測系統的研究仍以醫學診斷為主，例如以表面電漿共振器構築癌症標記多功能檢測系統[221]。依據相同構想，若將常見的微生物毒素、農藥殘留或其他化學性食品污染物的辨識分子放在一個晶片上，則可在一個晶片上進行多項功能之檢測，只要生物分子設計得宜，此系統將可獲得全面性的實驗數據。此外，此技術之分析速度快，且只需要少許的樣品即可得到可信度及精確性相當高的分析結果，相對於過去一次試驗必須花費一到二週時間之傳統方法而言，這種檢測系統操作相當簡便快速，可充分滿足實際應用之需求。類似系統將可提供衛生主管單位作為食品衛生稽查的工具，同時也提供餐飲業者或食品業者自我管理的依據，此系統亦可應用基因改造食品之檢測。

(5) 多陣列式人工鼻之應用

　　除了生物晶片外，人工鼻氣體感測器 (artificial nose gas sensor) 在食品科學方面也有其適用範疇。人工鼻氣體感測器是利用一組多陣列式表面聲波器 (SAW) 或壓電晶體當做訊號轉換器 (transducer) 構築而成之分子辨識 (molecular recognition) 儀器。其檢測原理係將食品中較常產生臭味或芳香味之各類物質的特定受體蛋白吸附於各表面聲波器上，當檢測氣體與特定受體蛋白表面聲波器產生吸附作用時，對表面聲波器造成之振動頻率移差藉電腦程式來格式化以產生精確如指紋般的特定圖譜，可用來鑑定該氣味之屬性。此感測器可應用之範圍包括食品芳香成分之分析 (例如茶葉、咖啡及香料等之品質分析)、加工過程之品質監控 (如酒類發酵過程酒精度及脂肪酸成分之監控)、食品腐敗之檢測 (如魚類鮮度檢測及牛奶腐敗檢測等)。

① 食品香味分析

　　使用表面聲波器製成之人工鼻檢測儀器可檢測食品中常用之單體香料，以鑑別香味的屬性，係結合多變量統計分析以進行判別區分。根據文獻 222 顯示，其結果與人為之官能屬性分析具有極佳之相關性，顯示人工鼻檢測儀器具有辨別氣味屬性之能力；且此感測器可對乙酸丁酯、乙酸辛酯、乙酸庚酯、乙酸丙酯、乙酸乙酯、順 3-己酸乙酯，反-2-己醇、3-己醇、2-壬醇、2-士酮、2-葵酮、2-十一酮等單體香料主成分進行分析，結果與人類嗅覺閾值之間呈良好線性關係。此外，此人工鼻檢測儀亦可應用於茶葉品質量化之研究，以六角形圖譜表示法可以針對不同種類、不同等級茶葉做有效之區別。

② 發酵過程產物之監控

利用人工鼻檢測儀器可分析揮發性發酵產物，當發酵之目標產物為揮發性成分 (例如揮發性脂肪酸) 時，則可用此檢測系統來篩選高產量菌株。進一步可用此系統來監控發酵過程產物濃度，當做製程控制之參考。文獻 223 利用人工鼻分析茶葉於萎凋過程香味之變化，並作為茶葉製造過程中的監測指標。文獻 224 則利用此系統區分不同季節之茶葉。

③ 食品腐敗檢測

傳統上，食品加工廠對常溫流通之包裝食品或飲料，在完成製程之最後殺菌步驟後，通常會放置於廠內一段時間，然後再抽樣開封檢查產品是否發生污染或腐敗，之後才出貨銷售。微生物腐敗過程主要是將蛋白質分解成吲哚 (indole)、蛋白腖 (peptone) 以及氨氣等揮發性氣體，傳統上常以氣相層析儀檢測包裝飲料上部空間之氣體，以了解其是否腐敗及其敗壞程度，並提供相當準確之科學數據。但層析儀須由熟練專業人員操作、測定程序耗時費事、設備及操作費用高，樣品需經濃縮抽取或化學修飾等步驟。文獻 225 改採用人工鼻檢測系統來檢測包裝飲料之品質，在飲料中以人工導入污染菌，第三天即可由感測器發現其氣味改變。該檢測技術及設備大幅簡化食品腐敗的檢測程序，對於食品品質之提升與保證貢獻卓著。

④ 水產食品原料之品質管制

對水產加工產業而言，水產原料之新鮮度是影響產品品質最重要因素之一。例如魚類死亡後若未以低溫凍藏等方式貯存，會因蛋白質水解及脂質氧化，新鮮度將迅速降低而極易發生腐敗現象。

傳統鑑定魚類新鮮度之方法，包括感官學、物理學及化學等方法，例如觀察魚眼之清淨程度、魚鰓之鮮紅程度、魚鱗之光澤程度、魚肉之彈性等感官或物理學方法，以及量測腺嘌呤核苷三磷酸 (ATP) 降解關聯產物、揮發性鹽基態氮 (volatile basic nitrogen, VBN)、組織胺 (histamin) 等項目之化學或生物化學方法等。前述感官或物理學方法較不易獲得量化之精確數據，化學或生物化學方法雖能得到量化之精確數據，但仍無法十足顯示實際新鮮度狀態。**Manuela** 等人則採用人工鼻檢測系統，由海產食品原料貯存中之風味變化，透過人工鼻檢測系統之電腦圖譜進行判別，可供作新鮮度品質判定之參考[226]。

13.4.4 教育與娛樂產品之應用

(1) 電腦遊戲搖桿

　　隨著電腦軟硬體技術的快速發展，傳統的電腦遊戲軟體也正逐步進入新的境界。包括 3D 動畫、虛擬實境畫面以及立體音效等技術的使用，均帶給遊戲玩家前所未有的真實感。相對的，為了配合逼真的遊戲效果，新一代的遊戲搖桿 (joystick) 也是頂級玩家不可或缺的配備；而這種具有多自由度 (DOF) 及操作力回饋的輸入裝置，就包含有微機電的技術與元件。傳統的搖桿需要使用電位計 (potentiometer)、液位傾斜感測器 (liquid level tilt sensor)、磁性感測器 (magnetic sensor) 及開關 (switch) 等零組件；而新一代的輸入裝置則使用矽半導體製程的運動感測器 (motion sensor)，不但價格更低廉、體積更小，也能提供像 360 度旋轉等新的輸入功能。搖桿在利用微機電技術所製造的加速度計 (accelerometer，可以感測線性運動) 及陀螺儀 (gyroscope，可以偵測旋轉角度) 後，可以提供遊戲操作者頭、手、身體等部位的動作追蹤功能；而在搭配頭戴式顯示器 (head mounted display) 後，更能提供 3 或 6 個自由度的資料輸入功能[227]。

(2) PDA 資訊輸入

　　個人數位助理 (PDA) 是近年來一項新的熱門產品，因為小巧輕便，十分受到歡迎。但是您是否會覺得除了使用觸控筆及語音輸入外，好像還缺少一些更方便的輸入方法呢？就像前述的遊戲搖桿，PDA 也可以結合以微機電技術製作的運動感測器，能夠自行偵測目前的位置，並藉由 PDA 運動狀態的改變來進行資訊輸入 (圖 13.139)。這一類的小型螢幕輸入介面 (tilting interface for small screen computer) 使用微型陀螺儀來偵測 PDA 的旋轉角度，以作為資料輸入的參考。使用這種輸入方法的最大好處是可以單手操作，非常適合一些小型的掌上型資訊產品使用[228]。

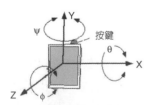

使用微型陀螺儀之 PDA

圖 13.139
利用旋轉輸入資料的 PDA。

(3) 數位資訊儲存

　　隨著資訊硬體技術的進步，包括數位相機、MP3 播放機等數位應用產品逐漸在市場上佔有一席之地。但是大多數使用者一定會希望自己的數位相機能多儲存幾張高畫質照片，或是 MP3 撥放機能多儲存幾首動聽的音樂。利用微機電技術所發展出的資訊儲存裝置

第 13.4.4 節作者為熊治民先生。

(MEMS-based storage) 將可以滿足使用者對大容量資料儲存裝置的需求。經由磁性紀錄材料與數以千計的微型讀寫頭，新的資料儲存裝置可以在 1 平方公分大小的面積上儲存 1－10 GB 的資料。此外，以 CMOS 技術為基礎的 MEMS 裝置，可以將某些處理晶片 (例如 MPEG 解碼器) 與資料儲存裝置整合在同一個晶片上，進而提升性能、降低裝置耗電量及製造成本[229]。

(4) DLP 投影機

數位光學處理技術 (digital light processing, DLP) 是 Texas Instruments 在 1987 年所發展的一種數位微鏡面元件 (digital micromirror device, DMD)，目前已經商業化，可用於投影機與投影電視上。DMD 是一種十分微小的光學開關，大約是人類頭髮直徑的 1/50。在配合數位攝影機或圖形訊號、一組光源以及一組投射鏡後，便能將數位影像投射在螢幕上。DMD 是一種類似光學開關 (switch) 的微小裝置，因此當接受控制訊號，處於 on 狀態時，就能反射光線，並產生一個亮點；如果處於 off 狀態時，就無法反射光線，而產生一個暗點。而這種光學開關可以在一秒鐘內開、關數千次。利用不同的開關頻率，就能使不同的微光學裝置產生不同的灰度。在 DLP 投影機還裝有一種彩色轉盤 (color wheel)，能夠將白光源轉換成紅、藍、綠三種基本色光，並進一步合成出 16.7 百萬種以上的色彩。目前已經有許多公司推出利用 DLP 技術發展出可攜式的投影機與電視[230]。

(5) 遙控模型用陀螺儀

操作遙控模型飛機與直升機是一種十分有趣的活動。雖然其複雜程度不能與真的飛機相比，但是原理卻完全相同。一般的直升機在機身部分具有一個大直徑的主螺旋槳來產生升力與推力；機尾部分則有一個與地面垂直的小螺旋槳，其作用在抵消主螺旋槳的反轉扭矩，使機體能保持平穩 (圖 13.140)。在實際飛行時，飛機與直升機各種不同方向的分力與力矩都要維持適當配合，才能使飛行穩定。但是隨著氣流的變化，很難讓這種平衡狀態持續，因此就必須借助陀螺儀的力量，使機體自動維持在平衡狀態。例如遙控直升機可以利用陀螺儀來自動控制尾翼螺旋槳，維持機體的穩定，使機體不會一直旋轉。遙控飛機也可

圖 13.140
裝置有微型陀螺儀的遙控模型直升機。

以利用陀螺儀來保持機體在俯仰與側傾方向的穩定。目前許多遙控飛機與直升機所使用的小型陀螺儀也是利用微機電技術所製造的。例如日本 Futaba 公司所生產的 GY240 與 GY401 型陀螺儀，其外觀尺寸約為 $27 \times 27 \times 20$ mm^3，重量不到 30 g，是典型的遙控直升機用微型陀螺儀的代表作[231,232]。

(6) 運動訓練分析

運動訓練是一項十分艱苦的過程，選手與教練都必須在不斷重複的訓練過程中找出最佳的肢體運動模式，以創造出更好的新紀錄。隨著技術的進步，運動教練也使用許多儀器來協助進行訓練。通常教練會希望知道選手在運動過程中身體肌肉用力的狀況，以及手、腳或其他身體部位的位置是否適當等，如此才能協助選手進行正確的訓練修正。例如透過高速攝影機能觀察出選手的姿勢是否正確；但是如何能知道選手的出力是否適當，時機是否正確呢？微機電技術所製作的各類感側器就是一項十分有用的儀器。例如在培訓划船選手時，教練分別在每個選手的坐墊、肩部與手掌外側安置微型加速度計，將選手練習時的資訊紀錄下來。如此不但能分析每個選手的運動姿勢是否在最佳狀態、出力是否正確，還能分析各選手在訓練時的一致性，以作為訓練調整的參考[233]。

(7) 跑步速度與距離測量器

美國 Nike 公司以銷售球鞋出名，但是該公司也銷售一些利用微機電元件所設計的運動產品。例如 Nike SDM Triax 100 型監測器，內建有以微機電技術所製造的加速度計，可以精確的量測跑者的速度與距離。美國 FitSense 公司的 FS-1 也具有類似的功能。FS-1 具有兩個主要的元件，一個是類似豆莢的微小裝置，可以固定在跑者球鞋的鞋帶上。在這個裝置中含有微型加速度計，可以偵測跑者的運動狀況，並將所量測的訊號經由無線傳輸裝置傳送到跑者手腕上的手錶型顯示器上。因為使用微機電技術，這個運動感測器的尺寸很小，重量只有 1.7 盎司，所以並不會妨礙跑者運動。另一個元件則是具有 LCD 顯示功能的手錶型顯示器，可以接收訊息，提供跑者即時的速度與距離資訊。這種輕便型的速度與距離監測器對於需要在特定時間內、完成特定距離跑步的運動選手或使用者而言，是十分方便有用的。因為他們可以在不需要事先知道特定距離的狀況下，精確的計算自己跑步的速度與距離，以方便控制步伐或運動量[234,235]。

(8) 個人用機器人

工業用機器人 (industrial robot) 問世已經超過 40 年了，目前全球大約有接近 1 百萬台的工業機器人在運作中。而在經過不斷的研究與改良後，最近幾年一個新的機器人市場開始興起。與原來人們印象中又大又笨重的機械手臂式工業機器人不同，這類新型機器人有各種不同的造型，例如像一個會自己移動的吸塵器，或是會對你搖頭擺尾的機器小狗，或是一隻像蜈蚣、有許多對腳的機器昆蟲，甚至是只有兩個輪子的個人交通工具「薑

(Segway)」。這類新型機器人通稱為「個人用機器人 (personal robot)」[236]。

在個人用機器人的發展中，有不少使用微機電技術的元件。例如負責維持機器人平衡的微型陀螺與加速度計、負責接收外界聲音的高感度微型麥克風，或是控制機器人功能的無線傳輸通訊系統等。隨著各種不同功能新產品的問世，將會有更多的微機電裝置被應用在個人用機器人上。

1999 年，Sony 公司將他們的第一代機器狗 ERS-111 Aibo 介紹給市場 (圖 13.141)，並立刻造成轟動。在短短的 18 個月中，Aibo 系列的機器狗銷售金額將近 2 億 5 千萬美金。雖然 Aibo 的外形與傳統觀念中的機器人相差甚遠，但卻是屬於標準的娛樂用機器人。Aibo 除了使用以微機電技術製作的陀螺儀外，還使人工智慧系統、影像辨視與追蹤裝置，以及眾多的運動關節，因此具有多達 20 個運動自由度[237]。

圖 13.141
Sony 公司生產的機器狗 Aibo。

參考文獻

1. Gregory T. A. Kovacs, *Micromachined Transducers Sourcebook*, McGraw-Hill, 468 –474 (1998).
2. http://www.ti.com/corp/docs/company/history/dmd.shtml
3. D. M. Bloom, "The Grating Light Valve: Revolutionizing Display Technology," *Projection Displays III Symposium*, SPIE Proceedings Volume 3013, San Jose, CA (1997).
4. R. W. Corrigan, D. T. Amm, and C. S. Gudeman, "Grating Light Valve Technology for Projection Displays," *International Display Workshop*, Kobe, Japan (1998).
5. http://www.siliconlight.com/htmlpgs/glvtechframes/glvmainframeset.html
6. C. Marxer, P. Griss, and N. F. deRooij, *IEEE Photonic Technology Letters*, **11** (2), 233 (1999).
7. L.-S. Huang, S.-S. Lee, E. Motamedi, M. Wu, and C.-J. Kim, "MEMS Packaging for Micro Mirror Switches", *IEEE 48th Electronic Components & Technology Conference*, 592 (1998).
8. L.Y. Lin, and E. L. Goldstein, *Proc. IEEE Military Communications Conference*, **3**, 954 (1999).
9. 何亦平, 吳名清, 林弘毅, 方維倫, "創新殘餘應力微結構自組裝機構之研究", 奈米工程暨微系統技術研討會, 台南, P0-36 (2002).
10. 曾繁根, 黃海美, 林世章, 黃朝裕, 錢景常, 科儀新知, **23** (5), 14 (2002).

11. 曾繁根, 黃海美, 林世章, 黃朝裕, 錢景常, 科儀新知, **23** (5), 14 (2002).

12. D. Guschin, *et al., Analytical Biochemistry*, **250**, 203 (1997).

13. J. F. Mooney, A. J. Hunt, J. R. Mcintosh, C. A. Linberko, D. M. Walba, and C. T. Robers, " Patterning of Functional Antibodies and Other Proteins by Photolithography of Silane Monolayers", *Proc. Natl. Acad. Sci. USA 93*, 12287 (1996).

14. A. S. Blawas and W. M. Reichert, *Biomaterials*, **19**, 595 (1998).

15. S. Nilsson, C. Lager, T. Laurell, and S. Bimbaum, *Analytical Chemistry*, **67** (17), 3051 (1995).

16. H. Gruhler, N. Hey, M. Nuller, S. Bekesi, M. Freygang, H. Sandmaier, and R. Zengerle, *ASME MEMS*, **1**, 413 (1999).

17. B. D. Heil, C. Steinert, H. Sandmaier, and R. Zengrle, "A Tunable and Highly-Parallel Picoliter-Dispenser Based on Direct Liquid Displacement", *IEEE MEMS'02*, Las Vegas, Nevada, USA, 706 (2002).

18. R. D. Piner, J. Zhu, F. Xu, S. Hong, and C. A. Mirkin, *Science*, **283**, 661 (1999).

19. L. M. Demers, D. S. Ginger, S. J. Park, Z. Li, S. W. Chung, and C. A. Mirkin, *Science*, **296**, 1836 (2002).

20. K. B. Lee, S. J. Park, C. A. Mirkin, J. C. Smith, and M. Mrksich, *Science*, **295**, 1702 (2002).

21. B. D. Martin, Bruce P. Gaber, C. H. Patterson, and D. C. Turner, *Langmuir*, **14** (15), 3971 (1998).

22. L Libioulle, A. Bietsch, H. Schmid, B. Michel, and E. Delamarche, *Langmuir*, **15** (2), 300 (1999).

23. Y. Hia, J. Tien, D. Qin, and G. M. Whitesides, *Languir*, **12** (16), 4033 (1996).

24. S. C. Lin , F. G. Tseng, H. M. Huang, C. Y. Huang, and C. C. Chieng, *Fresenius' Journal of Analytical Chemistry*, **371** (2), 202 (2001).

25. F. G. Tseng, H. M. Huang, C. S. Liu, C. Y. Huang, S. C. Lin, and C. C. Chieng, "Micro Protein Arrays Prepared by Microfabricated Stamps", *MEMS' 2000, MEMS-vol. 2, ASME IMECE 2000*, Florida 659 (2000).

26. F. G. Tseng, S. C. Lin, H. M. Huang, C. Y. Huang, and C. C. Chieng, *Sensors and Actuators B*, **83**, 22 (2002).

27. F. G. Tseng, H. M. Huang, C. Y. Huang, S. C. Lin, and C. C. Chieng, "Dual-Protein Micro Arrays Deposited By μ-Stamps And μ-Wells", *μTAS2001*, Monterey, CA, 591 (2001).

28. H. T. G. van Lintel, F. C. M van de Pol, and S. Bouwstra, *Sensors and Actuators*, **15**, 153 (1988).

29. J. Evans, D. Liepmann, and A. P. Pisano, "Planar Laminar Mixer", *Proc. of the IEEE 10th Annual Workshop of Micro Electro Mechanical Systems (MEMS '97)*, Nagoya, Japan, 96 (1997).

30. J. H. Tsai and L. Lin, "A Thermal Bubble Actuated Micro Nozzle-Diffuser Pump," *IEEE MEMS-2001 Conference*, Interlaken, Switzerland, 409 (2001).

31. R. Rapp, W. K. Schomburg, D. Maas, J. Schulz, and W. Stark, *Sensors and Actuators*, **40**, 57 (1994).

32. J. Lopez, M. Puig-Vidal, M. Carmona, C. Stamopoulos, T. Laopoulos, and S. Siskos, "Temperature Control Configurations for a Thermopneumatic Micropump," *IEEE MEMS'99*, Orland, FL, USA (1999).

33. R. Linnemann, P. Woias, C. D. Senfft, and J. A. Ditterich, "A Self-priming and Bubble-tolerant Piezoelectric Silicon Micropump for Liquids and Gases," *IEEE MEMS*, Heidelberg, Germany (1998).

34. R. Zengerle, J. Ulrich, S. Kluge, M. Richter, and A. Richter, *Sensors and Actuators*, **50**, 81 (1995).

35. W. L. Benard, H. Kahn, A. H. Heuer, and M. A. Huff, "A Titanium-nickel Shape Memory Alloy Actuated Micropump," *Transducers'97, International Conference on Solid-State Sensors and Actuators*, 361 (1997)

36. W. Zhang and C. H. Ahn, "A Bi-directional Magnetic Micropump on a Silicon Wafer," *IEEE MEMS*, (1996).

37. M. Khoo and C. Liu, *Sensors and Actuators*, **A89**, 259 (2001).

38. A. Olsson, P. Enoksson, G. Stemme, and E. Stemme, "A Valveless Planar Pump Isotropically Etched in Silicon," *Proceedings of Micromechanics Europe 1995*, (Copenhagen, Denmark), 120 (1995).

39. C. H. Ahn and M. G. Sllen, "Fluid Micropumps Based on Rotary Magnetic Actuators," *IEEE MEMS '95*, New York, 408 (1995).

40. A. Richter, A. Plettner, K. A. Hofmann, and H. Sandmaier, *Sensors and Actuators*, **A29**, 159 (1991).

41. A. Manz, C. S. Effenhauser, N. Burggraf, D. J. Harrison, K. Seiler, and K. Flurri, *Journal of Micromechanics and Microengineering*, **4**, 257 (1994).

42. L. Smith and B. Hok, "A Silicon Self-Aligned Non-Reverse Valve," *Transducers '91*, San Franscisco, CA, USA, 1049 (1991).

43. C. Vieider, O. Ohman, and H. Elderstig, "A Pneumatically Actuated Micro Valve with a Silicone Rubber Membrane for Integration with Fluid-handling Systems," *Proc. of Transducers '95*, Stockholm, Swede, 284 (1995).

44. X. Yang, C. Grosjean, Y. C. Tai, and C. M. Ho, "A MEMS Thermopneumatic Silicone Membrane Valve," *IEEE MEMS'97*, Nagoya, Japan, 114 (1997).

45. H. Jerman, "Electrically-Activated, Normally-Closed Diaphragm Valve," *Proceedings of Transducers '91*, San Franscisco, CA, USA (1991).

46. S. Shoji, B. van der Schoot, N. de Rooij, and M. Esashi, "Smallest Dead Volume Microvalves for Integrated Chemical Analyzing Systems," *Proceedings of Transducers '91*, San Franscisco, CA, USA (1991).

47. M. A. Huff, J. Gilbert, and M. A. Schmidt, "Flow Characteristics of a Pressure-Balanced Microvalve," *Proceedings of Transducers '93*, Yokohama, Japan (1993).

48. K. Yanagisawa, H. Kuwano, and A. Tago, "An Electromagnetically Driven Microvalve," *Proceedings of Transducers '93*, Yokohama, Japan (1993).

49. C. Doring, T. Grauer, J. Marek, M. Mettner, H. P. Trah, and M. Willman, "Micromachined Thermoelectrically Driven Cantilever Beams for Fluid Deflection," *Proc. IEEE Micro Electro Mechanical System Workshop, MEMS' 92*, Travemunde, Germany, 12 (1992).

50. A. V. Lemoff and A. P. Lee, "An AC Magnetohydrodynamic Microfluidic Switch," *Proc. Total Analysis System 2000*, Enschede, Netherland, 571 (2000).

51. G. B. Lee, C. I. Hung, B. J. Ke, G. R. Huang, and B. H. Hwei, *Journal of Micromechanics and Microengineering*, **11**, 567 (2001).

52. G. B. Lee, B. H. Hwei, and G. R. Huang, *Journal of Micromechanics and Microengineering*, **11**, 654 (2001).

53. L. M. Fu, R. J. Yang, and G. B. Lee, "Electrokinetic Injection Techniques in Microfluidic Chips," *Analytical Chemistry*, **74**, 5084 (2002).

54. J. Y. Lin, L. M. Fu, and R. J. Yang, "Numerical Simulation of Electrokinetic Focusing in Microfluidic Chips," *Journal of Micromechanics and Microengineering,* accepted for publishing (2002).

55. M. U. Kopp, A. J. de Mello, and A. Manz, *Science*, **280**, 1046 (1998).

56. R. P. Oda, M. A. Strausbauch, A. F. R. Huhmer, N. Borson, S. R. Jurrens, J. Craighead, P. J. Wettstein, B. Eckloff, B. Kline, and J. P. Landers, *Analytical Chemistry*, **70** (20), 4361 (1998).

57. R. Rasmussen and G. Reed, *The Rapid Cyclist*, **1** (1), 1 (1992).

58. J. D. Watson, M. Gilman, J. Witkowski, and M. Zoller, *Recombinant DNA*, New York: Scientific American Book (1997).

59. G. B. Lee, S.-H. Chen, G.-R. Huang, W.-C. Sung, and Y.-H. Lin, *Sensors and Actuators B: Chemical*, **75**, 142 (2001)

60. R-J. Yang, L.-M. Fu, and G.-B. Lee, *Journal of Separation Science*, **25**, 996 (2002).

61. G. L. Prasanna, T. Panda, and P. P. Rao, *Bioprocess Engineering*, **16**, 265, Springer-Verlag (1997).

62. J. A. Lundqvist, F. Sahlin, M. A. I. Aberg, A. Stromberg, P. S. Eriksson, and O. Orwar, "Altering the Biochemical State of Individual Cultured Cells and Organelles with Ultramicroelectrodes," *Proc. Natl. Acad. Sci.*, U.S.A, 95, September, 10356 (1998).

63. Y. Huang and B. Rubinsky, *Biomedical Microdevices*, **2 : 2**, 145 (1999).

64. D. A. Borkholder, *Cell Based Biosensors Using Microelectrodes*, Ph. D. Thesis, Stanford University (1998).

65. Y. C. Lin and M. Y. Huang, *J. Micromech. Microeng.*, **11**, 1 (2001).

66. G. A. Hofmann, S. B. Dev, S. Dimmer, and G. S. Nanda, "Electroporation Therapy: A New Approach for the Treatment of Head and Neck Cancer," *IEEE Transactions on Biomedical Engineering*, **46** (6), 752 (1999).

67. M. Dezawa, M. Takano, H. Negishi, X. Mo, T. Oshitari, and H. Sawada, *Micron*, **33**, 1 (2002).

68. Eppendorf Scientific, Inc, "Transfection Protocol of Multiporator".

69. http://www.affymetrix.com

70. http://www.nanogen.com

71. http://www.illumina.com

72. http://www.cepheid.com

73. http://www.istat.com

74. K. E. Petersen, "Silicon as a Mechanical Material," *Proc. IEEE* 70, 420 (1982).

75. L. P. B. Katehi, G. M. Rebeiz, and C. T.-C. Nguyen, "MEMS and Si-micromachined Components for

Low-Power, High-Frequency Communications Systems," *Tech. Digest, IEEE MTT-S Int. Microwave Symp.*, 331 (1998).

76. J. Yao, *J. Micromech. Microeng.*, **10**, R9-38 (2000).

77. K. E. Petersen, *IBM J. Res. Dev.*, **23**, 376 (1979).

78. L. Larson, *et al.*, "Microactuators for GaAs-based Microwave Integrated Circuits," *Tech. Digest, 6th Int. Conf. on Solid-State Sensors and Actuators*, 743 (1991).

79. H. Hosaka, *et al.*, *Sensors Actuators A*, **40**, 41 (1994).

80. J. J. Yao and M. F. Chang, "A Surface Micromachined Switch for Telecommunications with Signal Frequencies from dc to 4 GHz," *8th Int. Conf. Solid-state Sens. Actuators,* Stockholm, Sweden, 348 (1995).

81. J. Simon, *et al.*, "A Micromechanical Relay with a Thermally-Driven Mercury Micro-Drop," *Proc. IEEE, 9th Ann. Int. Workshop on Micro Electro Mechanical Systems*, 515 (1996).

82. S. Saffer, *et al.*, "Mercury-Contact Switching with Gap-Closing Microcantilever," *Proc. SPIE*, **2882**, 204 (1996).

83. P. M. Zavracky, *J. MEMS*, **6** (1), 3 (1997).

84. S. Majumder, *et al.*, "Measurement and Mdeling of Srface Mcromachined, Eectrostatically Atuated Mcroswitches," *Tech. Digest, Int. Conf. on Solid-State Sensors and Actuators*, 1145 (1997).

85. I. Schiele, *et al.*, "Micromechanical Relay with Electrostatic Actuation," *Tech. Digest, Int. Conf. on Solid-State Sensors and Actuators*, 1165 (1997).

86. H. J. De Los Santos, *et al.*, "Microwave and Mechanical Considerations in the Design of MEMS Switches for Aerospace Applications," *Proc. IEEE Aerospace Conf.*, **3**, 235 (1997).

87. T. Seki, *et al.*, "Thermal Buckling Actuator for Micro Relays," *Tech. Digest, Int. Conf. on Solid-State Sensors and Actuators*, 153 (1997).

88. X.-Q. Sun, *et al.*, "A Bistable Microrelay Based on Two-Segment Multimorph Cantilever Actuators," *Proc. IEEE, 11th Ann. Int. Workshop on Micro Electro Mechanical Systems*, 154 (1998).

89. E. J. J. Kruglick and K. S. J. Pister, *IEEE J. MEMS*, **8**, 264 (1999).

90. D. Hyman, *et al., Int. J. RF Microwave CAE*, **9**, 348 (1999).

91. M.-A. Gretillat, *et al., J. Micromech. Microeng.*, **9**, 324 (1999).

92. Z. J. Yao, *et al., J. MEMS*, **8** (2), 129 (1999).

93. J. B. Muldavin and G. M. Rebeiz, "30 GHz Tuned MEMS Switches," *Tech. Digest, IEEE Microwave Theory and Techniques Symp.*, 1511 (1999).

94. M. Sakata, *et al.*, "Micromachined Relay Which Utilizes Single Crystal Silicon Electrostatic Actuator," *Tech. Digest, 12th IEEE Int. Conf. on Micro Electro Mechanical Systems*, 21 (1999).

95. C. Goldsmith, *et al.*, "Micromechanical Membrane Switches for Microwave Applications," *Tech. Digest, IEEE Microwave Theory and Techniques Symp.*, 91 (1995).

96. C. Goldsmith *et al.*, "Characteristics of micromachined switches at microwave frequencies," *Tech. Digest, IEEE Microwave Theory and Techniques Symp.*, 1141 (1996).

97. J. Y. Park, *et al.*, "Electroplated RF MEMS Capacitive Switches," *13th IEEE International Conference on Micro Electro Mechanical System (MEMS' 00)*, Miyazaki, Japan, 639 (2000).

98. K. Suzuki, *et al.*, "A Micromachined RF Microswitch Applicable to Phased-Array Antennas," *Tech. Digest, IEEE Microwave Theory Techniques Symp.*, 1923 (1999).

99. K. M. Hiltmann, *et al.*, "Development of Micromachined Switches with Increased Reliability," *Tech. Digest, 1997 Int. Conf. on Solid-State Sensors and Actuators*, 1157 (1997).

100. J. Schimkat, "Contact Materials for Microrelays," *Proc. IEEE, 11th Ann. Int. Workshop on Micro Electro Mechanical Systems*, 190 (1998).

101. E. J. J. Kruglick and K. S. J. Pister, "Bistable MEMS Relays and Contact Characterization," *Tech. Digest, Solid State Sensor and Actuator Workshop*, 333 (1998).

102. A. Dec and K. Suyama, *Electron. Lett.*, **33**, 922 (1997).

103. E. Hung and S. Senturia, "Tunable Capacitors with Programmable Capacitance-Voltage Characteristic," *Tech. Digest, Solid State Sensor and Actuator Workshop*, 292 (1998).

104. J. J. Yao, *et al.*, "High Tuning-Ratio MEMS-Based Tunable Capacitors for RF Communications Applications," *Tech. Digest, Solid State Sensor and Actuator Workshop*, 124 (1998).

105. K. F. Harsh, *et al.*,"Flip-Chip Assembly for Si-Based RF MEMS," *Proc. IEEE, 12th Ann. Int. Workshop on Micro Electro Mechanical Systems*, 273 (1999).

106. Z. Feng, *et al.*, "Design and Modeling of RF MEMS Tunable Capacitors Using Electro-Thermal Actuators," *Tech. Digest, 1999 IEEE MTT-S Int. Microwave Symp.*, 1507 (1999).

107. J.-H. Park, *et al.*, "A Tunable Millimeter-Wave Filter Using Coplanar Waveguide and Micromachined Variable Capacitors," *Tech. Digest, 10th Int. Conf. on Solid-State Sensors and Actuators*, 1272 (1999).

108. C. L. Goldsmith, *et al.*, *Int. J. RF Microwave Computer-Aided Eng.*, **9**, 362 (1999).

109. D. J. Young and B. E. Boser, "A Micromachined Variable Capacitor for Monolithic Low-Noise VCOs," *Tech. Digest, Solid State Sensor and Actuator Workshop*, 86 (1996).

110. D. J. Young, *et al.*, "A Low-Noise RF Voltage-Controlled Oscillator Using on-Chip High-Q Three-Dimensional Coil Inductor and Micromachined Variable Capacitor," *Tech. Digest, Solid State Sensor and Actuator Workshop*, 128 (1998).

111. D. J. Young, *et al.*, "Voltage-Controlled Oscillator for Wireless Communications," *Tech. Digest, 10th Int. Conf. on Solid-State Sensors and Actuators*, 1386 (1999).

112. A. Dec and K. Suyama, "A 2.4 GHz CMOS LC VCO Using Micromachined Variable Capacitors for Frequency Tuning," *Tech. Digest, IEEE Microwave Theory and Techniques Symp.*, 79 (1999).

113. E. Frian, *et al.*, "Computer-Aided Design of Square Spiral Transformers and Inductors," *1989 IEEE MTT-S Dig.*, 661 (1989).

114. N. M. Nguyen and R. G. Meyer, *IEEE J. of Solid-State Circuits*, **SC-25** (4), 1028 (1990).

115. N. M. Nguyen and R. G. Meyer, *IEEE J. of Solid-State Cir-cuits*, **SC-27** (3), 444 (1992)

116. J. Y.-C. Chang, *et al., IEEE Electron. Device Lett.*, **14**, 246(1993).

117. C. H. Ahn and M. G. Allen, *J. Micromech. Microeng.*, **3**, 37 (1993).

118. D. Lovelace, *et al., Microwave J., August*, 60 (1994).

119. A. Rofougaran, *et al., IEEE J. Solid-State Circuits*, **31**, 880 (1996).

120. C. R. Sullivan and S. R. Sanders, *IEEE Trans. Power Electron.*, **11**, 228 (1996).

121. L. Fan, *et al.*, "Universal MEMS Platforms for Passive RF Components: Suspended Inductors and Variable Capacitors," *Proc. IEEE, 11th Ann. Int. Workshop on Micro Electro Mechanical Systems*, 29 (1998).

122. P. Arcioni, *et al.*, "An Innovative Modelization of Loss Mechanism in Silicon Integrated Inductors," *IEEE Trans. Circuits Syst.*, **II 46**, 1453 (1999).

123. L. Daniel, *et al., IEEE Trans. Power Electron.*, **14**, 709 (1999).

124. J.-B. Yoon, *et al.*, "High-Performance Three-Dimensional on-Chip Inductors Fabricated by Novel Micromachining Technology for RF MMIC," *Tech. Digest, 1999 IEEE MTT-S Int. Microwave Symp.*, 1523 (1999).

125. S. Zhou, *et al., J. Micromech. Microeng.*, **9**, 45 (1999).

126. J. N. Burghartz, *et al., IEEE Trans. Electron Devices*, **43** (9), 1559 (1996).

127. R. A. Johnson, *Mechanical Filters in Electronics*, New York: Wiley (1983).

128. R. Howe, "Application of Silicon Micromaching to Resonator Fabrication," *IEEE International Frequency Control Symposium*, 2 (1994).

129. J. Yao, *et al., J. Micromech. Microeng.*, **6**, 257 (1996).

130. K. Wang, *et al.*, "Frequency Trimming and Q -factor Enhancement of Micromechanical Resonators via Localized Filament Annealing," *Tech. Digest, 1997 Int. Conf. on Solid-State Sensors and Actuators*, 109 (1997).

131. K. Wang, *et al.*, "VHF Free-Free Beam High-Q Micromechanical Resonators," *Proc. IEEE, 12th Ann. Int. Workshop on Micro Electro Mechanical Systems*, 453 (1999).

132. C.T.-C. Nguyen, *IEEE Trans. on Microwave Theory and Tech.*, **47** (8), 1486 (1999).

133. K. Wang, *et al., IEEE/ASME J. MEMS*, **9** (3), 347 (2000).

134. J. R. Clark, *et al.*, "Measurement Techniques for Capacitively-Transduced VHF-to-UHF Micromechanical Resonators," *11th Conf. on Solid-State Sensors & Actuators Dig. of Tech. Papers (Transducers '01)*, 1118 (2001).

135. W. C. Tang, *et al., Sensors and Actuators*, **20**, 25 (1989).

136. S. Beeby, *J. MEMS*, **9** (1), 104 (2000).

137. R. Clark, *et al.*, "High-Q VHF Micromechanical Contour-Mode Disk Resonators," *IEDM 2000 Technical Dig.*, 493 (2000).

138. W. T. Hsu, *et al.*, "A Sub-Micron Capacitive Gap Process for Multiple-Metal-Electrode Lateral Micromechanical Resonators," *14th Intl. Conf. on MEMS*, 349 (2001).

139. L. Lin, *et al.*, "Microelectromechanical Filters for Signal Processing," *Proc. IEEE, 5th Ann. Int. Workshop on Micro Electro Mechanical Systems*, 226 (1992).

140. J. R. Clark, *et al.*, "Parallel-resonator HF Micromechanical Bandpass Filters," *Tech. Digest, 1997 Int. Conf. on Solid-State Sensors and Actuators*, 1161 (1997).

141. K. Wang and C. T.-C. Nguyen, "High-Order Micromechanical Electronic Filters," *Proc. IEEE, 10th Ann. Int. Workshop on Micro Electro Mechanical Systems*, 25 (1997).

142. L. Lin, *J. MEMS*, **7** (3), 286 (1998).

143. K. Wang and C. T.-C. Nguyen, *IEEE/ASME J. MEMS*, **8** (4), 534 (1999).

144. A.-C. Wong, *et al.*, "Anneal-Activated, Tunable, 68 MHz Micromechanical Filters," *Tech. Digest, 10th Int. Conf. on Solid-State Sensors and Actuators*, 1390 (1999).

145. F. D. Bannon, *et al., IEEE J.Solid-State Circuits*, **35** (4), 534 (2000).

146. C. T.-C. Nguyen, "Transceiver Front-End Architectures Using Vibrating Micromechanical Signal Processors," *Topical Meeting on Silicon Monolithic Integrated Circuits in RF Systems*, Dig. of Papers, 23 (2001).

147. S. V. Krishnaswamy, *et al., Microwaves & RF, Sept.*, 127 (1991).

148. R. Ruby, "Micromachined Thin Film Bulk Acoustic Resonators," *IEEE International Frequency Control Symposium*, 135 (1994).

149. K. M. Lakin, *et al., IEEE Trans. Microwave Theory Tech.*, **43** (12), 2933 (1995).

150. P. Kirby, *et al.*, "High Frequency Thin Film Ferroelectric Acoustic Resonators," *2000 IEE Colloquium on Microwave Filters and Multiplexers*, 2/1 (2000).

151. P. Bradley, *et al.*, "A Film Bulk Acoustic Resonator (FBAR) Duplexer for USPCS handset applications," *2001 IEEE MTT-S International Microwave Symposium Digest*, 367 (2001).

152. Q. X. Su, *et al.*, "Thin-Film Bulk Acoustic Resonators and Filters Using ZnO and Lead-Zirconium-Titanate Thin Films," *2001 IEEE Transactions on Microwave Theory and Techniques*, 769 (2001).

153. K. M. Lakin, *et al.*, "Improved Bulk Wave Resonator Coupling Coefficient for Wide Bandwidth Filters," *2001 Ultrasonic Symposium*, **3E-5**, 1 (2001)

154. R. F. Drayton and L. P. B. Katehi, "Micromachined Conformal Packages for Microwave and Millimeter-Wave Applications," *Tech. Digest, 1995 IEEE MTT-S Int. Microwave Symp.*, 1387 (1995).

155. R. F. Drayton, *et al.*, "Advanced Monolithic Packaging Concepts for High Performance Circuits and Antennas," *Tech. Digest, 1996 IEEE MTT-S Int. Microwave Symp.*, 1615 (1996).

156. Y. T. Cheng, *et al.*, "Fabrication and Hermeticity Testing of a Glass-Silicon Package Formed Using Localized Aluminum/Silicon-to-Glass Bonding," *13th Intl. Conf. on MEMS*, 757 (2000).

157. Y. T. Cheng, *et al.*, "Vacuum Packaging Technology Using Localized Aluminum/Silicon-to-Glass Bonding," *14th Intl. Conf. on MEMS*, 18 (2001).

158. P. L. Chang-Chien and K. D. Wise, "Wafer-Level Packaging Using Localized Mass Deposition," *Digest, 11th International Conference on Solid-State Sensors and Actuators (Transducers '01)*, Munich, Germany, 182 (2001).

159. DARPA-MTO, http://www.darpa.mil/mto/index.html

160. RAND, http://www.rand.org

161. W. C. Tang, *MEMS at DARPA, DARPA/MTO* Report, Microsystems Technology Office, DARPA, Department of Defense, USA (2000).

162. K. W. Brendley and R. Steeb, *Military Applications of Microelectro-Mechanical Systems*, RAND Report, RAND, Santa Monica, CA, USA (1993).

163. A. P. Pisano, *MEMS 2003 and Beyond: A DARPA Vision of the Future of MEMS*, DARPA/MTO Report, Microsystems Technology Office, DARPA, Department of Defense, USA (1998)

164. Micro Fuel Cell Study, Case Western Reserve University, http://electrochem.cwru.edu

165. H. T. Aichlmayr, D. B. Kittelson and M. R. Zachariah, "Micro-Homogeneous Charge Compression Ignition (HCCI) Combustion: Investigation Employing Detailed Chemical Kinetic Modeling and Experiments," Paper presented at the *Western States Section of the Combustion Institute, Spring Technical Meeting*, La Jolla, CA, March 26 (2002)

166. 趙冬, 占中, 鄧希發, 王力, 納米技術與納米武器, 軍事誼文出版社, 北京 (2001).

167. A. A. Berlin, H. Abelson, N. Cohen, L. Fogel, C.M. Ho, M. Horowitz, J. How, T. F. Knight, R. Newton, and K. Pister, *Information Systems for MEMS*, Final Report of ISAT Study, MIT (1995).

168. K. S. J. Pister, J. M. Kehn, and B. E. Boser, *Smart Dust: Wireless Networks of Millimeter- Scale Sensor Nodes*, http://robotics.eecs.berkerley.edu/~pister/SmartDust (1998)

169. A. Krishnan, *Design Methodology for Integrated Mixed Signal (A-D) and Mixed Electronic/Photonic Systems (NeoCAD)*, DARPA/MTO Report, Microsystems Technology Office, DARPA, Department of Defense, USA (1998)

170. USAFSAB, *New World Vistas: Air and Space Power for the 21ste Century*, Summary Report, USAF Scientific Advisory Board (1995).

171. D. H. Lewis, Jr., S. W. Janson, R. B. Cohen, and E. K. Antonsson, *Sensors and Actuators A.*, **80** (2), 143 (2000).

172. *MEMS Application in Aerodynamics*, UCLA, http://ho.seas.ucla.edu/

173. J. M. McMichael, and M. S. Francis, *Micro Air Vehicles - Toward a New Dimension in Flight*, Report to Tactical Technology Office, DARPA, Department of Defense, USA (1997).

174. 宋齊有, 微飛行系統相關之力學問題, 中國力學學會會刊, 第 100 期, 中華民國力學學會出版 (2002).

175. P. B. S. Lissaman, *Ann. Rev. Fluid Mech.*, **15**, 223 (1983)

176. R. Smith and W. Shyy, *AIAA J.*, **33**, No. 10 (1995)

177. W. Shyy, M. Berg, and D. Ljungqvist, *Progress in Aeronautical Sciences*, **35**, 455 (1999)

178. L. Zheng and B. R. Ramaprian, "A Piezo-Electrically Actuated Wing for a Micro Air Vehicle," *31st AIAA Fluid Dynamics Conference*, June 19-22 (2000)

179. 宋齊有, 劉中和, 郭智賢, 周台輝, 微飛行器飛行動力學之先導性研究, 中山科學研究院委託中正理工學院學術合作專題研究報告, 報告編號 CSIST 88-I3-08 (1999).

180. 宋齊有, 郭智賢, 林阿成, 周台輝, 微飛行器 (Micro UAV) 設計與研製之研究, 國科會國防應用研究專題計畫報告, 報告編號 NSC 89-2623-D-014-020 (2000).

181. 吳章傑, 宋齊有, 林阿成, 賴正權, 微飛行器用之低雷諾數機翼氣動力特性之研究, 國科會國防應用研究專題計畫報告, 報告編號 NSC 90-2623-7-014-013 (2001).

182. 郭智賢, 宋齊有, 張運生, 微飛行器之縱向動態穩定性分析與設計, 中國航空太空學會學刊, **34** (4), 297 (2002).

183. 方金壽, 暫態彈性波在混凝土品質與裂縫偵測之應用, 國立台灣大學應用力學研究所博士論文, 指導教授吳政忠博士, 民國 85 年 5 月, 第一章 (1996).

184. F. R. Breckenrige, T. M. Protor, N. N. Hsu, S. E. Fick, and D. G. Eitzen, "Transient Source for Acoustic Emission Work", *Progress in Acoustic Emission*, 5, The Japanese Society for NDT, 20 (1990).

185. T.-T. Wu and J.-S. Fang, *J. Acoust. Soc. Am.*, **101** (1), 330 (1997).

186. T.-T. Wu, J.-S. Fang, and P.-L. Liu, *Journal of Acoustic Society of America*, **97** (3), 1678 (1995).

187. O'Connor, *Mechanical Engineering*, Feb., 40 (1992).

188. L. Shi, *DNA Microarray (Genome Chip)- Monitoring the Genome on a Chip*, http://www.Gene-Chips.com (2002).

189. C. A. Afshari, E. F. Nuwaysir, and J. C. Barrett, *Cancer Res.*, **59** (19), 4759 (1999).

190. A. Reder, *Taking IVD Test Technology Beyond Human Clinical Diagnostics in IVD Technology*, June (on line) (cited 10 August 2002), http://www.devicelink.com/ivdt/archive/02/04/002.html

191. D. D. Shoemaker, E. E. Schadt, C. D. Armour, Y. D. He, P. P. Garrett-Engele, D. McDonagh, and P. M. Loer, *Nature*, **409** (6822), 922 (2001).

192. M. D. Kane, T. A. Jatkoe, C. R. Stumpf, J. Lu, J. D. Thomas, and S. J. Madore, *Nucleic Acids Res.*, **28** (22), 4552 (2000).

193. G. MacBeath and S. L. Schreiber, *Science*, **289** (5485), 1760 (2000).

194. R. M. Wildt, C. R. Mundy, B. D. Gorick, and I. M. Tomlinson, *Nat Biotechnol.*, **18** (9), 989 (2000).

195. R. A. Irving and P. J. Hudson, *Nat Biotechnol.*, **18** (9), 932 (2000).

196. G. Ramsay, *Nature Biotechnology*, **16** (1), 40 (1998).

197. http://www.biochipmaster.com

198. L. C. Waters, S. C. Jacobson, N. Kroutchinina, J. Kroutchinina, R. S. Foote, and J. M. Ramsey, *Anal. Chem.*, **70**, 5172 (1998).

199. P. Wilding, L. J. Kricka, J. M. Ramsey, S. C. Jacobson, G. Havichia, P. Fortina, L. C. Waters, and J. Cheng, *Biol. Chem.*, **257**, 101(1998).

200. E. T. Lagally, P. C. Simpson, and R. A. Mathies, *Sensors and Actuators*, **63**, 138 (2000).

201. J. Khandurina, T. E. McKnight, S. C. Jacobson, L. C. Waters, R. S. Foote, and J. M. Ramsey, *Anal. Chem.*, **72**, 2995 (2000).

202. I. Schneegaβ, R. Bräutigam, and J. M. Köhler, *Lab on a Chip*, issue 1, 42 (2001).

203. K. Sun, A. Yamaguchi, Y. Ishida, S. Matsuo, and H. Matsuo, *Sensors and Actuators*, **B84**, 283 (2002).

204. A. Marshall and J. Hodgson, *Nature Biotechnology*, **16** (1), 27 (1998).

205. J. M. Jones, *Food Safety*, Eagam Press, Minnesota, U.S.A., 49 (1990).

206. T. O'Brien, L. H. Johnson, J. L. Aldrich, S. G. Allen, L. T. Liang, A. L. Plummer, S. J. Krak, and A. A. Boiarski, *Biosensors and Bioelectronics*, **14**, 815 (2000).

207. R. A. Ogert, *Analytical Biochemistry*, **205**, 306 (1992).

208. W. Mullett, P. C. Edward, and M. J. Yeung, *Analytical Biochemistry*, **258**, 161 (1998).

209. S. Koch, H. Wolf, C. Danapel, and K. A. Feller, *Biosensors and Bioelectronics*, **14**, (2000).

210. V. Koubová, E. Brynda, L. Karasová, J. Škvor, J. Homola, J. Dostálek, P. Tobiška, and J. Rošický, *Sensors and Actuators*, **B74**, 100 (2001).

211. K. D. King, G. P. Anderson, K. E. Bullock, M. J. Regina, E. W. Saaski, and F. S. Ligler, *Biosensors and Bioelectronics*, **14**, 163 (1999).

212. H. Suzuki, H. Arakawa, I. Karuble, *Biosensors and Bioelectronics*, **17**, 591 (2002).

213. J. J. Gau, E. H. Lan, B. Dunn, B. C. M. Ho, and J. C. S. Woo, *Biosensors and Bioelectronics*, **16**, 745 (2001).

214. R. D. Harris and J. S. Wilkinson, *Sensors and Actuators*, **B29**, 261 (1995).

215. R. Slavík, J. Homola, and E. Brynda, *Biosensors and Bioelectronics*, **17**, 591 (2002).

216. A. Naimushin, A. A. Soelberg, D. Nguyen, L. Dunlap, D. Bartholomew, J. Elkind, J. Melendez, and C. Furlong, *Biosensors and Bioelectronics*, **17**, 573 (2002).

217. 黃英哲, 針型迷你膽鹼及乙醯膽鹼生物感測器之開發及應用, 國立台灣大學農業化學研究所碩士論文, 台北市 (1995).

218. 賴昭伶, 氯黴素單源抗體之產製及其應用於壓電免疫感測器之開發研究, 國立台灣大學農業化學研究所碩士論文, 台北市 (1996).

219. S. J. Daly, G. J. Keating, P. P. Dillon, B. M. Manning, R. O'Kennedy, H. A. Lee, and M. R. A. Morgan, *J. of Agricultural and Food Chem.*, **48** (11), 5097 (2000).

220. C. Wrotnowski, *Genetic Engin. News*, **2**, 389 (1998).

221. 周淑芬, 多功能免疫反應型生物感測器之開發研究, 國立台灣大學農業化學研究所博士論文, 台北市 (1999).

222. 邱創興, 壓電晶體嗅覺生物感測器應用於食品香味之測定, 私立大業大學食品工程系碩士論文, 彰化縣 (1994).

223. 蔡志賢, 包種茶萎凋與攪拌製程中茶青之生理變化與利用生物電子鼻監控之可行性探討, 國立台灣大學園藝學研究所博士論文, 台北市 (2002).

224. 陳麗凩, 台灣茶類香氣品質快速分析及茶類判定之研究, 國立中興大學食品科學研究所碩士論文, 台中市 (1998).

225. 王進琦, 壓電晶體生物感測器應用於腐敗醱酵揮發性氣體偵測之研究, 國立台灣大學農業化學研究所博士論文, 台北市 (1992).

226. M. O'Connell, G. Valdora, G. Peltzer, and R. M. Negri, *Sensors and Actuators*, **B80**, 149 (2001).

227. J. Doscher, *Using Micromachined Accelerometers in Joysticks, 3DOF and 6DOF Systems A New*

Paradigm for the Human Computer Interface,
http://www.analog.com/technology/mems/markets/consumer/Joymfsto.html

228. J. Rekimoto, *Tilting Operations for Small Screen Interfaces*, User Interface and Software Technology (UIST'96), 1996.

229. *Designing Systems with MEMS-Based Storage*, http://www.pdl.com.edu/MEMS/

230. *How DLP^{TM} Technology Works*, http://www.dlp.com/dlp_technology_overview

231. Silicon Sensing Systems Japan Ltd, *Sensors Gyroscope*, http://www.spp.co.jp/sssj/sirikon-e.html

232. *GY Series Gyroscopes*, http://www.futaba-rc.com/radioaccys/futm0807.html

233. A. Lin, R. Mullins, and M. Pung, *Application of Accelerometers in Sports Training*,
http://www.analog.com/technology/mems/markets/consumer/sports-tr.html

234. T. Henderson, *New Device Helps Runners Keep Pace*, http://detnews.com/2001/outdoors/0109/23/e12-299095.htm

235. *FS-1 Speedometer*, http://www.fitsense.com/

236. O. P. Galaasen and T. Hengl, *Robotic Technology has arrived: Personal Robots are on Their Way*,
http://www.pcai.com/Paid/Issues/AC14563/16.2_Sample/ PCAI-16.2-Sample-pg.47-Evolution.htm

237. http://www.aibo.com/

第十四章　奈米機電系統技術

14.1 前言

當微機電系統縮小至奈米境界時，一連串新奇的應用技術與嶄新的物理世界正展現在我們眼前[1]。

14.1.1 回顧與演進

在 1950 年代後期，一位有遠見的科學家理查・費曼 (Richard Feynman) 向世人丟出一個議題，懸賞美金 1000 元看誰能先做出比 1/64 英吋還小的電動馬達。當時有一位年輕人 William McLellan，以手工使用鑷子和顯微鏡成功地研發出一微小型電動馬達[2]，如圖 14.1 所示。

McLellan 的馬達現仍存放在加州理工學院 (California Institute of Technology) 展示，而當時費曼激起世人研究超微小領域的想法，也一直在許多大學、實驗室甚至在工業界持續

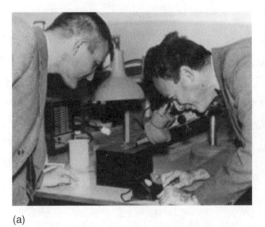
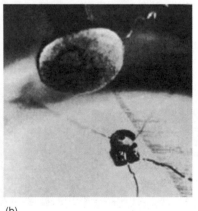

    (a)   (b)

圖 14.1 (a) 理查・費曼 (Richard Feynman) 以顯微鏡觀看由 William McLellan 所製作小於 1/64 英吋的微馬達。(b) 此 0.39 mm 寬的馬達在光學顯微鏡下的照片，上方的巨大物體是針頭[2]。

第十四章作者為張所鋐先生。

著。於 1980 年代中期建立了穩固基礎的微機電系統 (MEMS)，時至今日已經可以量產出比當時 McLellan 的原型還要小的馬達 (如圖 14.2)。回顧微機電的技術，已經陸續研發出一系列的產品應用在真實生活中，例如從單槍投影機中包含著數以百萬計的靜電式微鏡片 (micro-mirrors) (圖 14.3)，到汽車裡啟動安全氣囊的感測器。

圖 14.2 以微機電技術製作的靜電力微馬達[2]。

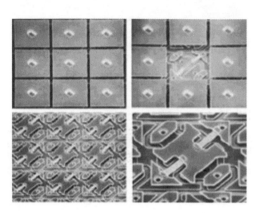

圖 14.3 靜電式微鏡片，目前存放於德州儀器 (Texas Instruments) 的 Digital Light Processor 中心[2]。

　　微機電系統代表著半導體製程與機械工程在尺寸上非常精微等級的結合，且過去十年來這個領域正以極驚人的速度成長著。現今晶片已達到線寬 0.09 μm 的程度。美國半導體公司的司庫智囊團－半導體製造技術產業聯盟 (Semiconductor Manufacturing Consortium, SEMATECH) 預言晶片在 2010 年時的特徵尺寸可下降至 70 nm。

　　面對如此的要求與進步，將現今主流的電子技術從微米尺度提升到奈米 (nanometer) 等級的時刻已逐漸成熟，奈米機電系統 (nanoelectromechanical systems, NEMS) 的研究在全球正逐步地展開。這項研究可使包含醫學、生化科技到量子力學等諸多不同領域的基礎大大地獲益。

　　從微機電技術演進到奈米機電技術及奈米科技 (nanotechnology)，再進步到分子電子 (molecular electronics) 科技，其過程請參見圖 14.4 所示。圖中的小插圖所代表的是在該領域之技術指標，若干小插圖是經過長達十年的研究才完成的。從圖 14.4 左下角的微機電技術 (MEMS) 開始，從下方順時鐘方向算起的第一張圖是一個靜電馬達，這個指標是戴聿昌博士 (現任教於加州理工學院) 所完成的，從此微機電的領域就擴大展開。接著第二張小插圖是一個齒輪組，由美國 Sandia 國家實驗室所製造。此一研發成果顯示，在大世界裡的機器，從引擎到連桿傳動元件，幾乎都可以用微機電技術來完成。圖 14.4 中第三張小圖為台灣大學微機電中心張培仁教授所完成的電感，再來就進入了奈米機電技術。圖 14.4 中

MEMS 上面第一圖是微機電製造之探針陣列,第二圖是一個矽材料的樑結構,高度及寬度大約是一微米。圖 14.4 中 MEMS 上面的第三張圖是費時超過十年的研究成果,係利用奈米機電技術所製成。當微結構的尺寸從微米到奈米階段就有很多不同的物理、電子以及化學現象,這些不同的現象以前只能透過量子力學及統計力學加以評估,如今可利用奈米機電技術製造出這樣的實驗結構並進行量測,才證實了熱傳導量子化現象,這也是一個具有歷史指標的現象。再往圖 14.4 右看是從奈米機電走向奈米科技時出現的許多新科技,像原子力顯微鏡及掃描探針顯微鏡的發明,使得奈米科技又向前大幅躍進。圖 14.4 NEMS 之右圖是 IBM 的掃描探針顯微鏡將原子的結構排列出來。NEMS 右邊第二張圖,同樣利用掃描探針顯微鏡把鐵原子排放在銅板上,發現電子在此會發生駐波的現象,這又是可以證明質點具有粒子及波動行為的一個重大實驗。NEMS 右邊順時針第三張圖表示可用掃描探針技術進行顆粒的移動甚至疊層等。「Nanotechnology」下方第一圖為奈米碳管被折彎的量測圖,接著就要朝分子電子的方向走,「Nanotechnology」下方第二圖是奈米碳管構成的單電子元件,再下方的小圖則為奈米碳管之 2 × 2 開關。

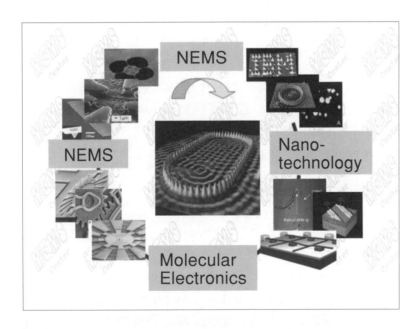

圖 14.4
微機電技術演進至奈米機電
技術、奈米科技,以至分子
電子技術。

14.1.2 微／奈米機電系統

當機械元件受一外力作用時,其反應不是變形就是振動。要量測這種「類靜力 (quasi-static forces)」時,量測器通常須具備非常小的彈性係數,以致於一個微小的外力即可造成其很大的變形量。而隨時間變化的力最好是以低耗損的機械式共振器 (low-loss mechanical resonator) 來量測,因為此共振器對於小振幅的振盪訊號會產生較大的響應。

多種機械元件可以用來量測靜力或隨時間變化的力，這些元件包含了扭矩平衡、用在掃描式探針顯微鏡的懸臂樑 (cantilever)，和兩端都固定的樑。為了追求相當高的靈敏度，有時會會使用更複雜的儀器，例如複合式共振結構 (compound resonant structure) 可以用來擷取橫向的、扭矩式的及縱向式的振動模式。

在微機電或奈米機電系統中所使用的感測器，可以將機械能轉換成電子或光學訊號，反之亦然。然而在某些狀況下，輸入感測器只是簡單地將機械元件的振動保持穩定，而當系統受到干擾時將其特徵顯示在螢幕上。在這樣的狀況下，不同於輸入訊號的干擾正是我們想要量測的，這些干擾可能包含了會影響儀器機械阻尼的壓力變化、會影響奈米級共振器質量的化學吸附物，或是會影響彈性係數及內應變的溫度變化，後面這兩個狀況對系統的淨影響是改變振動的頻率。

通常微機電系統元件的輸出可以是機械元件的移動，以下是兩個主要響應的形式：元件只能在受外力的情況下偏移，或是元件振盪的振幅可以改變。今日機械元件中使用的感測器是以一連串物理機制作為基礎，包含了壓電及磁效應的影響 (magnetomotive effect)、奈米磁力 (nano-magnet) 和電子穿隧(electron tunneling)、靜電學和光學[2] 等。

14.1.3 奈米機電系統的特點

奈米機電元件對於極小位移和極小的力，特別是針對分子等級的量測，有著革命性的改革。奈米技術已經可以製作出百億分之一克 (10^{-18} g) 且截面積為 10 nm 的微小元件，這樣的製造技術對於基礎量測及特殊技術的應用有著重大的貢獻。

機械系統依自然角頻率 (natural angular frequency, ω_0) 振動，其自然角頻率可以下式表示：

$$\omega_0 = \sqrt{\frac{k_{eff}}{m_{eff}}} \tag{14.1}$$

其中 k_{eff} 是有效彈簧常數 (effective spring constant)，m_{eff} 是有效質量 (effective mass)。假如等比例地縮減元件的尺寸，自然角頻率會隨著線尺度 (linear dimension, l) 的減小而增加，因有效質量 (m_{eff}) 正比於 l_3，由以上的敘述可以推論：有效彈簧常數 (k_{eff}) 正比於 1。以上推論直接說明了高響應頻率與響應時間和外力的關係，亦說明了欲達成快速響應不需要剛性很好的結構。奈米機電元件的特點分述如下[2]。

1. 以最進步的 10 nm 級奈米微影技術 (nano-lithography) 可製造出基礎頻率高於 10 GHz 的共振器，這樣高頻的元件是空前的，包括了微波頻率的低耗能機械式訊號及新型式的快速掃描探針技術，可應用於基礎研究，或甚至可做為機械式電腦研發的基礎。

2. 奈米機電系統的能量逸散非常低，而此特徵與系統的品質因子 (Q factor) 有關。因此，

NEMS 對於外部阻尼機制非常靈敏,而此機制對於許多感測器的製作亦非常重要。除此之外,類比於電阻之強生雜訊 (Johnson noise) 的熱機雜訊 (thermo-mechanical noise) 反比於 Q,因此高 Q 值對於共振性的和偏移性的感測器以及抑制隨機機構上的變動有著極高的貢獻,而使得這些 NEMS 元件對外力的靈敏度提高。

3. 超小的有效質量及轉動慣量的變化對於 NEMS 的影響亦是很重要的,這使得 NEMS 對於外加的質量有著驚人的靈敏度,世人所可以做出的最靈敏儀器,可被附著於儀器表面上數個原子的質量所影響。

4. NEMS 的小體積對於空間上的要求相當嚴格,而且 NEMS 的幾何外形可被修飾成只對某一個特定方向上的外力有所反應,此種彈性特性非常適合新型掃描式顯微鏡探針 (scanning probe microscope probe) 之設計。NEMS 元件本質上是低耗能的元件,這項度量可由熱量除以響應時間 (response time) 來決定,而響應時間為 Q/ω_0。舉例來說,當溫度在 300 K 時,在 10^{-18} W 等級使用的 NEMS 只會被溫度擾動所影響。因此在 10^{-12} W 級下驅動的 NEMS 其訊雜比 (signal-to-noise ratio) 會達到 10^6。即使有一百萬個這類型的儀器同時在 NEMS 訊號產生器上操作,整個系統的總能量逸失不過是百萬之一瓦。以上說明了 NEMS 在能量上低耗損的特性與傳統上藉由電子來回穿梭的電子微處理器的不同,基本上來說,NEMS 的能量耗損是遠低於後者的。

5. NEMS 或 MEMS 的元件可從矽鎵砷化物或銦砷化物中製造,而這些物質與其他物質的相容性正是電子工業的基礎。因此,一些輔助性的 NEMS 元件,例如感測器,均可與這些電子元件製作於同一個晶片上,意味著晶片將更趨複雜並具有更多的功能。

14.2 奈米機電系統的元件

　　MEMS 或 NEMS 製程與半導體製程具有許多相似性及相容性,其製程技術皆是先以一結構材料當作基材,經過薄膜沉積、光罩、微影、蝕刻封裝及測試等製程,製造出微／奈米尺寸的結構。若結合電子束微影 (electron beam lithography) 技術及微機電加工製程,可製作完成次微米至奈米尺寸的單晶矽結構,因尺寸微小,使得材質本身的晶體結構接近完美狀態。以共振頻率在微波範圍而言,此類次微米結構具有極高的品質因子與機械強度。

　　這些製程可重複好幾次並結合不同的沉積步驟,以製造出更複雜的微／奈米結構。此種彈性的製程可使異質結構的層數達到幾十層,因此若包含控制和量測技術的元件在內,微／奈米結構將更趨複雜化及高功能化。

14.2.1 奈米機電機械共振器

　　圖 14.5 為利用電子束微影製成的矽材料奈米懸臂樑結構,長 7.7 μm、寬 0.33 μm 及高 0.8 μm。圖中四周較大的結構是它的電極或是用來固定的部位,可看到下面蝕刻後所產生

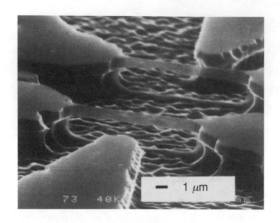

圖 14.5 持續地改善微奈米製程可以進一步
　　　地達成更理想的奈米結構[3]。

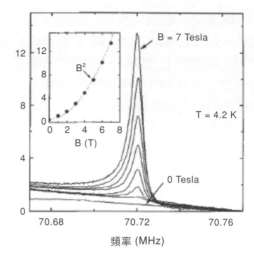

圖 14.6 溫度 4.2 K、磁場強度範圍 0－7 T、驅動振
　　　幅 10 mV 時，圖 14.5 所示之結構被誘導
　　　出之電磁力為驅動頻率的函數。(註：在共
　　　振頻率時，被誘導出之電磁力為磁場強度
　　　的函數；附圖之縱軸坐標與主圖相同。)[3]

的波浪粗糙面。其中困難的地方不只是在於它的寬度只有 0.33 μm，在進行直樑的蝕刻步驟
時，須要在樑的兩側面及上面加上保護層，蝕刻後會剩下高度 0.8 μm 的部分。以此為例，
其共振頻率是 70 MHz，而品質因子非常高，為 20,000。高品質因子代表共振的時候會有極
大的振幅。在奈米機電的應用上，可以利用它的超高頻率及可量測極小力量的能力。此外
還有一個優點，就是阻尼 (damping) 值非常小，因此在共振時可以彈跳很高。

　　利用上述的技術，即能製作出矽材料的樑。在 4.2 K 的溫度下量測這些結構的共振特
性，首先將樑置於真空中，用超導線圈外加一垂直長軸方向的磁場。使用金為電極，將之
連接到一載具晶片，再經由短的銅線連接到不鏽鋼同軸電纜，將訊號傳至室溫下的分析系
統。分析系統驅動一交流電，軸向通過待測的樑，交流電通過方向垂直的磁場即會產生勞
倫茲力 (Lorentz force)，使得樑在垂直電流和磁場的方向振動，而樑的運動在磁場中會產生
電動勢 (EMF)，量測系統便可量測此電動勢而得到樑的共振特性。圖 14.6 為此一實驗的量
測結果。樑的機械共振頻率 (mechanical resonance frequency) 可由下式得到：

$$f = 1.03 \sqrt{\frac{E}{\rho}} \frac{t}{L^2} \tag{14.2}$$

其中 E 為楊氏係數，ρ 為密度，t 為振動方向之樑寬，L 為樑之長度。

量測了數個不同幾何形狀之樑的基頻，其響應頻率在 400 kHz 至 120 MHz 的範圍之間，品質因子則在 10^3 到 10^4 之間。圖 14.5 中的樑在 0 至 7 T 磁場中的響應顯示於圖 14.6，其中響應頻率為 70.72 MHz，品質因子以 Lorentzian 曲線來作響應形狀的逼近計算後，約為 1.8×10^4。圖 14.6 中的小插圖顯示磁場所感應的響應峰值是一磁場的函數，而且正如所預期的，被激發所產生的電動勢大小為磁場的平方倍。

14.2.2 奈米機電撓性共振器

撓性共振器 (flexural resonator) 的製作需要結合光學蝕刻微影術和電子束微影術，目前在奈米的研究領域中，電子束微影術的重要性之所以提高，是因為光學微影術的解析度受限於光的繞射極限，而電子束微影術以高能電子直接穿透到樣品內，擁有焦距深度大、可高度自動化與精確控制操作，且不需經由光罩即可直接於晶片上雕刻出圖形等優點，使它能製作出奈米的光阻幾何圖形。雖然電子束微影術的解析度不受限於繞射 (因為相對應 keV 能量電子的波長小於 1 Å)，但卻受限於電子散射。當電子穿透光阻層及基板時發生碰撞，而使能量散失並改變途徑，是故電子束曝光點的周圍亦引發輻射 (散射結果)，此現象稱為「近接效應 (proximity effect)」。近接效應決定了兩柱型圖樣相隔的最小空間。光學蝕刻微影術適用於較大面積的圖形定義，電子束微影術則可製作共振器的金屬電極。

碳化矽 (SiC) 是非常重要的半導體與機械元件材料，在頻率要求相當高的奈米裝置中，也是很好的材料，因為它可以同時兼顧很高的振動頻率與靈敏度，相較於其他材質，也具有較好的化學穩定度。微米級的 SiC 可使用體型微加工 (bulk micro-machining) 與面型微加工 (surface micro-machining) 製作。

奈米級的 3C-SiC 則採用另一種新的製程，並不使用濕蝕刻。圖 14.7 所示的懸臂樑特別採用了乾蝕刻，可以避免濕蝕刻所引起之表面張力的潛在瑕疵，更可以免去適應臨界點的溫度限制。該製程首先在 1330 °C 下利用常壓化學氣相沉積 (atmospheric pressure chemical vapor deposition, APCVD) 法在 100 mm 直徑的 Si⟨100⟩ 上附著 259 nm 的單晶 3C-SiC 膜，其中矽甲烷 (silane) 和丙烷 (propane) 是製程氣體 (process gases)，氫氣為載流氣體 (carrier gas)，接著進行大面積接觸的光學蝕刻，然後將 Cr 蒸鍍在 Si 上，再進行標準的剝離 (lift-off) 製程，接著在 Cr 樣品鋪上兩層 PMMA，再用光學微影蝕刻進行平面圖形之定義 (patterning)，經過曝光顯影後將 30–60 nm 的 Cr 蒸鍍上去，再用丙酮進行標準剝離，最後利用非等向性電子迴旋共振電漿蝕刻 (anisotropic electron cyclotron resonance (ECR) plasma etching) 將 Cr 光罩圖案轉移至 3C-SiC 下面 (使用的電漿流量及氣體為 10 sccm NF_3、5 sccm O_2、10 sccm Ar，在 3 mTorr 的壓力下，蝕刻的速率大約為 65 nm/min)。

垂直蝕刻裝置的部分則利用等向性 ECR (electron cyclotron resonance) 對 Si 進行選擇性局部蝕刻 (使用的電漿流量及氣體為 25 sccm NF_3、25 sccm Ar，在 3 mTorr 下，偏壓 100 dc)，而且發現單獨的 NF_3 或是單獨的 Ar 並無法對 SiC 進行蝕刻，用此種蝕刻可以讓懸空結構和基底的距離在 100 nm 之內。

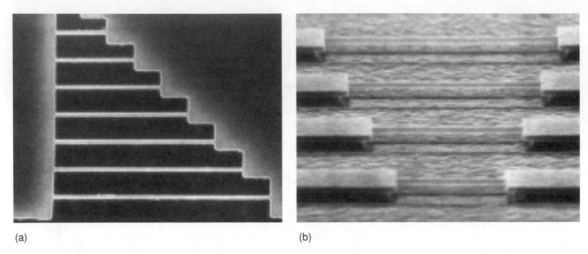

(a)　　　　　　　　　　　　　　　　　　(b)

圖 14.7 兩端固定的碳化矽 (SiC) 懸臂樑，(a) 寬 150 nm、長 2－8 μm，(b) 厚 600 nm、長 8－17 μm[4]。

　　將 Cr 光罩用 ECR 蝕刻移除後，將剩下的裝置金屬化，接著上電極，熱蒸鍍上 5 nm Cr 和 40 nm Au，在大面積接觸的地方則蒸鍍上 5 nm Cr 和 200 nm Au。裝置完成後在 4.2－295 K 的低溫恆溫器中進行超導體螺旋管的磁場量測，其頻率大約分布在 6.8－134 MHz，Q 值則介於 1000 和 10000 之間，而研究發現，在室溫下所得之 Q 值只比低溫下量測的低 4－5。由 SiC、Si 或 GaAs 材料所製成之相似結構樑 (長 L，寬 t) 的振動，樑內部本身的應力對頻率的影響並不顯著，圖 14.8 顯示長度 8 μm、寬度 600 nm、厚度 259 nm 的樑在溫度 20 K 下的量測反應，亦即共振頻率隨有效幾何尺寸因子 (effective geometric factor, t/L^2) 變化的情形。

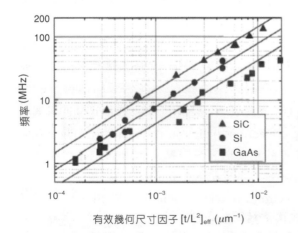

圖 14.8

SiC、Si 及 GaAs 三種材料之共振頻率對有效幾何因子的關係圖，所有裝置的圖形所定義的軸都沿著⟨100⟩ 面，實線是利用最小方歸法所畫出之近似線[4]。

　　當撓性共振器共振元件外接一些電路，將元件置於一交叉電場內，再讓電流通過共振器上金屬薄膜，由於勞倫茲力 (Lorentz force) 會引起位移變形，可再以感測器量測出共振器之位移變形量。

　　由於共振器最好具有較高的振動頻率，所以須慎選材料，其中氮化鋁 (AlN) 對於半導體工業有相當大的助益，因氮化鋁薄膜具有許多優異的特性，例如高超音波速率、具壓電性、高溫穩定性、高電阻率、熱傳導係數高、高硬度、高能隙及高機電耦合因子等。且 AlN 材質非常的輕，它的密度 3255 kg/m、楊氏係數 345 GPa、C 軸聲速 22.4 m/s，壓電係數 1.5 c/m，比起 Si、SiC、GaAs 都有更良好的性質。現在得知 AlN 可以達到高於 80 MHz 的振動頻率，Q 值大於 20,000，因為它具有高超音波速率與大的壓電耦合因子，所以最主要的應用是作為高頻率表面聲波元件的壓電基板材料。

　　AlN 是以矽為基底，並利用有機金屬化學氣相沉積法 (metal organic chemical vapor deposition, MOCVD) 合成之材料。MOCVD 是經由氣流傳輸反應物到沉積基板上，以氣閥控制氣流量，藉由氣體管路系統的特殊設計，去除管路的暗空間，並降低成長速率，達到超晶格結構的成長需求。MOCVD 技術有利於大量生產，但對於厚度的控制卻較為不易。一般而言，MOCVD 適合生產異質接面雙載電晶體元件。欲成長 AlN 薄膜於 Si ⟨111⟩ 晶片上，可在低壓的環境下使用 MOCVD 法，接著利用電子束蝕刻和金屬薄膜蒸鍍，電極部分再用氯基底反應離子蝕刻，最後將矽基座移除後即可完成。上述為製程的大綱，下面將詳談製程中的重要細節。

　　在 AlN 的製造過程中，三乙基鋁 (triethylaluminum, TEA) 和 ammonia 是用來與 Al 和 N 反應的中間產物進行反應，以氫氣為反應中的懸浮氣體，低壓環境是為了使 TEA 的氣態能均勻調和且減少前置反應 (pre-reaction)。Si 薄膜則需要在濃度 10% 的氫氟酸中進行蝕刻 20 秒，接著在 900 °C 的氫氣中加熱 10 分鐘，在基底表面溫度維持約 550 °C、TEA 的劑量為 0.6 $\mu m \cdot$mole/min 且 NH$_3$ 的流量為 1.1 mole/min 的環境中，讓 AlN 晶核層到達 25 nm，接著 AlN 在 1000 °C 下會以 0.15 μm/h 的速率附著成長，此時 TEA 劑量為 0.9 $\mu m \cdot$mole/min，使得三五族比例 (V/III ratio) 為 12000。

　　電極部分包含了 3 nm 厚的 Ti、35 nm 厚的 Au 及 60 nm 厚的 Ni，其中 Ni 作為光罩。電極經過非等向性氯基底反應離子蝕刻 (RIE)，反應離子蝕刻乃是結合電漿態中反應物種的化學活性，以及引起離子撞擊的物理影響，以達成蝕刻的一項技術。再以透過加速獲得能量的正離子來撞擊試片，在放置試片的極板上加一負偏壓，且操作壓力為僅在 10 −200 mTorr 之間的低壓狀態，屬於非等向性蝕刻程序 (anisotropic etching process)，再附加於 AlN 薄膜上，其中氯氣流量為 10 sccm，而反應室內壓力為 5 mTorr，此時 AlN 蝕刻速率約為 150 nm/min。接著使用蝕刻劑將 Ni 去除，再將 Si 基底以等向性蝕刻去除，最後以甲醇清洗整個物體並放置空氣中風乾，則製程結束，完成之電極如圖 14.9 所示。在溫度 4.2 K 和橫向磁場 8 T 的作用下，由上述量測技術可得如圖 14.10 的結果[3]。

圖 14.9

四支氮化鋁 (AlN) 樑的電子顯微鏡照片，中段最細
的樑其長度大約分布在 3.9 到 5.6 μm，樑厚 0.17
μm、寬 0.2 μm，樑兩端的寬度加到 2.4 μm[5]。

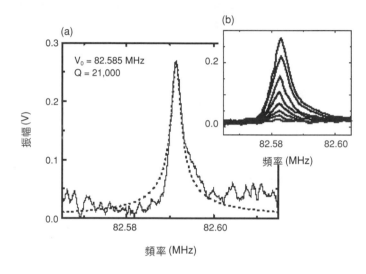

圖 14.10

(a) 在溫度 4.2 K 和橫向磁場 8 T 的
作用下，施以 −85 dBm 功率對長度
3.9 μm 的樑進行位移量測，(b) 在溫
度 4.2 K、磁場由 1−8 T 變化下，功
率為 −75 dBm，對長度 3.9 μm 的樑
進行位移量測[5]。

14.2.3 槳形振盪器

　　由微／奈米機電製程所完成的槳形振盪器 (paddle oscillator) 如圖 14.11 所示，為三層結
構[6]。其製程為先在單晶矽上長出 400 nm 之氧化層，再於單晶矽上利用電子束微影 (e-beam
lithography)、熱蒸鍍 (thermal evaporation) 及光阻剝離 (lift-off) 等 NEMS 製程加工完成，最
後再將微結構接合於另一矽基上，如此槳形振盪器便懸空於矽基 400 nm 之上。此槳形振盪
器的尺寸為 $a = 200$ nm、$b = 175$ nm、$w = 2$ μm、$h = 400$ nm、$L = 2.5$ μm)，其將操作於 10^{-4}
Torr 的小型真空腔內，並以氦氖雷射及光感測器作為檢測系統。

　　在實驗中，將會在 1−10 Hz 之間觀測到兩組不同模態及共振頻率。此兩組共振頻率如
圖 14.12 所示，分別由平移及扭轉之模態主控支配。平移及扭轉之振形如圖 14.13 所示。將
所得實驗數據代入 $f = K \cdot d^b$，可以得到平移模態之共振頻率指數係數 $b_1 = -0.5 \pm 0.1$，扭轉
模態之共振頻率指數係數 $b_2 = -1.6 \pm 0.15$。其中 f 為共振頻率，d 為振盪器翼寬，b 為指數

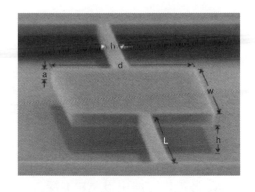

圖 14.11

槳形振盪器外觀的電子顯微鏡照片[6]。

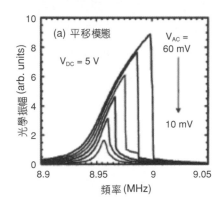

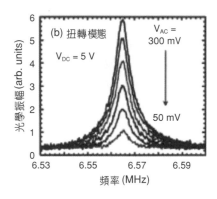

圖 14.12

振盪器頻率響應 ($d = 3$ μm)，(a) 平移模態，(b) 扭轉模態[6]。

係數。其結果與振動學模型計算出之理論值 $b_1 = -0.5$、$b_2 = -1.5$ 相當吻合。

　　由光學檢測系統可得扭轉模態之振幅與參考電壓成線性比例。在微小位移的條件下，可如預期得到驅動電壓振幅、振盪器對應振幅及光學檢測訊號之間的線性關係。但在平移模態下，即使在最低的驅動電壓振幅時，其亦呈現非線性關係。

　　此振盪器製作成蜂巢狀陣列，如圖 14.13 所示，可應用於光通訊開關或力的偵測上。

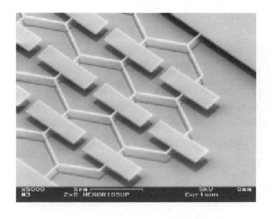

圖 14.13

蜂巢狀槳形振盪器陣列[6]。

14.3 奈米機電系統的應用

　　NEMS 技術的應用範圍非常廣泛，在量測學和基礎科學方面，包括了運用機械方法偵測奈米等級的帶電量及熱傳導研究。

14.3.1 運用奈米機電技術的資料儲存裝置

　　以電磁力為基礎的儲存方式，由於超順磁性極限的限制，最大的儲存密度約為 100 Gbit/in^2。目前的硬式磁碟機產品已經朝此一目標前進。IBM 最近則發展出以 AFM 探針陣列做為資料儲存的方式[8]。

　　其基本原理即使用熱變形及熱偵測的機械 (thermo-mechanical) 方法。可參考圖 4.14 所示之兩懸臂樑支架的矽結構，尺寸為長 70 μm、厚 1 μm，藉離子佈植 (ion implantation) 法可製作電阻值偏低的兩支架處結構，而矽前端處則具有較高的電阻，以作為加熱器。利用 AFM 探針對 PMMA (壓克力材料) 加壓加熱產生微小孔洞，即能用於資料儲存，再利用 AFM 探針掃描 PMMA 基板，測試探針到 PMMA 基板之間的熱傳率，來辨別凹洞是否存在，即能讀出資料。

　　由於此一動作需要比磁力讀寫頭花費更多的時間，若要實用化，則必須製成如圖 14.15 的陣列型式，才能快速存取。目前 IBM 的研究團隊已經製作出了 32 × 32 陣列的原型機，儲存密度達 400 Gbit/in^2。預估此技術的發展，儲存密度將可達 1 Tbit/in^2，在郵票大小的面積上即可儲存相當於 25 片 DVD 的資料。

　　機構的作動方式可參考圖 14.14 及圖 14.15，利用電阻加熱同時讓懸臂樑彎曲，使 AFM 探針向 PMMA 方向移動並加熱 AFM 探針。全結構皆使用微／奈米機電製程製作，在矽基材上，植上所需的平面結構形狀，最後再使用非等向性蝕刻技術，將平面結構從矽基材上釋放成為一懸臂樑結構。寫入資料時，需將探針加熱到 500－700 ℃。寫入資料後產生凹洞的 PMMA 如圖 14.16 所示，其中圖 (a) 的大小約為 40 nm，間距為 120 nm，PMMA 厚度為 70 nm，圖 (b) 的凹洞密度約為 400 Gbit/in^2，圖 (c) 的凹洞密度達 1 Tbit/in^2。。

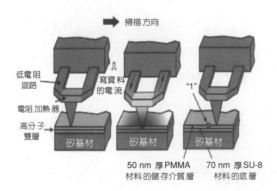

圖 14.14 IBM Millipede 資料儲存裝置基本原理[8]。

圖 14.15 AFM 陣列資料儲存示意圖[8]。

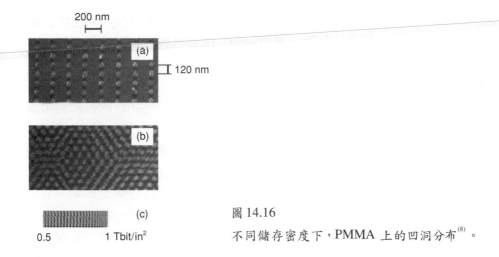

圖 14.16
不同儲存密度下，PMMA 上的凹洞分布[8]。

14.3.2 原子力顯微鏡下操作的奈米碳管夾子

此為一個具有兩根奈米碳管 (carbon nanotube) 的奈米夾子(nanotweezer)，可於原子力顯微鏡 (AFM) 下以電機的方式操作。其製程是在掃描式電子顯微鏡 (SEM) 影像幫助下，使用原子力顯微鏡奈米碳管探針的製造技術。奈米夾子使得奈米立體結構的建立成為可能[9]。

奈米碳管是以電弧放電的方法製備，因此為多層奈米碳管，長約 1 至 5 μm，直徑平均為 10 nm。奈米碳管卡匣的製造，是以電泳的方式將奈米碳管對準放置好的刀片刀鋒進行組裝。

AFM 的矽懸臂樑是奈米夾子的基礎結構，在矽針尖上鍍一層鈦／鉑鍍層後，將三條鋁導線以光蝕刻技術連接至鈦／鉑鍍層，如圖 14.17(a) 所示。鈦／鉑鍍層以聚焦 Ga 離子束 (focused ion beam) 切割成兩個獨立的部分，分別連接至兩條導線以及單條導線，如圖 14.17(b) 所示。直流的電流將會經過這些導線並傳至兩獨立的鈦／鉑導電層來操作奈米夾子。

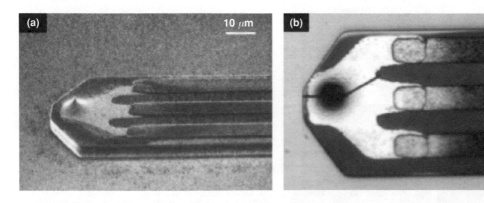

圖 14.17 作為奈米夾子之基礎結構的矽懸臂樑 SEM 照片。(a) 一片針尖上的鈦／鉑鍍層連接至鋁導線。(b) 此一鈦／鉑鍍層被切開為兩部分，並分別連接至一條及兩條鋁導線[9]。

　　奈米碳管的組裝是在一特殊設計的場發射掃描式電子顯微鏡 (field-emission SEM) 下進行，在此一顯微鏡內有三組獨立的致動平台。在此實驗中，兩個移動平台主要用來進行奈米碳管的組裝：一個移動矽懸臂樑，一個移動奈米碳管卡匣。而第三個移動平台則裝置一鎢針，當奈米碳管已經由卡匣轉移至矽針尖後，用來細調奈米碳管的位置。進行組裝時，一鍍有金屬鍍層的矽針尖會與卡匣中的目標奈米碳管接觸，此時一非結晶的碳薄膜被沉積於接觸部位。這些沉積的污染物大部分是 SEM 腔室中的碳氫化合物，可以被電子束所清除。最後奈米碳管將會被拉出卡匣。在另外一邊鍍有金屬鍍層的矽針尖上也會裝上一根奈米碳管。第三個移動平台上的鎢針會將兩根奈米碳管調整成平行，而且以沉積的碳薄膜將奈米碳管根部固定。為了與外界絕，緣整個奈米碳管表面會鍍上一層碳薄膜 (幾個 nm 厚)。在兩個奈米碳管手臂相接觸時或是夾起導電的粒子時，這層碳鍍膜可以防止巨大電流的產生。

　　圖 14.18 顯示的兩根奈米碳管長 2.5 μm，初始間距 780 nm，間距會隨著施加電壓的增加而減少。兩奈米碳管突然的互相接近，不是因為奈米碳管本身的挫曲所造成，而是奈米碳管在靜電吸引力與彎曲扭矩之間失去平衡所致。而且區域性的機械強度不足造成左邊奈米碳管明顯彎曲。當 $V = 0$ V 時，他們會回到初始位置，這表示他們可以被視為均勻且連續的彈性材料。量測三組不同直徑的奈米碳管與施加電壓的關係變化，結果如圖 14.19 所示。

14.3.3 單晶矽懸臂樑超微小力之量測

　　一個由微機電技術的熱蒸鍍製程所製造出的鈷針頭 (cobalt evaporated tip) (圖 14.20)，為考量懸臂樑對力量測的解析度，其量測必須在真空環境中，同時在室溫及 4.8 K 下，使用光纖干涉儀 (fiber optic interferometer) 進行。懸臂樑的彈性係數在室溫下 ($T = 295$ K) 是利用 $k = k_B T/(x_{rms})^2$ 進行估計。其中 x_{rms} 是針頭的均方根位移 (root mean square displacement)，係利

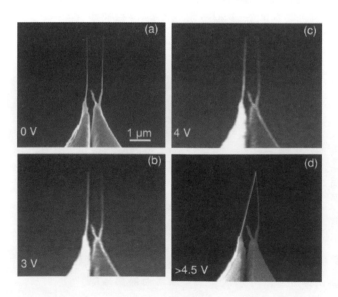

圖 14.18

SEM 影像顯示奈米夾子上奈米碳管的動作與施加的電壓有關[9]。

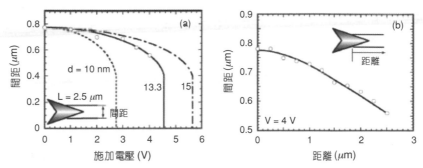

圖 14.19 (a) 三種不同直徑奈米碳管之奈米夾子的施加電壓與兩奈米碳管之間距的相關性。(b) 當施加電壓固定為 4 V，奈米碳管直徑為 13.3 nm 時，兩奈米碳管位置與間距關係圖。實線部分為數值計算結果，係以長度為 2.5 μm、楊氏係數為 1 TPa 來計算[9]。

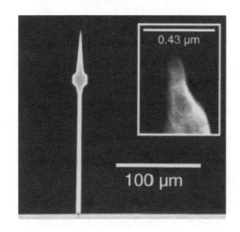

圖 14.20

厚 600 Å、共振頻率為 1.7 kHz 的鈷針頭光學顯微鏡照片。插圖是電子顯微鏡所拍攝出來的針頭，其曲率半徑為 450 Å[10]。

用 $x_{rms} = cx_{p,rms}$ 估算得知，此處 $x_{p,rms}$ 代表量測時在槳片 (paddle) 處由振動雜訊頻譜所產生的均方根熱雜訊振幅 (root mean squared thermal noise amplitude)，c 表示在針頭與槳片處位移振幅的比值。以圖 14.20 中 600 Å 厚的懸臂樑來說，典型的 c 值為 1.6，$x_{p,rms}$ 是 155 Å，$x_{rms} =$ 250 Å，而 $k = 6.5 \times 10^{-6}$ N/m。以此方法量測的彈性係數與利用有限元素法分析所得的結果比較，誤差在 10% 以內。

在溫度為 4.8 K 時，x_{rms} 降至 27 Å，此時 $x_{rms} = 43$ Å。將這個值與懸臂樑其他參數 (基礎共振頻率 $f_0 = 1.7$ kHz、品質因子 $Q = 6700$) 合併考慮，則可產生 5.6×10^{-18} N/$\sqrt{Hz}$ 的力雜訊頻譜密度 (force noise spectral density)。其量測的 x_{rms} 將比理論上的 32 Å 大一些，這項些微的偏差可能是因為雷射熱殘留或是環境擾動所造成。

為實現原子力偵測，懸臂樑必須放置一個約 1 mm 的電極，用來產生一靜電力，使懸臂樑在共振頻率下振動。圖 12.21 顯示了用干涉儀和鎖相放大器 (lock-in amplifier) 所測得懸臂樑振動振幅的時間軌跡 (time trace)。當靜電力開啟時，懸臂樑達到一穩態振幅 370 Å$_{rms}$。基於前面所求得的 k 和 Q 值，會產生一個 36 aN$_{rms}$ (atto-Newton, 10^{-18} N) 的力。使用由樑的自

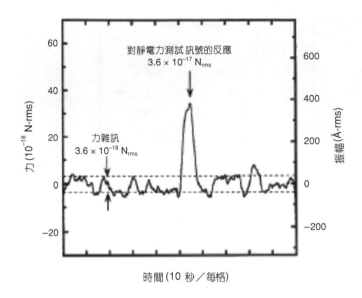

圖 14.21

懸臂樑振動振幅的時間軌跡圖，顯示
了雜訊和 36 aN 靜電力的振盪情形。右
邊的刻度是懸臂樑的振動振幅，而左
邊的刻度是相對應的力振幅。從量測
的雜訊等級得知，力解析度估計為 3.6
aN[10]。

然頻率所控制的偵測頻寬 (detection bandwidth)，當 3.6 aN 的雜訊等級被量測時，將會產生
大小為 10 的訊雜比。

14.3.4 磁共振力顯微鏡學

　　磁共振力顯微鏡學對於從分子生物學到材料科學等諸多領域有巨大的衝擊。利用磁共
振力顯微鏡 (magnetic resonance force microscope, MRFM) 偵測單自旋 (single-spin) 共振現象
時，需要量測超微小力 (attonewton force)，其數量級比利用原子力顯微鏡 (AFM) 所量測的
pico (10^{-12}) 等級更小。單晶矽懸臂樑 (ultra-thin single-crystal silicon cantilevers) 可以達到此等
級的解析度，在實際應用上，可以在頻寬 1 Hz 下量測到 5.6×10^{-18} N 的力。

　　此力偵測設備如圖 14.22 所示，於室溫下裝設有一超導磁鐵，且為避免懸臂樑造成之空
氣阻力，在壓力小於 10^{-3} Torr 真空環境中操作。試片係由 12 奈米克 (ng) 的硝酸銨所構成，
並黏合於材料為 Si_3N_4 之懸臂樑上。選擇硝酸銨作為試片材料，是因為它含有大量的氫粒子
(質子)，而且它緩和的行為非常適用於週期性的絕熱倒置現象 (adiabatic inversion)。此實驗
於室溫下操作，藉由直徑 0.8 mm 的線圈 (繞 2.5 圈)，並以 100 MHz 之無線電頻率激發產生
磁核共振 (NMR)。Z 方向之試片材料因週期性絕熱倒置現象而被磁化，且對倒置現象施予
一具有模組化的頻率，使得倒置現象產生振盪。振盪磁化現象於一不均質場的磁力作用下
將會產生振盪磁力，而使得懸臂樑產生振動。此振動量的大小可由光纖干涉儀及鎖頻放大
器來量測。

　　如圖 14.23 所示，本設備之懸臂樑厚度僅 900 Å，彈性係數為 10^{-3} N/m。此彈性係數更
低於一般 AFM 所使用的探針懸臂樑之彈性係數的 1/30。此懸臂樑之機械共振頻率為 1.4

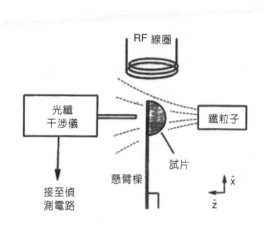

圖 14.22 磁核共振力偵測實驗裝置[11]。

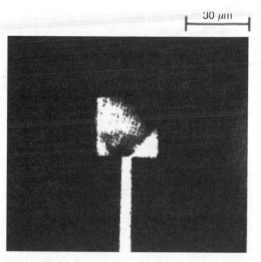

圖 14.23 厚度 900 Å、材料為 Si_3N_4 之懸臂樑的光學顯微鏡照片，此懸臂樑之頸部尺寸為長 50 μm、寬 5 μm。

kHz，且於真空下其品質因子 Q 值為 3000。

　　力靈敏度之均方根 F_{min} 為 5×10^{-16} N，且於共振頻率下測得懸臂樑之鎖頻時間常數為 1 秒。此優異的靈敏度係歸因於懸臂樑具有非常低的彈性係數與相當高的 Q 值所致。

　　對於磁核共振的研究，可藉奈米機電技術完成超薄之懸臂樑製程，以改善力偵測靈敏度達 5×10^{-16} N，可於高磁場 (2.35 T) 中操作且增加核極化能力，並可藉由週期性之絕熱倒置現象調整磁化的強度。若再配合數百奈米磁鐵粒子參與作用，可產生出 600 T/m 的磁場梯度。此磁核共振結果導致單一量測具有 1.6×10^{13} 個質子的解析度，相當於空間解析度為 2.6 μm。

　　上述技術可應用於磁共振力顯微鏡學 (magnetic resonance force microscopy, MRFM)[12]。目前核磁共振 (nuclear magnetic-resonance) 已普遍地應用於醫學攝影上，這項技術揭露出一個事實，大部分的細胞核都有內部的磁力矩或「自旋 (spin)」，可與外加的磁場作用，然而需要 $10^{14}-10^{16}$ 個細胞核才能產生一個可以被量測的反應訊號，也就是說，需要大量的原子核才能產生可以偵測到的訊號，而這麼多的原子核其大小大約是一毫米 (mm) 等級，因此醫院進行腦部細胞掃描的解析度大約是一毫米。這就限制了早期異常細胞的偵測與治療。

　　NEMS 技術大幅提高對微小細胞的偵測能力，使得 MRI 的解析度從一毫米進展到一微米。假如腫瘤在一微米大小時就可以被偵查到，對於醫療有相當大的助益。圖 14.24 顯示一個原子力顯微鏡的懸臂樑[13]，下面有個探針，探針下面放一個奈米微粒 (nano-particle) 等級的磁鐵。當磁場導通的時候，人體內細胞的細胞核會對磁場反應，與奈米磁鐵反應產生一個反作用力，使得懸臂樑振動，這時用 AFM 的原理就可以偵測此輕微的振動量，而且可以量到 10^{-18} N。這是微機電加上奈米科技對人類產生極大貢獻的例子。

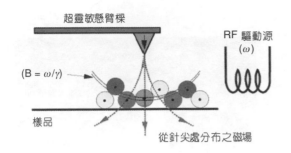

圖 14.24
磁共振顯微裝置[13]。

14.3.5 單電子電晶體位移感測

　　一種藉由單一電子電晶體 (single electron transistor, SET) 測量非常微小位移的方法正在研發中。該量測元件包含了兩端固定的撓性樑 (double-clamped flexural beam)、電容器及 SET，如圖 14.25 所示。其原理係利用 SET 量測撓性樑的微小位移。在元件機構中的樑會上下振動，使得電容的面積一直在改變，也使得電容值改變，而在撓性樑上加有偏壓，所以電容改變會造成電壓改變，進而造成流經 SET 的電流改變，再由 SET 判斷撓性樑的微小位移量。以 SET 代替以往類似的場效電晶體 (field effect transistor, FET) 裝置，最主要是反應速度上的快慢，SET 的反應速度可以跟得上頻率非常高的振動，而達到要求。

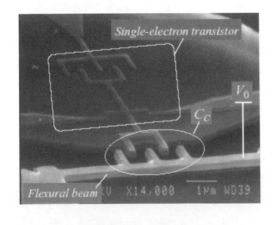

圖 14.25
包含交指式(interdigital) 電容的撓性樑與SET 相連接，振動撓性樑並在撓性樑的電容上加上直流偏壓，撓性樑的位移會改變電容電壓而控制流經SET 的電流[14]。

14.3.6 奈米級機械式電子錶[15]

　　與目前的半導體感測器相較，奈米機械電子尺的靈敏度可達 0.1 eHz$^{-0.5}$。此外，氣流擾動所造成的雜訊分析，顯示奈米機械電子尺可有效地達到 10^{-6} eHz$^{-0.5}$，此係與低溫單電子電晶體 (cryogenic single-electron transistor) 的電量偵測性能比較的結果。奈米等級的電子尺還有可在高溫 (≥ 4.2 K) 操作與反應的特點，並有較大的頻寬，其應用將更趨多樣化。

　　奈米機械電子尺的電子顯微鏡照片如圖 14.26 所示，包含了三個主要元件：電極 (用來感受當一個微小電量加入時的吸力)、可反應此吸力而移動的柔順機械元件 (compliant mechanical element)，和一個顯影此動作的位移偵測器。此儀器包含了三個電極：兩個用來感應和量測結構的機械響應，另一個用來耦合電量 (coupling charge)，此耦合現象會改變響應。另有一個外加的平行磁場作為輸出。在實際的裝置中 (如圖 14.26(a))，此結構的基礎共振頻率是 2.61 MHz，品質因子 Q 值為 6500；閘和共振器之間的耦合電容值 C 為 0.4 fF。共振器是由單晶矽放置於基質上所製成，也就是將 0.2 μm 厚的矽層放在 0.4 μm 的絕緣層上。金電極和共振器結構由電子束蝕刻而成，結構邊緣特徵的最小值約為 0.2 μm，所以需要更精微的顯微鏡來偵測這些儀器，這可使頻寬提升至 GHz 的境界。

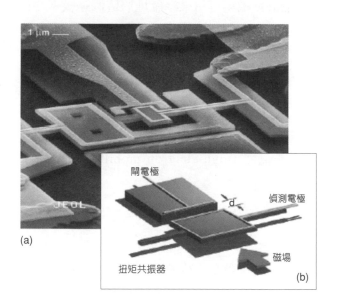

圖 14.26
(a) 奈米級電量偵測器，(b) 其主要的幾個元件：扭矩機械式共振器、偵測電極和用來將電量耦合至機械元件的閘電極[15]。

　　為了能精確使用電子量測技術，可以監看扭矩共振器中感應電量的改變，以及在電量模數 (charge modulation, G_{eff}) 下共振頻率的改變。前述方式若品質因子高的話，靈敏度會特別高，使用頻率模數檢測已可獲得較高的靈敏度及較大的測量頻寬。

　　這些實驗性的原型說明了奈米級機械尺可提供極高電荷靈敏度的量測新方法，並提供比單一電子電晶體更廣大的頻寬。與單一電晶體需要極低的 mK (milli-Kelvin) 溫度比較而言，另一個更進一步的優點是能在 4.2 K (甚至更高) 的溫度下操作。這開啟了幾項技術的可能性，諸如單一光子光測試照相技術 (single-photon photo-detection) 或是超高靈敏度掃描式電子尺 (ultra-sensitive scanned electrometry)。

14.4 未來展望

14.4.1 奈米機電系統的挑戰

　　現在的電子蝕刻技術和奈米製造技術已經可以將半導體奈米結構推向 10 nm 以下，但似乎仍有些問題阻礙了實際的應用，以下是三個主要的挑戰[2]：(1) 如何溝通奈米世界與現實世界之間的訊息，(2) 瞭解並控制介觀力學 (mesoscopic mechanics)，(3) 發展具高重複性的奈米製造技術。

　　奈米機電系統顯然是一個非常微小而精密的系統，所以在操作時系統的偏差或振動都是在一個極小的範圍裡。舉例來說，一個直徑為 10 nm 的電子束，在奈米製程的蝕刻中，其位移量僅僅是一奈米的一小部分，要製作一個高靈敏度可用來準確地將這個等級下的位置資訊讀出來的感測器，其準確度可能要遠比電子束在蝕刻時的位移量還小得多，而且伴隨自然頻率的提升而來的是體積的減小。若相較於以往的微機電系統，一個理想的奈米級感測器必須具備有解讀出 $10^{-15} - 10^{-12}$ m 位移量及 giga-Hz 頻寬能力的兩項條件[2]，故其所面對的挑戰更大了。

　　有些在微機電領域裡仍舊使用的感測器並不適用於奈米領域中，然而在這個有趣的奈米世界中，有幾個新的概念要提出[2]，包括積體近場光學 (integrated near-field optics)、奈米磁力 (nano-scale magnet)、具高電子移動力的電晶體 (high-electron mobility transistor, HEMT)，均待深入研究。

14.4.2 接近或超越量子極限

　　奈米機電元件的操作極限將是量子極限，甚或是超越量子極限，現今最尖端的奈米機械元件已經瀕臨此一界線了。對於 NEMS 可否達到此一境界的關鍵是熱能 (thermal energy) $k_B T$ 和 hf_0 量 (quantity) 之間的關係[7]，此處的 k_B 是波茲曼常數 (Boltzmann's constant)、h 是普朗克常數 (Planck's constant)、f_0 是機械式共振器的基礎頻率，而 T 是溫度。當元件的溫度低且頻率夠高足以使 hf_0 達到 $k_B T$ 時，熱擾動將會比影響內部最低振動模式的量子雜訊還低。在此極限下，均方根振動振幅 (the mean square amplitude of vibration) 將可被量化，且振幅可假設為 $hf_0 Q/2k_{eff}$ 的整數倍[7]。

　　儘管有這項明顯的挑戰，在不久的將來，應該可以觀察到 NEMS 中的量子現象。即使是 1994 年第一部以高頻運作的共振器，若將其溫度降低至 100 mK，也只有矽有 20 個量子的狀態可以在最低的基礎模式下被激發，這樣的溫度卻可以用氦稀釋冷卻器而達到。所以必須留心的問題是，在奈米等級下的共振元件中是否可觀察到量子化振幅的躍升 (quantized amplitude jump)。如果可以的話，在系統與外界進行量子交換時，應該可以個別的轉移。在此觀點下，如果可以解決以下兩個關鍵點，我們將可以觀察到量子躍升的情形。第一個關

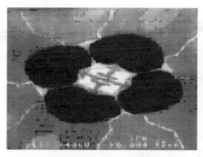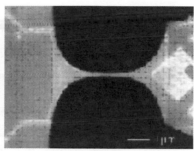

圖 14.27 聲子井元件結構，外觀大小約 1.0 mm × 0.8 mm，有 8 條線路將薄鈮 (niobium) 片收斂至
中間的懸吊元件上，中央白色區域是 60 nm 厚的氮化矽薄膜所懸吊的聲子井 (4 × 4 μm)
元件。由薄膜成形、表面 C 形光亮的部分是金薄膜加熱器及感測器，而黑暗的部分是薄
膜被移除的區域。加熱器與薄膜相接，鈮線路接頭則放在聲子波導的上端。這些接頭一
直延伸到金屬線墊片上，右圖顯示聲子波導，最窄的區域其寬度收縮至 200 nm 以下[7]。

鍵點是共振器必須為只由幾個量子所構成的狀態，一般感測器係量測共振器的位移，而非
量測位移的平方，如何研究位移的平方與量子化的關係是個關鍵。第二個關鍵是感測器必
須具備能夠感測到一個量子躍升的解析度，有個簡單的估測是感測器必須具有可以解析
$10^{-15}-10^{-12}$ m 之位移的靈敏度才可觀察量子現象[2]，但至目前為止，這仍有相當大的努力空
間。

由前述量測熱傳導的量子化研究中，使用氮化矽製成的聲子井 (圖 14.27)，發現在此區
域的熱傳導率可被量子化，換句話說，每個聲子 (phonon) 可以最大的熱導率 $\pi^2 k_B^2 T/3h$ 傳遞
能量[7]。儘管在量子級的領域中將遭遇到極大的困難，但此領域的研究所帶給科技的回饋是
顯而易見的。在這個極限上對力與位移的量測將開啟一項科學的新領域。

奈米機電技術 (NEMS) 提供了前所未有的技術與無窮的機會，在基礎量測及應用上，
新奇的應用技術與物理學將不斷地從這項新領域中浮現出來。要完全地享受該系統的優
點，必須不斷發揮想像力，不管是現有的方法或微米與奈米技術上的「創新」。

未來，將可藉由放置幾百萬個精準的原子，或者是藉由自組裝 (self-assembly) 的模式，
量產製造複雜的分子級機械元件。顯而易見地，要達到奈米等級的控制，其與響應之間的
關係仍需投入大量的努力。從近期看來，NEMS 清楚地將可提供關鍵性的科學與工程基
礎，並且在未來為被奈米科技所大大地重視及運用。

參考文獻

1. R. P. Feynman, American Physical Society Meeting (Pasadena, CA), http://www.its.caltech.edu/~nano/
2. M. L. Roukes, *Physics World*, **14** (2), 8 (2001).
3. A. N. Cleland and M. L. Roukes, *Appl. Phys. Lett.*, **69**, 2653 (1996).

4. Y. T. Yang, K. L. Ekinci, X. M. H. Huang, L. M. Schiavone, M. L. Roukes, C. A. Zorman, and M. Mehregany, *Appl. Phys. Lett.*, **78** (2), 162 (2001).

5. A. N. Cleland, M. Pophristic, and I. Ferguson, *Appl. Phys. Lett.*, **79** (13), 2070 (2001).

6. S. Evoy, D. W. Carr, L. Sekaric, A. Olkhovets, J. M. Parpia, and H. G. Craighead, *J. Appl. Phys.*, **86** (11), 6072 (1999).

7. K. Schwab, E. A. Henriksen, J. M. Worlock, and M. L. Roukes, *Nature*, **404** (27), 974 (2000).

8. M. I. Lutwyche, M. Despont, U. Drechsler, U. Durig, W. Haberle, H. Rothuizen, R. Stutz, R. Widmer, G. K. Binnig, and P. Vettiger, *Appl. Phys. Lett.*, **77**, 3299 (2000).

9. S. Akita, Y. Nakayama, S. Mizooka, Y. Takano, T. Okawa, Y. Miyatake, S. Yamanaka, M. Tsuji, and T. Nosaka, *Appl. Phys. Lett.*, **79** (11), 1691 (2001).

10. T. D. Stowe, K. Yasumura, T. W. Kenny, D. Botkin, K. Wago, and D. Rugar, *Appl. Phys. Lett.*, **71**, 288 (1997).

11. D. Rugar, O. Zugar, S. Hoen, C. S. Yannoni, H. M. Vieth, and R. D. Kendrick, *Science, New Series*, **264** (5165), 1560 (1994).

12. M. L. Roukes, *Tech. Digest. Solid State Sensor and Actuator Workshop*, Hilton Head Island, SC, June (2000).

13. http://www.almaden.ibm.com/st/projects/nanoscale/mrfm/

14. http://www.iquest.ucsb.edu/sites/cleland/pdf/spieproceedingsrevtex4

15. A. N. Cleland and M. L. Roukes, *Nature*, **392** (12), 160 (1998).

中文索引

七劃

八劃

九劃

十二劃

十六劃

英文索引

N

S

T

微機電系統技術與應用 (下)

Micro Electro Mechanical Systems Technology & Application (II)

發　行　人 / 陳建人

發　行　所 / 財團法人國家實驗研究院儀器科技研究中心

新竹市科學工業園區研發六路20號

電話：03-5779911 轉 303、304

傳真：03-5789343

網址：http://www.itrc.org.tw

編　　　輯 / 伍秀菁・汪若文・林美吟

美術編輯 / 吳振勇

初　　　版 / 中華民國九十二年七月

二版三刷 / 中華民國九十七年三月

行政院新聞局出版事業登記證局版臺業字第 2661 號

定　　　價 / 精裝本　上冊新台幣 750 元、下冊新台幣 750 元 (不分冊銷售)

平裝本　上冊新台幣 600 元、下冊新台幣 600 元 (不分冊銷售)

郵撥戶號 / 00173431 財團法人國家實驗研究院儀器科技研究中心

打字 / 文豪照相製版社 03-5265561

印刷 / 友旺彩印股份有限公司　037-580926

精裝　ISBN 978-957-017-465-6 (上冊)　　ISBN 978-957-017-467-0 (下冊)

平裝　ISBN 978-957-017-466-3 (上冊)　　ISBN 978-957-017-468-7 (下冊)

國家圖書館出版品預行編目資料

微機電系統技術與應用 = Micro electro
mechanical systems technology &
application / 伍秀菁, 汪若文, 林美吟編輯
. -- 二版. -- 新竹市：國研究儀科中心,
民 93
　冊 ；　　公分
含參考書目及索引
ISBN 957-01-7465-X (上冊：精裝). -- ISBN
957-01-7466-8 (上冊：平裝). -- ISBN 957-01
-7467-6 (下冊：精裝). -- ISBN 957-01-7468-
4 (下冊：平裝)

　1. 電機工程

448　　　　　　　　　　　　93009773